表面活性剂基础及应用

主　编　刘红

副主编　刘炜

中国石化出版社

内 容 提 要

本书主要介绍表面活性剂的基础、合成路线、应用性能和发展趋势。书中配以特定功能的实用性配方,不仅为大学生毕业后从事表面活性剂相关领域的工作提供必要的知识,同时也为从事表面活性剂相关领域的工作人员提供借鉴和参考。

本书可作为应用化学专业、精细化工专业以及化学工程与工艺专业课程教材。

图书在版编目(CIP)数据

表面活性剂基础及应用/刘红主编 .—北京:
中国石化出版社,2015. 1(2023.7 重印)
ISBN 978-7-5114-2969-8

Ⅰ.①表… Ⅱ.①刘… Ⅲ①表面活性剂… Ⅳ.
①TQ423

中国版本图书馆 CIP 数据核字(2014)第 191858 号

中国石化出版社出版发行
地址:北京市东郊区安定门外大街 58 号
邮编:100011 电话:(010)57512500
发行部电话:(010)57512575
http://www.sinopec-press.com
E-mail:press@ sinopec.com
北京科信印刷有限公司印刷
全国各地新华书店经销
*
787×1092 毫米 16 开本 24 印张 567 千字
2015 年 1 月第 1 版 2023 年 7 月第 2 次印刷
定价:58.00 元

前　言

表面活性剂俗称工业味精，是富集于相与相交界之间的区域，并对界面性质及相关工艺产生影响的一类物质。表面活性剂在化学工业中用途广泛，对品种和性能要求较来越高，因而，迫切需要开发环保的表面活性化合物新品种。本书编写的宗旨是为大学生提供一本具有实用价值的教科书，书中突出表面活性剂产品的特点、本质和原理、应用性能和发展趋势，注重实用性和新颖性相结合，通过介绍具有功效的实用性配方、合成路线、生产工艺过程，为学生毕业后从事表面活性剂相关领域的工作提供必要的知识，同时也为从事表面活性剂相关领域的工作人员提供学习与相互借鉴的参考。

本书共分13章。第1章绪论，介绍表面活性剂的基本结构特性、分类；第2章常规表面活性剂的合成，主要讲述阴离子、阳离子、非离子和两性离子表面活性剂的合成；第3章表面活性剂的基本性质，讲解溶解性、界面性、电化学性质以及表面活性剂的亲水亲油平衡；第4章表面活性剂在溶液中的自聚，介绍分子有序组合体的概念、功能及应用，重点讲授囊泡和液晶；第5章表面活性剂的应用，详细介绍表面活性剂的增溶、分散、乳化、起泡、洗涤原理与应用；第6章至第10章介绍了特种表面活性剂如 Gemini 表面活性剂、高分子表面活性剂、反应型表面活性剂、生物表面活性剂等的定义、合成、分类、应用等内容；第11章表面活性剂的新应用，主要介绍表面活性剂在纳米材料、生物工程、医药技术、环境保护、新能源和高效节能、农业以及其他领域方面的应用；第12章表面活性剂的基本分析技术，包括定性分析、定量分析和结构分析；第13章现代分离手段在表面活性剂中的应用，介绍用于表面活性剂结构鉴定的一些主要化学物质结构解析的技术。

本书由海南师范大学、湖北师范学院、长治学院等院校合作编写。刘红编写第1章，杨慧编写第6章，邹旭编写第4章和第11章，邹旭和杨慧编写第5章，李龙龙编写第3章，方正东编写第2、7、8、10章，爱尔兰国立都柏林大学何鸿举博士编写第9章，海南师范大学刘炜、杨慧、邹旭参与编写第12章和第13章以及部分校对修改工作，全书由海南师范大学刘红教授审定。

　　全书在编写过程中，得到了海南自然科学基金项目(513146)、海口市应用技术研究与开发项目(2014-90)、中国博士后项目基金2012M520397、海南师范大学著作出版基金以及海南省高等学校优秀中青年骨干教师培育项目的大力资助和支持，在此一并表示衷心的感谢！

　　由于撰稿匆忙，书中难免纰漏，恳请指正。

目　录

I

第1章 绪　　论

表面活性剂(surfactant)是富集于相与相交界之间的区域,并对界面性质及相关工艺产生影响的一类物质。由于表面活性剂结构的特殊性,即具有固定的亲水基团和亲油基团,表面活性剂在水/气或者水/油界面定向排列,能使两种液体或者液固相之间表面张力显著下降,具有润湿或抗黏、乳化或破乳、起泡或消泡以及增溶、分散、洗涤、防腐、抗静电等特性,使之成为在日用品、食品、制药、造纸、塑料、皮革等方面的用途广泛的一类精细化工产品。

1.1　表面活性剂的基本结构

表面活性剂通常也称为界面活性剂。在医学索引和美国国家医学图书馆,记载为肺表面活性剂(pulmonary surfactant)。从综合的角度看,它是具有表面活性的物质(surface active agent)。

胶束(micelle)是表面活性剂的亲油基团(hydro-phobic tail 疏水尾端)在胶束内的反作用,其结构见图 1-1。表面活性剂的亲水基团(hydrophillic head 亲水头)与水有良好的亲和作用,能形成一种亲水的外层,从而保护胶束疏水的内核。形成的胶束化合物具有典型的两亲分子的特点,不仅在极性溶剂(protic solvents)如水中溶解,而且在非极性溶剂中可作为反胶束(reverse micelle)。

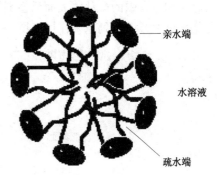

图 1-1　胶束的结构

表面活性剂通常是有机化合物,也称为双亲分子,由亲油基团和疏水基团组成,因此表面活性剂包含可溶水和水不溶(油溶)的组分。当表面活性剂分散在水溶液体系或者油水溶液中,在空气/水或者油/水界面中产生吸附,不溶水的疏水基团伸向空气或油相,而亲水基团则留在水相,表面活性剂在水/气或者水/油界面的定向排列使之具有修饰界面的活性作用。

2009 年,世界表面活性剂年产量达 15000kt,其中一半是肥皂,其他的包括直链十二烷基磺酸盐(1700kt/a)、脂肪醇聚氧乙醚(700kt/a)、脂肪醇烷基酚聚氧乙醚、木质磺酸盐(600kt/a)。硬脂肪酸钠是香皂中最普通的组分,4-(5-十二烷基)苯磺酸钠是直链十二烷基磺酸盐中最普通的表面活性剂。

硬脂肪酸钠的分子式(香皂的主要成分)

1

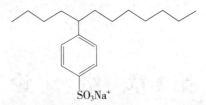

4-(5-十二烷基)苯磺酸钠的分子式(直链十二烷基磺酸盐中的一种)

1. 表面活性剂在水溶液中的结构

在大量的水溶液中，表面活性剂聚集成胶束，疏水基团(亲油)尾部聚集形成内核，而亲水基团(头)与周围液体相接触形成外壳，胶束形成的可能是球形、圆柱形或者双层结构，胶束的形状与表面活性剂的化学结构有关，与疏水基团尾部与亲水头的平衡大小有关，这种平衡的大小就是亲水亲油平衡值(hydrophilic-lipophilic balance，HLB)。表面活性剂通过在液气表面吸附而降低表面张力，有关表面张力与表面吸附量的关系遵循吉布斯等温式。

2. 表面活性剂的吸附动力学

表面活性剂的吸附动力学在实际应用中起到重要的作用，如成泡、乳化或者包衣工艺，泡和滴状物迅速地产生并维持稳定，与吸附动力学和表面的扩散系数有关。界面一旦形成，吸附受表面活性剂界面扩散的影响，有时受能垒影响。只有能量比此能垒高的表面活性剂分子才能得到空位，从而吸附到溶液表面。吸附能垒包括克服离子表面活性剂头基之间的静电斥力、克服不断增加的表面压力和转变为适合的构象所需的能量。因此，表面活性剂的吸附动力学称为有限的运动。表面活性剂层的流变学包括表面活性剂层的黏度和弹力，在成泡和乳化稳定性方面起到重要作用。图1-2是动态吸附模型示意图。

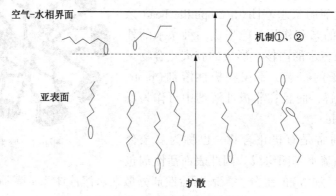

图1-2　动态吸附模型示意图

①分子从本体溶液到亚表面的迁移；②分子在表面和亚表面间的吸附平衡

1.2　界面和表面层的特性

界面和平衡表面张力采用经典的液滴下降法和旋转法测定。动态表面张力(DST)是指表面活性剂分子由溶液中向溶液表面吸附，达到吸附平衡前的某一时刻的表面张力，动态表面张力是随时间变化的表面张力，可采用气泡最大压力法测定。

研究表面活性剂层采用椭圆测量和 X 射线反射，其流变学可采用震荡液滴法和剪切表面流变仪测量，比如双锥形、双环或者磁力旋转仪。

1.3　表面活性剂的分类

表面活性剂的疏水基一般由 8~18 碳氢组成，可以是直链、支链、芳基链，根据疏水基化学结构进行分类，含有氟碳链称为氟表面活性剂，硅氧烷链称为硅氧烷表面活性剂。根据其疏水基团尾部是有 1 个或 2 个链，表面活性剂分子可分为单链和双链。

当然，许多重要的表面活性剂包括烷基聚氧乙烯醚，链末端是一个高度极性的阴离子基(硫酸根阴离子)。聚氧乙烯醚中的乙氧基(图 1-3)排列增加了表面活性剂的亲水特性。与聚环氧丙烷相反，环氧丙烷的插入增加了表面活性剂的亲脂性。

根据亲水基性质进行分类，表面活性剂分为离子表面活性剂和非离子表面活性剂，非离子表面活性剂不带电荷，如聚乙二醇的醚氧基，离子表面活性剂带有电荷。通常按照亲水基的极性分类，带有负电荷的叫阴离子表面活性剂，如羧酸化物(肥皂)、硫酸化

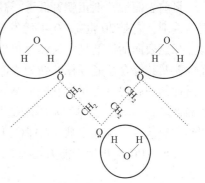

图 1-3　聚氧乙烯醚中的乙氧基

物、磺酸化物和磷酸化物；带有正电荷的叫阳离子表面活性剂，阳离子表面活性剂是一些含胺(类)的化合物。如果亲水基的电荷是两种相反的电荷时，则称这种表面活性剂为两性离子表面活性剂。因此传统表面活性剂分为阴离子、阳离子、非离子和两性离子表面活性剂四大类。

1.4　特种表面活性剂

特种表面活性剂是指含有氟、硅、磷、硼等元素的表面活性剂，或者是具有特殊结构的表面活性剂。与普通表面活性剂相比，特种表面活性剂具有功能特殊、适用范围广、与生态环境更相容等特点，性能研究更加多样化(如表面活性、生物活性、药学活性等)。随着科学技术的发展，特种表面活性剂的研究和开发十分迅速，应用领域不断扩大，包括含氟、硅、磷、硼等元素的表面活性剂和双子型(Gemini)、Bola 型、冠醚型等结构的表面活性剂以及生物、高分子等功能性表面活性剂。

普通表面活性剂的疏水基一般是碳氢链，称为碳氢表面活性剂。若将碳氢链中的氢原子全部替换成为氟原子，就成为全氟表面活性剂，或称碳氟表面活性剂(fluorocarbon surfactants)，含氟表面活性剂具有最佳的表面活性。

有机硅表面活性剂有一个全甲基化的硅氧烷为亲油基团(全甲基聚硅氧烷、硅氧烷三聚体、环状硅氧烷、T 型硅氧烷、含氟硅氧烷)或者一个或多个亲水基团，有机硅表面活性剂能胜任普通表面活性剂不能使用的场合，既能用于水性介质，也能用于非水介质。据统计，2009 年世界表面活性剂市场销售总额 2.43×10^7 美元，有机硅表面活性剂占比较大的份额。

高分子表面活性剂降低水表面张力的能力较低，并且没有明显的临界胶束浓度，但具有许多传统表面活性剂不具备的功能，如保水作用、增稠作用、成膜作用、黏附作用等，一般也划归到表面活性剂的范畴。高分子表面活性剂分为天然物及其改性物(有机多糖系、天然蛋白系、天然非糖聚醚系)、聚合表面活性剂(有机聚羧酸系、有机聚醚系、聚乙烯醇系、聚酰胺系、聚乙烯吡咯烷酮系、聚烯烃系)和生物表面活性剂(类脂系、磷脂系、糖脂系和酰基氨基酸系、脂肪酸)。

Gemini 表面活性剂是近十年迅速发展起来的一类新型表面活性剂，它是指分子中具有 2 个疏水基团和 2 个亲水基团的由一个间隔基团连接的表面活性剂，或者表面活性剂的分子由更多疏水基团或更多亲水基团及一个间隔基团组成的，是不同于传统两亲性结构的新型表面活性剂。目前制约 Gemini 表面活性剂大规模工业化生产的重要原因是其价格昂贵，而且性能和应用都有待于进一步研究和开发。

目前表面活性剂正朝着低毒、高性能、环保型、绿色方向发展，由此产生了新型绿色表面活性剂，它是 20 世纪 90 年代发展起来的产品，并成为近年来表面活性剂工业的发展方向。绿色表面活性剂是由天然可再生资源加工而成的具有极高的安全性、生物可降解性、表面性能及其综合性能可靠的新型表面活性剂。这种表面活性剂应用广泛，有逐渐取代传统表面活性剂的趋势。近年来发展的绿色表面活性剂品种主要有茶皂素、烷基多糖苷（APG）和葡萄糖酰胺（AGA）、单烷基磷酸酯及烷基醚磷酸酯、脂肪醇聚氧乙烯醚羧酸盐（AEC）及酰胺醚羧酸盐等。烷基多糖苷（APG）作为典型的温和型绿色表面活性剂，在国际上已是成熟品，世界 APG 的年生产能力在 100kt 以上。

第2章 常规表面活性剂的合成

2.1 阴离子表面活性剂

阴离子表面活性剂亲水基团带有负电荷，溶于水时具有表面活性的部分为阴离子。它的疏水基团主要是烷基和烷基苯基等，亲水基团主要是羧基、磺酸基、硫酸基、磷酸基等，在分子结构中还可能存在酰胺基、酯键、醚键。由于阴离子表面活性剂亲水基团的种类有局限，而疏水基团可以由多种结构构成，所以阴离子表面活性剂的合成重点在于亲油基的制备，而亲水基可以通过磺化、硫酸酯化和磷酸酯化等化学反应直接或间接地引入。

2.1.1 羧酸盐型阴离子表面活性剂

羧酸盐型表面活性剂的亲水基是羧基(—COO⁻)，主要分为两类：一类直接与亲油基连接，即脂肪酸盐，其通式为 RCOOM，包括肥皂、松香皂、多羧酸皂等；另一类则通过中间基团与亲油基相连接，其中最常见的是与酰胺键相连接，包括 N–酰基氨基羧酸盐和脂肪醇聚氧乙烯醚羧酸盐等。

2.1.1.1 脂肪酸盐阴离子表面活性剂

1. 油脂皂化(水解)

肥皂由天然动植物的油脂与碱的水溶液加热发生皂化反应制得，其反应方程式为：

$$
\begin{array}{l}
\text{CH}_2\text{COOR} \\
| \\
\text{CHCOOR} \\
| \\
\text{CH}_2\text{COOR}
\end{array}
+ 3\text{NaOH}
\xrightarrow[\triangle]{\text{H}_2\text{O}}
\begin{array}{l}
\text{CH}_2\text{OH} \\
| \\
\text{CHOH} \\
| \\
\text{CH}_2\text{OH}
\end{array}
+ 3\text{RCOONa}
$$

皂化反应所用的碱可以是氢氧化钠、氢氧化钾。用氢氧化钠皂化油脂得到的肥皂称为钠皂，而用氢氧化钾进行皂化得到的肥皂叫作钾皂。洗涤用肥皂一般为钠皂，化妆用肥皂为钾皂。钠皂质地较钾皂硬，铵皂最软。肥皂的性质除与金属离子的种类有关外，还与脂肪酸部分的烃基组成有很大关系。脂肪酸的碳链越长，饱和度越大，凝固点越高，用其制成的肥皂越硬。例如，用硬脂酸、月桂酸和油酸制成的三种肥皂中，以硬脂酸皂最硬，月桂酸皂次之，油酸皂最软。

2. 脂肪酸与碱中和

制皂业要消耗大量的动植物油脂，为节约食用油，人们以石油为原料合成脂肪酸，部分代替天然油脂，然后将合成脂肪酸与碱直接反应制备羧酸盐。

$$2\text{RCH}_3 + 3\text{O}_2 \xrightarrow[\triangle]{\text{催化剂}} 2\text{RCOOH} + 2\text{H}_2\text{O}$$

$$\text{RCOOH} + \text{MOH} \longrightarrow \text{RCOOM} + \text{H}_2\text{O}$$

其中，M 为 K、Na、NH$_4$、N(CH$_2$CH$_2$OH)$_3$等。

例如，油酸用三乙醇胺中和制得油酸三乙醇胺盐：

$$CH_3(CH_2)_7CH{=}CH(CH_2)_7COOH+N(CH_2CH_2OH)_3 \longrightarrow CH_3(CH_2)_7CH{=}CH(CH_2)_7COOH \cdot N(CH_2CH_2OH)_3$$

松香酸钠是由松香(含有80%~90%的松香酸)制得的，其制备方法是将松香加热熔融，在搅拌的条件下加入 Na_2CO_3 进行中和，当生成物能溶解于水中则说明是松香酸钠，反应方程式为：

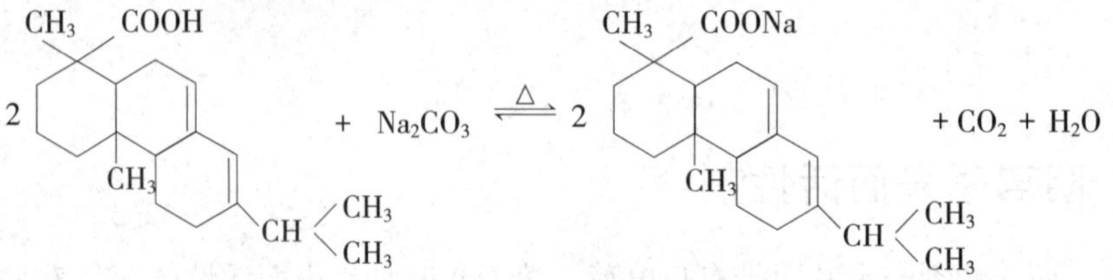

松香皂易溶于水，无洗涤作用，但具有良好的乳化、发泡和润湿能力，多用于洗涤用肥皂生产中，可提高洗涤效果。类似的羧酸盐还有硬脂酸钠($C_{17}H_{35}COONa$)、月桂酸钾($C_{12}H_{23}COOK$)等。

2.1.1.2　羧基通过中间基团与亲油基相连接的脂肪酸盐

皂类洗涤剂不耐硬水，通过增加皂类表面活性剂分子中亲水基的总数，可以提高羧酸盐类表面活性剂的抗硬水性能。增加此类表面活性剂分子亲水性的最有效方法，就是在亲油基与羧基之间通过极性的中间键连接。

1. *N*-酰基氨基酸盐

与脂肪酸盐比较，*N*-酰基氨基酸盐是在烷基和羧基之间插入了酰胺基，其性质随氨基酸的侧链不同而发生变化。当插入氨基时，羧酸的酸性增大，于是脂肪酸钠水溶液由弱碱性变为中性。胺具有形成分子间强氢键的性质，在水溶液中分子间发生缔合时，会显著影响聚集状态。其碱土金属盐的溶解度增高，在硬水中有良好的发泡性能，与蛋白质有良好的亲和性，当用作洗涤剂时，皮肤有滑润感。*N*-酰基氨基酸盐还具有生理活性，例如，*N*-月桂酰肌氨酸盐对导致龋齿的乳酸菌有抗生活性，*N*-月桂酰缬氨酸对稻瘟病病菌有抗生活性，*N*-油酰谷氨酸盐对干扰氨基酸发酵的噬菌体具有抗生作用。高级脂肪酰氯与氨基酸盐类化合物反应，即可合成出*N*-酰基氨基酸盐产品，其中梅迪兰(Medialan)和雷米邦(Lamepon)已成为重要的商品。

胶原是构成动物骨骼、皮肤、腱等的纤维状固体蛋白质，没有抗生性，使用安全。胶原在碱性介质中和酶存在下经适度水解能形成相对分子质量为400~2000的缩氨酸。

N-酰基缩氨酸钠是由脂肪酰氯与蛋白质经水解中和获得的缩氨酸钠进行反应制得，酰基化剂可以是月桂酰氯、肉豆蔻酰氯、棕榈酰氯、油酰氯、硬脂酰氯等。反应式如下：

$$RCOCl + H(NH\underset{\displaystyle R_1}{\underset{|}{C}}HCO)_nONa \longrightarrow RCO(NH\underset{\displaystyle R_1}{\underset{|}{C}}HCO)_nONa$$

雷米帮A(623洗涤剂)学名为油酰氨基酸钠，是由油酰氯与蛋白质水解产物(多缩氨基酸钠)经缩合得到的酰胺化合物。反应式如下：

$$C_{17}H_{33}COCl + H\left(\underset{\displaystyle R_2}{\underset{|}{N}}-\underset{\displaystyle R_1}{\underset{|}{CH}}-\overset{\displaystyle O}{\overset{\|}{C}}\right)_n ONa \xrightarrow{NaOH} C_{17}H_{33}-\overset{\displaystyle O}{\overset{\|}{C}}\left(\underset{\displaystyle R_2}{\underset{|}{N}}-\underset{\displaystyle R_1}{\underset{|}{CH}}-\overset{\displaystyle O}{\overset{\|}{C}}\right)_n ONa$$

它也可由脂肪酰氯与缩合氨基酸进行酰化，然后用氢氧化钠溶液中和制备。

脂肪酰氯与肌氨酸反应能合成出用途广泛的梅迪兰（Medialan）。其代表性产品为 N-月桂酰基肌氨酸钠（LS-30），其制法是由月桂酰氯与肌氨酸进行酰化后以氢氧化钠溶液中和而制得。反应式如下：

$$3C_{11}H_{23}COOH+PCl_3 \longrightarrow 3C_{11}H_{23}COCl+H_3PO_3$$

$$C_{11}H_{23}COCl + CH_3NHCH_2COOH \xrightarrow{NaOH} C_{11}H_{23}CONCH_2COONa$$
$$\underset{\displaystyle CH_3}{|}$$

N-月桂酰基肌氨酸钠易溶于水，在宽 pH 值范围内具有优良的起泡性能，用于配制各种洗涤剂。它还具有防龋齿功能，可用于配制刷牙剂。

N-酰基谷氨酸钠于 1972 年开始生产，现在已成为产量最大的氨基酸型阴离子表面活性剂。它的制法与 N-酰基肌氨酸钠的制法相似，脂肪酰氯与谷氨酸进行反应后，以氢氧化钠中和而制得。

$$RCOCl + HOOCCH_2CH_2CHCOOH \xrightarrow{NaOH} NaOOCCH_2CH_2CHCOONa$$
$$\underset{\displaystyle NH_2}{|} \qquad\qquad\qquad \underset{\displaystyle NHCOR}{|}$$

N-酰基谷氨酸分子中有两个羧基，由于中和程度不同，其性质亦有很大差异。当其中一个羧基被中和时，另一个羧基在水溶液中以游离状态存在，使水溶液呈弱酸性，pH 值为 5～6.5，其钠盐的水溶性低于上述 N-酰基氨基酸钠，利用这种性质来制造固体洗涤剂和凝胶洗涤剂。二钠盐的溶解度高，水溶液呈碱性。月桂酰基谷氨酸钠表面活性小，链较长的硬脂酰基谷氨酸钠有良好的洗涤能力。

2. 聚醚羧酸盐

聚醚羧酸盐是脂肪醇聚氧乙烯醚型非离子表面活性剂进行阴离子化后的产品。以高级醇聚氧乙烯醚这种非离子表面活性剂为原料，与氯乙酸钠反应，或先与丙烯酸酯反应，然后水解引入羧基，便可制备这种产品。

$$RO(CH_2CH_2O)_nH+ClCH_2COONa \longrightarrow RO(CH_2CH_2O)_nCH_2COONa$$

$$RO(CH_2CH_2O)_nH+CH_2=CHCOOR' \xrightarrow{NaOH} RO(CH_2CH_2O)_nCH_2CH_2COONa$$

上式中，R 可以是月桂基、肉豆蔻基、棕榈基、油烯基或硬脂基，其水溶性随聚氧乙烯链增加而增大。

3. 烷基磺胺羧酸盐

烷基磺胺羧酸盐的典型产品是 M65 助剂，反应过程如下：

$$RH \xrightarrow[Cl_2]{SO_2} RSO_2Cl \xrightarrow{NH_3} RSO_2NH_2 \xrightarrow[NaOH]{ClCH_2COONa} RSO_2NHCH_2COONa$$

M65 用作浸水助剂，可促进皮革浸软、浸透，可乳化皮革表面的油脂，是制备合成皮革加脂剂的常用乳化剂。

4. 多羧酸皂

日常生活中，多羧酸皂使用不多，较典型的是作润滑油添加剂、防锈用的烷基琥珀酸系列产品。合成反应式如下：

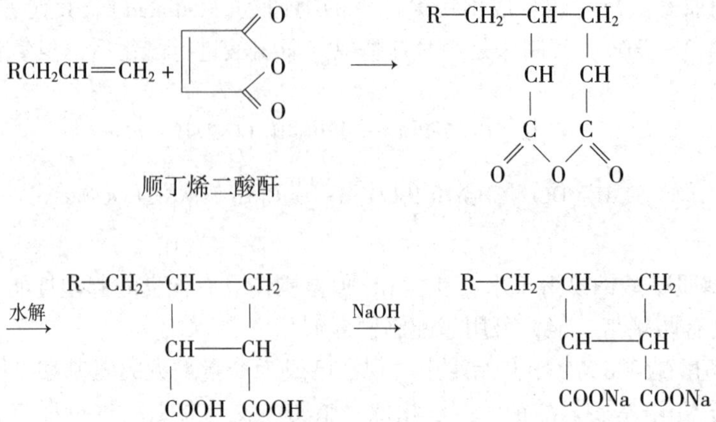

顺丁烯二酸酐

2.1.2 磺酸盐型阴离子表面活性剂

磺酸盐的化学通式为 RSO_3Na，碳链中的碳原子数在 8~20 之间。这类表面活性剂易溶于水，有良好的发泡作用，主要用于生产洗涤剂。

2.1.2.1 烷基苯磺酸盐

烷基苯磺酸盐(alkyl benzene sulphonate, ABS)是阴离子表面活性剂中最重要的品种，也是世界各国合成洗涤剂的主要活性成分，由烷基苯磺化、中和得到：

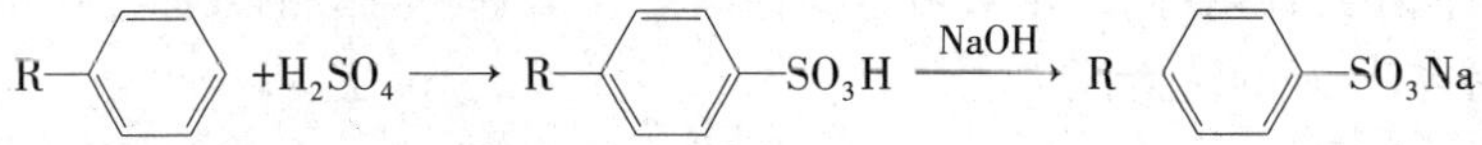

烷基苯磺酸钠有直链烷基苯磺酸钠和支链烷基苯磺酸钠之分。

直链烷基苯磺酸钠(linear alkyl benzene sulphonate, LAS)可生物降解，称为软性烷基苯磺酸钠，其中主要产品是直链十二烷基苯磺酸钠。它的制造分为十二烷基苯的制备、磺化和中和 3 个步骤。

首先苯与直链 α-十二烯烃或与直链氯代十二烷在催化剂参与下进行烷基化反应，然后采用发烟硫酸或三氧化硫做磺化剂对直链十二烷基苯进行磺化，最后以氢氧化钠中和直链十二烷基苯磺酸。全过程反应表示如下：

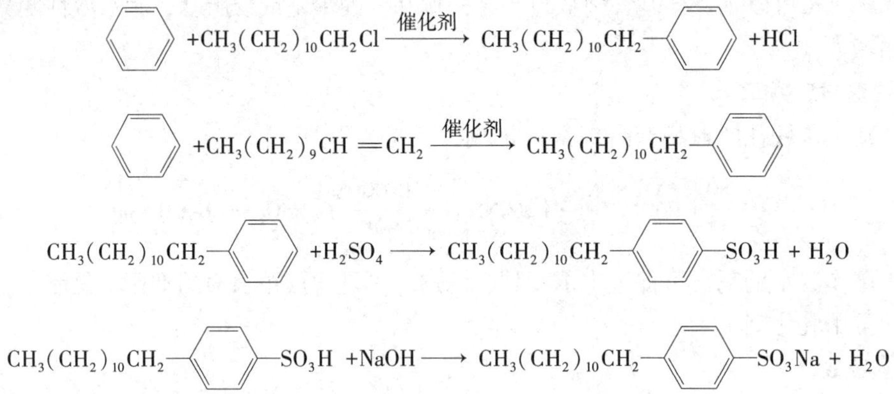

氯代烷法中采用氯化铝为催化剂，其价格较高，并且在反应中有氯化氢产生，工艺过程不理想。α-烯烃法中采用氟化氢或氟化硼作催化剂，较为方便。

支链烷基苯磺酸钠的主要代表产品为通常使用的十二烷基苯磺酸钠，它是以丙烯为原料，先聚合成十二烯，再与苯反应，制得十二烷基苯的混合物，再经磺化，并以碱中和制得十二烷基苯磺酸钠。

支链十二烷基苯磺酸钠在洗涤、起泡性能方面与直链十二烷基苯磺酸钠几乎没有什么不同，缺点是分子中支链较多，生物降解性能较差，故称为硬性烷基苯磺酸钠。

$$4CH_3—CH=CH_2 \xrightarrow[\text{催化剂}]{\text{催化剂}} C_{12}H_{24} \xrightarrow[\text{催化剂}]{} C_{12}H_{25}—\langle\bigcirc\rangle \xrightarrow{H_2SO_4+SO_3\ 或\ SO_3}$$

$$C_{12}H_{25}—\langle\bigcirc\rangle—SO_3Na \xleftarrow{NaOH} C_{12}H_{25}—\langle\bigcirc\rangle—SO_3H$$

2.1.2.2 烷基磺酸盐

烷基磺酸盐(alkyl sulfonate)的通式为 RSO_3M，其中 R 可以是直链烃基、支链烃基或烷基苯基，M 为 Na、K、Ca、$N(CH_2CH_2OH)_2$。烷基磺酸钠与直链烷基苯磺酸钠相似，但对硬水更为稳定，生物降解性更好，在碱性、中性和弱酸性介质中较为稳定，具有良好的润湿、乳化、分散和洗涤性能。它的生产方法有磺氯化法和磺氧化法。

1. 磺氯化法

在特殊反应器中，正构烷烃在紫外线的照射下与二氧化硫、氯气反应，生成烷基磺酰氯，反应方程式为；

$$RH+SO_2+Cl_2 \longrightarrow RSO_2Cl+HCl$$

在磺氯化反应中还会生成氯代烷、二磺酰氯及多磺酰氯等。用碱皂化除去反应产物中溶解的气体，然后脱除皂化混合物中的盐及未反应的烷烃，即可得到产品烷基磺酸钠。

$$RSO_2Cl+2NaOH \longrightarrow RSO_3Na+H_2O+NaCl$$

2. 磺氧化法

正构烷烃在紫外线照射下，与 SO_2 和 O_2 作用生成烷基磺酸。紫外线是引发剂，在反应器中加入水，在形成烷基磺酸的同时，SO_2 和 O_2 与 H_2O 反应生成硫酸。

$$RH+2SO_2+O_2+H_2O \longrightarrow RSO_3H+H_2SO_4$$

本法不需用氯气，副产物少，可以简化纯化工艺，降低成本，是目前生产烷基磺酸盐最常用的方法。

此外，以溶解氧、游离基、紫外线或 γ 射线为引发剂，利用 α-烯烃与硫酸钠或亚硫酸氢钠的马科尼柯夫(Markownikoff)逆反应，也可获得正烷基磺酸钠，而且产率还高。

$$RCH=CH_2 \xrightarrow[O_2]{NaHSO_3} RSO_3H$$

利用此反应原理还可以合成许多脂肪酸酯磺酸钠，如单月桂酸甘油酯磺酸钠可以用 α-氯化丙二醇和亚硫酸钠加热生成 1，2-丙二醇磺酸钠，再加月桂酸加热而制得。

$$\underset{\overset{|\quad\ |}{OH\ OH}}{CH_2CHCH_2Cl}+Na_2SO_3 \longrightarrow \underset{\overset{|\quad\ |}{OH\ OH}}{CH_2CHCH_2SO_3Na}$$

$$\underset{\overset{|\quad\ |}{OH\ OH}}{CH_2CHCH_2SO_3Na}+RCOOH \longrightarrow \underset{\overset{|}{OH}}{RCOOCH_2CHCH_2SO_3Na}$$

月桂醇磺乙酸钠是以氯乙酸和月桂醇作用生成月桂醇氯乙酸酯，再和亚硫酸钠反应而制得。

$$ROH+ClCH_2COOH \longrightarrow ROCOCH_2Cl+H_2O$$
$$ROCOCH_2Cl+Na_2SO_3 \longrightarrow ROCOCH_2SO_3Na+NaCl$$

其中，R 为十二烷基，即月桂基。

2.1.2.3　α-烯基磺酸盐

α-烯烃磺酸盐(alpha olephin sulphonate，AOS)由石蜡裂解生产的 $C_{15}\sim C_{18}$ α-烯烃用 SO_3 磺化，然后中和得到。它的主要成分是烯基磺酸盐和羟基烷基磺酸盐。其反应方程式为：

$$R-CH_2CH\!=\!CH_2 + SO_3 \xrightarrow{\text{NaOH}} RCH\!=\!CHCH_2SO_3Na \text{ 或 } R-\overset{\overset{\displaystyle OH}{|}}{C}HCH_2CH_2SO_3Na$$

反应机理为：

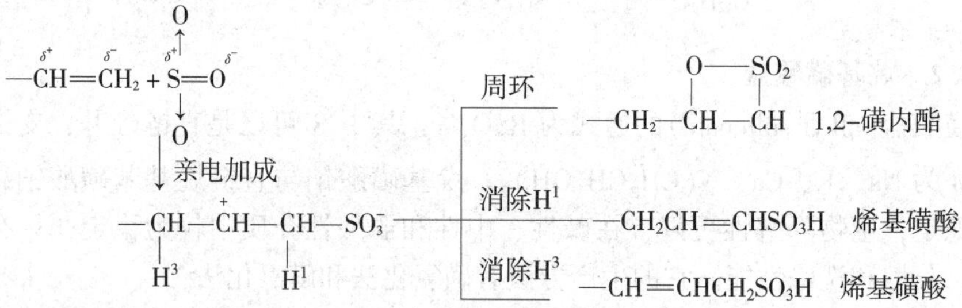

1，2-磺内酯经水解、中和后可以得到羟基烷基磺酸盐。

α-烯烃磺酸钠在较宽的 pH 值范围内处于稳定状态，生物降解性好，对皮肤刺激性小，具有优良的洗涤性能，即使在硬水中洗涤能力也不降低，起泡性能好，泡沫细腻，广泛用于生产液体洗涤剂、洗发香波、泡沫浴剂。α-烯烃磺酸钠的缺点是：当它用于配制粉状洗涤剂时，易吸水结块，另外，烯烃磺酸钠还会自动氧化，使之颜色变深。

2.1.2.4　烷基萘磺酸盐

烷基萘磺酸盐的代表性产品为二异丙基萘磺酸钠和二丁基萘磺酸钠。前者的国外商品名称为 Nekal A，后者的国外商品名称为 Nekal BX(拉开粉 BX)。二者均首先由相应低碳醇与萘进行烷基化反应，然后经磺化、中和制备出的一种磺酸盐型表面活性剂。也可以先磺化，然后烷基化，再中和，反应式如下：

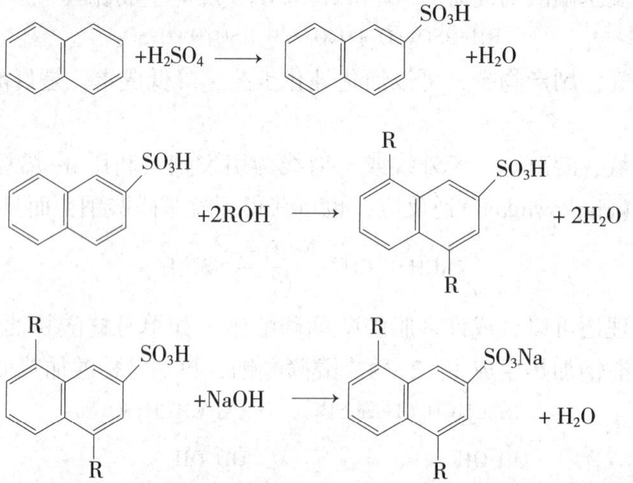

烷基萘磺酸钠的烷基数目若增至 3 个，具有极优的渗透性能，当烷基数目达到 4 个时，渗透力反而下降。烷基链长短对产品性能影响最为显著，碳原子数为 3～4 个时，润湿作用最好。碳原子数在 5 个以上时，润湿性能下降，洗涤作用增强。

10

2.1.2.5　石油磺酸盐

石油磺酸盐(petroleum sulfonate，PS)一般由石油精制的副产品制得。将石油馏分用强烈磺化剂精制去杂质时，容易生成硫酸酯和磺酸等混合物，中和后便得到石油磺酸盐。目前，石油磺酸盐是由沸点高于260℃、含有5%~30%芳烃和其他可磺化烃的石油原料经磺化而制取。

$$R\text{—}Ar\text{—}H + SO_3 \xrightarrow{\text{光照}} R\text{—}Ar\text{—}SO_3H$$
$$R\text{—}Ar\text{—}SO_3H + NaOH \longrightarrow R\text{—}Ar\text{—}SO_3Na$$

石油磺酸盐是各种磺酸盐的混合物，主要成分为复杂的烷基苯磺酸盐和烷基萘磺酸盐，其次则为脂肪烃的磺酸盐和环烃的磺酸盐及其氧化物等。最初，石油磺酸和磺酸盐是按被处理的石油的颜色分类的，凡溶解在油中呈棕黑色的称为"赤褐"酸或"赤褐"磺酸盐，凡溶解在硫酸层中显绿色的称为"绿酸"，这些名称现在仍在使用。"绿酸"在水中比在油中更容易溶解，但要除去绿酸中的无机杂质，使其达到适用的表面活性剂质量相当困难，加之许多价廉物美的水溶性磺酸盐可以取自其他原料，故"绿酸"目前的工业用途有限。油溶性"赤褐"磺酸盐能在油中显示其优良的表面活性，且价格低廉，因此它是一种有价值的油溶性表面活性剂。

石油磺酸盐尤其是其碱土金属盐，如石油磺酸钙、石油磺酸钡、石油磺酸镁等可以作为防锈剂或润滑油清净剂。石油磺酸盐应用于润滑油和润滑脂添加剂，用于发动机润滑油的清净剂和防锈剂用量高达总产量的60%。高碱性石油磺酸钙盐和镁盐作为内燃机油中的清净分散剂，可以洗涤和分散内燃机燃烧时产生的积炭和油泥，能提高气缸和活塞的清净性，同时中和油燃烧、氧化、裂解产生的酸性物质。因此，石油磺酸盐是高档内燃机润滑油和润滑脂配方中不可缺少的组分。石油磺酸盐还可以用于矿石浮选剂、燃料油添加剂、羊毛加工、鞣制皮革、印刷油墨、金属加工、石油生产等方面。

2.1.2.6　琥珀酸酯磺酸盐

琥珀酸即丁二酸，琥珀酸酯分单酯和双酯，引入磺酸基的方法是通过亚硫酸钠或亚硫酸氢钠与马来酸(顺丁烯二酸)酯的加成反应。

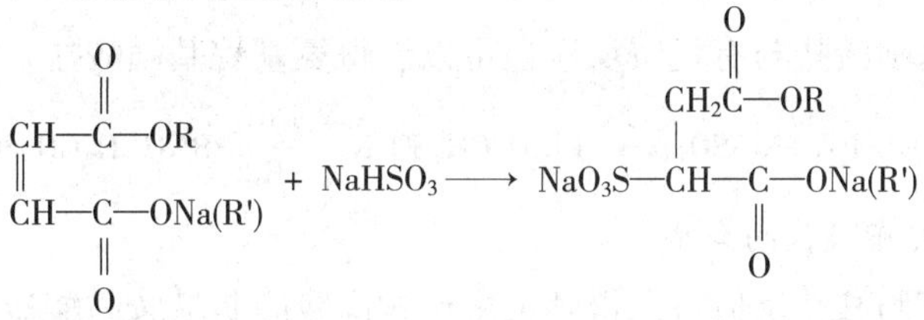

1. 马来酸二仲辛酯磺酸钠

先将马来酸酐与仲辛醇反应，然后磺化加成就可以制得马来酸二仲辛酯磺酸钠(渗透剂Aerosol OT)。

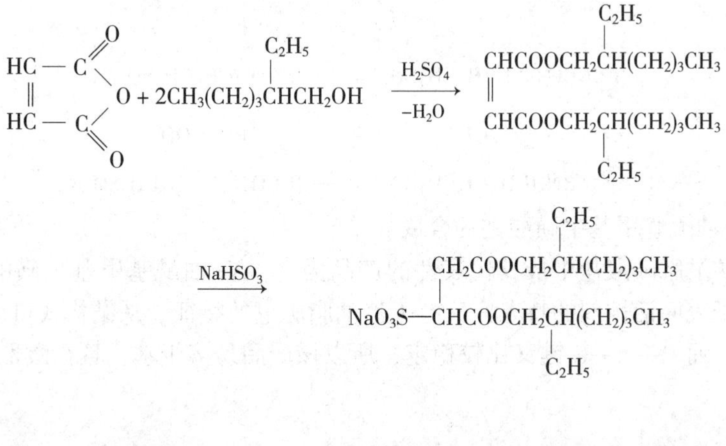

11

2. 脂肪醇聚氧乙烯醚琥珀酸单酯磺酸钠

脂肪醇聚氧乙烯醚琥珀酸单酯磺酸钠(如月桂醇聚氧乙烯醚琥珀酸单酯磺酸钠)可按下列反应合成制得:

$$\begin{array}{c} HC-C \\ \parallel \quad \diagdown \\ HC-C \end{array} O + C_{12}H_{25}O(CH_2CH_2O)_3H \longrightarrow C_{12}H_{25}O(CH_2CH_2O)_3COCH{=}CHCOOH$$

$$\xrightarrow{Na_2SO_3} C_{12}H_{25}O(CH_2CH_2O)_3COCH_2\underset{\underset{SO_3Na}{|}}{C}HCOOH$$

2.1.2.7 高级脂肪酰胺磺酸盐

高级脂肪酰胺磺酸盐从原料到成品大致有下列 3 步:

1. 羟基磺酸盐的合成

$$NaHSO_3 + H-\overset{\overset{O}{\parallel}}{C}-H \longrightarrow HOCH_2SO_3Na$$

$$NaHSO_3 + CH_2\overset{O}{\overbrace{\quad}}CH_2 \longrightarrow HOCH_2CH_2SO_3Na$$

$$NaHSO_3 + CH_2\overset{O}{\overbrace{\quad}}CH-CH_2Cl \longrightarrow ClCH_2\overset{\overset{OH}{|}}{C}HCH_2SO_3Na$$

2. 氨基烷基磺酸盐的合成

由羟基磺酸盐在高温高压下与有机胺反应制得

$$RNH_2 + HOCH_2SO_3Na \longrightarrow RNHCH_2SO_3Na + H_2O$$

$$RNH_2 + HOCH_2CH_2SO_3Na \longrightarrow RNHCH_2CH_2SO_3Na + H_2O$$

另外,卤代烷基磺酸盐与有机胺反应也可以制得氨基烷基磺酸盐。

$$ClCH_2CH_2Cl + Na_2SO_3 \longrightarrow ClCH_2CH_2SO_3Na \xrightarrow[-HCl]{RNH_2} RNHCH_2CH_2SO_3Na$$

3. 高级脂肪酰胺磺酸盐的合成

酰卤与氨基烷基磺酸盐反应可以得到最终产物高级脂肪酰胺磺酸盐(表面活性剂)。

$$R'COCl + RNHCH_2SO_3Na \longrightarrow R'CO\underset{\underset{R}{|}}{N}CH_2SO_3Na$$

$$R'COCl + RNHCH_2CH_2SO_3Na \longrightarrow R'CO\underset{\underset{R}{|}}{N}CH_2CH_2SO_3Na$$

$$R'COCl + RNHCH_2\overset{\overset{OH}{|}}{C}HCH_2SO_3Na \longrightarrow R'CO\underset{\underset{R}{|}}{N}CH_2\overset{\overset{OH}{|}}{C}HCH_2SO_3Na$$

(1)N,N-油酰基甲基牛磺酸钠的合成

在高级脂肪酰胺磺酸盐中最具代表性的产品为 N,N-油酰基甲基牛磺酸钠,它既具有一般合成阴离子表面活性剂的特点,又有天然油脂肥皂的特征。从结构式可以看出,油酰基为亲水性碳链,而 C—N—C 键又比较稳定,所以该产品易溶于水,且在酸性、碱性、硬水、金属盐及氧化剂等溶液中均比较稳定，具有优良的乳化、分散、渗透、起泡和洗涤性能，并且对皮肤温和。用其洗涤后，皮肤、头发滑爽、滋润，毛织品、化纤织物柔软、有光泽，手感好。它由油酰氯与 N-甲基牛磺酸钠反应制得，反应如下：

$$NaHSO_3 + CH_2\!-\!CH_2 \longrightarrow HOCH_2CH_2SO_3Na$$

$$CH_3NH_2 + HOCH_2CH_2SO_3Na \longrightarrow CH_3NHCH_2CH_2SO_3Na$$

$$3C_{17}H_{33}COOH + PCl_3 \longrightarrow 3C_{17}H_{33}COCl$$

$$C_{17}H_{33}COCl + CH_3NHCH_2CH_2SO_3Na \longrightarrow C_{17}H_{33}CONCH_2CH_2SO_3Na$$
$$| \atop CH_3$$

（2）2-磺酸-4-油酰胺基苯甲醚钠盐的合成

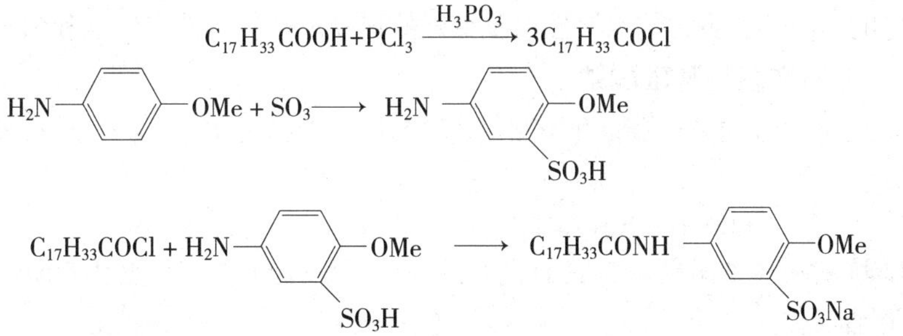

$$C_{17}H_{33}COOH + PCl_3 \xrightarrow{H_3PO_3} 3C_{17}H_{33}COCl$$

（3）椰油酸单乙醇酰胺磺基琥珀酸单酯二钠的合成

以椰子油和单乙醇胺为原料，通过酰胺化先合成椰油酸单乙醇酰胺，然后与顺丁烯二酸酐进行酯化反应生成椰油酸单乙醇酰胺丁二酸单酯，最后用 Na_2SO_3 将它进行磺化而生成该产品。

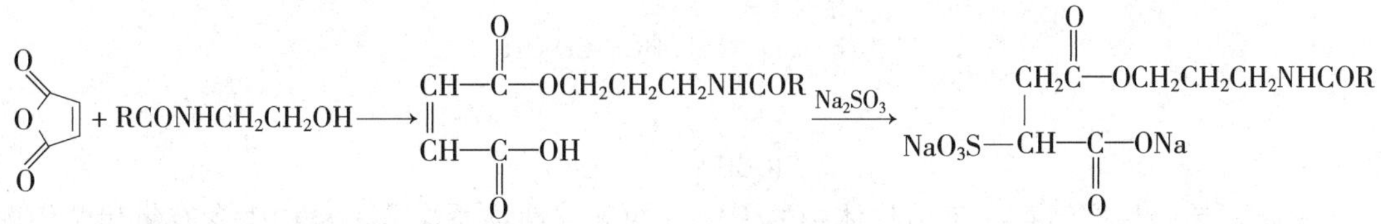

2.1.2.8 α-磺基脂肪酸酯

α-磺基脂肪酸酯具有良好的表面活性。短碳链的 α-磺基脂肪酸酯具有良好的洗涤性能；长碳链的 α-磺基脂肪酸酯具有良好的润湿性能，洗涤性能则有所下降。如果磺酸盐基位于烃链的端位，则具有良好的钙皂分散性能。由于酯键受邻位磺酸钠基的影响，α-磺基脂肪酸酯的水解稳定性得到提高，即使在 80℃ 和 pH 值为 3～9.5 的条件下，其水解速率也很低。α-磺基脂肪酸酯是由脂肪酸酯与三氧化硫反应后，再以氢氧化钠水溶液进行中和而制得的。

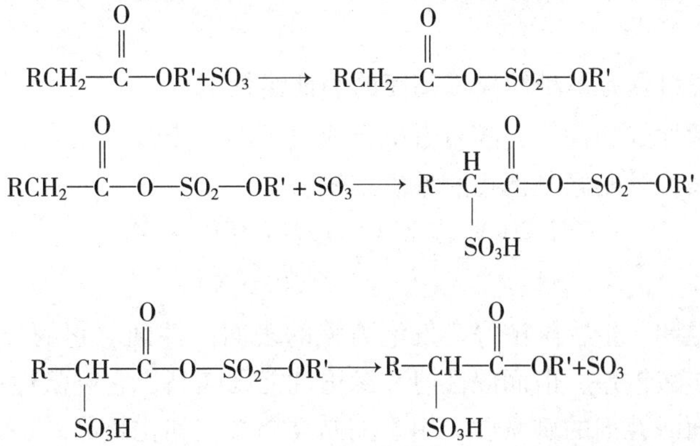

13

$$R-\underset{\underset{\displaystyle SO_3H}{|}}{CH}-\overset{\overset{\displaystyle O}{||}}{C}-OR' + NaOH \longrightarrow R-\underset{\underset{\displaystyle SO_3Na}{|}}{CH}-\overset{\overset{\displaystyle O}{||}}{C}-OR'$$

由于酯官能团的诱导效应，饱和脂肪酸甲酯不会生成 α-磺基酸式酯，只能从 γ-碳原子处引入磺基。所以饱和脂肪酸甲酯经光磺氧化反应后生成 γ-酯磺酸，然后以氢氧化钠溶液中和，可得到 γ-酯磺酸钠：

$$R\diagdown\diagup\diagdown\diagup\overset{\overset{\displaystyle O}{||}}{C}-OCH_3 + SO_3 + O_2 \longrightarrow R\diagdown\diagup\underset{\underset{\displaystyle SO_3H}{|}}{\diagdown}\diagup\overset{\overset{\displaystyle O}{||}}{C}-OCH_3 \xrightarrow{NaOH} R\diagdown\diagup\underset{\underset{\displaystyle SO_3Na}{|}}{\diagdown}\diagup\overset{\overset{\displaystyle O}{||}}{C}-OCH_3$$

γ-酯磺酸钠具有与仲烷基磺酸钠相似的性质，与 α-磺基脂肪酸酯相比，表面活性相似，但是具有更好的起泡性、更大的水溶性以及更好的耐硬水性，但洗涤性能和耐水解性能较差。

2.1.2.9 脂肪酸酯烷基磺酸钠

脂肪酸酯烷基磺酸钠亦称脂肪酸羟乙基磺酸钠，它可由脂肪酰氯与羟乙基磺酸钠反应制得，反应如下：

$$RCOCl + HOCH_2CH_2SO_3Na \longrightarrow RCOOCH_2CH_2SO_3Na + HCl$$

脂肪酸酯烷基磺酸钠耐硬水，具有良好的发泡、润湿性能，对皮肤刺激性小，可用于生产化妆品和清洁剂。

2.1.2.10 木质素磺酸钠

木质素磺酸钠是在木质素分子的 α-碳原子上引入磺酸基而形成的，其结构式如下：

木质素是一种广泛存在于植物体中的无定形的芳香性物质，分子结构中含有氧代苯丙醇或其衍生物结构单元，是由苯丙烷类结构单元组成的复杂化合物，共有 3 种基本结构（非缩合型结构），即愈创木基结构、紫丁香基结构和对羟苯基结构。木质素磺酸钠为棕色粉末，溶于水，具有优良的分散性能，是由亚硫酸盐法造纸的纸浆废液经沉淀、过滤、酸化、除灰、脱色、磺化等处理而制得，主要用于配制石油钻井泥浆，它可控制泥浆的流动性，也用作混凝土的减水剂、加气剂，以提高混凝土的易和性、流动性和强度。精制后的木质素磺酸钠可用作分散染料和还原染料的分散剂，以及纺织印染行业使用的匀染剂，也可用作水煤浆的分散剂、稳定剂。

2.1.2.11 分子中具有多种阴离子基团的表面活性剂

为了改进表面活性剂的性能，随着有机合成技术的进步，可在分子中引入多种离子型官能团，如脂肪酸聚氧乙烯醚磺基琥珀酸单酯二钠：

$$CH_3(CH_2)_{11}(OCH_2CH_2)_3O\overset{\overset{\displaystyle O}{||}}{C}\underset{\underset{\displaystyle OSO_3Na}{|}}{CH}CH_2COONa$$

这是一种性能温和、生物降解好、发泡力强的表面活性剂。它的分子中有多个亲水基，故其洗涤性能较脂肪酸钠差，但润湿性能和渗透性能则较高。它刺激性小，在配伍使用时可以降低硫酸酯类表面活性剂的刺激性，用于配制高档香波和化妆品。

2.1.3 硫酸酯盐型阴离子表面活性剂

硫酸酯盐表面活性剂的化学通式为 $ROSO_3M$，式中 M 为 Na、K、$N(CH_2CH_2OH)_2$，碳链中碳数为 8~18，主要包含脂肪醇硫酸酯盐(fat alcohol sulphate，FAS)、烷基醇聚氧乙烯醚硫酸酯盐(alkyl ethyleneoxide sulphate，AES)、仲烷基硫酸酯盐、脂肪酸衍生物的硫酸酯盐等。

2.1.3.1 脂肪醇硫酸酯盐

脂肪醇硫酸酯盐是以脂肪醇、脂肪醇醚或脂肪酸单甘油酯经硫酸化反应后用碱中和而制得。

$$ROH + SO_3 \longrightarrow ROSO_3H$$
$$ROH + ClSO_3H \longrightarrow ROSO_3H + HCl$$
$$ROH + NH_2SO_3H \longrightarrow ROSO_3NH_2$$
$$ROSO_3H + NaOH \longrightarrow ROSO_3Na + H_2O$$

脂肪醇的工业生产方法有脂肪酸、脂肪酸酯还原法，动植物蜡中提取法以及利用脂肪酸工业副产物的二级不皂化物提取法，这 3 种方法都是以天然油脂为原料的加工方法。这种再生性原料不受贮量、能源的影响，制得的醇都是直链醇，特别适用于表面活性剂工业，因而一直受到重视，特别是椰子油制十二醇，一些国家已建立了稳定的生产供应基地。但是，天然油脂毕竟来源有限，远不能满足需要。随着石油化工的发展，合成醇可由乙烯为起始物，通过齐格勒反应制得，它们也可以大量应用于表面活性剂的生产。

脂肪醇的硫酸化试剂有浓硫酸、发烟硫酸、三氧化硫、氯磺酸和氨基磺酸等多种。

(1)SO_3硫酸化

$$R{-}OH + SO_3 \longrightarrow R{-}OSO_3H \xrightarrow{NaOH} ROSO_3Na$$
$$RO(C_2H_4O)_nH + SO_3 \longrightarrow RO{+}C_2H_4O{\rightarrow}_nSO_3H \xrightarrow{NaOH} RO{+}C_2H_4O{\rightarrow}_nSO_3Na$$

(2)浓硫酸硫酸化

$$C_{12}H_{25}OH + H_2SO_4 \longrightarrow C_{12}H_{25}OSO_3H + H_2O$$

(3)氯磺酸硫酸化

$$RCH_2OH + ClSO_3H \longrightarrow R{-}CH_2OSO_3H \xrightarrow{NaOH} R{-}CH_2OSO_3Na$$

(4)氨基磺酸硫酸化

$$R{-}\bigcirc{-}O{+}CH_2CH_2O{\rightarrow}_nH + H_2NSO_3H \longrightarrow$$

$$R{-}\bigcirc{-}O{+}CH_2CH_2O{\rightarrow}SO_3NH_2 \xrightarrow{NaOH} R{-}\bigcirc{-}O{+}CH_2CH_2O{\rightarrow}SO_3Na$$

浓硫酸是最简单的硫酸化剂，随着浓度的增加，反应速率及转化率均提高。发烟硫酸结合反应生成水的能力更强，反应也将更快、更完全，但与三氧化硫和氯磺酸比较，高级醇的转化率较低。氯磺酸硫酸化的反应几乎是定量反应，脂肪醇转化率可达 90%以上。但这一方法成本较高，反应中排出的氯化氢较难处理，因而，常用于小规模硫酸化生产，如牙膏、化妆品用月桂醇硫酸钠的制取等。对于大规模生产，三氧化硫是更具优势的硫酸化剂，没有氯化氢副产物，脂肪醇转化率高，产品含盐量低，质量好，成本也最低；其缺点是三氧化硫反应能力强，容易产生副反应，需使用合适的反应器及严格控制工艺条件。

烷基硫酸盐的性质受烷基的链长、支化度的影响。C_{12}~C_{14} 的烷基硫酸盐溶解度高，C_{12}~C_{16} 的烷基硫酸盐降低表面张力的能力较强，其中以 C_{14}~C_{15} 的最强；C_{12} 的烷基硫酸盐润湿性最好；C_{13}~C_{16} 的烷基硫酸盐洗涤性能优良，与 α-烯烃磺酸盐相近；C_{14}~C_{15} 的烷基硫酸盐起泡性能好，接近于 C_{14}~C_{16} 的 α-烯烃磺酸盐。

脂肪醇硫酸酯的成盐离子也影响烷基硫酸盐的性质，二价金属盐的溶解度较一价金属盐溶解度高。二价金属盐的溶解度次序为 $Mn^{2+}>Cu^{2+}>Co^{2+}>Mg^{2+}>Pb^{2+}>Sr^{2+}$。此外，二价盐和一价盐混用，有调节洗涤、乳化性能的作用。

烷基硫酸盐的主要代表是十二烷基硫酸钠，广泛用于牙膏、香波、润发油膏的生产中。此外，在医疗方面，十二烷基硫酸钠可用于胃溃疡病的治疗；在农药方面，可用于配制杀蚜虫的药剂。

2.1.3.2 仲烷基硫酸盐

仲烷基硫酸钠的硫酸基团接在碳链的第 2、3、4 等碳原子上，溶解度大，润湿性强，但洗涤能力较烷基硫酸钠差。随着碳链的增长，洗涤能力有所改进。仲烷基硫酸钠的生产原料主要采用烯烃，尤其以双键位置在末端的烯烃效果最好，硫酸化剂以质量分数为 92%~98% 的硫酸为宜。硫酸化反应如下：

$$RCH =\!\!= CH_2 + H_2SO_4 \longrightarrow R\!-\!\underset{\underset{OSO_3H}{|}}{C}HCH_3$$

生成的仲烷基硫酸用氢氧化钠中和后，即得仲烷基硫酸钠。

2.1.3.3 硫酸化油

天然不饱和油脂或不饱和蜡经硫酸化再中和的产物通称为硫酸化油。常用的油脂有蓖麻油、橄榄油，有时也使用花生油、棉籽油、菜籽油和牛脚油。硫酸化反应需在低温下进行，以避免分解、聚合、氧化等副反应产生。反应生成物中含有原料油脂和副产物，组成较为复杂。以土耳其红油为例，原料油为蓖麻油，经硫酸化后，含有未反应的蓖麻油、蓖麻油脂肪酸、蓖麻油脂肪酸硫酸酯、硫酸化蓖麻油脂肪酸硫酸酯、二羟基硬脂酸硫酸酯、二羟基硬脂酸、二蓖麻醇酸、多蓖麻醇酸、多蓖麻醇酸硫酸酯和其他内酯等。中和以后成为结合硫酸量 5%~10%，浓度 40% 左右的市售土耳其红油。

$$
\begin{array}{l}
\underset{}{CH_2OCO(CH_2)_7CH=\!\!=CHC\overset{OH}{\overset{|}{H}}(CH_2)_5CH_3} \\[4pt]
\overset{|}{CHOCO(CH_2)_7CH=\!\!=CHCH(CH_2)_5CH_3} + H_2SO_4(SO_3\ 或\ ClSO_3H)\longrightarrow \\[4pt]
\overset{|}{CH_2OCO(CH_2)_7CH=\!\!=CHC\underset{OH}{\overset{OH}{\overset{|}{H}}}(CH_2)_5CH_3}
\end{array}
$$

$$
\begin{array}{l}
CH_2OCO(CH_2)_7CH=\!\!=CHC\overset{OSO_3H}{\overset{|}{H}}(CH_2)_5CH_3 \\[4pt]
\overset{|}{CHOCO(CH_2)_7CH=\!\!=CHCH(CH_2)_5CH_3} \\[4pt]
\overset{|}{CH_2OCO(CH_2)_7CH=\!\!=CHC\underset{OH}{\overset{|}{H}}(CH_2)_5CH_3}
\end{array}
\xrightarrow{\;NaOH\;}
\begin{array}{l}
CH_2OCO(CH_2)_7CH=\!\!=CHC\overset{OSO_3H}{\overset{|}{H}}(CH_2)_5CH_3 \\[4pt]
\overset{|}{CHOCO(CH_2)_7CH=\!\!=CHCH(CH_2)_5CH_3} \\[4pt]
\overset{|}{CH_2OCO(CH_2)_7CH=\!\!=CHC\underset{OH}{\overset{|}{H}}(CH_2)_5CH_3}
\end{array}
$$

2.1.3.4　脂肪醇聚氧乙烯醚硫酸盐

烷基硫酸盐的溶解度小，在水中充分稀释才能得到透明溶液，若将亲水性强的聚氧乙烯链接在烷基链和硫酸基团之间，制成脂肪醇聚氧乙烯醚硫酸盐，水溶性便得到显著改善。脂肪醇聚氧乙烯醚硫酸盐碳链一般是 $C_{12} \sim C_{18}$，阳离子可是 Na^+、K^+、NH_4^+ 等，环氧乙烷的物质的量通常为 $2 \sim 4$。

脂肪醇聚氧乙烯醚硫酸盐的制法是脂肪醇与环氧乙烷进行加成反应后，以气态三氧化硫进行硫酸化，最后以碱中和。

$$ROH + nH_2C{-}CH_2 \longrightarrow RO{-}(CH_2CH_2O)_n H$$
$$\overset{\displaystyle O}{}$$
$$RO{-}(CH_2CH_2O)_n H + SO_3 \longrightarrow RO{-}(CH_2CH_2O)_n SO_3H$$
$$RO{-}(CH_2CH_2O)_n SO_3H + NaOH \longrightarrow RO{-}(CH_2CH_2O)_n SO_3Na$$

在硫酸化之前，先将醇与一个或几个环氧乙烷分子缩合，改变亲水基团的性质。化妆品中最常用的是聚氧乙烯月桂醇硫酸钠，月桂醇加成较多物质的量的环氧乙烷即可制成稠厚的液体。由于分子中具有聚氧乙烯醚结构，月桂醇聚氧乙烯醚硫酸钠比月桂醇硫酸钠水溶性更好，其浓度较高的水溶液在低温下仍可保持透明，适合配制透明液体香波。月桂醇聚氧乙烯醚硫酸盐的去油污能力特别强，可用于配制去油污的洗涤剂，如餐具洗涤剂；该原料本身的黏度较高，在配方中还可起到增稠作用。

2.1.3.5　单月桂酸甘油酯硫酸钠

单月桂酸甘油酯硫酸钠是以月桂酸和甘油在碱性触媒下加热反应成单甘酯，再以硫酸处理，然后以氢氧化钠中和而制得。它是白色或微黄粉末，接近无臭、无味，溶于水呈中性，对硬水稳定，其洗涤力、发泡性和乳化作用良好。

2.1.4　磷酸酯盐型阴离子表面活性剂

磷酸酯盐阴离子表面活性剂可分为脂肪醇磷酸酯盐和脂肪醇聚氧乙烯醚磷酸酯盐两类阴离子表面活性剂。

2.1.4.1　脂肪醇磷酸酯盐

磷酸是三元无机酸，与脂肪醇反应可以生成磷酸单酯和磷酸双酯。磷酸单酯和磷酸双酯都是酸性磷酸酯，中和后形成磷酸单酯盐和磷酸双酯盐，化学通式分别为：

$$RO{-}\overset{\displaystyle OM}{\underset{\displaystyle OM}{P}}{=}O \qquad \overset{\displaystyle RO}{\underset{\displaystyle RO}{P}}\overset{O}{\underset{OM}{}}$$

它们由脂肪醇、长链的烷基酚与磷酸化试剂如五氧化二磷、焦磷酸、三氯化磷、三氯氧磷等反应，最后以碱中和制取。其中应用最普遍和最重要的磷酸化试剂是五氧化二磷，常用的碱是氢氧化钠、氢氧化钾、氨、单乙醇胺、二乙醇胺和三乙醇胺。

（1）五氧化二磷与醇反应

以 P_2O_5 为磷酸化试剂的优点是简单易行、反应条件温和，不需特殊设备，得率高、成本低。其合成反应方程式为：

$$4ROH + P_2O_5 \longrightarrow 2RO{-}\overset{\displaystyle OH}{\underset{\displaystyle OR}{P}}{=}O + H_2O$$

$$2ROH + P_2O_5 + H_2O \longrightarrow RO-\overset{\displaystyle OH}{\underset{\displaystyle OR}{\overset{|}{\underset{|}{P}}}}=O + H_3PO_4$$

$$3ROH + P_2O_5 \longrightarrow RO-\overset{\displaystyle OH}{\underset{\displaystyle OR}{\overset{|}{\underset{|}{P}}}}=O + RO-\overset{\displaystyle OH}{\underset{\displaystyle OR}{\overset{|}{\underset{|}{P}}}}=O$$

$$RO-\overset{\displaystyle OH}{\underset{\displaystyle OR}{\overset{|}{\underset{|}{P}}}}=O + NaOH \longrightarrow RO-\overset{\displaystyle ONa}{\underset{\displaystyle OR}{\overset{|}{\underset{|}{P}}}}=O + H_2O$$

反应产物是单酯和双酯的混合物。单酯和双酯的比例与原料中的水分含量以及反应中生成的水量有关，水量增加，产物中的单酯含量增多。脂肪醇碳数较高，单酯生成量也较多。醇和 P_2O_5 的摩尔比对产物组成也有影响，二者的摩尔比从 2∶1 改变到 4∶1，产物中双酯的含量可从 35% 增加到 65%。

磷酸酯合成反应大都是放热反应，所以反应要尽可能在低温下进行，否则高温使醇脱水产生烯烃，烯烃氧化或聚合使产品着色。如果在反应中加入醇含量 1% 的次磷酸或亚磷酸作抗氧剂，可以防止因氧化而导致产物色泽加深。

（2）焦亚磷酸与醇反应

焦磷酸和脂肪醇用苯作溶剂，在 20℃ 进行反应，可制得较为纯净的单烷基酯。

$$ROH + H_4P_2O_7 \longrightarrow RO-\overset{\displaystyle OH}{\underset{\displaystyle OH}{\overset{|}{\underset{|}{P}}}}=O + H_3PO_4$$

（3）PCl_3 与过量的脂肪醇反应

用三氯化磷和过量的脂肪醇反应，可制得纯双烷基酯。由于是三价磷，反应先得到亚磷酸酯，再用氧化法转化为磷酸酯，通常采用液氯氧化水解法。

$$3ROH \xrightarrow{PCl_3} (RO)_2\overset{\displaystyle O}{\overset{\|}{P}}-H \xrightarrow{Cl_2} (RO)_2\overset{\displaystyle O}{\overset{\|}{P}}-Cl \xrightarrow{H_2O} (RO)_2\overset{\displaystyle O}{\overset{\|}{P}}-OH$$

（4）三氯氧磷与醇反应

脂肪醇和 $POCl_3$ 反应，也可制得单酯或双酯。

$$ROH + POCl_3 \longrightarrow RO-\overset{\displaystyle Cl}{\underset{\displaystyle Cl}{\overset{|}{\underset{|}{P}}}}=O + HCl$$

$$2ROH + POCl_3 \longrightarrow RO-\overset{\displaystyle Cl}{\underset{\displaystyle OR}{\overset{|}{\underset{|}{P}}}}=O + 2HCl$$

$$RO-\overset{\displaystyle Cl}{\underset{\displaystyle OR}{\overset{|}{\underset{|}{P}}}}=O + H_2O \longrightarrow RO-\overset{\displaystyle OH}{\underset{\displaystyle OR}{\overset{|}{\underset{|}{P}}}}=O + HCl$$

$$RO-\overset{\displaystyle OH}{\underset{\displaystyle OR}{\overset{|}{\underset{|}{P}}}}=O + NaOH \longrightarrow RO-\overset{\displaystyle ONa}{\underset{\displaystyle OR}{\overset{|}{\underset{|}{P}}}}=O$$

适合此工艺的原料醇为一元醇，如甲醇、乙醇、正丙醇、正丁醇、2-乙基己醇、月桂醇等。采用的催化剂为 Lewis 酸，如 $AlCl_3$、BF_3、$FeCl_3$、$ZnCl_2$、$TiCl_4$、NH_4VO_3、$Ti(BuO)_4$ 等。通过控制不同温度、反应物摩尔比及采用不同的催化剂，可提高反应的选择性，使产物为单烷基酯、双烷基酯和三烷基酯。一般在醇大量过量、较高反应温度下，选择一定的催化剂有利于三酯生成。例如，在钛酸四丁酯催化剂存在下可制备较纯的磷酸三异辛酯。中和反应使用的碱可以是氢氧化钠、氢氧化钾、三乙醇胺等。

脂肪醇磷酸酯盐的溶解性与疏水基的性质、脂肪醇链的长短、酯化程度及中和试剂的种类密切相关。单脂肪醇磷酸酯盐的溶解性大于双脂肪醇磷酸酯盐的溶解性。单酯盐中，短链脂肪醇磷酸酯盐的溶解性大于长链脂肪醇磷酸酯盐的溶解性。不同的盐中，三乙醇胺盐的溶解性最大，其次是钾盐，钠盐最差。

脂肪醇磷酸酯盐的表面张力与疏水基的构型、酯化度有关。单脂肪醇磷酸酯盐的表面张力较双脂肪醇磷酸酯盐高得多。正构碳链磷酸酯盐的表面张力高于异构碳链的磷酸酯盐。碳链增大，表面张力下降。此外，单脂肪醇磷酸酯的一钠盐和二钠盐的表面张力相差很大。例如，单月桂醇磷酸酯一钠盐的表面张力为 27.5mN/m，而其二钠盐的表面张力则为 39.5mN/m。

脂肪醇磷酸酯盐的起泡性能与脂肪醇链的长短有关，$C_7 \sim C_9$ 短链烷醇的磷酸酯盐的起泡能力高于 $C_{10} \sim C_{18}$ 长链烷醇的磷酸酯盐，但后者的泡沫稳定性较好。脂肪醇磷酸酯的一钠盐的起泡能力高于二钠盐，其原因是一钠盐的表面张力低，而二钠盐的表面张力高导致的。

脂肪醇磷酸酯盐的洗涤性能与脂肪醇的碳链长短，正、异构情况，以及酯化度有关。对于单脂肪醇磷酸酯盐，无论其碳链长短如何，洗涤性能均较差。双脂肪醇磷酸酯盐的洗涤性能优于单脂肪醇磷酸酯盐。碳链为 C_{10} 时，脂肪醇磷酸酯盐的洗涤性能最好。碳数相同时，支链多的脂肪醇磷酸酯盐的洗涤性能高于支链少的脂肪醇磷酸酯盐，正构的脂肪醇磷酸酯盐的洗涤性能最差。

在抗静电性能方面，短碳链脂肪醇磷酸酯盐的抗静电效果较好，单脂肪醇磷酸酯盐的抗静电性能优于双脂肪醇磷酸酯盐。脂肪醇磷酸酯盐的化学稳定性高，在中性、微碱性、微酸性条件下，存放一年以上不变质，但在强酸性介质中会发生水解生成磷酸酯非离子表面活性剂。

脂肪醇磷酸酯盐的生物降解优于烷基苯磺酸钠，劣于烷基硫酸钠。脂肪醇磷酸酯盐的毒性与天然磷酸酯相似，毒性很小，对皮肤的刺激性也低于硫酸盐类和磺酸盐类阴离子表面活性剂。

2.1.4.2 脂肪醇聚氧乙烯醚磷酸酯盐

用非离子表面活性剂和磷酸化试剂反应，再经中和制得脂肪醇聚氧乙烯醚磷酸酯盐。非离子表面活性剂一般为脂肪酸聚氧乙烯醚、烷基酚聚氧乙烯醚（TX-10）、脂肪酸聚乙醇酯等，脂肪醇聚氧乙烯醚磷酸酯盐同样有单酯盐和双酯盐。

$$RO(CH_2CH_2O)_nH + P_2O_5 \longrightarrow RO(CH_2CH_2O)_n\overset{\overset{\displaystyle OH}{|}}{\underset{\underset{\displaystyle ONa}{|}}{P}}=O + RO(CH_2CH_2O)_n\overset{\overset{\displaystyle O}{\|}}{\underset{\underset{\displaystyle ONa}{|}}{P}}(OCH_2CH_2)_nOR$$

但在实际生产中，由于 P_2O_5 吸水变成偏磷酸，偏磷酸与醇醚反应生成单酯；偏磷酸和水生成焦磷酸，焦磷酸与醇醚反应生成单酯，最终单酯量远大于双酯量。$POCl_3$ 作磷化试剂进行反应，产物主要是三酯。

2.1.4.3　聚氧乙烯硬脂酰胺磷酸酯

硬脂酰胺在无水、无氧条件下，控制一定反应温度和压力，与定量的环氧乙烷反应，可制得不同加成数的聚氧乙烯硬脂酰胺产品。

$$C_{17}H_{35}CONH_2 + n\ H_2C\!\!-\!\!CH_2\!\!-\!\!C_{17}H_{35}CONH\!\!+\!\!CH_2CH_2O\!\!+\!\!_n\!H$$
$$O$$

2.1.4.4　聚氧乙烯醚脂肪胺磷酸酯

这类表面活性剂结构中包含了氧化胺和磷酸酯两类表面活性剂的特点，由于在分子结构中引入 P 原子和 N 原子，使其成为高效多功能表面活性剂。

合成路线一般要根据产品结构及性能要求而选用不同环氧乙烷加成数、不同碳数的脂肪胺，与不同摩尔比的五氧化二磷进行磷酸化反应，再加碱中和成盐，然后用过氧化氢氧化即得到聚氧乙烯醚烷基胺磷酸酯盐。

2.2　阳离子表面活性剂

阳离子表面活性剂主要是含氮的有机胺衍生物，亲油基一般是长碳链烃基，亲水基绝大多数为含氮原子的阳离子。由于它们分子中的氮含有孤对电子，故能以氢键与酸分子中的氢结合，使氨基带上正电荷。除含氮阳离子表面活性剂外，还有一小部分含硫、磷、砷等元素的阳离子表面活性剂。

2.2.1　胺盐型阳离子表面活性剂

高级伯胺、仲胺、叔胺与酸中和形成的胺盐，总称为胺盐型阳离子表面活性剂，反应通式如下：

$$RNH_2 + HX \longrightarrow [RNH_3]^+ \cdot X^-$$
$$R_2NH + HX \longrightarrow [R_2NH_2]^+ \cdot X^-$$
$$R_3N + HX \longrightarrow [R_3NH]^+ \cdot X^-$$

为了使胺盐具有表面活性，其分子中烃基碳原子数常为 10~18。

2.2.1.1　高级胺盐型阳离子表面活性剂

由于胺盐型阳离子表面活性剂合成简单，因此合成的关键技术是脂肪胺的制得。

1. 高级伯胺的制取

常用高级伯胺的合成方法有脂肪酸法和高级醇法。

（1）脂肪酸法

脂肪酸与氨在 0.4~0.6MPa、300~320℃下反应生成脂肪酰胺：

$$RCOOH + NH_3 \longrightarrow RCONH_2 + H_2O$$

然后用氧化铝做催化剂，进行高温催化脱水，得到脂肪腈：

$$RCONH_2 \longrightarrow RCN + H_2O$$

脂肪腈用金属镍做催化剂，加氢还原，可得到伯胺、仲胺和叔胺：

$$RCN + 2H_2 \longrightarrow RCH_2NH_2$$
$$2RCN + 4H_2 \longrightarrow (RCH_2)_2NH + NH_3$$
$$3RCN + 6H_2 \longrightarrow (RCH_2)_3N + 2NH_3$$

反应过程中如有氨存在，可加入一种合适的添加剂（氢氧化钾或氢氧化钠），即能抑制仲胺的生成。生产上的反应压力为 $2.94 \sim 6.82\mathrm{MPa}$、温度为 $120 \sim 150℃$。如果碱的用量达到 0.5%，反应可在 $1.22 \sim 1.42\mathrm{MPa}$ 下进行。如果需制取不饱和碳链的脂肪胺（如十八烯胺），则氢化反应应在有氢饱和的醇中进行。

脂肪酸、氨和氢直接在催化剂上反应制取胺的新工艺如下：

$$RCOOH+NH_3+2H_2 \longrightarrow RCH_2NH_2+2H_2O$$

脂肪酸甘油酯（或甲酯）与氨及氢反应也可制取伯胺，所用催化剂正在不断改进提高。

利用脂肪酸法时，可用椰子油制取以十二胺为主的椰子胺，用牛脂制取十八胺为主的牛脂胺，也可由松香酸制取廉价的松香胺。

（2）脂肪醇法

脂肪醇和氨在 $380 \sim 400℃$ 和 $12.16 \sim 12.23\mathrm{MPa}$ 下反应，可制得伯胺。

$$ROH+NH_3 \longrightarrow RNH_2+H_2O$$

高碳醇与氨在氢气和催化剂存在下，也能发生上述反应，使用催化剂，可将反应温度降至 $150℃$，压力降至 $10.13\mathrm{MPa}$。

2. 高级仲胺的制取

（1）脂肪醇法

高碳醇和氨在镍、钴等催化剂存在下生成对称长碳链的仲胺。

$$2ROH+NH_3 \longrightarrow R_2NH+2H_2O$$

（2）脂肪腈法

首先，脂肪腈在低温下转化为伯胺，然后在铜、铬催化剂存在下脱氨，制得仲胺。

$$2RNH_2 \longrightarrow R_2NH+NH_3$$

（3）卤代烷法

卤代烷和氨在密封的反应器中反应，主要产物为仲胺。

3. 高级叔胺的制取

叔胺盐是胺盐型阳离子表面活性剂中的一个大类，用途较广。叔胺合成方法及原料路线有许多，应用较多的有如下几种：

（1）伯胺与环氧乙烷或环氧丙烷反应制取叔胺

这一方法是工业上制取叔胺的重要方法，反应如下：

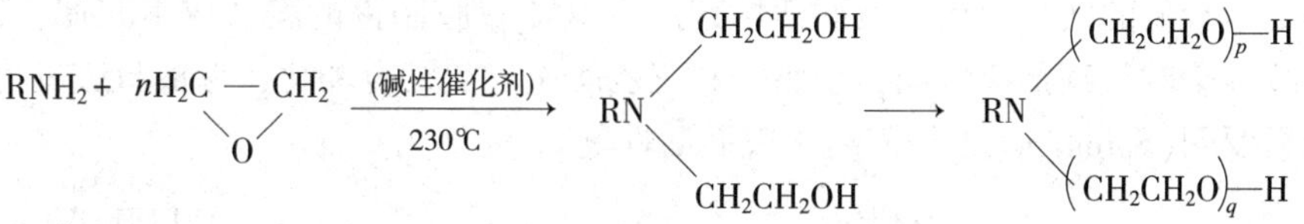

式中，$p+q=n$

分子中随聚氧乙烯含量的增加，产物的非离子性质也增加，在水中的溶解度不随 pH 值的变化而改变，并且具有较好的表面活性。有人称其为阳离子进行非离子化的产品。

具有 2 个长碳链的叔胺盐可用链端为环氧的化合物与低级胺进行加成反应制取，反应为：

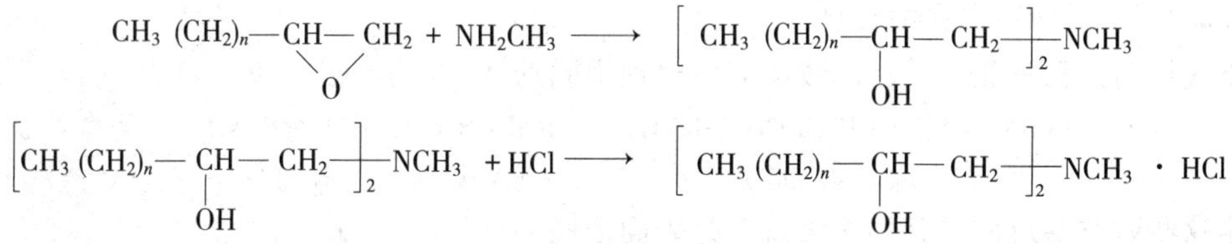

（2）非对称高级叔胺的制取

非对称叔胺通常是由一个 C_8 以上长碳链和 2 个短碳链（如甲基、乙基、苄基等）构成。其合成路线有以下几条。

①长碳链氯代烷与低碳的烷基仲胺（如二甲基胺）生成叔胺，反应温度 120～130℃，压力 1.01～4.05MPa，制得的叔胺需蒸馏提纯，否则色泽很深。

$$RCl+NH(CH_3)_2 \longrightarrow RN(CH_3)_2+NaCl+H_2O$$

②α-烯烃制取叔胺：

α-烯烃在过氧化物存在下与溴化氢进行反应生成 1-溴代烷，1-溴代烷与二甲胺反应生成二甲基胺溴酸盐，然后在氢氧化钠作用下生成目标产物叔胺。

③脂肪腈与二甲胺、氢在镍催化剂存在下反应制取叔胺。

$$RCN+(CH_3)_2NH+2H_2 \longrightarrow RCH_2N(CH_3)_2+NH_3$$

④脂肪伯胺与甲酸、甲醛混合物反应制取烷基二甲基叔胺，此反应称为 Leuckat 反应。

$$RNH_2+2HCHO+2HCOOH \longrightarrow RN(CH_3)_2+2CO_2+2H_2O$$

⑤脂肪伯胺（或仲胺）在甲醛存在下进行加氢制得叔胺。

$$RNH_2+2HCHO+2H_2 \longrightarrow RN(CH_3)_2+2H_2O$$

⑥脂肪醇与二甲基胺在铜铬催化剂存在下，于 250～300℃、20.22～25.33MPa 下进行反应制取叔胺。

$$ROH+HN(CH_3)_2 \longrightarrow RN(CH_3)_2+H_2O$$

上述以 α-烯烃为原料的路线成本较低，虽使用了昂贵的溴化氢，但已解决其回收问题，是目前较先进的方法。

2.2.1.2 硬脂酰氨乙基二乙基胺乙酸盐

由硬脂酸和 N, N-二乙基乙二胺进行缩合反应，再用乙酸中和，制得硬脂酰氨乙基二乙基胺乙酸盐，产品名称为萨帕明（Sapamine）A，反应如下：

$$CH_3(CH_2)_{16}COOH+NH_2CH_2CH_2N(C_2H_5)_2 \longrightarrow CH_3(CH_2)_{16}CONHCH_2CH_2N(C_2H_5)_2+H_2O$$
$$CH_3(CH_2)_{16}CONHCH_2CH_2N(C_2H_5)_2+CH_3COOH \longrightarrow CH_3(CH_2)_{16}CONHCH_2CH_2N(C_2H_5)_2 \cdot CH_3COOH$$

2.2.1.3 索罗明（Soromine）A 型阳离子表面活性剂

由于高级脂肪胺的成本较高，因此也有用低级胺与高级脂肪酸通过酯化或酰胺化的方法，制得成本较低的胺盐阳离子表面活性剂。由这类叔胺制得的胺盐成本较低，性能较好，大都用作纤维柔软整理剂。例如，硬脂酸和三乙醇胺加热缩合酯化，形成叔胺，再用甲酸中和，生成索罗明（Soromine）A 型阳离子表面活性剂。

2.2.1.4 多胺盐表面活性剂

卤代烷与二乙三胺、三乙四胺反应可得到不同的 N-烷基多胺，如：

$$RX+NH_2CH_2CH_2NHCH_2CH_2NH_2 \longrightarrow RNHCH_2CH_2NHCH_2CH_2NH_2$$
（二乙三胺）　　　　　　　　　　　（N-烷基二乙三胺）

由这些胺与酸反应得到的多胺盐都是表面活性剂。

2.2.1.5 咪唑啉表面活性剂

将硬脂酸和氨基乙醇胺在加热条件下进行缩合反应，其产物与尿素作用，然后再用乙酸中和，即得到该产品。反应如下：

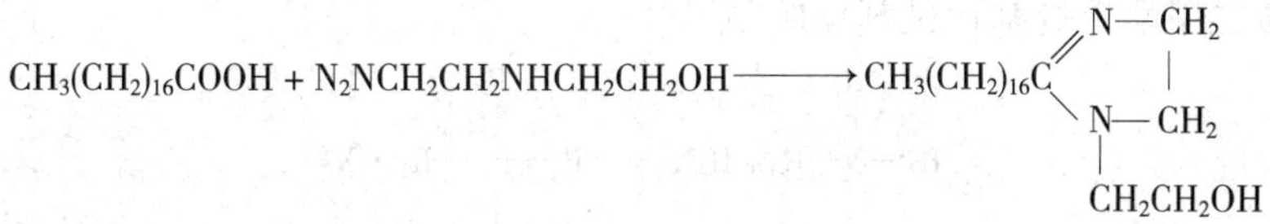

$$CH_3(CH_2)_{16}COOH + N_2NCH_2CH_2NHCH_2CH_2OH \longrightarrow$$

然后将该产物(2-十七烷基羟乙基咪唑啉)用乙酸中和，得2-十七烷基羟乙基咪唑啉乙酸盐：

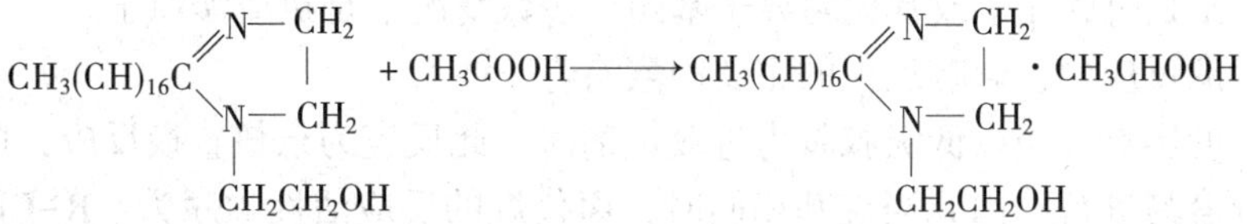

将脂肪酸和乙二胺的混合物加热，当温度达到$180\sim190℃$时脱水生成酰胺，当温度达到$250\sim300℃$时脱水成环，生成咪唑啉。其反应过程为：

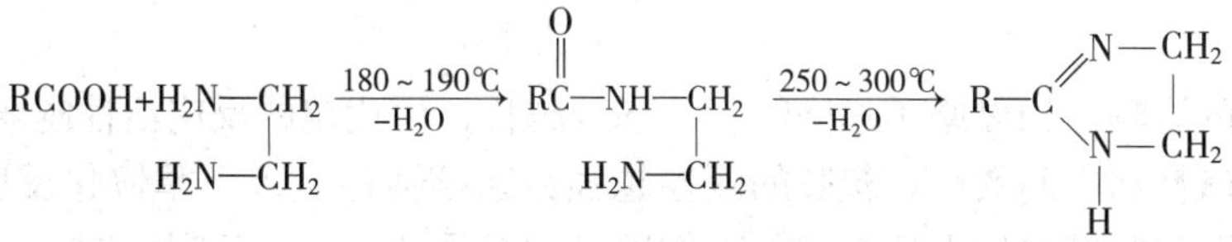

使用不同的羧酸和胺为原料，可以合成多种咪唑啉盐表面活性剂的产品，只是合成条件有所差别。这些品种的合成反应方程式如下：

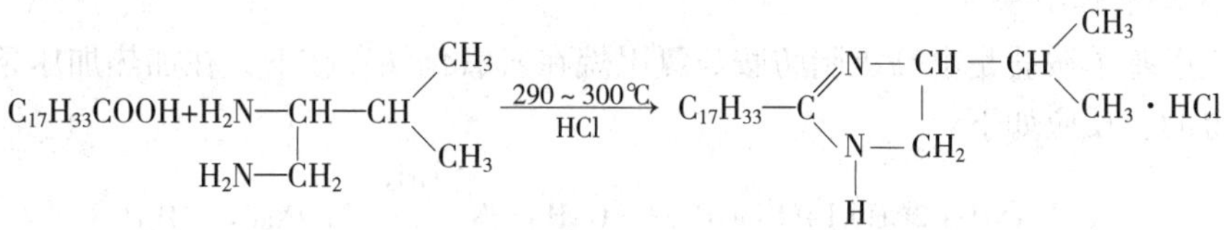

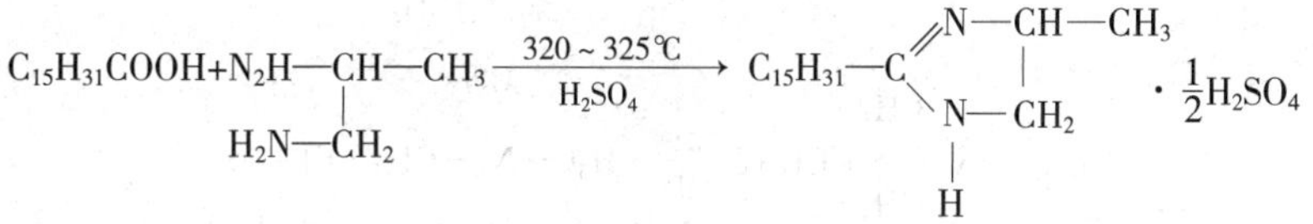

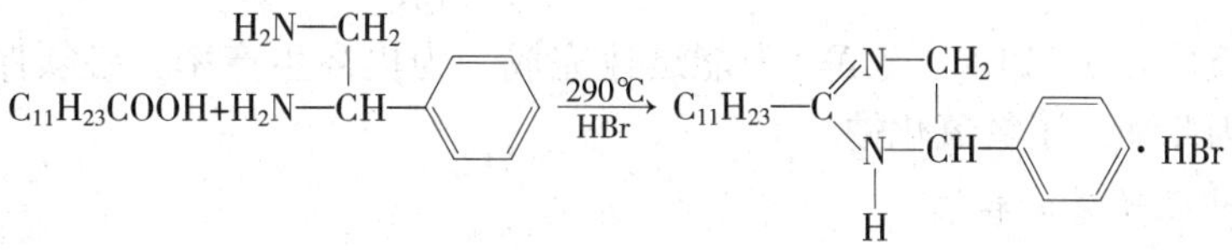

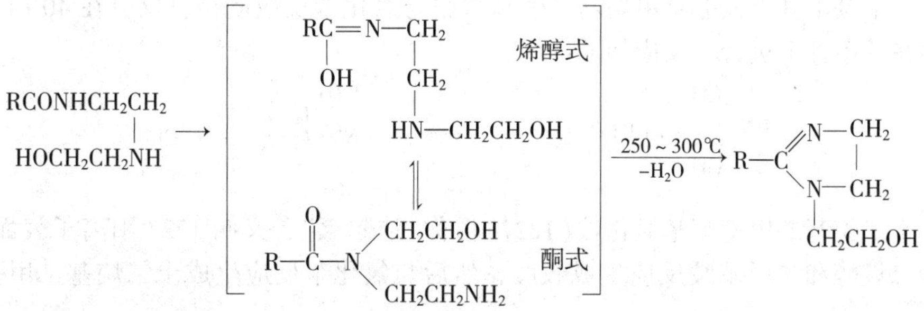

23

2.2.2 季铵盐型阳离子表面活性剂

季铵盐型阳离子表面活性剂是产量高、应用广的阳离子表面活性剂，一般由叔胺与醇、卤代烃、硫酸二甲酯等烷基化试剂反应制得。

$$R_1\!-\!\overset{\displaystyle R_2}{\underset{}{N}}\!-\!R_3 + R_4X \longrightarrow R_1\!-\!\overset{\displaystyle R_2}{\underset{\displaystyle R_4}{N^+}}\!-\!R_3 \cdot X^-$$

R 为烷基，其中至少有一个是碳原子数为 10~18 的长碳链烃基，其余的烷基常是甲基、乙基或苄基。X 是卤族元素或其他阴离子基团，多数情况下是氯或溴原子。

在卤代烷的反应中，影响反应的主要因素有：

①卤离子的影响。当以低级叔胺为进攻试剂时，此反应为亲核置换反应，卤离子越容易离去，反应越容易进行。因此当烷基相同时，卤代烷的反应活性顺序为：R-Cl<R-Br<R-I。由此可见，使用碘代烷与叔胺反应效果最佳，反应速率快，产品收率高。但碘代烷的合成需要碘单质作原料，成本偏高，因此在合成烷基季铵盐时使用较少。多数情况下采用氯代烷与叔胺反应。

②烷基链的影响。当卤原子相同时，烷基链越长，卤代烷的反应活性越弱。

③叔胺的碱性和空间效应。叔胺的碱性越强，亲核活性越大，季铵化反应越易于进行。当叔胺上烷基取代基存在较大的空间位阻作用时，对季铵化反应不利。

2.2.2.1 由高级胺制成的季铵盐型阳离子表面活性剂

1. 烷基三甲基季铵盐

烷基三甲基季铵盐是由高级脂肪胺与氯甲烷在氢氧化钠存在下，在加热加压条件下进行反应而制得的，反应如下：

$$C_{12}H_{25}NH_2 + 2CH_3Cl + 2NaOH \longrightarrow C_{12}H_{25}\!-\!\overset{\displaystyle CH_3}{\underset{\displaystyle CH_3}{N}} + 2NaCl + 2H_2O$$

$$C_{12}H_{25}\!-\!\overset{\displaystyle CH_3}{\underset{\displaystyle CH_3}{N}} + CH_3Cl \xrightarrow[\text{加压}]{\text{加热}} H_3C\!-\!\overset{\displaystyle CH_3}{\underset{\displaystyle C_{12}H_{25}}{N^+}}\!-\!CH_3 \cdot Cl^-$$

该反应在极性介质(如水、乙醇)中能迅速完成。为提高生产率，必须保证反应在碱性条件下进行，因此加入了氢氧化钠。

2. 烷基二甲基苄基季铵盐

烷基二甲基苄基季铵盐是由烷基二甲基叔胺与氯化苄反应制得，反应在 40~100℃和有少量水存在的条件下进行，反应如下：

$$RN\overset{\displaystyle CH_3}{\underset{\displaystyle CH_3}{\big<}} + ClH_2C\!-\!\langle\text{苯环}\rangle \longrightarrow R\!-\!\overset{\displaystyle CH_3}{\underset{\displaystyle CH_3}{N^+}}\!-\!\overset{\displaystyle H_2}{C}\!-\!\langle\text{苯环}\rangle \cdot Cl^-$$

例如十二烷基二甲基苄基氯化铵(1227)俗称"洁尔灭"，又叫 1227 阳离子表面活性剂，可以用十二烷醇和二甲基胺反应生成叔胺，然后与氯化苄反应生成十二烷基二甲基苄基氯化铵。

$$C_{12}H_{25}OH + NH(CH_3)_2 \longrightarrow C_{12}H_{25}N(CH_3)_2$$

$$C_{12}H_{25}-\underset{\underset{CH_3}{|}}{\overset{\overset{CH_3}{|}}{N}} + ClCH_2-\text{（苯基）} \xrightarrow[3h]{80\sim90\text{℃}} \left[C_{12}H_{25}-\underset{\underset{CH_3}{|}}{\overset{\overset{CH_3}{|}}{N^+}}-CH_2-\text{（苯基）}\right]\cdot Cl^-$$

如果将配对的负离子由氯变为溴，则得到的表面活性剂称为"新洁尔灭"，它是性能更加优异的杀菌剂。值得注意的是其合成方法与洁灭尔有所不同，是由氯化苄先与六亚甲基四胺（乌洛托品）反应，得到中间产物再与甲酸和溴代十二烷反应制得，其合成过程如下：

$$\text{（苯基）}-CH_2Cl + (CH_2)_6(NH_2)_4 \longrightarrow \text{（苯基）}-CH_2(CH_2)_6(NH_2)_4Cl \xrightarrow[H_2O]{HCOOH}$$

$$\text{（苯基）}-CH_2N(CH_3)_2 \xrightarrow{C_{12}H_{25}Br} C_{12}H_{25}-\underset{\underset{CH_3}{|}}{\overset{\overset{CH_3}{|}}{N^+}}-CH_2-\text{（苯基）}\cdot Br^-$$

NTN 即 *N*，*N*-二乙基-（3′-甲氧基苯氧乙基）苄基氯化铵，这也是一种杀菌剂。该表面活性剂的疏水部分含有醚基，因此首先应合成含有醚基的叔胺，再与氯化苄反应，具体步骤如下：

$$\text{（3-甲氧基苯酚）}-OH \xrightarrow{NaOH} \text{（3-甲氧基苯酚钠）}-ONa \xrightarrow[-NaCl]{ClCH_2CH_2N(C_2H_5)_2} \text{（苯）}-OCH_2CH_2-N\overset{C_2H_5}{\underset{C_2H_5}{}}$$

$$\xrightarrow[100\text{℃},24h]{\text{（苯基）}CH_2Cl} \text{（苯）}-OCH_2CH_2-\underset{\underset{C_2H_5}{|}}{\overset{\overset{C_2H_5}{|}}{N^+}}-CH_2-\text{（苯基）}\cdot Cl^-$$

3. 烷基二甲基羟乙基季铵盐

烷基二甲基羟乙基季铵盐是由叔胺用硝酸、高氯酸或有机酸中和后，再与环氧乙烷进行加成反应而制得。其中，代表性的产品为十八烷基二甲基羟乙基硝酸铵和十八烷基二甲基羟乙基高氯酸铵，其制备反应如下：

$$CH_3(CH_2)_{17}\underset{\underset{CH_3}{|}}{\overset{\overset{CH_3}{|}}{N}} + HNO_3 \longrightarrow CH_3(CH_2)_{17}\underset{\underset{CH_3}{|}}{\overset{\overset{CH_3}{|}}{N}}\cdot HNO_3$$

$$CH_3(CH_2)_{17}\underset{\underset{CH_3}{|}}{\overset{\overset{CH_3}{|}}{N}}\cdot HNO_3 + H_2C\overset{\diagdown\diagup}{\underset{O}{}}CH_2 \longrightarrow CH_3(CH_2)_{17}\underset{\underset{CH_3}{|}}{\overset{\overset{CH_3}{|}}{N^+}}-CH_2CH_2OH\cdot NO_3^-$$

$$CH_3(CH_2)_{17}\underset{\underset{CH_3}{|}}{\overset{\overset{CH_3}{|}}{N}} + HClO_4 \longrightarrow CH_3(CH_2)_{17}\underset{\underset{CH_3}{|}}{\overset{\overset{CH_3}{|}}{N}}\cdot HClO_4$$

$$\underset{\overset{|}{CH_3}}{\overset{\overset{CH_3}{|}}{CH_3(CH_2)_{17}N}} \cdot HClO_4 + \underset{\overset{\diagdown}{O}}{H_2C-CH_2} \longrightarrow \underset{\overset{|}{CH_3}}{\overset{\overset{CH_3}{|}}{CH_3(CH_2)_{17}N^+}}-CH_2CH_2OH \cdot ClO_4^-$$

上述两种产品都具有良好的抗静电性能，广泛用作工业生产的抗静电剂。胶片生产中所用的抗静电剂 PC，即为十八烷基二甲基羟乙基过氯酸盐。此外，在纺织工业中使用的高速胶辊抗静电剂 LA，即为十八烷基二甲基羟乙基月桂酸盐。

4. 三（十二烷基二甲基-2-羟丙基）-柠檬酸三酯氯化铵（CTTAC）的合成

该种表面活性剂是以柠檬酸骨架为连接基，其分子结构中带有 3 个疏水长链烷基，3 个季铵正离子，比二聚季铵盐阳离子表面活性剂具有更强的吸附性能。同时，由于分子中含有 3 个酯基，使其具有一定的生物可降解性。反应如下：

$$\underset{\overset{|}{CH_2COOH}}{\overset{\overset{CH_2COOH}{|}}{HO-C-COOH}} + 3H_2C-CHCH_2Cl + 3R_{12}-\underset{\overset{|}{CH_3}}{\overset{\overset{CH_3}{|}}{N}} \longrightarrow$$

$$\left[\begin{array}{l} CH_2COO-CH_2CH(OH)CH_2-\overset{+}{N}(CH_3)_2R_{12} \\ HO-C-COO-CH_2CH(OH)CH_2-\overset{+}{N}(CH_3)_2R_{12} \\ CH_2COO-CH_2CH(OH)CH_2-\overset{+}{N}(CH_3)_2R_{12} \end{array}\right] \cdot 3Cl^-$$

2.2.2.2 由低级胺制成的季铵盐型阳离子表面活性剂

1. 低级叔胺与卤代烷反应制取季铵盐

烷基三甲基溴化铵是由溴代烷与三甲胺在加热加压条件下反应制得，反应如下：

$$RBr + N(CH_3)_3 \xrightarrow[60\sim80℃]{加压} R-\underset{\overset{|}{CH_3}}{\overset{\overset{CH_3}{|}}{N^+}}-CH_3 \cdot Br^-$$

如十二烷基三甲基溴化铵和十六烷基三甲基溴化铵等，在制备反应中常使用过量的三甲胺以保证溴代烷反应完全。

2. 脂肪酰胺三烷基季铵盐

属于脂肪酰胺三烷基季铵盐型阳离子表面活性剂的制品有十八酰胺乙基二乙基苄基氯化铵、十八酰胺乙基三甲基硫酸铵、十四酰胺丙基二甲基苄基氯化铵等。

十八酰胺乙基二乙基苄基氯化铵是先由硬脂酸与 $N，N$-二乙基乙二胺或羟乙基乙二胺进行缩合反应制得叔胺，然后用氯化苄进行季铵化而制得的，其反应如下：

$$CH_3(CH_2)_{16}COOH + H_2NCH_2CH_2-\underset{\overset{|}{CH_3}}{\overset{\overset{CH_3}{|}}{N}} \longrightarrow CH_3(CH_2)_{16}CONHCH_2CH_2-\underset{\overset{|}{CH_3}}{\overset{\overset{CH_3}{|}}{N}}$$

$$CH_3(CH_2)_{16}CONHCH_2CH_2-\underset{\overset{|}{C_2H_5}}{\overset{\overset{C_2H_5}{|}}{N}} + ClCH_2-\!\!\!\!\bigcirc\!\!\!\!- \longrightarrow$$

$$CH_3(CH_2)_{16}CONHCH_2CH_2-\underset{\overset{|}{C_2H_5}}{\overset{\overset{C_2H_5}{|}}{N^+}}-CH_2-\!\!\!\!\bigcirc\!\!\!\!- \cdot Cl^-$$

十八酰胺乙基三甲基甲硫酸铵是先由硬脂酸与 $N，N$-二甲基乙二胺进行缩合反应制得叔胺，然后用硫酸二甲酯进行季铵化而制得的，反应如下：

26

$$\underset{CH_3(CH_2)_{16}CONHCH_2CH_2-N-CH_3}{\overset{CH_3}{\underset{CH_3}{|}}} \xrightarrow{(CH_3O)_2SO_2} \underset{CH_3(CH_2)_{16}CONHCH_2CH_2-N^+-CH_3 \cdot {}^-OSO_3CH_3}{\overset{CH_3}{\underset{CH_3}{|}}}$$

2.2.3 含杂原子的季铵盐型阳离子表面活性剂

这里所谓的杂原子的季铵盐一般是指疏水性碳氢链中含有 O、N、S 等杂原子的季铵盐，也就是指亲油基中含有酰胺键、醚键、酯键或者硫醚键的表面活性剂。由于亲水基团季铵盐阳离子与烷基疏水基是通过酰胺、酯或硫醚等基团相连，而不是直接连接在一起，故也有人将这类季铵盐称作间接连接型阳离子表面活性剂。

1. 含氧原子季铵盐

含氧原子的季铵盐多是指疏水链中带有酰胺基或者醚基的季铵盐。

（1）含酰胺基的季铵盐

酰胺基的引入一般是通过酰氯与胺反应实现的。在合成过程中，先制备含有酰胺基的叔胺，最后进行季铵化反应。例如表面活性剂 Sapamine MS 的合成反应主要有 3 步。

第 1 步，油酸与三氯化磷反应制得油酰氯。

$$3C_{17}H_{33}COOH+PCl_3 \xrightarrow{NaOH} 3C_{17}H_{33}COCl+H_3PO_3$$

第 2 步，油酰氯与 N，N-二乙基乙二胺缩合制得带有酰胺基的叔胺 N，N-二乙基-2-油酰胺基乙胺。

$$C_{17}H_{33}COCl+NH_2CH_2CH_2N(C_2H_5)_2 \xrightarrow{-HCl} C_{17}H_{33}CONHCH_2CH_2N(C_2H_5)_2$$

第 3 步，N，N-二乙基-2-油酰胺基乙胺与硫酸二甲酯剧烈搅拌反应 1h 左右，分离得到 Sapamine MS。

$$C_{17}H_{33}CONHCH_2CH_2N(C_2H_5)_2 + (CH_3)_2SO_4 \longrightarrow \underset{H_3C-N^+-CH_2CH_2NHCOC_{17}H_{33} \cdot CH_3SO_4^-}{\overset{C_2H_5}{\underset{C_2H_5}{|}}}$$

又如

$$2C_{17}H_{35}COOH + H_2NCH_2CH_2NHCH_2CH_2NH_2 \xrightarrow[-2H_2O]{140\sim170℃, \ N_2}$$

$$C_{17}H_{35}CONHCH_2CH_2NHCH_2CH_2NHCOC_{17}H_{35}$$

$$\underset{CH_2-CH-CH_2Cl}{\overset{O}{\frown}} \xrightarrow{110\sim120℃} \left[\underset{CH_2-CH-CH_2}{\overset{|}{\underset{\overset{}{\frown}_O}{}}}C_{17}H_{35}CONHCH_2CH_2NHCH_2CH_2NHCOC_{17}H_{35} \right] \cdot Cl^-$$

（2）含醚基的季铵盐

含有醚基的季铵盐表面活性剂的合成方法是在苯溶剂中将十八醇与三聚甲醛和氯化氢充分反应，分离并除去水，减压蒸馏得到十八烷基氯甲基醚，然后与三甲胺进行 N-烷基化反应。

$$C_{18}H_{37}OH+HCHO+HCl \xrightarrow{5\sim10℃} C_{18}H_{37}OCH_2Cl+H_2O$$

$$C_{18}H_{37}OCH_2Cl + N(CH_3)_3 \longrightarrow C_{18}H_{37}OCH_2N^+(CH_3)_3 \cdot Cl^-$$

2. 含氨季铵盐

在亲油基团的长链烷基中含有氨基的表面活性剂如 N–甲基–N–十烷基氨基乙基三甲基溴化铵，它是由 N–甲基–N–十烷基溴乙胺与三甲胺在苯溶剂中、于 120℃ 密闭条件下反应 12h，经冷却、加水稀释得到的透明状液体产品。

$$C_{10}H_{21}-\overset{\overset{\displaystyle CH_3}{|}}{N}-CH_2CH_2Br + N(CH_3)_3 \xrightarrow{120℃,压力,12h} C_{10}H_{21}-\overset{\overset{\displaystyle CH_3}{|}}{N}-CH_2CH_2N^+(CH_3)_3 \cdot Br^-$$

3. 含硫原子季铵盐

合成长链烷基中含有硫原子的季铵盐，首先要制备长链烷基甲基硫醚的卤化物，即具有烷化能力的含硫亲油基，并以此为烷基化试剂进行季铵化反应。

长链烷基甲基硫醚的卤化物合成，通常采用长链烷基硫醇与甲醛和氯化氢反应的方法。例如，十二烷基氯甲基硫醚的合成反应如下所示：

$$C_{12}H_{25}SH + HCHO + HCl \longrightarrow C_{12}H_{25}SCH_2Cl + H_2O$$

$$C_{12}H_{25}SCH_2Cl + N(CH_3)_3 \xrightarrow{70\sim80℃,\ 2h} C_{12}H_{25}SCH_2N^+(CH_3)_3 \cdot Cl^-$$

反应时，向十二烷基硫醇与 40% 甲醛溶液的混合物中通入氯化氢气体，脱水后即可得到无色液态的产品。将生成的硫醚与三甲胺在苯溶剂中于 70~80℃ 下加热反应 2h 即到达反应终点，分离、纯化，可以制得无色光亮的板状结晶产品。

2.2.4 含杂环的季铵盐型阳离子表面活性剂

1. 吡啶盐型表面活性剂

吡啶与 $C_2 \sim C_{18}$ 卤代烷，在 130~150℃ 下反应，蒸馏除去水及未反应的吡啶，即得到吡啶盐型表面活性剂。

$$RX + N\langle\!\!\bigcirc\!\!\rangle \longrightarrow R-N^+\langle\!\!\bigcirc\!\!\rangle \cdot X^-$$

十二烷基吡啶氯化铵是这类表面活性剂的代表物，其杀菌力很强，对伤寒杆菌和金黄葡萄球菌有杀灭能力，常在食品加工、餐厅、饲养场和游泳池等处作为洗涤消毒剂使用。

$$C_{12}H_{25}X + N\langle\!\!\bigcirc\!\!\rangle \longrightarrow C_{12}H_{12}-N^+\langle\!\!\bigcirc\!\!\rangle \cdot X^-$$

2. 咪唑啉型季铵盐

高碳烷基咪唑啉季铵盐主要由脂肪酸及其酯和多元胺经脱水缩合、闭环、甲基化 3 步合成。例如，脂肪酸与羟基乙基乙二胺进行脱水环化后，再与用氯代甲烷或氯化苄作用，即可分别制得相应的咪唑啉型季铵盐。

$$\begin{array}{c} NHCH_2CH_2NH_2 \\ | \\ CH_2CH_2OH \end{array} \xrightarrow{RCOOH} RCON\begin{array}{c} CH_2CH_2NH_2 \\ \\ CH_2CH_2OH \end{array} \xrightarrow{-H_2O} RC\overset{\displaystyle N-CH_2}{\underset{\displaystyle N-CH_2}{\big\langle}}\ \big|\ CH_2CH_2OH \xrightarrow{CH_3Cl} RC\overset{\displaystyle N-CH_2}{\underset{\displaystyle N^+-CH_2}{\big\langle}} \cdot Cl^-$$

脂肪酸与氨基乙基乙二胺反应时，反应式如下：

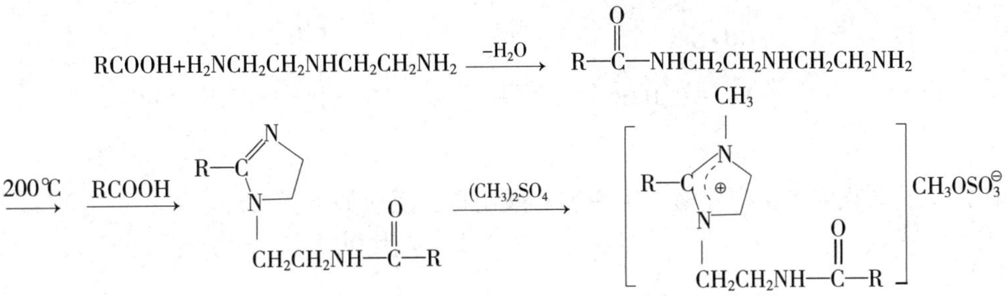

$$RCOOH + H_2NCH_2CH_2NHCH_2CH_2NH_2 \xrightarrow{-H_2O} R-\overset{\overset{\displaystyle O}{\|}}{C}-NHCH_2CH_2NHCH_2CH_2NH_2$$

3. 喹啉盐型阳离子表面活性剂

喹啉盐型阳离子表面活性剂的代表性产品为十二烷基溴化喹啉，它可由喹啉与溴代十二烷反应制得，反应如下：

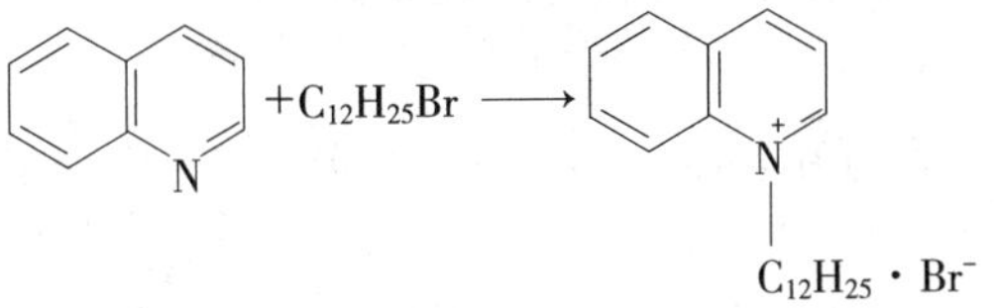

4. 其他含杂环的季铵盐

其他含杂环的季铵盐有吗啡型、哌嗪型和噁啉型，应用较少，它们的结构式分别如下所示：

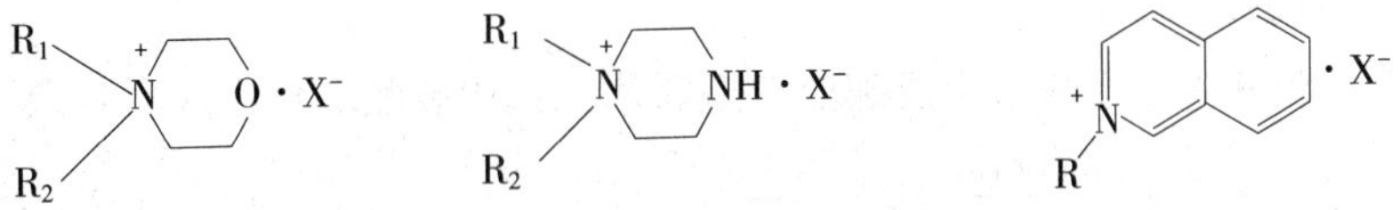

其中 N-烷基吗啉，由长碳链伯胺与 β，β'-二氯乙醚反应，然后再进行甲基化。

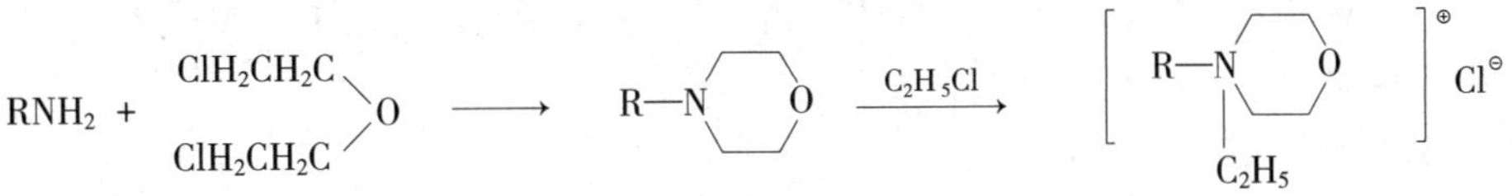

2.2.5 双季铵盐型阳离子表面活性剂

在阳离子表面活性剂的活性基上带有 2 个正电荷的季铵盐称为双季铵盐。例如，以叔胺与 β-二氯乙醚反应，可以制取双季铵盐，反应如下：

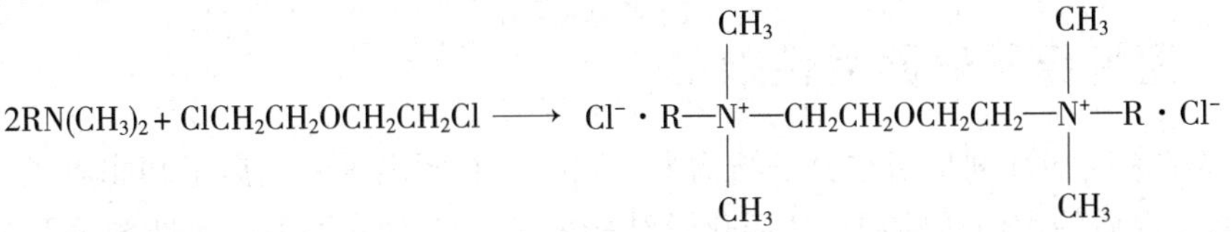

同样，以叔胺与对苯二甲基二氯反应，可生成如下的双季铵盐。

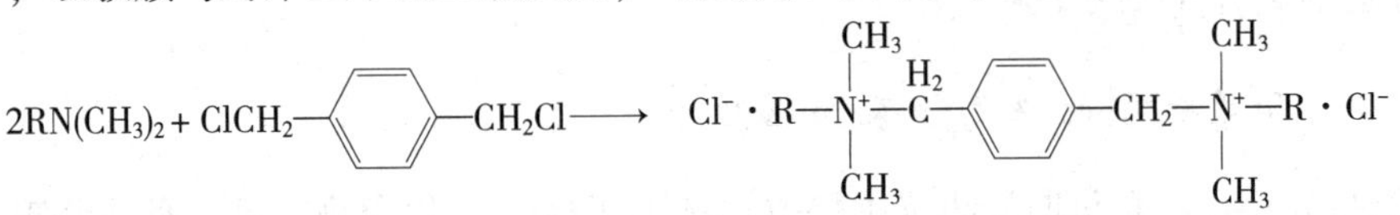

2.2.6 锍盐型阳离子表面活性剂

1. 膦盐化合物

膦镓盐可由烷基膦与卤代物反应得到。

$$\text{C}_6\text{H}_5\text{-}\overset{\overset{\text{CH}_3}{|}}{\underset{\underset{\text{CH}_3}{|}}{\text{P}}} + \text{C}_{12}\text{H}_{25}\text{Br} \xrightarrow{\text{EtOH}} \text{C}_6\text{H}_5\text{-}\overset{\overset{\text{CH}_3}{|}}{\underset{\underset{\text{CH}_3}{|}}{\text{P}^+}}\text{-C}_{12}\text{H}_{25} \cdot \text{Br}^-$$

四羟甲基氯化膦可由磷化氢、甲醛和盐酸制得，反应如下：

$$\text{PH}_3 + 4\text{HCHO} + \text{HCl} \longrightarrow \text{HOCH}_2\text{-}\overset{\overset{\text{CH}_2\text{OH}}{|}}{\underset{\underset{\text{CH}_2\text{OH}}{|}}{\text{P}^+}}\text{-CH}_2\text{OH} \cdot \text{Cl}^-$$

2. 锍盐化合物

将两烷基的亚砜进行烷基化而得到氧化锍表面活性剂。

$$\text{C}_{12}\text{H}_{25}\text{-}\overset{\overset{\text{O}}{\|}}{\text{S}}\text{-CH}_3 + (\text{CH}_3)_2\text{SO}_4 \longrightarrow \text{C}_{12}\text{H}_{25}\text{-}\overset{\overset{\text{O}}{\|}}{\underset{\underset{\text{CH}_3}{|}}{\text{S}^+}}\text{-CH}_3 \cdot \text{CH}_3\text{SO}_4^-$$

也可以用硫醚与卤代烷反应制得锍镓。

$$\text{C}_{16}\text{H}_{33}\text{SC}_2\text{H}_5 + \text{CH}_3\text{X} \longrightarrow \left[\overset{\overset{\text{C}_{16}\text{H}_{33}}{|}}{\underset{\underset{\text{CH}_3}{|}}{\text{S}}}\text{-C}_2\text{H}_5\right]^+ \cdot \text{X}^-$$

3. 碘镓化合物

用过氧化乙酸氧化邻碘联苯生成邻亚碘酰联苯，再用硫酸环化生成联苯碘鎓硫酸盐。

$$\xrightarrow{\text{CH}_3\text{COOOH}} \xrightarrow{\text{H}_2\text{SO}_4} \cdot \text{HSO}_4^-$$

4. 砷盐化合物

砷盐化合物通式如下所示：

$$\left[\text{R}_1\text{-}\overset{\overset{\text{R}_4}{|}}{\underset{\underset{\text{R}_2}{|}}{\text{As}^+}}\text{-R}_3\right] \cdot \text{Cl}^-$$

2.3　两性离子表面活性剂

两性离子表面活性剂是指在分子结构中，同时具有阴离子、阳离子和非离子中的 2 种或 2 种以上离子性质的表面活性剂。按照化学结构分类，两性离子表面活性剂主要分为甜菜碱型、咪唑啉型和氨基酸型 3 类。

2.3.1　甜菜碱型两性离子表面活性剂

甜菜碱(betaines)是早期从甜菜中提取出来的天然含氮化合物，是一种生物碱，如果在甜菜碱分子上接一长链烷基，即可得到甜菜碱型两性离子表面活性剂。目前甜菜碱一词已广泛应用于所有类似结构的化合物中，并已扩展到含硫及含磷的类似化合物。该类表面活性剂主要分为羧酸甜菜碱、磺酸甜菜碱和硫酸酯甜菜碱等类型。

2.3.1.1 羧酸甜菜碱型两性离子表面活性剂的合成

天然甜菜碱不具有表面活性，只有当其中一个甲基被长链烷基取代后才具有表面活性。工业上采用烷基二甲基叔胺与卤代乙酸盐在水溶液中进行反应制得，反应如下：

$$\underset{\underset{CH_3}{|}}{\overset{\overset{CH_3}{|}}{R-N}} + ClCH_2COO^-Na^+ \xrightarrow{\triangle} \underset{\underset{CH_3}{|}}{\overset{\overset{CH_3}{|}}{R-N^+}}-CH_2COO^- + NaCl$$

改变叔胺中长碳链烷基，可以合成一系列带有不同烷基的 N-烷基二甲基甜菜碱，例如十四烷基二甲胺、十六烷基二甲胺与氯乙酸钠反应，可分别合成十四烷基甜菜碱和十六烷基甜菜碱。

为了合成烷基链中带有酰胺基或醚基的羧酸甜菜碱，首先应合成含有酰胺基和醚基的叔胺，再进一步与氯乙酸钠反应。例如，由脂肪酸与氨基烷基叔胺反应合成酰胺基叔胺：

$$RCOOH + NH_2CH_2CH_2CH_2N(CH_3)_2 \xrightarrow[-H_2O]{\triangle} RCONHCH_2CH_2CH_2N(CH_3)_2$$

$$\xrightarrow{ClCH_2COONa} RCONHCH_2CH_2CH_2-\underset{\underset{CH_3}{|}}{\overset{\overset{CH_3}{|}}{N^+}}-CH_2COO^-$$

再如，通过下列反应可以合成疏水基部分含有醚基的羧酸甜菜碱。

$$\overset{\overset{CH_3}{|}\quad\overset{CH_3}{|}}{H_3C-\underset{\underset{CH_3}{|}}{C}-H_2C-\underset{\underset{CH_3}{|}}{C}-\text{〈苯环〉}-OCH_2CH_2OCH_2CH_2Cl} \xrightarrow{NH(CH_3)_2}$$

$$\overset{\overset{CH_3}{|}\quad\overset{CH_3}{|}}{H_3C-\underset{\underset{CH_3}{|}}{C}-H_2C-\underset{\underset{CH_3}{|}}{C}-\text{〈苯环〉}-OCH_2CH_2OCH_2CH_2-\underset{\underset{CH_3}{|}}{\overset{\overset{CH_3}{|}}{N}}} \xrightarrow{ClCH_2COONa}$$

$$\overset{\overset{CH_3}{|}\quad\overset{CH_3}{|}}{H_3C-\underset{\underset{CH_3}{|}}{C}-H_2C-\underset{\underset{CH_3}{|}}{C}-\text{〈苯环〉}-OCH_2CH_2OCH_2CH_2-\underset{\underset{CH_3}{|}}{\overset{\overset{CH_3}{|}}{N^+}}-CH_2COO^-}$$

用烷基二乙醇胺与氯乙酸钠反应制得的羧酸甜菜碱，分子中的羟乙基直接连在亲水基的氮原子上，即：

$$\underset{\underset{CH_2CH_2OH}{|}}{\overset{\overset{CH_2CH_2OH}{|}}{C_{12}H_{25}-N}} + ClCH_2COONa \longrightarrow \underset{\underset{CH_2CH_2OH}{|}}{\overset{\overset{CH_2CH_2OH}{|}}{C_{12}H_{25}-N^+}}-CH_2COO^-$$

以月桂醇、环氧氯丙烷、二甲胺和氯乙酸钠为原料，经过 3 步合成出 N-（3-十二烷氧基-2-羟基丙基）-N,N-二甲基甜菜碱。

$$ROH + ClCH_2CH-CH_2 \longrightarrow ROCH_2CH-CH_2 \xrightarrow{NH(CH_3)_2}$$
$$\qquad\qquad\quad \underset{O}{\diagdown\diagup} \qquad\qquad\qquad \underset{O}{\diagdown\diagup}$$

$$ROCH_2CHCH_2N\underset{\underset{CH_3}{|}}{\overset{\overset{CH_3}{|}}{}} \xrightarrow{ClCH_2COONa} ROCH_2CHCH_2N^+\underset{\underset{CH_3}{|}}{\overset{\overset{CH_3}{|}}{}}-CH_2COO^-$$
$$\qquad\quad \underset{OH}{|} \qquad\qquad\qquad\qquad\qquad\qquad \underset{OH}{|}$$

甜菜碱型两性离子表面活性剂的长烷链也可以不在氮原子上，而在羧基的 α 碳原子上，其制法是长链脂肪酸与溴反应生成 α-溴代脂肪酸，然后再与三甲胺反应即生成此种物质，反应如下：

$$R—CH_2COOH + Br_2 \longrightarrow R—\overset{\overset{\displaystyle H}{|}}{\underset{\underset{\displaystyle Br}{|}}{C}}—COOH + HBr$$

$$R—\overset{}{\underset{\underset{\displaystyle Br}{|}}{C}}HCOOH + 2N(CH_3)_3 \longrightarrow R—\overset{}{\underset{\underset{\displaystyle N(CH_3)_3}{\overset{+}{|}}}{C}}HCOO^- + (CH_3)_3N \cdot HBr$$

2.3.1.2 磺酸甜菜碱型两性离子表面活性剂的合成

与合成羧酸甜菜碱的氯乙酸钠法类似，叔胺与氯乙基磺酸钠反应是制备磺酸甜菜碱的传统方法，这一反应可以用来合成在磺酸基和季铵盐之间相隔两个亚甲基的磺酸基甜菜碱。

氯乙基磺酸钠是通过二氯乙烷与亚硫酸钠的反应制备的。

$$ClCH_2CH_2Cl + Na_2SO_3 \longrightarrow ClCH_2CH_2SO_3Na$$

氯乙基磺酸钠与特定结构的叔胺反应，便可合成出所需的磺酸甜菜碱型两性离子表面活性剂。

$$ClCH_2CH_2SO_3Na + RN(CH_3)_2 \longrightarrow R—\overset{\overset{\displaystyle CH_3}{|}}{\underset{\underset{\displaystyle CH_3}{|}}{N^+}}—CH_2CH_2SO_3^- + NaCl$$

如果用溴乙基磺酸钠代替氯乙基磺酸钠，也可合成出磺酸甜菜碱：

$$R—\overset{\overset{\displaystyle CH_3}{|}}{\underset{\underset{\displaystyle CH_3}{|}}{N}} + BrCH_2CH_2SO_3^-Na^+ \overset{\triangle}{\longrightarrow} R—\overset{\overset{\displaystyle CH_3}{|}}{\underset{\underset{\displaystyle CH_3}{|}}{N^+}}—CH_2CH_2SO_3^- + NaBr$$

磺酸甜菜碱的阳离子基团和阴离子基团都是强解离基团，它在任何 pH 值下均处于解离状态，所以其性质基本上与溶液的 pH 值无关，形成的"内盐"也呈中性。

叔胺与氯代羟丙烷磺酸钠进行反应可制得羟基磺酸甜菜碱，反应如下：

$$R—N(CH_3)_2 + Cl—CH_2\overset{}{\underset{\underset{\displaystyle OH}{|}}{C}}HCH_2—SO_3Na \xrightarrow[80\sim130℃]{加压} R—\overset{\overset{\displaystyle CH_3}{|}}{\underset{\underset{\displaystyle CH_3}{|}}{N^+}}—CH_2\overset{}{\underset{\underset{\displaystyle OH}{|}}{C}}HCH_2—SO_3^- + NaCl$$

所用氯代羟丙烷磺酸钠是由氯代环氧丙烷与亚硫酸氢钠制得的，反应如下：

$$ClCH_2—HC\overset{}{\underset{\underset{\displaystyle O}{\diagdown\diagup}}{}}CH_2 + NaHSO_3 \longrightarrow Cl—CH_2\overset{}{\underset{\underset{\displaystyle OH}{|}}{C}}HCH_2—SO_3Na$$

带有苄基的磺酸甜菜碱也是此类表面活性剂中的常见品种，如 N-烷基-N-甲基 N-苄基铵乙基磺酸，它由 N-甲基苄基胺与氯乙基磺酸钠反应制得 N-甲基-N-苄基牛磺酸钠，再进一步与溴代烷进行季铵化反应制得，合成关键是 N-苄基牛磺酸的制备。

$$〈\text{苯环}〉—CH_2NHCH_3 + ClCH_2CH_2SO_3Na \longrightarrow 〈\text{苯环}〉—CH_2N\overset{\overset{\displaystyle CH_3}{|}}{}CH_2CH_2SO_3Na$$

32

$$\text{C}_6\text{H}_5-\text{CH}_2\overset{\underset{\displaystyle CH_3}{|}}{N}\text{CH}_2\text{CH}_2\text{SO}_3\text{Na} \xrightarrow{\text{RBr}} \text{R}-\overset{\overset{\displaystyle CH_3}{|}}{\underset{\underset{\displaystyle CH_2CH_2SO_3^-}{|}}{N^+}}-\text{CH}_2-\text{C}_6\text{H}_5$$

2.3.1.3 硫酸酯甜菜碱型两性离子表面活性剂的合成

硫酸酯甜菜碱型两性离子表面活性剂的典型结构为：

$$\text{R}-\overset{\overset{\displaystyle CH_3}{|}}{\underset{\underset{\displaystyle CH_3}{|}}{N^+}}-(\text{CH}_2)_n\text{OSO}_3^-$$

式中，$n=2$，3。

它的制备方法主要有以下 3 种：

①先由叔胺和氯醇反应引入羟基后，再用硫酸、氯磺酸或三氧化硫进行硫酸酯化制得，其反应式为：

$$\text{RN(CH}_3)_2 + \text{Cl(CH}_2)_n\text{OH} \longrightarrow \text{R}-\overset{\overset{\displaystyle CH_3}{|}}{\underset{\underset{\displaystyle CH_3}{|}}{N^+}}-(\text{CH}_2)_n\text{OH} \cdot \text{Cl}^- \xrightarrow{\text{HSO}_3\text{Cl,2NaOH}} \text{R}-\overset{\overset{\displaystyle CH_3}{|}}{\underset{\underset{\displaystyle CH_3}{|}}{N^+}}-(\text{CH}_2)_n\text{OSO}_3^-$$

以 N-(4-硫酸酯四亚甲基)二甲基十六烷基铵为例，其制备过程是用十六烷基二甲基胺与氯丁醇反应制得 N-(4-羟基四亚甲基)二甲基十六烷基铵，然后与氯磺酸反应，再用氢氧化钠中和得到产品。

$$\text{C}_{16}\text{H}_{33}\text{N(CH}_3)_2 + \text{Cl(CH}_2)_4\text{OH} \longrightarrow \text{C}_{16}\text{H}_{33}-\overset{\overset{\displaystyle CH_3}{|}}{\underset{\underset{\displaystyle CH_3}{|}}{N^+}}-(\text{CH}_2)_4\text{OH} \cdot \text{Cl}^- \xrightarrow[\text{NaOH}]{\text{HSO}_3\text{Cl}} \text{C}_{16}\text{H}_{33}-\overset{\overset{\displaystyle CH_3}{|}}{\underset{\underset{\displaystyle CH_3}{|}}{N^+}}-(\text{CH}_2)_4\text{OSO}_3^-$$

②由卤代烷与带有羟基的叔胺反应，然后用三氧化硫酯化。

例如，用对十二烷基氯化苄和羟乙基叔胺反应，制得含有羟基的季铵盐，然后用三氧化硫酯化便可合成出含有苄基的硫酸酯甜菜碱，其反应式为：

$$\text{C}_{12}\text{H}_{25}-\langle\text{C}_6\text{H}_4\rangle-\text{CH}_2\text{Cl} + \overset{\overset{\displaystyle CH_3}{|}}{\underset{\underset{\displaystyle CH_3}{|}}{N}}-\text{CH}_2\text{CH}_2\text{OH} \longrightarrow \text{C}_{12}\text{H}_{25}-\langle\text{C}_6\text{H}_4\rangle-\text{CH}_2-\overset{\overset{\displaystyle CH_3}{|}}{\underset{\underset{\displaystyle CH_3}{|}}{N^+}}-\text{CH}_2\text{CH}_2\text{OH} \cdot \text{Cl}^-$$

$$\xrightarrow{\text{SO}_3} \text{C}_{12}\text{H}_{25}-\langle\text{C}_6\text{H}_4\rangle-\text{CH}_2-\overset{\overset{\displaystyle CH_3}{|}}{\underset{\underset{\displaystyle CH_3}{|}}{N^+}}-\text{CH}_2\text{CH}_2\text{OSO}_3^-$$

③先由高级脂肪族伯胺与环氧乙烷反应，再经卤代烷季铵化和三氧化硫酯化。

$$\text{RNH}_2 + (m+n)\text{H}_2\text{C}\overset{\displaystyle O}{\overbrace{\quad}}\text{CH}_2 \longrightarrow \text{R}-\text{N}\overset{\displaystyle (CH_2CH_2O)_mH}{\underset{\displaystyle (CH_2CH_2O)_nH}{\big\langle}} \xrightarrow{\text{R'X}}$$

$$\text{R}-\overset{\overset{\displaystyle (CH_2CH_2O)_mH}{\diagup}}{\underset{\underset{\displaystyle (CH_2CH_2O)_nH}{\diagdown}}{N^+}}\text{R'} \cdot \text{X}^- \xrightarrow{\text{SO}_3} \text{R}-\overset{\overset{\displaystyle (CH_2CH_2O)_mH}{\diagup}}{\underset{\underset{\displaystyle (CH_2CH_2O)_nSO_3^-}{\diagdown}}{N^+}}\text{R'}$$

综上所述，甜菜碱型两性离子表面活性剂的合成在一定程度上与季铵盐型阳离子表面活性剂的合成类似，可以借鉴季铵盐型阳离子表面活性剂的合成路线和方法，关键点是羧基、磺酸基和硫酸酯基等阴离子的引入。

2.3.1.4　烷基酰胺磷酸酯甜菜碱

以环氧氯丙烷、磷酸盐和烷基酰胺丙基二甲基叔胺为原料，经过如下反应得到烷基酰胺磷酸酯甜菜碱。

$$NaH_2PO_4 + H_2C\!\!-\!\!CHCH_2Cl \longrightarrow ClCH_2\!-\!CH\!-\!CH_2\!-\!O\!-\!\overset{\displaystyle O}{\underset{\displaystyle OH}{\overset{\|}{P}}}\!-\!ONa$$

$$\xrightarrow{RONH(CH_2)_3N(CH_3)_2} RONH\!-\!(CH_2)_3\!-\!\overset{CH_3}{\underset{CH_3}{\overset{|}{\underset{|}{N^+}}}}\!-\!CH_2\!-\!\overset{}{\underset{OH}{\overset{|}{CH}}}\!-\!CH_2\!-\!O\!-\!\overset{\displaystyle O}{\underset{\displaystyle OH}{\overset{\|}{P}}}\!-\!O^-$$

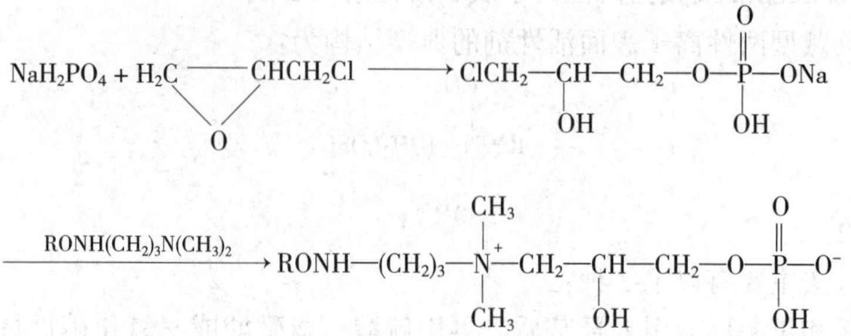

2.3.2　咪唑啉型两性离子表面活性剂

咪唑啉型两性离子表面活性剂主要指含脂肪烃咪唑啉的羧基两性离子表面活性剂，是目前最重要的一类两性离子表面活性剂。该类表面活性剂的代表品种是 2-烷基-N-羧甲基-N'-羟乙基咪唑啉和 2-烷基-N-羧甲基-N-羟乙基咪唑啉，它们的结构通式为：

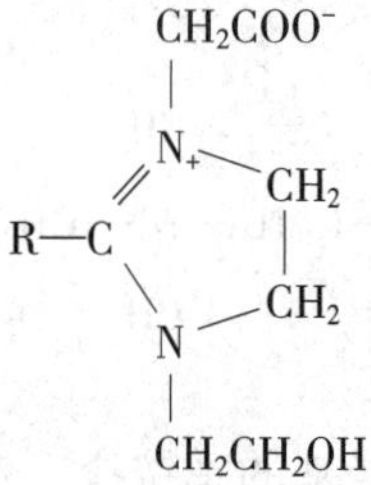

2-烷基-N-羧甲基-N'-羟乙基咪唑啉 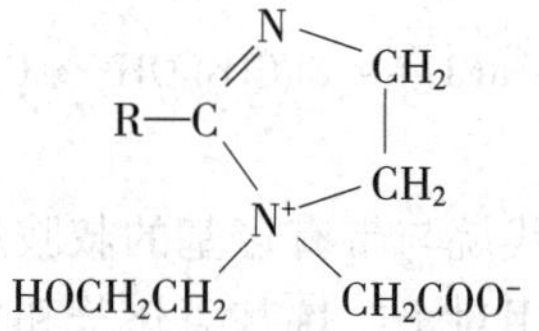　　　　2-烷基-N-羧甲基-N-羟乙基咪唑啉

式中，R 是含有 12~18 个碳原子的烷基。

2.3.2.1　脂肪酸和羟乙基乙二胺反应

脂肪酸和羟乙基乙二胺反应合成咪唑啉型两性离子表面活性剂的反应分 3 步进行。

第 1 步，脂肪酸和羟乙基乙二胺（AEEA）发生酰化反应，同时得到两种酰胺，其反应式为：

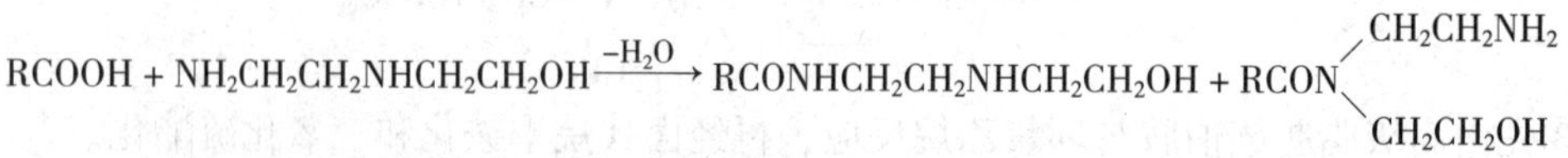

$$RCOOH + NH_2CH_2CH_2NHCH_2CH_2OH \xrightarrow{-H_2O} RCONHCH_2CH_2NHCH_2CH_2OH + RCON\!\!\begin{array}{l}CH_2CH_2NH_2\\CH_2CH_2OH\end{array}$$

第 2 步，酰胺脱水成环生成 2-烷基-N-羟乙基咪唑啉（HEAI）。

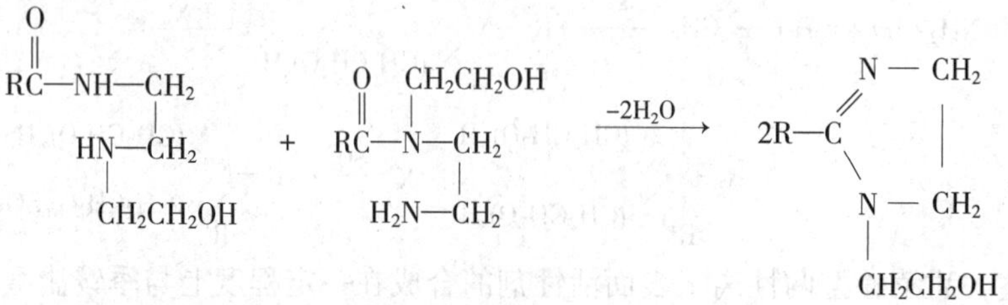

第 3 步，2-烷基-N-羟乙基咪唑啉与氯乙酸钠反应，得到两性离子表面活性剂产品。

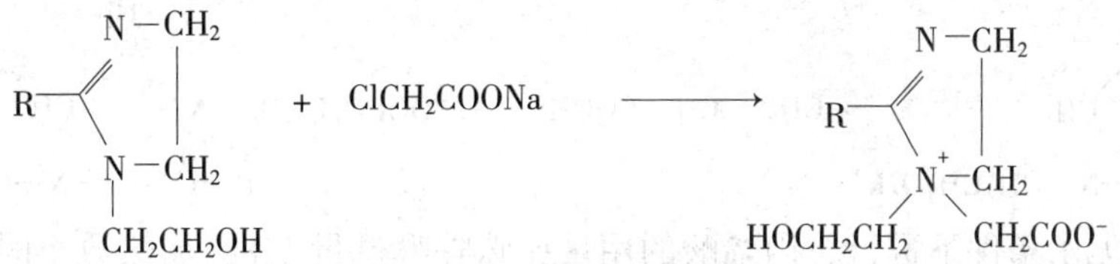

2-烷基-N-羟乙基咪唑啉用氯乙基磺酸等进行季铵化可制得咪唑啉磺酸盐型两性离子表面活性剂。

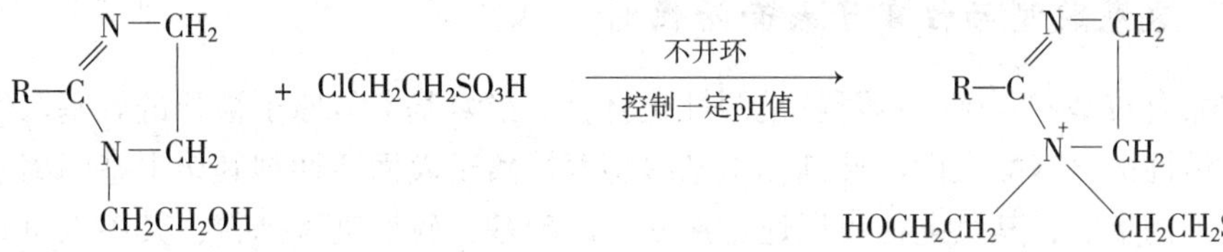

咪唑啉硫酸酯型两性离子表面活性剂可由 2-烷基-N-羟乙基咪唑啉用硫酸等酯化制得：

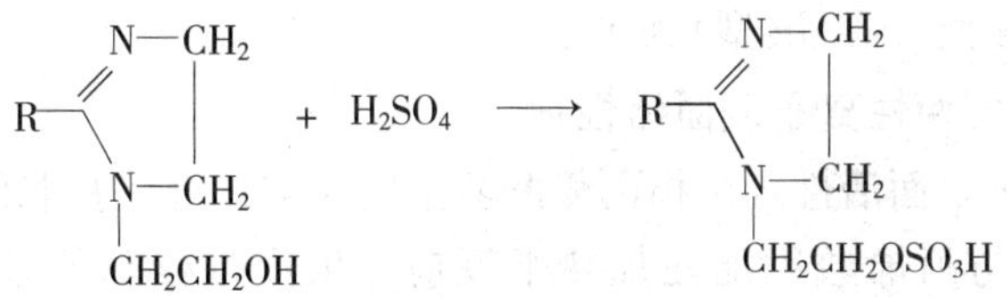

2.3.2.2 脂肪酸和氨基乙基乙二胺反应

脂肪酸和氨基乙基乙二胺反应制得咪唑啉型两性离子表面活性剂。

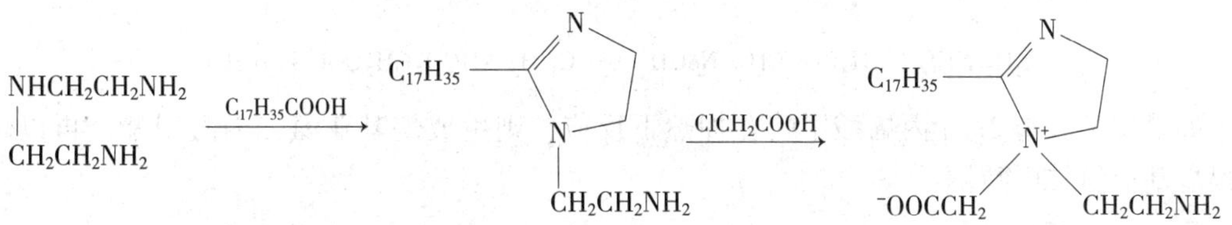

2.3.2.3 有机硼系咪唑啉表面活性剂

先由脂肪酸和羟乙基乙二胺形成中间体（HEAI），再和硼酸进行酯化反应，制得有机硼系咪唑啉表面活性剂。反应式如下：

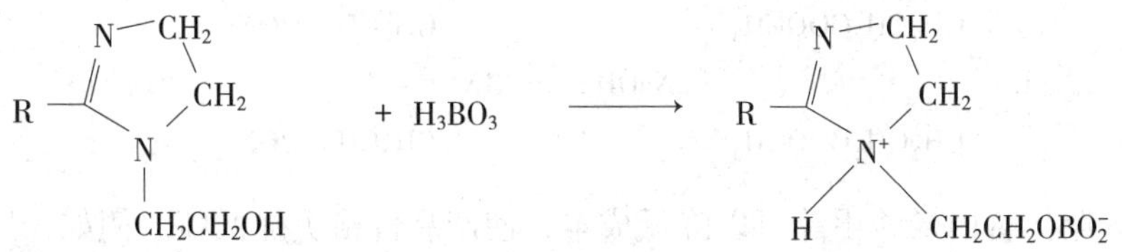

2.3.2.4 咪唑啉甜菜碱的合成

咪唑啉甜菜碱是由曼奈梅尔（Mannheimer）首先报道的，它可由咪唑啉与丙烯酸反应来制取。脂肪酸和羟乙基乙二胺进行缩合反应得咪唑啉，然后再与丙烯酸反应，便制得咪唑啉甜菜碱，反应如下：

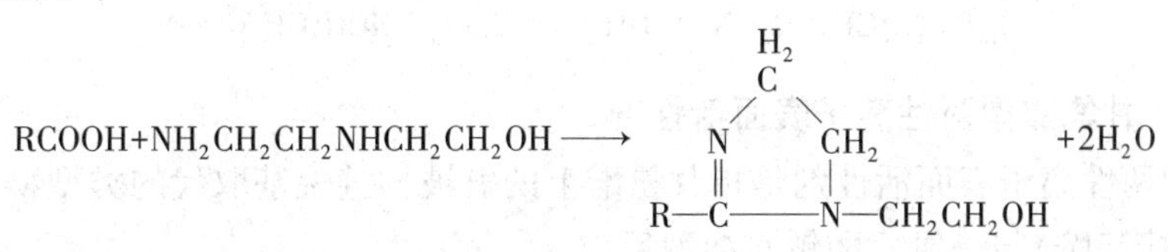

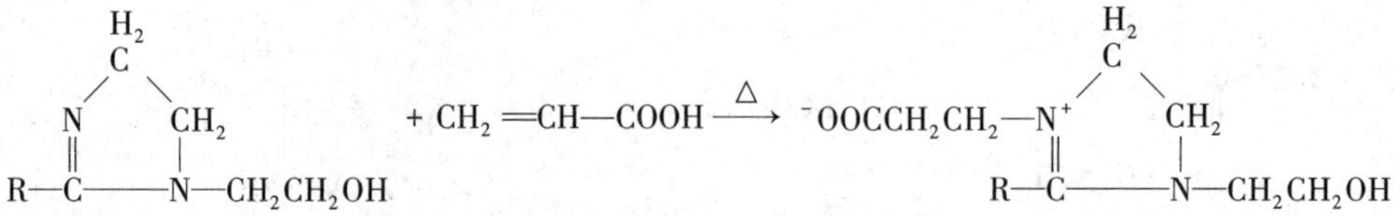

该反应在无水条件下进行，丙烯酸的用量比咪唑啉过量5%，加热数小时后反应即可完成，产率可达65%。咪唑啉甜菜碱具有优良的表面活性，对皮肤刺激性小。

2.3.3 氨基酸型两性离子表面活性剂

氨基酸兼有羧基和氨基，本身就是两性化合物。当氨基上氢原子被长链烷基取代后就成为具有表面活性的氨基酸表面活性剂。氨基酸型两性离子表面活性剂其亲水基阳离子的正电荷是通过氨基携带的，其负电荷可以通过羧基、磺酸基、硫酸基等携带，其中以氨基羧酸型两性离子表面活性剂最重要。在氨基羧酸型两性离子表面活性剂中，又以α-氨基乙酸型(甘氨酸型)和β-氨基丙酸型(丙氨酸型)为主。

2.3.3.1 丙氨酸型两性离子表面活性剂

丙氨酸型两性离子表面活性剂是指丙氨酸氮上的氢被长链烷基取代的取代物，其制法是将烷基胺如月桂基胺与丙烯酸甲酯在加热下反应，生成月桂基氨基丙酸甲酯，然后以碱处理。

$$C_{12}H_{25}NH_2+H_2C=CHCOOCH_3 \longrightarrow C_{12}H_{25}NHCH_2CH_2COOCH_3$$

$$C_{12}H_{25}NHCH_2CH_2COOCH_3+NaOH \longrightarrow C_{12}H_{25}NHCH_2CH_2COONa+CH_3OH$$

如果烷基胺与2mol丙烯酸甲酯在加热下反应，则生成烷基亚氨二丙酸甲酯，再以碱处理得烷基亚氨二丙酸钠：

$$RNH_2+2CH_2=CHCOOCH_3 \longrightarrow RN\begin{cases}CH_2CH_2COOCH_3\\CH_2CH_2COOCH_3\end{cases}$$

$$RN\begin{cases}CH_2CH_2COOCH_3\\CH_2CH_2COOCH_3\end{cases}+2NaOH \longrightarrow RN\begin{cases}CH_2CH_2COONa\\CH_2CH_2COONa\end{cases}+2CH_3OH$$

使用丙烯腈代替丙烯酸甲酯可以降低成本，使产品价格更加低廉。例如，用这种方法可以合成N-十八烷基-β-氨基丙酸钠，反应式如下：

$$C_{18}H_{37}NH_2+H_2C=CHCN \longrightarrow C_{18}H_{37}NHCH_2CH_2CN$$

$$C_{18}H_{37}NHCH_2CH_2CN+NaOH \xrightarrow{H_2O} C_{18}H_{37}NHCH_2CH_2COONa$$

2.3.3.2 甘氨酸型两性离子表面活性剂

甘氨酸型两性离子表面活性剂是指甘氨酸上的氢被长链烷基取代的类型物，其制法是将烷基胺(如月桂基胺)与一氯乙酸钠水溶液反应：

$$RNH_2+ClCH_2COONa \longrightarrow RNHCH_2COONa$$

如果是和 2mol 氯乙酸钠反应，则可得到：

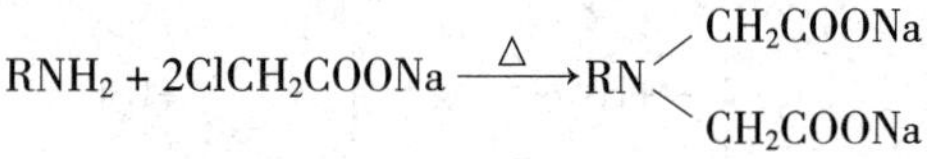

$$RNH_2 + 2ClCH_2COONa \xrightarrow{\triangle} RN \begin{cases} CH_2COONa \\ CH_2COONa \end{cases}$$

十二烷基二亚甲基氨基二甲酸钠是由十二胺与一氯乙酸钠在氢氧化钠存在下进行反应制得的，反应如下：

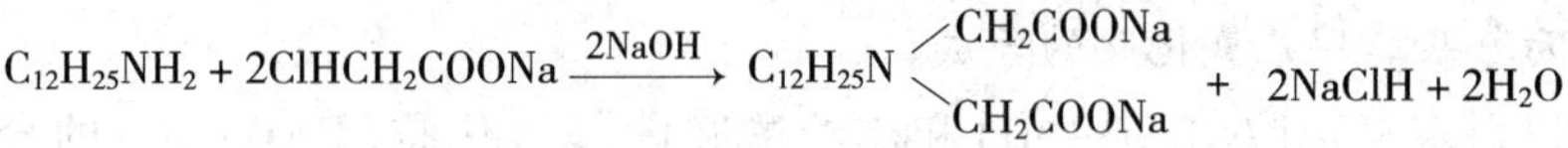

$$C_{12}H_{25}NH_2 + 2ClHCH_2COONa \xrightarrow{2NaOH} C_{12}H_{25}N \begin{cases} CH_2COONa \\ CH_2COONa \end{cases} + 2NaClH + 2H_2O$$

氨基酸型两性离子表面活性剂的性质随着 pH 值的改变，可以转化为阴离子型或阳离子型，只在等电点区才是真正意义上的两性离子。

$$\overset{+}{R}NH_2CH_2CH_2COOH \underset{H^+}{\overset{OH^-}{\rightleftharpoons}} RNHCH_2CH_2COOH \underset{H^+}{\overset{OH^-}{\rightleftharpoons}} RNHCH_2CH_2COO^-$$

2.3.4 卵磷脂

卵磷脂是生物体细胞组成成分之一，是广泛分布在动植物界的一种天然表面活性剂，自古以来被当作乳化剂、分散剂、润滑剂、细胞活性剂、洗涤剂等进行研究。其结构式如下：

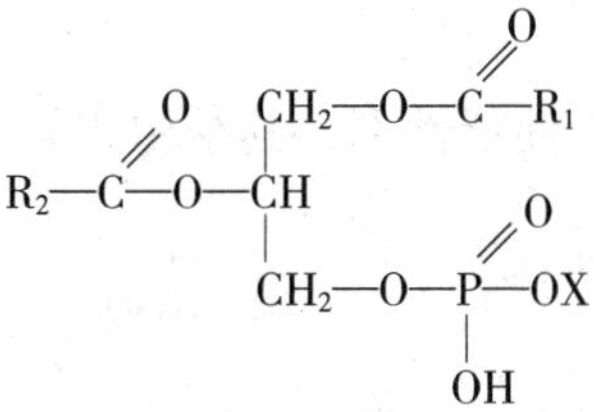

$$X = —CH_2CH_2NCH_3 \quad 构成卵磷脂$$
$$—CH_2CH_2NH_2 \quad 构成脑磷脂$$
$$—CH_2CH(NH_2)COOH \quad 构成丝氨酸磷脂$$

卵磷脂具有双亲结构，即较长的两个酰基在甘油中进行酯结合的亲油结构和以磷酸基结合的季铵基亲水结构。卵磷脂中最重要的大豆磷脂是大豆油精炼过程中重要的副产品。

2.3.5 氧化胺型两性离子表面活性剂

氧化胺是至少有一个长链烷基叔胺的氧化物，通常是用过氧化氢对叔胺进行氧化来制取。氧化胺的化学性质与两性离子表面活性剂相似，既与阴离子表面活性剂相容，也与阳离子表面活性剂和非离子表面活性剂相容；在中性和碱性溶液中显示非离子特性，在酸性溶液中显示弱阳离子特性。所以将其列入两性离子表面活性剂来讨论，也有将其作为非离子表面活性剂的。常用的氧化胺有烷基二甲基氧化胺、烷基二乙醇基氧化胺和烷酰丙氨基二甲基氧化胺 3 种。

1. 烷基二甲基氧化胺的合成

叔胺与过氧化氢反应，可以合成出一种分子内的阳离子表面活性剂：

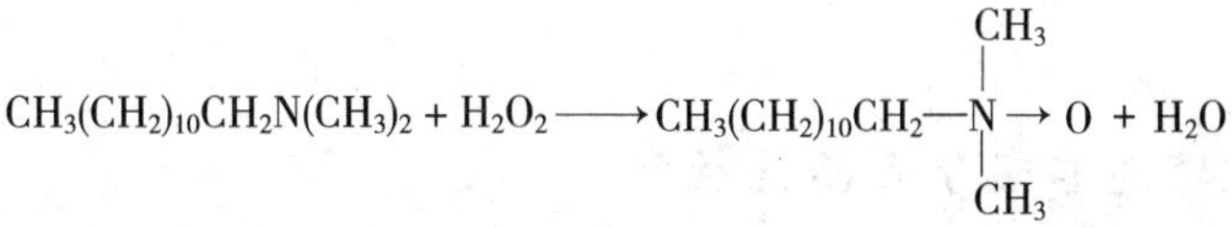

$$CH_3(CH_2)_{10}CH_2N(CH_3)_2 + H_2O_2 \longrightarrow CH_3(CH_2)_{10}CH_2—\overset{CH_3}{\underset{CH_3}{N}} \rightarrow O + H_2O$$

N-十二烷基吗啉氧化物可按下列反应制备：

$$\text{（吗啉，N-C}_{12}\text{H}_{25}\text{）} + H_2O_2 \longrightarrow \text{（吗啉氧化物，N}\rightarrow\text{O，N-C}_{12}\text{H}_{25}\text{）} + H_2O$$

2. 烷酰丙氨基二甲基氧化胺的合成

月桂酰胺丙基氧化胺（LAO-30）和椰油酰胺丙基氧化胺（CAO-30）的合成反应如下所示：

$$RCOOH + H_2N(CH_2)_3N(CH_3)_2 \longrightarrow RCONH(CH_2)_3N(CH_3)_2$$

$$RCONH(CH_2)_3N(CH_3)_2 + H_2O_2 \longrightarrow RCONH(CH_2)_3-\overset{\overset{\displaystyle CH_3}{|}}{\underset{\underset{\displaystyle CH_3}{|}}{N}}\rightarrow O$$

式中，R 为月桂基或椰油基。

2.3.6 牛磺酸衍生物

牛磺酸衍生物也是两性离子表面活性剂，其结构式如下：

$$R_1-\overset{\overset{\displaystyle R_3}{|}}{\underset{\underset{\displaystyle R_2}{|}}{N^+}}-CH_2CH_2SO_3^-$$

牛磺酸衍生物的水溶性不及甜菜碱型两性离子表面活性剂，但对酸、碱不敏感，是一类具有良好活性的表面活性剂。

十二烷基甲基苄基牛磺酸是用甲基苄胺与卤代乙磺酸作用，生成 N,N-甲基苄基牛磺酸，然后将 N,N-甲基苄基牛磺酸与溴代十二烷反应，使氨基季铵化而制得，反应如下：

$$CH_3NHCH_2-\langle\text{苯环}\rangle + ClCH_2CH_2SO_3H \xrightarrow[\text{回流}]{CH_3OH}$$

$$\overset{\overset{\displaystyle H}{|}}{\underset{\underset{\displaystyle CH_2CH_2SO_3^-}{|}}{CH_3-N^+}}-CH_2-\langle\text{苯环}\rangle \xrightarrow[\text{EtOH,回流}]{C_{12}H_{25}Br} \overset{\overset{\displaystyle CH_3}{|}}{\underset{\underset{\displaystyle CH_2CH_2SO_3^-}{|}}{C_{12}H_{25}-N^+}}-CH_2-\langle\text{苯环}\rangle + HBr$$

2.4 非离子表面活性剂

非离子表面活性剂溶于水时不发生解离，其分子中的亲油基团与离子型表面活性剂的亲油基团大致相同，其亲水基团主要是由一定数量的含氧基团如羟基和聚氧乙烯链构成。非离子表面活性剂按亲水基团的结构不同可以分成多元醇型和聚氧乙烯型两大类。

2.4.1 多元醇型非离子表面活性剂

多元醇型非离子表面活性剂是指由含有多个羟基的多元醇与脂肪酸进行酯化而生成的酯类。此外，还包括由带有—NH₂或—NH 基的氨基醇，以及带有—CHO 基的糖类与脂肪酸或酯进行反应制得的非离子表面活性剂，由于它们在性质上很相似，也称为多元醇型非离子表面活性剂。

2.4.1.1 甘油酯型非离子表面活性剂

1. 甘油单脂肪酸酯、甘油二脂肪酸酯（简称为甘油单、二脂肪酸酯，下同）

甘油单、二脂肪酸酯可由脂肪酸与过量的甘油经催化加热反应制得，反应如下：

$$
C_{11}H_{23}COOH +
\begin{array}{c} CH_2OH \\ | \\ CH-OH \\ | \\ CH_2OH \end{array}
\xrightarrow[200℃]{NaOH}
\begin{array}{c} C_{11}H_{23}COO-CH_2 \\ | \\ HO-CH \\ | \\ HO-CH_2 \end{array}
$$

工业上更常见的是采用酯交换的办法，工艺简单，成本低廉。

$$
\begin{array}{c} O \\ \| \\ R-C-OCH_3 \end{array} +
\begin{array}{c} CH_2-CH-CH_2 \\ | \quad | \quad | \\ OH \quad OH \quad OH \end{array}
\xrightarrow[-H_2O]{OH^-}
\begin{array}{c} O \\ \| \\ R-C-OCH_2-CH-CH_2 \\ | \quad | \\ OH \quad OH \end{array} +
\begin{array}{c} O \qquad\qquad O \\ \| \qquad\qquad \| \\ R-C-OCH_2-CH-CH_2OC-R \\ | \\ OH \end{array}
$$

在上述两个反应的产物中，甘油三脂肪酸酯的产量很少，此外还有游离的脂肪酸和甘油。

甘油单月桂酸酯合成如下：

$$
\begin{array}{c} C_{11}H_{23}COO-CH_2 \\ | \\ C_{11}H_{23}COO-CH \\ | \\ C_{11}H_{23}COO-CH_2 \end{array} + 2
\begin{array}{c} CH_2OH \\ | \\ CHOH \\ | \\ CH_2OH \end{array}
\xrightarrow{NaOH}
3\begin{array}{c} C_{11}H_{23}COO-CH_2 \\ | \\ CHOH \\ | \\ CH_2OH \end{array}
$$

2. 乙酸甘油单、二脂肪酸酯

乙酸甘油单、二脂肪酸酯可由甘油单、二脂肪酸酯与乙酸酐进行乙酰化反应制得。

$$
\begin{array}{c} RCOOCH_2 \\ | \\ CHOH \\ | \\ CH_2OH \end{array}
\xrightarrow[-CH_3COOH]{(CH_3CO)_2O}
\begin{array}{c} RCOOCH_2 \\ | \\ CHOH \\ | \\ CH_2OCOCH_3 \end{array}
\xrightarrow[-CH_3COOH]{(CH_3CO)_2O}
\begin{array}{c} RCOOCH_2 \\ | \\ CHOCOCH_3 \\ | \\ CH_2OCOCH_3 \end{array}
$$

乙酸甘油单、二脂肪酸酯还可以由甘油、脂肪酸与乙酸进行酯化反应制取，也可由甘油三脂肪酸酯与甘油三乙酸酯进行酯交换反应制备。

3. 乳酸甘油单、二脂肪酸酯

在碱性催化剂（NaOH）存在下，甘油单脂肪酸酯或甘油单、二脂肪酸酯与乳酸于130℃真空中进行酯化反应，可以制得乳酸甘油单、二脂肪酸酯。

$$
\begin{array}{c} RCOOCH_2 \\ | \\ CHOH \\ | \\ CH_2OH \end{array} +
\begin{array}{c} CH_3CHCOOH \\ | \\ OH \end{array}
\longrightarrow
\begin{array}{c} RCOOCH_2 \\ | \\ CHOH \\ | \\ CH_2OOCCHCH_3 \\ \qquad | \\ \qquad OH \end{array}
$$

此外，乳酸甘油单、二脂肪酸酯还可以由甘油与乳酸和脂肪酸直接进行酯化反应制取。

4. 聚氧乙烯甘油单、二脂肪酸酯

聚氧乙烯甘油单、二脂肪酸酯的代表性产品为聚氧乙烯（20）甘油单、二脂肪酸酯。在室温下，它为油脂状塑性物质，色泽浅，味微苦或有油脂味，溶于乙醇、异丙醇、肉豆蔻酸异丙酯、二甲苯、豆油等，可分散于水、甘油和丙二醇，具有良好的乳化、增溶性能。

聚氧乙烯（20）甘油单、二脂肪酸酯的工业制法是：在KOH催化剂存在下，将1mol甘油单、二脂肪酸酯与20mol 环氧乙烷在加压、加热条件下进行加成反应而制得。

$$RCOOCH_2 \quad\quad\quad\quad\quad\quad RCOO(CH_2CH_2O)_aCH_2$$
$$|\quad\quad\quad + 20H_2C{-}CH_2 \xrightarrow{\text{KOH}} \quad |$$
$$CHOH \quad\quad\quad\quad\backslash O/ \quad\quad\quad CHO(CH_2CH_2O)_bH$$
$$|\quad\quad\quad\quad\quad\quad\quad\quad\quad\quad\quad |$$
$$CH_2OH \quad\quad\quad\quad\quad\quad\quad CH_2O(CH_2CH_2O)_cH$$

式中，$a+b+c=20$。

2.4.1.2 季戊四醇脂肪酸酯

季戊四醇脂肪酸酯可由脂肪酸与季戊四醇在碱性催化剂存在下加热进行酯化反应而制得，也可由季戊四醇与甘油三脂肪酸酯进行酯交换反应制得。

$$CH_2OH \quad\quad\quad\quad\quad\quad\quad\quad\quad CH_2OH$$
$$|\quad\quad\quad\quad\quad\quad\quad\quad\quad\quad\quad\quad |$$
$$C_{11}H_{23}COOH+HOCH_2{-}CH{-}CH_2OH \xrightarrow[200℃]{\text{NaOH}} C_{11}H_{23}COOCH_2{-}CH{-}CH_2OH$$
$$|\quad\quad\quad\quad\quad\quad\quad\quad\quad\quad\quad\quad |$$
$$CH_2OH \quad\quad\quad\quad\quad\quad\quad\quad\quad CH_2OH$$

例如，季戊四醇与棕榈酸进行酯化生成季戊四醇单棕榈酸酯的反应如下：

$$CH_2OH \quad\quad\quad\quad\quad\quad\quad\quad\quad CH_2OH$$
$$|\quad\quad\quad\quad\quad\quad\quad\quad\quad\quad\quad\quad |$$
$$C_{15}H_{31}COOH+HOCH_2{-}C{-}CH_2OH \xrightarrow[200℃]{\text{NaOH}} C_{15}H_{31}COOCH_2{-}C{-}CH_2OH$$
$$|\quad\quad\quad\quad\quad\quad\quad\quad\quad\quad\quad\quad |$$
$$CH_2OH \quad\quad\quad\quad\quad\quad\quad\quad\quad CH_2OH$$

此外，季戊四醇与甘油三硬脂酸酯进行酯交换，可生成季戊四醇单硬脂酸酯，还得到副产物甘油单硬脂酸酯。

2.4.1.3 失水木糖醇脂肪酸酯

失水木糖醇脂肪酸酯亦称木糖醇酐脂肪酸酯。木糖醇是具有 5 个羟基的多元醇，加热失水后成为失水木糖醇。失水木糖醇与脂肪酸进行酯化反应后，生成失水木糖醇脂肪酸酯。

1. 失水木糖醇单硬脂酸酯

失水木糖醇单硬脂酸酯是由木糖醇或木糖醇母液与硬脂酸在氢氧化钠的催化下加热进行酯化反应而得，反应如下：

$$CH_2OH$$
$$|$$
$$HC{-}OH$$
$$|$$
$$HO{-}CH \quad + CH_3(CH_2)_{16}COOH \xrightarrow[\text{加热}]{\text{NaOH}} \quad \text{（失水木糖醇单硬脂酸酯）} +2H_2O$$
$$|$$
$$HO{-}CH$$
$$|$$
$$CH_2OH$$

2. 聚氧乙烯失水木糖醇单硬脂酸酯

聚氧乙烯失水木糖醇单硬脂酸酯是由失水木糖醇单硬脂酸酯与环氧乙烷在碱性催化剂存在下加热进行加成反应而得。

$$\text{（失水木糖醇单硬脂酸酯）} + n\, H_2C{-}CH_2 \xrightarrow[\text{加热}]{\text{HaOH}} \text{（聚氧乙烯失水木糖醇单硬脂酸酯）}$$

式中，$a+b+c=n$。

2.4.1.4 山梨醇脂肪酸酯和失水山梨醇脂肪酸酯

山梨醇为具有 6 个羟基的多元醇，可由葡萄糖加氢制得。山梨醇分子中没有醛基，故对热和氧稳定，与脂肪酸反应不会分解和着色，可生成山梨醇脂肪酸酯、失水山梨醇脂肪酸酯。

1. 山梨醇脂肪酸酯

山梨醇与等物质的量的脂肪酰氯经酯化反应即可生成山梨醇单脂肪酸酯，反应如下：

$$\begin{array}{c} CH_2OH \\ (CHOH)_4 \\ CH_2OH \end{array} + RCOCl \longrightarrow \begin{array}{c} \overset{\displaystyle O}{\overset{\displaystyle \|}{CH_2OCR}} \\ (CHOH)_4 \\ CH_2OH \end{array} + HCl$$

2. 失水山梨醇脂肪酸酯

失水山梨醇脂肪酸酯是非离子表面活性剂中很重要的一类，商品名称为司盘（Span）。

山梨醇是由葡萄糖加氢还原而得到的多元醇，由于醛基已被还原，因此化学稳定性好。将山梨醇与脂肪酸在氢氧化钠和氮气流下加热到 230~250℃，在酯化的同时，山梨醇发生脱水，生成失水山梨醇脂肪酸酯。

$$C_{11}H_{23}COOH + C_6H_8(OH)_6 \xrightarrow{NaOH} \begin{cases} \xrightarrow{190℃} C_{11}H_{23}COOC_6H_8(OH)_5 \\ \xrightarrow{230~250℃} C_{11}H_{23}COOC_6H_8O(OH)_3 \end{cases}$$

山梨醇脱水主要发生在 1，4 位上，而在 1，5 位上较少，其反应式为：

$$\begin{array}{c} H_2C^1—OH \\ HC^2—OH \\ 2HO—C^3H \\ HC^4—OH \\ HC^5—OH \\ H_2C^6—OH \end{array} \xrightarrow[30\ min]{H_2SO_4,\ 140℃} \quad (1,4) \quad + \quad (1,5)$$

如果反应时间达到 1h，那么 1，4-失水山梨醇会再脱水，生成 1，4-3，6 二失水山梨醇，其反应式为：

$$\xrightarrow[60\ min]{H_2SO_4,\ 140℃} \quad (1,4-3,6)$$

实际上山梨醇的失水反应是很复杂的，往往得到的是各种失水异构体的混合物。

脂肪酸与失水山梨醇进行酯化反应，生成多元醇非离子型表面活性剂，例如，脂肪酸与 1，4-失水山梨醇的反应：

$$R—COOH + \quad \xrightarrow[-H_2O]{H_2SO_4} \quad + \quad$$

式中，R 为 $C_{11}H_{23}$、$C_{15}H_{31}$、$C_{12}H_{33}$、$C_{12}H_{35}$。

司盘（Span）是失水山梨醇脂肪酸酯表面活性剂的总称，按照脂肪酸的不同和羟基酯化度的差异，司盘系列产品的代号如表 2-1 所示。

表 2-1　常用 Span 与 Tween 的组成

脂肪酸	Span 组成	Span 型代号	Tween 组成	Tween 型代号
月桂酸	失水山梨醇月桂酸单酯	Span-20	Span-20+环氧乙烷	Tween-20
	失水山梨醇月桂酸双酯	Span-25	Span-25+环氧乙烷	Tween-25
棕榈酸	失水山梨醇棕榈酸单酯	Span-40	Span-40+环氧乙烷	Tween-40
	失水山梨醇棕榈酸双酯	Span-45	Span-45+环氧乙烷	Tween-45
硬脂酸	失水山梨醇酸硬脂单酯	Span-60	Span-60+环氧乙烷	Tween-60
	失水山梨醇硬脂酸双酯	Span-65	Span-65+环氧乙烷	Tween-65
油酸	失水山梨醇油酸单酯	Span-80	Span-80+环氧乙烷	Tween-80
	失水山梨醇油酸双酯	Span-85	Span-85+环氧乙烷	Tween-85

3. 聚氧乙烯醚失水山梨醇脂肪酸酯

失水山梨醇脂肪酸酯是不溶于水的非离子表面活性剂，若在其分子上加成环氧乙烷，亲水性则增大，加成的环氧乙烷分子数目越多，其亲水性越大，并能溶于水。这类加成了环氧乙烷的失水山梨醇脂肪酸酯称为聚氧乙烯醚失水山梨醇脂肪酸酯，商品名称为吐温（Tween），如表 2-1 所示。

聚氧乙烯醚失水山梨醇脂肪酸酯的制法是将失水山梨醇脂肪酸酯与环氧乙烷进行加成反应制得，反应如下：

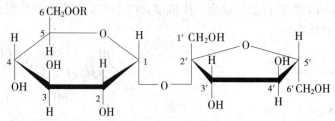

式中，$n = w+x+y+z$，$n = 4$、5、20，R = 烃基。

2.4.1.5　蔗糖脂肪酸酯

蔗糖是二糖，含 1 个葡萄糖吡喃环、1 个果糖呋喃环和 8 个自由羟基。8 个自由羟基中位于 6，6′，1′位置上的 3 个伯羟基最容易被酯化，然后是 5 个仲羟基。一般认为 3 个伯羟基被酯化的难易程度是 1′>6′>6 位，但它们的差别不大，即蔗糖单酯一般是 6 位上的羟基被酯化，5 个仲羟基酯化的难易程度基本相同。若将蔗糖分子通过酯、醚、酰胺或胺桥接上烷基疏水链，即成为性能良好的表面活性剂。蔗糖单酯结构如下所示：

蔗糖脂肪酸酯(sucrose esters, SE)的制备方法很多，按反应方式可分为酯交换法、酰氯酯化法、直接脱水法和微生物法，工业上主要采用酯交换法。常用的脂肪酸有月桂酸、棕榈酸、油酸、硬脂酸、蓖麻酸等。

1. 酯交换法

蔗糖酯是蔗糖(亲水)和脂肪酸(亲油)的酯化产物,酯交换法反应机理为蔗糖与碱作用生成蔗糖化物(sucrate),由它离解成的阴离子进攻带有正电荷的脂肪酸酯(以硬脂酸甲酯为例)的羧基碳,发生亲核取代反应,从而生成蔗糖酯。酯交换法按工艺条件又分为溶剂法、微乳化法和无溶剂法。

(1)溶剂法

溶剂法是将蔗糖和脂肪酸甲酯(通常使用硬脂酸甲酯)溶于 N,N'-二甲基甲酰胺(DMF),在碱性催化剂(K_2CO_3 或甲醇钠)存在下,减压加热进行酯交换,同时减压馏去所生成的甲醇。反应完成后除去溶剂、未反应的脂肪酸甲酯和蔗糖,采取再结晶等方法进行纯化精制,即得纯品。

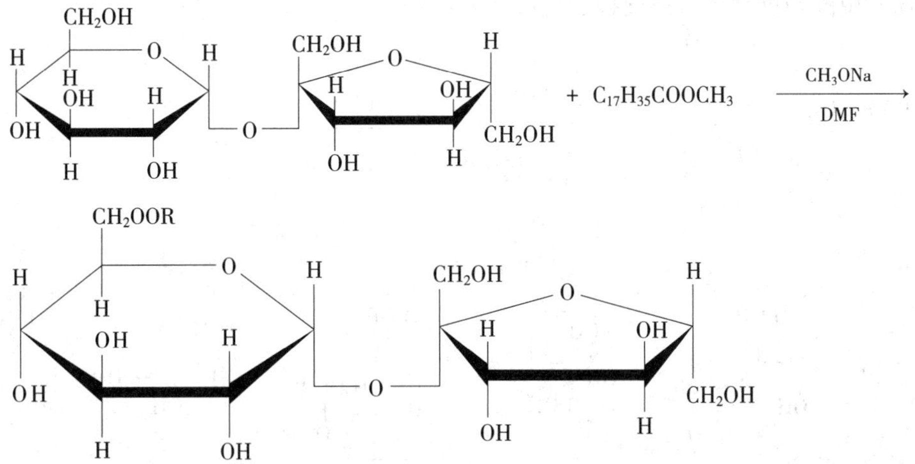

这一方法比较简单,但溶剂二甲基甲酰胺不易回收,成本较高,且有毒性,这限制了糖酯在食品、医药、化妆品等领域的使用,因而此法已较少应用。

(2)微乳化法

微乳化法是以无毒可食用的丙二醇作溶剂,无水碳酸钠作催化剂,脂肪酸皂(如油酸皂或硬脂酸皂)作乳化剂,使蔗糖和脂肪酸酯在微乳液状态下进行酯交换反应。具体方法是将蔗糖、乳化剂(硬脂酸钠)和脂肪酸酯加入丙二醇中,混合均匀后加热到100℃使之成为微乳液,然后加入催化剂(无水碳酸钾),继续加热到150~120℃,压力控制在0.8kPa进行酯交换,生成蔗糖脂肪酸酯。微乳化法还可以用水作溶剂,称为水微乳化法。将蔗糖、乳化剂(脂肪酸钠皂、钾皂或钙皂)和水混合成为均匀溶液,然后加热,同时加入碱性催化剂(K_2CO_3 或 KOH)和脂肪酸酯,进行减压脱水。水微乳化法必须控制压力、温度,防止水解反应。

(3)无溶剂法

无溶剂法是使蔗糖直接与酯进行酯交换反应。该法又分为常压法、丙二醇酯法、熔融法、非均相法、蔗糖多酯的二步合成法等。下面以常压法为例做简要介绍。以碳酸钾为催化剂,蔗糖与天然油脂于常压和无溶剂条件下实现酯交换,得到蔗糖脂肪酸酯和甘油单、二脂肪酸酯的混合物,然后采用各种溶剂对产物进行分离而制得。

由甘油三脂肪酸酯与蔗糖进行酯交换的反应如下:

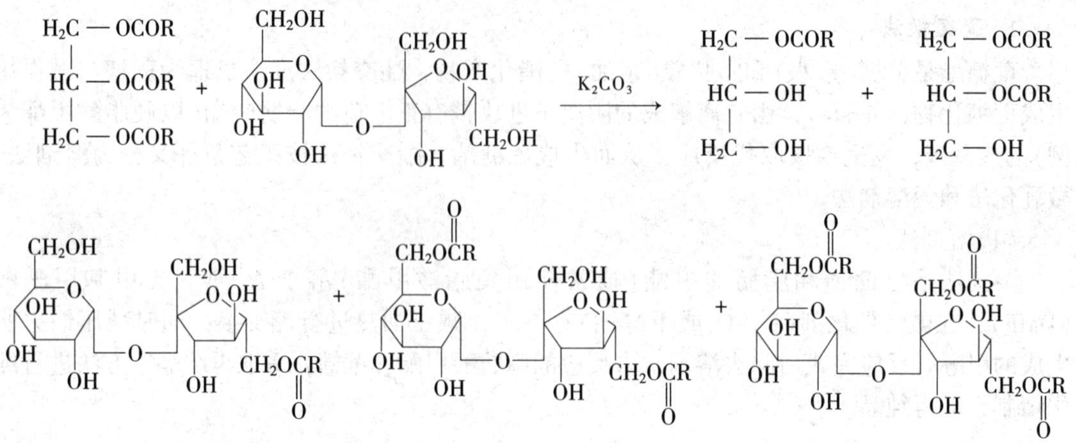

脂肪酸甲酯与蔗糖进行酯交换的反应如下：

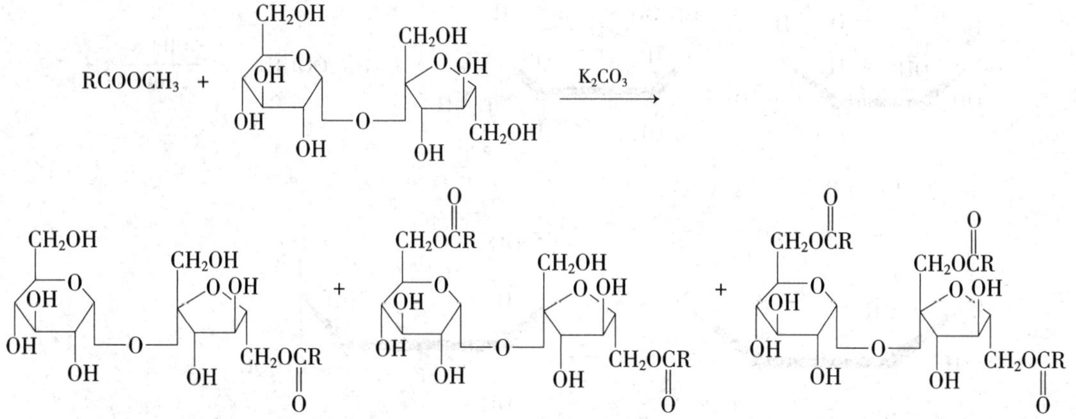

2. 酰氯酯化法

酰氯酯化法制备蔗糖脂肪酸酯又称为直接酯化法。其方法是在含氮有机溶剂(如喹啉或吡啶)中，脂肪酰氯与蔗糖进行缩合反应，对获得的粗蔗糖脂肪酸酯进一步提纯得到蔗糖脂肪酸酯，反应如下：

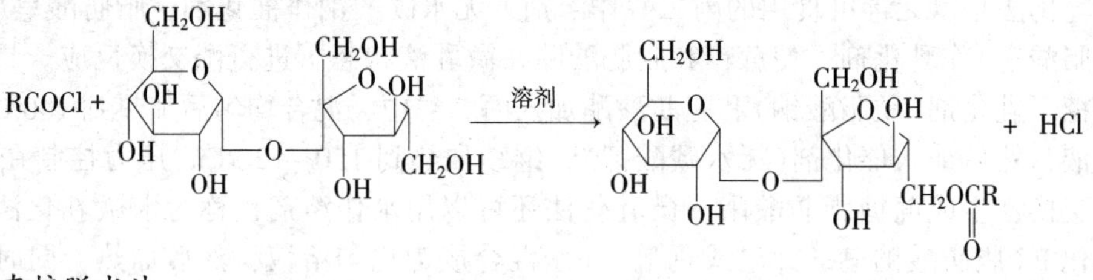

3. 直接脱水法

直接脱水法制备蔗糖脂肪酸酯是在二甲基甲酰胺溶剂中和酸性催化剂如对甲基苯磺酸存在下，使蔗糖与脂肪酸直接进行酯化反应。该法简单、易操作，但溶剂毒性大，产品难纯化，且因在酸性催化剂存在下易发生分解反应，而收率低。反应如下：

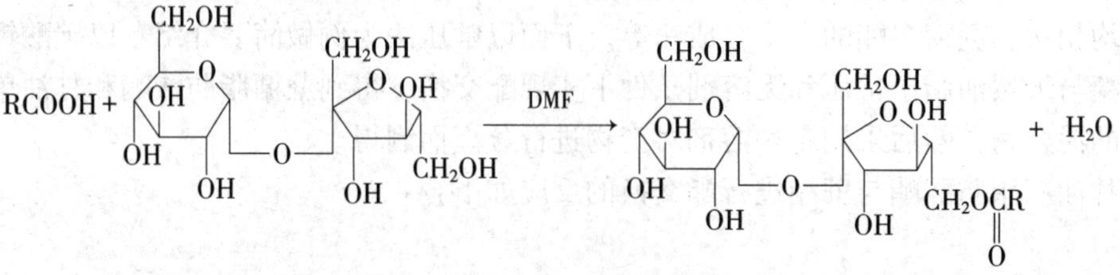

44

4. 微生物法

蔗糖和脂肪酸在微生物作用下也可获得蔗糖脂肪酸酯。这种方法有许多优点，如条件温和、无毒性试剂、产品易纯化。所制得的蔗糖脂肪酸酯表面活性高，乳化性能、助溶性能和起泡性能均优于化学合成品。

2.4.1.6　聚甘油脂肪酸酯

聚甘油脂肪酸酯是由聚甘油混合物与脂肪酸进行酯化反应的产物，其外观和性状与脂肪酸的种类、含量和聚甘油的聚合度有关。以饱和脂肪酸和低聚合度的聚甘油为原料制得的聚甘油脂肪酸酯为塑性蜡状体；以饱和脂肪酸与较高聚合度的聚甘油为原料制备的聚甘油脂肪酸酯为脆性硬蜡状体；以不饱和脂肪酸与聚甘油制成的聚甘油不饱和脂肪酸酯为塑性黏稠状液体。

聚甘油脂肪酸酯的合成一般分为两步。

第1步，由甘油缩合或甘油酯与甘油加成反应制取聚甘油，甘油缩合是在碱性催化剂（NaOH、KOH 或 LiOH）存在下加热到 200~300℃进行。

$$n \ HOCH_2CHCH_2OH \xrightarrow[200\sim300℃]{NaOH} H\!\!\left(OCH_2CHCH_2\right)_{\!n}\!\!- OH \ + \ (n\!-\!1)\,H_2O$$
$$\overset{|}{OH} \qquad\qquad\qquad \overset{|}{OH}$$

第2步，聚甘油与脂肪酸直接酯化，或与甘油三脂肪酸酯进行酯交换，生成聚甘油脂肪酸酯。

$$RCOOH \ + \ H\left(OCH_2CHCH_2\right)_{\!n}\!\!- OR_2 \longrightarrow RC\overset{O}{\overset{\|}{}}\!\!\left(OCH_2CHCH_2\right)_{\!n}\!\!- OR_2$$
$$\overset{|}{OR_1} \qquad\qquad\qquad\qquad \overset{|}{OR_1}$$

式中，R_1、R_2 = H 或脂肪羧基，$n>1$。

反应产物中除含有聚甘油单脂肪酸酯外，还含有聚甘油的二脂肪酸酯、三脂肪酸酯和多脂肪酸酯，以及游离甘油和聚甘油、游离脂肪酸和脂肪酸钠等。

2.4.1.7　聚甘油多聚蓖麻酸酯

聚甘油多聚蓖麻酸酯是由聚甘油与缩合的蓖麻油脂肪酸酯化而成。它为清澈的黏稠液体，在 0℃以下也不凝固，呈黄色，具有油脂的特征气味和轻微的蓖麻味，不溶于水、丙二醇，可分散于甘油、乙醇，溶于非极性有机溶剂，具有良好的乳化性能和降黏作用。

聚甘油多聚蓖麻酸酯的制备分为 3 步。

第1步，生成聚甘油的反应（见聚甘油脂肪酸酯）。

第2步，蓖麻油脂肪酸缩合成多聚蓖麻酸，反应式如下：

$$\begin{array}{c} CH_3 \\ | \\ (CH_2)_3 \\ | \\ n \ HOCHCH_2CH=CH(CH_2)_7COOH \end{array} \xrightarrow[-H_2O]{加热}$$

$$\begin{array}{c} CH_3 \qquad\qquad\qquad\quad CH_3 \qquad\qquad\qquad\quad CH_3 \\ | \qquad\qquad\qquad\qquad | \qquad\qquad\qquad\qquad | \\ (CH_2)_3 \qquad\qquad O \ (CH_2)_3 \qquad\qquad O \ (CH_2)_3 \\ | \qquad\qquad\quad \| \quad | \qquad\qquad\quad \| \quad | \\ HOCHCH_2CH=CH(CH_2)_7C\!\!\left(OCHCH_2CH=CH(CH_2)_7\right)_{\!n-2}\!\!OCHCH_2CH=CH(CH_2)_7COOH \end{array}$$

第 3 步，多聚蓖麻酸与聚甘油进行酯化反应，反应式如下：

$$\underset{\substack{\\ \\ \\ \\ OH}}{HOCHCH_2CH=CH(CH_2)_7\overset{O}{\overset{\|}{C}}} \underset{\substack{CH_3 \\ (CH_2)_3 \\ \\ OCHCH_2CH=CH(CH_2)_7}}{\overset{O}{\overset{\|}{C}}} \underset{\substack{CH_3 \\ (CH_2)_3 \\ \\ n-2 \, OCHCH_2CH=CH(CH_2)_7COOH}}{\overset{O}{\overset{\|}{C}}} +$$

$$\underset{\substack{| \\ OH}}{HOCH_2CHCH_2} {-}(OCH_2CHCH_2{-})_m \underset{\substack{| \\ OH}}{OH} \longrightarrow ROCH_2CHCH_2{-}(OCH_2CHCH_2{-})_m OR$$

式中，R=H、脂肪羧基或多聚蓖麻羧基；$n=4\sim5$；$m=1\sim4$。

聚甘油多聚蓖麻酸酯用作 W/O 型乳化剂，与卵磷脂复配使用具有协同作用，用于巧克力生产，可改善巧克力料的流变性。

2.4.2 聚氧乙烯型非离子表面活性剂

聚氧乙烯型非离子表面活性剂是用具有活泼氢原子的疏水性原料与环氧乙烷或聚乙二醇进行反应制得的。所谓活泼氢原子，是指—OH、—COOH、—NH$_2$ 和—CONH$_2$ 等基团中的氢原子。这些基团中的氢原子化学活性大，易与环氧乙烷或聚乙二醇发生反应，生成聚氧乙烯型非离子表面活性剂。乙氧基化反应的影响因素主要有如下几条：

①反应物结构及催化剂。在碱性条件下，活性氢化合物加成环氧乙烷的速度次序如下：醇基>酚基>羟基，即加合速度是随酸度的增加而降低的。作为碱性催化剂使用的有：金属钠、甲醇钠、乙醇钠、氢氧化钾、氢氧化钠、碳酸钾、碳酸钠、乙酸钠等。当温度 195～200℃时，前面 5 种催化剂有相同活性，但后 3 种则甚低。当温度降为 135～140℃时，前面 4 种催化剂有相同活性，氢氧化钠活性稍低，而后 3 种就没有了活性。碱性催化剂的碱性越大，则效率越高。反应随催化剂浓度的增加而加快。

②温度对反应的影响。一般是温度升高，反应加快，但不呈直线关系。高温时加成速度比低温时更快。在 195～200℃时金属钠、甲醇钠和苛性钾(钠)等的作用几乎一样。NaOH 与 KOH 在高温时均反应比较完全，但易使色泽增深。

③反应压力的影响。环氧乙烷的压力直接与系统中环氧乙烷的浓度成正比，但在低压范围内(例如 9.33～20kPa，表压)这种现象并不显著。

2.4.2.1 脂肪醇聚氧乙烯醚

制备脂肪醇聚氧乙烯醚(AEO)有下面 3 种方法。

①溴代烷与聚乙二醇单钠盐醚化。

$$RBr+NaO(CH_2CH_2O)_nH \longrightarrow RO(CH_2CH_2O)_nH+NaBr$$

②烷基对甲苯磺酸盐与聚乙二醇醚化。

$$RSO_3\text{—}\langle\ \rangle\text{—}CH_3+HO(CH_2CH_2)_nH \longrightarrow RO(CH_2CH_2)_nH+ \ HSO_3\text{—}\langle\ \rangle\text{—}CH_3$$

这两种合成方法可得到均匀分布的醇醚产品。

③脂肪醇与环氧乙烷进行醚化。

脂肪醇聚氧乙烯醚最常用的制备方法是长链脂肪醇与环氧乙烷进行加成反应制得，反应如下：

$$ROH + n\,H_2C\underset{\substack{\diagdown \\ O}}{}CH_2 \xrightarrow{NaOH} RO{-}(CH_2CH_2O{-})_n \ H$$

脂肪醇聚氧乙烯醚的合成可认为是由如下两个反应阶段完成：

$$C_{12}H_{25}OH + H_2C\overset{O}{-}CH_2 \xrightarrow{NaOH} C_{12}H_{25}OCH_2CH_2OH$$

$$C_{12}H_{25}OCH_2CH_2OH + n\,H_2C\overset{O}{-}CH_2 \xrightarrow{NaOH} C_{12}H_{25}O(CH_2CH_2O)_nCH_2CH_2OH$$

这两个阶段具有不同的反应速率。第 1 阶段反应速率略慢，当形成以分子环氧乙烷加成物（$C_{12}H_{25}OCH_2CH_2OH$）后，反应速率迅速增加。

制造此类产品用的长链脂肪醇有椰子油还原醇（主要成分为 C_{12} 醇）、月桂醇、十六醇、油醇及鲸蜡醇等。

$$C_{14}H_{29}OH + n\,H_2C\overset{O}{-}CH_2 \xrightarrow{NaOH} C_{14}H_{29}O(CH_2CH_2O)_nH$$

$$C_7H_{15}-\underset{OH}{CH}-C_6H_{13} + n\,H_2C\overset{O}{-}CH_2 \xrightarrow{NaOH} C_7H_{15}O-\underset{O(CH_2CH_2O)_nH}{CH}-C_6H_{13}$$

在进行脂肪醇氧乙基化时，伯醇的反应速度大于仲醇，温度通常控制为 $130\sim180℃$，压力为 $0.2\sim0.5MPa$，催化剂采用氢氧化钾、氢氧化钠或是甲醇钠。最终产品实际上是包括未氧乙基化的原料醇在内的，不同聚合度的聚氧乙烯醚的混合物。商品 AEO 标明聚合度 $n=8$，但事实上是 $n=0\sim20$ 的混合物。AEO 的应用性能在很大程度上取决于聚氧乙烯醚聚合度 n 的分布情况。由于醇与环氧乙烷的加成反应得到的醇醚是加成数不同的混合物，其分布情况与反应条件有关，而影响最大的是催化剂。通常使用碱性催化剂如甲醇钠，得出的相对分子质量分布为宽分布，而使用酸性催化剂如三氟化硼等，得到的为窄分布。

2.4.2.2 烷基酚聚氧乙烯醚

烷基酚聚氧乙烯醚是非离子表面活性剂早期开发的品种之一，其结构通式为：

$$R-\langle\!\bigcirc\!\rangle-O(CH_2CH_2O)_nH$$

式中，R 为碳氢链烷基，一般为 $-C_8H_{17}$ 或 $-C_9H_{19}$，很少有 12 个碳原子以上的烷基取代基。苯酚也可以用其他酚如萘酚、甲苯酚等代替，但这些取代物很少用。

$$R-\langle\!\bigcirc\!\rangle-OH + n\,H_2C\overset{O}{-}CH_2 \longrightarrow R-\langle\!\bigcirc\!\rangle-O(CH_2CH_2O)_nH$$

其中最重要的是壬基酚聚氧乙烯醚，商品牌号为乳化剂 OP 系列产品，其合成反应如下：

$$C_9H_{19}-\langle\!\bigcirc\!\rangle-OH + n\,H_2C\overset{O}{-}CH_2 \longrightarrow C_9H_{19}-\langle\!\bigcirc\!\rangle-O(CH_2CH_2O)_nH$$

该反应分为两个阶段，第一阶段是壬基酚与等物质的量的环氧乙烷加成，直到壬基酚全部转化为其单一的加成物后，才开始第二阶段即环氧乙烷的聚合反应。反应过程如下：

$$C_9H_{19}-\langle\!\bigcirc\!\rangle-OH + H_2C\overset{O}{-}CH_2 \longrightarrow C_9H_{19}-\langle\!\bigcirc\!\rangle-OCH_2CH_2OH$$

$$C_9H_{19}-\langle\!\bigcirc\!\rangle-OCH_2CH_2OH + m\,H_2C\overset{O}{-}CH_2 \longrightarrow C_9H_{19}-\langle\!\bigcirc\!\rangle-OCH_2CH_2O(CH_2CH_2O)_mH$$

壬基酚与4个分子环氧乙烷加成的产物不能溶于水；与6个、7个分子环氧乙烷加成的产物，在室温下即能完全溶于水；与8~12个分子环氧乙烷加成的产物具有良好的润湿、渗透和洗涤能力，乳化能力也较好，故应用广泛，可用作洗涤剂和渗透剂；与15个以上分子的环氧乙烷加成的产物没有渗透和洗涤能力，可用作特殊乳化分散剂。

苯酚的酸度较脂肪醇为高，生成单一加成物的速度快，所以在最终产品中不含有游离苯酚，聚氧乙烯醚聚合度的分布也窄。

2.4.2.3 脂肪酸聚氧乙烯酯

脂肪酸聚氧乙烯酯中的酯键比醚键不稳定，在热水中易水解，在强酸或强碱中稳定性也差，溶解度也比醚类小。但由于脂肪酸来源比较广泛，成本低，工艺简单，具有低泡、生物降解好等特点，应用较广。脂肪酸聚氧乙烯酯的生产方法与生产醚类产品相类似。

1. 脂肪酸与环氧乙烷的酯化反应

脂肪酸与环氧乙烷在碱性条件下发生氧乙基化反应，其反应过程分两个阶段进行。

第1阶段，在碱的作用下脂肪酸与1mol环氧乙烷反应生成脂肪酸酯。此阶段也可叫作引发阶段，其反应式如下：

$$RCOOH + OH^- \longrightarrow RCOO^- + H_2O$$
$$RCOO^- + H_2C\overset{O}{\underset{}{\diagdown \diagup}}CH_2 \longrightarrow RCOOCH_2CH_2O^-$$
$$RCOOCH_2CH_2O^- + RCOOH \longrightarrow RCOOCH_2CH_2OH + RCOO^-$$

第2阶段是聚合阶段，由于醇盐负离子碱性高于羧酸盐离子，因此它可以不断地从脂肪酸分子中夺取质子，生成羧酸盐离子，直至脂肪酸全部耗尽。反应式为：

$$RCOOCH_2CH_2O^- + (n-1)H_2C\overset{O}{\underset{}{\diagdown \diagup}}CH_2 \longrightarrow RCOO(CH_2CH_2O)_n^-$$

$$RCOO(CH_2CH_2O)_n^- + RCOOH \longrightarrow RCOO(CH_2CH_2O)_nH + RCOO^-$$

两步总反应式为：

$$RCOOH + H_2C\overset{O}{\underset{}{\diagdown \diagup}}CH_2 \longrightarrow RCOOCH_2CH_2OH$$

$$RCOOCH_2CH_2OH + (n-1)H_2C\overset{O}{\underset{}{\diagdown \diagup}}CH_2 \longrightarrow RCOO(CH_2CH_2O)_nH$$

用碱性催化剂对酸和EO进行反应时，会引起酯交换。由于副产二酯和聚乙二醇，使反应更为复杂，一般较少采用。

2. 脂肪酸与聚乙二醇进行酯化反应

由脂肪酸与聚乙二醇直接酯化制备脂肪酸聚乙二醇的反应为：

$$RCOOH + HO(CH_2CH_2O)_nH \longrightarrow RCOO(CH_2CH_2O)_nH + H_2O$$

由于聚乙二醇两端均有羟基，因此可以同两分子羧酸反应，即：

$$2RCOOH + HO(CH_2CH_2O)_nH \longrightarrow RCOO(CH_2CH_2O)_nCOR + 2H_2O$$

此反应中，聚乙二醇有2个羟基，如无特殊催化控制，酯化所得的非离子酯总会有一定比例的双酯。如采用等物质的量反应，则单酯含量较高；如果使用脂肪酸的物质的量较高，则反应物中二酯含量较多，为制得大量单酯，通常在反应中加入过量聚乙二醇。催化剂一般用酸性催化剂如浓硫酸、苯磺酸等。此外，通过酯交换亦可以形成双酯，反应式如下：

$$2RCOO(CH_2CH_2O)_nH \Longleftrightarrow RCOO(CH_2CH_2O)_nCOR + HO(CH_2CH_2O)_nH$$

这种酯的性质与所用的脂肪酸种类和所加成的环氧乙烷数目有关。一般来说，脂肪酸的碳原子数越多，溶解度越小，浊点越高，但是含羟基或是不饱和的脂肪酸则属例外。所加成上的环氧乙烷分子数目对酯的影响与制备脂肪醇聚氧乙烯醚时的情形相似，如碳原子数为 12~18 的脂肪酸接上 12~15 个分子的环氧乙烷有很好的洗涤性能；而低于此数如接上 5~6 个分子的环氧乙烷则具有油溶性乳化性能。

将橄榄油与聚乙二醇在碱催化下进行酯交换反应，可得到聚乙二醇油酸和油酸单甘油酯的混合物，反应过程如下：

$$C_{17}H_{33}COO-CH_2$$
$$C_{17}H_{33}COO-CH + 2HO\!\!\left(CH_2CH_2O\right)_{\!9}\!H \longrightarrow 2C_{17}H_{33}COO\!\!\left(CH_2CH_2O\right)_{\!9}\!H + C_{17}H_{33}COOCH_2$$
$$C_{17}H_{33}COO-CH_2 \qquad\qquad\qquad\qquad\qquad\qquad\qquad\qquad\quad CHOH$$
$$CH_2OH$$

这种混合物是具有特殊性能的油溶性乳化剂，具有广泛用途。

3. 脂肪酸衍生物与聚乙二醇进行酯化反应

（1）脂肪酸酐与聚乙二醇反应

$$(RCO)_2O + 2HO(CH_2CH_2O)_nH \longrightarrow 2RCOO(CH_2CH_2O)_nH + H_2O$$

（2）脂肪酰氯与聚乙二醇反应

$$RCOCl + HO(CH_2CH_2O)_nH \longrightarrow RCOO(CH_2CH_2O)_nH + HCl$$

（3）脂肪酸金属盐与聚乙二醇反应

$$RCOONa + HO(CH_2CH_2O)_nH \longrightarrow RCOO(CH_2CH_2O)_nH + NaOH$$

（4）脂肪酸酯与聚乙二醇进行酯交换

$$RCOOR' + HO(CH_2CH_2O)_nH \longrightarrow RCOO(CH_2CH_2O)_nH + R'OH$$

2.4.2.4 脂肪胺聚氧乙烯醚

烷基胺与环氧乙烷起加成反应可生成两种反应产物：

$$R-NH_2 + n\,CH_2-CH_2 \longrightarrow R-NH-CH_2-CH_2\!\!\left(CH_2CH_2O\right)_{\!n-2}\!OCH_2CH_2OH$$

$$\underset{O}{\diagdown}$$

$$RNH_2 + 2n\,CH_2-CH_2 \longrightarrow RN \begin{cases} (CH_2CH_2O)_{n-1}CH_2CH_2OH \\ (CH_2CH_2O)_{n-1}CH_2CH_2OH \end{cases}$$

$$\underset{O}{\diagdown}$$

脂肪胺极易与环氧乙烷反应。反应可在无催化剂下分为 2 步进行。第 1 步是—NH$_2$ 上 2 个活性氢与环氧乙烷加成，烷基为 $C_3 \sim C_{13}$，环氧乙烷数为 2~50。一般情况下，烷基胺要比芳基胺的反应更快。第 2 步是链的增长反应。由于反应速度较慢，需加入粉状氢氧化钠或醇钠催化剂，温度提高至 150℃ 以上。催化剂碱性越大，反应速度也越大。在反应中，最终产物似乎是对称的，而实际上并非如此，最终产物实际上是同系物和异构体的混合物。

这类非离子表面活性剂与其他非离子表面活性剂一样，当环氧乙烷的加成分子数目较少时，不溶于水而溶于油，但由于它具有有机胺的结构，故可溶于酸性水溶液中。所以，脂肪胺聚氧乙烯醚同时具有非离子和阳离子表面活性剂的一些特性，如耐酸不耐碱、具有杀菌性能等。当环氧乙烷的加成分子数目较多时，其非离子性能增大，它在碱性溶液中比较稳定，呈非离子性；而在酸性溶液中则呈阳离子性，可以吸附在物体表面。

2.4.2.5 烷基酰醇胺

烷基酰醇胺是分子中具有酰胺基及羟基的非离子表面活性剂，是由脂肪酸与烷醇胺进行缩合反应制得的，反应如下：

$$RCOOH + NH_2CH_2CH_2OH \xrightarrow[\text{加热}]{N_2} \overset{\text{O}}{\underset{\|}{R}}C-NHCH_2CH_2OH + H_2O$$

脂肪酰胺与环氧乙烷的加成比较困难，酰胺与环氧乙烷反应先生成单乙醇酰胺，再加合更多的环氧乙烷。

$$C_{17}H_{33}CONH_2 + n\,H_2C-CH_2 \xrightarrow{NaOH} C_{17}H_{33}CON\begin{cases}(CH_2CH_2O)_pH \\ (CH_2CH_2O)_qH\end{cases}$$

式中，$p+q=n$。

烷基醇酰胺的聚氧乙烯化合物水溶性较高，环氧乙烷数越多，溶解度越高。这类产物最早出现的是月桂酰二乙醇胺，它是由脂肪酸与二乙醇胺在氮气的保护下加热进行缩合反应而制得。

$$RCOOH + NH(CH_2CH_2OH)_2 \xrightarrow[\text{加热}]{N_2} \overset{\text{O}}{\underset{\|}{R}}C-N\begin{cases}CH_2CH_2OH \\ CH_2CH_2OH\end{cases}$$

月桂酰二乙醇胺本身并不溶于水，当它再与一分子乙二醇胺结合成下列复合物时，才具有良好的水溶性。

$$C_{11}H_{33}\overset{\text{O}}{\underset{\|}{C}}-N\begin{cases}CH_2CH_2OH \\ CH_2CH_2OH\end{cases}\cdot NH(CH_2CH_2OH)_2$$

这种复合物即是尼纳尔洗涤剂，在 20～40℃时熔化，具有使水溶液变稠的特性，还有良好的起泡、稳泡、乳化、洗涤、防锈等性能。可用作医药、牙膏的乳化剂，玻璃纤维的洗涤去污剂，餐具洗涤剂，金属的防锈洗涤剂，以及干洗皂等。

2.4.2.6 脂肪酰烷醇胺聚氧乙烯醚

脂肪酰烷醇胺与环氧乙烷进行加成反应生成脂肪酰烷醇胺聚氧乙烯醚，反应如下：

$$NHCH_2CH_2OH + n\,H_2C-CH_2 \longrightarrow R\overset{\text{O}}{\underset{\|}{C}}-N\overset{CH_2CH_2OH}{\underset{(CH_2CH_2O)_nH}{}} + R\overset{\text{O}}{\underset{\|}{C}}-HN(CH_2CH_2O)_nH$$

或

$$R\overset{\text{O}}{\underset{\|}{C}}-NHCH_2CH_2OH + 2n\,H_2C-CH_2 \longrightarrow R\overset{\text{O}}{\underset{\|}{C}}-N\begin{cases}(CH_2CH_2O)_{n+1}H \\ (CH_2CH_2O)_nH\end{cases}$$

脂肪酰二乙醇胺聚氧乙烯醚的熔点随环氧乙烷的加成分子数目的增大而下降，当环氧乙烷的加成分子数目超过10后，熔点又会升高。

2.4.2.7 蓖麻油环氧乙烷加成物

由于环氧乙烷既可在蓖麻油的羟基上加成，也可在酯键上加成，故蓖麻油环氧乙烷加成物为蓖麻油聚氧乙烯醚和蓖麻油聚氧乙烯酯的混合物，环氧乙烷的加成分子数目通常为40，也有 50 的。

$$\begin{array}{l}H_2COCO(CH_2)_7CH=CHCH_2\overset{CH(CH_2)_5CH_3}{\underset{OH}{}} \\ CHOCO(CH_2)_7CH=CHCH_2\overset{CH(CH_2)_5CH_3}{\underset{OH}{}} + 40H_2C-CH_2 \xrightarrow{NaOH} \\ CH_2OCO(CH_2)_7CH=CHCH_2\overset{CH(CH_2)_5CH_3}{\underset{OH}{}}\end{array}$$

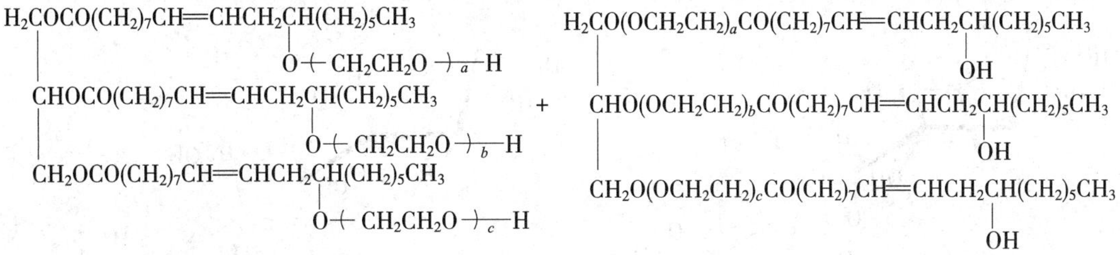

$$H_2COCO(CH_2)_7CH=CHCH_2CH(CH_2)_5CH_3$$
$$| \quad O+CH_2CH_2O\xrightarrow{}_aH$$
$$CHOCO(CH_2)_7CH=CHCH_2CH(CH_2)_5CH_3$$
$$| \quad O+CH_2CH_2O\xrightarrow{}_bH$$
$$CH_2OCO(CH_2)_7CH=CHCH_2CH(CH_2)_5CH_3$$
$$| \quad O+CH_2CH_2O\xrightarrow{}_cH$$

$+$

$$H_2CO(OCH_2CH_2)_aCO(CH_2)_7CH=CHCH_2CH(CH_2)_5CH_3$$
$$| \qquad\qquad\qquad\qquad\qquad\qquad OH$$
$$CHO(OCH_2CH_2)_bCO(CH_2)_7CH=CHCH_2CH(CH_2)_5CH_3$$
$$| \qquad\qquad\qquad\qquad\qquad\qquad OH$$
$$CH_2O(OCH_2CH_2)_cCO(CH_2)_7CH=CHCH_2CH(CH_2)_5CH_3$$
$$| \qquad\qquad\qquad\qquad\qquad\qquad OH$$

式中，$a+b+c=40$。

2.4.3　糖基表面活性剂

2.4.3.1　烷基糖苷

烷基糖苷(alkyl polyglucoside，APG)是糖类化合物与高级脂肪醇的反应产物，为新开发出的多元醇型非离子表面活性剂。与脂肪醇聚氧乙烯醚比较，烷基糖苷更似糖脂，它是固态非离子表面活性剂，以糖链作为亲水基，以烷链作为亲油基，依据烷基和结合的葡萄糖单元数目的不同，这类制品可呈灰色黏性固体到硬蜡状固体、金黄色玻璃状固体及本色粉末状体。烷基聚葡萄糖苷的理想结构式如下：

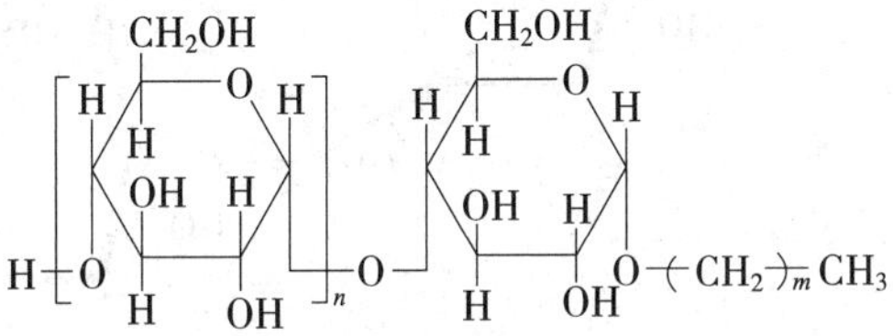

从结构上看，烷基单苷是混合的单环缩醛，有两种异构体：

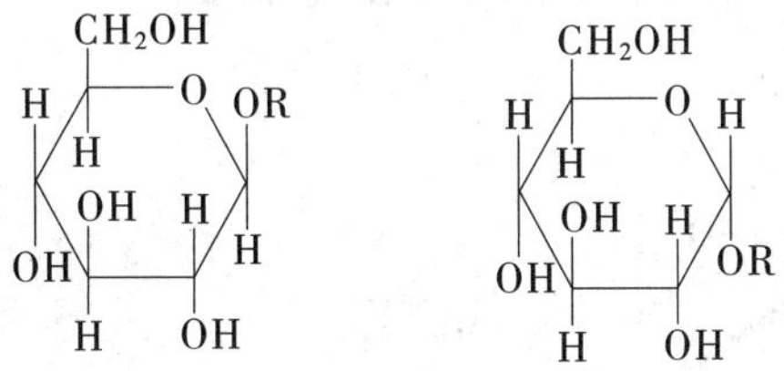

混合物中含有1个、2个或更多糖苷的化合物。葡萄糖、甘露糖等单糖有5个羟基，蔗糖、乳糖、麦芽糖等双糖则有8个羟基等。因此糖类与脂肪醇醚化反应的产物极为复杂，存在构型异构体、键异构体和环状异构体3种异构形式。烷基单葡糖苷有3种同分异构体，烷基双葡糖甘有30多种，烷基三葡糖苷则有几百种，烷基四葡糖苷已达几千种。再加上疏水基的不同与分布，很难对APG的异构体做出完整描述。烷基糖苷典型异构体及其结构如下所示：

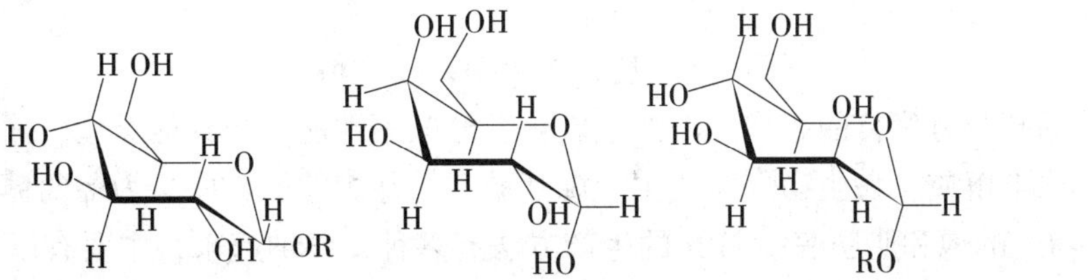

烷基 α，β-D-葡糖苷　　　　烷基 α，β-D-半乳糖苷　　　　烷基 α，β-D-甘露糖苷

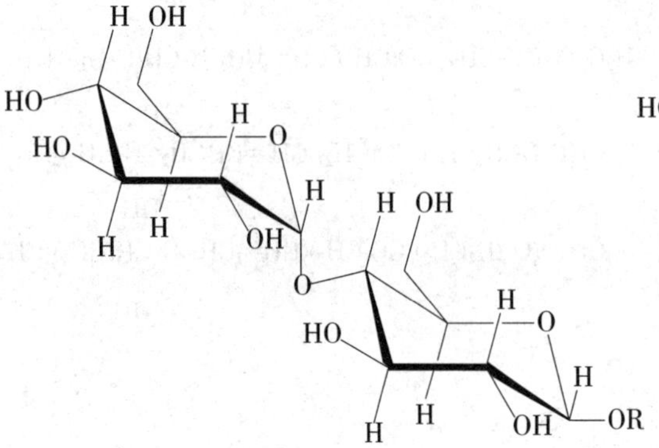

烷基 α, β-D-麦芽糖苷

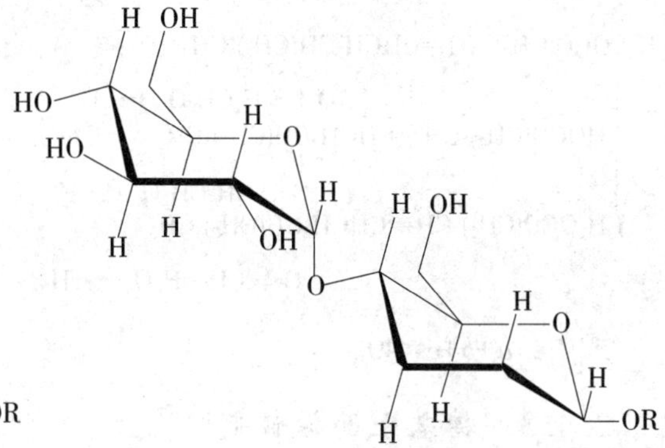

烷基 2, 3 脱氧 α-D-麦芽糖苷

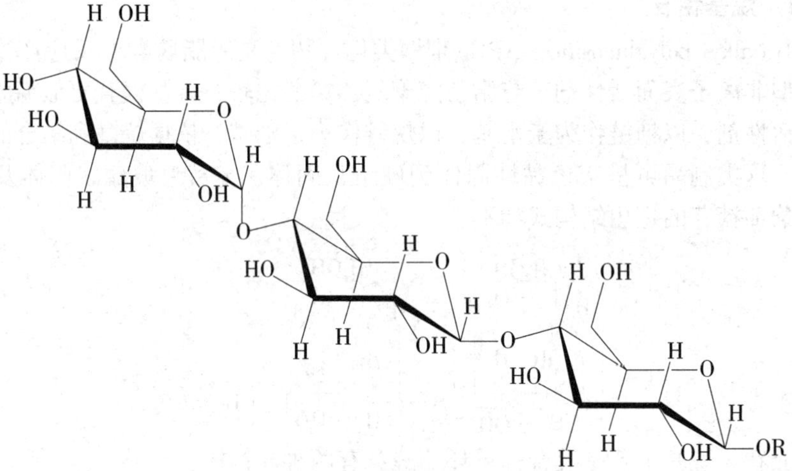

烷基 α, β-D-麦芽三糖

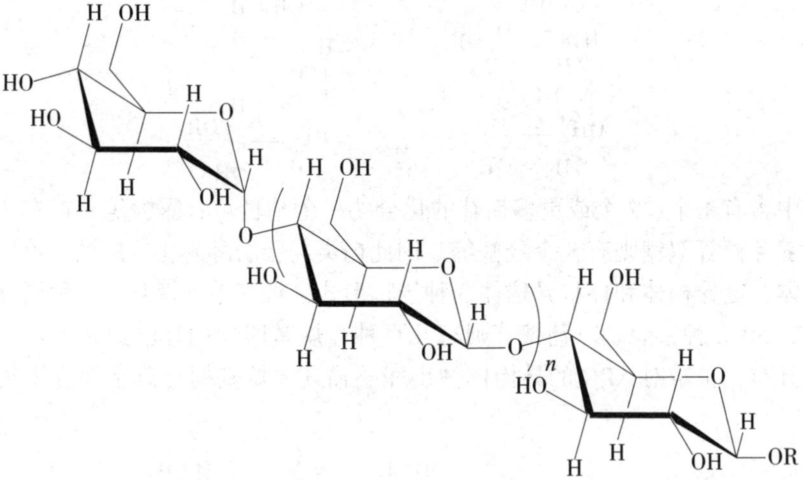

烷基 α, β-D-麦芽多糖

烷基糖苷具有优良的起泡、洗涤、乳化、分散等性能，与其他类型表面活性剂复配性能极佳，耐浓电解质，易生物降解。生产烷基糖苷最常用的糖类原料为葡萄糖，高级脂肪醇原料为 $C_8 \sim C_{18}$ 的饱和脂肪醇。APG 的生产方法有多种，归纳起来，主要有以下几种：

1. 基团保护法

该法亦称 Koenigs-Knorr 反应。先用葡萄糖与乙酸酐反应生成葡萄糖五乙酰酯，再用溴将之转变为溴代葡萄糖四乙酸酯。将反应物水解后得到烷基葡糖苷。该方法可制得反式烷基单葡糖苷，反应方程式如下：

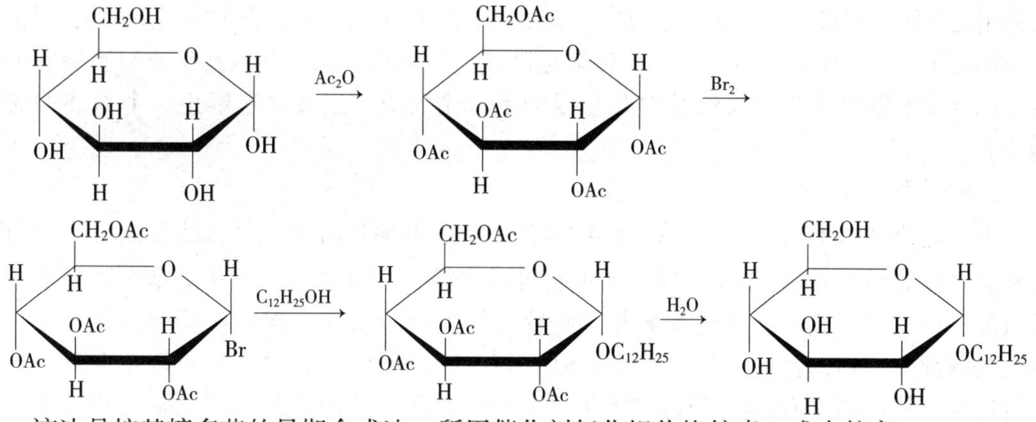

该法是烷基糖多苷的早期合成法，所用催化剂氧化银价格较贵，成本较高。

将葡萄糖五乙酰酯、正辛醇溶于二氯甲烷，然后加入催化剂 $BF_3 \cdot Et_2O$，在 0℃反应一定时间，收集滤液，用水和碳酸氢钠洗至中性。生成物用甲醇钠碱化至 pH>10，反应一定时间就得到 β-正辛基吡喃葡萄糖苷。

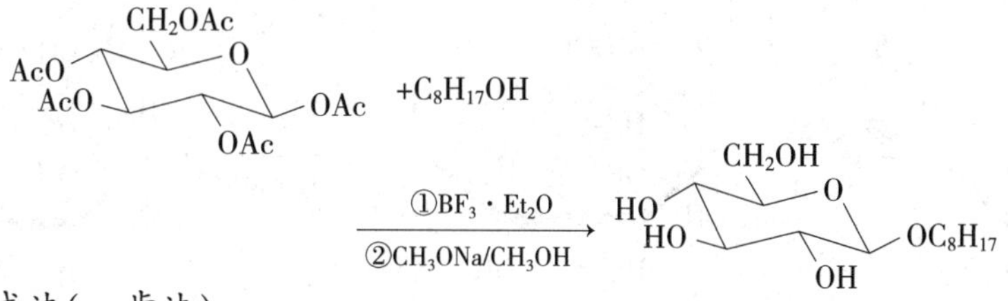

2. 直接合成法(一步法)

该法是人们研究最多的一种烷基糖苷合成法，目前已实现工业化。直接合成法是将长链脂肪醇与葡萄糖直接进行反应的方法，催化剂为硫酸、对甲苯磺酸等。

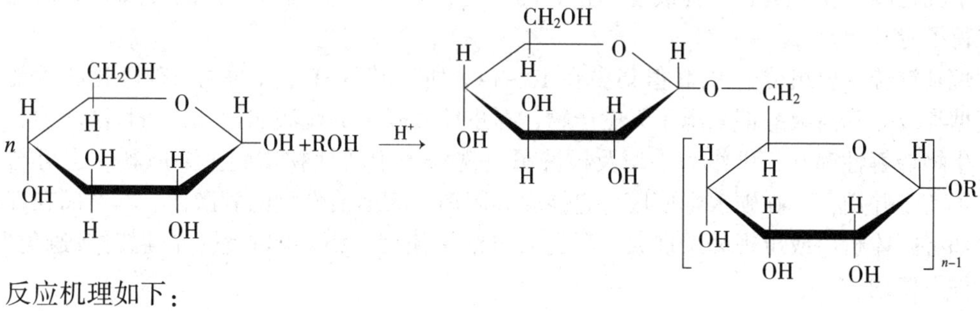

反应机理如下：

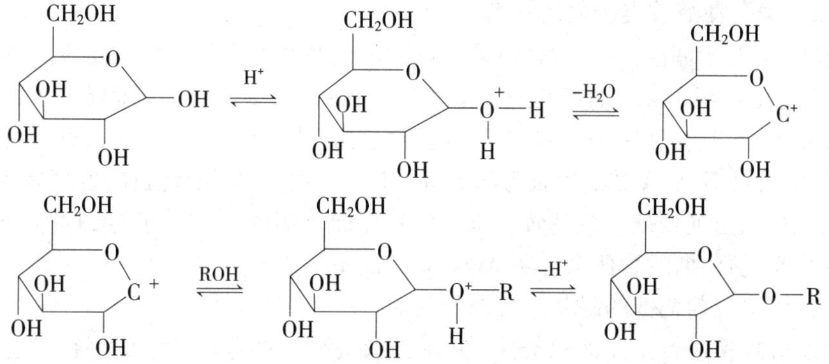

羟基的亲核交换只有被质子化后才有可能发生，所以醇与糖或糖衍生物之间的醚化反应均用酸催化。在醚化过程中反应混合物中的醇，特别是低碳醇也能起亲核试剂的作用。该法需采用无水物，而且需及时除去生成的水。该法工艺简便，产物中无短链烷基糖苷，但由于反应体系随产物增加黏度增大，传质传热也随之变得困难，从而导致在生成烷基糖苷的同时，也会发生糖的聚合以及烷基糖苷与糖的聚合副反应，生成含有不止一个糖环的烷基糖苷。

3. 糖苷转移法(两步法)

由于葡萄糖和十二醇不溶，易分层，而和 C_4 以下醇相溶性较好，故先制得 C_4 糖苷，再和高级脂肪醇如 $C_{12}H_{25}OH$ 交换，即可制得目的糖苷。所以糖苷转移法是先使葡萄糖与低级醇进行反应生成短碳链烷基糖苷，然后再与高级脂肪醇进行交换反应而转变为长碳链烷基糖苷。例如，葡萄糖与正丁醇或丙二醇在酸性催化剂如对甲苯磺酸存在下，加热进行反应，然后加入 $C_{12} \sim C_{14}$ 的饱和脂肪醇进行糖苷转移，即得到长链烷基糖苷。此法因有中间产物低级烷基糖苷存在而使反应体系黏度下降，易于控制，对设备要求也相应较低，但产物中必然会含有未转化的低级烷基糖苷。产物为高级烷基糖苷、低级烷基糖苷、多糖、聚糖等的混合物。产物经过蒸馏除去水和过量的脂肪醇，进一步提纯后即得到纯品。

4. 酶催化法

早在 1913 年 Bourquelot 即报道了用酶催化法合成烷基糖苷的方法。1984 年 Mitsuo 等又进行了乳糖酶催化转糖苷法合成烷基糖苷的研究，1989 年他用酶催化法合成烷基糖苷的方法取得了专利权。

烷基糖苷主要组分的 HLB 值集中在 10 ~14，所以其具有显著的洗涤剂乳化的性能。由于其糖类成分和高级醇都来源于天然产物，对皮肤和眼睛的刺激非常低，而且洗净力、起泡性、生物降解性都好，可作为手洗及机洗餐具洗涤剂中活性物质的主要原料。也可与阴离子、阳离子并用，可在硬水中使用。它能缓和阴离子表面活性剂的刺激性。本产品在存放过程中如有固体析出或出现分层现象，混匀后可继续使用，不影响质量；高温时应避免低 pH 值条件下使用。

2.4.3.2 葡萄糖酰胺类表面活性剂

葡萄糖酰胺(alkyl glucamide，AGA)是葡糖胺与脂肪酸、脂肪酸酯等反应而得，是一种多元醇非离子表面活性剂。烷基葡萄糖酰胺缩写为 AGA-n，n 表示包括羰基碳原子在内的烷酰基长链。例如由月桂酸衍生而来的十二烷基葡萄糖酰胺记为 MEGA-12。它与离子表面活性剂相似的是有 Krafft 点，且 AGA 的表面张力和 CMC 与 APG 相似，具有优良的表面活性。

MEGA-n 可以由葡萄糖、烷基胺、氢、甲胺在催化剂的存在下进行制备。下面以 N-十二酰基-N-甲基-葡萄糖胺为例来说明 AGA-n 的制备方法。

第 1 步，甲胺与葡萄糖的醛基进行加合反应：

这部分反应较易进行，在无氧条件下可使产品有较好的色泽，水的存在对这一步反应影

$$\text{HOH}_2\text{C} \underset{\overset{|}{\text{OH}}\ \overset{|}{\text{OH}}\ \overset{|}{\text{H}}\ \overset{|}{\text{OH}}}{\overset{\overset{|}{\text{H}}\ \overset{|}{\text{H}}\ \overset{|}{\text{OH}}\ \overset{|}{\text{H}}}{\rule{3cm}{0.4pt}}} \text{CHO} + \text{CH}_3\text{NH}_2 \longrightarrow \text{HOH}_2\text{C} \underset{\overset{|}{\text{OH}}\ \overset{|}{\text{OH}}\ \overset{|}{\text{H}}\ \overset{|}{\text{OH}}}{\overset{\overset{|}{\text{H}}\ \overset{|}{\text{H}}\ \overset{|}{\text{OH}}\ \overset{|}{\text{H}}}{\rule{3cm}{0.4pt}}} \text{CH}=\text{NCH}_3 + \text{H}_2\text{O}$$

响不大，因此可用由谷物淀粉得到的葡萄糖浆代替葡萄糖。

第 2 步，葡萄糖亚胺的加氢反应：

$$\text{HOH}_2\text{C} \underset{\overset{|}{\text{OH}}\ \overset{|}{\text{OH}}\ \overset{|}{\text{H}}\ \overset{|}{\text{OH}}}{\overset{\overset{|}{\text{H}}\ \overset{|}{\text{H}}\ \overset{|}{\text{OH}}\ \overset{|}{\text{H}}}{\rule{3cm}{0.4pt}}} \text{CH}=\text{NCH}_3 + \text{H}_2 \longrightarrow \text{HOH}_2\text{C} \underset{\overset{|}{\text{OH}}\ \overset{|}{\text{OH}}\ \overset{|}{\text{H}}\ \overset{|}{\text{OH}}}{\overset{\overset{|}{\text{H}}\ \overset{|}{\text{H}}\ \overset{|}{\text{OH}}\ \overset{|}{\text{H}}}{\rule{3cm}{0.4pt}}} \text{CH}_2\text{NHCH}_3$$

一般的加氢反应用催化剂均可用于此反应，较常用的是雷尼镍，也可用负载镍，加氢反应一般在无水的有机溶剂中进行，反应温度一般在 40～120℃，压力一般在 $3\times10^5 \sim 60\times10^5\text{Pa}$。

第 3 步，葡萄糖甲胺与月桂酸甲酯进行酰胺化反应：

$$\text{HOCH}_2 \underset{\overset{|}{\text{OH}}\ \overset{|}{\text{OH}}\ \overset{|}{\text{H}}\ \overset{|}{\text{OH}}}{\overset{\overset{|}{\text{H}}\ \overset{|}{\text{H}}\ \overset{|}{\text{OH}}\ \overset{|}{\text{H}}}{\rule{3cm}{0.4pt}}} \text{CH}_2\text{NHCH}_3 + \text{C}_{11}\text{H}_{23}\text{COOCH}_3 \longrightarrow \text{HOCH}_2 \underset{\overset{|}{\text{OH}}\ \overset{|}{\text{OH}}\ \overset{|}{\text{H}}\ \overset{|}{\text{OH}}}{\overset{\overset{|}{\text{H}}\ \overset{|}{\text{H}}\ \overset{|}{\text{OH}}\ \overset{|}{\text{H}}}{\rule{3cm}{0.4pt}}} \underset{\overset{|}{\text{CH}_3}}{\text{CH}_2\text{NCOC}_{11}\text{H}_{23}}$$

该反应一般是葡萄糖甲胺与月桂酸甲酯在一种含羟基溶剂里用醇钠或醇钾作为催化剂进行反应，反应一般在 25～130℃下进行，葡萄糖甲胺与月桂酸甲酯的比值大概为 1∶1，反应耗时 1～5h。

单官能团的仲胺与甲酯反应时并不能被碱催化，但是葡萄糖甲胺与甲酯可以被碱催化，其机理可能是最初的反应在碱催化下先使羟基酰化生成氨基四羟基酯，然后迅速重排成五羟基酰胺。

以上 3 步反应中前 2 步反应可以合并为 1 步，但在第 3 步反应前必须对中间产物中的胺和水除去，以消除对酰胺化反应的影响。

以淀粉水解产物葡萄糖与十二烷基胺进行还原胺化反应，然后再与月桂酸进行酰化反应，就合成了基于淀粉的 *N*-十二烷基葡糖基月桂酰胺非离子表面活性剂。

N-十二烷基葡糖基月桂酰胺具有较低的表面张力和较小的临界胶束浓度，起泡性能与十二烷基苯磺酸钠相近，乳化性能也较好，脱脂率很低，与皮肤表面作用温和，可应用于护肤护发类化妆品以及各类洗涤剂中。

2.4.4 其他类型非离子表面活性剂

2.4.4.1 烷基硫醇聚氧乙烯醚

叔烷基硫醇与环氧乙烷进行加成反应生成烷基硫醇聚氧乙烯醚，其中具有良好表面活性的为叔己基硫醇聚氧乙烯(11~12)醚和叔壬基硫醇聚氧乙烯(12)醚。它们在较高温度的中性和碱性溶液中稳定。叔壬基硫醇与环氧乙烷的加成反应如下：

$$CH_3CH_2-\underset{\underset{CH_2CH_2CH_3}{|}}{\overset{\overset{CH_2CH_2CH_3}{|}}{C}}-SH + 17CH_2\!\!\!-\!\!\!CH_2 \longrightarrow CH_3CH_2-\underset{\underset{CH_2CH_2CH_3}{|}}{\overset{\overset{CH_2CH_2CH_3}{|}}{C}}-S(CH_2CH_2O)_{17}H$$

2.4.4.2 亚砜表面活性剂

烷基硫化物经氧化即得亚砜：

$$R-S-R' \xrightarrow{氧化} R-\overset{\overset{O}{\uparrow}}{S}-R'$$

式中，R 为长碳链；R′为甲基，也可以是其他烷基。

这种表面活性剂具有良好的表面活性，能显著降低水的表面张力，其浓度为 2×10^{-4} mol/L时，表面张力下降至 25mN/m。当有两个亚砜基时，这种表面活性剂就具有良好的洗涤力。

2.4.4.3 α-烯烃与环氧乙烷的加成物

长链 α-烯烃与聚乙二醇，在有机过氧化物存在下，发生加成反应，生成在分子链中间有烃基的加成物，如 α-十二烯烃与六聚乙醇的加成反应如下：

$$HOCH_2CH_2O\!\!-\!\!(CH_2CH_2O)_4CH_2CH_2OH+CH_2\!\!=\!\!CH(CH_2)_9CH_3 \longrightarrow$$

$$HOCH_2CH_2O\!\!-\!\!(CH_2CH_2O)_4CH_2\underset{\underset{OH}{|}}{C}HCH_2(CH_2)_9CH_3$$

反应后得到六聚乙二醇-1-十二碳烯与环氧乙烷物质的量比为 1:1 的加成物。相似地，短链二醇与长链 α-烯烃也可以进行加成反应。例如，在二叔丁基过氧化物存在下，1，4-丁二醇与1-十二碳烯进行加成反应，得到如下产物：

$$CH_2(CH_2)_2\underset{\underset{OH}{|}}{C}HCH_2CH_2\underset{\underset{OH}{|}}{(CH_2)_9}CH_3$$

当以碱作催化剂，对链烷二醇进行乙氧基化，也可得到该种非离子表面活性剂。

思考题

1. 脂肪醇的硫酸化试剂有哪些？比较它们进行硫酸化反应时的优劣。

2. 写出阳离子表面活性剂 NTN 的合成反应式。

3. 试写出一种硫酸酯甜菜碱表面活性剂的合成路线。

4. 举例说明怎样合成 Span，怎样合成 Tween？

5. 为什么说 APG 是绿色表面活性剂？APG 的合成方法主要有哪几种？试写出一种 APG 的合成方法。

6. 试述脂肪酸失水山梨醇酯和脂肪醇失水山梨醇聚氧乙烯醚的结构和合成方法。

7. 影响乙氧基化反应的因素有哪些？

第3章 表面活性剂的基本性质

表面活性剂的亲水性和亲油性可以用溶解度或与溶解度有关的一些性质来衡量。表面活性剂分子的吸附主要表现为：在水溶液中会将亲水基伸向水中、疏水基伸向空气而排列，自发地从溶液内部迁移至表面，富集于表面。许多分散粒子或固体表面与极性物质如水等接触，在界面上就产生电荷，对界面、分散体系的性质有显著影响。而表面活性剂的性能是与其特殊的结构密不可分的。本章主要介绍各类表面活性剂的溶解度、吸附性、界面活性等性能。

3.1 表面活性剂的溶解度

由于表面活性剂分子的两亲性，导致它们在水中的溶解度与普通有机化合物的有所不同。对于不同结构类型的表面活性剂，一般采用临界溶解温度表征离子型表面活性剂的溶解性能，用浊点表征非离子型表面活性剂的溶解性能。

3.1.1 离子型表面活性剂的临界溶解温度

在较低的温度范围内，离子型表面活性剂在水中的溶解度随着温度上升较慢。当达到某一温度时，离子型表面活性剂开始以胶束形式分散，导致溶解度急剧增大，这个明显的转折温度称为临界溶解温度(Krafft 点)。

在 Krafft 点，表面活性剂的溶解度等于其临界胶束浓度，且由于胶束的波长小于光的波长，溶液呈透明状。

离子型表面活性剂具有临界溶解温度现象的主要原因是：当干燥的离子型表面活性剂加入到水中时，水分子穿过表面活性剂的亲水层，使双分子间的距离增大。当温度低于 Krafft 点时，此水合结晶固体析出并与单分散表面活性剂的饱和溶液相平衡。而当温度高于 Krafft 点时，水合分子转为液态，在热运动的作用下分裂为有一定聚集数的胶束溶液，导致溶解度增加。

测定离子型表面活性剂的 Krafft 点的方法是：在稀溶液中观察溶液突然变清亮时的温度。需要注意的是，一般采用质量分数为1%的表面活性剂溶液测定，如果浓度较大，测出的 Krafft 点将超出一些。

离子型表面活性剂的 Krafft 点大小与其结构有关。同系物表面活性剂的亲油基链长的增加，Krafft 点增大；甲基或乙基等小支链越接近长烃链的中央，其 Krafft 点越小；疏水链存在支链或不饱和结构时，Krafft 点较没有支链时降低；同系烷基硫酸钠中，邻近两个组分混合时可使 Krafft 点产生一个极小值，但如果两个组分链长相距太大，则会使 Krafft 点增大。

Krafft 点与反离子种类也有关系。烷基硫酸钠的 Krafft 点比烷基硫酸钾的低。但羧酸钠的 Krafft 点高于羧酸钾的。Ca 盐、Sr 盐、Ba 盐的 Krafft 点则依次比 Na 盐、K 盐的高。另外，阴离子表面活性剂的分子中引入乙氧基，可使 Krafft 点显著降低。另外，加入电解质可使 Krafft 点增大。加入醇、N-乙酰胺等可导致结构变化的物质使 Krafft 点降低。

对于非离子型表面活性剂而言，除长烃链类乙氧基型非离子表面活性剂，如 C_{16}、C_{18} 脂肪醇聚氧乙烯醚等，大多数乙氧基型非离子表面活性剂可以假设 Krafft 点在 0℃ 以下。常用离子型表面活性剂的 Kraff 点见附录。

3.1.2 非离子型表面活性剂的浊点

乙氧基化非离子型表面活性剂在水中的溶解情况与离子型表面活性剂相反。在低温时，乙氧基化非离子型表面活性剂可与水分子形成氢键，使表面活性剂溶解于水中，成为氧鎓化合物(图 3-1)。随着溶液温度逐渐升高，分子运动加剧，氢键结合力逐渐减弱直至消失。当温度升至一定的高度后，非离子型表面活性剂不再水合化，溶液出现浑浊，分离为富胶束和贫胶束两个液相。我们将此时溶液分层并发生浑浊的温度称为该非离子型表面活性剂的浊点(cloud point)。

非离子型表面活性剂水溶液的浊点现象是由于在温度上升的过程中，它的极性基团(如乙氧基)失去结合水，从而导致胶束的聚集数增加。一般来说，在表面活性剂水溶液中，表面活性剂与水的性质差距越大，表面活性剂胶束的聚集数也越大。因此随着温度的上升，乙氧基化非离子型表面活性剂的胶束逐渐变大，溶液变浑浊，随着富胶束和贫胶束相密度的不同而出现分离。不过这种分离是可逆的。

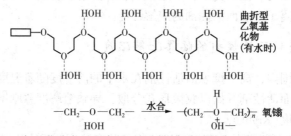

图 3-1 乙氧基化非离子型表面活性剂与水分子结合示意图(浊点以下)

影响非离子型表面活性剂浊点的因素较多。如大多数表面活性剂浓度的增加会使其浊点升高，故一般在描述浊点时要表明该表面活性剂的浓度。一般用质量分数为 1% 的表面活性剂水溶液测定浊点。但辛基酚聚氧乙烯醚(8.5)水溶液的浊点随浓度增大而降低。

对于乙氧基化非离子表面活性剂而言，表面活性剂的结构对浊点有较大的影响。如表 3-1 可知，若亲油基保持不变，随着乙氧基所占的比重增加，该表面活性剂的浊点升高。若保持乙氧基的数目不变，随着亲油基的碳原子数增多，其浊点降低。因此可以利用浊点来判断表面活性剂的亲水亲油性。

另外，亲油基中的支链、环状结构及取代基的位置也会对浊点造成影响。对于同碳数的亲油基，浊点高低与其结构的关系为：三环>单链>单环≥一支链的单环≫三支链>二支链。

表 3-1 两种乙氧基化非离子表面活性剂 1%浓度溶液的浊点与结构的关系

表面活性剂	C_9H_{19}—〈苯环〉—O$(CH_2CH_2O)_n$H						$H_{2n+1}C_n$—O$(CH_2CH_2O)_6$H		
n	8	9	0	1	2	16	10	12	16
浊点/℃	0	0	5	5	1	96	60	48	32

在表面活性剂溶液中加入电解质或有机添加剂也会对其浊度造成影响。一般情况下，电解质的加入使水分子的缔合能力加强，破坏了水分子与醚氧原子结合的氢键，导致表面活性剂脱水，增加了表面活性剂的聚集数，降低了浊点。表3-2以壬基酚聚氧乙烯醚(15)为例说明了不同电解质对浊点的影响。可以看出，氢氧化钠和碳酸钠对浊点的降低影响较大，硫酸对浊点的影响较小。而盐酸使其浊点升高，原因与胶束聚集相的水合作用有关。除了盐酸以外，高氯酸盐、硫氰化钠等都可以导致浊点上升。

表 3-2　壬基酚聚氧乙烯醚(15)水溶液浊点与电解质的关系

电解质	蒸馏水	3%NaCl	3%Na$_2$CO$_3$	3%NaOH	3%HCl	3%H$_2$SO$_4$
浊点/℃	98	85	70	67	>100	96

含乙氧基较少的乙氧基化合物不能完全溶于水中，一般使用水和有机溶剂的混合液，例如水和异丙醇、水和二噁烷、水和丁基二甘醇等，故有机添加剂对表面活性剂的浊点也有影响。

加入低分子烃可降低浊点，加入高分子烃使浊点升高。相反，加入高分子醇，浊点下降；而加入低分子醇，浊点升高。加入聚乙二醇的量对浊点有不同的影响。加入1%的聚乙二醇对1%的乙氧基化合物溶液的浊点无甚影响。加入10%时稍有提高，当达到30%时，浊点从77.5℃升到100℃以上。另外，加入尿素、甲基乙酰胺等水溶助长剂可显著提高浊点。加入适宜的阴离子型表面活性剂(如十二烷基苯磺酸钠)使其形成混合胶束，可提高乙氧基化合物的浊点。

3.1.3　表面活性剂在非水溶剂中的溶解度

在涂料和油漆工业、萃取工程、微乳状液和胶束催化等方面都涉及表面活性剂非水溶液的问题。非水溶剂包括非极性溶剂和极性溶剂两类。非极性溶剂有脂肪族溶剂、芳香族溶剂以及特殊性质的全氟烃和硅氧烷等。极性溶剂有氢键液体和非氢键液体。常用的氢键液体有甘油、低级醇、乙二醇、甲酰胺等；非氢键液体有酮类、醚类、二甲亚砜、二氧六环等。

不同分子结构的表面活性剂可不同程度地溶解于各种有机溶剂中。其碳链长短、支化程度、极性基种类及位置变化等对于溶剂的选择都有显著的影响。极性基团位于烷基链中心、烷基呈支链或两个以上烷基的表面活性剂，其分子间凝聚能较小，易溶于醇类、酮类、烯烃类等有机溶剂中。

表面活性剂在有机溶剂中的溶解度也会从某一温度开始急剧增加，此温度称为临界溶液温度(CST)，此现象与离子型表面活性剂在水溶液中有临界溶解温度类似。

3.2　表面活性剂的界面性质

表面活性剂分子在水溶液中会将亲水基伸向水中，疏水基伸向空气而排列，表现为自发地从溶液内部迁移至表面，富集于表面，这种现象叫作吸附。

3.2.1　表面活性剂在溶液表(界)面的吸附

研究表面活性剂在溶液表面吸附的最基本的公式是Gibbs吸附公式，表达式如下：

$$\Gamma_i = -\frac{1}{RT}\left(\frac{\partial \gamma}{\partial \ln \alpha_i}\right)_T \tag{3-1}$$

式中的 γ 是表面张力，Γ_i 为表面过剩，是组分在表面和体相内部的浓度差。若溶液很稀，则 i 组分的活度 α_i 可用浓度 c_i 代替，式(3-1)可转化为：

$$\Gamma_i = -\frac{1}{RT}\left(\frac{\partial\gamma}{\partial\ln c_i}\right)_T \tag{3-2}$$

或

$$\Gamma_i = -\frac{c_i}{RT}\left(\frac{\partial\gamma}{\partial c_i}\right)_T \tag{3-3}$$

式中的单位：γ 为 mN/m；$R = 8.31$ J/mol；Γ_i 为 mol/cm^2；c_i 为 mol/L；T 为绝对温度，K。

式(3-2)或式(3-3)是 Gibbs 吸附通式，利用该公式可以计算表面活性剂在溶液表面的吸附量 Γ，通过 Γ 计算出表面上每个表面活性剂分子所占的平均面积。将此面积与来自分子结构计算出来的分子大小相比较，可判断表面活性剂分子在吸附层中的取向和排列状态。了解表面活性剂分子的定向排列状态对于了解表面活性剂在各种界面上的吸附是很重要的。

3.2.1.1 表面活性剂在溶液表面上的吸附公式

根据 Gibbs 吸附通式(3-2)或式(3-3)，可以推导出各类单一表面活性剂和混合表面活性剂的 Gibbs 吸附公式：

(1)单一表面活性剂的 Gibbs 吸附公式与表面吸附量 Γ 的计算

①非离子型表面活性剂在水溶液中不发生解离，其 Gibbs 吸附公式与式(3-2)相同，即：

$$\Gamma = -\frac{1}{RT}\left(\frac{d\gamma}{d\ln c}\right) \tag{3-4}$$

②1:1 型离子型表面活性剂在溶液表面的 Gibbs 公式，根据其水解情况不同，可以分为：

a. 羧酸钠类离子型表面活性剂在溶液中发生水解，在此溶液中加入过量有共同离子(如 Na$^+$)且有缓冲作用的电解质，可得到简化的 Gibbs 公式：

$$\Gamma' = \Gamma_{R^-} + \Gamma_{HR} = -\frac{1}{RT}\left(\frac{d\gamma}{d\ln c}\right) \tag{3-5}$$

其中，Γ' 为表面活性离子 R$^-$ 与水解产物(羧酸 HR)吸附量的总和。

b. 若离子型表面活性剂在溶液中不水解，且没有外加无机盐：

$$\Gamma = -\frac{1}{2RT}\left(\frac{d\gamma}{d\ln c}\right) \tag{3-6}$$

c. 若离子型表面活性剂在溶液中不水解，且添加过量无机盐或恒定离子强度，其 Gibbs 公式与非离子型表面活性剂的一样，见式(3-2)。

d. 若离子型表面活性剂在溶液中不水解，且加入的无机盐既不过量，离子强度又不恒定：

$$\Gamma = -\frac{1}{yRT}\left(\frac{d\gamma}{d\ln c}\right) \tag{3-7}$$

其中，$y = 1 + \dfrac{c}{c+c'}$，c' 为无机盐的浓度。

根据上述单一体系的 Gibbs 吸附公式，可计算单一体系的表面吸附量。首先测定不同浓度时表面活性剂溶液的表面张力，绘制 γ-$\lg c$ 或者 γ-c 曲线，由此可得浓度 c 时的曲线斜率 $d\gamma/d\lg c$ 或 $d\gamma/dc$，应用以上 Gibbs 吸附公式，即可求出浓度 c 时的表面吸附量 Γ。

(2)同类型混合表面活性剂在溶液表面的 Gibbs 公式

①若有 i 种非离子型表面活性剂：

$$\Gamma_i = -\frac{1}{RT}\left(\frac{\mathrm{d}\gamma}{\mathrm{d}\ln c_i}\right)c_j \tag{3-8}$$

其中，c_j 为其他表面活性剂组分浓度，固定其浓度不发生改变。

②若有 i 种同电性不水解的离子型表面活性剂：

a. 若没有外加无机盐：

$$\Gamma_i = -\frac{1}{2RT}\left(\frac{\mathrm{d}\gamma}{\mathrm{d}\ln c_i}\right)c_j \tag{3-9}$$

b. 若加入过量无机盐或恒定离子强度，其 Gibbs 公式与 i 种非离子型表面活性剂的一样，见式(3-8)。

(3)不同类型的混合表面活性剂在溶液表面的 Gibbs 公式

①非离子型与离子型混合：

a. 若加入过量无机盐：

$$\Gamma_i = -\frac{1}{RT}\left(\frac{\mathrm{d}\gamma}{\mathrm{d}\ln c_i}\right)c_j \tag{3-10}$$

b. 若没有外加无机盐：

$$\Gamma_{in} = -\frac{1}{RT}\left(\frac{\mathrm{d}\gamma}{\mathrm{d}\ln c_{in}}\right)c_{jn}, \quad c_{im} \tag{3-11}$$

$$\Gamma_{im} = -\frac{1}{2RT}\left(\frac{\mathrm{d}\gamma}{\mathrm{d}\ln c_{im}}\right)c_{jm}, \quad c_{in} \tag{3-12}$$

其中，in 为非离子型表面活性剂的数目；im 为离子型表面活性剂的数目。

②正离子型与负离子型混合：

$$\Gamma_+ = -\frac{1}{RT}\left(\frac{\mathrm{d}\gamma}{\mathrm{d}\ln c_+}\right)c_- \tag{3-13}$$

$$\Gamma_- = -\frac{1}{RT}\left(\frac{\mathrm{d}\gamma}{\mathrm{d}\ln c_-}\right)c_+ \tag{3-14}$$

其中，$+$ 为正离子型表面活性剂；$-$ 为负离子型表面活性剂。

若是等物质的量的正离子型与负离子型表面活性剂混合，则：

$$\Gamma_+ + \Gamma_- = -\frac{1}{RT}\left(\frac{\mathrm{d}\gamma}{\mathrm{d}\ln c_{+(-)}}\right) \tag{3-15}$$

这种情况下，由于表面吸附层中两种表面活性剂离子的电性中和，表面上的扩散双电层不存在，在一定范围之内，加入无机盐不影响溶液的表面张力。在混合表面活性剂浓度不太稀时，$\Gamma_+ = \Gamma_-$。

根据上述 Gibbs 吸附公式，可以计算表面活性剂混合物的总吸附量和单组分吸附量。先测定溶液各组分的浓度按比例改变时的表面张力，用任意溶质的浓度或总浓度作 $\gamma\text{-}\lg c$ 曲线，由此可得浓度 c 时的曲线斜率 $\mathrm{d}\gamma/\mathrm{d}\lg c$ 或 $\mathrm{d}\gamma/\mathrm{d}c$，应用相应的 Gibbs 吸附公式，即可求出浓度 c 时的表面吸附量 Γ。

而想要求出某一种表面活性剂(i)的吸附量，可以先固定其他表面活性剂的浓度。配制只有一种溶质 i 的浓度改变，而其余溶质 i 浓度都保持恒定的系列溶液，测定 $\gamma\text{-}\lg c$ 曲线，再用前述方法算出该组分的吸附量。

注意：当表面吸附达到饱和时，$\gamma\text{-}\lg c$ 曲线体现出来的是直线部分，因此以 $\gamma\text{-}\lg c$ 曲线的直线部分的斜率计算吸附量，即得到该组分的饱和吸附量，用 Γ_m 表示。

3.2.1.2 表面活性剂在溶液表面上的吸附等温线

当表面活性剂分子进入水溶液后，会在溶液表面上富集[图3-2(a)]。随着体相中表面活性剂浓度的增加，表面活性剂分子在溶液的表面上的数目逐渐增加，原来由水和空气形成的界面逐渐由表面活性剂的亲油基和空气界面所替代[图3-2(b)]。但当表面上表面活性剂分子的浓度达到一定值后，表面活性剂基本上是竖立紧密排列的，完全形成了一层油层[图3-2(c)]。

(a)极稀溶液　　(b)稀溶液　　(c)临界胶束浓度溶液

图3-2　溶液表面吸附层

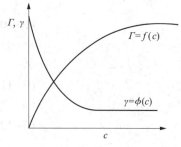

图3-3　表面活性剂在溶液表面上的吸附等温线

测定恒温时不同浓度溶液的表面张力，应用Gibbs公式求得吸附量Γ，可以作出$\Gamma\text{-}c$曲线，即吸附等温线，如图3-3所示。随着表面活性剂浓度的增加，水溶液的表面张力降低。但当表面活性剂分子的浓度已经达到临界胶束浓度时，继续增加体相中的表面活性剂的浓度并不能改变界面上表面活性剂的紧密排列状态，所以对表面张力不会产生影响，如图3-3中的水平段。

从图3-3中还可以看到表面活性剂在溶液表面的过剩吸附Γ随着体相中表面活性剂的浓度增加而增大。当溶液浓度很小时，Γ与c成正比，几乎为一条直线，最后达到最大值，即吸附平衡。表面活性剂在溶液中的吸附等温线属于Langmuir型等温线。数学表达式为：

$$\frac{c}{\Gamma} = \frac{1}{\Gamma_{\mathrm{m}}k} + \frac{c}{\Gamma_{\mathrm{m}}} \tag{3-16}$$

由于吸附具有极限性，将式(3-16)与Gibbs吸附式联系起来可得：

$$\Gamma = -\frac{c}{RT}\frac{\mathrm{d}\gamma}{\mathrm{d}c} = \Gamma_{\infty}\frac{kc}{1+kc} \tag{3-17}$$

上式中的k为吸附平衡常数，$k = \exp\left(-\dfrac{\Delta G_{\mathrm{ad}}^{\ominus}}{RT}\right)$，$\Delta G_{\mathrm{ad}}^{\ominus}$为标准吸附自由能。

式(3-17)表明，对于表面活性剂稀溶液，$1+kc \rightarrow 1$(稀)，$\Gamma \propto \Gamma_{\infty}kc$，此时$\Gamma$与$c$成正比，$\mathrm{d}\gamma/\mathrm{d}c$为一定值，即图3-3中的直线部分。而对于中浓度溶液，Γ与c的关系为图3-3中的曲线部分。对于高浓度溶液，$1+kc \rightarrow kc$，则$\Gamma \propto \Gamma_{\infty}$，此时吸附与浓度无关，如图3-3中的平坦部分。

3.2.1.3 表面活性剂分子在溶液表面的吸附状态

利用表面吸附量可以算出表面上每个吸附分子所占的截面积A[式(3-18)]；当吸附达到饱和时，吸附分子最小截面积用A_{m}也可以利用饱和吸附量Γ_{m}计算[式(3-19)]。

$$A = \frac{1}{N_{0}\Gamma} \tag{3-18}$$

$$A_{\mathrm{m}} = \frac{1}{N_{0}\Gamma_{\mathrm{m}}} \tag{3-19}$$

式（3-19）中，N_0 为阿伏加德罗常数。随着表面活性剂浓度的增加，Γ 逐渐增大，分子截面积 A 逐渐变小。由上式可以计算表面上每个表面活性剂分子所占的平均面积，将此面积与来自分子结构计算出来的分子大小相比较，可判断表面活性剂分子在吸附层中的排列情况、紧密程度和定向情况，进而推测表面吸附层的结构。

表 3-3 列出了 25℃时 0.1mol/L 的 NaCl 溶液中十二烷基硫酸钠（SDS）吸附分子的平均占有面积。

表 3-3 十二烷基硫酸钠表面吸附分子平均占有面积

溶液浓度/（μmol/L）	5	1.3	32	50	80	200	400	800
分子面积/nm²	4.75	1.75	1.0	0.72	0.58	0.45	0.39	0.34

从分子结构计算，SDS 分子平躺时占有面积 $1nm^2$ 以上，直立时占有 $0.25nm^2$（图 3-4），而将此数据与表3-6中所列的数据作比较可以看出，在 SDS 浓度分别为 $3.2×10^{-5}mol/L$ 和 $8.0×10^{-4}mol/L$ 时，其分子平均占有面积分别为 $1.0nm^2$ 和 $0.34nm^2$。由此可以推测，在溶液浓度较大时，吸附分子不可能在表面上呈平躺状态。而当浓度达到 $8.0×10^{-4}mol/L$ 时，吸附分子只能是相当紧密地直立定向排列。只有浓度很稀时，才有可能采取较为平躺的方式存在于界面上，如图 3-4 所示。

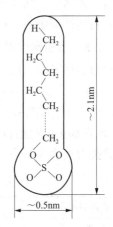

图 3-4 十二烷基硫酸根离子

对于离子型表面活性剂，反离子也在表面相富集并形成了吸附层的双电层结构。由于表面活性离子在表面形成带电的定向排列吸附层，在其电场的作用下，反离子被吸引，一部分进入吸附层，另一部分以扩散形式分布，形成双电层结构。如图 3-5 所示。

图 3-5 离子型表面活性剂吸附层

聚氧乙烯类非离子型表面活性剂在溶液表面的吸附状态与离子型表面活性剂不同。在亲油基相同的条件下，饱和时的分子截面积随氧乙基数的增大而增大，这是由于非离子表面活性剂中的聚氧乙烯链有锯齿型和卷曲形两种构型，因此随着聚氧乙烯链的增长，其分子面积也增加。为了降低能量，聚合度大的聚氧乙烯链在水中采取卷曲型构型，此时，憎水的—CH_2—在里面，亲水的醚氧原子在链的外侧，有利于氧原子通过氢键与水分子结合。

3.2.1.4 表面活性剂在溶液表面吸附量的影响因素

1. 表面活性剂分子的结构

根据亲水基和疏水基在吸附层中定向排列时的大小可以决定分子横截面积。但多数情况下，水合亲水基的截面积起决定性作用。例如：由于亲水基变大从而增大了分子面积，导致聚氧乙烯类非离子表面活性剂的饱和吸附量通常随极性基聚合度增加而变小。

其他因素可比时，非离子型表面活性剂的饱和吸附量大于离子型的。这是因为吸附的表面活性离子间存在同号相斥的库仑斥力，使其吸附层较为疏松。

疏水基在一定程度上也可以控制饱和吸附量。具有支链疏水基的表面活性剂，其饱和吸附量一般小于同类型的直链疏水基的表面活性剂。碳氟链为疏水基的常小于相应的碳氢链的表面活性剂。

对于同系物表面活性剂，大多数情况下随着链长的增长，饱和吸附量有所增加，但疏水链过长（碳原子数>16）则会起到相反的作用。

2. 外界环境

一般情况下温度升高，饱和吸附量减少。但在低浓度时，由于吸附效率的提高，非离子型表面活性剂的吸附量往往随温度上升而增加。

无机电解质对离子型表面活性剂的吸附有明显的增强作用，而对非离子型表面活性剂吸附的影响不明显。这时因为在离子型表面活性剂溶液中，增加电解质浓度可以导致进入吸附层的反离子数增多，从而削弱表面活性离子间的电性排斥，使吸附分子排列更紧密。而在非离子型表面活性剂中不存在这样的反离子现象。

3.2.1.5 表面活性剂在油–水界面上的吸附公式

水相与油相界面上的分子受到来自水相中和油相中分子的引力作用而产生的不平衡力叫作油–水界面张力。在油–水两相体系中，表面活性剂分子将亲油基插入油中，亲水基留在水中，使得分子势能保持最低。表面活性剂在油–水界面富集，使界面张力降低。表面活性剂在油–水界面上的吸附也可以通过 Gibbs 吸附公式得到界面吸附量。一些有机液体与水界面的界面张力见表3–4。

表3–4 一些有机液体与水界面的界面张力（20℃） mN/m

有机液体	与水的界面张力	有机液体	与水的界面张力
汞	375.0	氯仿	32.80
正己烷	51.10	硝基苯	25.66
正辛烷	50.81	己酸乙酯	19.80
二硫化碳	48.36	油酸	15.59
2，5–二甲基己烷	46.80	乙醚	10.70
四氯化碳	45.0	硝基甲烷	9.66
溴苯	39.82	正辛醇	8.52
四溴乙烷	38.82	正辛酸	8.22
甲苯	36.10	庚酸	7.0
苯	35.0	正丁醇	1.8

油水界面吸附体系的共同特点是至少存在 3 个组分，即 2 个液相成分和至少 1 种溶质。通过 Gibbs 吸附公式也可以得到吸附量与界面张力的关系：

$$\Gamma_i = -\frac{\alpha}{RT}\left(\frac{\partial \gamma_i}{\partial \alpha}\right)_T = -\frac{1}{RT}\left(\frac{\partial \gamma_i}{\partial \ln\alpha}\right)_T \qquad (3-20)$$

式中，Γ_i 为表面活性剂在界面上的吸附量（表面浓度）；γ_i 为界面张力；α 为表面活性剂的活度，对于稀溶液可近似认为是浓度 c。根据上式，只要测出 γ_i–$\ln\alpha$（或 $\ln c$），即可由其直线斜率求出吸附量 Γ_i。

应用此公式需注意以下几个方面：

①此公式只适用于非离子型表面活性剂吸附，对于离子型表面活性剂的吸附需要加以适

当改进。

②油水界面的油相和水相理论上应完全不互溶，且表面活性剂只溶解于第 1 液相中，第 2 液相无表面活性。但实际应用中很难达到要求，故只能是近似处理。

③当表面活性剂浓度超过 CMC 后界面张力不再变化，不能用式(3-19)计算吸附量。

3.2.1.6 表面活性剂在油-水界面的吸附等温线

油-水界面吸附等温线也属于 Langmuir 型。图 3-6 为辛基硫酸钠在气-液界面和液-液界面的吸附等温线，从图中可以看出，在低浓度区吸附量随着浓度增加而上升的速度比较快。但达到极限吸附时，相同的表面活性剂在油-水界面上吸附量小于在气液界面上的。相应地，相同的单位表面活性剂分子在油-水界面上所占的面积大于在气-液界面上的。例如：25℃时十二烷基硫酸钠在水苯界面上极限吸附量为 $2.33 \times 10^{-10} mol/cm^2$，分子面积为 $0.71 nm^2/$分子；而在气水界面上相应的结果为 $3.16 \times 10^{-10} mol/cm^2$，分子面积为 $0.53 nm^2/$分子。

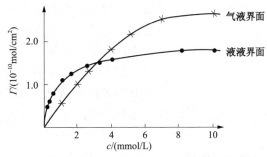

图 3-6　辛基硫酸钠在气-液界面和液-液界面的吸附等温线

这是由于在气-液界面上，气相分子既小又少，与表面活性剂疏水基之间的相互作用非常微弱。而在油-水界面，表面活性剂分子的疏水基和油相分子之间相互作用的性质和接近的强度类似于疏水基互相之间的，所以油-水界面吸附层中有许多油相分子插在表面活性剂的疏水链之间，使吸附的表面活性剂分子平均占有面积变大，同时吸附分子间的凝聚力减弱。这也可以解释为什么在低浓度时油-水界面上的吸附量随浓度上升较快。

这个结果说明即使达到极限吸附，在油-水界面上的表面活性剂分子也不可能是垂直定向紧密排列的，而是采取某种倾斜方式，也可能是以部分链节平躺方式吸附的(极特殊情况)。正因为如此，表面活性剂的碳氢链发生支化对 Γ_m 没有显著影响。因为其倾斜的方式给支链留有足够的空间。

对于直链同系物离子型表面活性剂，当碳链的碳原子数在 10~16 之间时，其在油-水界面上的极限吸附量 Γ_m 和极限吸附分子面积 A_m 不受碳链长短的影响。而当碳链碳原子数大于 18 时，Γ_m 明显减小，A_m 增大(表 3-5)。这可能是因为碳链太长，吸附分子发生弯曲而导致的。

表 3-5　烷基硫酸钠在水-庚烷界面上吸附的 Γ_m 和 A_m(50℃)

表面活性剂	$\Gamma_m/(10^{-10} mol/cm^2)$	$A_m/(nm^2/$分子$)$
$n\text{-}C_{10}H_{21}SO_4Na$	3.0	0.54
$n\text{-}C_{12}H_{25}SO_4Na$	2.9	0.56
$n\text{-}C_{14}H_{29}SO_4Na$	3.2	0.52

表面活性剂	$\Gamma_m/(10^{-10}\mathrm{mol/cm^2})$	$A_m/(\mathrm{nm^2/分子})$
$n-C_{16}H_{33}SO_4Na$	3.0	0.54
$n-C_{18}H_{37}SO_4Na$	2.3	0.72

3.2.1.7 油-水界面上的吸附层结构

与溶液表面吸附一样，从吸附量可以计算出每个吸附分子平均占有的界面面积 A。

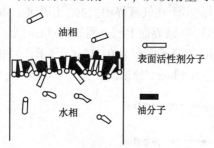

图 3-7 表面活性剂在油-水界面
吸附层的结构

根据界面压和吸附分子占有面积数据可以知道，在油-水界面上吸附的表面活性剂分子疏水链采取伸展的构象，近于直立地存在于界面上（图 3-7）。吸附的表面活性剂分子疏水基插入油分子，它的亲水基则存在于水环境中。吸附层由疏水基在油相、亲水基在水相，直立定向的表面活性剂分子和油分子、水分子组成。

根据吸附分子平均占有面积和吸附分子自身占有的面积 A_0 数据可知，较小碳链的油分子更容易进入吸附层，故在吸附层中油分子数多于吸附分子数。因此，吸附层的性质应该与油相分子性质有关。

3.2.1.8 界面吸附层的本征曲率

油-水界面的疏水层由表面活性剂的疏水基和油相的组成，亲水层由表面活性剂的亲水基和溶剂水组成。疏水基间的色散力相互作用使得在一定范围内体系能量随分子间距离减小而降低。另一方面，亲水基对水强烈的亲和力使其与较多的水发生水合作用而降低体系能量。如果分子间距减小，亲水基将发生脱水作用，并使体系能量上升。这两方面作用的总结果是在头基间距为某一定值时，体系能量最低。故在表面活性剂自发形成聚集体时，亲水头基倾向于占有与此距离相应的面积 A_0。当碳氢链采取伸展的构象、近于直立在界面上时疏水基将具有面积 A_c，

$$A_c = V_c/l_c \qquad (3-21)$$

式中，V_c 为疏水基体积，l_c 为疏水基最大伸展长度。

根据 A_0 与 A_c 的相对大小，液液界面吸附层将具有不同的曲率，称作该界面吸附层的本征曲率。若 $A_c > A_0$，界面将弯向水相，反之，若 $A_c < A_0$ 时，界面将弯向油相。这就是表面活性剂性质决定乳状液类型的基本原理。

影响 A_0 的因素与亲水基的类型有关。对于非离子型表面活性剂，随亲水基变大，如增加聚氧乙烯基的聚合度，A_0 增大；降低温度会加强亲水基的水合程度，使 A_0 变大。对于离子型表面活性剂，降低电解质浓度将扩大围绕带电基团的双电层厚度，而增加其有效空间；改变溶液 pH 值如果能增加亲水基的解离度，则将增加亲水头基间的排斥，增加其有效面积；另外，反离子所带电荷及水合能力不同也会影响 A_0 值。

使 A_c 变大的因素有：增加碳链数；引进分支或不饱和结构；增加油相分子的插入能力，如前所述，较小碳链的油分子更容易进入吸附层。

改变界面吸附层本征曲率的一种普遍有效的方法是使用混合表面活性剂。一般是在离子

型或非离子型表面活性剂中加入脂肪醇作为助表面活性剂。它们在界面上形成混合吸附层。由于醇的羟基很小，还可能与表面活性剂的极性基形成氢键或其他较强的极性相互作用，可以有效地使混合吸附层极性基的平均占有面积降低。其降低程度随脂肪醇在表面活性混合物中所占的比例而变。这在许多实际应用中很有价值。

3.2.2　表面活性剂在固–液界面的吸附作用

表面活性剂在固–液界面形成有一定取向和结构的吸附层，可以改变固体表面的润湿、分散等性质。所以表面活性剂在固–液界面上的吸附可应用于纺织、印染、食品、涂料、医药、金属加工、感光材料、肥料等工业部门及日常生活中。了解表面活性剂在固液界面吸附的性质，吸附层的结构特点以及影响吸附的多种因素，有助于解决实际问题。

3.2.2.1　表面活性剂在固–液界面上的吸附量

固体自二元溶液中吸附组分 2 的基本方程式为：

$$n_0 \Delta x_2 / m = n_2^s x_1 - n_1^s x_2 \tag{3-22}$$

式中，x_1 和 x_2 分别为吸附平衡时溶液中组分 1 和组分 2 的摩尔分数；Δx_2 为吸附前后溶液中组分 2 的摩尔分数变化；n_0 为吸附前组分 1 和组分 2 的总物质的量；n_1^s 和 n_2^s 分别为吸附平衡时 1g 吸附剂吸附组分 1 和组分 2 的物质的量；m 为与 n_0 成平衡的吸附剂质量(g)。

若液相是表面活性剂(组分 2)的稀溶液，则组分 1 为溶剂，组分 2 为表面活性剂。若表面活性剂比溶剂更强烈地吸附于吸附剂上，Δn_2 是吸附平衡时溶液中表面活性剂物质的量的变化，则 $n_0 \Delta x_2 \approx \Delta n_2$。由于是稀溶液，则 $x_1 \approx 0$，$x_2 \approx 0$。式(3-22)变为：

$$n_2^s = \Delta n_2 / m = V \Delta c_2 / m \tag{3-23}$$

式中，V 为与 m 克吸附剂成平衡的溶液体积；Δc_2 为吸附前后表面活性剂溶液浓度的变化。

由式(3-23)可知，在一定温度下，根据吸附平衡前后溶液浓度的变化可以求得单位质量吸附剂自表面活性剂稀溶液中吸附的表面活性剂物质的量。因此，求算吸附量的关键是要根据表面活性剂的一般性质和结构特点，选择适宜的分析手段，测定表面活性剂溶液浓度的变化。

分析表面活性剂溶液的浓度可以使用仪器分析和化学分析的方法，实验室中常用的有：

①紫外吸收光谱法只适用于测定带有芳环的表面活性剂溶液浓度。

②干涉仪法是根据浓度变化而引起溶液折射率变化来测定溶液浓度，故此法适用于相对分子质量较大、折射率变化大的体系。OP 型的聚氧乙烯或聚氧丙烯衍生物类的表面活性剂以及 CMC 较大的表面活性剂体系可选用此方法。

③表面张力法适用于各种类型的表面活性剂，在表面活性剂浓度低于其 CMC 时，随着浓度增大，溶液表面张力急剧减小。测定吸附平衡后溶液的表面张力，再根据已知浓度的表面活性剂溶液的 γ-lg$c$ 曲线求得吸附平衡时的浓度，从而可计算吸附量。此法适用于各种类型表面活性剂的吸附，但由于表面活性剂溶液的许多性质在 CMC 处有突变，故只有当吸附平衡浓度超过 CMC 时稀释后方可测定。

④两相滴定法仅适用于离子型表面活性剂溶液浓度的测定。滴定时，以阴离子染料(如溴酚蓝、百里酚蓝等)作为指示剂，用阳离子表面活性剂溶液滴定阴离子表面活性剂溶液。由于阴、阳离子表面活性剂作用生成的盐的稳定性远高于阴离子染料与阳离子表面活性剂滴定剂作用生成的盐的稳定性，因此阴、阳离子表面活性剂一旦相互反应完全后，过量的阳离

子表面活性剂与阴离子染料形成的盐立即转移至外加的有机相(如氯仿等)中。因此当有机相中出现指示剂颜色时即为滴定终点。但实际应用中两相滴定判断滴定终点相当困难,带有一定的经验性。

3.2.2.2　表面活性剂在固-液界面上的吸附等温线

在恒定温度、指定吸附剂和吸附质条件下,吸附量与吸附质平衡浓度的关系曲线为吸附等温线,由等温线可以得到:①单位质量或单位表面固体上吸附的表面活性剂的量(吸附量);②达到一定吸附量时体相溶液中表面活性剂的平衡浓度;③在发生饱和吸附时表面活性剂的浓度;④表面活性剂在固体表面定向排列的有关参数;⑤吸附对固体表面性质的影响;⑥吸附温度。

图3-8是表面活性剂在固-液界面上常见的吸附等温线示意图。包括了L型、S型及其复合型LS型(双平台型)。一般当表面活性剂与固体表面作用强烈时,常出现L型和LS型等温线。如离子型表面活性剂在与其带电相反的固体表面上的吸附,非离子型表面活性剂在某些极性固体上的吸附等。而当表面活性剂与固体表面的作用较弱,在低浓度时难以有明显的吸附时,出现S型等温线。

L型等温线用Langmuir方程描述可以得到满意的结果。S型等温线和LS型等温线的描述方程中引入的参数太多且意义不明确,实际应用不方便。但当LS型等温线的第1平台吸附量极小时,LS型可变为S型。而如果LS型等温线第1平台在很低浓度时就可以向第2平台转变,或者S型等温线在很低浓度吸附量急剧升高,可使得它们类似于L型等温线。

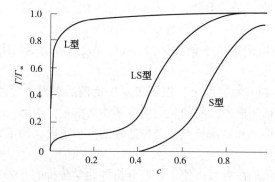

图3-8　表面活性剂在固-液界面吸附的3种主要等温线

3.2.2.3　表面活性剂在固-液界面的吸附层结构与性质

表面活性剂在固-液界面的吸附等温线有3种基本类型,它们共同的特点是在CMC附近吸附量有急剧增加。这是由于在固液界面形成了表面活性剂的缔合结构,称为半胶团,也称为表面胶团或吸附胶团。这种缔合结构可以是吸附单层、双层、半球形、球形等。

应用吸附等温线每个区域的吸附量和固体比表面的数据计算出吸附分子平均占据面积,从而可以推测它们的排列方式。比如在浓度大于CMC以后的平台区极可能为双层结构,应用中子散射和荧光探针技术研究结构证实在覆盖度足够大时,吸附胶团确定为双层结构。

表面活性剂吸附层的性质包括固体表面的润湿性质、金属表面的腐蚀抑制作用、影响固体表面电性质以及吸附加溶的性质等。

1. 固体表面的润湿性质

表面活性剂的浓度和吸附层中表面活性剂分子或离子的定向状态决定了固体表面的润湿

性质。通常吸附层通过以下2种方式改变固体表面的润湿性质。

①表面活性剂的疏水基直接吸附于固体表面，随着表面活性剂浓度增加，其分子先平躺，之后亲水基翘向水相，最后亲水基指向水相垂直定向排列（图3-9），如在不带电的非极性固体表面上的吸附。这种方式使得水在固体上的接触角由大变小，表面性质由疏水变为亲水。这种方式的吸附也使得表面活性剂离子紧密单层亲水基指向水相，于是不能再形成第二吸附层，润湿性质也难再变化。

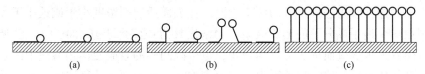

（a）　　　　　　　　　（b）　　　　　　　　　（c）

图3-9　表面活性剂疏水基直接吸附于固体上的吸附图像随浓度增加而变化的示意图

②表面活性剂的亲水基以电性或其他极性作用力直接吸附在固体表面上，随着表面活性剂浓度的增加，先形成饱和定向单层，随后在疏水基的相互作用下亲水基向外排列，形成如图3-10（a）所示的双层结构。

但如果表面活性剂亲水基与固体表面的作用点较少，则已吸附的若干表面活性剂和体相溶液中的表面活性剂在疏水基相互作用下将大部分亲水基朝向水相排列，形成如图3-10（b）所示的类单层。于是随着吸附量增加，固体表面润湿性质将发生变化。

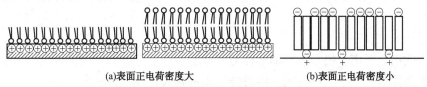

（a）表面正电荷密度大　　　　　　（b）表面正电荷密度小

图3-10　阴离子表面活性剂在带正电固体表面上吸附图像示意图

2. 金属表面的腐蚀抑制作用

金属表面与水或腐蚀性介质接触后，可因电化学作用而引起腐蚀。可以通过加入表面活性剂类缓蚀剂起到防腐蚀的作用。缓蚀剂在金属表面形成吸附层，将水及腐蚀介质与金属隔开。

常用的表面活性剂类缓蚀剂大多为含氮类化合物，如季铵盐、氨基酸衍生物、胺皂等。这些缓蚀剂在金属表面的吸附有物理吸附和化学吸附2种。物理吸附理论认为烷基铵的阳离子以电性作用吸附于金属表面，金属表面带了正电，故可抑制腐蚀介质阳离子（如 H^+）的接近。

化学吸附理论认为这类表面活性剂中含有孤对电子的 N、O、P、S 原子可与某些金属表面原子形成共价键。另外，缓蚀剂的疏水基可以隔离腐蚀介质，直链化合物往往比支链化合物的效果更好。且直链化合物形成的吸附层更趋紧密排列，所以直链化合物中碳链长的效果更好。

3. 影响固体表面电性质

以离子交换机理吸附离子型表面活性剂时，固体表面电动电势不会发生改变，但以离子配对机理吸附时，电动电势将下降，直到电动电势为零。此时粒子间异号相吸，发生聚结。当表面活性剂持续吸附，电动电势越过零值后，符号改变，粒子带有与表面活性剂离子相同的电荷，粒子间斥力增加，体系可能又趋于稳定。

此外，若表面活性剂吸附层的亲水基朝外时常能降低表面电阻，起到防静电的作用。

4. 吸附加溶

表面活性剂在固液界面吸附可形成缔合结构的半胶团、表面胶团或吸附胶团，某些难溶性有机物可以加溶于吸附胶团中。吸附加溶的最初结果表明，吸附胶团加溶量与胶团的类似，但选择性更强，这可能是由于吸附胶团的堆积密度大所导致。

3.2.2.4　表面活性剂在固液界面的吸附机制

表面活性剂在固液界面上的吸附机制可因表面活性剂的类型和固体表面性质的不同而不同。一般来讲，这种吸附过程可分为两个阶段。在表面活性剂浓度小于或远小于其 CMC 时，表面活性剂以单个离子或分子的形式吸附；当浓度接近或略低于其 CMC 时，已吸附的表面活性剂可以因其疏水效应而形成二维缔合物，也可因同样的效应使体相溶液中的表面活性剂参与二维缔合物的形成，这将导致吸附量的急剧增加。因表面活性剂浓度不同，吸附可停留在第 1 阶段，或进而达到第 2 阶段完成。

1. 表面活性剂在固液界面吸附的主要作用力

表面活性剂分子的两亲结构使其在界面吸附。除此之外，表面活性剂分子或离子在固体表面吸附的主要作用力还有：

（1）静电作用

固体表面在水中可因多种原因而带有某种电荷。离子型表面活性剂在水溶液中解离后，带正电的固体表面易吸附带负电的表面活性剂阴离子，带负电的固体表面易吸附表面活性剂阳离子。

（2）色散力

表面活性剂分子离子的非电离部分可与固体表面产生色散力作用，因色散力而引起的吸附量与表面活性剂的分子大小有关，相对分子质量越大，吸附量越大。

（3）氢键

固体表面的某些基团有时可与表面活性剂中的一些原子形成氢键而使其吸附。如硅胶表面的羟基可与聚氧乙烯醚类的非离子型表面活性剂分子中的氧原子形成氢键。

（4）π 电子的极化作用

π 电子的极化作用表现在含有芳环的表面活性剂分子，因芳环的富电子性可与固体表面强正电位间产生作用而形成吸附。不过有时也可能与表面某些基团形成氢键。

（5）疏水基相互作用

在低浓度时，已被吸附了的表面活性剂分子的疏水基与在液相中的表面活性剂分子的疏水基相互作用，在固液界面上形成多种结构形式的吸附胶团，使吸附量急剧增加。

2. 离子型表面活性剂在带电符号相反的固体表面的吸附

离子型表面活性剂在固液界面上的吸附受到两方面的影响：其一，受表面活性剂和固体表面电性质的影响，一般来说，表面活性剂离子易于在带相反电荷的固体表面吸附；其二，受表面活性剂疏水链的链长的影响。相同条件下，表面活性剂同系物疏水链长的吸附量更大。

3. 非离子型表面活性剂在固液界面的吸附

非离子型表面活性剂分子和固体表面之间没有静电作用。图 3-11 为一种非离子型表面活性剂在固液界面上的吸附模型。

此模型将吸附分为 5 个阶段；固体与表面活性剂的作用分为弱、中、强（A～C）3 种状况。在吸附阶段Ⅰ，由于表面活性剂浓度很低，吸附分子间距离很远，吸附剂与表面活性剂间的主要作用力是范德华力，他们之间的相互作用可以忽略。随表面活性剂相对分子质量增加，吸附量增加，被吸附分子无规则地平躺于界面上。

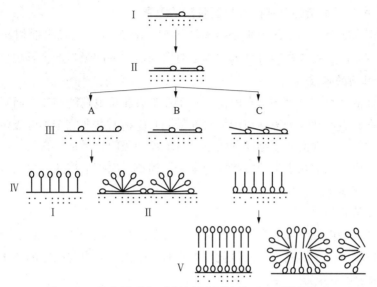

图 3-11　非离子型表面活性剂在固液界面上吸附的模型

随着表面活性剂浓度增加，吸附进入阶段Ⅱ，此时界面已被平躺的表面活性剂分子铺满，吸附等温线出现转折。阶段Ⅰ和阶段Ⅱ都未涉及表面活性剂和固体表面的性质。

在吸附阶段Ⅲ，随着表面活性剂浓度继续增加，吸附量增加，吸附分子不再局限于平躺的方式。在非极性吸附剂上，表面活性剂的亲水基团与固体表面作用较弱，疏水部分作用较强，亲水基翘向水相，疏水基仍平躺于界面上[图 3-11(ⅢA)]。在极性吸附剂上则以相反方式吸附[图 3-11(ⅢC)]。图 3-11(ⅢB)为处于中间状态的结果，在此阶段界面上的表面活性剂分子排列比阶段Ⅱ紧密。

当表面活性剂浓度达到其 CMC 时，体相溶液中开始大量形成胶团，吸附进入阶段Ⅳ。此时固液界面上吸附的表面活性剂分子采取定向排列的方式[图 3-11(ⅣA 或ⅣB)]。这种排列方式使吸附量急剧增加。表面活性剂浓度大于 CMC 后继续增加，在极性固体上可形成双层定向排列或表面胶团，吸附量继续大幅增大(阶段Ⅴ)。与此吸附模型相应的吸附等温线如图 3-12 所示。

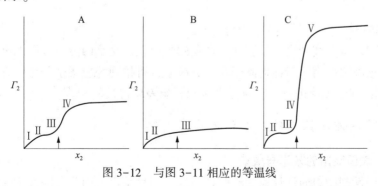

图 3-12　与图 3-11 相应的等温线

根据上述模型，所有吸附等温线都有 1~2 个平台区。第一平台出现时的浓度应与吸附分子铺满单层时的浓度接近，平台结束时的浓度应相应于表面活性剂的 CMC。随后弱吸附量急剧增加则反映了固液界面上紧密定向单层(或双层)和半胶团(或表面胶团)的形成。

3.2.2.5 影响表面活性剂在固液界面吸附的因素

表面活性剂在固液界面上的吸附是表面活性剂、溶剂(水)和吸附剂相互作用的综合结果。决定和影响它们三者关系的各种因素都会对表面活性剂的吸附产生影响。

1. 表面活性剂的性质

离子型表面活性剂的亲水基带有电荷,易于在带有相反电荷的固体表面吸附。不过由于范德华力的存在,表面活性剂离子与固体表面带同号电荷时并非完全不能吸附。

各种类型的表面活性剂同系物随着碳原子数增加而吸附量增加。含聚氧乙烯基的非离子型表面活性剂,由于它们在水中的溶解度随聚氧乙烯数目增加而增大,故其吸附量随聚氧乙烯基数目的增大而减小。

2. 介质 pH 值的影响

由于固体表面的电性质随着介质 pH 值的不同而变化,故介质 pH 值也会影响表面活性剂在固液界面的吸附。金属及不溶性氧化物大多有等电点,若电势决定的离子是 H^+ 和 OH^-,则可用其 pH 值表示等电点。

当介质 pH 值大于等电点时,固体表面带负电;当介质 pH 值小于等电点时,固体表面带正电;介质 pH 值与等电点差距越大,固体表面电荷密度越大。

3. 固体表面性质

固体表面性质可分为极性、非极性、电中性等,但实际应用的固体表面性质很难被明确划分。例如,活性炭经常被划分为非极性吸附剂,但其表面有丰富的极性含氧基团,等电点为 pH=2~3,在中性水中常常带负电荷。

一般来说,带电固体表面总是易于吸附带相反电荷的离子型表面活性剂,易获得 L 型或 LS 型等温线。固体与表面活性剂带有相同电荷时在低浓度难以有明显的吸附发生,但随着表面活性剂浓度增加,表面活性剂碳氢链疏水基的相互作用有时可以形成 S 型等温线。

4. 温度的影响

如前所述,吸附是放热过程,温度升高对吸附不利。大多数离子型表面活性剂在固液界面上的吸附量随着温度升高而降低。但非离子型表面活性剂的吸附量随温度升高而增加。

5. 无机盐的影响

无机盐的加入常能增加离子型表面活性剂的吸附量。这是因为一方面无机盐离子的存在压缩双电层,被吸附的表面活性剂离子间斥力减小,可排列得更紧密。另一方面可降低表面活性剂的 CMC,利于吸附进行。有时无机盐的影响表现得很复杂。

3.2.3 降低表面张力的效率和效能

3.2.3.1 表面吸附的效率与效能

评价表面活性剂的表面活性通常有两种量度,一种是将表面张力降低至一定值以下所需的表面活性剂浓度,也叫作表面活性剂的吸附效率。另一种是表面活性剂能使溶液的表面张力降低到可能达到的最小值,也叫作表面活性剂的吸附效能,吸附效能与所用的浓度无关。

1. 降低溶液表面张力的效率

表面活性剂在溶液界面上的吸附效率是指在界面产生最大吸附时所需体相中表面活性剂的最小浓度，通常是使溶液的表面张力或界面张力减少 20mN/m（或表面压 π 为 20mN/m）所需体相中表面活性剂浓度的负对数值，通常用 $-\lg c_{\pi=20}$ 表示，符号为 pc_{20}。

选择 π=20 作为表面活性剂吸附效率的表征，是因为当溶剂的表面张力因表面吸附而减少 20mN/m，即表面压 π=20mN/m 时，表面活性剂的浓度接近于或等于它的饱和值。这时的体相浓度接近于界面上产生饱和吸附所需的最低浓度。表面活性剂分子从液相内部转移到界面所包括的标准自由能变化 ΔG_{ad}，可以分解成与分子中不同基团组合的作用相联系的标准自由能的各个变化，这样表面活性剂在表面上的吸附效率可以与分子中不同结构的基团联系起来。简化的关系可以用下式表示：

$$\Delta G_{ad}^{\ominus} = m\Delta G_{ad}^{\ominus}(-CH_2-) + \Delta G_{ad}^{\ominus}(W) + K_1 \tag{3-24}$$

$$-\lg c_{\pi=20} = pc_{20} = m[-\Delta G(-CH_2-)/2.3RT] + [\Delta G(W)/2.3RT] + K_2 \tag{3-25}$$

对于同系物，相同亲水基、相同温度，而且 $\Delta G(W)$ 与亲油基长度无关的条件下，上式可简化为：

$$pc_{20} = [-\Delta G(-CH_2-)/2.3RT] + K_3 \tag{3-26}$$

从上式可知，效率因子 pc_{20} 随着直链亲油基中碳原子数的增加而增大。pc_{20} 值越大，它就越有效地被吸附于界面，越有效地降低表面张力。即为达到饱和吸附将表面张力降低大约 20mN/m 所需的体相浓度越小。pc_{20} 值增大一个单位，其效率增大 10 倍，也就是达到表面饱和吸附只需 1/10 的体相浓度。

2. 降低溶液表面张力的效能

从 γ-$\lg c$ 曲线来看，到达临界胶束浓度（CMC）后，γ 就不再降低，这样可以将达到 CMC 时的表面张力降低值作为衡量某表面活性剂降低溶剂表面张力效能的标志，即 γ_{CMC}（图 3-13）。

3. 降低油-水界面的界面张力的效率与效能

（1）单一表面活性剂体系的界面张力

表面活性剂也可以降低两个互不相溶的液体体系（如油-水体系）的界面张力。油-水界面的 γ-$\lg c$ 曲线的形式与溶液表面上的相同。

图 3-14 是一些典型体系的界面张力曲线。界面张力曲线转折点的浓度就是表面活性剂的临界胶团浓度，但由于油-水界面的临界胶团浓度受第二液相的影响，从油-水界面张力曲线确定的临界胶团浓度值可能与其他方法（如表面张力法）得到的有所不同。如果表面活性剂在第二液相中有显著的溶解度，在确定临界胶团浓度时须考虑它在两相中的分布。这导致溶液平衡浓度低于原用浓度。开始大量形成胶团的水相平衡浓度才是表面活性剂的临界胶团浓度。

表面活性剂降低界面张力的能力和效率与第二液相的性质有关。若第二液相是饱和烃，表面活性剂降低油-水界面张力的能力和效率都比在气液界面时有所增加。例如，25℃时辛基硫酸钠在空气-水界面的为 39mN/m；在庚烷-水界面上的为 33mN/m。如果第二液相是短链不饱和烃或芳烃时，则表面活性剂降低液液界面张力的能力和效率皆比在气液界面时有所降低。例如，25℃时十二烷基硫酸钠在空气-水界面的为 40mN/m，在庚烷-水界面为 29mN/m，而在苯水界面只有 43mN/m。

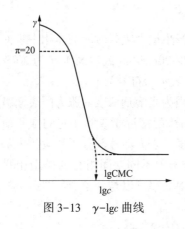

图 3-13　γ-lg$c$ 曲线

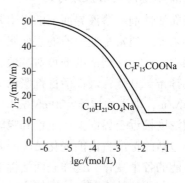

图 3-14　界面张力曲线

另外，碳氟表面活性剂虽然有很强地降低水的表面张力的能力，但由于碳氟表面活性剂氟碳链既疏油又疏水，所以碳氟表面活性剂降低油水界面张力的能力并不强。

（2）混合表面活性剂体系的界面张力

像在溶液表面一样，表面活性剂混合物常具有比单一表面活性剂更强的降低油-水界面张力的能力。例如碳氢阴阳离子表面活性剂混合物可以比单一使用时更好地降低界面张力。虽然单一碳氟表面活性剂降低油-水界面张力的能力较差，但碳氟链与碳氢链阴阳离子表面活性剂混合体系既有非常低的表面张力，又有非常低的界面张力，因而成为轻水灭火剂配方的基础。

例如 $C_7F_{15}COONa$-$C_8H_{17}N(CH_3)_3Br$ 混合表面活性剂水溶液的最低表面张力由单一组分的 24mN/m 和 41mN/m 降到 15.1mN/m；对庚烷的最低界面张力由单一组分的 13mN/m 和 14mN/m 降到 0.4mN/m。这样一来，水溶液在油上的铺展系数则由 -19mN/m 和 -37mN/m 变为 +4.9mN/m。于是，表面活性剂水溶液在油上从不能铺展变为可以自动铺展，从而达到灭火的要求。

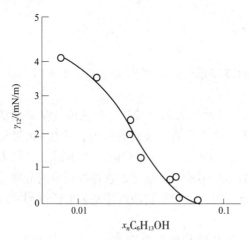

图 3-15　油酸钾-正己醇混合体系苯-水界面张力随正己醇浓度的变化（油酸钾 0.1mol/L，KCl0.5mol/L）

图 3-15 为油酸钾-正己醇混合体系苯-水界面张力随正己醇浓度的变化曲线，由图可知，离子型表面活性剂与醇混合体系的油-水界面张力随加醇量的增加，体系界面张力大大降低，达到几近于零的程度。

（3）超低界面张力

混合表面活性剂可以把油水界面张力降到几近于零的程度。已知的表面张力最低的液体是 4K 时的氦，其表面张力为 0.37mN/m。那么，最低的液液界面张力有多少呢？最低可达到 10^{-6}mN/m，远远低于液体表面张力的最低值。通常，把数值在 10^{-1} ～ 10^{-2} mN/m 的界面张力称作低界面张力，而达到 10^{-3}mN/m 以下的界面张力称作超低界面张力。

超低界面张力在增加原油采收率上有重要意义。从 20 世纪 60 年代石油危机以后，它引起各国科技人员的重视，进行了大量研究工作。超低界面张力现象最主要的应用领域是增加原油采收率和形成微乳状液。

3.2.3.2 影响吸附效率与效能的结构因素与环境因素

1. 表面活性剂类型的影响

非离子型表面活性剂因相互间无电斥力，所以吸附效率要比离子型表面活性剂大很多。乙氧基链长的增加，分子的吸附自由能变化很小，因此吸附效率下降得极少。与此相反，吸附效能却下降得很快。在庚烷-水界面上表面活性剂的吸附效率见表3-6。

表 3-6　在庚烷-水界面上表面活性剂的吸附效率

表面活性剂	温度/℃	pc_{20}	表面活性剂	温度/℃	pc_{20}
$n-C_{10}H_{21}SO_4Na$	50	2.11	$p-C_{12}H_{25}C_6H_4SO_3Na$	70	3.10
$n-C_{12}H_{25}SO_4Na$	50	2.72	$n-C_{12}H_{25}-N\bigcirc Br$	30	2.27
$n-C_{12}H_{25}SO_4Na$（0.1molNaCl）	25	3.8	$n-C_{12}H_{25}O(EO)_7H$（0.1molNaCl）	55	5.62
$n-C_{18}H_{37}SO_4Na$	50	4.42	$n-C_{12}H_{25}O(EO)_{30}H$	55	5.39

对吸附效能来说，离子型表面活性剂与同样疏水链长的非离子型表面活性剂相比，其 γ_{CMC} 值总是较大。特别是极性头大小相近的，例如 $C_{10}H_{21}SOCH_3$ 与 $C_{10}H_{21}SO_4Na$，差别更为明显。即使是大极性头的非离子表面活性剂，如 $C_{10}H_{21}O(EO)_3H$，其 γ_{CMC} 值也比相应的离子型表面活性剂小（表3-7）。

表 3-7　表面活性剂类型与 γ_{CMC}

表面活性剂	$\gamma_{CMC}/(mN/m)$	表面活性剂	$\gamma_{CMC}/(mN/m)$
$C_{10}H_{21}SO_4Na$	40.5	$C_{10}H_{21}SOCH_3$	24.5
$C_{10}H_{21}N(CH_3)_3Br$	40.6	$C_{10}H_{21}O(EO)_3H$	27.0

2. 不同亲油基的影响

亲油基的不同包括3种情况：化学成分不同、长度不同、结构不同。吸附效率随直链亲油基中碳原子数的增加而增大，直至20个碳原子。离子型表面活性剂的亲油基增加2个—CH_2—，则 pc_{20} 增大 0.56~0.60，相当于达到饱和的表面浓度只需原来需要表面活性剂体相浓度的 25%~30%。侧链上的碳原子大约相当于直链中碳原子作用的 2/3。两个亲水基之间的亚甲基大约相当于带有单个链端亲水基的直链碳中的半个亚甲基。亲油基的1个苯环相当于直链碳中的3.5个碳原子。

若表面活性剂的亲油基的化学组成不同，其降低水表面张力的能力有明显差别。碳氟链表面活性剂的 γ_{CMC} 可低达几十个，远低于碳氢链表面活性剂。硅表面活性剂的 γ_{CMC} 也比较低，如非离子型表面活性剂 $(CH_3)_3Si[OSi(OCH_3)_2]Si(CH_3)_2CH_2(EO)_{8.2}CH_3$ 的 γ_{CMC} 只有 22mN/m。亲油基长度变化对 γ_{CMC} 的影响相对较小。一般的规律是疏水链增长，γ_{CMC} 变小。

相同组成和大小的亲油基，结构不同时，表面活性剂水溶液的 γ_{CMC} 有显著的差别。主要是亲油基中带有分支结构和端基结构不同的影响（表3-8），疏水链中存在分支结构会使 γ_{CMC} 降低。

表 3-8　亲油基分支结构与 γ_{CMC}

表面活性剂	γ_{CMC}/(mN/m)	表面活性剂	γ_{CMC}/(mN/m)
$C_{16}H_{33}N(CH_3)_3Br$	38.0	$\begin{array}{c}C_6H_{13}OCOCH_2\\ \mid\\ C_6H_{13}OCOCHSO_3Na\end{array}$	28.0
$(C_6H_{13})_2NC_2H_4OH(CH_3)Cl$	29.6	$C_{13}H_{27}CH(CH_3)SO_4Na$	40.0
$C_{12}H_{25}SO_4Na$	39.0	$(C_7H_{15})_2CHSO_4Na$	36.0

亲油基末端基团的性质对 γ_{CMC} 有明显的影响（表 3-9），在碳氢链亲油基中，以 CH_3 为端基的与以 CH_2 为端基的相比，有较低的 γ_{CMC} 值。对比 $H(CF_2)_8COONH_4$ 与 $F(CF_2)_8COONH_4$ 的 γ_{CMC} 值，可以看出 CF_3 端基比 CF_2H 端基有较大的降低水表面张力的能力。

表 3-9　亲油基端基结构与 γ_{CMC}

表面活性剂	γ_{CMC}/(mN/m)	表面活性剂	γ_{CMC}/(mN/m)
$CH_3(CH_2)_{10}COOK$	36.0	$H(CF_2)_8COONH_4$	24.0
$CF_3(CF_2)_6COONa$	26.0	$F(CF_2)_8COONH_4$	15.0
$(CF_3)_2CF(CF_2)_4COONa$	20.0		

综合上述亲油基对 γ_{CMC} 影响的规律可见：表面活性剂降低水表面张力的能力主要取决于它在水溶液表面饱和吸附时最外层的原子或原子团。对分子间相互作用贡献大的原子或原子团占据表面，则 γ_{CMC} 值较高；反之，γ_{CMC} 值较低。一般来说，最外层带有极性基团比带非极性基团表面张力高。非极性基团对降低表面张力能力的贡献有以下次序：—CF_3＞—CF_2—＞—CH_3＞—CH_2—＞—$CH＝CH$—。

3. 环境因素

对吸附效率而言，单价离子型亲水基电荷的变化对吸附效率有影响。将中性电解质加到无电解质离子型表面活性剂水溶液中，可显著增加其吸附效率。例如在 0.1mol NaCl 中，离子型表面活性剂的链长增加 2 个亚甲基时，pc_{20} 增大 0.7。这是由于双电层压缩，电排斥作用减小，从而促使吸附效率增加。当表面活性剂的反离子被另一与表面活性剂离子结合的较紧密的反离子所取代时，由于水合程度较低，能有效中和表面活性剂离子上的电荷，降低电斥力，表面吸附效率显著升高，例如磺酸钾就比磺酸钠更为有效。温度对液气界面吸附作用的影响表现在 pc_{20} 稍有降低。尿素等一类水结构破坏剂的加入会增加空间障碍，促使 pc_{20} 下降。

3.2.4　表面张力的测定方法

表面张力是液体重要的物理性质参数，也是表面活性剂的一项重要性质，测定表面张力的大小，可以加深了解表面活性剂在界（表）面吸附过程中所起作用的机理。表面张力无法直接通过热力学微分关系式从状态方程导出，精确可靠的表面张力实验数据只能通过精密测量得到。

表面张力的测定方法分静态法和动态法。静态法主要有毛细管上升法、最大气泡压力法、Du Nouy 吊环法、Wilhelmy 吊片法、滴重法和滴体积法等；动态法有振荡射流法、旋滴法和悬滴法等。

3.2.4.1　静态法测定表面张力

1. 毛细管上升法

一般认为，表面张力的测定以毛细管上升法最为准确。这是由于它不仅有比较完整的理论，而且实验条件可以严密地控制。当液体完全湿润管壁时，液气界面与固体表面的夹角（接触角）为零，则接界处的液体表面与管壁平行而且相切，整个液面呈凹态形状。如果毛细管的横截面为圆形，则半径越小，弯月面越近似于半球形。若液体完全不湿润毛细管，此时的液体呈凸液面而发生毛细下降，通常情况下液体与圆柱形毛细管间的接触角 θ 介于 $0° \sim 180°$，即液体对毛细管的湿润程度处于完全湿润与完全不湿润之间，如图 3-16 所示。

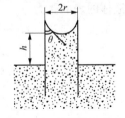

如上图所示，设 r 为毛细管的半径，h 为液面在毛细管中上升的高度，θ 为固液接触角，则表面张力 γ 可通过下式计算求得：

$$\gamma = \frac{\Delta \rho g h r}{2\cos\theta} \qquad (3-27)$$

式中，$\Delta\rho$ 为液相与气相的密度差，g 是重力加速度。上式表明，只要测得液柱上升（或下降）高度和固液接触角，就可以确定液体的表面张力。

图 3-16　毛细管上升法

应用此法测定液体表面张力，要求固液面接触角 θ 最好为零。当精确测量时，需要对毛细管内液面上升高度 h 进行校正。当液面位置很难测准时，可通过测量 2 根毛细管的高度差计算表面张力，其计算公式为：

$$\gamma = \frac{\Delta \rho g (h_1 - h_2)}{2(1/r_1 - 1/r_2)} \qquad (3-28)$$

式中，h_1、h_2 分别为 2 根毛细管液面上升高度，r_1、r_2 分别为 2 根毛细管半径。

毛细管上升法要求毛细管的内径完全均匀。另外，毛细管法适用于能完全润湿毛细管的液体，由于毛细管材料的限制，不太适合于金属、氧化物等材料的高温溶液测量。

2. 最大气泡压力法

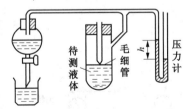

图 3-17　最大气泡压力法装置示意图

这也是测定液体表面张力的一种常用方法。测定时将一根毛细管插入待测液体内部，从管中缓慢地通入惰性气体对其内的液体施以压力，使它能在管端形成气泡逸出，如图 3-17 所示。

当所用的毛细管管径较小时，可以假定所产生的气泡都是球面的一部分，但是气泡在生成及发展过程中，气泡的曲率半径将随惰性气体的压力变化而改变，当气泡的形状恰为半球形时，气泡的曲率半径为最小，正好等于毛细管半径（图 3-18）。

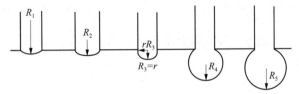

图 3-18　气泡从管端产生时曲率半径的变化

如果此时继续通入惰性气体，气泡便会猛然胀大，并且迅速地脱离管端逸出或突然破裂。由此实验中测出的最大压力，即可计算出液体的表面张力。若毛细孔很小，则可由下式计算表面张力：

$$\Delta p_{max} = 2\gamma / r \qquad (3-29)$$

式中，γ 为液体的表面张力；r 为毛细管半径。

如果在毛细管上连一个 U 形压力计，U 形压力计所用的液体密度为 ρ，两液柱的高度差为 Δl，那么气泡最大压力 $\Delta p_{max} = \rho g \Delta l$，此时：

$$\Delta p_{max} = \frac{2\gamma}{r} = \rho g \Delta l \qquad (3-30)$$

因此有，$\gamma = \rho g \Delta l / 2$，用已知 γ 值的标准液体进行实验，求出毛细管半径，便可计算其他液体的表面张力。

最大气泡法一直是个研究热点，为了保证测量的准确度，不仅要求液体能很好地润湿毛细管壁，而且要采用很细的毛细管，以保证气泡是球体的一部分，也只有这样才能在泡内压力最大时，采用毛细管内半径计算表面张力。

最大气泡法装置及计算简单，价格便宜，测定迅速，实验与接触角无关，也不需要所测溶液或纯液体的密度值。该法受表面杂质影响小，适用于测定纯液体或溶质相对分子质量较小的溶液的表面张力，也适用于液体金属、熔盐、乳液、浆、电解液的表面张力的测定，且能够用于众多操作条件中如 Ar、N_2、H_2 气氛下表面张力，但不能用于研究达到平衡时间较慢的表面张力。

3. Du Nouy 吊环法

吊环法亦称脱环法、环法等。Timberg 和 Sondhauss 首先使用此法，但 Du Nouy 第一次应用扭力天平来测定此最大拉力，故也常称为 DuNouy 法。

吊环法的基本原理是：将一可被待测液体润湿的金属圆环（铂丝制成）置于液面上，向上拉动圆环，测量圆环脱离液面时的最大拉力 F（图 3-19）。F 应等于吊环自身重量加上表面张力与被脱离液面周长的乘积。故 F 与液体表面张力 γ、圆环的平均半径 R 有关。故：$F = mg = 4\pi R \gamma$。圆环的平均半径 R 为圆内环半径 R' 和圆环金属丝半径 r 之和（图 3-20）。可得：

$$\gamma = \frac{F}{4\pi R}, \quad \text{其中 } R = r + R' \qquad (3-31)$$

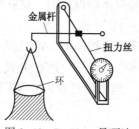

图 3-19　Du Nouy 吊环法

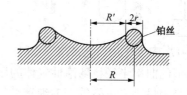

图 3-20　环的平均半径 R

若实验测出 F 便可求出 γ。但实际上拉起的液体并不是圆筒形，故式（3-30）必须乘以一个校正因子 f，从而：

$$\gamma = \frac{F}{4\pi R} f \qquad (3-32)$$

校正因子 f 是 R/γ 和 R^3/V 的函数。V 为圆环拉起液体的体积，可自 $F = mg = V\rho g$ 求出，ρ 为液体的密度。

由于这个方法很早被使用，故而原有表面张力计基本均采用这种方法，现有很多数据也是用这种方法测得。吊环法的影响因素很多，如接触角的存在、容器的大小等，而且环的水平程度只要倾斜 1° 就会引入 0.5% 的误差。此外，将吊环拉离液面时要特别小心，以免液面发生扰动。

4. Wilhelmy 吊片法

吊片法是1863年由Wilhelmy首先提出的,后来,Dognon和Abribat将其改进,测定当打毛的铂片、玻片或滤纸片的底边平行界面并刚好接触(未脱离)界面时的拉力(图3-21)。此法具有完全平衡的性质。此拉力应为沿吊片一周作用的液体表面张力 f。

图3-21 Wilhelmy吊片法示意图

显然,以任何测力的方法得到 f 值即可按下式计算出液体的表面张力值。

$$\gamma = \frac{f}{2(l+d)} \tag{3-33}$$

要满足吊片恰好与液面接触,既可采用脱离法,测定吊板脱离液面所需与表面张力相抗衡的最大拉力,也可将液面缓慢地上升至刚好与天平悬挂已知重量的吊板接触,然后测定其增量,再求得表面张力的值。

吊片法是最常用的方法之一。完全平衡性是它突出的优点。该法操作简单,不需校正,精度高。缺点是样品用量大,升温速度慢,不能用于多种气氛的表面张力测定以及高压表面张力的测定。对于非离子及阴离子表面活性剂,可以采取环法和吊片法,对于阳离子表面活性剂水溶液,由于容易吸附于固体表面,使表面变得疏水而不易被水溶液润湿,实验误差较大,最好采用与接触角无关的测定方法如滴体积法。

5. 滴重法和滴体积法

滴重法是一种具有统计平均性质且较准确的方法,最早由Tate于1864年提出。滴体积法是在滴重法的基础上发展起来的。

研究发现,若液体自毛细管口滴下时,液滴的大小(用气体及 V 或质量 W 表示)和液体的表面张力有关,表面张力越大,液滴也越大。这就是滴重法和滴体积法的原理(图3-22)。落滴重量与管口半径及液体表面张力有关,如果液滴滴落瞬间的形状如图3-23(a)所示,并自管口完全脱落,则落滴重量 mg 与表面张力和管口半径 r 有如下关系:

$$mg = 2\pi r\gamma \tag{3-34}$$

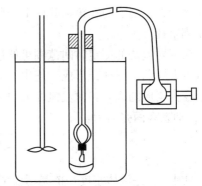

图3-22 滴体积法测定表面张力装置

但实际情况并非如此,用高速摄影得到落滴过程如图3-23(b)所示。液滴长大时先发生变形,形成细颈,再在细颈处断开。一部分滴落,一部分残留于管口。因此式(3-33)需要用校正系数 F 加以校正。于是:

$$\gamma = \frac{mg}{r}F = \frac{V\Delta\rho g}{r}F \tag{3-35}$$

其中, $\Delta\rho$ 为界面两侧的密度差,对于气液界面可以用液体密度代替。校正系数 F 是 R/γ 和 R^3/V 的函数。此法实验测定的数据是一定滴数液体的重量或体积。

此法的关键是测定液滴的质量或体积。测定液滴的体积装置由一根带刻度移液管改制而成，标度 0.1~0.2mL，可估读至 0.0002mL。管端仔细磨平，并可用显微镜测出其直径 2r。这样，当液滴自管中滴出时，可直接自刻度读出液滴体积。

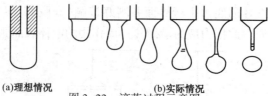

(a)理想情况　　　　(b)实际情况
图 3-23　滴落过程示意图

滴重法和滴体积法的测量设备简单，准确度较高，测量手段直接，样品用量少，易于恒温，能够用于一般液体或溶液的表面张力的测定，即使液体对滴头不能完全润湿、有一定的接触角（不大于 90°）时也能适用。如果液体对滴定管的端口润湿，式（3-35）中的半径 r 为滴定管的端口的外径；如果液体对滴定管的端口不润湿，则半径 r 为滴定管端口的内径。

3.2.4.2　动态法测定表面张力

毛细管上升法、最大气泡压力法、Du Nouy 吊环法、Wilhelmy 吊片法、滴重法和滴体积法等是测定平衡时的表面张力，即静态张力。毛细管上升法不能用于动态表面张力的测定，其他方法在操作上稍作改进即可用于测定动态表面张力，但各自适用的时间范围不同。最大气泡法适用于 10ms~1s 的动态表面张力；吊片法适用于几分钟到几小时的动态表面张力；滴重法适用于几分钟到 0.1s 之间的动态表面张力，特别适用于液液界面的动态表面张力。但是，对于时间极短的溶液表面张力的变化，则需用动态法测量。动态测量法中目前应用较多的有振荡射流法、旋滴法、悬滴法等。关于实验方法的选择，除考虑时间特征和表面张力范围外，也要结合样品的特点，如是否透明、润湿性等。

1. 振荡射流法

动态表面张力广泛应用于喷射过程的研究和模拟，如空气中杀虫剂的表面张力几个毫秒内显著变化，对农药在植物叶面上的迅速均匀铺展极其重要。振荡射流技术在工农业中越来越受到重视。

振荡射流法的测定时间范围可低达 1ms 左右。液流在一定压力下从椭圆形管口喷出时，射流可做周期性振动，形成一连串的波形。波形的产生是由于液体表面张力具有使液流由椭圆形变为圆形的倾向和射流惯性力的相互作用。波长随时间而变大。当液体黏度 $\eta<20$mPa·s 时，动态表面张力为：

$$\gamma=\frac{2W^2(1+1.542B^2)/\eta\rho}{3\lambda^2+5\pi^2r^2}\qquad(3-36)$$

式中，ρ 是液体密度；W 是射流流量；λ 是射流波长；r 是射流的平均半径。

$$r=(r_{max}+r_{min})(1+B^2/6)/2\qquad(3-37)$$

$$B=\frac{r_{max}-r_{min}}{r_{max}+r_{min}}\qquad(3-38)$$

式中，r_{max} 与 r_{min} 分别为射流最大半径与最小半径，可用椭圆长半径与短半径代表。通过测定不同时间的射流流量 W 和射流波长 λ，可得到 σ-t 关系。W 值可由收集的射流液体的质量而得，射流波长可用光学摄影法得到。应用时要注意近喷口处几个波的波长会偏离常值，应加以校正。实验中射流的稳定十分重要，恰当地选取流动条件和椭圆喷嘴，该法能广泛用于许多液体如熔融金属、溶液、浆等表面张力的测定。

振荡射流法的最大优点是振荡射流的形成几乎完全模拟了喷射过程，实验中流体首先在毛细管中，然后由喷口喷出一个自由的表面流，这与工农业上的喷雾过程相同。这个过程中表面张力起推动液体振荡而不是喷雾，但由于液体向前的流出条件是一致的，表面张力值相同。

2. 旋滴法

如前所述，一般将表面张力值在 $10^{-3} \sim 10^{-1} \text{mN/m}$ 时称为低表面张力，10^{-3}mN/m 以下称为超低表面张力。旋滴法是目前测定超低界面张力最简便的方法。

测定原理：在样品管中装入高密度的液体，再加入少量低密度液体，密闭后，将其置于旋滴仪中使其以 ω 角速度旋转。在离心力、重力及表面张力作用下，低密度液体在高密度液体中形成圆柱形液滴。设圆柱形长为 l，半径为 r_0，两液体的密度差为 $\Delta\rho$。当圆柱形长度与直径的比率大于 4 时，表面张力 γ 可由 Vonnegut 方程求出：

$$\gamma = \frac{\Delta\rho\omega^2 r_0^{\ 3}}{4} \tag{3-39}$$

旋滴法能够用于许多体系的界面张力研究，如聚合物熔体、沥青、原油、有机溶剂，使用时要求两相密度不同，为便于观察内部液滴的直径，要求较重相液体是透明的。

设备的操作条件对实验精确度影响较大，转速对实验结果也有影响。由于低密度相的液滴在高密度相中扩大，实验中半径 r 不能够直接测量，而 r 的准确度对测量结果至关重要，所以实验前需要测定扩大校正因数 FC。一般，FC 可通过一系列明亮的棒的半径测量值和实际值的比率求得。FC 与高密度相的性质和温度有关，当考察表面活性剂对界面张力的影响时，每个浓度都要测量，繁琐并且费时。FC 等于高密度相的折射率，纯净物的折射率很容易查到，混合物的折射率却很难查到。采用方形样品管代替圆柱形样品管可以省去 FC 的测量。

3. 悬滴法

悬滴法实质上是滴外形法的一种。滴外形法是根据液滴的外形来测定表面张力和接触角的方法，既有悬滴法又有躺滴法，其原理是根据 Laplace 关于毛细现象的方程：

$$\Delta p = \gamma(1/R_1 + 1/R_2) \tag{3-40}$$

式中，γ 为表面张力；R_1 和 R_2 表示曲面半径；Δp 为界面上的压力差。

悬滴法测定表面张力，测量的量程宽（$0.01 \sim 80 \text{mN/m}$），且不依赖于接触角，对聚合物、液晶以及其他低摩尔质量液体都能够很好地适用，测量难熔金属的表面张力具有独特的优势。

早期，要经过查表获取表面张力值，实验较为繁琐，随着数字化技术和计算机技术的发展，经过许多学者的改进，使用轴称滴形分析（axisymmetric drop shape analysis，ADSA）技术实现了自动测量，运算过程只需输入重力加速度 g 和密度差 $\Delta\rho$ 的值。仪器主要由高压高温测量池（附带 2 个硼硅玻璃观察窗）、不锈钢毛细管（产生悬滴）、光学系统（线性光源、数字相机、显微镜）、数据处理系统（电脑、商业软件、数字化仪）、测（控）温和测（控）压系统、真空系统组成。图 3-24 是采用悬滴法获取数据的试验装置示意图。

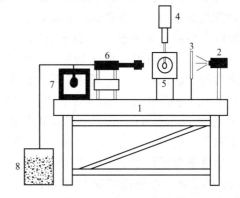

图 3-24　ADSA-P 试验装置示意图

1—振动隔离工作台；2—光源；3—漫散射器；4—马达驱动注射器和气密装置；5—液滴所处环境；6—高速照相机；7—单色监视器；8—计算机系统

ADSA-P 可测定气液界面和液液界面，测定的范围宽，可以测出达几十 mN/m 至 10^{-3} mN/m 的张力值。不但可以测定表面张力而且可以测定前进与后退接触角。悬滴法用注射器成滴，采用显微光学系统，试液用量较少。

3.3　表面活性剂溶液的电化学性质

3.3.1　界面电荷

许多分散粒子或固体表面与极性物质如水等接触，在界面上就产生电荷。它对界面、分散体系的性质有显著影响。由于活性物的吸附而产生界面电荷的变化，对接触角、界面张力、乳液稳定性、防止再沉积、凝聚和分散、沉降和扩散等现象都有重要作用。与界面电荷符号相反的离子被吸向界面称为反离子，相同符号的离子排离界面，称为同离子。吸附的离子有水合的，也有非水合的。由于热运动使这些离子均匀混合，在带电界面上扩散双电层，其过量的反离子上电荷非对称范围称作双电层。界面电荷产生的机理是由于电离、离子吸附及离子溶解造成的。

①电离：这里有固体表面分子的电离或者是吸附液体后电离，或者是胶束在水中电离（产生负电）。

②离子吸附：表面吸附液相中过剩反离子，形成双电层。水化的表面比憎水基表面吸附离子要差些。

③离子溶解：离子晶体物质构成的分散在介质中发生不等性溶解使界面上带电。离了型表面活性剂胶束则经常带有电荷。

④非水介质中胶束荷电原因：胶束和介质两相对电子的亲和力不同时，在热运动摩擦中可使电子从一相流入另一相而引起带电。根据 Coehn 规则：当两种物体接触时，相对介电常数 D 较大的一相带正点，另一相带负电。

3.3.2　双电层

早在 1853 年，Helmholtz 提出一个简单的双电层模型，两种符号相反的电荷借静电引力整齐地排列在平板式界面（如电容器）的两边，有 1 个分子厚度，但没有考虑到反离子热运动搅乱的影响。后来 Gouy-Chapman 在 1910～1917 年对此提出修正，认为反离子一面受静电作用向界面靠近，一面又受热运动的扩散影响向介质中扩散分布，因此离界面处的反离子密度由近及远地逐渐变小，形成扩散双电层，其厚度远大于 1 个分子。用这一理论来解释电动现象，区分了热力学电位与 ζ 电位（动电位——滑动面处电位与溶液内部电位之差），并能说明电解质对 ζ 电位的影响。但这仍是仅从静电学来考虑。Stern 于 1924 年提出 Gouy-Chapman 的扩散双电层由内外两层组成（图 3-25）。内层类似 Helmholtz 的紧靠离子表面，外层为 Gouy-Chapman 扩散层相当的扩散层，其电位呈指数下降。在电动现象中溶剂分子与粒子做整体运动，Stern 层外有滑动面，Stern 层与扩散层间电位差称为 Stern 电位 Ψ_s，在极稀溶液中 Ψ_s 与 ζ 电位近似相等。在浓电解质溶液中，ζ 和 Ψ_s 之差就增大了。

质点吸附非离子表面活性剂时，滑动面外移，ζ 和 Ψ_s 之差也增大。离子表面如吸附大量同离子活性剂，则 Stern 层电位高于表面电位 Ψ_0。如溶液中含有高价反离子，Stern 层电位呈反向符号，粒子所带电荷也相反（图 3-26）。

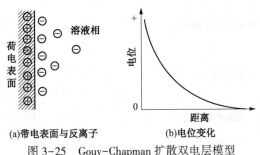

(a)带电表面与反离子　　　　　(b)电位变化

图 3-25　Gouy-Chapman 扩散双电层模型

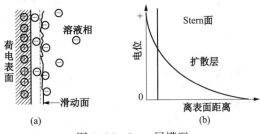

图 3-26　Stern 层模型

　　目前比较受注意的是 1947 年 Grahame 发展了的 Stern 双电层概念。他将内层再分为两层：一层是内 Helmholtz 层，由未溶剂化（水化）离子组成，也有一层水分子紧靠界面，相当于 Stern 内层；另一层是外 Helmholtz 层，由溶剂化离子组成，与界面吸附较密，可随粒子一起运动。此层与溶液间有滑动面，也相当于 Stern 型外层中反离子密度较大的部分。外层即扩散层，由溶剂化离子组成，不随粒子一起运动。粒子与介质做相对运动时滑动面上的电位称为 ζ 电位，也称为电动电位，Ψ_0 为表面电位，Ψ_s 为 Stern 层处的电位。由粒子表面到内 Helmholtz 层，电位呈直线下降，由内 Helmholtz 层到外 Helmholtz 层并向外延伸到扩散层，电位分布按指数关系下降。此理论指出，电荷在粒子表面上的分布是不均匀的（图 3-27）。

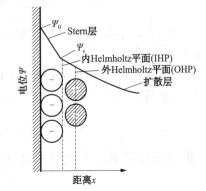

图 3-27　Grahame-Stern 双电层

　　一般认为典型的扩散双电层如图 3-28 所示，内层为 Stern 层，有被吸附离子及一部分反离子和水，其厚度约是离表面一个离子的直径，外层为含过剩自由反离子的扩散层，分散相界面以化学吸附与界面带同样电荷的去水化的阴离子，内 Helmholtz 平面（IHP）经过其中心。其外层是 Stern 层，为静电吸附的阳离子。外 Helmholtz 平面（OHP）经过其离子中心，标志着扩散层开始。要注意大部分界面为溶液水所占领，即使电荷高的表面，吸附离子的表面浓度仍低（如 $1.0nm^2$/离子）。该溶剂分子是高度定向的，有效偶极矩较低。界面上如吸附有大量反离子，则 Stern 层电位符号 Ψ_0 与 Ψ_1 相反，即离子所带电荷也相反。如果界面吸附大量同号离子，则 Stern 层电位高于表面电位 Ψ_0（热力学电位），见图 3-29。

　　由于双电层的计算模型在不断发展中，还不能定量地精确求得。扩散双电层厚度以及表面电荷密度和表面电位的关系可以用 Gouy-Chapman 理论处理。不论表面电位高低，粒子表面电荷密度 σ 和表面电位 Ψ_0 有如下关系：

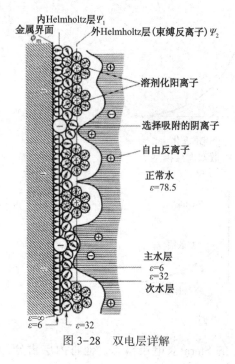

图 3-28　双电层详解

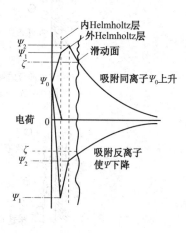

图 3-29　电解质对双电层的影响

$$\sigma = \frac{\varepsilon k}{4\pi}\Psi_0 = \frac{\varepsilon}{4\pi k^{-1}}\Psi_0 \tag{3-41}$$

式中，ε 为介电常数；k 为扩散双电层厚度的倒数（或离子氛半径的倒数）。k^{-1} 通常代表扩散双电层的厚度。

扩散双电层内的离子分布随着与 OHP（电位 Ψ_0）距离的增加，正负电荷逐渐被中和而呈扩散状。在任意位置上的电位 Ψ 随 x 而降低，在体相时 Ψ 值接近于 0，可近似地以下式表示：

$$\Psi = \Psi_0 \exp(1-kx) \tag{3-42}$$

将 Ψ 降低到 Ψ_0/ε 时的距离（$1/k$）作为双电层厚度时，可得：

$$1/k = 3\times10^{-8}/(Zc_e^{1/2}) \tag{3-43}$$

式中，c_e 为电解质浓度（mol/L）；Z 为平衡离子的原子价，即离子强度增加、厚度 $1/k$ 趋小。

3.3.3　动电位

动电位 ζ 是带电表面与电解质溶液之间发生相对运动时滑动面上的电位 ζ。滑动面的确切位置尚不明确，但已知在位于 Stern 面靠外一段距离的面上，它是在水化层之外，ζ 电位通常小于 Ψ_0。在稀电解质溶液中，扩散层厚度达，电位变化慢，Stern 层厚度 δ 只有一个分子直径，ζ 与 Ψ_0 值可以近似地相当。但当电解质浓度增大，电位高时，扩散层压缩，厚度变小，ζ 与 Ψ_0 的差就大。非离子表面活性剂被吸附时，水化层厚，滑动面离子 Stern 面就大。ζ 比 Ψ_0 更小。

3.3.3.1　动电位的计算

ζ 电位可由电泳、电渗或流动电位数据进行计算而得。用电泳速度数据计算球形胶束的 ζ 电位如下式：

84

$$\zeta = \frac{6\pi\eta v}{DE} \qquad\qquad (3-44)$$

式中，D 为双电层间液体的介电常数；v 为泳动速度；E 为电场强度（$E = \Delta V/L$，ΔV 为电位差，L 为两电极间距离）；η 为黏度；$U = V/E$ 为电泳淌度 $[\text{cm}^2/(\text{V}\cdot\text{s})]$，对棒状胶束应乘以 2/3 进行校正。

用电渗速度计算 ζ 电位可用下式：

$$\zeta = \frac{4\pi\eta v}{DE} = \frac{4\pi\eta KV'}{DI} \qquad\qquad (3-45)$$

式中，K 为液体导电率；I 为电流；$V' = VA$，V 为单位时间流过毛细管的液体体积，A 为毛细管的截面积。

3.3.3.2 影响动电位的因素

1. 电解质的影响

反离子越多，ζ 电位越小，扩散层缩小。如高价 M^{3+} 增多，将使 ζ 电位由 ⊖ 号变为 ⊕ 号，甚至表面也可变为 ⊕ 号，水化层变薄，ζ 电位变小，胶束变得不稳定，只有水化层变厚才能使水化层更稳定。

2. 活性剂的影响

增加阴离子活性剂，则 ζ 电位增加，而趋于稳定。例如，棉籽油在水中的 ζ 为 -74mV，而在 0.0036mol/L 油酸钾溶液中，ζ 为 -151mV。阳离子活性剂可使纤维吸附阳离子，使 ζ 减小，甚至变为零或正电荷，这将不利于去污。非离子表面活性剂吸附于表面后，可使吸附层变厚，滑动面移向液相中，水化层变厚，虽然此时 ζ 也同时减少，但仍很稳定。

3. 不同固体在水中的 ζ 电位

不同固体在水中的 ζ 电位如下：羊毛为 -48mV，棉织品为 -38mV，丝为 -1mV。

各种粒子在水中及 NaOH 溶液中的 ζ 电位也不一样。如石蜡油在水中的 ζ 电位为 -80mV，在 NaOH 溶液中为 -151mV；棉籽油在水中的 ζ 电位为 -74mV，在 NaOH 溶液中为 -140mV。

3.3.3.3 表面活性剂胶束的动电位与双电层

阴离子表面活性剂胶束的动电位 ζ 电位与双电层变化示于图 3-30。胶束的内核由疏水部分烷烃链组成，亲水阴离子基头组成核芯外的水化层，ζ 电位的滑移面即位于水化层外。滑移面外为扩散层。

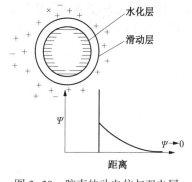

图 3-30　胶束的动电位与双电层

双电层在实际应用中很重要。双电层因具有相同电荷及水化层可防止粒子的凝聚，而加入与分散介质有亲和力的溶剂如乙醇、丙酮或加入电解质（$Mg^{2+} > Ca^{2+} > Ba^{2+} > Na^+$）均可除去水层而产生凝聚。

3.4　表面活性剂结构与性能的关系

表面活性剂最基本的性质是在表（界）面上的吸附及在溶液内部的自聚。这两个基本性质使得表面活性剂具有了特殊的作用，如增溶、乳化与破乳、润湿、起泡与消泡、洗涤与去污、分散与絮凝等，以及由此派生出来的其他功能，如柔软平静作用、抗静电作用、杀菌消毒作用等。

而表面活性剂的性能是与其特殊的结构密不可分的。研究表面活性剂的化学结构与性能之间的关系，有助于人们合理地选择和使用表面活性剂，而在此基础上设计或改进表面活性剂的结构来适应特定的用途，也是极其重要的。这为表面活性剂在生产和应用中提供了科学的指导。

研究表面活性剂的结构与性能的关系必须要从不同的角度出发。表面活性剂分子的结构由亲水基和疏水基两部分组成。亲水基的种类众多，有阴离子、阳离子、非离子以及两性离子等，不同的亲水基均导致表面活性剂的性质各异。同样地，疏水基的种类更为多元，很大程度上影响着其性质。另外，从表面活性剂整体的亲水性、分子的形状以及相对分子质量的大小等方面来考虑的话，表面活性剂的性质也会有很大的差异。

3.4.1 表面活性剂的亲水亲油平衡（HLB）

3.4.1.1 HLB 的概念

表面活性分子中亲水和亲油基团对水或油的综合亲和力，可用亲水亲油平衡值 HLB 来表示。HLB 是 hydrophile lyophile balance 的缩写，即亲水亲油平衡。

HLB 值没有绝对值，它是相对某种标准所得的值。一般以石蜡的 HLB = 0、油酸的 HLB = 1、聚乙二醇的 HLB = 20、十二烷基硫酸钠的 HLB = 40 作为标准；其他表面活性剂的 HLB 值可由乳化实验对比其乳化效果而决定其值。由此得到阴、阳离子型表面活性剂的 HLB 值的范围为 1~40，而非离子型表面活性剂的 HLB 值通常介于 0~20。

HLB 值越大，表明表面活性剂的亲水性越强。一般来说，HLB 大于 10，则认为亲水性较好；HLB 小于 10，则认为亲油性较好。HLB 可作为选择和使用表面活性剂的一个定量指标。

同时，根据表面活性剂的 HLB 值，也可以推断某种表面活性剂可以适应何种用途，或用于设计合成新的表面活性剂的计算指标。

3.4.1.2 HLB 的计算方法

1. HLB 值的经验估算法

HLB 值反映了表面活性剂分子的亲水性，因此由它在水中的溶解情况可以估算该表面活性剂的 HLB 值范围。表 3-10 为自水中溶解度而估得 HLB 值的大致范围。

表 3-10 自水中溶解度而估得 HLB 值的大致范围

表面活性剂在水中的性状	HLB 值的范围
不分散	1~4
分散不好	3~6
激烈振荡后可得乳状分散体	6~8
稳定的乳色分散体	8~10
半透明至透明分散体	10~13
透明溶液（即完全溶解）	>13

2. HLB 值的计算法

（1）基团数法

对于阴离子型表面活性剂和吐温、司盘及其他多元醇类表面活性剂，可用基团数法计算该表面活性剂的 HLB。

$$HLB = \sum 亲水基 HLB 基团数 - \sum 亲油基 HLB 基团数 + 7 \tag{3-46}$$

基团数法把 HLB 看成是整个表面活性剂分子中各单元结构的作用总和,这些基团各自对 HLB 有不同的贡献。根据表 3-11 查到各基团的基数,按照上式把各基团的基数加起来,就是表面活性剂分子的 HLB 值。

表 3-11　一些基团的 HLB 值基团数

亲水基	基数	亲油基	基数
—SO_4Na	38.7	—CH—	−0.475
—COOK	21.1	—CH_2—	−0.475
—COONa	19.1	—CH_3	−0.475
—SO_3Na	11.0	＝CH—	−0.475
—N(叔胺)	9.4	—CF_2—	−0.870
酯(失水山梨醇环)	6.8	—CF_3	−0.870
酯(自由)	2.4	苯环	−1.662
—COOH	2.1	—$CH_2CH_2CH_2O$—	−0.15
—OH(自由)	1.9	—$CH(CH_3)CH_2O$—	−0.15
—O—	1.3	—$CH_2CH(CH_3)O$—	−0.15
—OH(失水山梨醇环)	0.5		
—(CH_2CH_2O)—	0.33		

负值表示基团的亲油性,用式(3-46)计算时,应以绝对值代入。

例如:油酸钾 CH_3—(CH_2)$_7$—CH＝CH—(CH_2)$_7$—COOK 的 HLB 值可用式(3-46)计算。

$\sum H. V. = (—COOK) = 21.1$

$\sum L. V. = (—CH_3) \times 1 + (＝CH—) \times 2 + (—CH_2—) \times 14$

$\qquad = (−0.475) \times 1 + (−0.475) \times 2 + (−0.475) \times 14$

$\qquad = −8.1$

$HLB = 7 + 21.1 − 8.1 = 20$

(2)Griffin 法

聚氧乙烯型非离子型表面活性剂的 HLB 值的计算主要采用 Griffin 法。计算法如下:

$$HLB 值 = \frac{表面活性剂中亲水基质量}{表面活性剂亲水基质量 + 亲油基质量} \times 20 \tag{3-47}$$

$$= (亲水基质量\%) \times 20$$

例如:壬基酚聚氧乙烯醚 $C_9H_{19}C_6H_4O(CH_2CH_2O)NOH$ 的 HLB 值可用式(3-47)计算。

亲水基—$O(CH_2CH_2O)NOH$ 的质量:457

亲油基 C_9H_{19}—,C_6H_4—的质量:203

则表面活性基的 $HLB = \dfrac{457}{203 + 457} = 13.96$

（3）对于只含—(CH_2CH_2O)—的非离子表面活性剂

HLB 值的计算公式为：

$$HLB = \frac{E}{5} \tag{3-48}$$

式中，E 为聚氧乙烯的质量分数。

（4）对于多元醇脂肪酸酯型非离子表面活性剂

HLB 值可用下式计算：

$$HLB = 20 \times \left(1 - \frac{S}{A}\right) \tag{3-49}$$

式中，S 为多元醇脂肪酸酯的皂化值，即 1g 酯完全皂化所需氢氧化钾的质量，mg；A 为表面活性剂中脂肪酸原料的酸值，即中和 1g 酸所需氢氧化钾的质量，mg。

例如：甘油硬脂酸单酯的 HLB：

皂化值 $S = 161$，酸值 $A = 198$，则

$$HLB = 20 \times \left(1 - \frac{161}{198}\right) = 3.8$$

（5）对于皂化值难测的非离子型表面活性剂

其 HLB 值有正或负的表面活性剂，适用于下式：

$$HLB = \frac{E+P}{5} \tag{3-50}$$

式中，E 为聚氧乙烯的质量分数；P 为多元醇的质量分数。

（6）对于混合表面活性剂

混合表面活性剂的 HLB 值具有加和性。

上面讨论的都是单个表面活性剂 HLB 值的计算，但实际工作中经常使用的是表面活性剂的混合物。基于 HLB 值是表面活性剂分子特有的指定值，故混合表面活性剂的 HLB 值具有加和性，即按照其组成的各个活性剂的质量分数加以计算。在实际应用中加和性规律不大准确，但偏差一般不大于 1~2，故对大多数体系都可应用。

$$HLB = \frac{HLB_a \times W_a + HLB_b \times W_b}{W_a + W_b} \tag{3-51}$$

例如：含 30% 司盘 80（HLB = 4.3）和 70% 吐温 80（HLB = 15）的混合乳化剂的 HLB 值：

司盘 80 和吐温 80 的 HLB 值见表 3-12。

故 HLB = 30%×4.3+70%×15.0 = 1.8

表 3-12　表面活性剂（大多是通用商品）的 HLB 值

表面活性剂	商品名称	类型	HLB 值
失水山梨醇三油酸酯	Span-85	N	1.8
失水山梨醇三硬脂酸酯	Span-65	N	2.1
乙二醇脂肪酸酯	Emcol EO-50		2.7
丙二醇单硬脂酸酯	Emcol PO-50	N	3.4
丙二醇单硬脂酸酯	"纯"化合物	N	3.4

表面活性剂	商品名称	类型	HLB 值
失水山梨醇倍半油酸酯	Arlacel 83	N	3.7

表面活性剂	商品名称	类型	HLB 值
甘油单硬脂酸酯	"纯"化合物	N	3.8
失水山梨醇单油酸酯	Span-80	N	4.3
失水山梨醇单硬脂酸酯	Span-60	N	4.7
二乙二醇脂肪酸酯	Emco DP-50	N	5.1
二乙二醇单月桂酸酯	Atlas G-2147	N	6.1
失水山梨醇单棕榈酸酯	Span-40	N	6.7
四乙二醇单硬脂酸酯	Atlas G-2147	N	7.7
失水山梨醇单月桂酸酯	Span-20	N	8.6
聚氧丙烯硬脂酸酯	Emulphor VN-430	N	9
聚氧烯失水山梨醇单硬脂酸酯	Tween-61	N	9.6
聚氧乙烯失水梨醇单油酸酯	Tween-81	N	10.0
聚氧乙烯失水山梨醇三硬脂酸酯	Tween-65	N	10.5
聚氧乙烯失水山梨醇三油酸酯	Tween-85	N	11
聚氧乙烯单油酸酯	PEG 400 单油酸酯	N	11.4
烷基芳基磺酸盐	Atlas G-3300	A	11.7
三乙醇胺油酸盐		A	12
烷基酚基氧乙烯醚	Igepal CA-630	N	12.8
聚氧乙烯单月桂酸酯	PEG 400 单月桂酸酯	N	13.1
聚氧乙烯蓖麻油	Atlas G-1794	N	13.3
聚氧乙烯失水山梨醇单月桂酸酯	Tween-21	N	13.3
聚氧乙烯失水山梨醇单硬脂酸酯	Tween-60	N	14.9
聚氧乙烯失水山梨醇单油酸酯	Tween-80	N	15
聚氧乙烯失水山梨醇单棕榈酸酯	Tween-40	N	15.6
聚氧乙烯失水山梨醇单月桂酸酯	Tween-20	N	16.7
油酸钠		A	18
油酸钾		A	20
N-十六烷基-N-乙基吗啉基乙基硫酸盐月桂基硫酸钠(十二烷基硫酸钠)	Atlas G-263	A	25~30
N-十六烷基-N-乙基吗啉基乙基硫酸盐月桂基硫酸钠(十二烷基硫酸钠)	"纯"化合物	A	40

注：N 为非离子型表面活性剂；A 为阴离子型表面活性剂。

3.4.1.3 表面活性剂 HLB 值与用途的关系

HLB 值可以比较综合地反映表面活性剂性能，所以在选择表面活性剂的时候，通常表面活性剂的 HLB 值与其用途的关系见表3-13。

表3-13 HLB值与其用途的关系

HLB 值范围	用途	HLB 值范围	性质
1.5~3	消泡	1~3	分散困难
3~6	W/O 型乳化	3~6	微弱分散
7~9	润湿、渗透	6~8	略微分散
8~18	O/W 型乳化	8~10	分散较易
13~15	净洗	10~13	分散容易
15~18	增溶	>13	溶解或透明液

3.4.2 亲水基的结构与性能的关系

羧基、硫酸基、磺酸基、磷酸基、膦基、氨基、季铵基、酰胺基、亚砜基、吡啶基和聚氧乙烯基等极性基团是表面活性剂分子中常见的亲水基。相对于疏水基而言，亲水基的结构对表面活性剂性能的影响较小。

3.4.2.1 亲水基的结构对性能的影响

1. 体积大小

亲水基的体积大小影响表面活性剂分子在表面吸附层所占的面积，进一步影响其降低表面张力的能力。一般阳离子表面活性剂的极性基比阴离子表面活性剂的大，故其 γ_{CMC} 较高。

亲水基的体积大小影响分子有序组合体中分子的排列状态，从而影响胶束的形状和大小。

在正、负离子表面活性剂混合体系中，亲水基体积增大，可降低正负离子极性基之间的静电引力，提高混合体系的溶解性，但表面活性有一定的下降。

对聚氧乙烯型非离子表面活性剂，亲水基增长不仅影响到表面活性剂的溶解性和浊点，而且由于亲水基体积增加，还会影响到表面吸附(如吸附分子在表面层所占的面积)以及所形成的分子有序组合体的性质(如增溶性能)等。

2. 溶解性

离子型表面活性剂和非离子型表面活性剂具有相反的溶解度-温度关系。离子型表面活性剂的水溶性随着温度升高而增大，具有 Krafft 点；而聚氧乙烯型非离子表面活性剂具有浊点，其水溶性随着温度的升高而减小，当温度达到浊点时，则变为几乎不溶而从溶液中析出。

只有亲水基不同的同碳链离子型表面活性剂也具有不同的溶解性。同碳链的烷基硫酸盐和烷基磺酸盐的表面活性相近，但水溶性有很大差别。十二烷基硫酸钠的 Krafft 点为9℃，而十二烷基磺酸钠的 Krafft 点为38℃，说明硫酸盐比磺酸盐的水溶性强很多。当与阳离子型表面活性剂(如烷基季铵盐)复配时，其溶解性次序与单一体系的正好相反。

非离子型表面活性剂与其他所有类型的表面活性剂都有很好的相溶性，可复配使用。而离子型表面活性剂，特别是在阴、阳离子表面活性剂复配使用时，虽可极大地提高表面活性，但必须遵从特殊的复配规律：①二者不能形成沉淀。②此类混合体系一般只能在很低浓度范围内得到均相溶液(有一些例外，但很少)，而表面活性剂在实际应用时往往需要在更高浓度下才能发挥其应用功能。

3. 化学稳定性

（1）酸碱稳定性

非离子表面活性剂在酸碱中均较稳定；阴离子型表面活性剂一般在酸中不稳定，碱中较稳定；阳离子型表面活性剂一般在酸中较稳定，碱中不稳定。

（2）无机电解质稳定性

在阴离子型和阳离子型表面活性剂中加入不生成沉淀的无机电解质，常常能够提高其表面活性。但若加入含有高价金属离子的无机电解质则会导致阴离子表面活性剂生成沉淀，由此可见，阴离子型表面活性剂的耐盐性较差，不适宜在硬水中使用。此种情况可通过加入钙皂分解剂和金属离子螯合剂来解决。两性离子表面活性剂一般具有很好的抗硬水性能。而非离子型表面活性剂的极性基团不带电，一般不受无机电解质的影响，其抗硬水性更好。

4. 安全性

生物活性比较：阳离子型>阴离子型>非离子型。阳离子型表面活性剂杀菌作用强，毒性大；非离子型表面活性剂性能温和，一般无毒或毒性较小。两性离子表面活性剂具有较小的毒性和较大的杀菌力，在毒性及杀菌性组合上更优于上述表面活性剂。

对皮肤刺激性最强的大多是阳离子表面活性剂。非离子表面活性剂的刺激性一般都很低。多数阴离子表面活性剂和两性离子表面活性剂的刺激居于上述两类之间。

5. 吸附性

阳离子型表面活性剂由于极性基团带有正电荷，容易吸附到带负电的固体表面，从而导致固体表面性质发生变化。而阴离子和非离子型表面活性剂则不易在固体表面发生强烈吸附。

3.4.2.2 亲水基的相对位置与性能的关系

1. 对表面活性剂的效率和效能的影响

亲水基位置的不同，在不同的浓度区域有不同的表面张力关系。亲水基在碳氢链端点的，降低表面张力的效率较高，但效能却较低。故在溶液浓度较稀时的表面张力比亲水基在链中间者低，但在浓度较高时，情况刚好相反。

2. 对表面活性剂基本功能的影响

一般来讲，亲水基在分子中间的，比在末端的润湿功能强，但在不同浓度区域，情况有所不同。在浓度较高时，由于亲水基在链中间的化合物降低表面张力的能力较强，于是显示出更好的润湿功能；而在很低浓度时，则直链者可能有较好的润湿功能。

对洗涤功能而言，则情况相反，亲水基在分子末端的，比在中间的去污力好。

起泡功能一般也是以极性基在碳链中间者为佳。但要注意，起泡功能与浓度有关，低浓度时可能出现相反情况，这是与其水溶液的表面张力相应的。

含有苯环的表面活性剂，其亲水基在苯环上的位置对表面活性剂的性质也有与上述类似的影响。如烷基苯磺酸钠，磺酸基在对位的烷基苯磺酸钠的 CMC 值较邻位的低，且去污力强，生物降解性好，但二者泡沫力相似。

由环氧丙烷与环氧乙烷整体共聚而成的聚醚型非离子表面活性剂，因聚氧乙烯所在位置的不同，也会导致聚醚性质上的差异。例如表面活性剂 Pluronic，聚氧乙烯链在两端的称为 EPE 型。若聚氧乙烯链位于中央，而聚氧丙烯链位于两端，则称为 PEP 型。PEP 型聚醚与

EPE 型聚醚相比，相对分子质量相近而且聚氧乙烯含量相同，但是 PEP 型聚醚具有较低的浊点和更弱的起泡能力。

3.4.3 疏水基的结构与性能的关系

表面活性剂的疏水基一般是长链烃类。碳原子数一般为 8~18，少数为 20。疏水基结构种类众多，有直连、支链、环状等。一般可以把疏水基大致分为以下几种，具体见表 3-14：

表 3-14 疏水基的类型及举例

疏水基种类	举例
脂肪族烃基	十二烷基、十六烷基、十八烯基等
芳香族烃基	萘基、苯基、苯酚基等
脂肪烃芳香烃基	十二烷基苯基、二丁基萘基、辛基苯酚基等
环烃基	环烷酸皂类中的环烷烃基、松香酸皂中的烃基等
亲油基中含有弱亲水基	蓖麻油酸、油酸丁酯基蓖麻油酸丁酯的硫酸化钠盐、聚氧丙烯基聚氧丁烯等
其他特殊亲油基	全氟烷基或部分氟代烷基、硅氧烷基等

上述各种疏水基中，若就疏水性而言，全氟烷基＞硅氧烷基＞一般碳氢链基。其中，全氟烷基既疏水又疏油，故对氟表面活性剂来讲，一般不强调分子的两亲性，多强调其一端亲水，另一端疏水。对油溶性氟表面活性剂而言，则为一端亲油，另一端疏油。

一般碳氢链基的疏水性大小顺序为：脂肪族烷烃≥环烷烃＞脂肪族烯烃＞脂肪基芳香烃＞芳香烃＞带弱亲水基的烃基。同一品种的表面活性剂，随疏水基碳链的增长，其溶解度、CMC 有规律地减小，但降低水的表面张力的能力明显增强。

在正、负离子表面活性剂混合体系中，若疏水链总长度一定、2 个疏水链长度相等，则此疏水链对称，疏水链长度的对称性对性能有显著影响。疏水链对称性差者，溶解性好，但表面活性差。另外，表面活性剂混合体系中碳氢链长相差越大则 γ_{CMC} 值越大。

疏水链分支的影响与亲水基在疏水链中不同位置的情况是相似的。一般有分支结构的表面活性剂不易形成胶团，其 CMC 值比直链者高，但其降低表面张力的能力较强，故具有较好的润湿、渗透性能，而去污性能较差。

季铵盐正离子表面活性剂中烷基链数目的影响与疏水链分支的情况相似。以烷基苯磺酸钠为例：苯环上有几个短链烷基时润湿性增加而去污力下降，当其中的一个烷基链增长时，去污力就有所改善。因此，作为洗涤剂活性组分的烷基苯磺酸盐，其烷基部分应为单烷基，避免在一个苯环上带有两个或多个烷基。

疏水链中不饱和烃基，包括脂肪族和芳香族、双键和三键，有弱亲水基作用，有助于降低分子的结晶性，对于胶团的形成和饱和烃的烃链中间少 1~1.5 个 CH_2 的效果相同，苯环相当于 3.5 个 CH_2。

3.4.4 连接基的结构与性能的关系

一般情况下，亲水基与疏水基直接连接，但有时疏水基通过中间基团(连接基)和亲水基进行连接。也有些亲水基同时也充当了连接基。例如 AES 中的 EO，本身有的是亲水基，同时又连接—SO_4 与 R。

常见的连接基有—O—，—COO—，—NH—，—OCO—，—SO_2—，—$OCOCH_3$—，—CONH—等。一般来讲，上述连接基团可增强表面活性剂的亲水性。对离子型表面活性剂来说，可以增加其抗硬水性能。有些连接基可增加表面活性剂的生物降解性能。

但是引入连接基往往会增大 CMC 值，降低表面活性剂的表面活性，导致表面活性剂的渗透力、去污力降低。

3.4.5　相对分子质量的大小与性能的关系

当表面活性剂的 HLB 值相同，疏水基和亲水基种类也相同时，相对分子质量就成为影响其性质的很重要的因素。对阴离子和阳离子表面活性剂而言，当固定了其疏水基和亲水基后，HLB 值也比较固定，就不能随意改变其相对分子质量。而非离子型表面活性剂通过增加亲水基分子数就比较容易改变其相对分子质量。

3.4.5.1　相对分子质量大小对表面活性剂基本性质的影响

表面活性剂相对分子质量的大小对其性质的影响是比较显著的。在同一品种的表面活性剂中，随着疏水基中碳原子数目的增加，其溶解度、CMC 值等都会有规律地减小，但在降低水的表面张力这一性质上，则有明显的增长。这就是表面活性剂同系物中碳氢链的增加对性质的影响。

3.4.5.2　相对分子质量大小对表面活性剂基本功能的影响

相对分子质量的大小对表面活性剂的润湿、乳化、分散、洗涤等功能有显著的影响。一般来说，相对分子质量较小的，其润湿、渗透作用较好；相对分子质量较大的，其洗涤作用、分散作用等性能较为优良。

例如，在洗涤性能方面，烷基硫酸钠类表面活性剂中，$C_{16}H_{33}SO_4Na > C_{14}H_{29}SO_4Na > C_{12}H_{25}SO_4Na$。但在润湿性能方面，则是 $C_{12}H_{25}SO_4Na$ 最好。

在不同品种的表面活性剂之间，大致也以相对分子质量较大的洗涤力为较好。如聚氧乙烯链型的非离子表面活性剂有较长的聚氧乙烯链和较大的相对分子质量，故有比较好的洗涤、乳化和分散作用。此类表面活性剂，如脂肪醇聚氧乙烯醚 $RO(C_2H_4O)_nH$，即使当 HLB 值接近，相对分子质量大者具有较好的洗涤、加溶和分散功能；而相对分子质量小者则有较好的润湿功能。

第4章　表面活性剂在溶液中的自聚

研究表面活性剂在溶液中的存在状态是一个复杂的物理化学分析过程。由于表面活性剂分子的疏水作用，导致它们在溶液中存在时疏水链向内聚在一起形成内核而远离水环境，同时亲水基朝外与水接触，这一现象即为表面活性剂的"自聚"。表面活性剂在溶液中进行自聚可以形成多种不同结构以及不同大小、形态的聚集体。通过了解有序溶液的存在方式、形成过程及其物化性质，将有助于我们深入地认知表面活性剂的性质。

4.1　分子有序组合体

4.1.1　分子有序组合体的概念及类型

4.1.1.1　分子有序组合体的概念

表面活性剂在溶液中的自聚（或称自组、自组装）可形成多种结构、形态和大小的聚集体。聚集体内分子有序排列，称为分子有序组合体或有序分子组合体。

分子有序组合体有多种类型，如在水溶液中自聚形成的胶团、囊泡、液晶及多分子层；在油相溶液中的反胶团形态，油水混合体系下形成的微乳体系以及表面活性剂分子在界面上自聚形成的单分子层等。分子有序组合体有多种形状，以胶团为例，就有诸如棒状、球状、椭球状、扁球状等。

分子有序组合体在温度、浓度、无机盐添加剂等外界条件影响下，可以聚集形成更为高级的复杂聚集结构，该结构被称为有序高级结构分子聚集体。如平行排列的双分子层状液晶；棒状胶团聚集形成的六角束、三维网状结构、球状胶团堆积形成的立方结构以及一些由分子有序组合体聚在一起而析出形成的双水相体系等。

4.1.1.2　分子有序组合体的类型

（1）胶束（O/W 型胶束）

表面活性剂分子在水溶液中，由于疏水作用进入表面（界面），分子极性基与水接触，而烃链疏水基指向空气（油相）。当表面活性剂浓度达到 CMC 值时，在表面吸附达到饱和，形成单分子膜。此时溶液内部表面活性剂分子同样在疏水作用下形成最小的分子有序组合体，称胶束（或称胶团）。

（2）反胶束（W/O 型胶束）

表面活性剂在非极性溶剂中缔合，靠分子之间的偶极–偶极以及离子对之间的相互作用形成 W/O 型分子有序组合体，称反胶束。

（3）微乳液

微乳液是由水（或盐水）、油、表面活性剂和辅助表面活性剂在适当比例条件下自发形成透明或半透明、低黏度的稳定分子有序组合体的体系。该体系具有两个特点：①可使油水界面张力降到很低，通常小于 10^{-3} mN/m；②它能同时增溶油和水，其增溶量可达 60%～70%。其分散相微粒的尺寸通常小于入射光波长的 1/4，对光线不产生折射，平行于入射光而透明。分散相与连续相折射率相同。

（4）液晶

液晶是介于液体和晶体之间的形态，具有流动性和连续性，既有晶体的各向异性，又保留晶体的有序性。溶致液晶是表面活性剂在溶液中达到一定浓度所形成的，是长程有序而短程无序的分子有序组合体。

（5）囊泡

囊泡（vesicles）又称脂质体（liposomes），是由天然的或合成的磷脂表面活性剂在水中形成的分子有序组合体，通常为一种球形或椭球形的单室或多室的封闭的双层结构。截至目前，表面活性剂分子形成的囊泡主要可分为：直径为 20～50nm 的小单室囊泡、直径为 0.1～10μm 大单室囊泡和直径为 100～800nm 的多室囊泡。一般制得的囊泡是不均匀的，通常只有经过超声或乳匀机处理后才可得到均匀的囊泡体系。

囊泡的特征：①具有双层结构，不易变形，内室较大；②具有渗透性，在高渗溶液中会收缩，而在低渗溶液中会膨胀；③可显示生物活性，用来模拟生物膜。

形成囊泡的表面活性剂具有一定的结构特征，其通常是衣架式结构。如天然或合成的磷脂结构，同一分子具有 1 个极性基和 2 个非极性基。对于单烃链表面活性剂，通常烃链之间需要有双键、苯环等才可形成囊泡。

4.1.2 分子有序组合体的基本结构特征

分子有序组合体形态各异，性质独特，但它们都是由表面活性剂分子或离子以极性基向水、非极性基远离水或向着非水溶剂形成的；定向排列的两亲分子单层是它们共同的基础结构单元，但他们有着各自结构单元的弯曲特性以及多个单元间的组合关系。

实际上，在表面和界面上形成的有序组合体就是特定形态的单分子层。比如水环境中的球形胶团可以看作是由弯向疏水一侧的单分子层组成，由于曲率足够大而闭合成为球形胶团。因其弯曲程度不同，原本弯曲的单分子层可形成诸如棒状、球状、椭球状、扁球状、长球形、线状等胶团，还有一些铺展成平板状的单分子层。而反胶团则可看作是由弯向亲水基一方的单层所组成的闭合球形胶团。

若两个以上的平板单层疏水基团与疏水基团相对结合，或亲水基团与亲水基团相对结合即形成层状胶团或层状液晶；如果拓展至双分子层或多分子层在空间中弯曲并封闭即形成囊泡。其他结构如胶团的单分子层彼此融合可形成双连续结构。诸如棒状胶团平行排列形成六方液晶，球形胶团密堆积形成立方液晶等都是这种结构。

4.1.3 分子有序组合体的形成机制

因表面活性剂的两亲性结构特点，由其组成的分子有序组合体在水溶液中极易发生缔合及吸附，其原因是碳氢链与水之间的引力小于水-水间的引力，导致碳氢链不易溶于水，从而表现出远离水而自相缔合的趋势，即所谓的"疏水效应"。该作用的本质，一般可归因于溶质分子非极性基团周围形成了更有序的水结构，非极性基自相缔合而水结构解体，从而导致大量水分子变为无序状态。另外，热力学的研究表明：通常情况下非极性溶质在水中的溶解度以及标准熔解热都很小，但标准溶解自由能却很大。因此，标准溶解熵总是很低（为一个较大的负值）。亦即当溶质溶解时，体系则会趋向更为有序化；但"疏水效应"则相反，标准溶解熵很大，在这个过程中，"有序"发生在溶质非极性基团周围。大量水分子趋于无序，而最终导致整个体系由较大的有序状态变为无序状态。上述过程本质上来讲可解释为熵驱动过程。但总而言之，非极性基的疏水效应是两亲分子在水介质中（或在界面）形成有序组合体的根本原因。

4.1.4 影响分子有序组合体大小和形状的因素

分子有序组合体大小和形状主要是由表面活性剂的分子结构、浓度、温度以及无机电介质或其他极性添加剂的添加作用决定的。下面将分类阐述。

1. 表面活性剂的分子结构

表面活性剂的几何形状，尤其是亲水基和疏水基在溶液中各自横截面的相对大小决定了分子有序组合体的形态。Isrealachvili 最早通过定义临界排列参数 R 来说明这一问题：

$$R = V/a_0 l_c$$

式中，V 代表表面活性剂分子疏水部分体积；a_0 是头基面积；l_c 是疏水链最大伸展长度。一般而言，具有较小头基的分子或带有 2 个疏水尾巴的表面活性剂易于形成反胶团或层状胶团；具有单链疏水基和较大头基的分子或离子易于形成球形胶团；具有单链疏水基和较小头基的分子或离子较容易形成球形胶团；具有单链疏水基和较大头基的分子或离子较易形成球形胶团；在离子型表面活性剂溶液中加入电介质可促使生成棒状胶团。

需要注意的是，溶液中各种聚集形态之间以及它们与单体之间存在动态平衡。因此，通常讲的某一溶液中的分子有序组合体的形态是其多种聚集形态中的最主要形态。

2. 表面活性剂浓度

临界胶束浓度是研究分子有序组合体形态变化的重要指标。表面活性剂在浓度略高于临界胶束浓度时，溶液中胶束形状大多呈球形胶团。当表面活性剂在浓度达到临界胶束浓度10 倍以上时，随聚集数的增大则不易于球形胶团形成。取而代之的是由一系列的棒状胶团组成的各类组合体胶团。这些组合体胶团的末端类似球状，中部类似辐射状的圆盘，实际上是分子的定向排列。棒状胶团的外壳由亲水基定向排列构成，内核则是疏水的碳氢链。这种结构能够使大量的表面活性剂分子的碳氢链与水接触面积缩小，从而更加稳定。我们通常见到的聚集成束的棒状胶团，形成由棒状胶团组成的六角束以及巨大的层状胶团等就是这一类结构在表面活性剂浓度极大时出现的。临界堆积参数与两亲分子及聚集体形状关系见表4-1。

表 4-1　临界堆积参数与两亲分子及聚集体形状关系

临界堆积参数 R	<1/3	1/3 ~ 1/2	1/2 ~ 1	1	>1
两亲分子结构	大头单尾	小头单尾	大头双尾	小头双尾	小头双尾
临界堆积形状	锥形	平头锥形	平头锥形	圆柱形	倒置平头锥形
自组装体形状	球形	圆柱形	柔性双层	平行双层	球形等
自组装体类型	胶束	胶束	脂质体或囊泡	胶束	反胶束

3. 电解质

电解质能够改变溶液中分子有序组合体的形态及变化过程，这是由于离子型表面活性剂溶于水时形成的组合体表面带有电荷，加入无机电解质后，电离产生的阴阳离子能够与分子有序组合体表面的双电层发生作用，导致其表面双电层厚度减小，最终影响有序组合体的增长行为以及形态。

当与表面活性剂有相同反离子的无机盐加入到离子型表面活性剂溶液中，整个溶液的临界胶束浓度降低，从而使胶团表面活性提高。随着表面活性剂反离子浓度的不断增大，扩散双电层的厚度随之减小，体系的表面张力下降，使胶团更加容易形成，胶束的聚集数也随之增加。无机盐一般对离子型表面活性剂影响较大，而对于非离子表面活性剂的影响则可忽略。

4. 其他因素

温度也是影响分子有序组合体的重要因素之一。以非离子型表面活性剂为例，当温度升高时，胶团随温度升高而变大；当达到其浊点时，胶团达到其粒径最大值，从而与原分散相分离形成双水相。

此外，分子有序组合体的尺寸和形貌因素以及某些极性较强的有机物在水中形成的氢键作用，在研究上述问题时也是需要考虑的。

4.2 分子有序组合体的功能及作用

1. 分子有序组合体的流变性质

流变行为是表面活性剂分子有序组合体的重要性质。研究分子有序组合体的流变行为可以得到有关胶束的大小、形状和水化作用等方面的信息。用来表征有序组合体的流变性质的物理量主要有相对黏度、比浓黏度、特性黏度和表现黏度等。

当表面活性剂溶液浓度不大或体系中的离子强度不高时，表面活性剂以单个分子或球形胶束在溶液中存在，它们的流动性很好，黏度接近溶剂(水)的黏度，是牛顿流体。一旦溶液环境发生改变，如表面活性剂的浓度增加、溶液中的离子强度达到一定值，或者有其他组分加入，溶液中可能形成线形柔性棒状胶束、囊泡或层状结构，同时溶液的黏度将急剧增加。尤其当体系形成线形柔性棒状胶束和相互缠绕的三维空间网状结构时，流变学性质往往极大改变，如黏弹性、触变性以及剪切变稀等。

离子型表面活性剂由于带电头基间的排斥作用，在溶液中只能形成球形胶束。这些溶液黏度很小，但通过加入一定的添加剂使表面活性剂胶束/水界面的电荷被屏蔽后就可以形成棒状胶束，甚至形成网络结构，使体系呈胶态。如向一些水溶性聚合物如聚乙烯吡咯烷酮体系加少量的十二烷基硫酸钠(SDS)时，体系的黏度明显增大。再如研究最广的黏弹性体系——长链烷基卤化吡啶和长链烷基季铵盐与十六烷三甲基溴化铵(CTAB)混合溶液，当其以某一比例混合后，可在相当低浓度下呈现高黏度和显著黏弹性的特点。由阴阳离子表面活性剂复配的体系中则更易形成棒状胶束，这是由于阴阳离子相互作为反离子而产生更加强烈的结合导致的。分子有序组合体的流变学性质广泛应用于日化、造纸、石油化工、高分子材料等领域的生产、实践及科学研究。

2. 表面活性剂分子有序组合体的催化性质

表面活性剂分子有序组合体的存在使介质的性质发生了很大的变化，也必然会影响介质的存在状态。分子有序组合体不仅可以为化学反应提供合适的微环境，同时它们还能通过增溶原来溶解度很小的反应物，增加反应物的接触机会从而使得反应速率加快，表现出对化学反应的催化作用。

3. 模拟生物膜

具有高相对分子质量的分子有序组合体和蛋白质可用来模拟生物膜。图4-1是磷脂分子在水中形成的双分子生物膜的横截面示意图。其主要结构为由磷脂和蛋白质组成的混合定向双层,在其外表面附有具有生物体表面识别功能的糖和蛋白质,内表面则带有由蛋白质交联而成的网。这种膜的性质取决于相邻结构单元间的非特殊或特殊的相互作用。

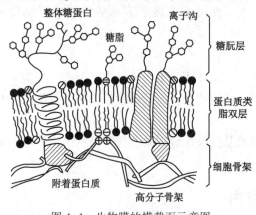

图4-1 生物膜的横截面示意图

囊泡的独特性质和结构决定其是研究和模拟生物膜的最佳体系。因其本身就是由多层表面活性剂分子缔合而成的结构,若它有一个水溶性的内核,则非常类似于细胞膜,因细胞膜的生物行为涉及较深的研究范围,对脂类和双层膜结构相互作用研究仍然较为复杂,因此,通过利用囊泡来模拟生物细胞膜构建简单的研究模型入手,进而对其作用机理进行深入研究则不失为一种良好的切入方式。另外近年来对液晶的研究表明,一些具有螺旋形、双菱型以及体心立方晶格的结构也是很好的模拟生物膜的体系。

4. 微反应器

分子有序组合体可作为微反应器在化学、化工、生化反应中提供多种微环境并实施控制,有着常规反应器无法比拟的优越性。作为制备新型纳米材料的微反应器,在材料科学中,设计制备新型纳米材料能使复合材料获得新的物理化学性能,这其中对颗粒的形态、颗粒粒径、粒径分布、胶体的稳定性有严格的要求,而分子有序组合体特殊的微环境为控制反应提供了适宜的条件。在生化领域,利用囊泡特殊的双层结构还可以解决某些在水中起作用的微生物功能受到抑制的问题,这是由于囊泡既可以携带水性物质,又可以携带为溶解烃类或其他不溶于水的反应成分所必需的有机溶剂。

5. 模板功能

近年来兴起的表面活性剂模板法具有操作简便、易于调控的特性,可广泛应用于合成纳米粒子,具体来讲就是利用分子有序组合体形成的胶团或反胶团进行模板制备。这些胶团的粒径通常在微米级甚至到达几个纳米,因此可利用其体积特性制备小尺度的纳米颗粒,这也为研究纳米尺度效应提供了制备基础。另外,一些特殊形貌以及结构的纳米材料(如片层状、椭球状、六角状)也可以利用分子有序组合体作为模板来进行制备。分子有序组合体通常起到晶体结构与晶体取向的定向控制,对制备样品的形貌和粒径进行调控等作用。

多室囊泡模板法是一种制备空心球或多孔球的新方法。其特征在于表面活性剂在一定的条件下形成囊泡或多室囊泡,以此作为软模板,让无机材料在其表面进行成核生长,从而复制囊泡和多室囊泡的形状,最终得到单层空心球和多层空心球结构。由于晶体生长方式的不同,所形成的空心球壳可为单晶结构,也可为多晶或多孔结构。采用的表面活性剂可以为阴离子表面活性剂、阳离子表面活性或两种表面活性剂的混合。这种方法可制备的材料较为广泛，可以是各种氧化物、氢氧化物、硫化物、金属单质、硒化物或无机盐类。它们在囊泡、多室囊泡表面成核并生长，最终得到单层、多层空心球结构及多孔球结构。

溶致液晶由一种或多种两亲化合物组成的化学体系，目前已被广泛地应用于液晶功能膜、液晶态润滑剂、食品、化妆品、石油开采等领域。将其作为模板剂应用于纳米材料制备技术中，用来调控产物的结构与形貌也是当前较热门的研究方向之一。其显著的特点是模板的结构可预先设计、反应条件温和、易于操作并且过程可控，构筑溶质液晶模板过程相对简单，合成产物结构具有多样性，如各种金属及其氧化物、硫化物和一些导电聚合物等。产物形貌与表面活性剂性质无关，主要受液晶模板的调控。通过溶致液晶组成、表面活性剂分子类型与结构的搭配，可以调节分子的形态、取向和间距。

6. 药物载体

在药剂学中，常采用适当的载体与药物结合，把载体作为控释给药和导向定位的工具，这种方法的特点是剂量小、药效高，能够克服一些传统给药方式所致的毒副作用，尤其是对那些毒副作用较大或一些非常规生理环境下易失活的药物更为重要。分子有序组合体作为药物载体，不仅可以为药物提供栖息场所，提供保护层和稳定作用，防止药物在到达病灶机体之前过早降解、失活、排泄，从而达到药物缓释的目的。另外，还可以利用表面活性剂分子有序组合体来设计定向控释的药物输运体系，使给药作用智能化进行，在得到具有自动靶向和定时定量释药的纳米智能药物基础上，通过制备出更为理想的具有智能效果的纳米药物载体，同时将纳米级载体与具有特异性能的药物相结合，可解决人类重大疾病的诊断、治疗和预防等问题。

囊泡特有的双层膜结构使其成为理想的药物载体。将水溶的和不溶的药物包容在囊泡的双层结构中，通过静脉注射将药物送到靶向器官。纳米级粒子使药物在人体内的传输更为方便，纳米粒子包裹的智能药物进入人体后，可主动搜索并攻击病灶细胞或修补损伤组织。在人工器官移植领域，将人工器官外面涂上纳米粒子，就可预防人工器官移植时所产生的排异反应。

脂质体在循环系统中携带药物存留的时间比单纯的药物长，因此随着它的逐渐降解，药物的释放过程也相对延长，因此可以增强药效。同时，经过表面修饰的脂质体能够增强药物的靶向定位功能，可防止其在酶作用下分解，无需很大药剂量即可作用于病灶，达到治疗效果的同时最大程度地降低了药效的毒副作用。基于临床上的应用越来越广泛，近年来对脂质体的研究逐渐成为药物载体方面研究的热点。

4.3 胶团(胶束)

在水中，当表面活性剂的浓度达到一定值后，多个表面活性剂分子(或离子)的疏水基团相互缔合，亲水基团朝向水相，形成胶体粒子大小的聚集体成为胶团，又称为胶束。胶团的大小形状与表面活性剂浓度有关，浓度由低到高时，胶团形状依次为球形、棒状六角束、层状、液晶状等。

表面活性剂的溶液，在其化学计量浓度大至某一数值(严格地说是一个很窄的浓度范围)时，溶液的各种宏观性质就会发生突变。从微观角度考察，这时表面活性剂分子开始发生缔合，形成胶粒大小的聚集体。这种聚集体就称为胶团(或胶束)，也称为缔合胶体，如

图 4-2 所示。溶液性质发生突变形成胶团的过程称为胶团化作用。

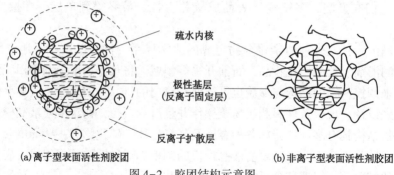

(a)离子型表面活性剂胶团　　　　　(b)非离子型表面活性剂胶团

图 4-2　胶团结构示意图

　　研究离子型表面活性剂胶团的结构通常以球形胶团为例。如图 4-3 所示为离子型表面活性剂胶团基本结构示意图。离子型表面活性剂胶团是带电胶团，可以在其周围产生扩散状分布的电场，形成扩散层。而扩散层与胶团外层一起构成扩散双电层结构，它随溶液中离子强度的增加而减少。若对于某些正、负表面活性剂以等离子比混合，则胶团极性基层电性会发生中和反应而基本无静电荷，因此这种情况扩散双电层不存在。另外，对离子型胶团来讲，其外层的表面活性剂极性基团和结合的反离子都具有水化作用，因此其胶团外层也含有由水化水组成的固定层。

　　非离子型表面活性剂胶团的结构如图 4-4 所示。非离子型表面活性剂胶团由胶团内核和胶束的外壳两部分组成。

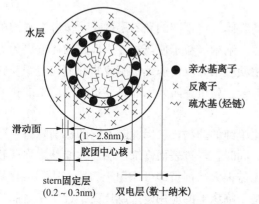

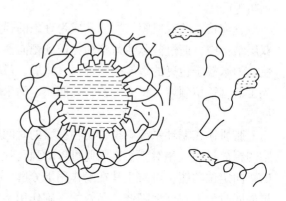

图 4-3　离子型表面活性剂胶团结构示意图　　　　图 4-4　非离子型表面活性剂胶团的结构

　　1. 胶团的内核

　　胶团不是晶态结构，其具有一个由疏水碳氢链构成的类似于液态烃的内核，其尺度为 1~2.8nm。胶团与单体之间的平衡非常快，对于不同结构的疏水分子都有良好的溶解能力，胶团的热容和压缩性与液烃相似。表面活性剂溶液的偏摩尔体积测定表明胶团中的碳氢链比一般液态烃的碳氢链还要松散一些，从而成为胶团内核液态性的更有利证据。

　　2. 胶团的外壳

　　胶团的外壳通常也被称之为胶团-水"界面"或者表面相。胶团的外壳是指胶团，主要是由水化的表面活性剂亲水基构成的，而并非指宏观界面。离子型表面活剂胶团由双电层的最内层 Stern 层(或固定吸附层)组成，厚度通常为 0.2~0.3nm。在胶团外壳中包含表面活性剂离子头及固定的一部分反离子，还包括由于离子的水化而形成的水化层。由于表面活性剂单体分子的热运动，胶团的外壳会产生"波动"，因此胶团外壳是一个"粗糙"不平的面，并非光滑面。

非离子型表面活性剂胶团表面层结构不同于离子型胶团，其表面由柔顺的聚氧乙烯和与醚键原子相结合的水组成。因为包括大量的水化水和很多聚氧乙烯链，所以形成的"外壳"相当厚(图4-4)。由非离子型表面活性剂形成的胶团外层不存在扩散双电层。

4.4 囊泡与液晶

4.4.1 囊泡

某些两亲性分子，如许多天然的或合成的表面活性剂及不能简单缔合成胶团的磷脂，分散于水中时会自发形成一类具有封闭双层结构的分子有序组合体，称为囊泡(vesicle)，也称为脂质体(liposome)。有些时候囊泡和脂质体这两个术语在文献中经常混用，我们一般采用以下的原则来进行区分：如果这些两亲分子是天然表面活性剂卵磷脂，则认为形成的是脂质体结构；若由合成表面活性剂组成，则认为是囊泡结构。囊泡在分泌蛋白的外排过程中起着重要的运输载体的作用。

从胶体化学的角度出发，囊泡是表面活性剂分子有序组合体的一种形式，是由闭合的双分子层所形成的球形、椭球形、扁球形的单间或多间小室结构。囊泡的线性尺寸一般为30～100nm，也有尺寸可达10μm较大的单室囊泡。有些囊泡只有一个封闭双层，在双层的内部是被水相包裹着，这样的囊泡被称为单室囊泡，如图4-5(a)所示。而多室囊泡的两亲分子呈封闭双层同心球式排列，每个双层之间以及囊泡的中心部分都包有水，如图4-5(b)所示。

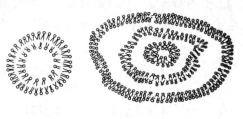

(a)单室囊泡　　　　　(b)多室囊泡

图4-5　囊泡的结构

1. 囊泡的应用

囊泡最重要的应用之一是模拟生物膜。生物膜的主体是由磷脂和蛋白质定向排列组成的封闭双分子层结构。生物膜在生物活体中起着很重要的作用，具有离子迁移、免疫识别等功能。通过对囊泡的研究，可加深人们对生物膜的认识，也为人们的仿生研究提供了一条新的途径。

囊泡的另一个重要应用是作为药物的载体。因为囊泡本身既具有亲水微区又具有疏水微区这样的奇特结构，所以囊泡具有可同时运载水溶性药物和非水溶性药物的能力。同时，囊泡具有双层膜结构，与生物膜有很好的兼容性，是理想的生物体内环境的药物载体。另一方面由于分子进出囊泡需要较长的时间，利用这一特性，近年来人们研究将囊泡用作缓释剂，以更好地发挥药效。

随着纳米技术的发展，人们也将囊泡用作模板来制备纳米材料。囊泡也可以为一些化学反应及生物化学反应提供适宜的微环境。另外，囊泡在化妆品工业以及食品工业也有一定的应用。

2. 囊泡的形成及表征

制备囊泡的传统方法有乙醚注射法、溶胀法、超声波振荡法及氯仿注射法。形成单室囊泡多见挤压方法。乙醚注入法以及超声波振荡法可以产生比较小的囊泡，如改用氯仿进行注射，可形成较大囊泡，直径达 30nm。另外利用长链醇等辅助表面活性剂可形成双层囊泡，表面活性剂和另一种两亲分子加在一起也可自发形成囊泡。同时，在超声波环境下，有些常态下不能形成囊泡的两亲化合物则可以自发形成囊泡，但此时形成的囊泡多不均匀且大小不一。

近年来人们兴趣点多关注在人工制备囊泡领域取得的进展。1983 年，Ningharn 等用十二烷基三甲基羟基铵（DTOH）得到了自发形成的囊泡，此后，人们又发现了硅表面活性剂、Bola 型表面活性剂、双疏水链表面活性剂等自发形成的囊泡体系。Kaler 和 Zasadzinski 在阴阳离子表面活性剂复配体系中，也得到了自发形成的稳定囊泡，而且其大小、表面电荷、渗透性等可以通过调整表面活性剂的复配比例和链长进行调节，这一结果为继续研究囊泡在生物学、药理学等众多领域的作用奠定了工作基础。

囊泡的表征主要有深度冷冻透射电镜（Cryo－TEM）、冷冻蚀刻电镜（freeze－fracture TEM）、电子自旋共振（ESR）、核磁共振（NMR）葡萄糖捕获法、（glucose trapping）以及流变学性能表征等。其中深度冷冻透射电镜法最为常用，虽然该方法操作复杂且费用较昂贵，但由于电镜可以得到囊泡形貌和尺寸的直观图片，因此是表征囊泡分散体系存在形态和粒径分布的最有效表征手段。人们也经常用光散射方法与 TEM 相结合，通过观测其半径来确认囊泡的存在，并进一步跟踪监测其变化。冷冻蚀刻技术也是观测囊泡体系的有效手段，通过迅速低温冷冻，将囊泡在溶液中状态瞬间凝固，再通过冷冻切削、升温蚀刻、表面喷覆等后续手段，也可观测到囊泡结构。囊泡缔合结构的微环境极性、黏度等性质则可用电子自旋共振（ESR）来表征。囊泡流变性质的差别同时也能够反映出其结构的变化，这就是所谓的流变学性能表征。

3. 囊泡的性质

（1）稳定性

囊泡分散液是表面活性剂的分子有序组合体在水中的分散体系，按分布尺度来说处于胶体分散范围，是一种热力学不稳定体系，因此只具有暂时的稳定性。但有些囊泡因为其形成物在水中只有很小的溶解度加上其转移的速度很慢，它们稳定周期可达几周甚至长达几个月。表面活性剂和温度是影响囊泡稳定性的主要原因。而对多室囊泡而言，其特性是囊泡越大越稳定。因此，人们设计了聚合表面活性剂单体和聚合物包裹囊泡等各种方法使其体积变大，以此来加固囊泡。

（2）包容性

囊泡的一个重要潜在应用价值就是：在其形成时可以将溶质包裹在内部的水相中，它所具有的双层结构决定它能够包容多种溶质。因溶质的极性不同决定其在囊泡中的包容部位也不尽相同。囊泡的中心一般是包容较大的亲水溶质，而中心部位与极性基层之间的区域通常包容一些小的亲水溶质；而在各个两亲分子双层的碳氢基夹层之中一般包容的是疏水溶质。如胆固醇等具有两亲性分子的化合物可参加到定向双层中形成混合双层。囊泡既可以将药物包封在微水相内，携带如氨基酸、多肽酸、蛋白类药物等水溶性药物；也可以将药物增浴在双层膜中，携带油溶性药物。这种特殊结构使其具有同时包容水溶性和油溶性药物的能力。

相比于其他的药物载体，囊泡具有更大的增溶量，其双层膜也具有更强的牢固性和稳定性，可以增溶大分子的药物或酶。另外，人们也可通过组成、溶液酸碱度、无机盐来调节增溶物的粒径和药物分子的渗透率。

（3）流变

囊泡粒径十几到几百纳米不等，而对其流变学性质研究主要集中在多层囊泡。通常来讲，较大的囊泡中间包含众多小的囊泡。每一个囊泡都可以被看作是存在于其他准结构包围的"笼"中，除非囊泡的外壳发生较大的形变，否则它不能通过简单的扩散过程逃出这个准结构。上述机理决定囊泡是具有黏弹性的体系。通过频率振荡实验，人们发现囊泡体系的储能模量和损耗模量频率几乎无关，且储能模量 $G'\gg$ 损耗模量 G''，这一频率振荡曲线类似于层状液晶。说明囊泡体系有很高的弹性以及应力屈服值。后续研究表明：囊泡流变性质中的重要参量——平台模量 G_0，和应力屈服值 σ_y，取决于如表面活性剂的烷径链长和浓度、电荷密度、温度以及辅助表面活性剂的种类和浓度等诸多因素。

目前，国内外对囊泡的流变学行为研究认识比较统一，主要有以下四种研究模型：

①静电模型。G_0 随囊泡表面电荷密度的增加而增大，当应力加到溶液中时，囊泡可能发生变形，带电层的压缩会导致囊泡更加紧密地堆积。渗透压 π 可表征囊泡的平台模量 G_0 但实验表明渗透压 π 比 G_0 要大许多。因此 G_0 不能只用电荷密度解释，它还与其他因素有关。

②网络模型。假设囊泡可以形成网络结构，借鉴蠕虫状胶束的流变性质，能偶求出囊泡的平台模量。用此模型求出的 G_0 比实验值要小许多，需要进一步完善。

③弯曲能模型。实验发现，如果囊泡被破坏，其内核也被破坏，因而模量与囊泡的弯曲能有关，由此得到的 G_0 与实验值接近。

④硬球模型。囊泡体系与实验值接近，可以作为许多硬球粒子的分散体，与球状微乳也很类似，求出的平台模量值为几十帕，与实验值基本一致。

4.4.2　液晶

液晶是相态的一种，因为其特殊的物理、化学、光学特性，20 世纪中叶开始被广泛应用在轻薄型的显示技术上。液晶相与气、液、固、等离子体等相态一样是物质状态的一种，是介于液态与结晶态之间的一种物质状态。它除了兼有液体和晶体的某些性质（如流动性、各向异性等）外，还有其独特的性质。液晶的组成物质是以碳为中心的有机化合物。对液晶的研究现已发展成为一个引人注目的学科。某些化合物溶解于水或有机溶剂后而呈现的液晶相称为溶致液晶（lyotropic，LC）。溶致液晶和生物组织有关，研究液晶和活细胞的关系，是现今生物物理研究的内容之一。

溶致液晶是由两种或两种以上的组分形成的液晶，其中一种是水或其他的极性溶剂。这是将一种溶质溶于另一种溶剂而形成的液晶态物质。典型的溶质部分是由一个具有一端为亲水基团，另一端为疏水基团的双亲分子构成的。如十二烷基磺酸钠或脂肪酸钠肥皂等碱金属脂肪盐类等。它的溶剂是水，当这些溶质溶于水后，在不同的浓度下，由于双亲分子亲水、疏水基团的作用会形成不同的核心相（middle）和层相（lamella），核心相为球形或柱形，层相则由与近晶相相似的层式排布构成。

溶致液晶是由双亲化合物与极性溶剂组成的二元或多元体系，双亲化合物包括脂肪酸盐、离子型和非离子型表面活性剂，以及与生物体密切相关的复杂类脂等一大类化合物。根据分子的几何形状，双亲分子有两种类型：一种以脂肪酸盐为代表，如硬脂酸钠；另一种类型是具有特殊生物意义的类脂，如磷脂等。双亲分子互相缔合可以使体系具有最小的自由能。缔合时，非极性部分通过范德华力相互结合，极性部分通过静电引力相互作用。双亲分子在水溶液中缔合的最基本的聚集态分为层状结构、球形结构和圆柱形结构三种。

多数溶致液晶具有层状结构，称为层状相。在这种结构内，各层中分子的长轴互相平行垂直于层的平面，双亲分子层彼此平行排列并被水层分隔。层状相与热致液晶的近晶相很相似，二者都呈现出焦锥织构、扇形织构和细小的镶嵌织构。层状相是单轴晶体，其光轴垂直于层的平面，如果烃链中C—C链垂直于层的平面，那么光学双折射是正，而带支链的双亲分子的层状相则可呈正或负的双折射。光亮、圆滑的条纹和假各向同性结构也很常见。双亲分子浓度减小即水的浓度增加时，双亲分子与水接触的面积增大，溶致液晶的层状结构变成由球状胶团组成的立方结构，它具有立方的对称性，光学上呈各向同性的中间相。体系中的水含量继续增多时，体系结构转变为由柱形胶团组成的六方相结构平行地"躺"在六角晶格上。在生物体内有许多类似的结构，最典型的是细胞膜结构。溶致液晶中的长棒状溶质分子一般要比构成热致液晶的长棒状分子大得多，分子轴比在15左右。最常见的有肥皂水、洗衣粉溶液、表面活化剂溶液等。溶质与溶质之间的相互作用是次要的。由于分子的有序排布必然给这种溶液带来某种晶体的特性。例如光学的异向性，电学的异向性，以及亲和力的异向性。例如肥皂泡表面的彩虹及洗涤作用就是这种异向性的体现。溶致液晶不同于热致液晶。它们广泛存在于自然界、生物体内，并被不知不觉应用在人类生活的各个领域，如肥皂洗涤剂等。它们同时还在生物物理学、生物化学、仿生学领域深受瞩目。这是因为很多生物膜、生物体，如神经、血液、生物膜等生命物质与生命过程中的新陈代谢、消化吸收、知觉、信息传递等生命现象都与溶致液晶态物质及性能有关。因此在生物工程、生命、医疗卫生和人工生命研究领域，溶致液晶科学的研究都倍受重视。

表面活性剂在很稀的水溶液中常以单体和吸附在界面上的形式存在。当溶液浓度达到其临界胶束浓度以上时，表面活性剂分子通过范德华力和静电引力互相缔合，使体系具有最小自由能；随着浓度的继续增大，胶束将进一步缔合形成液晶。

溶致液晶是由于溶液的浓度改变而形成的液晶态，它是一种特殊的溶液。一般来说，溶致液晶由双亲分子和表面活性剂（极性）组成，把双亲分子看成溶质，极性溶剂或水看成溶剂，当改变溶液浓度达到临界浓度值时，溶液出现液晶相。形成溶致液晶的必要条件是组分中必须同时存在双亲化合物。常见的双亲化合物有两种：一种是油酸盐、铵基化合物、烷基磺酸盐、脂肪酸盐等，其亲水部分如羧基、磺酸基等，它们与一个长长的疏水基团相连，形成一个极性头与两个疏水尾结构；另一种是具有生命意义的类脂，如磷脂化合物等，分子有1个极性头与2个疏水尾，分子中的疏水基团通常并排排列。溶致液晶是双亲分子与极性溶剂分子有序组合体的一种主要形式，而能够形成液晶又取决于双亲分子的两个性质：

①水-表面活性剂分子界面上相邻极性基之间的分子斥力值。这一斥力的大小受相邻表面活性剂分子所带电荷的性质、亲水基和烷基链的空间排列条件以及亲水基的水化作用强度的直接影响。而它们同时也是决定液晶生成的重要因素。

②链的构象无序程度以及烷基链和水的接触程度。烷基链的数目、长度以及不饱和度都可以影响烷基链和水的接触程度，而液晶相的形成严格受烷基链长度的控制：当碳链碳原子数<6时，不会出现液晶相；当碳链碳原子数在6~12之间时，只有可能出现层状相、立方相液晶；只有当碳链碳原子数达到20时，才会出现层状相、立方相、六方相3种液晶相。

溶致液晶的织构有以下3种。

（1）层状相

层状相液晶是表面活性剂分子由于本身的双亲特性而自行堆积形成的双层单元。双层中各层的分子方向相反，非极性部分朝内彼此纠缠。极性"头"端基相对，中间由一层水隔开，分子长轴相互平行且垂直于层平面。层状相的结构如图4-6所示。层状相的厚度与水的质量分数息息相关，当水的质量分数介于10%~50%，水层的厚度在1~10nm之间，此时双层的厚度要小于非极性链长的2倍长度，大约要少10%~

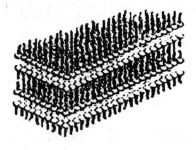

图4-6　层状相

30%。而层状溶致液晶相往往只能在双亲分子-水体系中的双亲分子含量高于50%时才能够被发现。当双亲分子含量低于50%时，层状相就会向六方相转变各或向同性的胶束溶液态转变。值得一提的是，在非常稀的溶液中有时也会发现层状相的存在，但比较少见。因在剪切流动中平行层彼此容易滑动，因此其黏度会低于六方相。

（2）六方相

由同一种双亲分子形成的溶致液晶在较高浓度下呈现层状相。而当双亲分子含量为较低浓度时，会呈现比层状相稳定的六方相。如图4-7所示，表面活性剂双亲分子聚集成一定长度的圆柱形聚集体，疏水基团位于圆柱内部，亲水基团位于圆柱的外表面。这些圆柱形聚集体依次平行排列起来并形成六方堆积结构，圆柱体间的距离通常在1~5nm之间，由水及表面活性剂的比例决定。六方相是高黏度的液晶相，但它的含水比例很高，占其质量的30%~60%。还有一种反六方相，它的结构与常规六方相结构完全相同，但胶束圆柱体的非极性部分向外呈放射状排列。反六方相是六方相的另一种类型，如图4-7（b）所示。

　　(a)六方相结构　　　　(b) 反六方相结构
图4-7　六方相

（3）立方相

立方相属于溶致液晶中比较少的一类。但是在液晶相图中的不同区域均可看到立方相。从结构上来讲，确定立方相结构要比确定层状相或六方相的难度大。目前被确认的立方相有两类：以水为连续相的正立方相和以非极性链为连续相反的立方相。这两种立方相都是由较大的连续网状物组成，这种网状物因其连续相的不同而分别呈现水连续或非极性链连续的特性。立方相是由球形或圆柱形分子团在溶液中立方堆积形成的，这种分子团与胶束或反胶束类似。分子团多呈球形，如图4-8所示，在实际中也可发现圆柱或椭球形的。而反立方相是介于六方相和层状相之间。立方相十分黏稠，在以上三相中是最黏稠的一种，这是由于其结构缺乏有助滑动的剪切面导致。立方相又称黏性等向相，

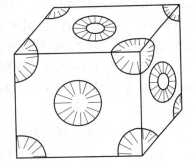

图4-8　溶致液晶立方相的结构

这是因为研究立方相的偏光特性时，发现其显微镜视野完全黑暗无光，并没有"双色折射"性质，不同于层状相和六方相能够产生的双折射纹理。即从光学性质上讲，立方相中的分子团排列呈现各向同性。

第 5 章　表面活性剂的应用

表面活性剂能显著降低两种液体或者液固相之间的表面张力，起到增溶、润湿或抗黏、乳化或破乳、起泡或消泡以及增溶、分散、洗涤、防腐、抗静电等作用。

5.1　增溶作用

增溶作用是指由于表面活性剂胶束的存在，使得溶剂中不溶物或微溶物溶解度显著增加，同时形成具有各向同性和热力学稳定性溶液的现象。增溶作用的关键在于乳液中胶束的形成。胶束越多，难溶物或不溶物溶解得越多，增溶量越大。具有增溶能力的表面活性剂称为增溶剂，被增溶的物质称为增溶质。增溶作用是表面活性剂的重要性质，对其特性展开研究，有助于我们更加深入地认知被增溶物与表面活性剂之间的相互作用机理以及胶束在表面活性剂溶液中的动力学行为。

5.1.1　增溶作用的原理和特点

5.1.1.1　增溶原理

增溶过程的基本原理：表面活性剂之所以能增大难溶性物质的溶解度，一般认为是由于它能在水中形成胶团(胶束)。胶团是由表面活性剂的亲油基团向内(形成一极小油滴，非极性中心区)、亲水基团向外(非离子型的亲水基团从油滴表面以波状向四周伸入水相中)而成的球状体。整个胶团内部是非极性的，外部是极性的。由于胶团是微小的胶体粒子，其分散体系属于胶体溶液，从而可使难溶性物质被包藏或吸附，从而增大溶解量。由于胶团的内部与周围溶剂的介电常数不同，难溶性物质根据自身的化学性质，以不同方式与胶团相互作用，使其分散在胶团中。对于非极性物质而言，由于所含苯、甲苯等非极性分子与增溶剂的亲油基团有较强的亲和能力，增溶时它们可"钻到"胶团内部(非极性中心区)而被包围在疏水基内部。对于极性物质，那些自身极性占优势的分子(如对羟基苯甲酚等)能完全吸附于胶团表面的亲水基之间而被增溶。而那些半极性的增溶物，它们既包含极性分子又包含非极性分子(如水杨酸、甲酚、脂肪酸等)，其增溶情况则是分子中非极性部分(如苯环)插入胶团的油滴(非极性中心区)中，极性部分(如酚羟基、羟基)则伸入到表面活性剂的亲水基之间而被增溶。

5.1.1.2　增溶作用的特点

①增溶作用是自发进行的过程，能够降低被增溶物的化学势及自由能，从而使体系更加稳定。除非胶团被破坏，否则被增溶物不会自发析出。

②增溶后溶液的沸点、凝固点和渗透压等不会明显改变，说明溶质并非以分子或离子形式存在，而是以分子团簇分散在表面活性剂的溶液。

③增溶作用是被增溶物进入胶团，与使用混合溶剂提高溶解度不同：表面活性剂的用量

很少，没有改变溶剂的性质(图 5-1)。

④增溶作用与乳化作用不同：增溶后增溶剂与被增溶物处于同一相中单相均匀的热力学稳定体系，溶液透明没有两相界面存在。而乳化作用是在乳化剂作用下使一种液体以液珠状态分布于与其不相溶的液体中，从而形成的不稳定体系，它们有自动分层的趋势，分散相与分散介质之间存在明显的界面。

⑤增溶作用最终形成的平衡态可以用不同方式达到。在表面活性剂溶液内加溶有某有机物的饱和溶液，可以由过饱和溶液或由逐渐溶解而达到饱和，这两种方式得到的结果完全相同。

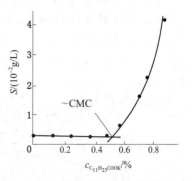

图 5-1　十二酸钾浓度与增溶量关系图

5.1.2　增溶作用的方式

在增溶作用过程中，胶束的大小会发生变化，被增溶物在胶束内的状态和位置基本固定不变，而不同的表面活性剂对不同的增溶物的增溶作用发生在胶束的不同区域，基本上可分为如下几类：

(1)非极性分子在胶束内核的增溶

此类增溶的增溶物主要是饱和脂肪烃、环烷烃等不易极化的非极性有机化合物，上述物质进入胶束内核的烃环境中形成热力学稳定状态，增溶物与内核物质同性同亲，也被成为夹心型增溶。如图 5-2(a)所示。

这种模式的增溶特点是随着水溶液中表面活性剂的增多，增溶量与表面活性剂质量比也逐渐增大。其原理可归因于在胶团内核中，增溶导致胶束体积变大，需要更多的表面活性剂分子填补胀大的表面空位，因此，高浓度的表面活性剂溶液有利于形成较大的胶团结构，增溶量也随之增加。

(2)在表面活性剂分子间的增溶

此类增溶的增溶物主要是分子结构与表面活性剂相似的极性有机化合物，如长链的醇、胺、脂肪酸和极性染料等两亲分子。它们增溶于胶束的定向表面活性剂分子之间，形成"栅栏结构"。此种结构在工业上应用范围最广。增溶物分子的极性与非极性的比率决定了增溶物在栏栅层渗透的深度。长链烃、极性较小的化合物比短链烃、强极性的化合物渗透得更深。以醇类为例：乙醇因为其烃链较短，极性较强，在胶束中增溶属于浅伸入的外层渗透；相比之下更长烃链的正辛醇，在胶束中的增溶呈现出深度伸入于内层的渗透状态。该方式的增溶也被称为栏栅性增溶，增溶量比其他夹心型的非极性增溶以及吸附型增溶的增溶量都要大，一般情况下会随水溶液中表面活性剂浓度增加而增加。如图 5-2(b)所示。

(3)在胶束表面的吸附增溶

这一类被增溶物主要是苯二甲酸二甲酯等既不溶于水也不溶于油的小分子极性有机化合物和一些高分子物质，如甘油、蔗糖以及某些染料。这些化合物通常被吸附于胶束表面区域，或是分子"栅栏"靠近胶束表面的区域。对于其他一些相对分子质量较大的极性化合物和染料而言，由于它们不能进入胶团其中，而只能吸附在胶团表面上，因此这种增溶的增溶量较小。由于在增溶过程中吸附表面正比于浓度，所以该方式的增溶量与表面活性剂质量比为一定值。如图 5-2(c)所示。

（4）聚氧乙烯链间的增溶

以聚氧乙烯基为亲水基团的非离子表面活性剂，通常将被增溶物包藏在胶束外层的聚氧乙烯链中，被增溶的物质主要是较易极化的碳氢化合物，如苯、乙苯、苯酚等短链芳香烃类化合物。随着氧乙烯链的增长，增溶量变大，同时氧乙烯链可以聚合形成更大空间来容纳增溶物。如图 5-2(d)所示。

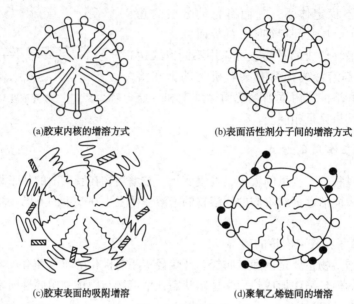

图 5-2　增溶方式

以上 4 种即是增溶的基本模式，在实际的增溶过程中，多种过程模式同时发生，例如乙苯在月桂酸钾溶液中的增溶，开始可能吸附在胶团表面上，增溶量增多后可能进入外层栅栏；对于较容易发生极化的烃类，开始增溶是可能吸附于胶束-水的界面处，增溶量增多后可能插入表面活性剂分子栅栏中，甚至可能进入胶束内核。在表面活性剂溶液中，4 种形式的胶束增溶作用对被增溶物的增溶量大小顺序如下：

$$(4)>(2)>(1)>(3)$$

5.1.3　增溶作用的主要影响因素

影响增溶作用的主要因素表现在以下几个方面：增溶剂和被增溶物的化学结构、温度因素和添加物的性质。

5.1.3.1　增溶剂（表面活性剂）的化学结构

增溶剂的本身对于增溶作用的影响可以说是各类影响因素中最重要的。首先表现为增溶剂种类的影响：增溶剂种类不同，其增溶量也不尽相同。同系物之间的相对分子质量的差异也会导致增溶效果的不同。如离子型表面活性剂的增溶能力随着碳氢链增长而增加。而非离子型表面活性剂的增溶能力随氧乙烯链减小而增大。虽然上述两类增溶剂分子结构的改变均能使胶团增大，但对增溶量的增加并无太大影响。增溶量增加的主要原因是由于表面活性剂的碳氢链增长，使其亲水性下降而降低了 CMC 的缘故。其次，增溶剂的 HLB 值也是影响增溶作用的重要因素，以极性或半极性药物为例，非离子型的 HLB 值越大，其增溶效果越好，但极性低的药物其结果恰好相反（有一点需要在这里指出，目前为止 HLB 值与增溶效果的关系尚无统一的认定）。

饱和烃和极性较小的有机难溶物在同系表面活性剂水溶液中的增溶能力可随着表面活性剂碳氢链增长而增加，这是因为此类被增溶物通常于胶团内核处发生增溶，表面活性剂的碳链增长可直接导致其 CMC 值减少，因此在溶液中改变了其增溶特性，具体来讲就是胶团聚集数以及胶团大小均增大，从而增加增溶量。

总结起来，表面活性剂影响增溶作用大体上可归纳为以下几点：

①具有相同亲油基的表面活性剂，对烃类及极性有机物的增溶作用大小顺序一般为：非离子型>阳离子型>阴离子型。

②胶束越大，对于增溶到胶束内部物质的增溶量越大。

③亲油基部分带有分支结构的表面活性剂增溶作用较直链的小。

④带有不饱和结构的表面活性剂，或在活性剂分子上引入第二极性基团时，对烃类的增溶作用减小，而对长链极性物增溶作用增加。

用量也是影响增溶剂增溶作用的重要因素。以药物增溶为例，如果用量太少可能起不到增溶作用，或在贮存、稀释时药物会发生沉淀；用量太多可能产生毒副作用，同时也影响胶团中药物的吸收。而增溶剂的一般使用原则为控制 HLB 值在 15~18，并以选择那些增溶量大、无毒无刺激的增溶剂为最佳。由于阳离子型表面活性剂的毒性和刺激性均较大，故一般不用作增溶剂。阴离子型表面活性剂仅用于外用制剂，而非离子型表面活性剂应用较广，在口服、外用制剂以及在注射剂中均有应用。

5.1.3.2　被增溶物的化学结构

一般而言，由于表面活性剂所形成胶团的体积大体是一定的，因此，被增溶物的相对分子质量越大，其增溶量越小。被增溶物的同分异构体对增溶也有一定影响，如吐温-20 和吐温-40 能使对羟基苯甲酸及间羟基苯甲酸增溶，却不能使邻羟基苯甲酸增溶。对各种被增溶物的分子形状、极性、链长、支链、环化等进行比对研究后也可以总结出被增溶物化学结构对增溶量的影响的一些规律。

首先，脂肪烃与烷基芳烃被增溶的程度一般情况下随其链长的增加而减小，随不饱和度及环化程

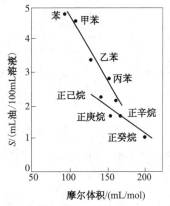

图 5-3　烷烃和烷基芳烃在月桂酸钾溶液(15%)中的增溶量

度的增加而增大(图 5-3)。带支链的饱和化合物与相应的直链异构体增溶量大致相同。同类增溶物摩尔体积越小，增溶量越大。烷烃的氢原子被羟基、氨基等极性基团取代后，其被表面活性剂增溶的程度明显增加。

其次，增溶物的极性对其增溶量影响具有较明确的规律：相同碳原子数的脂肪醇比脂肪烃有更大的增溶量；在脂肪醇同系物中，碳元素越大极性越小，增溶量也越小(图 5-4)。这可以解释为增溶物的极性弱，链烃长度越长，伸入栅栏越深导致增溶量越小。

另外一点值得指出的是，增溶时增溶质的添加顺序对增溶量也有很大影响。研究以聚山梨酯类或聚氧乙烯脂肪酸类等为增溶剂，对维生素 A 棕榈酯的增溶试验结果表明：若将增溶剂先溶于水，再加入增溶质，则增溶质几乎不溶解；若先将增溶质与增溶剂充分混合，再加水稀释，则增溶质的溶解度显著提高。

5.1.3.3 温度的影响

对于大多数体系，温度升高增溶量增大。同时，温度对增溶作用的影响随表面活性剂类型和被增溶物结构的不同而发生变化。但值得指出的是，温度对离子型表面活性剂的 CMC 和胶团影响较小。因此，对离子型表面活性剂而言，温度升高导致的加剧热运动使得胶团中存在更多的空间以容纳被增溶物，从而使其溶解度增大。

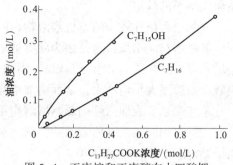

图 5-4　正庚烷和正庚醇在十四酸钾溶液中的增溶作用

总体而言，温度对增溶作用的影响有以下两点：①温度可引起胶团性质(CMC、胶团聚集数、胶团大小及形态等)的改变；②温度或能改变分子间相互作用，导致分子热运动的平均自由程减小，而增加增溶物与表面活性剂以及溶剂间的相互作用，从而导致体系的增溶作用改变。

5.1.3.4 添加无机电解质的影响

在离子型表面活性剂溶液中添加中性无机盐，可压缩离子雾和双电层厚度(即反离子作用)。这一结果可导致烃类化合物的增溶程度和胶团聚集数增加。而胶团聚集数的增加有利于增大溶于胶团内核的非极性有机物的增溶量。但中性无机盐使胶束栅状层分子间的电斥力减少，分子排列更紧密，从而增大栅栏层的堆积密度，最终导致此区域增溶的极性有机物增

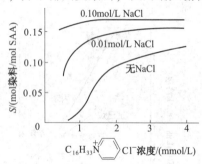

图 5-5　加入无机盐(NaCl)对有机物增溶作用的影响

溶量减少。在实际生产中还发现一些无机电解质影响增溶的规律，总结起来归纳如下：①钠盐影响增溶的作用比钾盐更大；一价离子的作用要大于二价离子的增溶影响；相同阳离子的盐随阴离子不同影响迥异。②若增溶物与表面活性剂形成混合胶团时，整体溶液的电平衡环境较复杂。随着表面活性剂的 CMC 变化，加入中性盐而导致的增溶物增溶量变化迥异(图 5-5)。③碳链较长的极性有机物增溶位置伸入栅栏层，外加电解质对其增溶能力影响相对较小。④当表面活性剂的浓度达到 CMC 附近时，加入电解质，此时增溶能力变化会非常明显；若表面活性剂的浓度远大于 CMC 时，电解质浓度、CMC 值等的变化对增溶能力影响则变得很微弱。⑤在非离子表面活性剂溶液中，无机盐的影响往往可忽略。但在其浓度高于 0.1mol/L 时也能显示出一定影响。如增加增溶量、降低临界胶束浓度、破坏表面活性剂聚氧乙烯等亲水基团与水分子的结合等，此时浊点也会相应地发生变化，一般来讲浊点会降低。而引入 H^+、Li^+、Ag^+、I^-、SCN^- 等一价离子则会使浊点升高。多价无机盐也具有这样的性质。

5.1.3.5 有机物添加剂的影响

当烃类等非极性化合物添加于溶液时，会使其增溶于表面活性剂胶束内部，使胶束胀大，有利于极性有机物插入胶束的"栅栏"中，即提高了极性有机物的增溶程度。当极性有机物被添加后，它们会被增溶于胶束的"栅栏"中，使非极性碳氢化合物增溶的空间变大。当增溶了一种极性有机物之后，表面活性剂对另一种极性有机物的增溶程度随之降低。

5.1.4 增溶作用的应用

增溶作用与表面活性剂在水中形成的胶束的性质密不可分。胶束内部实际上是液态的碳氢化合物，因此胶束内部的碳氢化合物较易与苯、矿物油等不溶于水的非极性有机物发生增溶。

增溶作用在乳液聚合(聚合反应在胶束中进行)、石油开采过程中的"驱油"以提高开采率(二次采油和三次采油)、胶片生产中去除斑点以及各种洗涤过程中均有广泛应用。

在药物增溶方面，聚山梨酯类可增溶非极性化合物和含极性基团的化合物，是应用最普遍的增溶剂。另外，增溶剂也广泛用于"甲酚皂溶液"这类难溶性药物的增溶过程。其他如油溶性维生素、激素、抗生素、生物碱、挥发油等许多有机化合物，经增溶可制得较高浓度的澄清或澄明溶液，可供外用、内服、肌肉或皮下注射等。

5.2 乳化与破乳作用

5.2.1 乳状液的定义

乳状液(或称乳化体)是一种(或几种)液体以液珠形式分散在另一种与之互不混溶的液体中所形成的一种不均匀分散体系。乳状液中被分散的一相称作分散相或内相；另一相则称作分散介质或外相。显然，内相是不连续相，外相是连续相。两个不相混溶的液体不能形成稳定的乳状液，必须要加入第三组分(起稳定作用)，才能形成乳状液。乳状液的外观一般常呈乳白色不透明液状，乳状液之名即由此而得。根据液滴直径大小可分为大分子乳状液和小分子乳状液，大分子乳状液的液滴直径大多在 $0.2\sim50\mu m$，小分子乳状液液滴直径为 $0.01\sim0.2\mu m$，可用一般光学显微镜观察。

5.2.2 乳状液的类型及其鉴别

在制备乳状液时，通常乳状液的一相是水，另一相是极性小的有机液体，习惯上统称为"油"。根据内外相的性质，乳状液主要有两种类型，一类是油分散在水中，如牛奶、雪花膏等，简称为水包油型乳状液，用 O/W 表示，见图 5-6(a)；另一种是水分散在油中，如原油、香脂等，简称为油包水型乳状液，用 W/O 表示，见图 5-6(b)。这里要指出的是，上面讲到的油、水相不一定是单一的组分，经常每一相都可包含有多种组分。

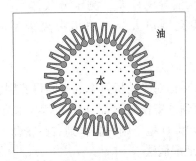

(a) O/W型   (b) W/O型

图 5-6　O/W 型和 W/O 型乳状液的结构示意图

除上述两类基本乳状液外，还有一种复合乳状液，是一种 O/W 型和 W/O 型乳液共存的复合体系，见图 5-7。它可能是油滴里含有一个或多个水滴，这种含有水滴的油滴被悬浮在水相中形成乳状液，这样的体系称为水/油/水（W/O/W）。含有油滴的水滴被悬浮在油相中所形成的乳状液为油/水/油（O/W/O）。这种类型少见，一般存在于原油中，由于这种复合乳状液的存在，给原油的破乳带来很大的困难。

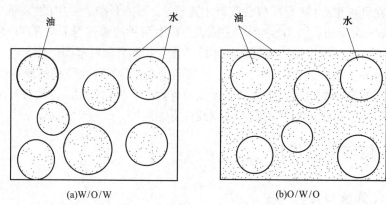

(a)W/O/W   (b)O/W/O

图 5-7 W/O/W 型和 O/W/O 型复合乳状液的结构示意图

根据"油"和"水"的一些不同特点，可采用一些较简便的方法对其类型进行鉴定。

（1）染料法

将少量水溶性染料加入乳状液中，若整体被染上颜色，表明乳状液是 O/W 型；若只有分散的液滴带色，表明乳液是 W/O 型。也可用油溶性染料做试验，则情形相反。常用水溶性染料是"亮蓝 FCF"、酸性红 GG 等；常用油溶性染料是"苏丹Ⅲ"及油溶绿等。为提高鉴别的可靠性，往往同时以油溶性染料和水溶性染料先后进行试验。

（2）稀释法

利用乳状液能与其分散介质液体相混溶的特点，以水或油性液体稀释乳状液便可确定其类型。将乳状液滴于水中，如液滴在水中扩散开来则为 O/W 型的乳状液，如浮于水面则为 W/O 型乳状液。还可以沿盛有乳状液容器壁滴入油或水，如液滴扩散开来则分散介质与所滴的液体相同，如液滴不扩散则分散相与所滴的液体相同。

（3）电导法

大多数"油"的导电性甚差，而水的导电性较好，所以 O/W 型乳状液的导电性好，W/O 型乳状液导电性差，测定分散体系的导电性即可判断乳状液的类型。但若 W/O 型乳状液内相比例很大，或油相中离子型乳化剂质量分数较多时，也可能有较好的导电性。

（4）光折射法

利用水和油对光的折射率的不同可鉴别乳状液的类型。让光从一侧射入乳状液，乳状液中的液珠起到透镜作用，若为 O/W 型，粒子起集光作用，用显微镜观察仅能看见粒子左侧轮廓；若为 W/O 型，则只能看到右侧轮廓。

（5）滤纸湿润法

适用于某些重油与水的乳状液。将一滴乳状液滴于滤纸上，若液体迅速铺展，在中心留下油滴，则表明该乳状液为 O/W 型；若不能铺展，则该乳状液为 W/O 型。但本法对某些易在滤纸上铺开的油（如苯、环己烷等）形成的乳状液不适用。

5.2.3 乳化剂

乳化剂是一类可使互不相溶的油和水转变成难以分层的乳液的物质，属于表面活性剂。

乳化剂的作用：①降低表面张力和界面张力，减少乳化的能量，减少表面自由能。②在分散相表面形成保护膜。当有乳化剂存在时，在搅拌作用下形成的分散相液滴外面吸附了一层乳化剂，在静电斥力作用下使小的液滴难以撞合成大的液滴，于是形成了稳定的乳状体系，这就是乳化剂的乳化作用。③形成胶束。乳化剂浓度很低时，是以分子分散状态溶解在水中达到一定浓度后，乳化剂分子开始形成聚集体(约 50~150 个分子)，称为胶束。④产生静电和位阻排斥效应。⑤增加界面黏度，阻止自身位移。⑥决定乳液的类型。取决于乳化剂与水相及油相的相互作用强弱。

5.2.3.1 乳化剂的选择

(1)乳化剂选择的一般原则

①有良好的表面活性和降低表面张力的能力。

②乳化剂分子或其他添加物在界面上能形成紧密排列的凝聚膜，在膜中分子间的侧向相互作用强烈。

③乳化剂的乳化性能与其和油相或水相的亲和力有关。

④适当的外相黏度可以降低液滴的聚集速度。

⑤乳化剂与被乳化物 HLB 值应相等或相近。

⑥在有特殊用途时要选择无毒的乳化剂。

(2)选择乳化剂的方法

乳化剂的选择方法最常用的是 HLB(hydrophilic lipophile balance，亲水亲油平衡法)和 PIT(phase inversion temperature，相转变温度法)方法。前者适用于各种类型表面活性剂，后者是对前一种方法的补充，只适用于非离子表面活性剂。另外，还有藤田理论和混合焓法可以用来选择乳化剂。

①HLB 法。格列芬(Griffin)提出的 HLB 方法部分地解决了选择乳化剂的关键问题。表面活性剂分子中亲水基的亲水性与亲油基的亲油性之比，决定了活性剂的性质和用途，用数字来表示这个关系的方法称为 HLB 方法。HLB 值与其应用领域及其外观的关系如表 5-1 所示。HLB 即意味亲水亲油的平衡。HLB 值表明了表面活性剂同时对水和油的相对吸引作用：HLB 值越高，其亲水性越强；HLB 值越低，其亲油性越强。实质上，HLB 值是由分子的化学结构、极性的强弱或者是分子中的水合作用决定的。该方法使用方便，易于掌握，但不能表示乳化剂的效率和能力，同时没有考虑分散介质及温度等因素对乳状液稳定性的影响。

表 5-1 HLB 值与其应用领域及其外观的关系

HLB 值	水溶液外观	HLB 值	应用领域
1~4	不分散	1.5~3	消泡剂
3~6	不良分散	3~6	W/O 型乳化剂
6~8	搅拌后乳状分散	7~9	润湿剂
8~10	稳定乳状分散	8~18	O/W 型乳化剂
10~13	半透明至透明	13~15	洗涤剂
13~20	透明溶液	15~18	增溶剂

②PIT 法。1964 年 Shinoda 和 Arai 提出 PIT 法。在一定的体系中，在某一温度时，乳化剂的 HLB 值会发生急剧变化，同时乳状液体系会发生相变，此温度称为相转变温度（phase inversion temperature），即 PIT。PIT 是体系所具有的特性温度。在临近 PIT 时，乳状液的稳定性和 HLB 的变化都很敏感，因此用 PIT 法不但可以测定 HLB 值，还可以得到较精确的值。以通常的油水两相为例，PIT 的确定方法为：用 3% ~ 5% 的非离子型乳化剂乳化分散相（油相和水相等量），搅拌加热至不同温度，观察（测量）乳状液是否转相，直至测出 PIT。PIT 能直接反映油相和水相的化学性质，测定方便，用 PIT 法来选择非离子型乳化剂比 HLB 法更为方便。但该法只适用于非离子型乳化剂的选择。

非离子型表面活性剂的亲水基团的水合程度随温度升高而降低，表面活性剂的亲水性在下降，其 HLB 值也降低。换言之，非离子型表面活性剂的 HLB 值与温度有关：温度升高，HLB 值降低；温度降低，HLB 值升高。用非离子型表面活性剂做乳化剂时，在低温下形成的 O/W 型乳状液随温度升高可能变为 W/O 型乳状液；反之亦然。对于一定的油水体系，每一种非离子型表面活性剂都存在一定相转变温度，在此温度时表面活性剂的亲水亲油性质刚好平衡。因此，选择乳化剂可根据 PIT 值来选择。高于 PIT 形成 W/O 型乳状液，低于 PIT 形成 O/W 型乳状液。

③藤田理论。1957 年藤田提出有机概念图（conceptional diagram）预测有机物的性质。将有机物按照组成分子结构的官能团分解为有机性基（以"O"表示）和无机性基（以"I"表示）两大类，并给予它们一定的数值（基数值）。—OH 的无机性值 = 100，—COOH = 150；单个 —CH$_2$ 的有机性值 = 20。I/O 称为无机性-有机性平衡值（inorganic organic property balance），简称 IOB。IOB 与 HLB 有对应的曲线关系。

④混合焓法。

$$HLB = 1.06H^M + 21.96$$

式中，H^M 为乳化剂的混合焓。

该法需要预先测定水和乳化剂之间形成氢键时产生的焓。对于亲油的非离子乳化剂，用该法测得的 HLB 值与实际非常接近。

5.2.3.2 溶解度规则

溶解度规则也叫 Bancroft 规则，是 Bancroft 于 1913 年提出的乳化剂溶解度对乳状液类型影响的经验规则。其内容为：在构成乳状液体系的油、水两相中，乳化剂溶解度大的一相为乳状液的连续相，形成相应类型的乳状液。溶解度大表明乳化剂与该相的相溶性好。相应的界面张力必然降低，体系的稳定性好，因此易溶于水的乳化剂易形成 O/W 型乳状液，易溶于油的则形成 W/O 型乳状液。

Bancroft 规则可用界面张力或界面能的变化规律做定性解释。表面活性剂分子（或离子）在液液界面上吸附和定向排列形成界面区，在此两侧界面张力（或界面压）可能不同，即在表面活性剂分子的亲水端与水相间的界面张力（或界面压）和表面活性剂分子的疏水端与油相间的界面张力（或界面压）不同。形成乳状液时油水相界区发生弯曲，界面张力较大的边缩小面积，液面系界面自由能低。若表面活性剂疏水端与油相间界面张力大于表面活性剂亲水端与水相间的界面张力，疏水端与油相一侧将收缩，形成凹面向油的界面，油相成为液滴，水相为连续相，为 O/W 乳状液。一种情况是表面活性剂疏水端与油相间界面张力小于表面活性水端水相间的界面张力，将形成 W/O 型乳状液。显然，水溶性的乳化剂在水界面上有较低的界面张力，易形成 O/W 型乳状液；油溶性乳化剂易形成 W/O 型乳状液。

Bancroft 规则是能量因素影响乳状液类型的实验基础，此规则有相当广泛的实用价值。溶解度规则不仅可以用来解释以水溶性好的碱金属皂作为乳化剂能形成 O/W 型乳状液的原因，同时还可以解释水溶性不好的钙皂做乳化剂时只能形成 W/O 型乳状液的原因。

5.2.4 乳状液的稳定性

乳状液的稳定性是指分散相液滴抗聚集的能力。分散相液滴的聚结速度是衡量乳状液稳定的最基本方法，可以通过测定单位体积乳状液中液滴数目随时间的变化率确定。乳状液中液滴聚结变大，最终导致破乳。乳状液的稳定性不仅有热力学问题，还有动力学问题，而且后者往往是更重要的。影响乳状液稳定性的因素主要有以下几个方面：

（1）界面张力

乳状液是热力学不稳定体系，分散相液滴总有自发聚结、减少界面面积，从而降低体系能量的倾向。由于表面活性剂的两亲性，亲水基和亲油基的作用能够使其在界面上定向排列，使界面上的不饱和力场得到一定平衡，因此能降低界面张力。加入表面活性剂使体系的界面张力下降，是形成乳状液的必要条件。界面张力的高低表明乳状液的形成难易程度，较低的油-水界面张力有助于体系的稳定。例如煤油与水的界面张力，常在 40mN/m 以上，若在其中加入适当的表面活性剂，则界面张力可降低到 1mN/m 以下。但低的界面张力并不是决定乳状液稳定性的唯一因素。有些表面活性剂能将油水界面张力降至很低，但却不能形成稳定的乳状液。因此单靠界面张力的降低还不足以保证乳状液的稳定性。另外，降低表面张力对乳状液的稳定是一个有利因素，但不是决定因素。例如羧甲基纤维素钠等高分子表面活性剂作乳化剂时形成界面膜的界面张力较高，但其形成的乳状液却十分稳定。

（2）界面膜的性质

在体系中加入乳化剂后，在降低界面张力的同时，表面活性剂必然在界面发生吸附，形成一层界面膜。界面膜对分散相液滴具有保护作用，使其在布朗运动中的相互碰撞的液滴不易聚结，而液滴的聚结（破坏稳定性）是以界面膜的破裂为前提的，因此，界面膜的机械强度是决定乳状液稳定的主要因素之一。

与表面吸附膜的情形相似，当乳化剂浓度较低时，界面上吸附的分子较少，界面膜的强度较差，形成的乳状液不稳定。乳化剂浓度增高至一定程度后，界面膜则由比较紧密排列的定向吸附的分子组成，这样形成的界面膜强度高，大大提高了乳状液的稳定性。大量事实说明，要有足够量的乳化剂才能有良好的乳化效果，而且，直链结构的乳化剂其乳化效果一般要优于支链结构的。

此结论与高强度的界面膜是乳状液稳定的主要原因的解释相一致。如果使用适当的混合乳化剂有可能形成更致密的"界面复合膜"，甚至形成带电膜，从而增加乳状液的稳定性。如在乳状液中加入一些水溶性的乳化剂，而油溶性的乳化剂又能与它在界面上发生作用，便形成更致密的界面复合膜。由此可以看出，使用混合乳化剂，以使能形成的界面膜有较大的强度，来提高乳化效率，增加乳状液的稳定性。如油溶性的失水山梨醇单油酸酯（Span-80）和水溶性失水山梨醇单棕榈酸酯聚氧乙烯醚（Tween-40）的协同作用，如图 5-8 所示。在实践中，经常是使用混合乳化剂的乳状液比使用单一乳化剂的更稳定，混合表面活性剂的表面活性比单一表面活性剂往往要优越得多。

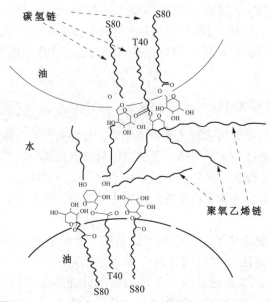

图 5-8　Span-80 与 Tween-40 在水油界面复合膜的形成

（3）界面电荷

乳状液液滴表面电荷的来源有很多种，以下列举了它们的主要方式：

①使用离子型表面活性剂作为乳化剂，乳化剂分子发生解离；

②使用不能发生解离的非离子表面活性剂为乳化剂时，液滴从水相中吸附离子使自身表面带电；

③液滴与分散介质发生摩擦，也可以使液滴表面带电。

当液滴表面带电后，在其周围会形成类似 Stern 模型的扩散双电层如图 5-9，阻止了液滴之间的聚结，从而提高乳状液的稳定性。通常而言，液滴表面的电荷密度越大，乳状液的稳定性越高。

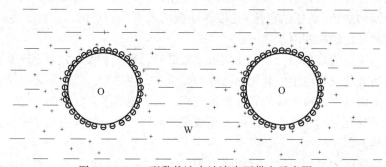

图 5-9　O/W 型乳状液中油滴表面带电示意图

对于非离子表面活性剂乳化的乳状液来说，由于液珠与介质摩擦而产生电荷，电荷的符号与两相的介电常数有关，介电常数大的那一相通常带正电，另一相则带负电。以水油体系来说，常温下，水的介电常数比油大很多。因此，在 O/W 型乳状液中，油滴带负电荷；W/O 型乳状液中水珠带正电荷。因此，带同性电荷的液珠由于电斥力的作用聚结度会降低，从而增加了乳状液的稳定度。液珠带有界面电荷，因电离作用，在其周围还会有反离子形成扩散状态的分布，形成双电层。由于这些电荷的存在，一方面，液珠表面所带电荷符号相

116

同，故当液珠相互靠近时相互排斥，防止液珠聚结，提高乳液稳定性；另一方面，界面电荷密度越大，表示界面膜分子排列越紧密，界面膜强度也越大，从而提高了液珠的稳定性。

（4）乳状液分散介质的黏度、两相密度差、液滴的大小和分布

分散介质的黏度 η 增加，使液滴的扩散系数 D 下降，依据 Stoke-Einstein 定律，对于球形的液滴：

$$D = \frac{KT}{6\pi\eta a}$$

式中，K 是 Boltzman 常数；T 是绝对温度；a 是液滴半径。

当扩散系数 D 下降时，液滴的碰撞频率和聚结速度下降。随着被分散的液滴数增加，外相的黏度增大，一般来说，浓乳状液较稀乳状液更易于稳定。为此，可添加一些天然或合成的增稠剂，通过增加乳状液外相的黏度，使乳状液更加稳定。由水、油和乳化剂组成的体系，在某一浓度范围，可能形成液晶中间相，黏度会显著增大，从而使乳状液的稳定性大大增加。

在 O/W 型乳状液中，油滴比较轻，会向上层迁移。在重力作用下，由于两相密度差会导致乳状液分层。依据 Stockes 定律描述，球型液滴的沉降速度或上升速度 v 可通过下式计算：

$$v = \frac{2a^2(\rho_1 - \rho_2)g}{9\eta}$$

式中　　a ——分散相液滴的半径；

　　　　ρ_1，ρ_2 ——分散相和分散介质的密度；

　　　　g ——重力加速度；

　　　　η ——分散介质的黏度。

分散介质的黏度 η 越大，液滴布朗运动的速度越慢，沉降速度下降，减少了液滴之间相互碰撞的几率，有利于乳状液的稳定。而黏度增大可通过增加天然或人工合成的增稠剂来实现。同时，液滴数量的增大可增大黏度系数，多数乳状液经浓缩会比过滤后的更稳定。两相密度差减小，沉降速度下降，这也有利于乳状液的稳定。液滴大小的影响较复杂，大量实验结果表明，液滴越小，乳状液越稳定；液滴大小分布均匀的乳状液较具有相同平均粒径的宽分布的乳状液稳定。

（5）相体积比

随着乳状液的被分散相体积增加，界面膜需要不断扩大，才可把被分散相包围住。若乳化剂不变界面膜变薄，体系的不稳定性则会增加。若被分散相的体积超过连续相的体积，O/W 型或 W/O 型乳状液会越来越不如其反相的乳状液(即 W/O 型或 O/W 型乳状液)稳定。除非乳化剂的亲水-亲油平衡值限制其只能形成某一种类型的乳状液，否则，乳状液就会发生变型。

（6）温度

温度的变化会引起乳状液一些性质和状态的变化，其中包括两相间的界面张力、界面膜的性质和黏度、乳化剂在两相的相对溶解度、液相的蒸气压和黏度、被分散粒子的热运动等。因此温度的变化对乳状液的稳定性有很大的影响。可能会使乳状液变型或引起破乳。乳化剂的溶解随温度变化，乳状液的稳定性也随之改变。在接近乳化体系的相转变温度时，乳化剂可发挥最大的功效。任何危及界面的因素都会使乳状液的稳定性下降，如温度上升、蒸气压升高、分子蒸发、分子蒸气流通过界面等都会使乳状液稳定性降低。

5.2.5　乳状液的破坏

乳状液的破坏可分为 3 种方式，即分层、变型和破乳。这 3 种方式各有不同，下面分别

进行阐述。

5.2.5.1 分层

分层是指由于分散相和分散介质的密度不同，在重力或其他外力的作用下，分散相液滴上升或下降的现象。分层并不意味着乳状液被真正破坏，而是分为两个乳状液。对于 O/W 型乳状液，分散相油滴上浮，故上层中油滴浓度大。对于 W/O 型乳状液，下层水滴浓度大，发生分层时乳状液并未被破坏，即分层并非破乳。例如牛奶放时间长可分为两层，上层较浓，含乳脂成分高一些；下层较稀，含乳脂成分低一些。这是因为分散相乳脂的密度比水轻，如果一个乳状液，其分散相密度比介质大，则分层后，下层将浓些，上层将稀些。

适宜的外部条件（如离心分离）和添加剂（如某些电解质）可加速分层过程。能加速分层的添加剂称为分层剂（creaming agent）。沉降与分层是同时发生的。在许多乳状液中，分层现象或多或少总会发生，改变制备技术或配方可以将分层速度降低到无足轻重的地步。

国外一些研究学者提出能量与做功理论来诠释分层机制，即假设液珠都是以球形分布，其半径为 a，被分层的两相密度差为 $\Delta\rho$，假定烧杯高度为 H，则当 $\frac{4}{3}\pi a^3 \Delta\rho gH \ll kT$ 时，乳状液将不会分层。即体系克服重力做功所需能量远小于分子体系热运动的动能时，分层现象不会出现。

5.2.5.2 变型

乳状液由于乳化条件改变可由 W/O 型转变为 O/W 型，或 O/W 型转变为 W/O 型，这样的过程称为变型，见图 5-10。实质上，变型过程是原来的乳状液的液滴聚结成连续相，而原来的分散介质分裂为不连续相的过程。变型是乳化过程的重要现象，对乳状液的稳定性有很大的影响，也是工艺过程应注意的问题。乳状液形成的类型和变型与下列因素有关：

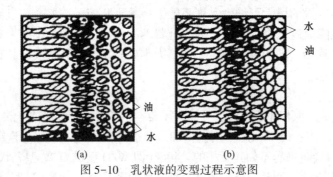

图 5-10　乳状液的变型过程示意图

（1）相添加顺序

将水相加至油相，开始时形成 W/O 型乳状液；反之，形成 O/W 型乳状液，但最终形成哪一类型乳状液、是否发生变型取决于体系的亲水-亲油平衡值。如两相的相体积相近，变型发生 W/O→O/W（或 O/W→W/O）比较困难；温度和搅拌条件对变型也有影响。这也是工艺过程较常遇到的问题。

（2）乳化剂的性质

乳化剂的构型是决定乳状液类型的重要因素。对于单一的乳化剂体系，乳化剂水溶性越大越倾向形成 O/W 型乳状液；反之，倾向形成 W/O 型乳状液。对于复配的乳化剂体系，取决于体系的亲水-亲油平衡值。用钠皂稳定的乳状液是 O/W 型，加入足够量的二价阳离子（Ca^{2+}、Mg^{2+}）或三价阳离子（Al^{3+}）能使乳状液变为 W/O 型。

$$2Na \cdot 皂 + Mg^{2+} \longrightarrow Mg \cdot 皂 + 2Na^+$$

(3) 相体积比

在某些体系中，当内相体积在 74% 以下时体系是稳定的，当继续加入内相物质使其体积超过 74% 时则内相变成外相，乳状液极易发生变型。

(4) 体系的温度

发生变型的温度与乳化剂浓度有关。浓度低时，变型温度随浓度增加变化很大，当浓度达到一定值后，变型温度就不再改变。这种现象实质上涉及了乳化剂分子的水化程度。含聚氧乙烯或聚氧丙烯的非离子表面活性剂的乳状液，随着温度的升高，表面活性剂变得更具有亲油性，乳状液可能转变为 W/O 型，存在一个相转变温度（PIT）。另一方面，一些离子表面活性剂稳定的乳状液在冷却时可转变为 W/O 型乳状液。以脂肪酸钠作为乳化剂的苯-水乳状液为例，假如脂肪酸钠中有相当多的脂肪酸存在，则得到的是 W/O 型乳状液。升高温度可加速脂肪酸向油相扩散的速率，使膜中脂肪酸含量减少而形成 O/W 型乳状液。降低温度并静置 30min，又变成 W/O 型乳状液。

(5) 电解质和其他添加剂影响

离子型表面活性剂稳定的 O/W 型乳状液，添加强电解质后，由于降低了分散液滴的电势并且增强了表面活性剂离子与反离子之间的相互作用（即使其亲水性减弱），会转变为 W/O 型乳状滴。添加脂肪酸或脂肪醇，由于它们会与表面活性剂结合，成为更具亲油性的表面活性剂复合物，这样也会使 O/W 型转变为 W/O 型。

变型的机理可以用图 5-11 来表示，这是由胆甾醇和十六烷基硫酸钠的混合膜稳定的 O/W 型乳状液，其变型机理可分为 3 个步骤：①该体系液珠表面带有负电荷，在乳状液中加入高价阳离子时，表面电荷立即被中和，液珠聚在一起。②聚集在一起的液珠，将水相包围起来，形成不规则水珠。③液珠破裂后油相变成了连续相，水变成了分散相，这时 O/W 型乳液即变成了 W/O 型乳状液。

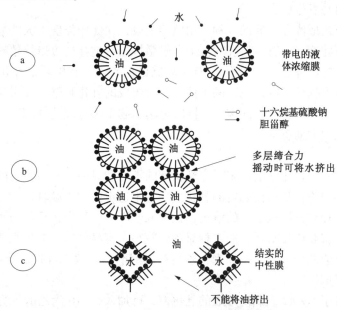

图 5-11　十六烷基硫酸钠和胆甾醇混合膜稳定的 O/W 型
乳状液变型过程示意图

5.2.5.3 破乳

破乳指乳状液完全被破坏，发生油水分层的现象，破乳又称反乳化作用(demulsification)，是乳状液的分散相小液珠聚集成团，形成大液滴，最终使油水两相分层析出的过程。

1. 破乳的方法

破乳方法可分为物理机械法和物理化学法。物理机械法有电沉降、过滤、超声等；物理化学法主要是改变乳液的界面性质而破乳，如加入破乳剂。原理是表面活性剂受到温度变化或者其他外界因素，由乳化状态变成油水分离的过程，主要是由乳化不稳定造成。破乳后的表面活性剂如化妆品、食品添加剂、印染助剂等会失去使用性能，而且会引起副作用。乳状液是热力学不稳定体系，最后的平衡是油水分离、分层、破乳。破乳也是人们进行研究的一个课题。下面分别阐述破乳的 3 类方法。

(1)机械法

机械法如静置、离心分离法等。

①长时间静置。将乳浊液放置过夜，一般可分离成澄清的两层。水平旋转摇动分液漏斗当两液层由于乳化而导致界面不清时，可将分液漏斗在水平方向上缓慢地旋转摇动，这样可以消除界面处的"泡沫"，促进分层。

②离心分离。将乳化混合物移入离心分离机中，进行高速离心分离。

(2)物理法

物理法包括过滤、超声、加热、电沉降等。

①过滤。对于由树脂状、黏液状悬浮物的存在而引起的乳化现象，可将分液漏斗中的物料，用质地密致的滤纸，进行减压过滤。过滤后物料则容易分层和分离。

②加热。加热乳状液也是常用作破乳的简便方法。虽然提高温度对于乳状液的双电层以及界面吸附没有多少影响，但若从分子热运动考虑，提高温度，增加了分子的热运动，界面膜中分子排列松散，有利于液珠的聚结。此外，温度升高时，外相黏度降低，从而降低了乳状液的稳定性，而易发生破乳。

③超声。超声是形成乳状液的一种常用搅拌手段，在使用强度不大的超声波时，又可以使乳状液破乳。与此相似，有时对乳状液加以轻微振摇或搅拌也可以导致破乳。

④电沉降法。电沉降法主要用于 W/O 型乳状液的破乳。在电场的作用下，使作为内相的水珠聚结。电场干扰带有额外电荷的极性分子所组成的乳化膜壁，并引起其分子的重新排列。分子的重新排列即意味着膜的破裂，同时电场引起了邻近液滴的相互吸引，最后水滴聚结并因相对密度比油大而沉降。

(3)化学法

主要是通过加入一种化学物质来改变乳状液的类型和界面膜性质，目的是设法降低界面强度，或破坏其界面膜，从而使稳定的乳状液变得不稳定而发生破乳。

①加入乙醚。相对密度接近 1 的溶剂，在萃取或洗涤过程中，容易与水相乳化，这时可加入少量的乙醚，将有机相稀释，使之相对密度减小，容易分层。补加水或其他溶剂再水平摇动则容易将其分成两相。至于补加水，还是补加溶剂更有效，可将乳化混合物取出少量，在试管中预先进行试探。

②加乙醇。对于由乙醚或氯仿形成的乳化液，可加入 5~10 滴乙醇，再缓缓摇动，则可促使乳化液分层。但此时应注意，萃取剂中混入乙醇，由于分配系数减小，有时会带来不利的影响。

③其他情况。皂作乳化剂时，加入有机酸、脂肪酸钠、脂肪酸钾作乳化剂时，加入高价金属盐，通过破坏乳化剂的化学结构，就能达到破乳目的。被固体粒子稳定的乳状液，可以通过加入某种表面活性剂使固体粒子被一相所完全浸润，脱离界面达到破乳目的。石油工业中的原油脱水就是这种原理。

2. 破乳剂的作用原理

破乳剂是指能破坏乳状液的稳定性，使分散相聚集起来并从乳状液中析出的化合物。在化工生产中，用破乳剂可回收乳状液里没有参加反应的原料或产品等。

典型的破乳剂有水、溶剂、无机盐类电解质、对抗型表面活性剂和非离子型表面活性剂等。乳液中加入溶剂或无机盐类电解质，可以改变水相或油相的相对密度，促使乳状液破坏。例如硫酸钠、硫酸镁和明矾等多价的金属盐都可以破坏分散相微滴表面的双电层，使微滴聚集而析出。

选择破乳剂的原则如下：①良好的表面活性，能将原有的乳化剂从界面上顶替下来，自身又不能形成牢固的界面膜。②离子型的乳化剂可使液滴带电而稳定，选用带反相电荷的离子型破乳剂可使液滴表面电荷中和。③相对分子质量大的非离子或高分子破乳剂溶解于连续相中可因桥连作用而使液滴聚集，进而聚结、分层和破乳。④固体粉末乳化剂稳定的乳状液可选择对固体粉末有良好的润湿作用的润湿剂作为破乳剂，以使粉末完全润湿进入水相或油相。

破乳剂对乳状液的作用非常复杂，目前对破乳机理尚未有统一的结论。一般认为，乳状液的破坏需经历分层、絮凝、聚结的过程。根据研究结果，目前公认的破乳机理有以下几点。

(1) 相转移

加入破乳剂，发生了相转变，即能够生成与乳化剂类型相反的乳状液，此类破乳剂称为反相破乳剂。这类破乳剂与乳化剂的憎水部分作用生成络合物，从而使乳化剂失去乳化性能。

(2) 破乳剂的顶替作用

由于破乳剂本身具有较低的表面张力，具有很好的表面活性，很容易被吸附于油水界面上将原来的乳化剂从界面上顶替下来，而破乳剂分子又不能形成结实的界面膜，因此在加热或在机械搅拌下界面膜易被破坏而破乳。

(3) 电解质的加入

对于主要靠扩散双电层的排斥作用而稳定的稀乳状液，加入电解质后，可以压缩其双电层，有利于聚结作用的发生。一般带有与外相表面电荷相反的高价反离子有较好的破乳效果，破乳时使用的电解质浓度都较大。

(4) 破坏乳化剂

这是一类能使稳定乳状液的乳化剂遭到破坏的方法，其中最常用的是化学破坏法。例如，以皂作乳化剂时，加入酸可生成表面活性较小的脂肪酸，从而使乳状液破坏；脂肪酸钠、脂肪酸钾作乳化剂时，加入高价金属盐，破坏乳化剂的化学结构，就能达到破乳的目的。此外，对于一些天然产物及以大分子物质作乳化剂的乳状液，可采用微生物破乳即某些微生物通过消耗表面活性剂得以生长，并对乳化剂起生物变构作用致使乳状液遭到破坏。

(5) 润湿作用

对于以固体粉末稳定的乳状液，可加入润湿性能好的润湿剂，通过改变固体粉末的亲水亲油性，使固体粉末从界面上脱附，从而进入水相或进入油相而使乳状液破坏。

(6)絮凝−聚结作用

由于非离子型破乳剂具有较大的相对分子质量，因此，在加热和搅拌下，相对分子质量较大的破乳剂分散在乳状液中，会引起细小的液珠絮凝，使分散相的液珠集合成松散的团粒。在团粒内各细小液珠依然存在。这种絮凝过程是可逆的。随后的聚结过程是将这些松散的团粒不可逆地集合成大液滴，导致液滴数目减少。当液滴长大到一定直径后，因油水相对密度的差异，水与油即相互分离。

(7)碰撞击破界面膜破乳

这种理论是在高相对分子质量及超高相对分子质量破乳剂问世后出现的。高相对分子质量及超高相对分子质量破乳剂的加入量仅为每升几毫克，而界面膜的面积却相当大。如将10mL水分散到原油中，所形成的油包水型乳状液的油水界面膜总面积可达 $6 \sim 600 m^2$。因此微量的药剂是难于排替面积如此巨大的界面膜的。所提出的机理认为在加热和搅拌条件下，破乳剂有较多机会碰撞液珠界面膜或排替很少一部分活性物质击破界面膜，使界面膜的稳定性大大降低，因而发生絮凝、聚结。

(8)界面膜褶皱变形破乳

在对乳状液液珠进行显微照相后，发现一般较稳定的 W/O 型乳状液均有双层或多层水圈，而两层水圈之间为油圈。用以上几种理论都很难解释这种乳状液的破乳。新提出的机理认为液珠在加热搅拌下，破乳剂吸附于界面膜上，使界面膜发生褶皱变形，从而变脆而被破坏，此时液珠内部各层水圈相互连通开始聚结，再与其他液珠凝聚而破乳。

(9)增溶机理

实际操作时人们发现使用的破乳剂的一个或少数几个分子即可在溶液中形成胶束，这种高分子线团或胶束可增溶乳化剂分子，从而引起乳液破乳。

5.2.6　乳状液的应用

乳状液在工农业生产，例如，农药、食品、化妆品、原油的开采、建筑、纺织印染、制革、造纸、医药、采矿以及日常生活中都有广泛的应用。

5.2.6.1　农药中的应用

农药制剂在加工和应用中经常遇到分散问题，其中应用最广的一种体系就是乳状液。

在田间使用农药时，一般要求经过简单搅拌而且在短时间内就能制成喷撒液。有时由于季节、地点的不同，水温和水质也有变化，地面喷洒和飞机喷洒等对浓度要求也不同，因此要制成适于各种条件使用的乳状液。目前常遇到的农药乳状液主要有 3 类。

①可溶性乳状液。通常由亲水性大的原药组成的所谓可溶解性乳油，如敌百虫、敌敌畏、乐果、氧化乐果、甲胺磷、久效磷、乙酰甲胺磷、磷胺等乳油，兑水而得。由于原药能与水混溶，形成真溶液状乳状液。

②可溶化型乳状液。通常由所谓加溶型乳油兑水而得。外观是透明或半透明的蓝色或其他色，油滴粒径小，一般在 $0.1\mu m$ 或更小。乳化稳定性好，对水质、水温或稀释倍数有好的适应能力。剂用量也较高，一般在 10% 以上。

③浓乳状液。通常由所谓乳化性乳油或浓乳剂兑水而得。油滴粒径分布在 $0.1 \sim 1.0\mu m$ 之间，乳状液乳化稳定性。油滴粒径多在 $1 \sim 10\mu m$ 之间。这种乳状液乳化稳定性较好。若油滴粒径大于 $10\mu m$，乳状液稳定性差，一般应避免应用。

122

常用的农药乳化剂有：肥皂、太古油和一些非离子表面活性剂。

5.2.6.2 食品工业中的应用

在生命科学快速发展的时代，发展食品科学，提高食品质量，改进食品工艺，研制新功能食品，同时必须相应地发展食品乳化剂。食品乳化剂的憎水基因多为不同碳原子数的直链烷烃可与食品中的直链淀粉结合，从而可以改善食品干硬粘连的口感及外观特性。如制造巧克力时可用乳化剂降低黏度；熬制硬糖时，用乳化剂防止出现硬糖变黏、混浊、返砂等现象。世界各国确认的食品乳化剂共有 180 余种，常用的主要有脂肪酸甘油酯、乙酸、乳酸、失水山梨醇脂肪酸酯、卵磷脂等。

5.2.6.3 乳状液在化妆品中的应用

护肤乳液亦称液态膏霜，是基础化妆品中一类颇受人们喜欢的化妆品，涂于皮肤上能铺展成一层极薄而均匀的油脂膜，不仅能滋润皮肤，还能起到保护皮肤、防止水分蒸发的作用。

护肤乳液也分 O/W 型和 W/O 型 2 种乳状液。其主要成分包括：中性烃类或酯类油脂、高级醇、脂肪酸；乳化剂主要为阴离子表面活性剂(如脂肪酸皂)、非离子表面活性剂和阳离子表面活性剂；水相成分为低级醇、多元醇、水溶性高分子和蒸馏水等。

5.2.6.4 乳状液在原油开采中的应用

石油工业是我国的一项支柱产业，乳化剂在其中的应用更为广泛。为提高钻井效率和安全生产，需配制钻井泥浆辅助钻井作业。泥浆中使用的乳化剂一来可起到乳化作用，二来可起到润湿作用。常用乳化剂有：油酸皂、石油磺酸盐、磺化琥珀酸盐、十二烷基硫酸钠等，实际应用时常为上述物质的复配物。为了提高采油率，减少岩层对油的吸附力，常加入乳化剂，使油层原油发生乳化，增大油在水中的溶解度。

1. 乳化钻井液

①油包水型(W/O)钻井液。在钻井过程中，有时会遇到高度水敏性的黏土矿物层、高盐层，若用水基钻井液进行钻井往往会引起水敏性地层的水化膨胀和剥蚀掉块，井壁坍塌或缩径，从而造成卡钻和井眼不规则等复杂问题，甚至可导致无法继续钻井。为了防止水基钻井液带来的这种因钻井液中的水进入地层后带来的问题，通常在实践中采用 W/O 乳化钻井液来进行辅助钻井。主要组成为：有机土、柴油(或原油)，含有一定矿物度的水及 W/O 乳化剂。

②水包油型(O/W)钻井液。O/W 钻井乳化液通常是在地层压力较低地区钻井时使用，O/W 钻井液可以配制高油水比、低密度(密度小于 1)的钻井液，在地层压力低的地区用这种低密度 O/W 可阻止钻井液漏失。

2. 油包水型(W/O)乳化酸

利用非均质注水法开发油藏时，当进入产量递减阶段，油井会普遍见水，这也将会给油井酸化带来困难。处理时采用常规的水基酸化液会导致含水率上升的矛盾，而代之以分隔器分层酸化油则会有一定效果，但不能用于厚油层的油水同出层和井况不良的油井。而 W/O 型乳化酸(酸/油乳化液)是一种可应用于含水油井的选择性酸化液，具有防腐、防膨、缓蚀等特性，适于深部酸化和水敏性地层的处理，能使油井增油降水并延长含水油井的稳产期。

3. 水包油型(O/W)乳液除垢剂

油气田井下和地面管道、设备的内表面常产生由石蜡、沥青以及无机物组成的非水溶性混合积垢，给石油生产带来麻烦和困难。采用 O/W 型乳液除垢剂清洗地面管道即可大大提高工效减轻劳动强度，通常具有很好的清洗效果。

水包油型乳液除垢剂的基本组成：油相为多种烃类溶剂如芳香烃及煤油柴油，水相为含有无机转化剂，如马来酸二钠盐、适量的有机碱如各种胺类、适量醇醚类助洗剂和一定量的水，乳化剂通常选用非离子 O/W 乳化剂。

4. 乳化压裂液

压裂是一种广泛应用的原油增产技术。压开裂缝的导流系数(渗透率×宽度)必须大于储层渗透率和高的导流系数。压裂增产效应，随裂缝中的填砂(支撑剂)长度、储层渗透率、裂缝导流系数及井筒附近地层渗透性堵塞的程度而定。压裂液包括：前置液、携砂液、顶替液。前置液的用途是劈开裂缝。携砂液是将支撑剂送到裂缝中去，顶替液用来消除井底的积砂。压裂液是由稠化剂、交联剂和破胶剂组成。

水包油型聚合物乳化压裂液是一种水力压裂液，即聚合物乳化压裂液，目前已应用于工业生产中。它是由 2 份油和 1 份稠化水组成，其内相为现场原油、成品油、凝析油或液化石油气；外相是由水溶性聚合物和表面活性剂的淡水、矿化水或酸制成的压裂液。这种压裂液的组成如下：

油相(内相)：原油、成品油、凝析油或液化石油气，60%~75%(体积分数)。

水相(外相)：25%~40%(体积分数)，内含：

乳化剂：妥尔油酸钠(对淡水)　　　0.5(质量×对水)

季铵盐(对盐水)　　　　　　　0.5(质量×对水)

稠化降阻剂：瓜胶、羟乙基纤维素、生物聚合物和聚丙烯酰胺等。

防滤失添加剂：氧石硅和水溶性聚合物的混合物和一定量水的乳化液。

水包油型聚合物乳化压裂液具有降阻效果好、滤失量低、携砂性能好的特性，使用乳化压裂液的效率可高达 60%~90%，成为所有压裂液之冠。此外还有净井快、地层渗透率损害小等优点。

油包水压裂液是一种以水作分散相、以油作分散介质的油包水型乳状液。例如，以淡水或盐水矿化度可以在 5000~6000mg/L 作水相，以高黏原油、柴油、煤油，稀释的沥青渣油作油相，以 Span-80 月桂酰二乙醇胺(分别溶于油和水中)作乳化剂，油：水：乳化剂等于 2 : 1 : 0.1就可配成油包水压裂液。这种压裂液有许多优点，例如黏度大、悬砂能力强、滤失量少、不伤害油层等。使用时，用表面活性剂及添加剂的水环(含水)润滑中心的黏性油环，使其下到油管中进行压裂。

5.2.6.5　在机械加工及防锈中的应用

在金属切削加工时，刀具切削金属可使其发生变形，同时刀具与工件之间不断摩擦因而产生切削力及切削温度，严重地影响了刀具的寿命、切削效率及工件的质量。因此，如何减少切削力和降低切削温度是切削加工中的一个重要问题。常用的一种方法是选用合适的金属切削冷却液。合理选用金属切削冷却液，一般可以提高加工光洁度 1~2 级并减少切削力 15%~30%，降低切削温度 100~150℃。成倍地提高刀具耐用度并能带走切削物。切削冷却液的种类很多，其中最广泛使用的是 O/W 型乳化切削液。它广泛地作为机械加工润滑、冷却剂用。若在油中加入油溶型缓蚀剂还会对工件起到防锈的功能。

水包油型防锈油是机械工业上常见的防锈剂。采用 O/W 型防锈油封存金属工件具有可节省油、改善劳动条件、降低成本、安全及不易燃等优点。可在油相中加入油溶性缓蚀剂如石油磺酸钡、十八胺等，乳化剂可采用水溶性好又有缓蚀作用的羧酸盐类如十二烯基丁二酸钠盐、磺化羊毛脂钠盐等，制备成 O/W 防锈油。

5.2.6.6 在建筑上的应用

在道路施工养护、木材防腐、建筑物保护等方面都用到沥青乳液，乳化法制得的沥青具有制备简单、无毒、无臭气、可常温使用的特点，而且不管冬季还是雨季，均不影响施工质量而被广泛应用。

沥青是由一种极其复杂的高分子的碳氢化合物以及由这些碳氢化合物的非金属的衍生物组成的混合物。沥青在常温下为固体或半固体状态，因此在使用时必须进行预处理，使之成为沥青液。处理方法有加热熔化法、溶剂法和乳化法，分别制得沥青熔化液、含有溶剂的沥青溶液和沥青乳液。其中，以沥青和水的乳化法为好，这种方法可使沥青乳液在常温下使用，其凝固时间短、设备简单、不需要复杂的技术且无臭气。

1. 乳化沥青的生产

乳化沥青是将沥青经机械作用分裂为细微颗粒，分散在含有表面活性剂的水溶液中。乳化剂吸附于沥青-水界面上，以疏水的碳氢链吸附于沥青颗粒的表面而以亲水的极性基伸入水中定向排列，这不仅降低了沥青-水间的界面张力，更重要的是在沥青颗粒的表面形成了一层致密的膜，可以阻止沥青颗粒的絮凝和聚结。若用离子型表面活性剂还可使沥青颗粒表面带有同种电荷，在沥青颗粒互相靠近时产生静电斥力而使沥青颗粒处于分散稳定状态。

2. 用于制备乳化沥青的乳化剂

①阴离子型乳化剂。制备阴离子型沥青乳液是用阴离子表面活性剂作为乳化剂，常用的阴离子型乳化剂有妥尔油钠皂、环烷酸钠、硬脂酸钠、松香皂钾盐、石油磺酸钠、木质素磺酸盐等。

②阳离子型乳化剂。制备阳离子型沥青乳液用的乳化剂主要是烷基亚丙基二胺类乳化剂，如牛脂丙烯二胺(duomeen T)、椰子油丙烯二胺(dinrams)、$C_{17} \sim C_{20}$ 或 $C_7 \sim C_9$ 烷基丙烯二胺二盐酸盐和烷基胺的盐酸盐等。这类阳离子型乳化剂不仅具有良好的乳化力，而且对石料的黏附性也好。此外，也可使用季铵盐类乳化剂，如 $C_{12} \sim C_{20}$ 烷基三甲基氯化铵和双十八烷基二甲量氯化铵等。这类乳化剂虽有较好的乳化能力，但用于铺路时在石料上形成的覆盖膜一般都比较薄。

3. 沥青乳化工艺

沥青乳化的设备主要有胶体磨、均值泵和高速搅拌机，其中前两种乳化效率较高。

配制工艺：沥青送入胶体磨前先预热至 130~140℃，将水加热至 80~90℃加入乳化剂，先将乳化剂注入胶体磨，然后加入热沥青。在配制过程中要特别注意对设备保温，当温度升高时，沥青黏度减小，沥青-水界面上的界面张力降低，这就大大促进了乳化作用；如果温度降低，则沥青开始凝固而得不到乳胶体，所以机器保温是制取乳胶体时极重要的因素(特别是用高熔点沥青制备乳胶体)，设备温度通常为 100℃左右。

如果使用胺型阳离子乳化剂，因为胺不能直接溶于水，因此必须先制成胺盐再使用。一般需要用盐酸调节到 pH 值约为 2，或用乙酸调节到 pH 值约为 4 再使用。如果用酸过量，会影响乳化性和贮存稳定性。水的硬度和离子性对阳离子型沥青乳液的使用性能和稳定性影响不大。水中 CaO 含量不超过 80mg/L 为宜。阳离子型乳化剂调制的沥青乳液由于破乳迅速，在铺设施工时对作业会造成一定困难，若适当加入少量非离子表面活性剂如聚氧乙烯牛脂丙烯二胺作为助剂进行乳化，则可延缓沥青乳液的破乳过程，以保证铺路作业的顺利进行。

4. 乳化沥青在道路铺设中的应用

阴离子型沥青乳液的粒子带有负电荷，用于铺路时，只有铺洒于干燥的石料上才能破乳，并使沥青与石料粘附在一起。完成这一过程需要较长时间，因此在冬季或雨季不宜用阴离子型沥青乳液施工。阴离子型沥青乳液适合于铺设在碱性石料如石灰石上，而铺于酸性石料上如硅石、花岗石等，则会出现如黏结不牢的现象。因此阴离子型沥青乳液的应用受到一定的限制。

阳离子型沥青乳液的粒子带有正电荷，与带负电荷的石料接触的瞬间就发生破乳，使沥青牢固地黏附在石料表面上，同时可在石料表面形成一层以阳离子型乳化剂疏水碳氢链包覆的疏水膜。因此，在冬季和雨季用阳离子型沥青乳液进行施工，都不会影响施工质量。

由于阳离子型沥青乳液比阴离子型沥青乳液具有更好的使用性能，因此在铺设道路和建筑物防护中得到广泛应用。

5.3　润湿功能

润湿是一种十分普遍的现象，常见的润湿过程是固体表面的气体被液体取代，或是固-液界面上的一种液体被另一种液体所取代。例如洗涤、印染、润滑、原油开采等都要以润湿为前提，但有些场合又要防止润湿，如防水、防油等。

5.3.1　接触角与杨氏方程

将液体滴在固体表面上，此液体在固体表面可铺展形成一薄层或以一小液滴的形式停留于固体表面。前者为完全润湿，后者为部分润湿或不完全润湿。若在固、液、气三相交界处，作气-液界面的切线，自此切线经过液体内部到达固-液交界线之间的夹角，被称之为接触角（contact angle），以 θ 表示之（图5-12）。

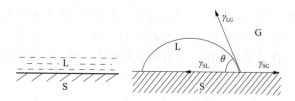

完全润湿　　　　　　不完全润湿形成接触角

图5-12　在固体(S)、流体相(L)和不相混溶相(G)

（流体或气体）间的三相平衡

在以接触角表示液体对固体的润湿性时，习惯上可将 $\theta = 90°$ 定为润湿程度的标准，即 $\theta > 90°$ 为不润湿；$\theta < 90°$ 则为润湿，接触角越小润湿性能越好；$\theta = 0°$ 为完全润湿；$\theta = 180°$ 为完全不润湿。$\theta = 180°$ 这种情况实际上不存在。总之利用接触角的大小来判断液体对固体的润湿性具有简明、方便直观的优点，但不能反映润湿过程的能量变化。

图5-13中 θ 和 θ' 分别表示液体对固体的接触角和气体对固体的接触角。当 $\theta < 90°$ 时固体是亲液固体，反之，当 $\theta > 90°$，固体是疏液的。但无论何种情况，$\theta + \theta'$ 皆应为180°。由此可见，气体对固体的"润湿性"与液体对固体的润湿性恰好相反。固体越是疏液，就越易为气体"润湿"，越易附着在气泡上；若固体是粉末，这时就易于随气泡一起上浮至液面。反

之，固体越是亲液，就越易为液体润湿，越难附着在气泡上。泡沫选矿利用的就是气体(或液体)对固体的这种"润湿性"的差异，而将有用的矿苗与无用的矿渣分开的。

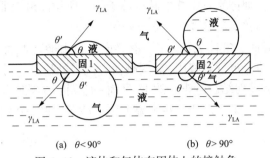

(a) $\theta < 90°$ (b) $\theta > 90°$

图 5-13　液体和气体在固体上的接触角

Young 于 1805 年提出利用平面固体上的液滴在 3 个界面张力下的平衡来处理接触角问题。若固体的表面是理想光滑、均匀平坦且无形变，则可达稳定平衡；在这种情况下产生的接触角就是平衡接触角 θ。由图 5-14 所示固体表面上液滴的平衡接触角 θ 与各种界面张力的关系：

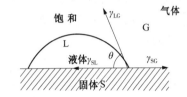

图 5-14　在光滑均匀且平坦坚硬的
表面上的平衡接触角

$$\gamma_{SG} - \gamma_{SL} = \gamma_{LG} \cos\theta$$

这就是杨氏方程，亦即润湿方式的判据。

其中 θ 为自固-液界面经过液体内部到气-液界面的夹角；γ_{SG} 为与该液体的饱和蒸汽平衡的固体的表面张力，对方程的贡献是最大限度减小固体的表面积；γ_{SL} 为固-液之间的界面张力，对方程的贡献刚好与 γ_{SG} 相反，为减小固液界面之间的面积；γ_{LG} 为与其饱和蒸气平衡的液体的表面张力，其作用是力图缩小液体的表面积。但值得指出的是杨氏方程因 γ_{SG} 和 γ_{SL} 无法准确测定的原因而使得其无法得到实验证明，因此只能认为其实际上仅能够在一定条件下依据接触角测量值来推算固体的表面能。

5.3.2　润湿类型

润湿涉及至少 3 相，其中一相为固体，所以润湿不仅与液体的性质有关，也与固体的性质有关。润湿过程分为 3 类：沾湿、浸湿和铺展，其产生所需的条件也不尽相同。

1. 沾湿

主要指当液体与固体接触后，将液-气和固-气界面变为固-液界面的过程(图 5-15)。例如飞机在空中飞行，大气中的水珠是否会附着于机翼上而有碍飞行；农药喷雾能否有效地附着于植物的枝叶上。这些都是与沾湿过程有关的问题。

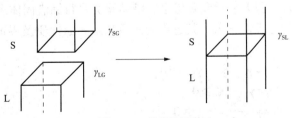

图 5-15　沾湿过程

设固液接触面积为单位值，则此过程中体系自由能变化值为：

$$\Delta G = \gamma_{SL} - \gamma_{SG} - \gamma_{LG}$$

设此过程恒温恒压，则体系自由能的减少等于体系所做的最大非体积功，即

$$W_a = -\Delta G = \gamma_{SG} - \gamma_{LG} - \gamma_{SL}$$

式中分别为气-固界面、液体表面和固-液界面的自由能。W_a 称为黏附功，它是沾湿过程体系对外所做的最大功，也就是将固-液接触面自交界处拉开，外界所需做的最小功。显然，此值越大，则固-液界面结合越牢。故 W_a 是固-液界面结合能力即两相分子间相互作用力大小的度量。根据热力学第二定律，在恒温恒压条件下，$W_a \geq 0$ 的过程为自发过程，此即沾湿发生的条件。

2. 浸湿

指固体浸入液体的过程。该过程的实质是固-气界面为固-液界面所代替，而液体表面在过程中无变化(图5-16)。如洗衣时将衣物泡在水中。在浸湿面积为单位值时，过程的自由能降低为：

$$-\Delta G = \gamma_{SG} - \gamma_{SL} = W_i$$

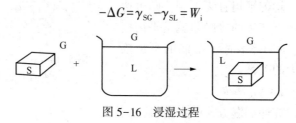

图5-16　浸湿过程

式中，W_i 称为浸润功，它反映液体在固体表面上取代气体的能力。$W_i \geq 0$ 是恒温恒压下浸湿发生的条件。

3. 铺展

是指以固液界面取代固-气界面，与此同时，液体表面展开，形成新的气液界面的过程(图5-17)。如农药喷雾于植物上，就须要求农药能在植物的枝叶上铺展以覆盖最大面积。

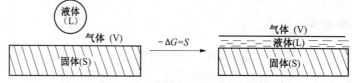

图5-17　液体在固体上的铺展

当铺展面积为单位值时，体系自由能降低为：

$$-\Delta G = \gamma_{SG} - \gamma_{SL} - \gamma_{LG} = S$$

S 为铺展系数。在恒温恒压条件下，$S \geq 0$ 时，液体可以在固体表面上自动展开，连续地从固体表面上取代气体。只要液体量足够多，液体将会自行铺满固体表面。

不论何种润湿，均是界面现象，其过程的实质都是界面性质及界面能的变化。3 种润湿发生的条件为：

沾湿：　　　　$W_a = \gamma_{SG} - \gamma_{SL} - \gamma_{LG} \geq 0$

浸湿：　　　　$W_i = \gamma_{SG} - \gamma_{SL} \geq 0$

铺展：　　　　$S = \gamma_{SG} - \gamma_{SL} - \gamma_{LG} \geq 0$

以上 3 式也成为润湿能否发生的能量判据。对于同一体系，$W_a > W_i > S$。显然，若 $S \geq 0$，

则必有 $W_a > W_i > 0$，亦即铺展的标准是润湿的最高标准，能铺展则必能沾湿和浸湿，反之，则不然。因而常以铺展系数作为体系润湿性的指标。

常用来描述润湿的是润湿方程（Young eq），将润湿方程用于上述 3 种润湿过程，可得到：

沾湿：$W_a = \gamma_{SG} - \gamma_{SL} - \gamma_{LG} = \gamma_{LG}(\cos\theta + 1)$

浸湿：$W_i = \gamma_{SG} - \gamma_{SL} = \gamma_{LG}\cos\theta$

铺展：$S = \gamma_{SG} - \gamma_{SL} - \gamma_{LG} = \gamma_{LG}(\cos\theta - 1)$

因此，通过测定液体的表面张力和接触角，即可得到黏附功、浸润功和铺展系数的数值。不难看出，接触角的大小可作为判断润湿能否进行的判据。$\theta \leqslant 180°$ 为沾湿发生的条件；$\theta \leqslant 90°$ 浸湿可自发进行；$\theta = 0°$ 或不存在时，铺展过程可自发进行。

5.3.3 表面活性剂的润湿作用

润湿的作用位置无外乎发生于固体表面以及液体表面。固体表面润湿可归因为固体的表面改性。可适当选择方法使将固体的表面能升高或降低。而液体表面润湿则主要通过添加表面活性剂等化学物质来实现，即改变气液、固液界面张力以及在固体表面形成一定结构的吸附层。

具体阐述如下：

（1）在固体表面发生定向吸附

表面活性剂的亲水基朝向固体，亲油基朝向气体吸附在固体表面，形成定向排列的吸附层，使自由能较高的固体表面转化为低能表面，从而达到改变润湿性能的目的。以典型的云母材料为例：未加任何处理的云母的表面自由能较高，水分子可以在其上铺展。表面活性剂处理后，溶液浓度增加至接近 CMC 时，云母表面则变为疏水表面，此时表面处发生了单分子层吸附，亲水基朝向云母表面，亲油基朝向空气一侧分布，变为疏水表面。继续增大表面活性剂浓度使之超过 CMC 后，云母表面又变为亲水表面，此时的吸附状态变为双分子层吸附。亲水基因第二层分子与第一层的亲油基靠拢重新露于空气中，从而又恢复其亲水性。从而可知表面活性剂在固体表面的吸附状态是影响表面润湿性的重要因素。同时值得指出的是固体表面上吸附主要发生在高能表面，在低能表面上没有明显的吸附作用。

（2）提高液体的润湿能力

因水在低能表面不能铺展，为改善体系的润湿性质，常在水中加入表面活性剂，利用其润湿作用降低水的表面张力，使其能够润湿固体的表面。孔性固体和疏松性固体物质诸如纤维等，有些表面能较高，液体原则上可以在其上铺展。但继续添加表面活性剂时无法显著提高液体的湿润能力。其实质是降低液体的表面张力，以小于固体表面的临界表面张力即使之发生铺展所需的表面活性剂的最低浓度，所需浓度愈低，降低水表面张力的能力愈强，润湿作用也愈强。

5.3.4 润湿剂

能有效改善液体在固体表面润湿性质的外加助剂称为润湿剂。润湿剂都是表面活性剂。渗透剂和分散剂都是广义的润湿剂。为使液体能渗透入纤维或孔性固体内而添加的助剂称作渗透剂。为使粉体（如颜料等）稳定地分散于液体介质中所用的助剂称作分散剂。

为了获得良好的润湿效果，作为润湿剂表面活性剂在结构和性质上应满足如下要求：

①分子结构：良好的润湿剂碳氢链中应该有分支结构，亲水基位于长碳链的中间位置。

②性质：具有较高的表面活性，有良好的扩散和渗透性，能迅速地渗入固体颗粒的缝隙间或孔性固体的内表面发生吸附。

5.3.5 表面活性剂在润湿方面的应用

1. 矿物的泡沫浮选

(1) 定义

矿物的浮选法是指利用矿物表面疏水-亲水性的差别从矿浆中浮出矿物的富集过程，也称作浮游选矿法。

许多重要的金属在粗矿中的含量很低，在冶炼之前必须设法将金属同粗矿中的其他物质分离，以提高矿苗中金属的含量。目前，铜矿、钼矿、铁矿、金矿等都是采用浮选法对矿石进行处理。

(2) 浮选法原理

借助气泡浮力来浮选矿石，实现矿石和脉石分离的选矿技术。浮选过程使用的浮选剂由捕集剂、气泡剂、调整剂组成，其中捕集剂和起泡剂主要是由各类表面活性剂组成。

捕集剂的作用是以其极性基团通过物理吸附、化学吸附和表面化学反应，在矿物表面发生选择性吸附，以其非极性基团或碳氢链向外伸展，将亲水的矿物表面变为疏水的表面，便于矿物与体系中的气泡结合。

起泡剂在矿浆中产生大量的泡沫，可以使有用矿物有效地富集在空气与水的界面上。起泡剂还可以防止气泡并聚，延长气泡在矿浆表面存在时间的作用。

(3) 浮选过程

将粉碎好的矿粉倒入水中，加入捕集剂，捕集剂以亲水基吸附于矿粉表面，疏水基进入水相，矿粉亲水的高能表面被疏水的碳氢链形成的低能表面所替代，有力图逃离水包围的趋势。向矿粉悬浮液中加入发泡剂并通空气，产生气泡，发泡剂的两亲分子会在气-液界面做定向排列，将疏水基伸向气泡内，而亲水的极性头留在水中，在气-液界面形成单分子膜并使气泡稳定。

吸附了捕集剂的矿粉由于表面疏水，会向气-液界面迁移与气泡发生"锁合"效应。即矿粉表面的捕集剂会以疏水的碳氢链插入气泡内，同时起泡剂也可以吸附在固-液界面上，进入捕集剂形成的吸附膜内。在气泡的浮力下，将矿粉一起带到水面上，从而达到选矿的目的。

2. 金属的防锈、缓蚀

金属表面会发生化学反应或电化学反应而遭到破坏，而转变为离子，从而造成经济损失。为了防止金属腐蚀，可以在金属表面包覆一层保护层，应用缓蚀剂是一种很有效的方法。

缓蚀剂的亲水基朝向金属表面而亲油基朝外，可以形成疏水膜或吸附油形成油膜，而防止金属表面的电化学反应。

3. 织物的防水防油处理

①防水处理：用塑料和油布制成的雨衣透气性不好，长时间穿着感觉不舒服。若将纤维织物用防水剂处理后，既可防水又具有很好的透气性。用防水剂溶液浸泡织物，表面活性剂

的亲水基朝向纤维表面而亲油基朝外，变得疏水，从而达到防水的作用。

②防油处理：用碳氟表面活性剂处理纤维后，使织物的表面张力低于油的，从而使油不能润湿织物表面。

4. 农药中的应用

对于大多数农药而言，只有加工成适当剂型的制剂才是可以直接使用的。农药中的表面活性剂是将无法直接使用的农药制成可以使用的农药制剂所不可缺少的组分之一。它作为一种农药助剂在农药上，不但可提高农药的使用效果，还可以减少农药的用量，减轻农药对环境的影响，并为农药生产带来巨大的效益。

化肥结块问题是化肥工业长期以来致力于解决的问题，特别是碳酸氢铵、硫酸铵、硝酸铵、磷酸铵、尿素和复合肥等都是易发生结块现象，化肥结块严重影响了肥效，并给储存运输和使用带来了不少困难。化学肥料在储存、运输过程中容易发生结块，其主要原因有两种：

①由于物理原因(如湿度、温度、压力和储存时间等外部因素或颗粒粒度、黏度分布、吸湿性和晶型等内部因素)，肥料颗粒表面发生溶解，水分经蒸发后重结晶，然后颗粒之间发生桥接作用而结块。尿素、硝铵、硫铵、氯化钾和复合肥料中容易由于此原因而结块。

②由于化学原因(如晶体表面发生化学反应或晶粒间的液膜中发生复分解反应)，由杂质存在的晶粒表面在接触中产生化学反应，于空气的氧气、二氧化碳发生化学反应或在堆置储存过程中继续发生化学反应。如过磷酸钙和重过磷酸钙，由于原料磷矿特性不同，若与硫酸反应后得到的肥粒度过高，结构密实，不仅熟化期过长且熟化后的产品易形成坚硬的块状物。

为了解决化肥的结块问题，就要在化肥的生产过程中加入相应的表面活性剂来改善化肥的效益。

5. 润湿剂在原油开采中的应用

①润湿剂在活性水驱油中的应用。在原油的开采中，为了提高油层采收率而使用各种驱油剂。驱油剂也称注水剂，由于水价格低易得，能大量使用，所以目前油田使用得最普遍的驱油剂是水。为了提高水驱油的效率，因此采用溶有表面活性剂的水，称之为活性水，活性水中添加的表面活性剂主要是润湿剂，它具有较强的降低油水界面张力和使润湿反转的能力。

②润湿剂在原油集输中的应用。在稠油开采和输送中，加入含有润湿剂的水溶液，即能在油管、抽油杆和输油管道的内表面形成一层亲水表面，从而使器壁对稠油的流动阻力降低，以利于稠油的开采和输送。这种含润湿剂的水溶液即为润湿降阻剂。适用于做润湿剂的表面活性剂的有：脂肪酸聚氧乙烯(4~100)酯、聚氧乙烯(4~100)烷醇酰胺、聚氧乙烯失水山梨醇脂肪酸酯等。表面活性剂的使用浓度为 0.05%~1%，其水溶液的用量相当于采油量的 2%。

5.4　起泡和消泡作用

泡沫是气体分散在液体中的分散体系。气体是分散相(不连续相)，液体是分散介质(连续相)。泡沫有两种类型，分别为稀泡沫和浓泡沫。稀泡沫是指气体分子以小的球形均匀分布在黏稠的液体中，就如同乳状液一样，所不同的是在稀泡沫中小气泡取代了乳状液中的液珠，气泡周围的液膜较厚，由于气泡之间相距较远，彼此之间的影响可以忽略不计。因为界面张力的作用，每个单独存在的气泡之间都呈圆球形。另一种为浓泡沫，在这种泡沫中气体占的体积分数远大于液体。液体的黏度较小，气泡很容易上升到液体表面，许多泡沫相互聚集在一起，气泡之间被很薄的液膜隔开，形成一个网状结构。各个被液膜包围的气泡为了保持压力的平衡，变成了多面体形状。由于重力的作用，一部分液体从气泡之间向下流出，使气泡之间的隔膜变薄。由于表面张力和重力的共同影响，气泡往往不能保持圆球状，而是形状各异，所以这种泡沫也叫多面体泡沫。通常所说的泡沫指的是浓泡沫。

5.4.1 泡沫的形成及其稳定性

由于气体的密度比液体的密度小得多，液体中的气泡会上升至液面，形成由以少量液体构成的液膜隔开的气泡聚集物即泡沫。在泡沫形成过程中，气液界面会急剧地增加，因此体系的能量增加，这就需要在泡沫形成过程中，外界对体系做功，如通气时加压或搅拌等。泡沫的形态见图5-18。

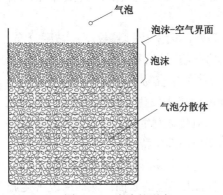

图5-18 泡沫的形态

影响泡沫稳定性的主要因素有：

（1）表面（界面）张力

在生成泡沫时，液体表面积增加，体系能量也增加。从能量的角度来考虑，降低液体的表面张力，有利于泡沫的形成，但不能保证泡沫有较好的稳定性。只有当表面膜有一定强度、能形成多面体泡沫时，低表面张力才有助于泡沫的稳定。液膜 Plateau 交界处于平面膜之间的压力差于表面张力成正比，表面张力愈低，压差愈小排液速度愈慢，愈有利于泡沫的稳定。然而许多现象说明，液体表面张力不是泡沫稳定的决定因素。例如，丁醇类水溶液的表面张力比十二烷基硫酸钠水溶液的表面张力低，但后者的起泡性却比丁醇溶液好。一些蛋白质水溶液的表面张力比表面活性剂溶液的表面张力高，但却具有较好的泡沫稳定性。

（2）界面膜性质

要得到稳定的泡沫，其关键是液膜能否保持恒定，决定泡沫稳定性的关键因素是液膜的表面黏度和弹性。

①表面黏度。决定泡沫稳定性的关键因素在于液膜的强度，而液膜强度主要决定于表面吸附膜的坚固性。表面吸附膜的坚固性通常以表面黏度来衡量。表面黏度是指液体表面单分子层内的黏度，通常由表面活性分子在表面上所构成的单分子层产生。表面活性不高的蛋白质和明胶能形成稳定的泡沫是因为它们的水溶液有很高的表面黏度。泡沫的稳定性可以用泡沫寿命表示，凡是表面黏度比较高的体系，所形成的泡沫寿命也较长。

②界面膜的弹性。表面黏度是生成稳定泡沫的重要条件，但也不是唯一的，并非越高越好，还要考虑膜的弹性。例如，十六醇能形成表面黏度和强度很高的液膜却不能起稳泡作用，因为它形成的液膜刚性太强，容易在外界扰动下脆裂。理想的液膜应该是高黏度、高弹性凝聚膜。为使膜具有较好的弹性，通常要求泡沫稳定剂的吸附量高，从溶液内部扩散到表面的速度慢。这样既能保证表面上有足够的表面活性剂分子，又能在发生局部变形时迅速修复。

（3）表面张力的修复作用

将一小针刺入肥皂膜，肥皂膜可以不破，表明肥皂膜有自修复作用。Marangoni 认为当泡沫受到外力冲击或扰动时，液膜会发生局部变薄使液膜面积增大，导致表面活性剂的浓度降低引起此处的表面张力暂时升高。

如图 5-19 所示，由于 A 处的表面活性剂浓度低，所以表面活性剂由 B 处向 A 处扩散使 A 处的表面活性剂浓度恢复，表面活性剂在迁移过程中同时也携带邻近的液体一起移动使其 A 处的液膜又恢复原来的厚度。表面活性剂的这种阻碍液膜排液的自修复作用称为 Marangoni 效应，应还有附加压力的效应。

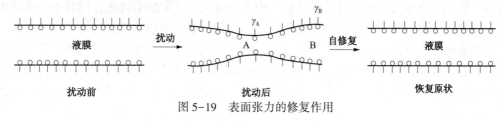

图 5-19　表面张力的修复作用

Gibbs 从另一角度分析了这一问题，当吸附了表面活性剂的泡沫受到震动、尘埃碰撞、气流冲击及液膜受重力作用排液时，都会引起液膜局部变薄，使液膜面积增大引起此处表面活性剂的浓度降低表面张力上升，形成局部的表面张力梯度，因此液膜会产生收缩趋势，犹如液膜具有了弹性。通过收缩使该处表面活性剂浓度恢复并且能阻碍液膜的排液流失。把液膜这种可以收缩的性质称为 Gibbs 弹性。

正是这种因表面张力梯度引起的收缩效应使吸附了表面活性剂的液膜，在受到冲击后，产生自动修补液膜变薄处，表现出表面活性剂的自修复作用。

（4）表面电荷

当液膜为离子型的表面活性剂所稳定时，液膜的两个面就会吸附表面活性剂离子而形成两个带同号电荷的表面，反离子则扩散地分布在膜内溶液中，与表面形成两个扩散双电层。如 $C_{12}H_{25}SO_4Na$ 做起泡剂，$C_{12}H_{25}SO_4$ 吸附于液膜的两个表面，形成带负电荷的表面层反离子 Na^+ 则分散于液膜的溶液中，形成液膜双电层。

当液膜较厚时，这两个双电层由于距离较远不发生作用。当液膜变薄到一定程度（厚度约为 100nm）时，两个双电层发生重叠，液膜的两个表面将互相排斥，防止液膜进一步变薄，提高泡沫稳定性。这种排斥作用主要由扩散双电层的电势和厚度决定。当溶液中有较高浓度的无机电解质时，压缩扩散双电层，使两个表面的静电斥力减弱，液膜易变薄，因此，无机电解质的加入对泡沫的稳定性有不利的影响。

（5）泡内气体的扩散

泡沫中的气泡总是大小不均匀的。小泡中的气体压力比大泡中的气体压力高，于是小泡中的气体通过液体扩散到邻近的大泡中，造成小泡变小以致消失。大泡变大最终破裂。气体通过液膜的扩散，在浮于液面的单个气泡中表现得最为清楚。气泡随时间逐渐变小以致最后消失。一般可利用液面上气泡半径随时间变化的速度，来衡量气体的透过性。以透过性常数来表示，透过常数愈高，气体通过液膜的扩散速度愈快，稳定性愈差。气体透过性与表面吸附膜的紧密程度有关，表面吸附分子排列愈紧密，表面黏度愈高，气体透过性愈差，泡沫的稳定性愈好。如在十二烷基硫酸钠溶液中加入月桂醇，表面膜中含有大量的十二醇分子，分子间作用力加强分子排列更紧密，气体透过性愈差。

（6）表面活性剂的分子结构

表面活性剂的分子结构对泡沫的稳定性起很大作用。

①表面活性基的疏水链。为了使液膜须具有高黏度，表面活性剂就必须在液膜表面形成

紧密的吸附膜，因此表面活性剂的疏水碳氢链应该是直链且较长的碳链，但碳链太长也会影响起泡剂的溶解度且刚性太强，所以一般起泡剂的碳原子数以 $C_{12} \sim C_{14}$ 较好。C_{12} 和 C_{14} 的月桂酸钠和豆蔻酸钠其碳链长度适中，能形成黏度较高且黏度适合的表面膜因此产生的泡沫稳定性好。

②表面活性剂的亲水基。表面活性剂亲水基的水化能力强就能在亲水基周围形成很厚的水化膜，因此就会将液膜中的流动性强的自由水变成流动性差的束缚水，同时也提高液膜的黏度和弹性，减弱了重力排液使液膜变薄，从而增加了泡沫的稳定性。

实验证明，直链阴离子型表面活性剂其亲水性基水化性强又能使液膜的表面带电，因此有很好的稳泡性能。而非离子表面活性剂的亲水基聚氧乙烯醚（仅有）在水中呈曲折型结构不能形成紧密排列的吸附膜加之水化性能差，又不能形成电离层。所以稳泡性能差，不能形成稳定的泡沫。

5.4.2 表面活性剂的起泡性和稳泡性

1. 表面活性剂的起泡性

表面活性剂的起泡性是指表面活性剂溶液在外力作用下产生泡沫的难易程度。在这样的溶液中，表面活性剂分子的亲水基伸入水溶液，亲油基伸入气泡，在气泡的气液界面形成定向吸附的单分子膜。当气泡上升至液面上时，进一步吸附表面上的表面活性剂分子，从而形成双分子膜，使气泡具有较长的寿命，随着气泡的不断产生，堆积在液体表面形成泡沫，且这种双分子层形成的膜具有较高的强度。

表面活性剂的起泡性可用其降低水的表面张力的能力来表征，降低水的表面张力的能力越强则越有利于产生泡沫。多数具有良好起泡性的通常是阴离子型表面活性剂。

起泡剂可分为以下几类：

（1）羧酸类

①脂肪酸钠（肥皂）脂肪醇聚氧乙烯羧酸钠（AEC）。发泡力强，具有优良的抗硬水性和钙皂分散能力度和介质 pH 值的影响。

②邻苯二甲酸单脂肪醇酯钠盐。白色膏状流体，表面活性好，发泡性好，皂分散性强，常用于日化及工业应用领域作为高效发泡剂。

（2）硫酸盐类

①脂肪醇硫酸盐。

②烷基醇聚氧乙烯硫酸钠（AES）：起泡力强，常用作液体洗涤剂的起泡剂。

③烷基酚聚氧乙烯醚硫酸钠：泡沫丰富常用于净洗剂中。

④烷基醇硫酸乙醇胺盐：常用于香波和液体洗涤。

（3）磺酸盐

①烷基磺酸盐。

②烷基苯磺酸钠。

（4）磺化琥珀酸盐

表面活性高，起泡力强且泡沫稳定，钙皂分散力强，抗硬水，可用于配制各种洗涤剂，还可用作高温钻井液的发泡剂。

①脂肪酸单乙醇酰胺磺化琥珀酸单酯。

②脂肪酰胺磺化琥珀酸单酯二钠盐。

③聚氧乙烯烷基醚磺化琥珀酸单酯铵盐。

④聚氧乙烯脂肪醇醚单酰胺磺化琥珀酸单酯二钠盐。

2. 表面活性剂的稳泡性

稳泡性是指表面活性剂水溶液产生泡沫之后，泡沫的持久性或泡沫"寿命"的长短。稳泡性与液膜的性质有密切关系，作为稳泡剂的表面活性剂可提高液膜的表面黏度，增加泡沫的稳定性，延长泡沫的寿命。

目前稳泡剂有以下几类：

（1）天然产物

如明胶和皂素等。明胶是一种从动物的皮骨中提取的蛋白质，富含氨基酸。皂素的主要成分糖苷含有多羟基、醛基等。它们能在泡沫的液膜表面形成高黏度、高弹性的表面膜，因此有很好的稳泡作用。这是因为明胶和皂素的分子间不仅存在范德华引力而且分子中还含有羧基、氨基和羟基等。这些基团都有生成氢键的能力，使表面膜的黏度和弹性得到提高，从而增强了表面膜的机械强度，起到了稳定泡沫的作用。

（2）高分子化合物

高分子化合物如聚乙烯醇、甲基纤维素、淀粉改性产物、羟丙基、羟乙基淀粉等，它们具有良好的水溶性，不仅能提高液相黏度阻止液膜排液，同时还能形成强度高的膜，有较好的稳泡作用。

（3）合成表面活性剂

合成表面活性剂作为稳泡剂，一般是非离子型表面活性剂，其分子结构中往往含有各类氨基、酰氨基、羟基、羧基、羰基酯基和醚基等具有生成氢键条件的基团。用以提高液膜的黏度，增加稳泡力。种类有：①脂肪酸乙醇酰胺；②脂肪酸二乙醇胺；③聚氧乙烯脂肪酰醇胺；④氧化烷基二甲基胺（OA）；⑤烷基葡萄糖苷（APG）。

5.4.3 表面活性剂的消泡作用

通常来讲，泡沫消除采用物理法诸如改变温度，使液体蒸发或冻结；或者改变压力，对溶液进行离心分离；或超声波震动等；与之相对应的化学法主要是指加入少量其他物质而能使泡沫很快消失的方法。

使用消除泡沫的物质被称作消泡剂，主要分为以下几类：①天然油脂和矿物油，主要指动、植物油和蜡；②固体颗粒，主要是常温下为固体、比表面积较高、具有疏水性表面的固体颗粒，如二氧化硅、膨润土、硅藻土等；③合成表面活性剂，主要是非离子表面活性剂，包括多元醇脂肪酸酯型、聚醚型和含硅表面活性剂3种。

还有一种采用抑泡剂防止泡沫产生的方法称为抑泡法。抑泡剂要满足以下几点：①不能在溶液表面形成紧密的吸附膜；②分子间作用力要小；③形成的界面膜弹性适中。抑泡剂的种类通常有2种：短聚氧乙烯链的非离子表面活性剂以及聚氧乙烯、聚氧丙烯嵌段共聚物。

泡沫的消除机理：

1. 使液膜局部表面张力降低

因消泡剂表面张力比泡沫液膜的表面张力低，当消泡剂搅入泡沫时，消泡剂液滴与泡沫液膜接触时，泡沫液膜的表面张力降低，而泡沫周围液膜的表面张力几乎不发生变化。其余部分因表面张力降低而被向四周牵引、延展、最后破裂（D处）直至破碎（如图5-20所示）。消泡剂进入气泡使液膜扩展，顶替之前位置上的液膜表面上的稳泡剂，在图A、B处所示的

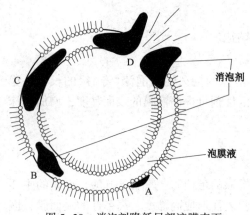

图 5-20 消泡剂降低局部液膜表面
张力示意图

部分表面张力降低，而存在稳泡剂的液膜表面张力比较高，而产生收缩力，最终因 C 处液膜表面张力降低而导致液膜伸长变薄，直至破裂。

2. 破坏界面膜弹性使液膜失去自修复作用

在泡沫体系中加入表面张力极低的消泡剂，消泡剂进入泡沫液膜后，使此处液膜的表面张力降至极低而失去弹性，液膜受外界的扰动或冲击拉长，液膜面积增加。液膜不能产生有效的弹性收缩力使自身的表面张力和厚度恢复，从而因失去自修复作用而被破坏。

3. 降低液膜黏度

用不能产生氢键的消泡剂将表面活性剂分子从液膜表面取代下来，就会减小液膜的表面黏度，使泡沫液膜的排液速度和气体扩散速度加快，减少泡沫的寿命而使泡沫消除。

4. 固体颗粒消泡

固体颗粒作为消泡剂的首要条件是固体颗粒必须是疏水性的。当疏水固体颗粒加入泡沫体系后，其表面与起泡剂和稳泡剂疏水链吸附，而亲水基伸入液膜，这样固体颗粒的表面由原来的疏水表面变为了亲水表面，于是亲水的颗粒带着这些表面活性剂一起从液膜的表面进入液膜的水相中，使液膜表面的表面活性剂浓度减低，从而全面地增加了泡沫的不稳定性因素，大幅地缩短了泡沫的"寿命"而导致泡沫的破坏。

5.4.4 起泡与消泡的应用

起泡与消泡的作用在实际生活中应用广泛，以下仅举几例：

1. 起泡作用在泡沫灭火中的应用

泡沫灭火剂产生大量的泡沫，借助泡沫中所含的水分起到冷却作用，或者在燃烧体的表面上覆盖一层泡沫层、胶束膜或凝胶层，使燃烧体与助燃气体氧隔绝，从而起到灭火的目的。泡沫灭火剂的组成主要是高起泡能力的表面活性剂，大多是高级脂肪酸类或高碳醇类的阴离子、非离子和两性离子表面活性剂，根据主要成分的不同，包括蛋白质泡沫灭火剂、合成表面活性剂泡沫灭火剂、碳氟表面活性剂泡沫灭火剂、水溶性液体火灾用泡沫灭火剂和化学泡沫灭火剂。

2. 起泡作用在原油开采中的应用

泡沫钻井液：也称充气钻井液，密度和压力低，泡沫细小，具有良好的黏滞性和携带钻屑的能力。在钻低压油层时，可防止将地层压漏、大量钻井液流失，能够提高原油开采的产量。

泡沫驱油剂：能有效改善驱动流体在非均质油层内的流动状况，提高注入流体的波及效率。

泡沫压裂液：主要作用是向地层传递压力并携带支撑剂（如砂子等），可分为水基泡沫压裂液和油基泡沫压裂液。

泡沫冲砂洗井：可通过控制井下泡沫密度实现负压作业，防止倒灌现象的发生；还可以依靠泡沫的黏滞性携带固体颗粒。

3. 矿物的泡沫浮选

矿物的浮选法是指利用矿物表面疏水-亲水性的差别从矿浆中浮出矿物的富集过程，也叫作浮游选矿法。基本原理是借助气泡浮力浮游矿石，实现矿石和脉石分离(图5-21)。

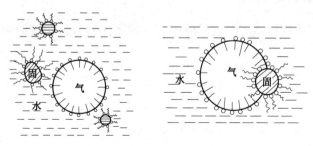

○— 发泡剂;　○— 捕集剂

图5-21　矿物浮选示意图

起泡剂的作用是产成大量的泡沫，使有用矿物有效地富集在空气与水的界面上，并防止气泡并聚、延长气泡在矿浆表面的存在时间。

4. 消泡作用在发酵工业中的应用

在利用微生物生产抗菌素、维生素等药品和酒类、酱油等食品的过程中，不可避免地会产生泡沫。泡沫对微生物的培养极为不利，也会妨碍菌体的分离、浓缩和制品的分离等后续工序，因此必须尽量防止泡沫的产生并尽快消除已产生的泡沫。消除发酵过程中起泡最有效的方法是加入消泡剂，起到抑制泡沫生成和消除泡沫的作用。

5.5　洗涤和去污作用

表面活性剂在日常生活中最为人所知，且与人们生活起居最密切相关的作用即其洗涤与去污作用。各种日化产品包括洗衣粉、洗衣液、洗手液、洗洁精、洁厕液等。从广义上讲，洗涤是从被洗涤对象中除去不需要的成分并达到某种目的的过程。通常意义是指从载体表面去污除垢的过程。在洗涤时，通过一些化学物质(如洗涤剂等)的作用以减弱或消除污垢与载体之间的相互作用，使污垢与载体的结合转变为污垢与洗涤剂的结合，最终使污垢与载体脱离。

然而实际进行的洗涤过程往往要复杂得多。分散体系是复杂的多相分散体系，而被洗涤的对象要清除污垢是不同性质的表面界面环境而且性质各异，因此洗涤是一个十分复杂的过程。这里主要介绍洗涤过程中的一些基本理论和表面活性剂的基本应用。

在清洗过程中从清洗材质表面去除的杂质统称为污垢。在不同情况下污垢的种类存在很大差别，情况很复杂只能对具体情况做具体分析，因此有必要对污垢进行分类研究。

按形状分：

①颗粒状污垢。如固体颗粒、微生物颗粒等以分散颗粒状态存在的污垢。

②液体状污垢。如油脂和高分子化合物在物体表面形成的膜状物质，也称覆盖膜状污垢，这种膜可以是固态的，也可以是半固态或流态的。

③无定形污垢。如块状或各种不规则形状的污垢，它们既不是分散的细小颗粒，又不是以连续成膜的状态存在。

④溶解状态的污垢。如以分子形式分散于水或其他溶剂中的污垢。

以不同形状存在的污垢其去除过程的微观机理有很大差别。如固体颗粒状态的污垢与液体膜状污垢在物体表面的解离、分散及去除的机理都大不相同。

5.5.1 液体油污的去除

液体油污的去除主要依靠洗涤液对固体表面的优先润湿，通过油污的"卷缩"机理实现的(图5-22)。

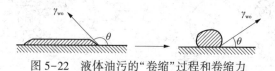

图5-22 液体油污的"卷缩"过程和卷缩力

洗涤的第1步是洗涤润湿固体表面。水能较好地润湿天然纤维，而对人造纤维润湿较差，凡是临界表面张力小于洗涤表面张力的固体，均不能被洗涤液润湿。事实上洗涤液的表面张力很低，绝大多数固体表面均能被润湿。若在固体表面已黏上污垢，即使完全被覆盖，其临界表面张力一般也不会低于30mN/m，一般的表面活性剂溶液也能很好地进行润湿。纤维的表面比同样原料的表面要粗糙很多，因此其临界表面张力也被拉高，所以纤维很容易被表面活性剂润湿。

洗涤的第2步是液体油垢从已润湿的固体表面被洗涤剂取代下来。液体污垢的去除是通过"卷缩"实现的(图5-23)。而这一机理通常被称为卷缩机理。液体油污铺展于固体表面上，在洗涤液优先润湿作用下，逐渐卷缩成油珠，最后被冲洗离开表面。克令(Kling)和兰吉(Lange)详细地研究了油滴的卷缩脱除过程。在固体表面上的油膜有一接触角 θ，油-水、固-水和固-油的界面张力分别以 γ_{ow}、γ_{sw} 和 γ_{so} 表示。在平衡条件下满足下列关系式：

$$\gamma_{sw} = \gamma_{so} + \gamma_{ow}\cos\theta$$
$$\gamma_{so} = \gamma_{sw} + \gamma_{ow}\cos\theta$$

若在水溶液中加入表面活性剂，由于表面活性剂易吸附于固-水界面和水-油界面，于是 γ_{sw} 和 γ_{ow} 降低。为了维持平衡，$\cos\theta$ 负值变大，即 θ 角变大。当 θ 角接近180°，即表面活性剂水溶液完全润湿固体表面时，油膜便变为油珠而离开固体表面。可见，当液体油污与固体表面的接触角 $\theta = 180°$ 时，油污可自动地离开固体表面。若 $90° < \theta < 180°$，油污不能自动地脱离固体表面，但在液相流体的水力冲击下可能被完全带走。当 $\theta < 90°$ 时，即使在液向流体的水力冲击下，仍会有一小部分油污残留于固体表面上。为除去此残留油污，则需要更多的机械功，或增大表面活性剂的浓度。图5-23则是不同接触角的油污去除示意图。

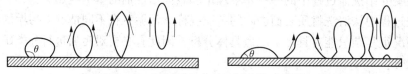

图5-23 不同接触角的油污去除示意图

此外，去除液体油污的机理还有增溶作用机理和乳化作用机理。液体油污的被增溶程度与表面活性剂的结构、在溶液中的浓度和温度有关。许多表面活性剂的洗涤力与乳化作用无直接关系，所以乳化机理去除油垢和抗再沉积机制就显得软弱无力。如果增溶效应足够强，那么表面活性剂溶液和油污的界面会尽可能地增大到最大值，此时，以减少固体表面与油污界面的接触来实现去污效果则主要靠卷缩作用来实现。一旦油污液珠在溶液中形成，其界面面积将增大以加速增溶过程进行，或者油污液珠通过吸附到更多的表面活性剂而实现自身乳化，从而稳定地存在于洗液中，达到去污目的。

但是乳化机理存在一个重要症结，即大多数洗涤用表面活性剂都不是很好的乳化剂，所以乳化后的油污液珠不能稳定地存在，会很快地聚集或再沉积下来。近年来有报道称增加能量可克服这种洗涤乳化体系的不稳定性，但其机制还不是十分明确，尚有待进一步研究。和其他乳化过程一样，卷缩过程通常也需要加入辅助能量，如加热和搅拌等。

5.5.2　固体污垢的去除

固体污垢的去除作用主要是由于表面活性剂在固体污垢及待洗物体表面进行的吸附，而表面活性剂的作用，主要体现在它们在固体表面 S 与固体污垢 P 固–固界面上铺展过程中。图 5-24 是表面活性剂在固体污垢去除中的润湿作用。

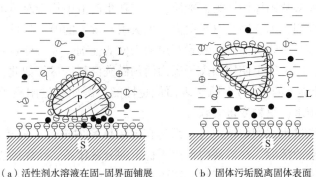

（a）活性剂水溶液在固–固界面铺展　　（b）固体污垢脱离固体表面
图 5-24　表面活性剂在固体污垢去除中的润湿作用

固体污垢在固体表面上的黏附不像液体污垢那样铺展成片，往往仅在较少的一些点与固体表面进行接触及黏附。固体污垢的黏附主要是范德华力的作用，其他如静电力等作用则很微弱。静电引力可以加速灰尘在固体表面上的黏附，而不能增大黏附强度。固体污垢微粒在固体表面的黏附强度，一般随时间推移而增强，在潮湿空气中黏附强度高于在干燥空气中，在水中的黏附强度较在空气中显著减小。

固体污垢的去除，主要靠表面活性剂在固体污垢微粒和固体表面上的吸附。在洗涤过程中，首先是洗涤液对污垢微粒和固体表面进行润湿，在水介质环境下，于固–液界面处形成扩散双电层。因污垢和固体表面所带电荷的电性一般相同，所以两者之间发生排斥作用，使黏附强度减小，进而实现去污作用。

洗涤液能否润湿污垢微粒和固体表面，可从洗涤液在固体表面的铺展情况来考虑。铺展系数 S_{ws} 由下式表示：

$$S_{ws} = \gamma_s - \gamma_{sw} - \gamma_w$$

当 $S_{ws} > 0$ 时，洗涤液能在固体污垢微粒和固体表面上铺展，由于能够铺展，则必然浸湿。一般已被沾污的物体如器皿、纺织品等，不易被纯水润湿，这是因为固体的表面张力 γ_s 相当低，而水–固界面的界面张力 γ_{sw} 和水的表面张力 γ_w 相对高得多的缘故，根据上式可知此时 $S_{ws} < 0$，即难以润湿。如果在纯水中加入表面活性剂，由于表面活性剂在固–液界面和液体表面发生吸附，于是使 γ_{sw} 和 γ_w 显著下降，这时 S_{ws} 可能从小于零变成大于零，即洗涤

液能很好地润湿污垢微粒和固体的表面。

在液体中固体污垢微粒在固体表面的黏附功为：

$$W_a = \gamma_{s1w} + \gamma_{s2w} - \gamma_{s1s2}$$

式中，W_a 为污垢微粒在固体表面的黏附功；γ_{s1w}、γ_{s2w}、γ_{s1s2} 分别为固体-水溶液、微粒-水溶液和固体、微粒界面上的界面自由能。若表面活性剂分子与溶液中的固体和微粒发生固-液界面吸附，那么 γ_{s1w} 和 γ_{s2w} 势必降低，于是黏附功 W_a 变小。可见，由于表面活性剂的吸附，使微粒在固体表面的黏附功降低，从而污垢微粒易于从固体表面除去。

此外，由于表面活性剂在固-液界面上吸附，可使固-液界面形成双电层。一般污垢微粒和固体表面都呈电负性，于是在微粒与固体表面之间产生静电排斥，从而减小它们之间的黏附功，甚至完全消除，导致污垢去除。还有一点需要指出的是，水还会使固体膨胀，进一步降低污垢微粒-固体表面的相互作用，有利于污垢的去除。然而在许多情况下，尽管表面活性剂在固-液面上吸附，但 γ_{sw} 和 γ_w 减小不足以使 $S_{ws}>0$ 时，若对洗涤液施加以外力，使其做强大的机械运动，液体冲击微粒污垢也可去除污垢微粒。

通常所遇到的大多数固体污垢为矿物质，它们在水溶液中均带有负电荷，若在洗涤液中加入阳离子表面活性剂，则会因静电吸引而发生吸附，微粒的电荷降低，甚至被中和，不利于污垢的去除；只有在固体表面形成吸附双层的表面活性剂，才可能达到去除污垢和抗再沉积的作用。因此在实际中很少使用阳离子表面活剂做洗涤剂。尽管如此，阳离子表面活性剂在固体表面(如在纤维上的吸附)会赋予表面优越性能。例如通过阳离子在固体表面上的吸附，可使表面变得拒水，织物变得柔软。

另外大多数洗涤过程，例如槽洗等，都是在封闭体系内进行，经常会发生下面的情况：从固体表面洗脱下来的污垢，在溶液内形成不稳定的分散体系。污垢的胶体粒子往往能再沉积于固体表面上，这种现象称为再沉积。液体油垢的去除是通过油垢被增溶而实现的，增溶体系在热力学上是稳定的，所以油性污垢经增溶去除后，再沉积作用很小。而固体污垢不能被增溶，污垢从固体表面除掉后，形成不稳定的分散体系，为防止再沉积，必须采取相似的措施防止再沉积。通常离子型表面活性剂在固体表面吸附，使污垢粒子形成稳定的胶体粒子，且在粒子表面形成双电层，而在固体表面同样形成双电层，两双电层起排斥作用，从而阻止污垢粒子在固体表面再沉积。而非离子表面活性剂则通过形成空间阻碍(即方位阻碍)或减小熵值来阻止再沉积，但这种作用可能低于水体系中产生的静电排斥作用。

影响洗涤效果的因素有：

①表面张力。大多数优良的洗涤剂溶液均具有较低的表面张力和界面张力。这对于润湿性能是有利的，也有利于油污的乳化。因此，表面张力是洗涤中的重要因素。但阳离子表面活性剂除外，因为它使表面疏水，更容易黏附油污。

②增溶作用。文献表明，表面活性剂胶团对油污的增溶作用可能是从固体表面去除少量液体油污的主要机理。去除油污的增溶作用，实际就是油污溶解于洗涤液中，从而使油污不可能再沉积，大大提高了洗涤效果。

③吸附作用。表面活性剂在污垢及被洗表面上的吸附性质，对洗涤作用有重要影响。对于液体污垢，它可导致界面张力降低，有利于油污的去除。也使形成的洗涤(加污垢)乳液更加稳定，不会产生污垢再沉积。

④表面活性剂疏水基长度。一般来说疏水基链越长其洗涤性越好。

⑤乳化和起泡乳化作用在洗涤过程中是相当重要的。因此，一定要使用高表面活性的表

面活性剂，以最大限度地降低界面张力，这样可使乳液更加稳定，油污不会返回表面。

在某些场合，泡沫有利于去除油污。但现代洗涤剂希望低泡或无泡，以便于洗衣机洗涤使用，在易漂洗的同时也能很大程度上节约洗涤用水。

洗涤剂浓度与被洗涤物质白度关系见图 5-25。

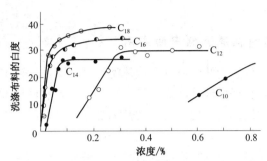

图 5-25　洗涤剂浓度与被洗涤物质白度关系图

因受污垢和表面活性剂之间复杂作用的影响，表面活性剂的洗涤能力与其化学结构之间的关系十分复杂。对于液体油性污垢的去除过程，由于油性污垢的去除过程主要都是服从增溶机理，因此凡是有利于提高增溶空间结构的表面活性剂都能很好地增溶油污并将其去除。其余的过程则具有相类似的特性，如去污过程符合乳化机理，HLB 值满足有利于乳化作用的表面活性剂去污能力越强。非离子表面活性剂在低浓度下去除油污能力和防止油污再沉积能力高于具有类似结构的阴离子表面活性剂，原因是非离子表面活性剂的 CMC 很低。

处于固-液界面上被吸附的表面活性剂分子的方向性对洗涤起重要作用。在洗涤过程中，表面活性剂发生定向排列，其亲水基朝向水相，以利于除去污垢和防止再沉积。因此，洗涤液中表面活性剂的洗涤行为与固体表面极性基以及表面活性剂的离子性质有密切关系。而表面活性剂分子在固体表面上的吸附程度和定向排列方式对表面活性剂在洗涤过程中的行为影响非常大。因此可以通过改变表面活性剂的结构来改善洗涤能力。同时，碳氢链长的增大也会提高表面活性剂的去污能力。另外，具有支链和亲水基团处于碳链中间的表面活性剂其洗涤能力较低。而对于给定碳原子数和端基的表面活性剂，当碳链为直链结构而亲水基团处于基端位置时，可具有最大的洗涤能力。通常随着亲水基自身长度的增大并逐渐从链中间向基端移动，表面活性剂的洗涤能力渐渐增强。但是如果链长过大，洗涤能力因表面活性剂溶解性降低的缘故，洗涤效果反而会下降。

当洗涤液中存在高价态的阳离子和其他电解质时，表面活性剂的溶解度降低，从而影响洗涤能力，达不到最佳洗涤效果。在这种情况下，亲水基团位于碳链内的表面活性剂则具有较高的洗涤能力。

同时，表面活性剂亲水基的属性对洗涤能力也有很大影响。以饱和碳链为例，当其被包围时，可影响吸附的定向排列，从而影响洗涤能力。对一些非离子表面活性剂如含聚氧乙烯类，聚氧乙烯链增大，固体表面吸附效应减小，从而导致洗涤能力下降甚至消失。而当聚氧乙烯链插入疏水基和阴离子基团之间时，这种洗涤剂的洗涤特性则明显优于没有嵌入聚氧乙烯链的其他洗涤剂。

综上所述，表面活性剂结构与洗涤剂之间的关系可以概括为以下几个方面：

①在溶解度允许的范围内，表面活性剂的洗涤能力随疏水链增大而提高。

②疏水链的碳原子数给定后，直链比支链的表面活性剂有更大的洗涤能力。

③亲水基团在端基上的表面活性剂较亲水基团在链内的表面活性剂洗涤效果好。

④对于非离子表面活性剂来说，当其浊点稍高于溶液的使用温度时，可达到最佳的洗涤效果。

⑤对于聚氧乙烯型非离子表面活性剂来说，聚氧乙烯链长度的增大，反而导致洗涤能力下降。

5.5.3 表面活性剂在洗涤剂中的应用

我们常见的洗涤剂可分为粉状洗涤剂和液体洗涤剂，液体洗涤剂多见于餐具洗涤剂、洗发香波、重垢液体洗涤剂、轻垢液体洗涤剂等日化产品；粉状洗涤剂最常见为洗衣粉。洗涤剂也有民用和工业之分。但无论如何，表面活性剂都是洗涤剂配方中的主要组分，是既有亲油基又有亲水基的两亲性化合物。

洗涤剂的分类也有很多，根据它们在水溶液中分解离子的情况，通常可将洗涤剂分为阴离子型、阳离子型、两性离子型以及非离子型洗涤剂。目前市场上还可见所谓的合成洗涤剂，那其实是在洗涤剂基础上添加助洗剂混合而成的。

1. 阴离子表面活性剂

阴离子表面活性剂在各类洗涤剂中应用最广。通常衣物漂洗、餐具洗涤等一般性洗涤都是使用阴离子表面活性剂作为洗涤剂。在这其中，广泛使用的表面活性剂主要有以下几类：

（1）脂肪酸盐（肥皂）

脂肪酸盐是我们最熟悉的洗涤剂，它的功能比较广泛，能够洗涤各类衣物、清洁皮肤、毛发等。这种传统的洗涤剂随着洗涤剂概念的细化以及自身的一些缺陷如在含钙、镁离子比较丰富的硬水环境中活性降低，对皮肤刺激性较大等，正逐渐被新型洗涤剂所替代。目前脂肪酸钠主要在粉状洗涤剂中用作泡沫调节剂，在重垢液体洗涤剂中与其他表面活性剂配合使用，其作用为洗涤时先与碱土金属离子结合，充分发挥其他表面活性剂的性能。

（2）高碳脂肪酸甲酯磺酸盐（MES）

对硬水敏感性低，具有良好的钙皂分散能力和较好的去污能力，对人体毒害作用小且生物降解性好，在配方中加入 MES，特别适宜在高硬度水中和低温环境下进行洗涤。用天然原料生产的 MES，因其优良性能正日益为人们所重视。MES 可以用作块状皂、粉状皂以及液体洗涤剂等的配制。

（3）脂肪醇聚氧乙烯醚硫酸盐（AES）

具有较强的抗硬水性和流体稳定性，其泡沫稳定去污能力强，与皮肤的相容性好，广泛用于餐具洗涤剂、洗发香波、泡沫浴、呢绒洗涤剂、重垢液体洗涤剂等各种液体洗涤剂中。为了增强去污功效，通常使其与 LAS 复配。

（4）直链烷基苯磺酸盐（LAS）

烷基苯磺酸钠是洗衣粉的主要配制成分，作为洗涤剂中不可或缺的一种表面活性剂，它具有较强的去污能力和良好的溶解度，同时泡沫性质优良易于进行生物降解，并可用调节剂进行控制。针对传统脂肪酸盐在硬水中可产生大量的钙镁盐沉积在衣物上有时会伤及衣物的问题，通过加入适当的离子交换剂或螯合剂，烷基苯磺酸钠可以克服上述洗涤弊端，而达到令人满意的洗涤效果。

当前烷基苯磺酸钠的制备工艺成熟，价格也比较便宜。同时具有较强的兼容性，能与其他表面活性剂进行复配使用，产生丰富泡沫，是全世界范围内使用最广、用量最多的洗涤剂成分。

（5）α-烯基磺酸盐（AOS）

对于那些含碳原子在 14～18 之间的 α-烯基磺酸盐，它们具有抗硬水性好、去污能力强、泡沫稳定性好等优点，近年来受到普遍重视，广泛用于液体和粉状洗涤剂中。同时其对人体刺激性小，环保易降解，也应用于某些特殊的领域，另外值得一提的是 α-烯基磺酸盐是配制重垢液体洗涤剂的理想成分。

（6）仲烷基磺酸盐（SAS）

仲烷基磺酸盐是性能稳定的表面活性剂，它们通常不会水解，具有良好的润湿性，对皮肤刺激性小、去污能力强、环保性能好，因此主要用来配制液体洗涤剂、洗衣粉。总地来说，SAS 的洗涤剂性质类似于直链烷基苯磺酸盐，但溶解度比 LAS 大。

（7）烷基硫酸盐（AS）

烷基硫酸钠也是洗涤剂中的主要成分之一，它是具有良好分散力和乳化力的阴离子型表面活性剂。常作为重垢织物洗涤剂用于洗掉毛、丝织物或地毯上的污物；也可作为轻垢液体洗涤剂用来配制如洗发香波、洗碗精、牙膏清洗剂等，又称脂肪醇硫酸钠。

2. 阳离子表面活性剂

使用主要成分为阳离子表面活性剂的洗涤剂，可以同时起到织物柔软剂、抗静电剂、杀菌剂和专用的乳化剂等多种作用。一些兼具洗涤和柔软功能的特种洗涤剂其成分就是由阳离子型表面活性剂和非离子型表面活性剂配合而成的，另外一些很好的抗静电物质同时还可以起到杀菌消毒作用，因此可作为贴身衣物的洗涤后续处理用剂，如烷基二甲基苄基氯化铵。最近阳离子表面活性剂洗涤剂的用量在持续增长，其中多数是含氮的阳离子型表面活性剂。

3. 两性离子表面活性剂

这类表面活性剂兼具阴离子和阳离子两种基团，因此既有阴离子表面活性剂的洗涤作用，又具有阳离子表面活性剂对织物的柔软作用。两性离子表面活性剂不仅具有良好的去污性能，而且调理性好，适宜做泡沫清洗剂，常用于个人卫生用品和特种洗涤剂（如丝毛织物专用洗液）中。它们对皮肤刺激性小，有较强的杀菌能力和发泡能力，通常价格不菲。

4. 非离子表面活性剂

非离子表面活性剂大多是环氧乙烷和疏水物的加成物。它们在水溶液中不会离解成带电的阴离子或阳离子，而是以中性非离子分子或胶束状态存在。这类表面活性剂近年来也发展了多种系列产品：

（1）脂肪醇聚氧乙烯醚（AEO）

非离子表面活性剂最典型的代表是脂肪醇聚氧乙烯醚（AEO）。这类物质可添加于粉状和液体洗涤剂中。它对纤维类织物具有普遍的去污能力，可在远低于室温条件下进行清洗并具有极高的洗涤效率，少量的 AEO 就可具备较强的去污能力和污垢分散力，并且清洁作用持久，使污垢不易继续附着。这种洗涤剂抗硬水性强并且无磷环保，是新型洗涤剂的代表，这些年在洗涤工业中的用量增长很快。

（2）烷基酚聚氧乙烯醚（APE）

烷基酚聚氧乙烯醚也是较常见的非离子表面活性剂，是各类粉状和液体洗涤剂的主要配方。其中以加成 5～10 环氧乙烷的辛基酚或壬基酚衍生物比较常见。这类表面活性剂在洗涤剂中的用量目前正在下降，主要是因为它们的生物降解性较差，不符合当前绿色环保的研发原则。

（3）脂肪酸烷醇酰胺（FAA）

脂肪酸烷醇酰胺是洗涤剂常用的活性组分，它们经常在发泡剂和高泡洗涤剂中使用以增加泡沫厚度、黏度和稳定性；在配置洗发香波、餐具洗涤液时，将 FAA 与其他的表面活性剂进行复配可以有效提高产品的去污能力。

（4）烷基糖苷（APG）

烷基糖苷是一种新型表面活性剂，出现于 20 世纪 90 年代。这种被广泛关注的表面活性剂特点是泡沫丰富，去污能力强，能和多种类型的表面活性剂相配伍，无毒无刺激性并且具有高表面活性。同时它们的生物降解性迅速彻底，具有良好的环保特性。因此被认为是最适宜替代 LAS 及醇系表面活性剂的新一代洗涤用表面活性剂。

近年来随着洗涤技术的不断发展，要求表面活性剂要有广泛的使用范围。但需要指出，没有任何一种表面活性剂能够适应所有洗涤的需要。只能将各种功效的表面活性剂进行复配从而增强其性能。在实际生产中，不但要考虑其洗涤效果，还需考虑经济成本、生态影响以及是否对人体有害等。总之，只有深入了解各种类型洗涤剂的性质，不断地进行新材料和新功能的探索，才能更好地将其利用。

5.6　分散与絮凝作用

表面活性剂的分散是指将固体以微小粒子形式分布于分散介质中，形成具有相对稳定性体系的过程。Ostward 根据分散相粒子的大小对分散体系进行了分类：

①粗分散体系：质点大于 $0.5\mu m$，不能透过滤纸。包括悬浮体（分散相为固体）和乳状液（分散相为液体）。

②胶体分散体系：质点为 $1\sim500nm$，可以透过滤纸，但不能通过半透膜。若分散相为疏液性固体，则称之为溶胶。

③分子分散体系：质点小于 1nm，可以通过滤纸和半透膜。

可使固体微粒均匀、稳定地分散于液体介质中的低分子表面活性剂或高分子表面活性剂统称为分散剂（dispersing agent，dispersant）

絮凝：分散相粒子以任意方式或受任何因素的作用而结合在一起，形成有结构或无特定结构的集团的作用称为聚集作用（aggregation），形成的这些集团称为聚集体，聚集体的形成称为聚沉（coagulation）或絮凝（flocculation），用于使固体微粒从分散体系中聚集或絮凝而使用的表面活性剂称作絮凝剂（flocculanting agent，flocculant）。

5.6.1　表面活性剂对固体微粒的分散作用

固体微粒在液体介质中的分散过程一般分为 3 个阶段：

1. 固体粒子的润湿

也称之为粉体的润湿，这是分散最基本的条件。用液体润湿粉末是固-气界面取代的过程。当发生完全润湿时，粒子间隙和离子孔中的气体也将被液体取代。固体表面的粗糙性及不均匀性将影响润湿作用。润湿过程的推动力可以用铺展系数 $S_{L/S}$ 来表示。通常而言，表面活性剂会在介质表面发生定向吸附，使 γ_{LG} 和 γ_{SL} 降低。在水介质中加入表面活性剂后，往往容易实现对固体粒子的完全润湿。

$$S_{L/S} = \gamma_{SG} - \gamma_{SL} - \gamma_{LG} = \gamma_{LG}(\cos\theta - 1) \geqslant 0$$

2. 粒子团的分散和碎裂

这一过程要使粒子团分散或碎裂即实现粒子团内部的固固界面分离。在固体粒子团中往往会产生缝隙，另外粒子晶体因其内部应力作用也会产生轻微缝隙，粒子团的碎裂就发生在这些地方。可以将这些微缝隙视为毛细管，将粒子团的分散与碎裂过程视为毛细渗透来处理。渗透过程的驱动力是毛细管力 Δp；用 θ 代表液体在毛细管壁的接触角，则驱动方程可表述为：

$$\Delta p = 2\frac{\gamma_{LG}\cos\theta}{r} = 2\frac{\gamma_{SG} - \gamma_{SL}}{r}$$

若固体粒子团为高能表面，则 $\theta<90°$，毛细管力会加速液体的渗透，加入表面活性剂能使 γ_{LG} 降低，因此有利于渗透的进行；若固体粒子团为低能表面，则 $\theta>90°$，毛细管力为负值，对渗透起阻碍作用，不利于聚集团簇的破裂和分散。

根据杨氏方程 $\gamma_{SG} - \gamma_{SL} = \gamma_{LG}\cos\theta$，当表面活性剂加入后会吸附在液体表面使 γ_{LG} 下降，同时表面活性剂在固液界面以疏水基吸附于毛细管壁上，亲水基伸入液体中，使固液界面的相容性得到改善，从而使 γ_{SL} 大幅下降。由于 γ_{LG} 与 γ_{SL} 的降低，接触角由 $\theta>90°$ 变为 $\theta<90°$，导致毛细管力由 $\Delta p<0$ 变为 $\Delta p>0$，从而加速了液体的缝隙渗透过程。

在粉体的湿润和分散过程中，另一重要因素是液体进入聚集体孔隙的渗透动力学因素，渗透速度快有利于分散作用。

表面活性剂的分散作用因表面活性剂的类型不同而有所不同，阳离子表面活性剂的分散过程是通过静电吸力吸附于缝隙壁上，但吸附状态不同于阴离子表面活性剂和非离子型表面活性剂。阳离子是以季铵盐阳离子吸附于缝隙壁带负电荷的位置上，而以疏水基伸入水相使缝隙壁的亲水性下降，从而使接触角增大甚至达到 $\theta>90°$ 的状态，导致毛细管力为负值，从而阻止液体的渗透。所以阳离子表面活性剂不宜用于固体粒子的分散。

以水为介质时，固体表面往往带负电荷，阴离子表面活性剂尽管也是带负电，但在固体表面电势不是很强的条件下，可通过范德瓦尔斯作用或通过镶嵌方式被吸附于缝隙表面，令表面带同种电荷而使排斥力增强，以及由渗透水产生渗透压共同作用使微粒间的结合强度降低，减少了固体粒子或粒子团碎裂所需的机械功，从而使粒子团被碎裂或使粒子碎裂成更小晶体，并被逐步分散在液体介质中。

非离子型表面活性剂也是通过范德瓦尔斯作用被吸附于缝隙间的。由于非离子型表面活性剂的存在，不能使其产生电排斥，但能产生熵斥力及渗透水化力，可使粒子团中的微裂缝之间的胶结强度下降而有利于粒子的碎裂。

另外在固-液界面上发生的定向吸附，可使固体微粒和分散介质的相容性得以改善，从而加速了液体在缝隙中渗透。

3. 分散体的稳定

无论用凝聚法或者分散法制备胶体和悬浮分散体系都需要让粒子形成前后的粒径大小保持不变，而粒子的聚集作用会对其存储和随即的处理过程带来困难。因此，需降低体系整体热力学不稳定度以及减小体系的界面能。由于界面能等于界面张力与界面面积的乘积，而为保持体系粒子形成时的尺寸亦即其界面面积不变，采取加入表面活性剂来降低界面张力从而降低整个界面能不失为一种行之有效的办法。图5-26是表面活性剂在粒子分散过程中的稳定作用。

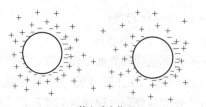
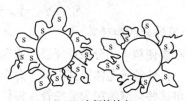

(a)静电斥力作用   (b)空间熵效应

图 5-26　表面活性剂在粒子分散过程中的稳定作用

5.6.2　表面活性剂的絮凝作用

絮凝是指液体中悬浮微粒集聚变大，或形成絮团，从而加快粒子的聚沉，以达到固-液分离为目的的现象或操作。分散体系中固体微粒的絮凝包括两个过程：①被分散粒子的去稳定作用；②去稳定粒子的相互聚集。絮凝作用的特点：絮凝剂用量少，体积增大的速度快，形成絮凝体的速度快，絮凝效率高。在浓度很低时就能使分散体系失去稳定性并且可提高其聚集速度而使之能够达到絮凝目的的药剂，称之为絮凝剂。它们主要应用于生活用水、工业用水和污水的处理。通常包括无机絮凝剂和有机絮凝剂。

絮凝剂分子需满足以下特点：能够溶解在固体微粒的分散介质中，并在高分子的链节上应具有能与固液粒子间产生桥连的吸附基团；絮凝剂大分子应具有线型结构，并有适合于分子伸展的条件；分子链应有一定的长度；固液悬浮体中的固体微粒表面必须具有可供高分子絮凝剂架桥的部位。

5.7　表面活性剂的其他功能

表面活性剂的其他功能表现在如下几个主要方面：

①抗静电作用：表面导电性增大，从而不易聚集静电荷。

②杀菌功能：主要使用阳离子和两性离子表面活性剂。

③柔软平滑作用：通过表面活性剂的吸附，降低纤维质的动、静摩擦因数，通过表面活性剂做暂时或永久性处理后，使织物的摩擦减弱，从而获得平滑柔软的手感。

④金属的防锈与缓蚀：其原理为在金属表面包覆一层保护层，以达到隔离和防止化学、电化学腐蚀的作用。缓蚀剂的特点是用量少、设备简单、使用方便、投资少且见效快。

下面将分别对表面活性剂的以上应用作详尽阐述。

（1）抗静电作用

在实际生产和生活中，抗静电剂被广泛地使用。静电现象是自然界中常见的现象，尤其在干燥的环境内，静电荷十分容易聚集并发生放电现象。这会对生活或者工业生产造成很大影响，如果不及时处理甚至会造成危害。抗静电剂就是将聚集的有害电荷导引（消除）使其不对生产和生活造成不便或危害的化学品（antistatic agent，ASA）。这类物质通常为白色粉状物，且不易溶于水。

根据用法的不同，表面活性剂作为抗静电剂主要有两种形式：外用和内用。外用型或局部的抗静电剂是通过擦搓、喷撒或浸渍而施于聚合物的表面。通常这种外用抗静电剂虽然适用范围很广，但它们的效力并不能持续很久，与溶剂接触经过一段时间或与其他物摩擦后，就很容易失掉。内用抗静电剂则是在聚合物加工时掺杂于其中，在免受被外界磨蚀的同时，也能够通过随时补充损失掉的电荷来达到抗静电的目的。通常来讲，内用抗静电剂具有长期的抗静电保护作用。

表面活性抗静电剂可分为阳离子型、阴离子型和非离子型。

阳离子抗静电剂通常是以氯化物作为平衡离子的长链烷基季铵盐或鏻盐。这些物质的抗静电效果并不强，通常仅为乙氧基化胺类等内用抗静电剂的 10%～20%。通过复配硬质聚氯乙烯和苯乙烯类聚合物等极性基质能够让阳离子型抗静电剂充分发挥作用，但这也会影响长链烷基季铵盐或鏻盐的稳定性。

阴离子抗静电剂是各种抗静电剂中种类最多的。通常是二硫代氨基甲酸或烷基磺酸、磷酸的碱金属盐。它们在苯乙烯类树脂和聚氯乙烯材料中应用较为广泛，其应用效果与阳离子抗静电剂相似。例如烷基磺酸钠已广泛应用于苯乙烯系树脂、聚氯乙烯、聚对苯二甲酸乙二醇酯和聚碳酸酯的静电防护中。此外脂肪酸、油脂和高碳脂肪醇等的硫酸化物，既有抗静电性能，也有柔软、润滑和乳化性能，其中以烷基磺酸的铵盐、乙醇胺盐的抗静电效力最为明显。

非离子型抗静电剂主要有脂肪酸聚乙二醇酯以及脂肪醇聚氧乙烯醚等。乙氧基化烷基胺也是很有效的抗静电剂，它可在相对干燥的条件下进行静电抑制作用，并且效果长久。人们通过改变其烷基链的长度和不饱和度研发出了多种类型的乙氧基化烷基胺抗静电剂，目前广泛地应用于聚丙烯、聚乙烯、ABS 和其他苯乙烯系聚合物中。

表面活性剂的抗静电机理为通过表面活性剂上的极性基团与材料表面作用中和掉材料所带的表面电荷，或在材料表面形成一层分子膜来消除静电。分子膜主要有以下两种作用：①有机亲油基形成的分子膜通过减少材料间的摩擦来疏散电荷；②极性亲水基形成的分子膜通过形成表面亲水性膜来消除静电。

对于纳米材料，表面活性剂不但可以吸附于纳米微粒表面而中和微粒的表面电荷，同时还能够在微粒表面形成可以消除、隔离电荷作用的一层分子膜，从而起到保护作用。

总结起来，影响表面活性剂抗静电效果的因素主要有以下两个方面：

①表面活性剂极性基团性质。表面活性剂极性基团极性越强，电荷作用越明显。存在于界面或微粒表面的表面电荷之间的库仑力就越大，也使表面活性剂在表面或界面的吸附量增大，对于离散出来的静电荷，可被瞬间吸附而发生中和，最终增强其抗静电效果。对于表面活性剂亲油基一样的情况，亲水基极性越强则体系的抗静电效果越好。

②表面活性剂亲油基结构。表面活性剂亲油基的结构可直接影响抗静电效果。表面活性剂在表面的吸附量越大、分子链越长的亲油基越易发生卷曲。因而会占用较大的空间，使其在表面的吸附量减少(这一规律也同样适用于支链亲油基上)，这同时也减弱了表面活性剂的抗静电效果。

(2)抗菌作用

在实际生产中，抗菌作用主要体现在阳离子和两性离子表面活性剂的使用。

季铵盐类阳离子表面活性剂是用作消毒剂的主要产品，目前它的品种丰富，可达数十种。季铵盐类消毒剂通过改变菌体细胞膜的通透性使菌体破裂，在其自身的表面活性作用下，将破裂的菌体聚集于细菌及病菌表面形成胶束状物质，再进一步干扰其新陈代谢使其蛋白质变性，造成细菌及病毒的代谢酶类失活，最终实现杀菌目的。为了避免季铵盐消毒剂较为单一的杀菌效果，在实践中经常会通过科学组方，并经过反复配比试验和效果检验，最终配制出具有良好杀菌效果的消毒产品。

季铵盐类消毒剂的消毒特点可总结如下：

①季铵盐类消毒剂的消毒效果通常在较高 pH 值条件下才能发挥出来，一般其在 pH 值为 8~10 时杀菌效果最为有效。当水环境的 pH=3 时则基本上失去其消毒作用。

②具有相对稳定的化学性质且消毒作用能够持续较长时间。根据这一性质，季铵盐可通过扩散作用使部分药物到达底层，即使当整体水文环境的动力学状态保持不变时，也能够对水底进行消毒。

③季铵盐类消毒剂易被各种物体表面所吸附进而实现一些"死角"部位的全面消毒。如平时很难进行清理的养鱼池池壁、池底、池角、饵料台等都是通过这种办法进行消毒。

季铵盐具有高效广谱、低毒易降解，投料方便等特点。同时与其他的水处理剂无相互干扰，因此被认为是工业上理想的杀菌灭藻剂。随着季铵盐类杀菌剂的不断更新，在近些年得到了更加广泛的关注。在经过长达 40 多年的工业生产实践以及各类化合物对特定菌藻危害的效果进行比对研究后发现，在控制较低的给药浓度时，十二烷基二甲基苄基氯化铵（洁而灭及 1227）、十六烷基氯化吡啶和洗必泰等季铵盐对工业用水中的铁细菌、异养菌和硫酸盐还原菌的杀灭率可达 99% 以上，是目前为止公认的最为理想的杀菌灭藻剂。

季铵盐不但可以杀灭工业循环水中的各种细菌，还能够作为冲击剥离剂，在各种大型循环冷却水系统中将吸附在设备器壁上的菌藻冲刷下来，进而将其杀灭，拥有其他杀菌灭藻剂所不及的独特特性。通过成功剥离这些附着在设备器壁上的菌藻，解决了菌藻污垢覆盖在热交换器管壁上造成热能损失、管道堵塞、腐蚀穿孔等一系列问题。从安全生产、节能减排的角度而言具有非凡的意义。

在造纸工业中，通常纸浆从制浆到造纸要经过很多工序因此耗时较多。在这段时间内，一些微生物将在储存容器中进行繁殖，使纸浆发酵从而造成腐浆。为了避免这种情况，工业上需要加入必要的阳离子表面活性剂或两性离子表面活性剂进行控制，这些物质就是所谓的防腐杀菌剂。其中最常见的就是十六烷基三甲基溴化铵（CTAB，属阳离子型）和烷基咪唑啉季铵盐（两性离子型）。

另外在废水处理过程中一定要经过灭菌、降低废液黏稠度等工序之后才能将废水排向外界，在这些工艺过程中也能找到阳离子表面活性剂的身影。由于需要经常处理所谓的污水"黑液"，蒸发设备的内壁经常会产生难以清理的污水水垢，造成设备的热效率降低并会缩短其工业使用寿命。因此必须使用脂肪酸聚氧乙烯酯、多聚磷酸钠、二乙基羟胺磷酸盐等抗结垢剂，在制浆工艺中可降低"黑液"黏度，减少结垢，加速蒸发。采用这种办法可以避免间歇酸洗法停机清洗而带来的耗时耗力、程序繁琐等问题。近些年随着科技的发展，人们又相继研发了聚丙烯酸钠、丙烯酸、马来酸酐共聚物盐等高分子抗结垢剂，这类抗结垢剂对水中多价金属离子具有明显的螯合作用，也能起到有效的防垢效果，可考虑在工业生产中大规模推广应用。

（3）柔软平滑作用

表面活性剂的柔软平滑作用体现在当其吸附于纤维表面后，能够形成紧密排列的定向单分子层，可防止纤维与纤维之间、纤维和机械之间的直接接触，减少它们之间的摩擦作用，能够使纤维的平滑性得以增加从而有效地消除和预防织物褶皱和纤维擦伤，其机理等同于润滑油增加金属间的润滑作用。人们习惯上将具有这种作用的物质称之为柔顺剂。

柔顺剂在印染、纺织等工业生产中具有广泛应用。如印染工业中一般要将织物经练漂处理后才可进行下一步的印染整理，这一过程会使织物柔顺度降低，从而摸上去手感比较粗糙。在织物经过印染之后，需使用柔软剂进行二次处理才可以使其获得持久的滑爽柔软手感。人们最早采用阴离子型表面活性剂作为柔软剂，但因织物纤维在水中可携带负电荷而与阴离子型表面活性剂发生作用，从而导致阴离子型柔软剂不易被纤维吸附，最终导致柔软效果受到影响。针对这一情况，人们研发了一些适用于纺织油剂中的柔软组分，如蓖麻油硫酸化物和磺基琥珀酸酯等。

非离子型柔软剂与纤维之间的吸附作用也比较弱，因此对合成纤维几乎没有任何柔顺作用。它们作为柔软剂常见于失水山梨糖醇脂肪酸单酯和季戊四醇脂肪酸酯在合成纤维油剂中作柔软平滑组分和纤维素纤维的后期整理，经过柔软作用后，纤维素纤维和合成纤维的摩擦系数被大大降低。非离子型柔软剂的柔软效果在松软和发涩之间，而且能够与阴离子型或阳离子型柔软剂合用，一般不会使染料变色，是一种较为温和的柔软剂。

阳离子型表面活性剂不仅可做杀菌剂、抗静电剂等，同时它也是良好的柔顺剂，但其不能与阴离子型表面活性剂合用，同时还会腐蚀金属、刺激皮肤、易褪色、不耐晒等。有些阳离子型表面活性剂甚至在溶解后还具有一定的毒性，因此阳离子型表面活性剂在做柔顺剂时常常受到限制。尽管如此，阳离子型表面活性剂还是具有良好的纤维附着特性以及优异的柔顺性能，主要用于织物的整理，是一种常用的柔顺剂。

近年来市场上还出现了新一代绿色柔顺剂产品。这些产品的主要成分是含有亲水性基团的表面活性剂，如酯基、烃基等。这些基团极易被微生物降解成一些小分子代谢物以及 C_{18} 和 C_{16} 脂肪酸等，极具环保概念，因此被称为绿色柔顺剂。

(4) 金属的防锈与缓蚀

尽管作为金属缓蚀剂的表面活性剂种类很多，但以阳离子型表面活性剂、非离子型表面活性剂及含多官能团的表面活性剂研究最为广泛。如前文提到的季铵盐型阳离子表面活性剂，不但可以用作金属缓蚀剂，同时还有杀菌作用，因此被广泛地应用于油田开采中钢制水管的缓蚀方面研究。此外，含有多个官能团的表面活性剂往往会有较强的缓蚀作用，并且常会兼具缓蚀、阻垢、杀菌等多种性能，这是由于这些官能团可在金属表面形成不溶性的螯合物膜所导致的。

表面活性剂浓度也是影响金属表面缓蚀效率的重要因素。缓蚀效率的最大值一般发生在吸附于金属表面的表面活性剂达到饱和浓度值的时刻。一些表面活性剂的缓蚀效率在体系达到临界胶束浓度附近而达到最大。

缓蚀作用也会受到疏水长链烷基性质的影响。但情况往往比较复杂，要从不同侧面进行分析。首先，当链长较短时烷基增多，碳链增长能够使表面活性剂在金属表面吸附形成的配位键更加稳定，能够提高其缓蚀效率。其次，当疏水碳链增长时也有助于提高缓蚀效率。这是由于疏水碳链增长增加了疏水层厚度，使氢分子、氧分子以及吸附层的金属离子扩散难度增大导致的。但当链长达到一定的程度，缓蚀效率会随着原子数的增加而缓慢下降。如果碳链过长产生所谓的"空间位阻"效应，体系吸附能力下降，从而使缓蚀效率降低。这种情况对于烷基上靠近极性端点附近的侧链来说其效应更加明显。综上所述，缓蚀作用效果直接与疏水基团的长链烷基的结构以及表面活性剂基团在金属表面的吸附强度相关。

下面分类介绍一下各种表面活性剂的缓蚀防锈作用：

①阳离子型表面活性剂。季铵盐表面活性剂往往除了可做杀菌剂、柔顺剂之外，还可以

作为缓蚀剂。实践中经常会看到人们利用环状季铵盐与炔醇以及非离子型表面活性剂复配后用来保护高压注水井中的钢内壁表面，或将其与 ClO_2 复配来抑制氧化孔蚀。以上实例均说明季铵盐与其他缓蚀剂复配后可增强其在金属缓蚀方面的能力。还有一种长链胺类的阳离子型表面活性剂，这类物质都带有较长的疏水碳链，并且仅在酸性溶液中溶解。因此，这种缓蚀剂被人们视为酸性介质条件下保护金属外层的理想物质。

②阴离子型表面活性剂。阴离子型表面活性剂也可以对金属的防锈以及缓蚀起到一定作用。如十一烷基硫酸钠就对硫酸中纯铝的点腐蚀具有缓蚀作用，同时它还可以在盐酸介质抑制碳钢阴极的腐蚀过程。多种实验可以证明，经复配后的阴离子表面活性剂缓蚀效果更为明显。

③非离子型表面活性剂。对于非离子型表面活性剂，特别是经过复配后的非离子表面活性剂，在金属缓蚀方面具有很好的效果。如脱水山梨糖醇脂肪酸酯与脱水山梨糖脂肪酸酯的聚氧乙烯衍生物复配后可有效地在弱酸性条件下抑制冷却水系统中钢管的腐蚀；A3 钢经月桂酰肌氨酸与钼酸钠复配后进行协同缓蚀保护后，其腐蚀率可降至 1% 以下。

第6章 Gemini 表面活性剂

6.1 概述

Gemini(双子型)表面活性剂是一种具有两亲结构的化学物质，如图 6-1 所示。从结构上分析，它们又相当于将两个普通表面活性剂分子以化学键的方式连接起来成为一个整体。Gemini 表面活性剂和传统表面活性剂有迥异的结构特征，从而决定了界面活性的差异。以离子型表面活性剂为例分析，离子型表面活性剂依靠碳氢链和氢链之间的联接能形成一定的驱动力，这种驱动力可以让离子在界面上自发吸附形成定向排列或者当浓度大于临界胶束浓度时分子聚集在一起形成胶束，但分子结构中电离离子头基之间如果带有同种电荷，它和离子头基在溶液中形成的水化层协同起来会阻止离子头基的进一步靠近，在这两种作用方向相反的力共同作用下，表面活性剂的离子基都存在特定的距离，在这个距离内两种力处于平衡状态，使得分子之间不可避免地存在间距，从而限制了表面活性的发挥。而对 Gemini 表面活性剂来说，虽然也存在两种反的力，但是离子头基却可以紧密地排列，因为在双子表面活性剂的分子结构中，存在化学键将联接基团连接在一起，这使得排斥力大大地削弱，结合力得到增强。因此，Gemini 表面活性剂是一组性能优异的表面活性剂，在气-液表面上吸附，降低表面张力，复配协同效应，在 kraff 点聚集生成胶团，润湿性和钙皂能力等方面具备普通表面活性剂未有的独特优势。

Gemini 表面活性剂的发现始于 1971 年，Bunton 等合成了一簇具有第一种两亲结构的化合物。日本 Osaka 大学教授于 1988 年合成一系列双烷烃链的表面活性剂，但是直到 1991 年，Emery 大学的 Menger 教授和同事合成了一种含有刚性联结基团双子表面活性剂，命名为 Gemini surfactants。

Gemini 型表面活性剂的连接基团分为柔性和刚性，聚亚甲基 $—(CH_2)_n—$ ，聚氧乙烯基 $—(C_2H_4O)_n—$ 等为代表的基团，它们是柔性的；一类是以 $—C≡C—$ 等为代表的基团，它们是刚性的。极性基团可以是阳离子型、阴离子型、非离子型。虽然大多数的 Gemini 表面活性剂结构对称，含有两个相同的极性基团，但含有不对称结构的 Gemini 表面活性剂(图6-1)。

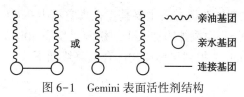

图 6-1 Gemini 表面活性剂结构

6.2 Gemini 表面活性剂的合成

1. 阳离子型 Gemini 表面活性剂
常见的合成反应方程式如下：

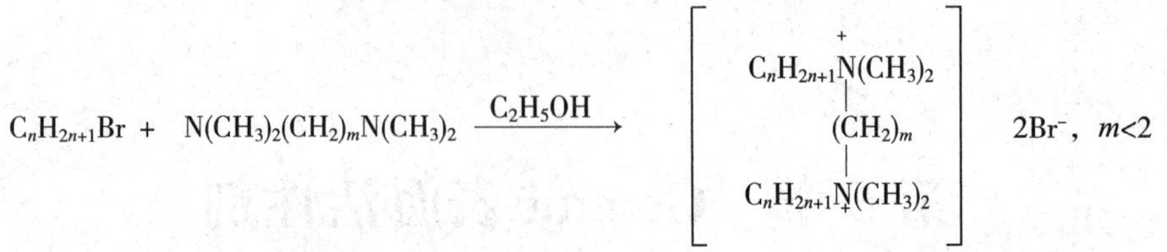

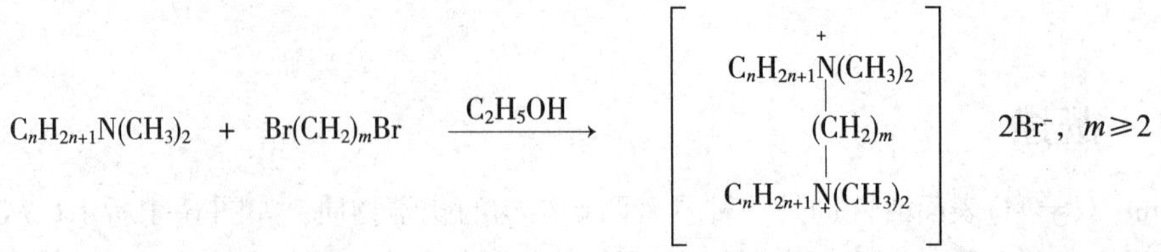

$$C_nH_{2n+1}Br \ + \ N(CH_3)_2(CH_2)_mN(CH_3)_2 \ \xrightarrow{\quad C_2H_5OH \quad} \ \begin{bmatrix} C_nH_{2n+1}\overset{+}{N}(CH_3)_2 \\ (CH_2)_m \\ C_nH_{2n+1}\overset{+}{N}(CH_3)_2 \end{bmatrix} \ 2Br^-, \ m<2$$

$$C_nH_{2n+1}N(CH_3)_2 \ + \ Br(CH_2)_mBr \ \xrightarrow{\quad C_2H_5OH \quad} \ \begin{bmatrix} C_nH_{2n+1}\overset{+}{N}(CH_3)_2 \\ (CH_2)_m \\ C_nH_{2n+1}\overset{+}{N}(CH_3)_2 \end{bmatrix} \ 2Br^-, \ m\geqslant2$$

关于连接基团含羟基的 Gemini 表面活性剂的合成在近几年已有所研究。在以环氧氯丙烷为连接基团的双子表面活性剂的合成过程中，由于目标结构中含有环氧结构，而环氧化合物在水中不稳定易水解，所以溶剂的选择是十分重要的。

$n-3OH-n(n=12，14，16，18)$型双子表面活性剂的合成是以不同烷基链长的叔胺分别与环氧氯丙烷和盐酸反应，反应中使环氧氯丙烷开环产生羟基。反应式如下：

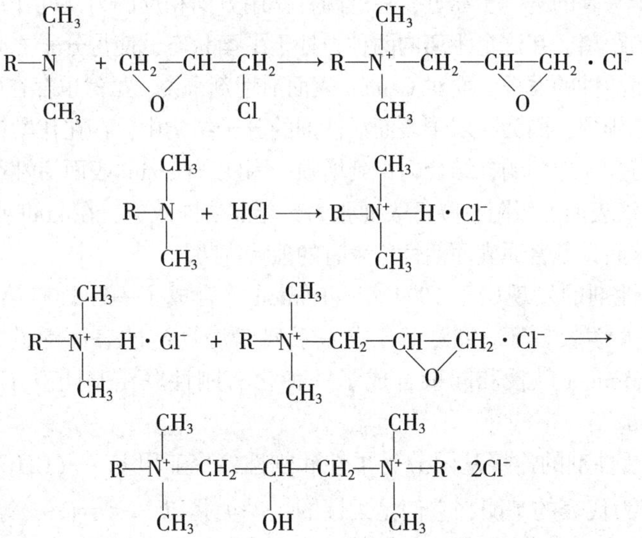

2. 阴离子型 Gemini 表面活性剂

(1)磷酸盐型 Gemini 表面活性剂

此类 Gemini 表面活性剂的获得方法主要是：在真空箱中在 0℃ 保持干燥无水环境下，让三乙胺和四氢呋喃混合充分，边搅拌边加入十二烷醇，反应 40min 后进行脱氢处理，完毕后在 NaOEt/EtOH 中反应 20min，得到目标产物。合成路线如下：

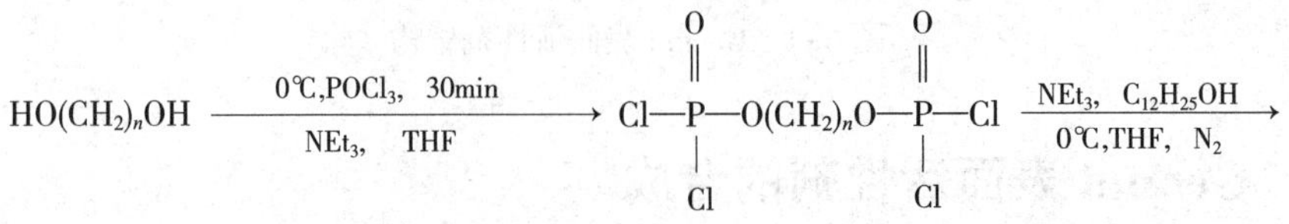

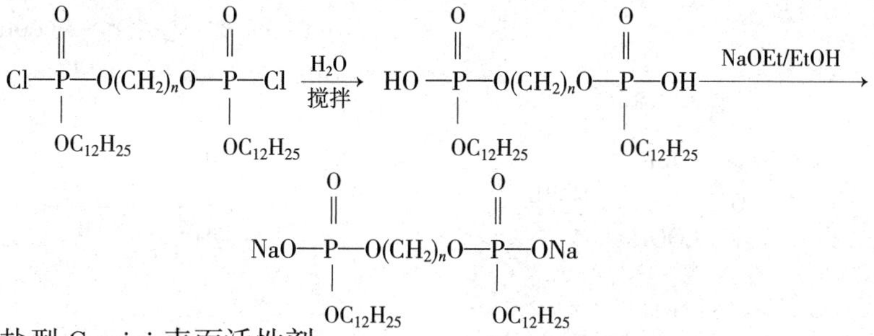

（2）羧酸盐型 Gemini 表面活性剂

此类表面活性剂常见的合成方法主要有 3 种。第 1 种方法是首先合成中间体二烃基化合物，再在 NaOH/CH$_3$OH 中加入溴乙酸处理 40min，即得到目标产物。合成路线如下：

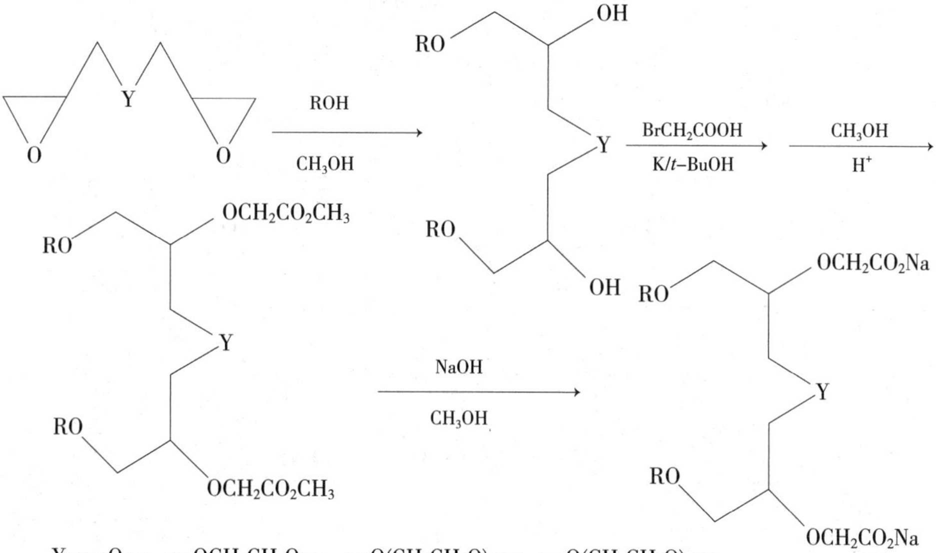

$$Y= \text{—O—}, \quad \text{—OCH}_2\text{CH}_2\text{O—}, \quad \text{—O(CH}_2\text{CH}_2\text{O)}_2\text{—}, \quad \text{—O(CH}_2\text{CH}_2\text{O)}_3\text{—}$$

第 2 种方法是利用取代反应原理让酒石酸衍生物分子发生取代反应，在分子中引入疏水链，水解得到合成产物。合成路线如下：

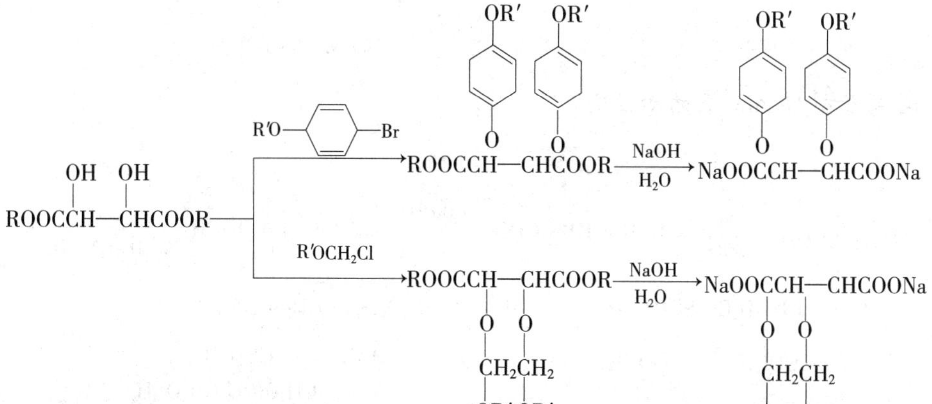

第 3 种方法是：第 1 步先合成中间体，第 2 步利用酯化水解反应原理，在 NaOH 作催化剂环境下反应 60min 制得，合成路线如下：

（3）磺酸盐类和硫酸酯盐类 Gemini 表面活性剂

153

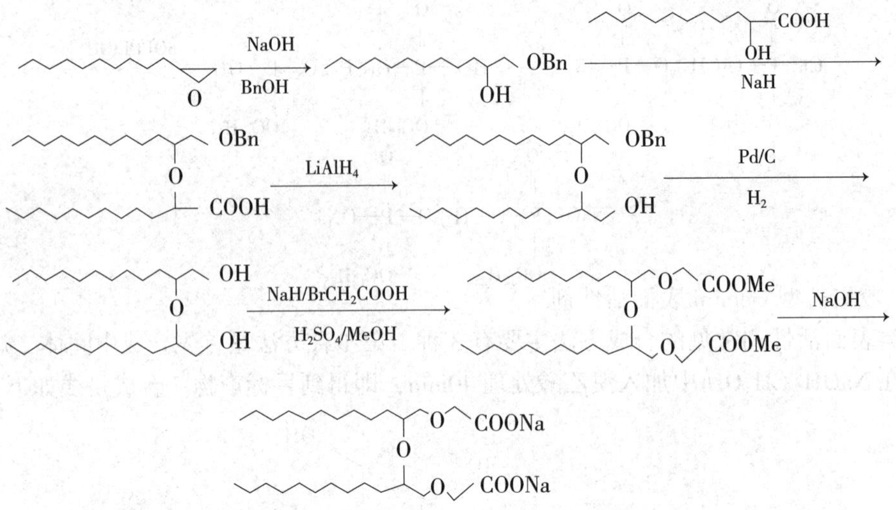

NaOH / BnOH →

LiAlH$_4$ →

Pd/C, H$_2$ →

NaH/BrCH$_2$COOH, H$_2$SO$_4$/MeOH →

NaOH →

主要合成反应如下：

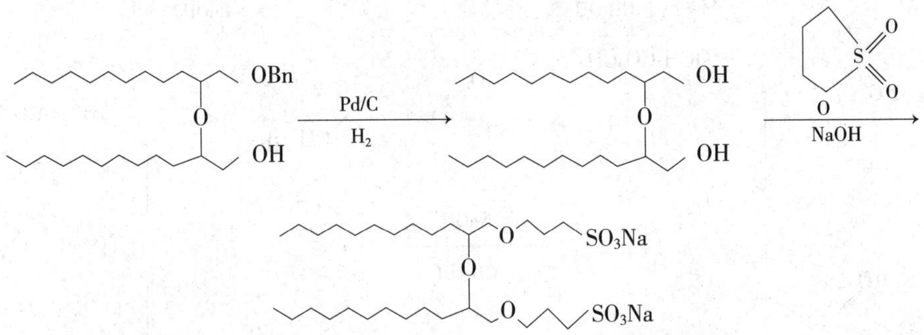

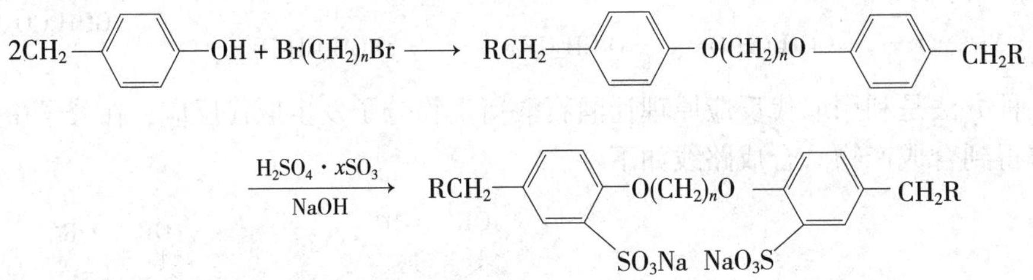

Pd/C, H$_2$ →

NaOH →

$2CH_2$—⟨C$_6$H$_4$⟩—OH + Br(CH$_2$)$_n$Br ⟶ RCH$_2$—⟨C$_6$H$_4$⟩—O(CH$_2$)$_n$O—⟨C$_6$H$_4$⟩—CH$_2$R

$\dfrac{H_2SO_4 \cdot xSO_3}{NaOH}$ RCH$_2$—⟨C$_6$H$_3$⟩—O(CH$_2$)$_n$O—⟨C$_6$H$_3$⟩—CH$_2$R, SO$_3$Na   NaO$_3$S

3. 非离子型 Gemini 表面活性剂

$$C_{11}H_{23}COOH \xrightarrow[SOCl_2]{Br_2} C_{10}H_{21}CHBrCOOH \xrightarrow{CH_3OH} C_{10}H_{21}CHBrCOOCH_3 \xrightarrow[DMF,\ NaCO_3]{\substack{CH_2SH \\ CH_2SH}}$$

$$\underset{\substack{| \\ COOCH_3}}{C_{10}H_{21}CHSCH_2CH_2SCH}\underset{\substack{| \\ COOCH_3}}{C_{10}H_{21}} \xrightarrow{LiAlH_4} \underset{\substack{| \\ CH_2OH}}{C_{10}H_{21}CHSCH_2CH_2SCH}\underset{\substack{| \\ CH_2OH}}{C_{10}H_{21}}$$

$$\xrightarrow[O]{2nH_2C-CH_2} \underset{\substack{| \\ CH_2O(CH_2CH_2O)_nH}}{C_{10}H_{21}CHSCH_2CH_2SCH}\underset{\substack{| \\ CH_2O(CH_2CH_2O)_nH}}{C_{10}H_{21}}\overset{CH_2O(CH_2CH_2O)_nH}{}$$

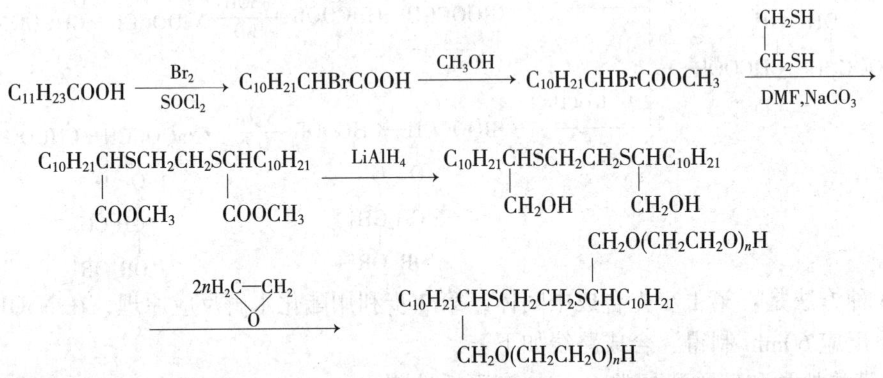

4. 两性离子型 Gemini 表面活性剂

$$R-OH + \underset{\underset{Cl}{\overset{O}{\parallel}}}{P} \overset{O}{\underset{O}{\diamond}} \longrightarrow \underset{\underset{R-O}{\overset{O}{\parallel}}}{P} \overset{O}{\underset{O}{\diamond}} \xrightarrow{R'NMe_2} R-O-\underset{\underset{O^-}{\overset{O}{\parallel}}}{P}-O-CH_2-CH_2-\underset{\underset{CH_3}{\overset{CH_3}{|}}}{N^+}-R'$$

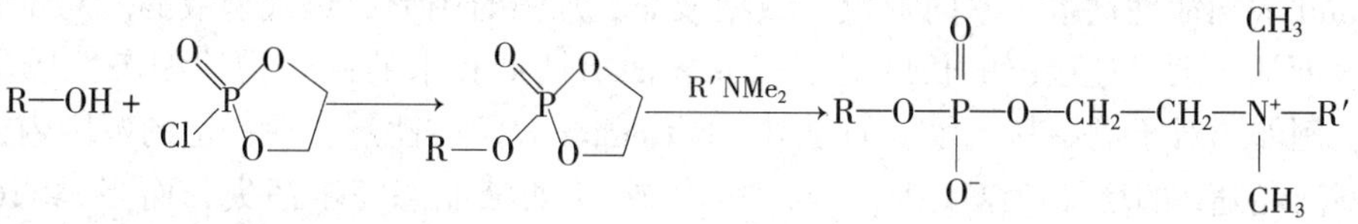

6.3 Gemini 表面活性剂的性质

1. 临界胶束浓度

疏水碳氢链间具有很强的相互作用，抑制了亲水离子头基之间因静电斥力所引起的分离，增强了疏水碳氢链之间的结合，使 Gemini 表面活性剂更容易聚集成胶束。Gemini 表面活性剂的临界胶束浓度值比相应的传统表面活性剂低 2~3 个数量级。对于 m-s-m（s 表示连接链长度，m 表示疏水链长）型 Gemini 表面活性剂（图 6-2），连接链 s 对 CMC 的影响呈非线性关系，当 $s=4\sim6$ 时，CMC 值达到最大。阳离子基团的 Gemini 表面活性剂 CMC 值随端基极性增加和连接链长度的减小而急剧降低。阴离子型表面活性剂比起相应的阳离子型表面活性剂的 CMC 值更低。

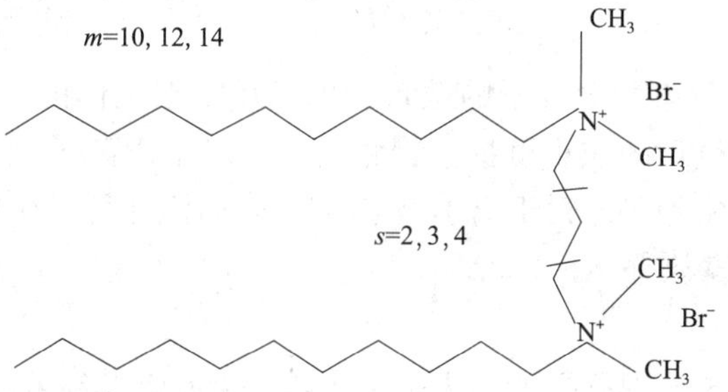

$m=10, 12, 14$

$s=2, 3, 4$

图 6-2　m-s-m 型的 Gemini 表面活性剂

2. 界面性质

Gemini 表面活性剂吸附方式主要由联接基团的限制作用与整个分子在相界面上的亲和作用所决定。亲和作用包括极性基团与水相的作用和非极性基团与油相或空气之间的作用。当限制作用大于亲和作用时，Gemini 表面活性剂将以直线型或近似直线型的方式吸附在界面或表面上；亲和作用占优势时，将以弯曲或环状不规则形式吸附在界面或表面上。

Manne 等从原子显微镜研究结果中初步认为，表面活性剂和固体表面的相互作用面积在很大程度上影响着表面活性剂吸附聚集体的形态。Gemini 表面活性剂在固/液界面上易形成比溶液中聚集体更低曲率的吸附聚集体。

3. 胶束形态

表面活性分子聚集泰德微观结构主要取决于分子构型和外部条件。分子构型包括侧烷基疏水长度、连接链的长度和韧性等；外部条件包括浓度、温度和溶剂极性等。若固定侧烷基疏水链和连接链的长度，表面活性剂聚集态的微观结构则取决于胶束/水界面的连接链构造和性质，如带有亲油性、刚性连接链的 Gemini 表面活性剂比带有亲水性、柔性连接链的胶束堆积更紧密。对于 m-s-m 型 Gemini 表面活性剂，随亚甲基连接链增长，其聚集态会发生一系列变化，从圆筒状胶束变化到球状胶束，再转化为囊泡结构。

4. 相行为

Gemini 表面活性剂溶于水时形成溶致型液晶，加热时则形成热致型液晶。对于 *m-s-m* 型 Gemini 表面活性剂，连接链的长度对于二元表面活性剂和水的混合物的相态性质具有很大的影响。例如，对于侧烷基疏水链 *m* 为 12 的 Gemini 表面活性剂，在一定的范围内，所形成的溶致型液晶随 *s* 的增加逐渐减少，当 *s* 为 10 或 12 时液晶态完全消失，而当 *s*≥16 时，溶致型液晶又重新出现。而侧烷基疏水链长度对相态的影响并不是很明显。在水–油–*m-s-m* 表面活性剂三相体系中，相图中微乳区域（单相区）的面积与 *s* 呈非线性关系，当 *s* 约为 10 时达到最大值。

5. 流变状态

表面活性剂在水溶液中往往呈现不同形状的聚集体形态，如胶团、双层膜或液晶形态，聚集体的不同形态与溶液的流变性有着密切的联系，具有短连接链的 Gemini 表面活性剂，其胶束的稀溶液具有特殊的流变性。浓度很低时其黏度和水相似，当浓度达到一定值时黏度迅速增大，在某一浓度时黏度达到最大值。这时对于 Gemini 表面活性剂形成棒状或线状等大尺寸的分子聚集体，在剪切力诱导下产生线状胶束缠结，因而在较低浓度时就能达到很高的黏稠度。若再进一步增加 Gemini 表面活性剂的浓度，导致其聚集体形态的改变，胶束间缠结减少，溶液黏度反而减少。

6. 聚集数

聚集数 N 是指每个胶束所含分子的数目，可以反映聚集体的大小。Gemini 表面活性剂端基极性的增加、连接链长的减小可提高聚集数 N。对于阳离子型 Gemini 表面活性剂，端基极性的增加可提高聚集趋势。对于离子型 Gemini 表面活性剂，在相同温度和浓度条件下，连接基团越小，胶束聚集数越大。

7. 协同效应

不同种类表面活性剂的混合体系均表现出比单一表面活性剂更高的表面活性，我们称之为表面活性剂的协同效应。研究表明：Gemini 表面活性剂与单体表面活性剂复配，混合体系的 CMC 值更低，在最佳配比下可到达一个极低值。Zaza 和 Tsubone 研究了 Gemini 阴离子表面活性剂与非离子表面活性剂以及与传统阴离子表面活性剂的协同效应，如：$\{(CH_2)_2[N(COC_{11}H_{23})CH(CO_2H)CH_2(CO_2H)]_2, 2NaOH(AG)\}$ 与（AGS）及与 SDS 的协同作用，研究表明：AG/SDS 混合体系降低水溶液表面张力的效率更高，形成混合胶束的能力更强。

8. 其他性质

Gemini 表面活性剂不易堆积在晶格中，是一种很好的水溶性促进剂，在一系列不同类型的表面活性剂对直链烷基苯的助溶作用研究中发现，Gemini 表面活性剂的助溶效果最好。由于 Gemini 表面活性剂临界胶束浓度很低，是一种很好的增溶剂。除此之外，Gemini 表面活性剂混合时表现出良好的协同效应，且具有极好的溶解性、润湿性、发泡性和抗菌性。

6.4　Gemini 表面活性剂的应用

Gemini 作为一种新型的表面活性剂，由于其结构上的特殊性和性质上的优越性使其具有广泛的应用前景。它能有效地降低水/油表面的界面张力，提高混合物的流变性能，从而可以作为驱油剂应用于石油开发，来提高石油的采收率；一些 Gemini 表面活性剂中还含有具有抗腐蚀性能的杂原子，如氮、氧、硫、磷原子，因此被用作防腐剂，抵抗金属的腐蚀；其很强的表面活性和界面吸附能力又使其成为一种良好的去污剂，不仅能清除液体中的污染物，而且对固体，如岩石、黏土、蒙脱土和沙也同样具有去污效果，并且使其去污能力比传统表面活性剂强。

Gemini 表面活性剂的带电端基间的共价联系有利于凝结水或有机溶剂的新型低相对分子质量凝胶剂使用；更为关注的是，它与 DNA 复合形成基因药物，为治疗基因疾病提供了一个更为有效、安全的方法。其他应用：Gemini 表面活性剂还可用于制膜、分析分离和多空材料、皮肤护理、乳化剂、印染助剂、增塑剂等。

1. 制备新材料

（1）纳米材料

Gemini 表面活性剂在制备纳米材料领域中可用作模板剂和抗粘接剂。VanderVoort 用阳离子型 Gemini 表面活性剂作模板剂，通过改变疏水烷烃链长度和连接基团长度来制备不同晶格和不同孔径的纯硅胶。

（2）染整材料

Tae-SooChoi 研究了季铵盐阳离子型 Gemini 表面活性剂作为一种染色助剂对尼龙 6 和聚酯纤维的染色作用，发现体系中有 Gemini 表面活性剂时，尼龙 6 染色时呈现的分散系数较大，染色率远远高于仅有普通表面活性剂存在的体系。

2. 石油工业用助剂

能源是当今人类社会赖以生存和发展的物质基础，随着经济和人类社会的飞速发展，能源的消耗量急剧增加，表面活性剂作为负载型功能材料引领着日用化工产业的快速发展，也可作为功能性助剂应用于新能源与高效节能技术领域，近年来，性能优异的 Gemini 表面活性剂在燃料电池、乳化燃油以及三次采油中得到了广泛的应用。

杨光等研究了阳离子型 Gemini 表面活性剂降低油水界面张力的能力和规律，以及动态界面张力的特征与采收率之间的关系，为实际应用提供了扎实的理论基础与实验依据。

赵秋玲测试了阳离子型 Gemini 表面活性剂的溶解性、增溶性、乳化性和抗硬水性以及不同温度下的增比黏度，展示了 Gemini 表面活性剂在三次采油中广阔的应用前景。

（1）三次采油

近年来，Gemini 表面活性剂因其优异的性能在三次采油中展现出了广阔的应用前景。目前国内许多研究人员对 Gemini 表面活性剂用于三次采油都进行了一些研究，合成出了可作为油田驱油剂使用的 Gemini 表面活性剂，探讨其在三次采油领域应用的可行性。王海峰认为具有极好流变性和界面性能的 Gemini 表面活性剂有望取代三元复合驱体系中的碱，甚至降低三元体系中聚合物的用量或取代三元体系中的聚合物，实现二元甚至一元驱替体系，开辟了新的三次采油途径。周雅文等提到我国应用在三次采油上的阴离子型 Gemini 表面活性剂有羧酸盐、硫酸盐和磺酸盐型。其中磺酸盐阴离子型表面活性剂应用最广。磺酸盐阴离子型表面活性剂除了具有浊点高、砂岩表面上吸附少、界面活性高、耐温性能好等优势外，成本较低也使其具有较优的经济效益。刘必心等提到与传统表面活性剂相比，阳离子型 Gemini 表面活性剂兼有聚合物和传统表面活性剂两种驱替剂的性能，在油田的三次采油应用中具有极大的潜在应用前景。

（2）油田杀菌

油田钻井及二次、三次采油需要大量的回注水，回注水主要来自采油区的地下水和油水分离水，这些水中含有大量的细菌及营养物质，其中对油田危害最大的细菌是硫酸盐还原菌（SRB）和腐生菌（TGB）。阳离子型gemini表面活性剂因其分子中具有两个长链疏水基团，且头基具有较高的电荷密度而具有优异的杀菌效能，近年来受到广泛的关注。国内许多研究人员对此进行了深入研究，开发出了许多新型的具有杀菌效能的Gemini表面活性剂。

（3）油田用压裂液

刘忠运等提到Gemini表面活性剂因其独特的流变性，显示其在黏弹性表面活性剂（VES）压裂液中具有良好的应用前景。贾振福等制得了一种新型Gemini季铵盐表面活性剂-N，N-双十八烷基-N，N，N，N-四醇乙基-二溴乙二铵（Gemini-OHAB），并采用Gemini-OHAB及其他辅剂配制了新型压裂液体系。结果表明，该体系具有良好的黏弹性、抗温和抗剪切稀释性以及很好的破胶性能。

（4）油田其他方面应用

王辉等在实验基础上研究了DTDPA（二氯化N，N，N'，N'-四甲基-N，N'-双十六烷基-2-丙醇-1，3-铵）对中原油田原油-水体系表面张力变化的影响，结果表明DTDPA可以有效降低原油-水体系表面张力。通过对DTDPA-PAM二元复合驱替体系黏度变化的研究，表明二元无碱体系的黏度保持率具有明显的优势。张大椿等发现钛硅分子筛（TS-1）Gemini表面活性剂自身具有明显的解堵能力，在解除地层液相复合堵塞方面表现出良好的效果，不仅能用于气井的解堵，在油井解除水锁效应方面同样具有广阔的应用前景。

3. 生物技术

（1）杀菌性能

季铵盐阳离子型Gemini表面活性剂具有良好的杀菌抑菌性能，王贻杰研究了季铵盐Gemini表面活性剂$C_{12}-S_2En-Cl_2 \cdot 2Br-$（$n=1$，3）和$C_{12}-S_2-C_{12} \cdot 2Br-$（$s=2$，3，4，6）的杀菌效果，研究结果表明此类型表面活性剂杀死金黄色葡萄球菌、大肠杆菌以及白色念珠菌的能力均强于传统表面活性剂十六烷基三甲基溴化铵（CTAB）。

（2）基因转染

Gemini表面活性剂在水溶液中可形成形状可控的胶束，可用于生物酶的分离和纯化；Gemini表面活性剂在有机相中又可以形成反向胶束，在生物技术领域有广泛的应用前景；而一些脂类阳离子型Gemini表面活性剂与DNA发生络合作用，可作为基因载体携带基因转染至哺乳动物细胞。

4. 乳液稳定剂和泡沫稳定剂

Gemini表面活性剂较单链表面活性剂在界面的排列更为紧密，能够在界面形成更大更稳定的界面膜，因此具有更大的乳液稳定性。蒋惠亮等以N，N'-二羟乙基乙二胺、氯乙酸和硬脂酸为主要原料合成了一种新型两性离子型Gemini表面活性剂，具有优良的稳泡和乳化性能，并且工艺比较简单，条件温和。目前，用含质量分数0.1%的Gemini表面活性剂就可以得到稳定的乳状液。

5. 治理污水与土壤

Rosen等研究了表面活性剂对2-萘酚的吸附情况，发现吸附有Gemini表面活性剂的介质（蒙脱土）比吸附有传统表面活性剂的介质对水中2-萘酚的吸附量大、效率高。因此用Gemini表面活性剂改性材料作废物填埋的防渗添加剂，利用Gemini表面活性剂水溶液增溶性，将其注入地下驱除地下水中非水液体和吸附深层土壤中的污染物是一种具有开发前景的治污手段。由此 Gemini 表面活性剂对于环境保护和治理污染将起到不容忽视的作用。

6. 抗静电剂与防雾滴剂

当 Gemini 表面活性剂分子吸附在纤维界面时，亲油基朝向纤维，亲水基则朝向空气，从而使得纤维的离子导电性能和吸湿导电性能非常强，即产生了放电现象，使纤维表面的电阻降低，这样就使纤维静电的产生与释放平衡，从而防止了纤维的静电积累，达到抗静电的目的。由于 Gemini 表面活性剂含有比传统表面活性剂更多的亲水和亲油基团，所以有理由认为 Gemini 表面活性剂用作抗静电剂时，比传统表面活性剂的效果更好。刘晓妍等通过实验研究发现 Gemini 硬脂酸聚甘油酯的防雾滴性能稳定，防雾效果重现性好，可多次使用。同时发现 Gemini 硬脂酸聚甘油酯的防雾滴性能优于其单聚甘油酯，是一种性能优良的农用塑料薄膜防雾滴剂。

7. 皮革加工助剂

王延青等提出 Gemini 表面活性剂在制革业中可用作高效乳化剂、增溶剂、脱脂剂、匀染剂和染色助剂等；张换换等提出在皮革鞣制过程中，由于 Gemini 表面活性剂特殊的结构和性质，与皮胶原上的结合点能够快速结合，可以防止鞣剂与皮纤维因结合过快而出现表面过鞣的现象；另外，Gemini 表面活性剂既能够显著降低溶液的表面能，又可以加速鞣剂的渗透，达到速鞣、鞣制均匀或提高结合量使成革丰满的目的，从而使得它还可以作为复鞣填充剂；张辉等制备出一种 Gemini 表面活性剂 PMAMS(聚马来酸酐脂肪醇单酯钠盐)，并使用柔软度测定仪对其皮革加脂性能进行了测定，结果表明这种表面活性剂具有良好的皮革加脂性能。

8. 其他应用

阳离子和阴离子型 Gemini 表面活性剂普遍具有优良的起泡能力和泡沫稳定性。一些阴离子型 Gemini 表面活性剂有良好的钙皂分散能力；阳离子型 Gemini 表面活性剂还可作为低相对分子质量的胶凝剂；两性离子和非离子型 Gemini 表面活性剂可作为清洁剂或洗涤剂、药物分散剂以及护肤和护发用品的助剂等。

第7章　高分子表面活性剂

7.1　概述

常用的表面活性剂多为低相对分子质量化合物，随着对许多热点领域如药物载体与控制释放、生物模拟、聚合物 LB 膜、医用高分子材料、乳液聚合等的深入研究，人们对表面活性剂的要求日趋多样化和高性能化，伴随出现了许多低分子表面活性剂无法解决的问题，于是具有表面活性的高分子化合物就成为人们关注的焦点。相对分子质量在 10000 以上并具有表面活性的物质称为高分子表面活性剂。最早使用的高分子表面活性剂有纤维素及其衍生物、天然海藻酸钠和各种淀粉。当前高分子表面活性剂根据来源可分为合成、半合成和天然3 类；按离子性质可分为阴离子型、阳离子型、两性离子型和非离子型 4 种；按结构和制备方法，可分为无规聚合型、嵌段型和接枝型高分子表面活性剂，主要包括丙烯酸共聚物、马来酸共聚物、聚乙烯亚胺、聚乙烯醇、聚乙烯醚以及聚氨酯。高分子表面活性剂的分类如下：

高分子表面活性剂
- 合成高分子
  - 丙烯酸共聚物
  - 马来酸共聚物
  - 乙烯基吡啶共聚物
  - 聚乙烯吡咯烷酮
  - 聚乙撑亚胺
  - 聚氧乙烯-聚氧丙烯
  - 聚乙烯醇(PVA)
  - 聚丙烯酰胺(PAM)
- 半合成高分子
  - 羧甲基纤维素钠(CMC)
  - 甲基纤维素(MC)
  - 乙基纤维素(EC)
  - 羟乙基纤维素(HEC)
  - 羧甲基淀粉(CMS)
  - 甲基丙烯酸接枝淀粉
  - 阳离子淀粉
- 天然高分子
  - 藻朊酸钠
  - 果胶酸钠
  - 淀粉类

7.2 高分子表面活性剂的合成方法

高分子表面活性剂的制备一般视反应单体而异，可以先引入亲水基，再进行单体聚合，也可以先聚合，再引入亲水基。高分子表面活性剂中亲水基的引入同普通表面活性剂的制备一样，主要单元反应有硫酸化、磺化、烷氧基化、酰胺化、磷酸化、季铵化等，并由此合成出阴离子、非离子、阳离子、两性离子表面活性剂。缩聚、加聚反应和开环聚合则是合成聚合物的最基本反应。

7.2.1 表面活性单体聚合

制备高分子表面活性剂的表面活性单体一般由可聚合的反应基团(双键、三键、氨基、羟基、环氧基等)、亲水基(链段)及亲油基(链段)组成。典型的非离子型表面活性单体有甲基丙烯酸聚氧乙烯酯、聚氧乙烯苯乙烯、丙烯酰胺和丙烯酸聚氧乙烯酯，这些表面活性单体与第三种单体共聚得到的高分子表面活性剂，其表面活性有的已经与低分子表面活性剂相近，但具有高黏度及其他高分子特性。常用的单体聚合反应有如下几种：

(1)离子聚合

离子聚合能控制所得聚合物的相对分子质量，得到具有特定聚合物结构和较窄相对分子质量分布的聚合物，是制备嵌段共聚物的理想方法。但是离子聚合反应条件苛刻，微量的水、空气和杂质都有极大的影响，重现性差，引发体系往往是非均相的，反应通常需在低温下进行。根据离子性质不同，离子聚合又分为下列几种：

①阴离子聚合是开发最早、发展最快、成果最多的一种活性聚合方法，其活性中心稳定性好、聚合速度快、聚合体系简单、单体选择范围广。

②阳离子聚合也能够控制聚合物的一次结构，但与阴离子聚合相比其副反应比较多，不易控制。

③阴离子、阳离子聚合相结合。随着各种聚合方法的发展，研究者将阴离子、阳离子聚合结合起来以合成特定结构的聚合物，进一步拓宽了单体的选择范围。

(2)活性自由基聚合

活性自由基聚合因为具有所适用的单体种类多、反应条件相对离子聚合温和、聚合操作简单等优点，在学术和应用领域一直受到人们的重视。

① INIFERTER 法。日本学者于 1982 年提出了 INIFERTER (initiator transfer agentterminator)的概念，即将单体分子向引发剂分子中连续插入进行合成反应，得到聚合物的结构特征是聚合物的两端带有引发剂碎片。由于该引发剂集引发、转移、终止功能于一体，故称之为 INIFERTER。此法由于自由基聚合的连锁性，单体增长反应速率较快而端基均裂速度较慢，故采用 INIFERTER 法制得的聚合物相对分子质量分布较宽。

②TEMPO 法。20 世纪 70 年代末，澳大利亚学者 Rizzardo 首次将 2，2，6，6-四甲基哌啶氧化物(TEMPO)引入自由基聚合体系，用来捕捉增长链自由基以制备丙烯酸酯齐聚物。TEMPO 是有机化学中常用的自由基捕捉剂，它在此体系中被用来稳定自由基，只与增长的自由基发生偶合形成共价键。这种共价键在高温下又可分解产生自由基，因而 TEMPO 捕捉增长自由基后不是活性链的真正死亡而只是暂时失活。

③原子转移自由基聚合。1995 年，王锦山首先发现了原子转移自由基聚合(ATRP)。ATRP 法以简单的有机卤化物为引发剂，过渡金属络合物为卤原子载体，通过氧化还原反应

在活性种和休眠种之间建立可逆动态平衡，从而实现了对聚合反应很好的控制。其适用的单体范围比较广，分子设计能力强，能相对容易地制备体积较大单体和含有官能团的嵌段高分子表面活性剂。

（3）缩合聚合

通过缩聚反应，将具有两个或两个以上活性官能团的单体脱去小分子物质，可制备聚酯、聚酰胺、烷基酚醛树脂及聚氨酯类型的高分子表面活性剂，所得产物的组成和亲水亲油平衡值 HLB 易于调节。采用聚氧乙烯-聚氧丙烯嵌段共聚物与异氰酸酯进行反应，可获得非离子型高分子表面活性剂。磺甲基烷基酚甲醛缩合物及三聚氰胺甲醛缩合物是合成方便、价格低廉、应用广泛的一类阴离子型高分子表面活性剂，它们具有很好的分散性能。聚氧乙烯烷基苯醚甲醛缩合物则具有很好的乳化效果。

（4）开环聚合

开环聚合一般是利用含有活泼氢的化合物与烷基环氧化物、环状亚胺、己内酯及己内酰胺等化合物的开环反应来制备高分子表面活性剂。利用开环聚合合成高分子表面活性剂的典型代表是以丙二醇为起始剂制得的嵌段聚醚“Pluronic”系列以及以己二胺为起始剂制得的具有阳离子特性的“Tatranic”系列嵌段聚醚。它们都是由环氧乙烷、环氧丙烷开环聚合而成的。通过改变聚氧丙烯的相对分子质量（或引发剂的种类）及环氧乙烷、环氧丙烷的用量可获得具有不同亲水-疏水性能的聚醚类高分子表面活性剂。

Rutot 等首先将多聚糖上的羟基进行保护，然后以三乙基铝为引发剂，采用开环聚合的方法将聚己内酯接枝于多聚糖主链上，合成了双亲接枝共聚物，该聚合物可作为很好的生物降解材料。

（5）自由基胶束聚合法

与常规乳液聚合和溶液聚合不同，自由基胶束聚合要求表面活性剂的用量比较多，聚合时亲水单体与疏水单体存在于两相中，共聚反应在两相中同时发生，因此自由基胶束聚合实际上是乳液聚合与溶液聚合的统一。最终的反应产物不是胶乳而是均相，并具有很高黏度的聚合物溶液。

Dowling 等采用自由基胶束聚合法以十六烷基三乙基溴化铵（CTAB）为乳化剂，偶氮二异丁腈（AIBN）为引发剂，合成了聚苯乙烯-聚丙烯酰胺双亲嵌段共聚物。其后，Hill 等以十二烷基硫酸钠为乳化剂，过硫酸钾（$K_2S_2O_8$）为引发剂，在水溶液中引发苯乙烯和丙烯酰胺共聚获得了无规嵌段型高分子表面活性剂。他们认为该聚合反应的机理为丙烯酰胺首先在水相被 $K_2S_2O_8$ 引发聚合，当增长链自由基遇到单体溶胀的胶束则会引发胶束内单体聚合，形成一段疏水嵌段，接着链自由基离开胶束继续进行水相聚合，直到遇到另一胶束再形成一疏水嵌段。这一过程能够重复是由于增长聚丙烯酰胺自由基平均存活时间相对较长，增长速率常数比终止速率常数大且在水中具有较小的链转移常数的缘故。

自由基胶束聚合的缺点是共聚效率低，且需要消耗大量乳化剂。

7.2.2 亲水或疏水单体共聚

采用阴离子聚合或开环聚合得到含亲水/疏水链段的嵌段高分子表面活性剂。亲水链段有聚氧乙烯、聚乙烯亚胺等，疏水链段有聚氧丙烯、聚苯乙烯和聚氧硅烷等。此类共聚物有良好的乳化性能，但高相对分子质量的两嵌段或三嵌段共聚物降低表面张力的能力十分有限，其原因可能是大分子疏水链段在水溶液中易缔合，形成以亲水链段为外壳、疏水链段为脱水内核的胶束,致使疏水链段不能在界面形成有效的覆盖。多嵌段共聚物如氧乙烯-氧丙烯多嵌段共聚物,其疏水性氧丙烯链段被亲水性氧乙烯链段所间隔而分布于整个分子链上,不易形成缔合,增大了大分子链向界面迁移的能力,呈现较高的表面活性。

7.2.3　高分子化学改性

在高分子中引入亲水或疏水基团以修正其亲水-疏水性,可得到各种类型的高分子表面活性剂。聚丁二烯、聚异戊二烯通过三氧化硫磺化反应,烷基酚的甲醛缩合物与环氧乙烷反应,以及将对烷基酚与甲醛缩合所得的线型高分子与环氧乙烷加成,可以得到阴离子型或非离子型水溶性高分子表面活性剂。聚乙烯吡啶季铵化后可得阳离子型高分子表面活性剂。

制备高分子表面活性剂的另一个重要方法是天然高分子产物的化学改性,如将一般水溶性纤维素衍生物如常见的羟乙基纤维素(HEC)、甲基纤维素(MC)和羟丙基纤维素(HPC)在适当的条件下与带长链烷基的疏水性反应物进行高分子化学反应,可提高其表面活性,并进一步制得具有特定性能的含长链烷基纤维素类高分子表面活性剂。淀粉改性也可得到高分子表面活性剂,如近几年发展的阳离子改性淀粉就是一种典型的淀粉类高分子表面活性剂,它具有良好的乳化、分散和絮凝性能。如果将壳聚糖进行丙酸或(2-羟基-3-丁氧基)丙酸改性,可以生成水溶性的两亲性化合物羟丙酸、(2-羟基-3-丁氧基)丙酸壳聚糖,成为具有天然高分子的生物活性、生物相容性和可降解性又具有表面活性的高分子表面活性剂。

7.3　高分子表面活性剂的合成

7.3.1　合成高分子表面活性剂

7.3.1.1　阴离子高分子表面活性剂

1. 聚丙烯酸和聚甲基丙烯酸及其盐类

聚丙烯酸和聚甲基丙烯酸的单价金属盐和铵盐均可以溶于水,电离出金属(铵)离子和带有大量羧基的大分子阴离子。常用的合成方法有两种:

①直接用相应单体丙烯酸或甲基丙烯酸聚合得到。

$$n H_2C{=}C{-}R \xrightarrow{K_2S_2O_8} \left(CH_2{-}\underset{COOH}{\overset{R}{C}}\right)_{\overline{n}} \xrightarrow{NaOH} \left(CH_2{-}\underset{COONa}{\overset{R}{C}}\right)_{\overline{n}}$$

式中,R=H,CH_3。

反应可以是在水中进行,以引发剂为过硫酸盐;也可以在溶剂如苯中进行,以 BPO 为引发剂。

②采用相应的丙烯酸酯聚合物水解得到。

$$\left(CH_2{-}\underset{COOCH_3}{\overset{R}{C}}\right)_{\overline{n}} + n H_2O \xrightarrow{NaOH} \left(CH_2{-}\underset{COONa}{\overset{R}{C}}\right)_{\overline{n}} + n CH_3OH$$

聚丙烯酸盐和聚顺丁烯二酸盐在水中溶解时，其解离状态随溶液的 pH 值而改变，其溶解度和溶液的黏度亦有变化。例如，pH 值小时，由于羧基解离不充分，在水中的溶解性变差，所以它的分子是卷曲的；当 pH 值增大时，解离度增高，阴离子之间的排斥作用增强，分子体积变大，黏度升高；pH 值进一步增大到碱性的情况下，聚合体的阴离子吸引并聚集阳离子，导致阳离子间的排斥力减小，分子发生卷缩，黏度降低。

2. 聚脂肪酸丙烯醇酯磺酸钠

聚脂肪酸丙烯醇酯磺酸钠可按下列路线合成：

$$RCH_2COOH \xrightarrow{SO_3} \underset{SO_3H}{RCHCOOH} \xrightarrow{CH_2=CHCH_2OH} \underset{SO_3H}{RCHCOOCH_2CH=CH_2} \xrightarrow{NaOH}$$

$$\underset{SO_3Na}{RCHCOOCH_2CH=CH_2} \xrightarrow{K_2S_2O_8} \underset{\underset{SO_3Na}{CH_2OCOCHR}}{\left(CHCH_2\right)_n}$$

3. 聚氧乙烯烷基酚与甲醛的缩合物

聚氧乙烯烷基酚与甲醛的缩合物经硫酸化后，再用碱中和，也可制得阴离子高分子表面活性剂，反应如下：

$$\left[\underset{O(CH_2CH_2O)_nH}{\bigcirc}CH_2\right]_m \xrightarrow{H_2SO_4} \left[\underset{O(CH_2CH_2O)_nSO_3H}{\bigcirc}CH_2\right]_m \xrightarrow{NaOH} \left[\underset{O(CH_2CH_2O)_nSO_3Na}{\bigcirc}CH_2\right]_m$$

7.3.1.2 阳离子高分子表面活性剂

1. 季铵化聚 4-乙烯基吡啶

阳离子高分子表面活性剂中有代表性的季铵化聚 4-乙烯基吡啶是由聚 4-乙烯基吡啶用溴代十二烷和溴代乙烷进行季铵化制得，反应如下：

式中，$p+q=n$。

产品十二烷基化达 0.67% 时，分子扩展；达 13.6% 时，分子收缩；再增加十二烷基化程度，分子不再进一步收缩。这种聚合物在水溶液中发生收缩是由于十二烷基的凝集作用而引起的。

2. 聚季铵盐-7(M550，二甲基二烯丙基氯化铵-丙烯酰胺共聚物)

低温下二甲胺溶液与烯丙基氯反应制备二甲基二烯丙基氯化铵（DADMAC），然后与丙烯酰胺在 35℃ 在氧化还原引发剂下聚合得到该产品。

$$(CH_3)_2NH + 2\,CH_2=CHCH_2Cl \xrightarrow{NaOH} CH_2=CHCH_2-\underset{CH_3}{\overset{CH_3}{\overset{|}{N^+}}}-CH_2CH=CH_2 \cdot Cl^- + NaCl + H_2O$$

$$\underset{m}{\underset{\displaystyle \mathop{\underset{\displaystyle H_3C \quad CH_3}{\underset{Cl^-}{N^+}}}{H_2C=CH\ HC=CH_2}}}\ +\ n\,CH_2=CHCONH_2\ \longrightarrow\ \underset{\displaystyle H_3C \quad CH_3}{\underset{Cl^-}{\left[CH_2-CH-CH\right]_m\left[CH_2-CH\right]_n}}_{\!\!CONH_2}$$

M550 呈现出典型的聚电解质黏性特征，随着聚合物浓度的减小，溶液的比浓黏性不是减小而是迅速增大；同时发现外加盐的存在，能够很好地抑制聚电解质效应。它具有极佳的润湿性、柔软性、成膜性，对头发的调理、保湿、光泽感、飘柔感、滑爽感等具有明显的效果，在二合一香波中是首选的调理剂。如果让它与阳离子瓜耳胶及甜菜碱复配使用效果更佳，完全可以与泛醇(原 B5)相媲美。当它用于头发调理剂中，可以极大地改善头发的可修饰性和调理性，洗头后可使头发亮泽、柔顺易梳，使头发具有良好的湿理、干梳理和抗缠结性。用于护肤产品中，是非常有效的光滑和润滑湿剂，可在皮肤上产生不发黏、不油腻的光滑残膜。本品用于肥皂等工业中可以降低皂类物质在水中的膨胀性，提高耐龟裂性和起泡性，从而使产品质量明显提高。

3. 聚乙烯吡咯烷酮

聚乙烯吡咯烷酮是由 N-乙烯-2-吡咯烷酮的 30%~60%(质量分数)水溶液，在氨或胺等存在下，以过氧化氢为催化剂，在 50℃下进行交联均聚而得。

$$n\ \underset{\displaystyle CH=CH_2}{\underset{\displaystyle N}{\underset{\displaystyle H_2C\quad C=O}{H_2C-CH_2}}}\ \xrightarrow{\ 引发剂\ }\ \underset{\displaystyle \left[CHCH_2\right]_n}{\underset{\displaystyle N}{\underset{\displaystyle H_2C\quad C=O}{H_2C-CH_2}}}$$

聚乙烯吡咯烷酮为白色到浅棕黄色易流动无定形粉末，按相对分子质量的不同，分为40000 和 360000 两种。有吸湿性，溶于水、乙醇和氯仿，不溶于乙醚，5%水溶液的 pH 值为 3.0~7.0，具有良好的澄清、稳定、增稠、分散等性能，用作啤酒澄清剂，在啤酒中加入100~120mg/kg，即可选择性地使单宁沉积，从而改善啤酒的口味，且久储不变味、不变浊，泡沫持久性也转好。

7.3.1.3　两性离子高分子表面活性剂

两性离子高分子表面活性剂既有阳离子亲水基又有阴离子亲水基，可以在较宽范围内和较大离子强度时保持乳液的稳定性。

1. 氨基酸型两性离子高分子表面活性剂

以溴代十二烷与聚乙烯亚胺的部分亚氨基作用后再与氯乙酸反应，即得到氨基酸型两性离子高分子表面活性剂，反应如下：

$$-(C_2H_4NHC_2H_4NH)_n\ +\ C_{12}H_{25}Br\ \longrightarrow\ \underset{\displaystyle C_{12}H_{25}}{-(C_2H_4NC_2H_4NH)_n}\ +\ HBr$$

$$\underset{\displaystyle C_{12}H_{25}}{-(C_2H_4NC_2H_4NH)_n}\ +\ ClCH_2COOH\ \longrightarrow\ \underset{\displaystyle C_{12}H_{25}\ CH_2COOH}{-(C_2H_4NC_2H_4N)_n}\ +\ HCl$$

2. 壳聚糖类表面活性剂

将羧甲基壳聚糖与不同碳链长度的烷基缩水甘油醚在碱性条件下行反应，合成一系列新型的两亲性化合物，即壳聚糖类表面活性剂。反应如下：

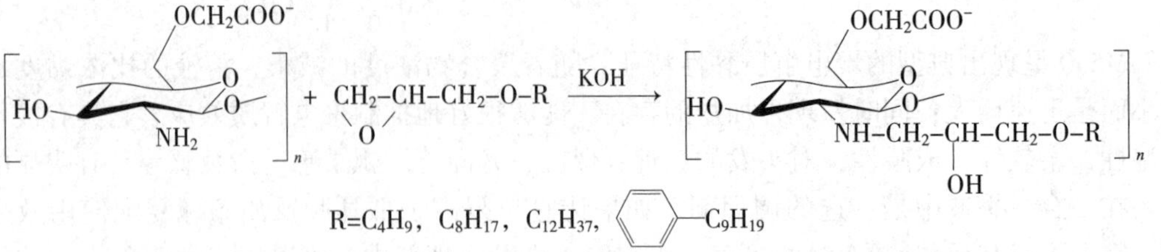

$$R = C_4H_9,\ C_8H_{17},\ C_{12}H_{37},\ \text{（苯基）} - C_9H_{19}$$

羧甲基壳聚糖本身几乎没有表面活性，但在羧甲基壳聚糖分子中引入亲油基后，它就同时具有亲水亲油的两亲性，取代度越大，表面活性越高。

把二甲基十四烷基环氧丙基氯化铵（MTGA）接枝到壳聚糖上，得到壳聚糖季铵盐（CTSQ），之后再用氯磺酸/甲酰胺为磺化剂进行磺化，得到 APCTSS，反应过程如下：

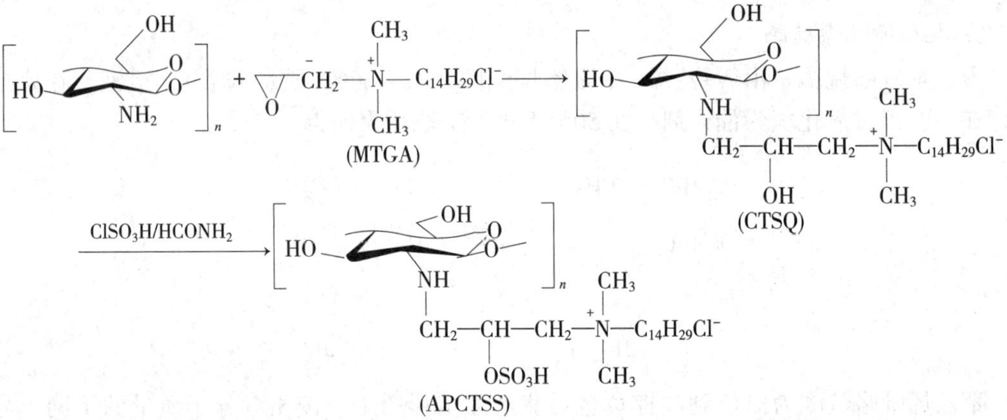

这是一种吸湿性极强的新型壳聚糖两性离子高分子表面活性剂的特点，可望在化妆品、医药、环保、膜材料等领域获得广阔的应用前景。

3. 磺基甜菜碱

聚合型两性离子表面活性剂品种中见报道最多的应该是聚合型甜菜碱型表面活性剂。Anton P 介绍了含双键结构的 3 种磺基甜菜碱中间体，用其可以合成聚合型磺基甜菜碱两性离子表面活性剂。Anton 提到的 3 种中间体中有一种是 3-[N-（10-十一烯）-N,N-二甲铵]-1-丙磺酸盐，另外 2 种中间体是 3-[N-甲基-NL（10-十一烯酰基）哌嗪基]-1-丙磺酸盐，和 3-（N-十烷基-N-甲基）-N-（3-烯丙氧基-2-羟丙基）铵-1-丙磺酸盐。这 3 种中间体都是由 1,3-丙磺内酯制得的。将这些磺基甜菜碱中间体再与过量 SO_3 进行反应就能制得聚合型磺基甜菜碱两性离子表面活性剂。聚合反应以 1%（摩尔分数）偶氮异丁腈作为自由基引发剂，于 60℃ 下在水中反应 24h，其反应式和产物如下：

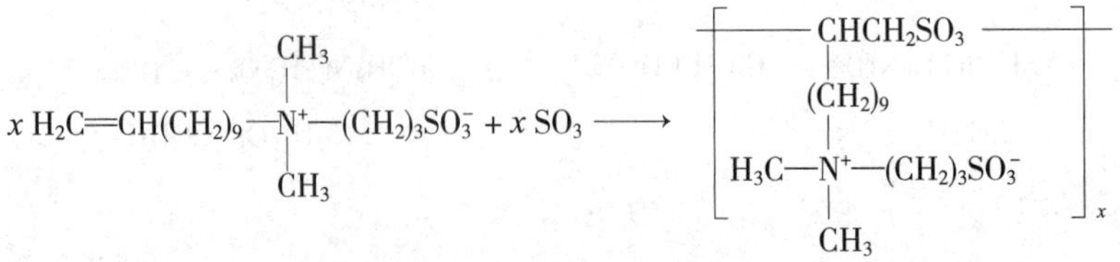

$$x\,H_2C \Longrightarrow CH(CH_2)_9 - N^+ - (CH_2)_3SO_3^- + x\,SO_3 \longrightarrow \quad (1)$$

$$y\,H_2C=HC(CH_2)_8CON^+\underset{(CH_2)_3SO_3^-}{\overset{CH_3}{\diagup}} + y\,SO_3 \longrightarrow \left[\begin{array}{c} CHCH_2SO_3 \\ (CH_2)_8 \\ O=C-N^+\underset{(CH_2)_3SO_3^-}{\overset{CH_3}{\diagup}} \end{array} \right]_y \quad (2)$$

$$z\,H_2C=CHCH_2OCH_2CHOHCH_2-\underset{(CH_2)_9CH_3}{\overset{CH_3}{N^+}}-(CH_2)_3SO_3^- + z\,SO_3 \longrightarrow \left[\begin{array}{c} CHCH_2SO_3 \\ CH_2 \\ O \\ H_2C-CHCH_2-\underset{(CH_2)_9CH_3}{\overset{CH_3}{N^+}}-(CH_2)_3SO_3^- \\ OH \end{array} \right]_z \quad (3)$$

在结构(2)中，由于表面活性剂残基借助于疏水基末端与聚合物骨架连接，因而这种聚合型磺基甜菜碱可以溶解在水中；而结构(3)的聚合型磺基甜菜碱，表面活性残基经由亲水头与聚合物骨架连接，因而不能溶于水，但可以溶于 1:1 的甲醇/水混合溶剂中。

4. 含聚醚链段甜菜碱

含聚氧乙烯链甜菜碱的工业制备方法一般采用聚氧乙烯化叔胺的季铵化反应。

$$R-\underset{(EO)_xH}{\overset{(EO)_xH}{N}} + ClCH_2COONa \longrightarrow R-\underset{(EO)_xH}{\overset{(EO)_xH}{N^+}}-CH_2COO^- + NaCl$$

$$R-\underset{(EO)_xH(PO)_yH}{\overset{(EO)_xH(PO)_yH}{N}} + ClCH_2COONa \longrightarrow R-\underset{(EO)_xH(PO)_yH}{\overset{(EO)_xH(PO)_yH}{N^+}}-CH_2COO^- + NaCl$$

式中，EO 为聚氧乙烯；PO 为聚氧丙烯。

7.3.1.4 非离子高分子表面活性剂

常见的非离子表面活性高分子化合物有聚乙烯醇、聚醚、纤维素衍生物，另外聚酯、糖基非离子表面活性高分子化合物也有报道。

1. 具有嵌段分布的部分醇解聚乙烯醇

聚乙烯醇(PVA)也是重要的非离子高分子表面活性剂，它是由聚乙酸乙烯酯经醇解而得，反应式如下：

$$\cdots CH_2CH \cdots_m \underset{OCOCH_3}{} + m\,CH_3OH \longrightarrow \cdots CH_2CH \cdots_m \underset{OH}{} + m\,CH_3COOCH_3$$

若控制不同的醇解条件，便得到一系列醇解度不一、性能不同的 PVA。一般将 PVA 分为完全醇解和部分醇解两类。完全醇解 PVA 没有表面活性，部分醇解中 PVA 大分子链含有亲水性的羟基和疏水性的乙酰基，它的表面活性与残存乙酰基含量及其在分子内的分布有关。只有那些含有一定量的残存乙酰基并成嵌段分布的 PVA，才具有较高的表面活性。有研究指出在 PVAC 醇解时，将苯混入甲醇溶剂中，可制得具有嵌段分布的部分醇解 PVA，苯含量越多，乙酰基的嵌段分布越多。

2. 改性聚乙烯醇

具有表面活性的改性 PVA 的制备方法有以下几种:

①烷基化反应。即以高级醇或氯代烷为溶剂进行乙酸乙烯(VAC)的溶液聚合,在 PVAC 分子链末端引入长链烷基,然后醇解得到烷基 PVA。当烷基 PVA 醇解度较高时,它的溶解性能较差。为改善这一不足,可在烷基 PVA 中引进硫酸基,将烷基 PVA 这种非离子型表面活性剂,转化为阴离子、阳离子或两性离子、非离子表面活性剂都兼有的高分子化合物,可以取得良好的效果,不仅溶解性得到改善,表面活性也得到增加。

②聚合物的化学改性。PVA 的化学改性是一种多元醇的典型反应,利用 PVA 中羟基 OH 基的醚化、酯化、酰基化或缩醛化反应,在其侧链上引入疏水性基团,可制得具有表面活性的改性 PVA。完全醇解和部分醇解 PVA 均可与氯代烷或醇进行醚化反应,得到有表面活性的改性 PVA。

③共聚合反应。就是将 VAC 与其他乙烯基单体共聚后醇解,得乙烯醇-乙酸乙烯共聚体的三元或四元共聚物。在大分子链中引入共聚单体有如下情况:亲水性单体,如马来酸(酐)、丁烯酸等;疏水性单体,如十二烷基乙烯基醚、α-十二烯烃等;亲水-疏水两种单体,如马来酸或甲叉丁二酸/乙烯酯等。

3. 聚乙二醇 6000 双硬脂酸酯

将一定量的 PEG6000 和硬脂酸单甘油酯按一定的摩尔比放入完全干燥的反应器中,加热使其完全融化,在充分搅拌下加入一定量的对甲苯磺酸,控制温度在 130℃ 反应 4~5h;停止反应,分液、中和至 pH=7,干燥得固体产品。

$$2C_{17}H_{35}COOCH_2CHOHCH_2OH + H(OCH_2CH_2)_nOH \longrightarrow C_{17}H_{35}CO(OCH_2CH_2)_nOCOC_{17}H_{35}$$

本品易溶于水,具有优良的增稠性,广泛用作各种水相产品中。在化妆品、医药、食品、纺织、塑料等行业用作增稠剂、增溶剂、乳化剂;用于洗发香波、液体皂、液体洗涤剂的增稠,能显著增加香波的稠度,对毛发有调理、柔软作用,防止毛发干枯,同时还有减低静电作用。

以乙酸锰为催化剂,将三乙醇胺和聚酯(PET)作用使 PET 解聚,生成低聚物 GT,随后将 GT 分别与硬脂酸及不同聚合度的聚乙二醇(相对分子质量分别为 400、1000 和 4000)反应得到几种非离子高分子表面活性剂。合成路线如下:

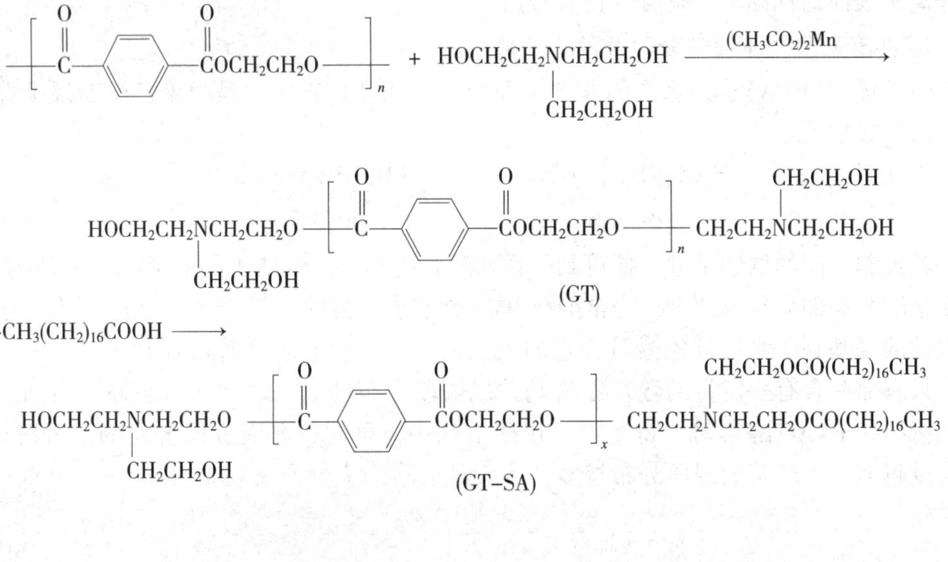

$$GT+HO(CH_2CH_2O)_mH \xrightarrow[(ClCH_2CH_2)_2O]{NaOH}$$

$$
\begin{array}{c}
H(OCH_2CH_2)_mOCH_2CH_2NCH_2CH_2O-\left[\overset{O}{\underset{\parallel}{C}}\text{—}\bigcirc\text{—}\overset{O}{\underset{\parallel}{C}}OCH_2CH_2O\right]_n\text{—}CH_2CH_2NCH_2CH_2O(CH_2CH_2O)_mH \\
H(OCH_2CH_2)_mOCH_2CH_2 \qquad\qquad\qquad\qquad\qquad\qquad\qquad CH_2CH_2O(CH_2CH_2O)_mH
\end{array}
$$

$$(GT\text{—}EO)$$

$$GT\text{—}SA+HO(CH_2CH_2O)_mH \xrightarrow[(ClCH_2CH_2)_2O]{NaOH}$$

$$
\begin{array}{c}
H(OCH_2CH_2)_mOCH_2CH_2NCH_2CH_2O-\left[\overset{O}{\underset{\parallel}{C}}\text{—}\bigcirc\text{—}\overset{O}{\underset{\parallel}{C}}OCH_2CH_2O\right]_x\text{—}CH_2CH_2NCH_2CH_2OCO(CH_2)_{16}CH_3 \\
H(OCH_2CH_2)_mOCH_2CH_2 \qquad\qquad\qquad\qquad\qquad\qquad\qquad CH_2CH_2OCO(CH_2)_{16}CH_3
\end{array}
$$

$$(GT\text{—}SA\text{—}EO)$$

$$GT\text{—}EO+CH_3(CH_2)_{16}COOH \longrightarrow$$

$$
\begin{array}{c}
RCO(OCH_2CH_2)_mOCH_2CH_2NCH_2CH_2O-\left[\overset{O}{\underset{\parallel}{C}}\text{—}\bigcirc\text{—}\overset{O}{\underset{\parallel}{C}}OCH_2CH_2O\right]_x\text{—}CH_2CH_2NCH_2CH_2O(CH_2CH_2O)COR \\
RCO(OCH_2CH_2)_mOCH_2CH_2 \qquad\qquad\qquad\qquad\qquad\qquad\qquad CH_2CH_2O(CH_2CH_2O)COR
\end{array}
$$

$$R=(CH_2)_{16}CH_3 \qquad (GT\text{—}EO\text{—}SA)$$

4. 聚氨酯型高分子表面活性剂

聚氨酯型表面活性剂作用于特定体系时，并不与体系中的其他组分发生化学键合。例如，使用聚四氢呋喃二醇、2，4-甲苯二异氰酸酯为原料，二羟甲基丙酸（DMPA）为扩链剂，甲基丙烯酸-β-羟乙酯（HEMA）封端制备出具有如下结构的聚氨酯表面活性剂。

利用甲基二异氰酸酯（TDI）、不同相对分子质量的聚乙二醇和蓖麻油为原料，用乙二醇封端可以制备一系列聚氨酯表面活性剂，制备过程如下所示。

$$OCONH—R—NHCO—O+(CH_2CH_2O)_n\ CONH—R—NHCOO—CH_2CH_2 \cdot OH$$

$$H_2COCO\sim\sim\sim R'$$
$$\mid\qquad\qquad OH$$
$$HCOCO\sim\sim\sim R'$$
$$\mid$$
$$H_2COCO\sim\sim\sim R'$$
$$OCONH—R—NCHOO—CH_2CH_2 \cdot OH$$

该表面活性剂以分子链中的聚乙二醇链段作为亲水部分，而 TDI 的苯环和蓖麻油的脂肪链则作为憎水亲油部分。随着电解质 NaCl 的加入，该表面活性剂的表面张力降低，但降低的幅度不太大。由于构成该面活性剂分子的极性亲水基团为聚乙二醇链，其氧原子可通过氢键与 H_2O 或 H_3O^+ 结合，从而带有部分正电性。当无机盐溶于水中后，由于离子与非离子表面活性剂之间的作用(包括色散作用、离子与极性头间的电性作用等)，聚乙二醇离子头基之间的排斥力被削弱，使表面活性剂在溶液表面的排列更加紧密，从而降低表面张力。

5. 聚氧乙烯-聚氧丙烯共聚物

聚氧乙烯-聚氧丙烯嵌段型聚醚即泊洛沙姆(poloxamer)，商品名普流罗尼克类(Pluronic)。按聚氧乙烯和聚氧丙烯的排列分为聚氧乙烯聚氧丙烯嵌段型聚醚(EO/PO，EP)，聚氧乙烯聚氧丙烯聚氧乙烯嵌段型聚醚(EO/PO/EO，EPE)，聚氧丙烯聚氧乙烯聚氧丙烯嵌段型聚醚(PO/EO/PO，PEP)。这类表面活性剂的疏水基是聚氧丙烯链，亲水基是聚氧乙烯链。随聚氧丙烯比例增加，则亲油性增强；随聚氧乙烯比例增加，则亲水性增强。

在碱性催化剂(如 KOH)存在下，以丙二醇为引发剂，在 120℃ 氮气流保护下通入环氧丙烷进行加成反应，获得聚氧丙烯，然后仍在碱性催化剂和 120℃ 下加入环氧乙烷进行加成反应，即得到 EPE 型聚醚，反应如下：

$$HO—\underset{\overset{\mid}{H}}{\overset{\overset{CH_3}{\mid}}{C}}—CH_2OH + (n-1)CH_3—\underset{\diagdown O \diagup}{\overset{H}{\underset{\mid}{C}}—CH_2} \longrightarrow HO+CH_2\underset{\overset{\mid}{CH_3}}{CHO})_n H$$

$$HO+CH_2\underset{\overset{\mid}{CH_3}}{CHO})_n H + 2m\ H_2C\underset{\diagdown O \diagup}{—CH_2} \longrightarrow H+OCHCH_2)_m O+CH_2\underset{\overset{\mid}{CH_3}}{CHO})_n(CH_2CH_2O)_m H$$

式中，$n = 2\sim60$，$m = 15\sim80$。

与此相似，以乙二醇作引发剂使环氧乙烷进行加成，然后加入环氧丙烷，则得到 PEP 型聚醚，控制反应可以得到常用的 EP 型聚醚。

若起始物改用乙二胺，先后加入环氧丙烷、环氧乙烷进行加成反应，则得到四官能团聚醚，反应如下：

$$H_2N—\underset{H_2}{C}—CH_2NH_2 + 4m\ H_3C—\underset{\diagdown O \diagup}{\overset{H}{\underset{\mid}{C}}—CH_2} \longrightarrow$$

$$\begin{array}{c} H+(OCHCH_2)_m \\ \qquad\qquad N—CH_2CH_2—N \\ H+(OCHCH_2)_m \end{array} \begin{array}{c} (CH_2CHO)_m H \\ \\ (CH_2CHO)_m H \end{array}$$

$$\begin{array}{c} H+(OCHCH_2)_m \\ \qquad\qquad N—CH_2CH_2—N \\ H+(OCHCH_2)_m \end{array} \begin{array}{c} (CH_2CHO)_m H \\ \\ (CH_2CHO)_m H \end{array} + 4n H_2C\underset{\diagdown O \diagup}{—CH_2} \longrightarrow$$

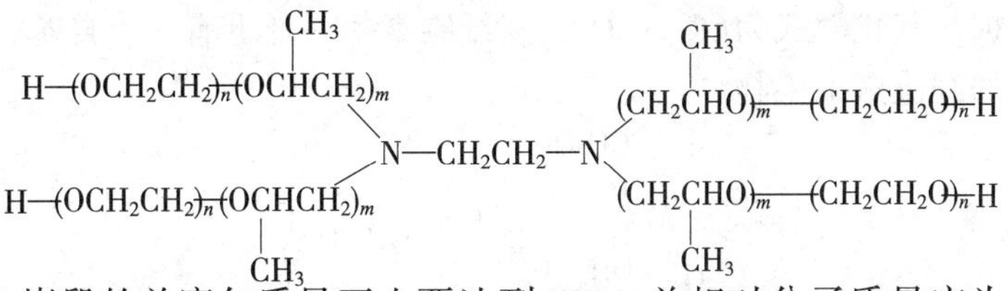

$$H\!-\!(OCH_2CH_2)_{\overline{n}}(OCHCH_2)_m\!\!\underset{\underset{CH_3}{|}}{\overset{\overset{CH_3}{|}}{}}\qquad (CH_2CHO)_m\!-\!(CH_2CH_2O)_{\overline{n}}H$$

$$N\!-\!CH_2CH_2\!-\!N$$

$$H\!-\!(OCH_2CH_2)_{\overline{n}}(OCHCH_2)_m\qquad (CH_2CHO)_m\!-\!(CH_2CH_2O)_{\overline{n}}H$$

该产物中 PO 嵌段的总摩尔质量至少要达到 500, 总相对分子质量应为 550~30000, 其中 EO 约占 10%~80%(质量分数)。该嵌段聚醚呈碱性, 具有很高的热稳定性和良好的乳化性能及润湿能力, 可用作乳化剂和增稠剂。由于分子结构中引入聚环氧丙烷、聚环氧乙烷嵌段聚合物, 增加分子链长, 能提高该表面活性剂在水性农药制剂中的分散乳化稳定性。

6. 接枝型高分子表面活性剂

通过缩合聚合方法可以制备聚醚和聚酯等接枝型高分子表面活性剂。如利用酚醛缩合反应得到疏水性主链, 再通过主链上的酚羟基引发环氧乙烷开环聚合, 得到亲水性聚醚支链, 从而合成出接枝型非离子高分子表面活性剂。控制反应组分的比例, 可以调节这种接枝共聚物的亲水亲油平衡值(HLB), 以达到较好的表面活性, 反应如下:

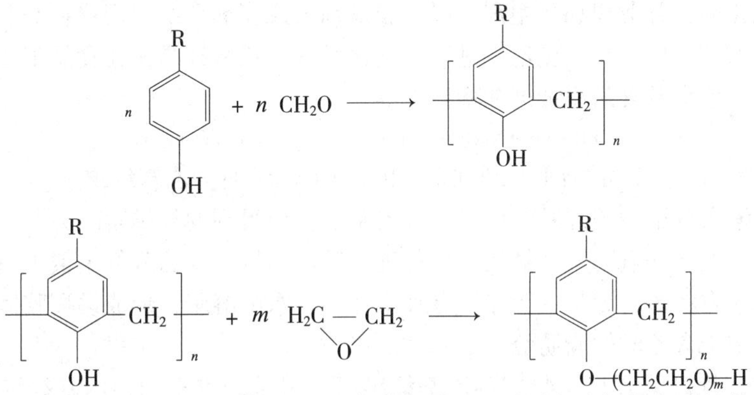

通过加成聚合的方法也可以制备接枝型高分子表面活性剂。先合成功能性大分子长链作为支链, 也叫大单体。然后与其他小分子单体再进行共聚, 以获得带有几个支链的高分子表面活性剂。共聚小分子单体的属性、大分子单体的相对分子质量以及各种单体的含量, 都影响着接枝共聚物的表面活性。例如, 以甲基丙烯酸酯型的聚氧乙烯醚为表面活性大单体, 以苯乙烯为共聚小分子单体, 在甲苯等有机溶剂中, 以偶氮类或过氧类化合物为引发剂, 也可合成支链为亲水链段的接枝型高分子表面活性剂。

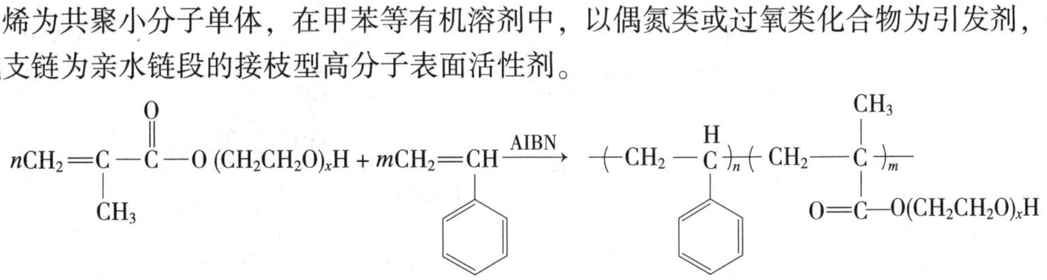

7.3.2 半合成高分子表面活性剂

半合成高分子表面活性剂是以天然高分子为原料进行化学改性而得到的表面活性剂, 主要有纤维素衍生物、淀粉衍生物。

7.3.2.1 纤维素衍生物

纤维素是一种多分散的线型均聚物, 是 D-吡喃型葡萄糖单元通过 β-1, 4 糖苷键连接而成的高分子多糖，其化学式为$(C_6H_{10}O_5)_n$。纤维素每一环上有 3 个羟基，可与许多试剂反应形成许多重要的纤维素衍生物。

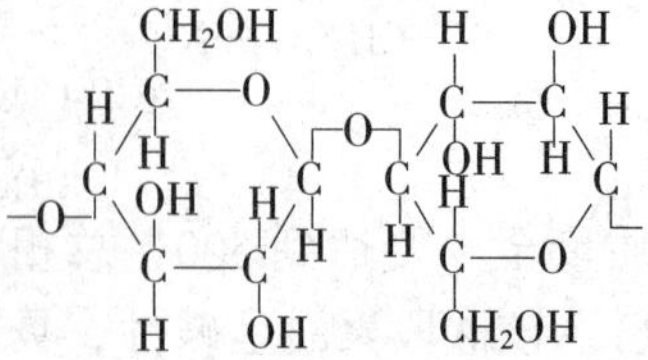

以纤维素为原料制备高分子表面活性剂，目前从国内外的研究来看，主要是以水溶性纤维素衍生物通过醚化或酯化等高分子反应引入疏水基，同时破坏纤维素分子间的氢键缔合，使其不能结晶，从而溶于水。将水溶性纤维素衍生物开发用作高分子表面活性剂，按反应改性方法的不同，可以分为大分子反应和接枝共聚两大类。

1. 大分子反应

甲基纤维素是由木浆或棉花经碱处理后，用氯代甲烷使碱纤维甲基化而得，醚化剂也可以是硫酸二甲酯。它具有良好的增稠、稳定、乳化、分散、赋型性能，主要用作增稠剂、稳定剂、食品乳化剂、分散剂和赋型剂，以及胶黏剂、成膜剂和纺织用浆料等。乙基纤维素由木浆或木棉经碱处理后，再用氯乙烷进行乙基化而得。乙基纤维素在食品工业中主要用作黏结剂、填充剂、色素及食品添加剂和稀释剂等。

$$Cell—OH+NaOH+RCl \longrightarrow Cell—OR+NaCl+H_2O$$

式中，R 为 H 或 CH_3 时为甲基纤维素；R 为 CH_3CH_2 时为乙基纤维素。

如果纤维素大分子中的羟基氢原子被羟乙基取代而得到的纤维素醚为羟乙基纤维素。羟乙基纤维素是用碱、环氧乙烷和氯代乙烷处理纤维素而得。羟乙基纤维素为白色到浅黄色或灰白色颗粒或粉末状体，无臭，无味，有吸湿性。在水中溶胀，形成黏稠胶体溶液。不溶于沸水和乙醇，溶于含乙醇的脂肪烃。

将一般水溶性纤维素衍生物如羟乙基纤维素、甲基纤维素和羟丙基纤维素通过在适当条件下与带长链烷基的疏水性反应物进行高分子化学反应，可以制备具有预期表面活性的含长链烷基纤维素类高分子表面活性剂。纤维素类表面活性剂的性能，在很大程度上受引入的烷基疏水链长短、数目及所用原料(纤维素衍生物)和改性剂种类的影响。典型反应如下所示。

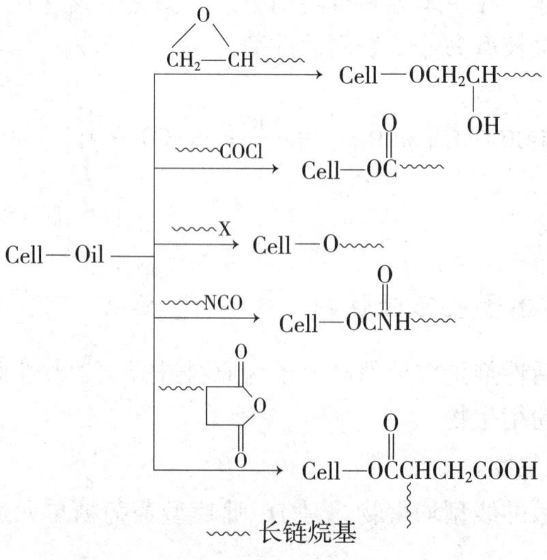

长链烷基

172

羧甲基纤维素钠（CMC-Na）是葡萄糖聚合度为 100~2000 的纤维素衍生物，由纤维素与氢氧化钠反应生成碱性纤维素，然后用氯乙酸钠进行羧甲基化而制得，反应如下：

$$(C_6H_9O_4\text{—OH})_n \xrightarrow{\text{NaOH}} (C_6H_9O_4\text{—ONa})_n \xrightarrow{\text{ClCH}_2\text{COONa}} (C_6H_9O_4\text{—OCH}_2\text{COONa})_n$$

其结构式如下：

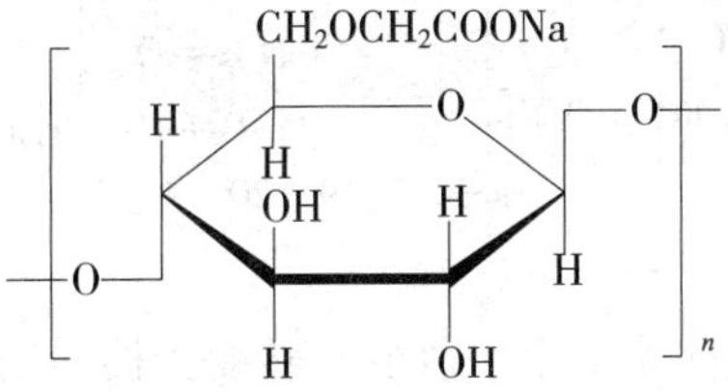

羧甲基纤维素钠具有良好的增稠、稳定、保护胶体与薄膜形成等性能，主要用作黏度调节剂、食品添加剂和纺织用浆料。

如果以聚合度为 280 的纤维素为原料，通过两步反应对原料进行改性，可以制备纤维素基高分子表面活性剂纤维素棕榈酰酯硫酸钠，合成路线如下：

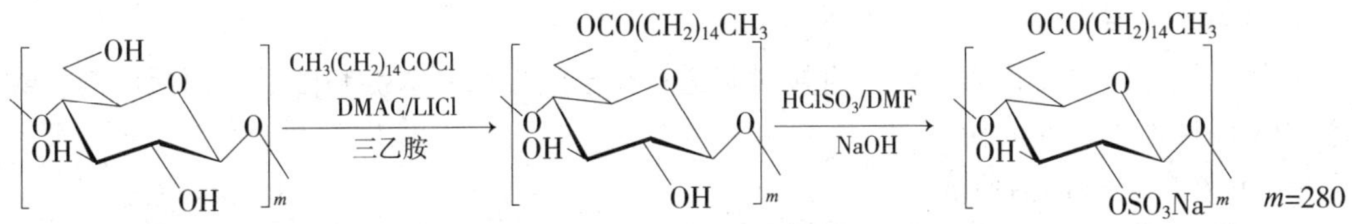

以纤维素为原料，先将其进行亲水改性，得到纤维素硫酸酯，然后对其进行疏水改性，将其分别与环氧丙基二甲基辛基氯化铵、环氧丙基二甲基十二烷基氯化铵、环氧丙基二甲基十四烷基氯化铵进行高分子化学反应，制得两性离子纤维素高分子表面活性剂。两性离子表面活性剂的制备，属于碱催化烷氧基化作用，是典型的亲核取代反应，其主要反应如下式所示：

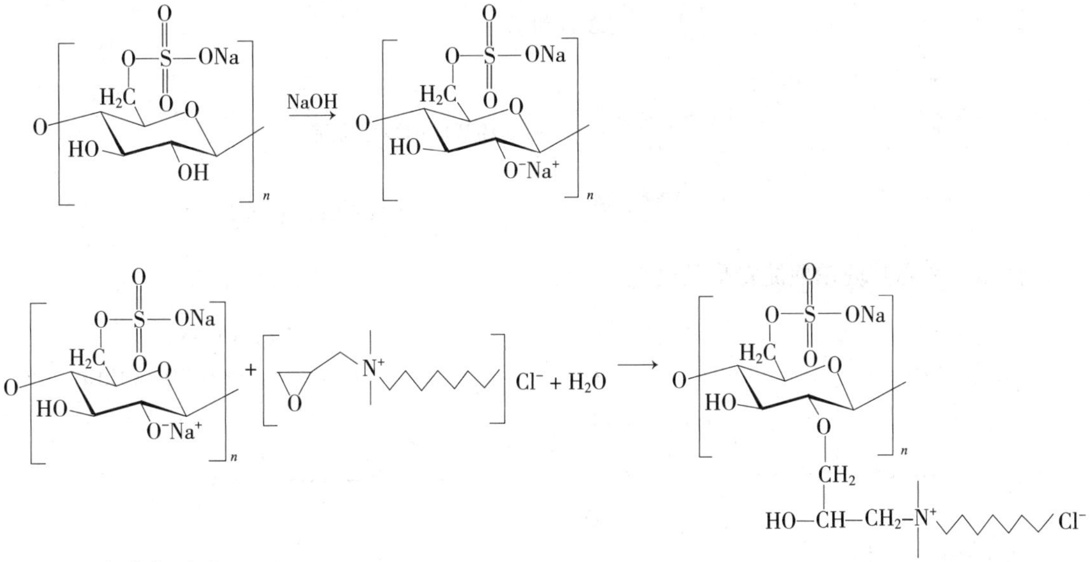

2. 接枝与共聚

通过超声波或辐照作用，将羧甲基纤维素（CMC）、羟乙基纤维素（HEC）等降解形成大分子游离基，引发具有双亲结构的表面活性剂大单体如壬基酚聚氧乙烯醚丙烯酸酯、十二烷基醇聚氧乙烯醚丙烯酸酯、硬脂酸聚氧乙烯醚丙烯酸酯等及第三单体如苯乙烯或甲基丙烯酸甲酯进行聚合反应，制备出兼具一定表面活性和良好增稠能力的改性纤维素共聚物，结构如下：

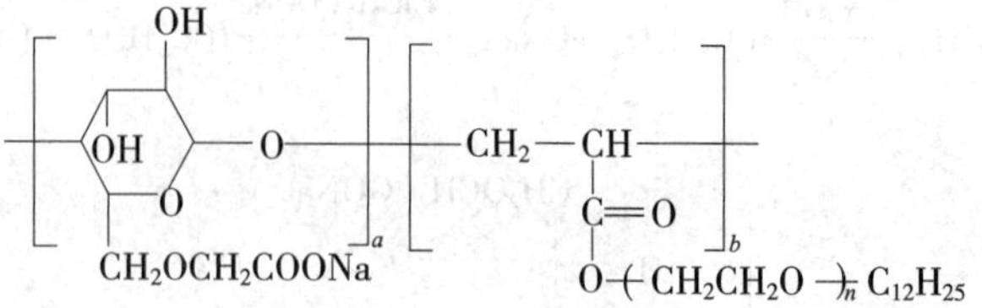

$$n=3, 7, 9, 20$$

7.3.2.2 淀粉衍生物

淀粉经化学处理后其物理性能发生了改变，转变为淀粉衍生物，亦称改性淀粉。改性淀粉一般为白色或近白色颗粒或粉末状体，无臭，无味，不溶于乙醇、乙醚和氯仿，溶于冷水。淀粉衍生物种类较多，主要品种有羧甲基淀粉、羟丙基淀粉、磷酸淀粉钠。淀粉基表面活性剂的合成，根据使用原料的方式，可分为直接利用法和转化利用法。前者是将淀粉直接改性，后者是将淀粉先降解为单糖或低聚糖，再将其与高级脂肪醇或高级脂肪酸反应。

1. 直接利用法

直接利用法即以淀粉为原料，直接对其进行化学改性来制取淀粉酯类表面活性剂、羧甲基淀粉和两性离子改性淀粉。

（1）淀粉酯类表面活性剂

淀粉酯是变性淀粉中的一类。常见的有乙酸淀粉酯、磷酸淀粉酯和烯基淀粉酯等。常见的淀粉酯的制备方法如下所示：

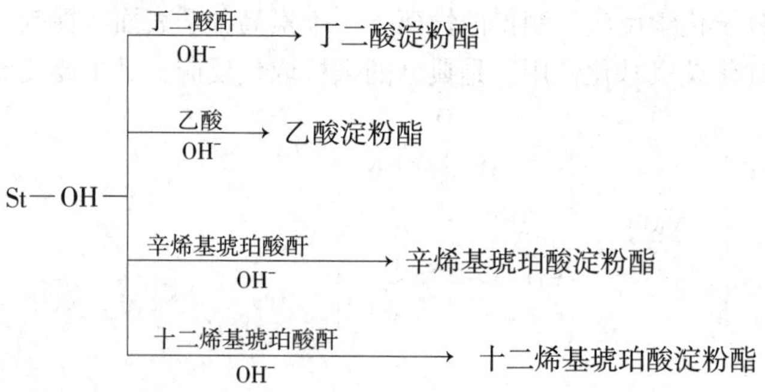

例如，辛烯基琥珀酸淀粉酯的合成：

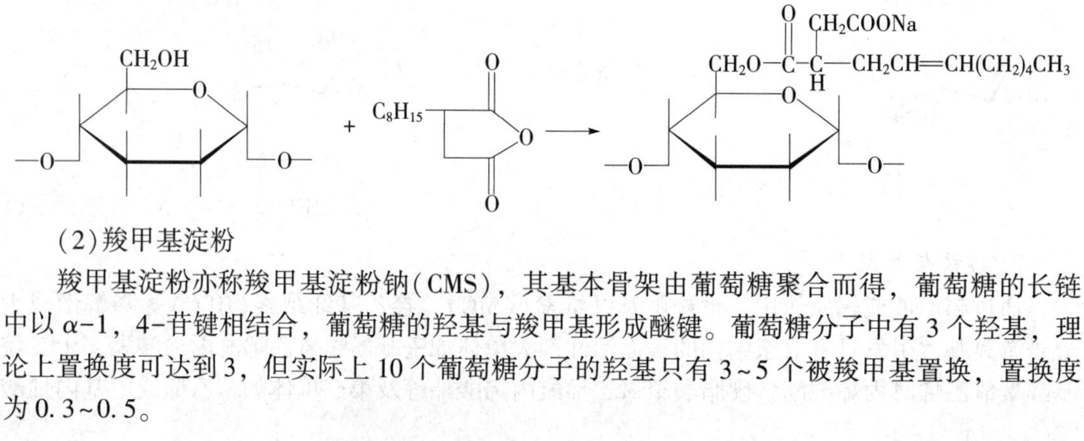

（2）羧甲基淀粉

羧甲基淀粉亦称羧甲基淀粉钠（CMS），其基本骨架由葡萄糖聚合而得，葡萄糖的长链中以 α-1, 4-苷键相结合，葡萄糖的羟基与羧甲基形成醚键。葡萄糖分子中有 3 个羟基，理论上置换度可达到 3，但实际上 10 个葡萄糖分子的羟基只有 3~5 个被羧甲基置换，置换度为 0.3~0.5。

羧甲基淀粉的制法是将淀粉用氢氧化钠处理，生成碱淀粉，再用氯乙酸进行醚化而引入羧甲基，反应如下：

$$St-OH + NaOH \longrightarrow St-ONa + H_2O$$

$$St-ONa + ClCH_2COOH \xrightarrow{NaOH} St-OCH_2COONa + NaCl + H_2O$$

羧甲基淀粉具有良好的增稠、稳定性能，在食品生产中用作增稠剂、乳化稳定剂和防老化剂，也用作纺织用浆料。

（3）羟丙基淀粉

羟丙基淀粉（HPS）为白色或近白色颗粒或粉末状体，无臭，无味，不溶于乙醇、乙醚和氯仿，几乎不溶于水，在热水中膨胀而完全糊化，其结构式如下：

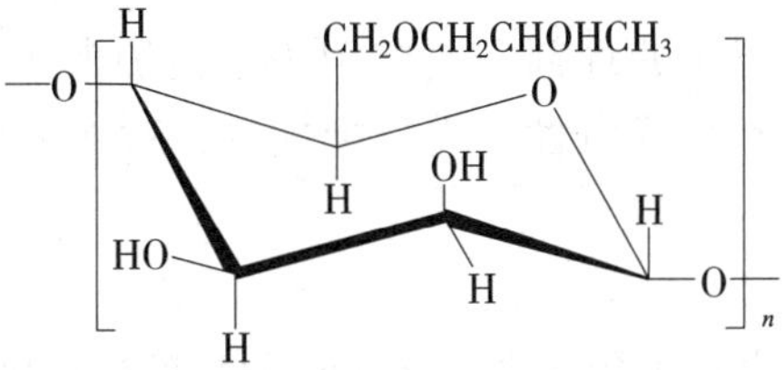

它是由淀粉与环氧丙烷进行加成反应而得，

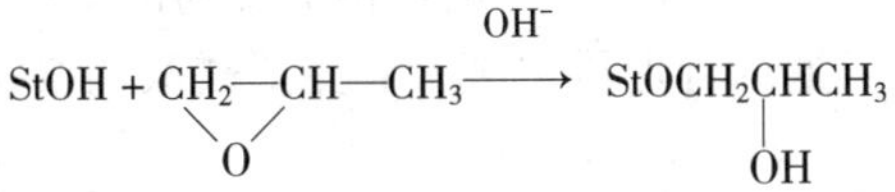

羟丙基淀粉具有良好的增稠、稳定性能，用作增稠剂、乳化稳定剂和纺织用浆料。

（4）两性离子改性淀粉

Jonhed 等人用次氯酸钠在 36℃，pH=9.5 的条件下氧化淀粉，然后用试剂 3-氯-2 羟基丙基十二烷基氯化铵进行疏水改性，得到的两性淀粉，化学式如下所示：

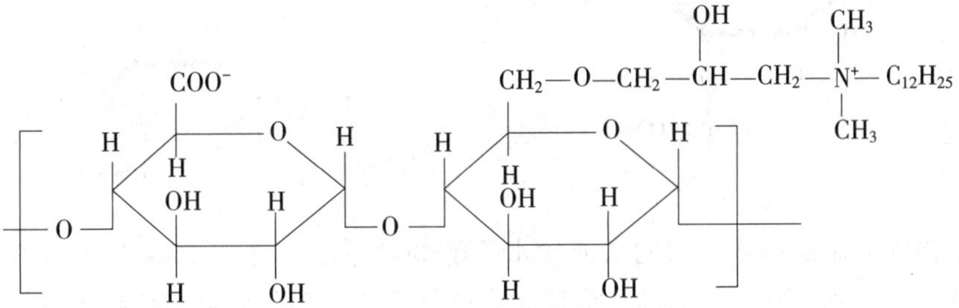

（5）阳离子淀粉

天然高分子化合物如淀粉和纤维素自身都带有大量的具有一定反应活性的羟基官能团，这些基团在一定条件下与其他化合物进行反应就可以获得高分子季铵盐阳离子型表面活性剂，如淀粉经环氧氯丙烷改性得到阳离子淀粉。反应方程式如下：

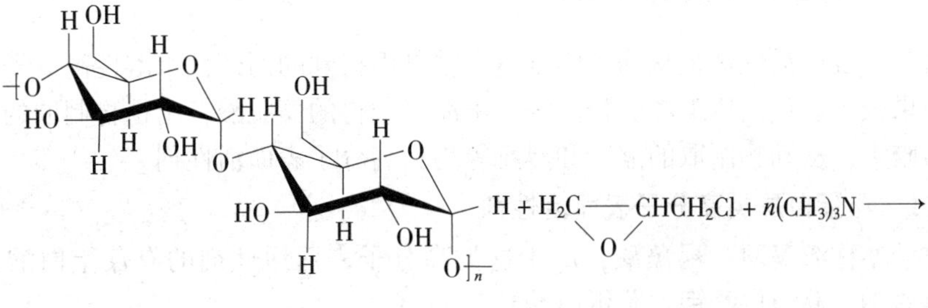

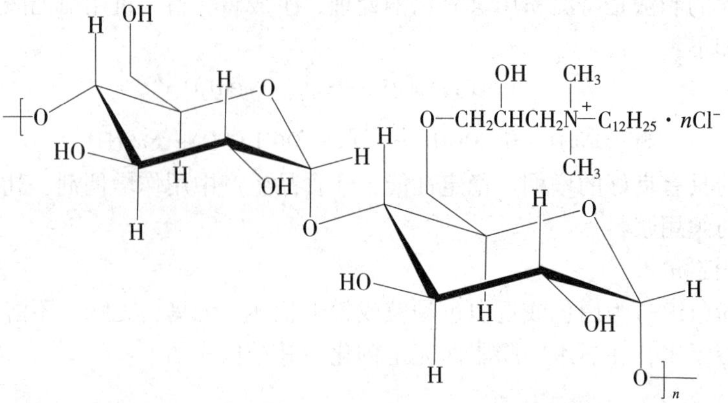

该系列产品作为一种阳离子调理剂主要应用于个人护理产中，用来修复头发末梢的分叉，提高发质的柔顺、滑爽和抗静电性，它复配性好，对洗发护发产品还有良好的增稠作用，广泛应用于化妆品行业。

2. 转化利用法

转化利用法是先将淀粉水解为葡萄糖，之后对葡萄糖进行化学改性来制备山梨醇类、烷基糖苷类和葡糖胺类表面活性剂。磷酸淀粉钠是构成淀粉的葡萄糖的羟基与磷酸结合形成的酯，1分子磷酸与1分子葡萄糖结合形成单酯，1分子磷酸与2分子葡萄糖交联结合形成双酯。它们的结构式如下：

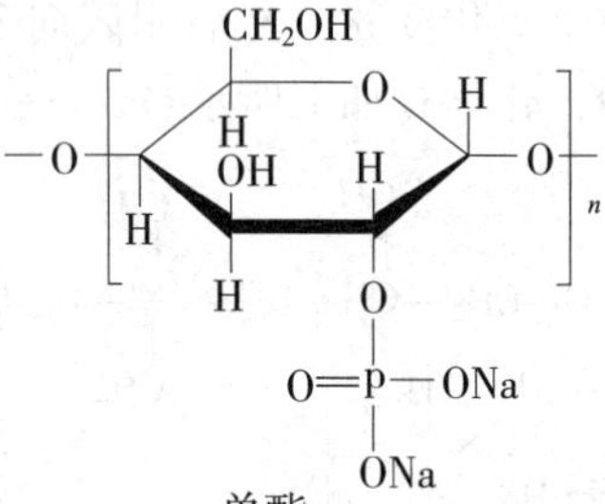

单酯

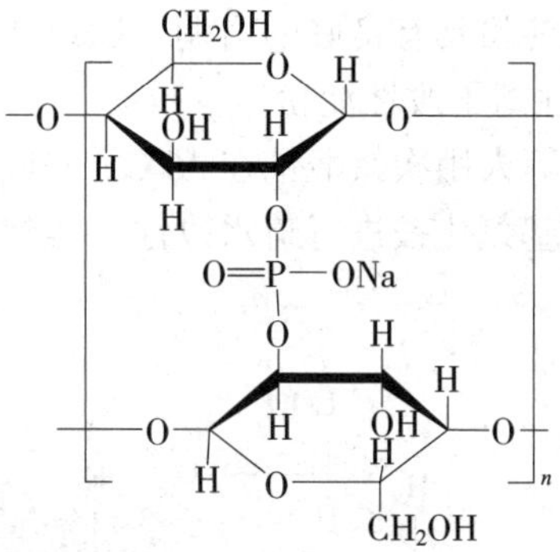

双酯

磷酸淀粉钠的制法是在淀粉的水或含水乙醇的悬浮液中加入1%～10%的聚磷酸盐或偏磷酸盐，然后加热到100～200℃酯化而成。磷酸淀粉钠为白色到近白色粉末状体，无臭、无味。在常温下单酯遇水糊化，糊化温度随磷酸结合量增高而降低，温度降低，稳定性增高，黏度降低。双酯在水中加热发生糊化。磷酸淀粉钠具有良好的增稠、稳定性能，在食品工业中主要使用双酯，用作增稠剂、防老化剂和稳定剂，可改善黏度稳定性和分散性。

7.3.3 天然高分子表面活性剂

天然高分子表面活性剂是从动植物分离、精制而得到的两亲性水溶性高分子，主要有藻蛋白酸类、果胶类、蛋白质类和淀粉类等。由海藻制得的藻朊酸，由植物制取的愈疮胶和黄原胶等树脂胶类，从动物制取的酪朊和黑朊等均为高分子表面活性剂。

7.3.3.1 藻蛋白酸类高分子表面活性剂

藻蛋白酸亦称海藻酸、褐藻酸，属于这类高分子表面活性剂的有藻蛋白酸、藻蛋白酸铵、藻蛋白酸钠、藻蛋白酸钾、藻蛋白酸钙。

176

藻蛋白酸是一种直链糖醛聚糖，主要由甘露糖醛酸和 L-葡萄糖醛酸形成的葡萄糖聚糖单元所组成的线型高分子聚合物，相对分子质量在 5 万~18.5 万，结构式如下：

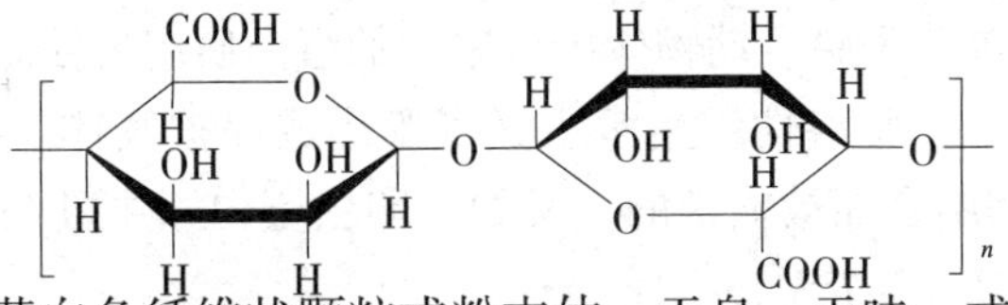

藻蛋白酸为白色到黄白色纤维状颗粒或粉末体，无臭、无味，或有轻微的特征气味和口味，不溶于水、有机溶剂，易溶于碱性溶液。它是由各种海藻，如海带、巨藻等，经洗净后用氢氧化钠或碳酸钠溶液提取，然后在提取液中加入盐酸，即得白色胶状沉淀的藻蛋白酸。藻蛋白酸具有良好的乳化、增稠、稳定性能，在食品工业生产中用作食品乳化剂、增稠稳定剂、冷冻食品的解冻调节剂，在纺织工业中用作浆料、糊料。

藻蛋白酸铵、藻蛋白酸钠和藻蛋白酸钾均为白色到浅黄色纤维状粉末体，几乎无臭、无味，溶于水后形成黏稠胶体溶液，不溶于氯仿、乙醚和质量分数大于 30% 的乙醇溶液。藻蛋白酸钙为白色到浅黄色纤维状粉末体，几乎无臭、无味，不溶于水和有机溶剂，难溶于乙醇，可溶于聚磷酸钠溶液、碳酸钠溶液和钙化合物的溶液。

藻蛋白酸的各种盐类均具有良好的乳化、增稠和稳定性能。在食品工业生产中用作食品乳化剂、增稠剂和稳定剂，藻蛋白酸钠还常用作纺织用浆料。

7.3.3.2 果胶类高分子表面活性剂

果胶存在于植物细胞壁和细胞内层，为内部细胞的支撑物质，其相对分子质量为 23000~71000，结构式大致如下：

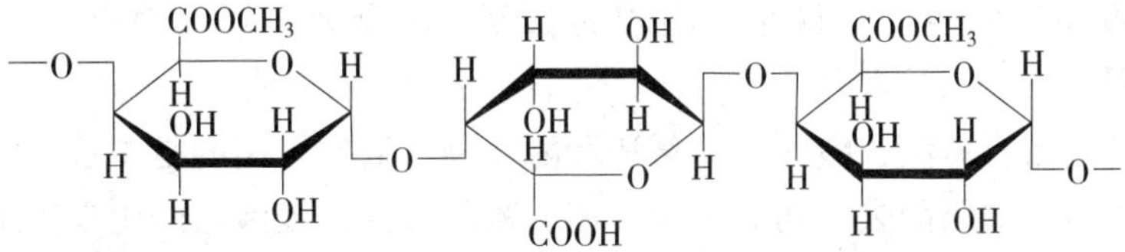

果胶为白色到浅黄褐色粉末状体，微有特征气味，味微甜带酸，溶于水后形成黏稠胶体溶液，不溶于乙醇和其他有机溶剂，能被乙醇、甘油和蔗糖糖浆湿润，与 3 倍或 3 倍以上的砂糖混合后更易溶于水，对酸性溶液比对碱性溶液稳定。

果胶的多聚半乳糖醛酸的长链结构中部分羧基通常是甲酯化了的。当羧基全部为甲酯化时，甲氧基的量约为分子质量的 16.3%。当甲氧基含量等于或大于 7%（甲酯化度为 42.9%）时称为高酯果胶，甲氧基含量低于 7% 时称为低酯果胶。高酯果胶即普通果胶，其水溶液中可溶性糖（如蔗糖）高于 60%，且 pH 值在 2.6~3.4 范围内时能胶凝化形成可逆性凝胶，甲氧基含量越高，胶凝能力越强。低酯果胶由于其中一部分甲酯转变为伯酰胺，故不受糖、酸含量的影响，所以其形成凝胶的性质有较大改变。当其溶液中有高价金属离子，如 Ca^{2+}、Mg^{2+}、Al^{3+} 存在时，由于发生架桥作用而形成网状结构的凝胶。这种凝胶由于加热、搅拌引起的变化是可逆的。

果胶的制法以柚子、柑橘、苹果等果实的果皮为原料，加盐酸萃取，压榨过滤，真空浓缩，用乙醇沉淀，再经洗涤、脱水、干燥、粉碎而得。

果胶具有良好的乳化、稳定、增稠和胶凝性能，广泛应用于食品加工中。果胶酸钠具有与果胶相同的性质。

7.3.3.3 蛋白质类高分子表面活性剂

蛋白质具有良好的表面活性,它在气液界面上吸附时,其亲水基团朝向水,疏水基团朝向空气而定向排列形成单分子膜。动物体内血浆中的蛋白质起着使脂溶性物质形成稳定胶体的作用,与胆甾醇、脂质、脂溶性维生素、激素等形成保护胶体。视觉物质视网膜的母体VA是与视网膜蛋白质相结合而被输送的。又如,卵白蛋白、牛乳酪蛋白、大豆蛋白等具有良好的起泡性能,用于糕点生产。

明胶为蛋白质表面活性剂的代表,是由动物的皮、骨、软骨、韧带、肌腱及其他结缔组织所含的胶原蛋白经部分水解后的产物,具有复杂的化学组成和分子结构。在明胶的化学组成中,蛋白质含量占82%以上,其相对分子质量为50000~60000,结构式可表示如下:

$$\begin{array}{c} COOH \\ | \\ H-C-NH_2 \qquad (A为大分子) \\ | \\ A \end{array}$$

明胶为白色或浅黄色、透明至半透明带有光泽的脆性薄片、颗粒或粉末状体,无臭、无味,不溶于冷水、乙醇、乙醚、氯仿,可溶于热水、甘油、乙酸、水杨酸、苯二甲酸、尿素、硫脲、硫氰酸盐、溴化钾等溶液,能缓慢地吸收5~10倍的冷水而膨胀软化。当吸收2倍以上的水时,加热到40℃便溶化成溶胶,冷却后形成柔软而有弹性的凝胶。依来源不同,明胶的物理性质也有较大的差异,其中猪皮明胶性质较优,透明度高,且具有可塑性。明胶在等电量时,其溶液的黏度最小;凝胶的熔点最高,渗透压、表面活性、溶解度、透明度和膨胀度等均最小。明胶的黏度、胶凝力与吸水率有关,黏度小,胶凝力小,吸水率低。

明胶的生产方法有碱法、酸法、盐碱法和酶4种。通常采用的是碱法,将牛皮、猪皮等变质的下脚皮的内层油脂刮去,切成小块,用石灰乳浸泡,浸泡后的生皮用水洗净,用盐酸中和,然后将内皮按质量比1:1加水,加热蒸煮,控制温度为60~70℃,抽取胶水,经浓缩使相对密度为1.0~1.07,冷却后即得明胶。

酸法是将骨头用苯提油后水洗,以盐酸浸泡,获得粗制骨素。粗制骨素经石灰乳浸泡、盐酸中和、氢氧化钠溶液洗涤、稀碱液浸泡和清水冲洗得精制骨素。精制骨素经7道熬胶得到胶水,再经过滤浓缩,使胶水相对密度达1.025~1.075,最后经冷冻、干燥而成。

明胶具有良好的起泡、稳泡、乳化、稳定、澄清等性能,在食品工业中用作发泡剂、乳化剂、增稠剂、稳定剂、澄清剂,用于冷饮食品、罐头、糖果和糕点生产。此外,明胶也用于照相胶片生产以及其他工业生产。

酶修饰明胶(简称EMG)是一种新型蛋白质表面活性剂,它是在酶的作用下将氨基酸接在蛋白质上而制得。例如,以明胶作亲水性原料,$C_2 \sim C_{12}$正烷基醇的氨基酸酯作亲油性原料,在木瓜酶的存在下,使它们进行酶反应,这时明胶发生部分水解,在它的氧末端接连上氨基酸酯。这种蛋白质型表面活性剂的疏水基在$C_6 \sim C_8$者具有良好的起泡能力,碳氢链为C_{12}者具有良好的乳化能力。比如,月桂醇的氨基酸酯蛋白质表面活性剂在起乳化作用时,亲水性蛋白质之间形成网状结构,能防止油滴聚合,同时能包住自由水,抑制其脱离。此种表面活性剂可用于食品工业和化妆品生产中。

7.3.3.4 淀粉高分子表面活性剂

淀粉属于多糖类化合物，是大多数植物积蓄的碳水化合物，结构式如下：

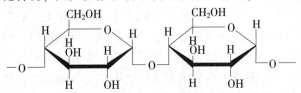

淀粉为白色粉末，无臭、无味，按照植物种类，具有不同形状的淀粉粒。淀粉的相对密度为 1.499~1.513，有吸湿性，不溶于水、乙醇和乙醚。在水中加热时，膨胀而变成具有黏性的半透明凝胶或胶体溶液，即糊化。淀粉是由直链淀粉（约占 10%~20%）和支链淀粉（约占 80%~90%）组成，直链淀粉溶于热水，支链淀粉不溶于热水。

淀粉可从玉米、甘薯、小麦、野生橡子、葛根等含淀粉的物质中提取制得。

淀粉具有良好的增稠、稳定、乳化性能，可以用于制糊精、麦芽糖、葡萄糖和酒精等，在纺织工业中用作印花浆料，适于水染染料、快色素和可溶性还原染料等印花色浆的调制。淀粉糊料还广泛用作经纱上浆剂和织物整理剂。此外，淀粉也用于纸张上浆。

7.4 高分子表面活性剂的性能

和低分子表面活性剂相比，高分子表面活性剂具有较高的相对分子质量，渗透能力差，可形成单分子胶束或多分子胶束。高分子溶液黏度高，成膜性好，具有很好的分散、乳化、增稠、稳定以及絮凝等性能，起泡性差。大多数高分子表面活性剂是低毒或无毒的，具有环境友好性。一般说来，高分子表面活性剂降低表面张力和界面张力的能力较弱，且表面活性随相对分子质量的升高急剧下降，当疏水基上引入氟烷基或硅烷基时其降低表面张力的能力显著增强。

1. 表面活性

高分子表面活性剂的表面活性通常较弱，表面张力要经过很长时间才能达到恒定。表面活性不但与化学结构及相对分子质量有关，而且还与大分子化合物内链段的排列方式有关。当疏水基上引入硅烷、氟烷时，降低表面张力的能力显著增强。有机硅高分子表面活性剂由性能差别很大的聚醚链段和聚硅氧烷链段通过化学键连接而成，亲水性的聚醚链段赋予了其良好的水溶性，疏水性的聚硅氧烷链段又赋予了低表面张力，而且这类共聚物还具有生物相容性、良好的适应性和低的玻璃化温度，因此作为表面活性剂是其他有机类表面活性剂无法比拟的。氟端基聚合物具有极强的表面活性，当在水溶液中或聚合物共混体中含有极少量的氟端基聚合物时，即会发生向表面的强烈吸附现象。水溶性的氟端基聚合物水溶液在临界胶束浓度时表面张力可达到 15mN/m 左右。

2. 乳化功能

尽管相对分子质量较高，有许多高分子表面活性剂能够在分散相中形成胶束，并且具有 CMC 值，发挥乳化功能。由于具有两亲结构，其分子的一部分可吸附在粒子表面，其他部分则溶于作为连续相的分散介质中，聚合物相对分子质量不是太高时，具有空间阻碍效应，在单体液滴或聚合物粒子表面产生障碍，阻止它们接近缔合而产生凝聚。高分子表面活性剂不仅具有优良的乳化稳定性，而且往往能赋予乳状液以特殊性能，这是普通表面活性剂无法比拟的。高分子表面活性剂具有较强的乳化能力，将一定量接枝共聚物溶解于油（水）中，充分震荡后，就会使油水体系乳化，并且保持乳化液稳定。

3. 凝聚功能

高分子表面活性剂相对分子质量很高，能吸附于许多粒子上，在粒子之间产生架桥，形成絮凝物，起到絮凝剂的作用。即使高分子表面活性剂在低浓度时，也可以被固体粒子表面吸附，在粒子间起着架桥作用，所以是很好的凝聚剂，尤其是与硫酸铝、氧化铁等无机凝聚剂配合使用时，效果更好。阳离子高分子表面活性剂作为絮凝剂时，通过其所含的正电荷基团对污泥中的负电荷有机胶体电性中和作用及高分子优异的架桥凝聚功能，促使胶体颗粒聚集成大块絮状物，从其悬浮液中分离出来。非离子型表面活性剂是通过其高分子的长链把污水中的许多细小颗粒或油珠吸附后缠在一起而形成架桥。

4. 分散性

普通表面活性剂虽然很多都具有分散作用，但由于受分子结构、相对分子质量等因素的影响，它们的分散作用往往十分有限，用量较大。高分子表面活性剂由于亲水基、疏水基、位置、大小可调，分子结构可呈梳状，又可呈现多支链化，因而对分散微粒表面覆盖及包封效果要比前者强得多。由于其分散体系更易趋于稳定、流动，成为很有发展前途的一类分散剂。许珂敬等在氧化物陶瓷微粉悬浮液中通过调节 pH 值，使颗粒间具有较高静电效应的基础上加入高分子表面活性剂，使颗粒间又具有空间位阻效应，防止了颗粒间的团聚，可得到高度分散而无团聚的粉末和悬浮液。

5. 其他功能

许多高分子表面活性剂本身起泡力不太好，但保水性强，泡沫稳定性能优良。又因为高分子表面活性剂相对分子质量高，所以具有随之而来的成膜性和黏附性等优良性能。此外高分子表面活性剂还有增稠性。增稠性有两个含义：一是利用其水溶液本身的高黏度，提高别的水性体系的黏度，二是水溶性聚合物可和水中其他物质如小分子填料、高分子助剂等发生作用，形成化学或物理结合体，导致黏度的增加。后一种作用往往具有更强的增稠效果。一般作为增稠剂使用的高分子应有较高的相对分子质量，如聚氧乙烯作为增稠剂时相对分子质量应在 250 万左右。常用的增稠剂有酪素、明胶、羧甲基纤维素、硬脂酸聚乙二醇酯、聚乙烯吡咯烷酮、脂肪胺聚氧乙烯、阳离子淀粉等。

7.5　高分子表面活性剂的应用

1. 在石油工业中的应用

在油田广泛应用的水溶性高分子表面活性剂有改性淀粉、纤维素醚、磺化木质素、水解聚丙烯酰胺、聚乙烯醇、聚丙烯酸盐、丙烯酸和甲基丙烯酸及其衍生物的共聚物，苯乙烯磺酸–马来酸酐共聚物等，它们虽然对水的表面张力降低很小，但它们分子中有—OH、—COOH、—CONH$_2$、C=O、—COOH 等活性基团，吸附于界面之后，能改变界面状态，多年来在油田用作增稠剂、降失水剂、絮凝剂、分散剂、降阻剂、阻垢剂、流度控制剂、钻探用乳化泥浆。世界上几乎 2/3 的原油都含有水，为使原油中的含水量不超过 1%，常加入破乳剂，以破坏稳定的油水型乳液，使油水分离。我国原油含水有的高达 30%，原油中不但含水，还含蜡和沥青，因此原油破乳剂应是多效复合剂，能同时起脱水、脱盐、防蜡降黏等作用，这就要求破乳剂不但具有较强的表面活性、合适的 HLB 值、良好的润湿性，而且还有足够的絮凝能力，高分子表面活性剂就成为破乳剂的主要使用对象，如聚乙二醇醚缩乙醛、阳离子化聚乙烯醇。在原油开采中,一、二次采油能采出占储量约30%的原油,经研究表明,丙烯酰胺类聚合物及聚氧乙烯烷基酚醚等高分子表面活性剂在三次采油中将有非常广阔的应用前景。

2. 在建材工业中的应用

在陶瓷制作中,虽然水是最常用的介质,但在某些特殊的高性能应用中还要使用有机溶剂。尤其是在电子陶瓷领域,通过带状铸型工艺,使用有机溶剂能够产生优异的薄膜陶瓷。还有工程陶瓷领域,如果在滑移铸型过程中使用水,含有氯化物的陶瓷粉对水是敏感的。当用有机溶剂(最常用的是 Menhahen 鱼油)加工陶瓷时,必须要有分散剂,而此时,低分子分散剂不起作用,必须使用高分子分散剂。非离子型高分子表面活性剂可利用其静电斥力作用和空间稳定作用相结合改善陶瓷颗粒分散状态。高分子表面活性剂对于管制溶液中超细颗粒间的团聚状态是有效的,采用简单的湿化学方法制备氧化物陶瓷微粉,极少量的高分子表面活性剂的加入,可以代替复杂的且成本高的防颗粒团聚工艺和其他复杂的微粉制备方法,使湿化学法制备超细微粉实现工业化生产成为可能。

3. 在造纸工业中的应用

高分子表面活性剂在造纸工业中得到了广泛的应用,可以用作施胶剂、颜料分散剂、纸张柔软剂、滤水性助留剂和废纸脱墨剂等。施胶剂具有能增强纸张强度、改善印刷适性和抗水性等功能,近年来发展很快,特别是高分子表面活性剂的作用。施胶剂品种很多,诸如天然改性高分子表面活性剂如改性淀粉、氧化淀粉、磷酸酯淀粉、乙酸酯淀粉、壳聚糖、羧甲基纤维素和阳离子瓜尔胶等。合成高分子施胶剂如聚乙烯醇、聚苯乙烯-马来酸盐及其半酯的共聚物、聚丙烯酰胺、聚氨酯、聚苯乙烯-丙烯酸及其酯类共聚物等都有广泛的应用。由于高分子表面活性剂具有良好的分散性能和表面活性,可在废纸脱墨剂生产中应用,如使用聚丙烯酸单 PEG-2000 酯和乙烯单体共聚制备的多功能聚合物表面活性剂类型脱墨剂,发现该高分子表面活性剂比用一般的表面活性剂进行脱墨后的纸张亮度高许多。

4. 日用化学品工业

天然高分子表面活性剂具有优良的增黏性、乳化性、稳定性和结合力,并且具有很高的无毒安全性和易降解等特点,所以广泛应用于食品、医药、化妆品及洗涤剂工业。天然高分子化合物如蛋白质、淀粉、纤维素等可以通过水解和化学改性生产一系列高分子衍生物作为高分子表面活性剂应用于日用化学品工业中。聚乙二醇、羧甲基纤维素、聚乙烯醇等水活性高分子化合物,由于具有亲水基,因而能够与水作用形成氢键,显示一定的保湿效果,它们常与通用保湿剂一起用于膏、霜、乳液及化妆水等化妆品之中。聚乙烯吡咯烷酮、羧甲基纤维素等高分子化合物使气泡膜得到强化,并延长气泡保持时间,对气泡的性质和外观给予明显的影响,在一些与泡沫有密切关系的化妆品中广泛应用,如剃须膏、泡沫浴及洗发香波等。其中聚乙烯吡咯烷酮用于洗发香波之类的发用化妆品中,不仅具有泡沫稳定作用,而且会残存在漂洗后的毛发上,可赋予柔润的光泽。聚乙烯吡咯烷酮用作牙膏的泡沫稳定剂时,还具有除去牙斑的功效。羧甲基纤维家应用于香波或泡沫浴等之中,由于其胶体保护作用,可使洗脱的悬浮污垢不再重新附在皮肤或毛发上,即所谓的抗再沉积效果。

5. 在其他行业中的应用

高分子表面活性剂能在纤维表面形成疏水基向外的反向吸附,降低纤维物质的动、静摩擦因数,从而获得平滑柔软的手感。通常总是将表面活性剂和油剂一起混合使用。表面活性剂可有效降低纤维物质的静摩擦因素，油剂则可以降低纤维物质的动摩擦因素。不同类型的柔软剂适用于不同类型的纤维表面。纸纤维表面带负电荷，用阳离子或两性离子表面活性剂的效果要好得多。高分子表面活性剂在纤维工业中也可用作织物上浆剂及聚酰胺类织物的整理剂。颜料不管是在水中还是在溶剂中，高分子表面活性剂对其都有良好的分散效果，因此有人称其为超分散剂。这是因为它由两部分构成，一部分是极性基团如 $—NR_2$、$—NR_3$、$—COOH$、$—SO_3H$、多元胺、多元醇以及聚醚等，这些极性基团通过离子键、氢键和范德华力等紧紧地吸附于颜料表面，防止脱附。另一部分是非极性链，与分散介质有良好的相容性，这样可大幅度降低颜料粒子与分散介质之间的界面张力，又可在颜料表面形成空间屏障，保持分散体系的稳定性。

相信随着材料工业的发展，对高分子表面活性剂的需求必将日趋旺盛。人们对高分子表面活性剂的研究也正在不断深入，开发新的品种和新的合成方法仍是当前研究的热点。近几年来活性聚合尤其是 ATRP 技术的运用为制备具有可控结构和预期性能的高分子表面活性剂提供了可能，人们可以根据需要采用不同的单体以及不同的裁剪手段合成各种各样的高分子表面活性剂。由于高分子表面活性剂在应用方面具有诱人的前景，其合成方法、溶液性能及应用方面的研究必将进一步受到国内外的重视。

思考题

1. 高分子表面活性剂分哪几类，其合成方法有哪几种？
2. 写出聚脂肪酸丙烯醇酯磺酸钠的合成原理。
3. 举例说明甜菜碱高分子表面活性剂的合成反应式。
4. 简述高分子表面活性剂的性能。

第8章 反应型表面活性剂

8.1 反应型表面活性剂的定义与分类

反应型表面活性剂是指带有反应基团的表面活性剂,它能与所吸附的基体发生化学反应而永久地键合到基体表面,成为基体的一部分,从而对基体发挥表面活性作用。反应型表面活性剂除了包括亲水基和亲油基外,还应包括反应基团,反应基团的类型和反应活性对于反应型表面活性剂有特别重要的意义。根据反应基团类型及其应用范围的不同,反应型表面活性剂可分为可聚合乳化剂、表面活性引发剂、表面活性链转移剂、表面活性交联剂和表面活性修饰剂等类型。

①可聚合乳化剂。可聚合乳化剂的反应基团是双键,它能参与乳液聚合的链增长过程中的自由基聚合反应。

②表面活性引发剂。表面活性引发剂分子至少由三部分组成:自由基生成基、亲水基、亲油基。它既是乳化剂,又是引发剂,可以形成胶束,能吸附于胶粒表面。表面活性引发剂最大的优点是可以减少乳液聚合体系的组分,降低乳液中的电解质含量,减少泡沫的形成及产品中的杂质。

③表面活性链转移剂。表面活性链转移剂是表面活性剂带上了一个典型的链转移基团(巯基),这种表面活性剂用在低于临界胶束浓度下的苯乙烯乳液聚合和种子聚合中。

④表面活性交联剂。这类反应型表面活性剂主要用于涂料交联,在涂料干燥成膜进程中通过自氧化或其他物质引发进行交联聚合,从而保证涂料的机械性能,如大大提高胶膜的硬度及耐水性,同时加快干燥速度。

⑤表面活性修饰剂。固体表面可以通过吸附一层反应型表面活性剂并使其聚合以达到表面修饰的目的。由于表面活性剂分子是充分交联的,因此这层很薄的表面膜是很稳定的,原来亲水的表面变成了亲油性,当然也可以将亲油的表面变为亲水性。绝大部分表面活性修饰剂都是双链型,它们包括一个亲水部分和两条碳链,这种结构对于材料表面的覆盖效果较好。

8.2 反应型表面活性剂的合成

在反应型表面活性剂中,可聚合乳化剂无论从品种数量上、还是研究报道上都占绝大多数。下面主要介绍这类表面活性剂的合成。

8.2.1 反应型阴离子表面活性剂

反应型阴离子表面活性剂的合成和应用的研究较为系统,主要包括羧酸盐、磺酸盐和磷酸盐三类,其中又以磺酸盐类研究最多。马来酸酐或琥珀酸酐羧酸盐反应型表面活性剂的活性高于烯丙基类和苯乙烯类。由于马来酸和琥珀酸型可聚合乳化剂对 pH 值的变化很敏感,特别是在以过硫酸钾为引发剂的乳液聚合中。因此，引入磺酸基使得单体在整个聚合过程中都能保持稳定的亲水性。而引入磷酸基团，可聚合乳化剂活性物含量较高，具有良好的功能活性，能参与共聚反应，乳化力好，可以减少乳化剂用量，提高乳液稳定性。

1. 烯丙基磺酸型可聚合表面活性剂的合成

烯丙基氯与 4-壬基酚反应得到 2-烯丙基-4-壬基酚，在 130℃和 0.15MPa 下用环氧乙烷处理上述产品得到加成物，该加成物在 120℃下，与氨基磺酸反应 3h 得到含磺酸基表面活性剂，反应式如下：

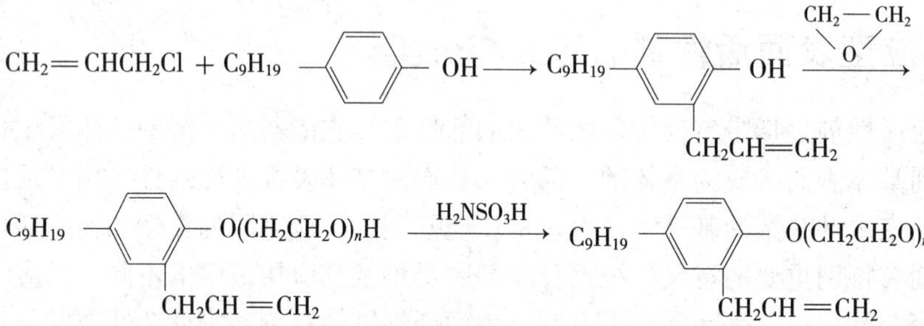

4-壬基酚和 2-甲基丙烯缩水甘油醚与 $N(C_2H_5)_3$ 在 80℃下加热 5h，然后与环氧乙烷在 130℃，有 KOH 存在下反应，然后与氨基磺酸在 120℃下搅拌反应 3h，得到烯丙基磺酸反应型乳化剂。反应式如下：

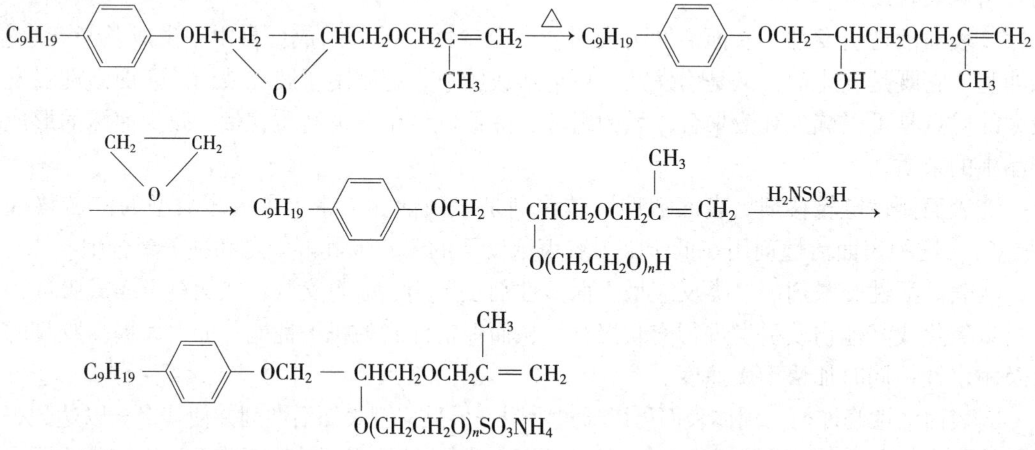

以丙烯酸衍生物和马来酸酐或琥珀酸酐为起始原料的合成步骤如下：

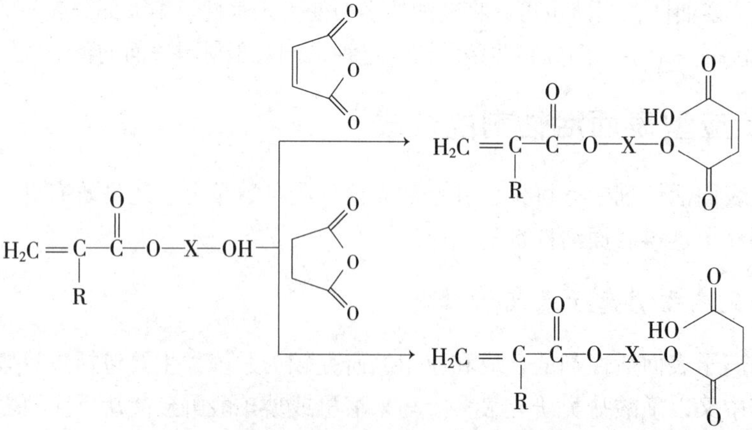

184

式中，R＝—CH$_3$，H；X＝—CH$_2$CH$_2$—，—(CH$_2$)$_4$—。

2. 马来酸酐型可聚合表面活性剂的合成

采用马来酸酐、正辛醇、烯丙基缩水甘油醚反应得二酯。将二酯与氨基磺酸混合，30℃下搅拌 3h，得反应性表面活性剂。反应式如下：

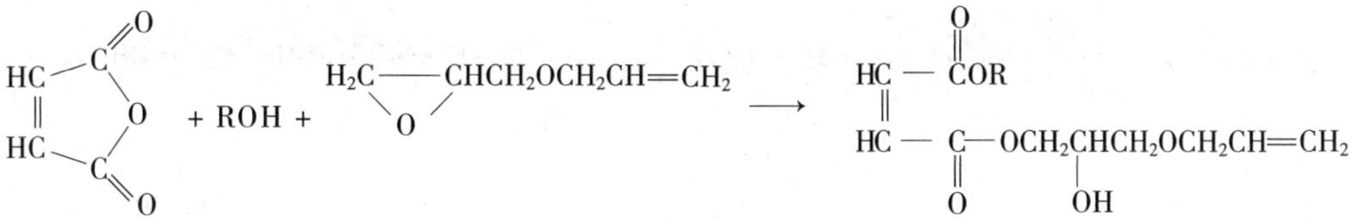

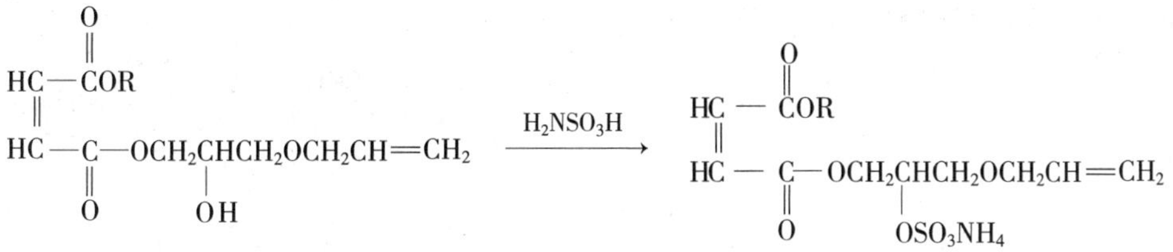

3. 苯乙烯型可聚合表面活性剂的合成

对于苯乙烯型化合物，其合成步骤如下：

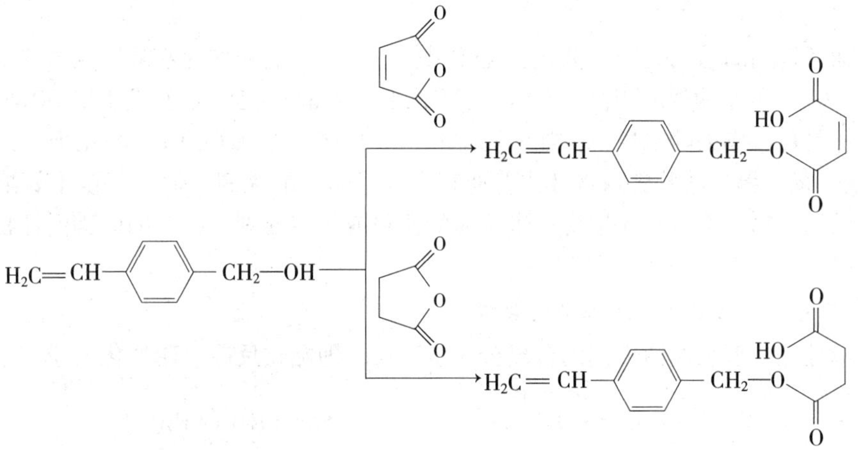

由于马来酸和琥珀酸型化合物对 pH 值的变化非常敏感，特别是在以过硫酸钾（KPS）为引发剂的乳液聚合体系中。如果引入了磺酸基，在一般的聚合条件下，由于磺酸基的存在，单体在整个聚合过程中都能保持其稳定的亲水性。其中乙烯基苄基醇与马来酸酐反应所得的产品按照如下方式进行选择性磺化制得磺基琥珀酸化合物。

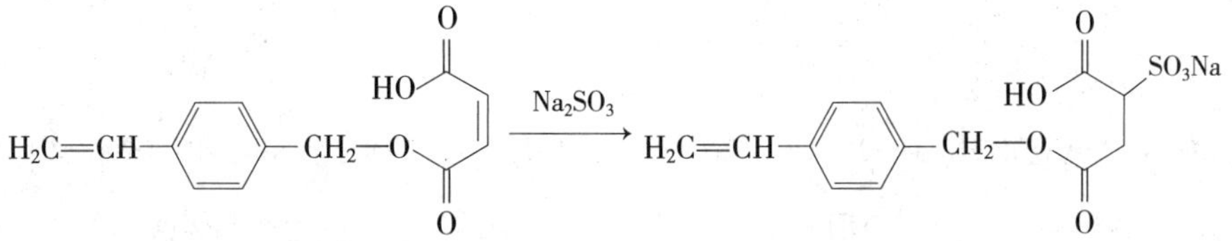

4. 反应型聚氨酯表面活性剂的合成

采用一缩二乙二醇、甲苯二异氰酸酯（TDI）、甲基丙烯酸-β-羟乙酯（HEMA）、亚硫酸钠为原料，通过反应制备得到分子链一端为不饱和双键，另一端为亲水基团的聚氨酯表面活性剂，合成过程如下：

185

$$\text{(马来酸酐结构)} + HO-(CH_2CH_2O)_2-H \longrightarrow HOOC-HC=CH-\overset{\overset{\displaystyle O}{\|}}{C}-(OCH_2CH_2)_2-OH$$

$$HOOC-HC=CH-\overset{\overset{\displaystyle O}{\|}}{C}-(OCH_2CH_2)_2-OH + OCN-\text{(苯环)}-CH_3 + HO-CH_2CH_2OOC-\overset{\overset{\displaystyle CH_3}{|}}{C}=CH_2 \longrightarrow$$
$$\text{(苯环上)} NCO$$

$$HOOC-\overset{|}{\underset{H}{C}}=CH-\overset{\overset{\displaystyle O}{\|}}{C}-(OCH_2CH_2)_2-O-\overset{\overset{\displaystyle O}{\|}}{C}NH-\text{(苯环)}-CH_3 \xrightarrow{Na_2SO_3}$$
$$NHCOCH_2CH_2OOC-\overset{\overset{\displaystyle CH_3}{|}}{C}=CH_2$$
$$\overset{\displaystyle O}{\|}$$

$$NaOOC-\underset{\underset{\displaystyle SO_3Na}{|}}{CH}-CH_2-\overset{\overset{\displaystyle O}{\|}}{C}-(OCH_2CH_2)_2-O-\overset{\overset{\displaystyle O}{\|}}{C}NH-\text{(苯环)}-CH_3$$
$$NHCOCH_2CH_2OOC-\overset{\overset{\displaystyle CH_3}{|}}{C}=CH_2$$
$$\overset{\displaystyle O}{\|}$$

该表面活性剂的适用范围较宽，乳化效果较好，不但能够作为水溶性较大的单体如乙酸乙烯酯（VAC）、甲基丙烯酸甲酯（MMA）的乳化剂，乳液稳定性显著优于以 SDBS 为乳化剂的乳液；而且可以作为疏水性单体如苯乙烯（St）、丙烯酸丁酯（BA）的乳化剂，其乳化力与 SDBS 相当，最后得到的胶乳耐水性比普通胶乳有了明显的提高。但由于该聚氨酯表面活性剂是复杂的混合物，不可避免地含有未反应的原料或生成的副产物，因此其活性物含量有待进一步提高。

5. 磷酸单酯反应型表面活性剂的合成

磷酸单酯反应型表面活性剂的合成分 3 步进行，即酯化反应、磷酸化反应、皂化反应。

$$CH_2=\underset{\underset{\displaystyle CH_3}{|}}{C}-COOH + HO(CH_2)_{10}OH \longrightarrow CH_2=\underset{\underset{\displaystyle CH_3}{|}}{C}-COO(CH_2)_{10}OH + H_2O$$

$$CH_2=\underset{\underset{\displaystyle CH_3}{|}}{C}-COO(CH_2)_{10}OH + H_4P_2O_7 \longrightarrow CH_2=\underset{\underset{\displaystyle CH_3}{|}}{C}-COO(CH_2)_{10}-\overset{\overset{\displaystyle O}{\|}}{\underset{\underset{\displaystyle OH}{|}}{P}}-OH + H_2O$$

$$CH_2=\underset{\underset{\displaystyle CH_3}{|}}{C}-COO(CH_2)_{10}O-\overset{\overset{\displaystyle O}{\|}}{\underset{\underset{\displaystyle OH}{|}}{P}}-OH + 2NaOH \longrightarrow CH_2=\underset{\underset{\displaystyle CH_3}{|}}{C}-COO(CH_2)_{10}O-\overset{\overset{\displaystyle O}{\|}}{\underset{\underset{\displaystyle ONa}{|}}{P}}-ONa + 2H_2O$$

酯化反应温度在 80～85℃，反应产物颜色较好，转化率高。对甲苯磺酸是催化合成甲基丙烯酸羟癸酯的良好催化剂，酯化率随其用量增加而提高，其最佳用量为甲基丙烯酸用量的 12%。多聚磷酸作为磷酸化试剂，反应温和，而且反应产物中磷酸单酯含量占 90% 以上。

8.2.2 反应型阳离子表面活性剂

近年来反应型阳离子表面活性剂的研究较为活跃，开发研究主要集中在烷基季铵盐、杂环季铵盐及少量伯胺盐这几类乳化剂上面。

1. 苯乙烯十二烷基二甲基氯化铵

以 4-氯苯乙烯和十二烷基二甲基胺为原料可以合成阳离子可聚合乳化剂苯乙烯十二烷基二甲基氯化铵，工艺路线简便，收率较高。

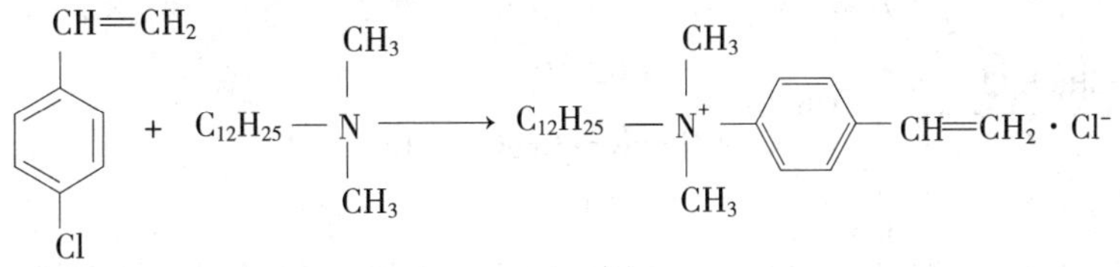

2. 丙烯酰胺类乳化剂的合成

(1) 甲基丙烯酰氧乙基十二烷基二甲基溴化铵

溴代十二烷与甲基丙烯酸二甲胺乙酯在少量的对苯二酚存在下发生亲核取代反应，生成甲基丙烯酰氧乙基十二烷基二甲基溴化铵，反应式如下：

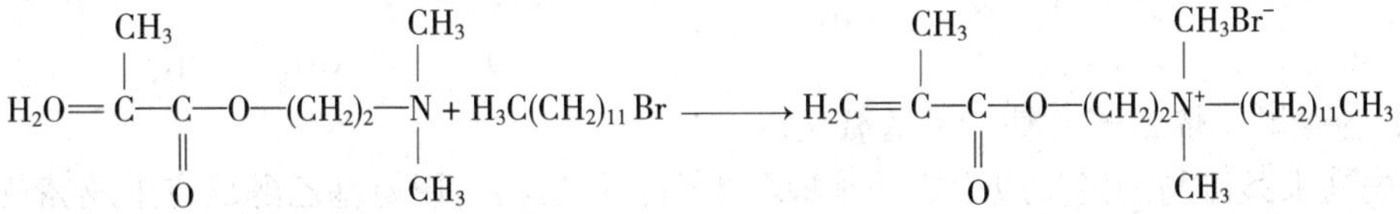

亲核试剂甲基丙烯酸二甲胺乙酯从 1-溴代十二烷的离去基团 Br 的背面向与它连接的碳原子进攻，长链烷基的空间位阻大，形成过渡状态很慢，需要吸收热量，形成过渡状态后，释放能量即可形成产物。此工艺简便易行，条件温和，但收率较低。由于整个反应为放热反应，而且随着反应温度的升高，产物的产率逐渐增大。将其单独应用于超声辐照苯乙烯乳液聚合，可以得到无乳化剂残留的高纯纳米聚合物胶乳，这对乳液聚合法制备聚合物纳米胶乳具有重要意义。

(2) 单(2-丙烯酰胺基)乙基十四烷基二甲基溴化铵

将丙烯酸与二氯亚砜反应得到丙烯酰氯，丙烯酰氯与 N，N-二甲基乙二胺反应得到酰胺，然后进行季铵化反应制得单(2-丙烯酰胺基)乙基十四烷基二甲基溴化铵。

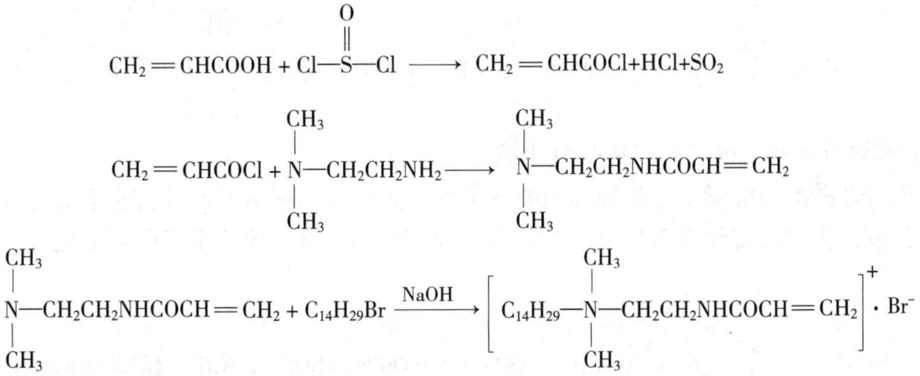

3. 马来酸双酯类乳化剂的合成

(1) 脂肪醇顺丁烯二酸乙基烷基氯化铵

先将马来酸酐与脂肪醇开环制得马来酸单酯，再与二烷基氨基卤代烷反应得到一种水溶性较差的油状物质。在 pH 值为 4~7 时，该物质就是一种阳离子表面活性剂，但为了改善其水溶性，可对氮原子进行烷基化制得季铵盐，合成路线如下：

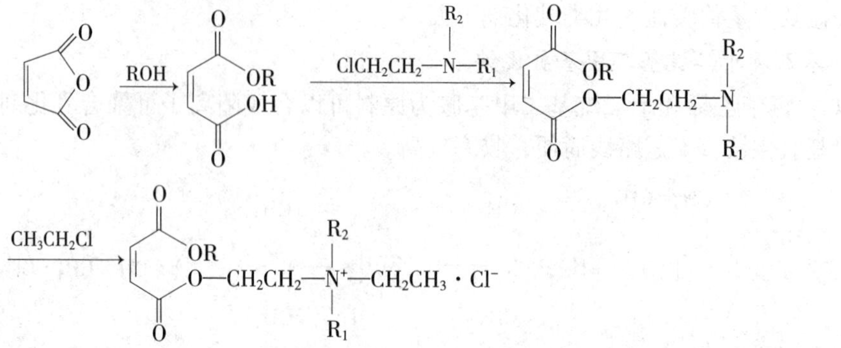

以马来酸酐和十二醇为原料制备马来酸酐单十二醇酯，然后与环氧丙基三甲基氯化铵反应，就合成了新型的马来酸酐双酯型阳离子表面活性剂。

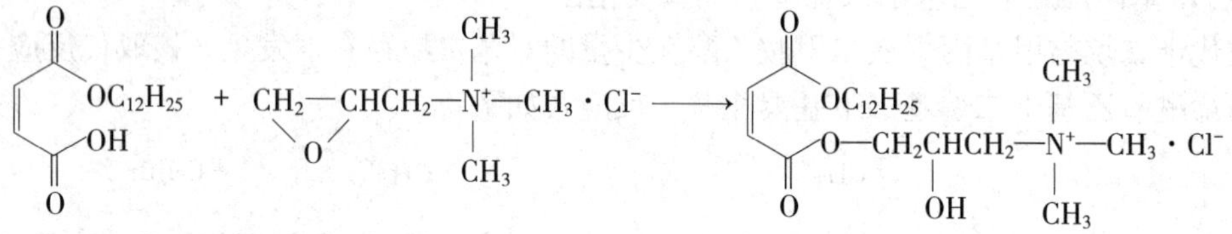

(2) 酚醚顺丁烯二酸乙基三甲基氯化铵

首先马来酸酐与酚醚反应生成马来酸酐半酯，然后与二甲氨基乙醇反应生成亮黄色油状的长链叔胺，再用卤烷烃季铵化反应而制得一种酚醚顺丁烯二酸乙基三甲基氯化铵，反应式如下：

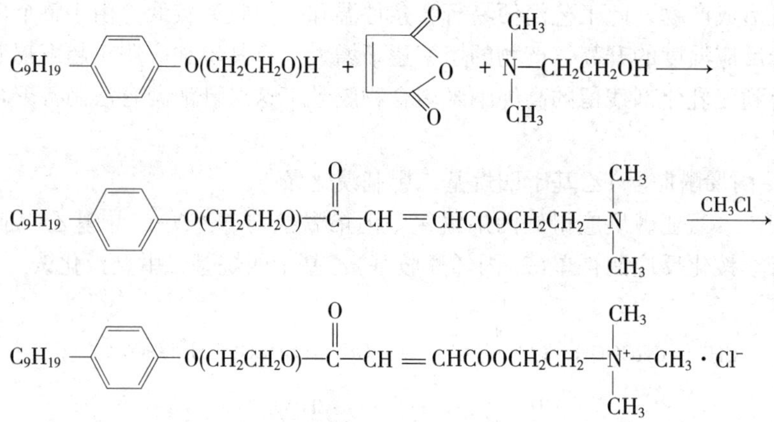

(3) 醇醚顺丁烯二酸乙基三甲基氯化铵

首先马来酸酐与醇醚反应生成马来酸酐半酯，然后与二甲氨基乙醇反应生成亮黄色油状的长链叔胺，再用卤烷烃季铵化反应而制得一种醇醚顺丁烯二酸乙基三甲基氯化铵，反应式如下：

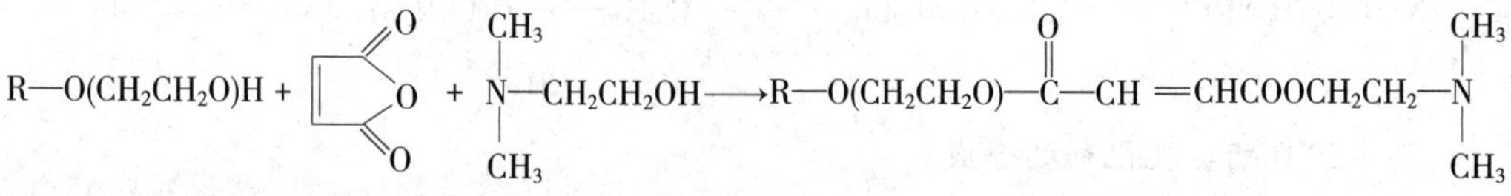

$$R-O(CH_2CH_2O)-\overset{O}{\overset{\|}{C}}-CH=CHCOOCH_2CH_2-\overset{CH_3}{\underset{CH_3}{\overset{|}{N}}}\xrightarrow{CH_3Cl} R-O(CH_2CH_2O)-\overset{O}{\overset{\|}{C}}-CH=CHCOOCH_2CH_2-\overset{CH_3}{\underset{CH_3}{\overset{|}{\underset{|}{N^+}}}}-CH_3\cdot Cl^-$$

4. 反应型聚氨酯表面活性剂

采用化学引发剂引发聚合反应法，以2，4-甲苯二异氰酸酯(TDI)为硬段、聚环氧丙烷(PPG)为软段、二羟甲基丙酸(DMPA)为扩链剂、甲基丙烯酸-β-羟乙酯(HEMA)封端制备出了具有以下结构的反应型聚氨酯表面活性剂 APUA，合成路线如下：

$$OCN-D-NCO+HO-G-OH \longrightarrow OCN-D-\overset{H}{N}-\overset{O}{\overset{\|}{C}}-O-G-O-\overset{O}{\overset{\|}{C}}-\overset{H}{N}-D-NCO$$

$$\text{TDI}$$

$$\downarrow \text{HEMA}$$

$$H_2C=\overset{CH_3}{\overset{|}{C}}-COH_2CH_2CO-\overset{O}{\overset{\|}{C}}-NH-D-\overset{H}{N}-\overset{O}{\overset{\|}{C}}-O-G-O-\overset{O}{\overset{\|}{C}}-\overset{H}{N}-D-NCO$$

$$\downarrow \text{DMPA}$$

$$H_2C=\overset{CH_3}{\overset{|}{C}}-COH_2CH_2CO-\overset{O}{\overset{\|}{C}}-NH-D-\overset{H}{N}-\overset{O}{\overset{\|}{C}}-O-G-O-\overset{O}{\overset{\|}{C}}-\overset{H}{N}-D-\overset{O}{\overset{\|}{N}}-C-O-\overset{H_2}{C}-\overset{CH_3}{\underset{COOH}{\overset{|}{C}}}-CH_2OH$$

$$\downarrow \text{N(CH}_2\text{CH}_3)_3$$

$$H_2C=\overset{CH_3}{\overset{|}{C}}-COH_2CH_2CO-\overset{O}{\overset{\|}{C}}-NH-D-\overset{O}{\overset{\|}{N}}-C-O-G-O-\overset{O}{\overset{\|}{C}}-\overset{H}{N}-D-NH-\overset{O}{\overset{\|}{C}}-O-\overset{H_2}{C}-\overset{CH_3}{\underset{COO^-N^+(CH_2CH_3)_3}{\overset{|}{C}}}-CH_2OH$$

式中，D 为 ![苯环结构]带两个CH₃的苯基；G 为 $-(CHCH_2)_n-$（带CH₃支链）。

8.2.3 反应型非离子表面活性剂

1. 环氧丙烷-环氧乙烷嵌段共聚物

非离子型可聚合乳化剂一般都有较好的空间位阻稳定性，制得的胶粒有较好的耐寒、耐电解质和耐剪切性。非离子嵌段共聚物可聚合表面活性剂可以通过下列三步反应制得。

首先，不饱和醇与氢氧化钠作用，生成不饱和醇钠。

$$H_2C=CHCH_2OH+NaOH \longrightarrow H_2C=CHCH_2O-Na^++H_2O$$

然后将不饱和醇钠与环氧乙烷和环氧丙烷开环反应生成一系列环氧丙烷-环氧乙烷嵌段共聚物钠盐。

$$\diagup\!\!\!\!\diagdown\!\!\!\!-O-Na+mH_2C-CH_2+nH_2C-CHCH_3 \longrightarrow H_2C=CHCH_2O(CH_2CH_2O)_m(CH_2CHO)_nNa$$
$$\underset{CH_3}{\quad}$$

最后将这些非离子嵌段与乙酸反应，即可得环氧丙烷-环氧乙烷嵌段共聚物。

$$H_2C = CH_2CH_2O(CH_2CH_2O)_m(CH_2CHCH_3O)_n - Na^+ + H_3CCOOH \longrightarrow$$

$$H_2C = CH_2CH_2O(CH_2CH_2O)_m(CH_2CHCH_3O)_n H + H_3CCOO - Na^+$$

这种聚合反应也可以采用带有可聚合基团的氯化物为原料。由环氧乙烷首先开环聚合得到活性阴离子聚合物，然后再与环氧丙烷开环反应生成一系列环氧丙烷(憎水序列)-环氧乙烷(亲水序列)嵌段共聚物；将这些非离子嵌段共聚物与二甘醇—甲醚的钾盐反应，然后再与甲基丙烯酰氯反应，得到非离子嵌段共聚物可聚合表面活性剂，整个反应过程可在同一反应器中进行。反应式如下：

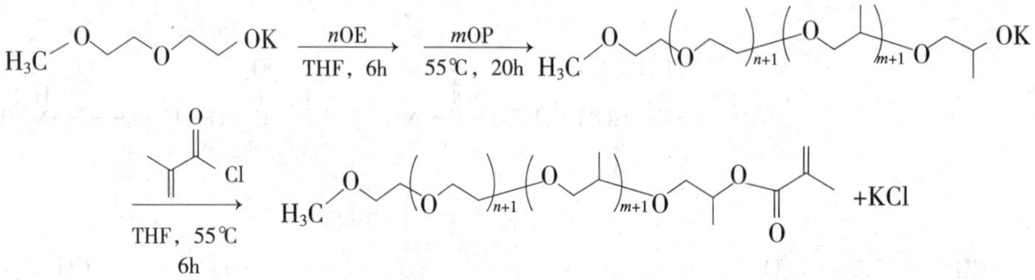

通过调节环氧乙烷(OE)与环氧丙烷(OP)序列的长度，可调节表面活性剂的亲水亲油平衡值(HLB值)。对于非离子甲基丙烯酸型嵌段共聚物可聚合表面活性剂，所得胶乳能抵抗冻融，而与含丙烯酸或马来酸基的可聚合表面活性剂稳定性相比就不好，因为烯丙型很少共聚到乳胶粒子上，而马来酸型可聚合表面活性剂根本没有共聚到乳胶粒子上。

2. 丙烯酰氧基 Span-80

丙烯酰氧基 Span-80 为多羟基型表面活性剂，用 Span-80 与丙烯酸直接酯化或与丙烯酰氯酰化酯化 2 种方法均可制得。

(1)直接酯化法

将一定量的 Span-80、丙烯酸、对苯二酚、催化剂及溶剂搅拌回流反应一定时间到反应结束，趁热过滤反应液，用1%氢氧化钠溶液洗涤到水相 pH 值约为 6 后，再用饱和氯化钠溶液洗涤到水相 pH 值为 7 左右，油相用无水硫酸镁干燥过夜，过滤分出油相，减压蒸馏除去溶剂即可得到产品。

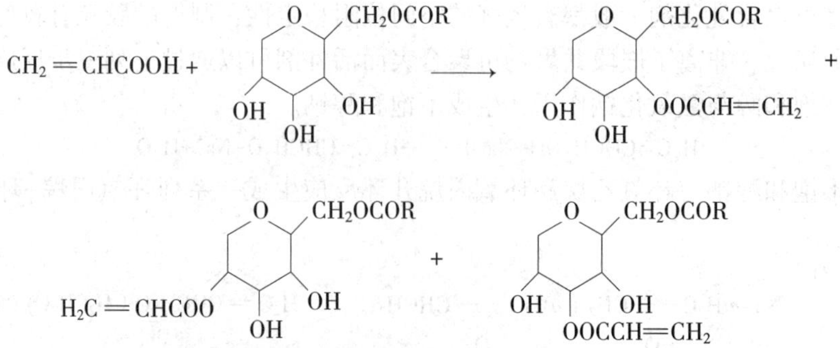

丙烯酸与 1，5-失水山梨醇单酸酯直接酯化反应机理如下：

190

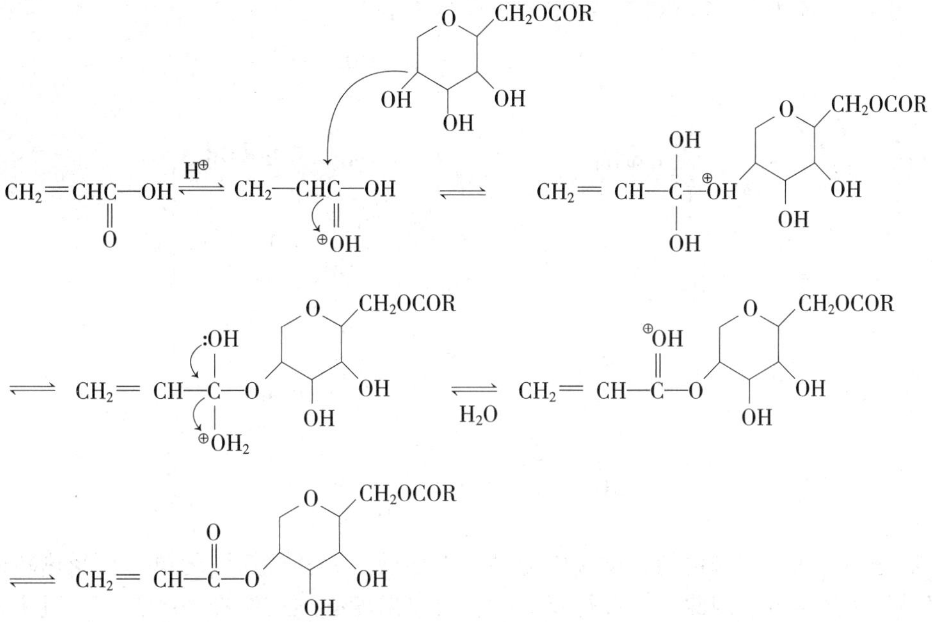

$$CH_2=CHC-OH \xrightarrow{H^{\oplus}} CH_2=CHC-OH \rightleftharpoons CH_2=CH-C\overset{\oplus}{-}OH$$

（以糖环结构为反应物的酯化反应机理示意）

$$\rightleftharpoons CH_2=CH-C-O- \text{(糖环)} \rightleftharpoons[\text{H}_2\text{O}] CH_2=CH-C-O- \text{(糖环)}$$

$$\rightleftharpoons CH_2=CH-C-O- \text{(糖环)}$$

一般说来，酯化反应中使用的催化剂有浓 H_2SO_4、浓 H_3PO_4、强酸性树脂及某些无机盐。但是，作为该体系的催化剂必须考虑丙烯酸的化学性质，因此，浓 H_2SO_4、浓 H_3PO_4 不宜作该体系的催化剂。可用对甲苯磺酸、强酸性树脂 $P-SO_3H$ 和相转移催化剂 1227 等作催化剂，其中对甲苯磺酸的催化效果较好。

（2）酰氯酯化法

将丙烯酸滴加至氯化亚砜中，滴加完毕后，升温减压排尽氯化氢与二氧化硫。Span-80 用一定量溶剂溶解后加入三乙胺配成混合液，在低温搅拌下将这一混合溶液滴加入酰氯中，滴加完毕后升温反应一定时间。趁热过滤反应液，用 1% 的氢氧化钠溶液洗涤到水相 pH 值约为 6 后，再用饱和氯化钠溶液洗涤到水相 pH 值为 7 左右，油相用无水硫酸镁干燥过夜，过滤分出油相，减压蒸馏除去溶剂即可得到产品。

$$CH_2=CHCOOH + SOCl_2 \longrightarrow CH_2=CHCOCl + HCl + SO_2$$

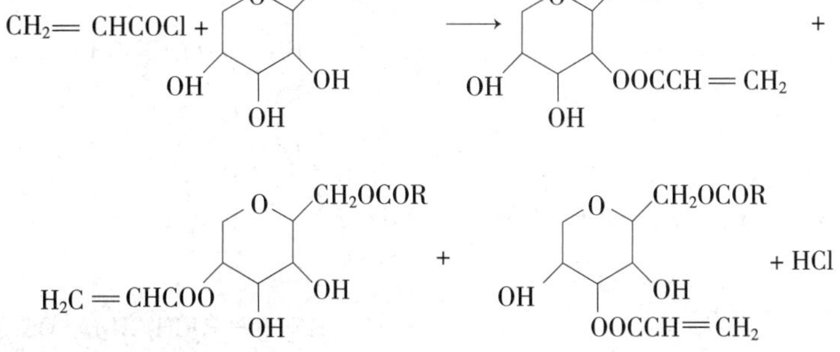

$$CH_2=CHCOCl + \text{(糖环-OH)} \longrightarrow \text{(糖环-OOCCH=CH}_2\text{)} +$$

$$H_2C=CHCOO-\text{(糖环)} + \text{(糖环-OOCCH=CH}_2\text{)} + HCl$$

酰氯酯化法的反应机理如下：

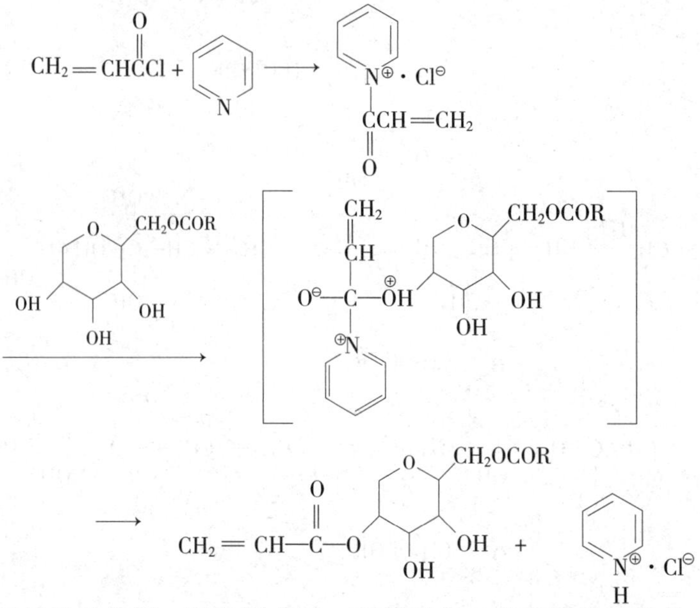

酰氯是一种活泼的酰化剂，反应能力强。丙烯酸是一种较活泼的单体，受热超过 50℃ 时，极易发生热聚合。因此，在进行反应时，反应温度必须控制在 50℃ 以下，尤其在不加阻聚剂时，更应严格控制温度，否则将得到大量的聚合物，从而影响产品的收率和纯度。

直接酯化法反应时间长、能耗高、副反应多且酯化率不太高。而酰氯法反应速度快、能耗小、产物纯度高、酯化率高，但对设备要求高，并对环境及设备造成危害。

3. 非离子型聚氨酯高分子表面活性剂

随着研究的进一步深入，人们发现阴离子型可聚合聚氨酯表面活性剂由于其离子基团的存在，使得这种聚氨酯表面活性剂易受酸、碱、盐等电解质的影响，而非离子型高分子表面活性剂不仅对电解质不敏感，而且一般都有较好的空间位阻稳定性，制得的胶乳有较好的耐寒、耐电解质和耐剪切性。因此近几年来，有研究小组采用了丙烯醇、甲苯二异氰酸酯和聚乙二醇为主要原料合成了引入双键的非离子型可聚合表面活性剂。首先，用丙烯醇与 2，4- 甲苯二异氰酸酯等进行摩尔比反应，生成单异氰酸酯产物，然后单异氰酸酯产物再与不同相对分子质量的聚乙二醇反应，得到最终的可聚合表面活性剂产物，反应式如下所示。

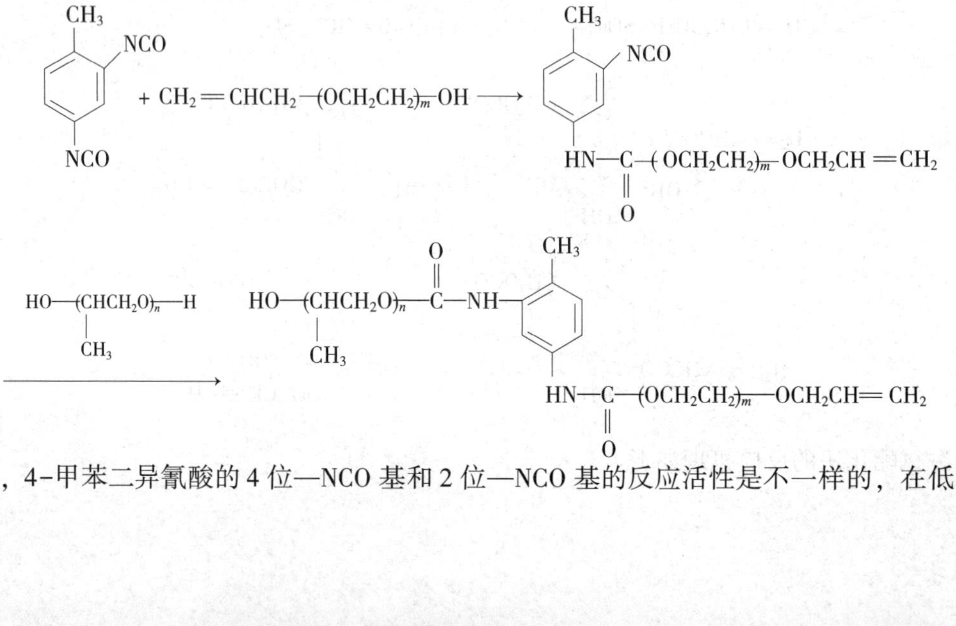

2，4-甲苯二异氰酸的 4 位—NCO 基和 2 位—NCO 基的反应活性是不一样的，在低温下

192

相差很大，但随着温度的升高，取代甲基的影响减小，则两者的反应活性差距减小，当温度达到100℃时，邻位和对位的反应速度差异不到3倍。这一温度条件对合成2，4—TDI预聚体合成工艺提供了重要的参考数据。遵循此规律在制备聚氨酯预聚物时，温度一般控制在比较低的温度，使活性羟基与TDI反应时基本上都是羟基与对位的—NCO反应，合成结构单一的异氰酸酯的预聚体。因此第一步制备聚氨酯预聚体时采用的温度反应条件为室温，此温度下4位—NCO与2位—NCO基的活性约有较大的差别，使反应有很好的选择性，使丙烯醇的羟基基本上只与4位—NCO发生反应，从而得到微观结构单一的产品，避免产生由于分子结构的差异引起产品性能的不均衡。

在此产品分子结构中一端是可聚合的碳碳双键，另一端是具有活性端羟基的聚乙二醇亲水链段，中间则是以苯环相连的两段聚氨酯结构。

4. 可聚合硼酸酯表面活性剂的合成

首先以溴代烷与二乙醇胺发生 N-烷基化反应生成中间体产物烷基二乙醇胺，其中以 Na_2CO_3 为缚酸剂，反应如下式所示进行：

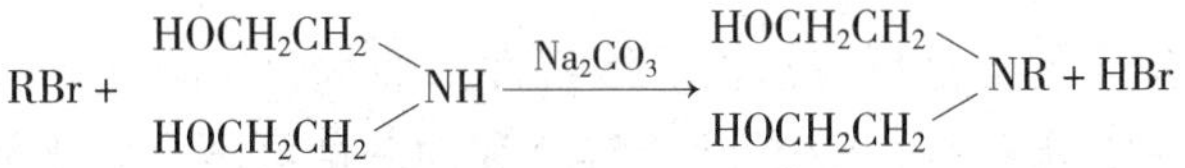

$$RBr + \begin{matrix} HOCH_2CH_2 \\ \\ HOCH_2CH_2 \end{matrix} NH \xrightarrow{Na_2CO_3} \begin{matrix} HOCH_2CH_2 \\ \\ HOCH_2CH_2 \end{matrix} NR + HBr$$

式中，$R = C_8H_{17}$、$C_{12}H_{25}$、$C_{16}H_{33}$。

然后，以烷基二乙醇胺、硼酸和 N-羟甲基丙烯酰胺为原料，以吩噻嗪为阻聚剂，酯化合成最终产物可聚合硼酸酯表面活性剂，其反应式如下：

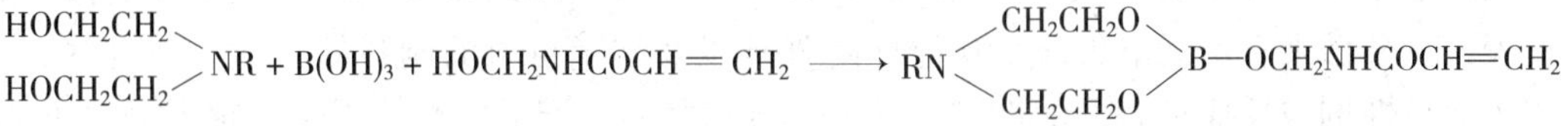

$$\begin{matrix} HOCH_2CH_2 \\ \\ HOCH_2CH_2 \end{matrix} NR + B(OH)_3 + HOCH_2NHCOCH = CH_2 \longrightarrow RN \begin{matrix} CH_2CH_2O \\ \\ CH_2CH_2O \end{matrix} B - OCH_2NHCOCH = CH_2$$

8.2.4 反应型两性离子表面活性剂

将马来酸双酰胺和1，3-丙烷磺内酯进行烷基化反应，可以得到甜菜碱型两性离子乳化剂，反应式如下：

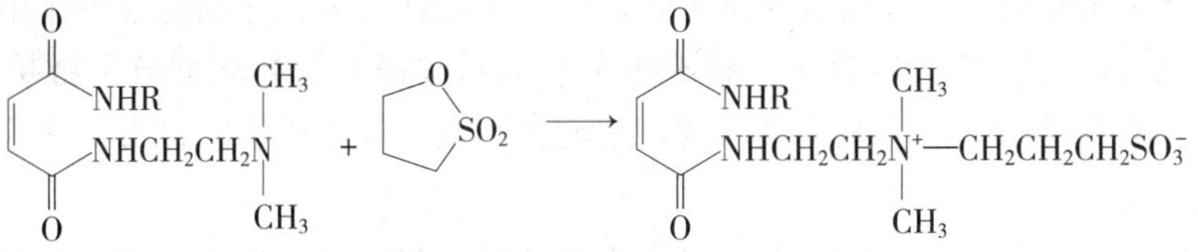

8.3 反应型表面活性剂的性能与应用

8.3.1 反应型表面活性剂的性能

反应活性可聚合乳化剂与共聚单体的反应活性越高，则转化率越高。活性低就不能参与聚合。但是如果活性过高，就容易自聚，发生架桥聚结，而且未反应部分被包埋成不稳定因素。可聚合乳化剂与共聚单体应有适当的反应活性及比例。有下列因素影响可聚合乳化剂反应活性：

1. 不同反应基团的影响

不同反应基团活性顺序是(甲基)丙烯酸型>苯乙烯型、丙烯酰胺>马来酸酐>烯丙基(烯丙氧基)。与此同时还必须考虑单体和乳化剂的竞聚率。乳液聚合中可聚合乳化剂的浓度很低，除非乳化剂的反应活性很高，或分子结构适当，一般很难发生均聚反应，主要是和单体的共聚反应。

2. 可聚合基团位置的影响

双键在可聚合基团中的位置有头接、间接和尾接。尾接型的反应型基团倾向于处在胶束或胶粒内，间接型的反应型基团倾向于处在胶束或胶粒表面，而头接型倾向于处在胶束或胶粒外。尾接型由于处于亲油段末端，移动方便，易聚合，由于胶粒单体密度较大，其发生共聚的倾向最大。间接型也可以发生聚合，均聚倾向比尾接型大，而头接型由于双键靠近时亲水基间的排斥力大，发生聚合困难。

聚合基团所处的位置影响引发剂的使用。聚合时如果用头接型表面活性剂，水溶性引发剂最好，尾接型则最好使用油溶性的引发剂。

聚合发生在非离子表面活性剂的极性端时，聚合条件的要求严格，产率低。当同种官能团出现在疏水尾链时，油水两相体系反应活性高。若要求聚合后的表面活性剂在空间排列上稳定，则应避免极性基团间发生交联。

3. 溶解性的影响

溶解性也影响可聚合乳化剂反应活性。溶解性指油水两相的分散系数，反应型表面活性剂据此分为水溶性可聚合乳化剂(正相乳液聚合)和油溶性可聚合乳化剂(反相乳液聚合)。

8.3.2 反应型表面活性剂的应用

反应型表面活性剂的出现开辟了表面活性剂合成及应用的新领域，广泛用于乳液聚合、溶液聚合、分散聚合、无皂聚合、功能性高分子以及纳米材料的制备等方面。在这些方面，传统表面活性剂被反应型表面活性剂全部或部分代替后，产品的性能得到了很大的改善或制得了新的产品。当然，反应型表面活性剂也存在着一些不足，如聚合过程中水溶性聚合物的质量分数增加，乳液聚合中固含量不能超过50%，否则体系就会不稳定；表面活性剂分子结构复杂，影响因素多，没有规律性等。可聚合乳化剂、表面活性引发剂及表面活性链转移剂主要应用于乳液聚合中，在聚合体系中它们一方面始终发挥乳化剂的各种作用，另一方面分别在乳液聚合的链引发、链增长、链转移3个不同过程中使乳化剂分子键接到乳胶粒表面，其中可聚合乳化剂的反应基团是双键，它能参与链增长过程中的自由基聚合。

1. 可聚合乳化剂

可聚合乳化剂是指分子结构中含有可发生聚合反应基团的一类乳化剂。这类乳化剂在较高温度或引发剂存在下可发生聚合反应。因为反应型乳化剂在聚合后不是吸附或嵌进乳粒表面，而是以共价键方式与乳粒聚合物相连接，这种方式更牢固、更稳定，合成乳液具有如下特性：

①乳液机械稳定性好；
②乳液成膜后，膜层耐水气渗透、耐水性提高；
③乳液黏度低，有利于制备高固乳液，粒径控制方便；
④乳液聚合期间，体系乳液中泡沫较少；
⑤乳液有较高的表面张力，乳液应用时不易渗透到基材；
⑥杜绝乳化剂分子的迁移造成对乳液性能的影响。

这些特性使其下游产品涂料和胶黏剂等的应用性能也相应得到提高和改善，这是反应型乳化剂引人注目的原因。

使用羧酸盐可聚合乳化剂进行苯乙烯的批量乳液聚合，反应时间长的其成核较困难，但粒径始终是单分散的，且所得胶乳的粒径也比其他胶乳大得多。测试胶乳的表面张力发现，所有值都与纯水很接近，由此可知，可聚合表面活性剂的转化率非常高，清液中几乎没有残留的表面活性剂。通过实验发现，约1/2的可聚合表面活性剂位于粒子表面，这意味着大约有50%的可聚合表面活性剂包埋于粒子内部，这可能是因为这些表面活性剂活性太高，在聚合反应初期就已发生反应。某些可聚合表面活性剂可应用于微乳聚合，胶乳稳定性增强，部分原因取决于引发剂。过硫酸钾好于偶氮二异丁腈，主要是由于阴离子型表面活性剂引起的静电稳定性。

传统乳化剂通过乳液聚合得到的乳液产品，存在低分子乳化剂，它们对乳胶漆的耐水性、耐候性等有着不良影响，吸附乳粒表面乳化剂小分子的亲水基团聚集，造成对水气亲和渗透，耐水性下降；苯乙烯单体本身耐紫外光和耐候性就较差。实践结果表明，要想得到高性能的涂料，应该使用反应型乳化剂。

2. 表面活性引发剂

表面活性引发剂是分子中既含有表面活性基团（亲水基和亲油基）又含有能产生自由基的结构单元。用它代替一般的乳化剂可以减少乳液聚合体系配方的组分，因而可以降低乳液中电解质的含量，减少泡沫的形成及产品中的杂质。据报道使用表面活性引发剂还可提高总聚合速率和聚合物的相对分子质量。表面活性引发剂既是乳化剂，又是引发剂，它可以形成胶束并能被吸附于胶粒表面，可以用临界胶束浓度和单个分子所覆盖的表面积进行表征。只有表面活性引发剂浓度高出其临界胶束浓度值时，它才能分解出自由基。由于表面活性引发剂具有乳化剂的功能，它能形成胶束或吸附在粒子和单体液滴表面，产生屏蔽效应。表面活性引发剂按生成自由基的结构可分为偶氮类化合物和过氧类化合物。

3. 表面活性链转移剂

表面活性链转移剂是指含有链转移基团（巯基）的表面活性剂。用它进行无皂乳液聚合，可制备较高固含量的稳定的乳液，并能改善最终聚合物产品的物理和化学性能。

许多传统的表面活性剂都有一定的链转移性。如当苯乙烯的乳液聚合在光化学引发下，以十二烷基磺酸钠（SDS）为乳化剂，结果最终粒子带有少许强酸基团。表面活性链转移剂 $C_{11}H_{23}CH=CHCH_2SO_3Na$，带上了一个典型的链转移的巯基基团，它的 CMC 值为 6.1×10^{-2} mol/L。应用这种乳化剂，采用种子乳液聚合的方法制备稳定的聚苯乙烯乳液，得到胶粒带有磺酸根离子基团，胶粒对电荷不敏感，粒子的尺寸和表面活性链转移剂的用量关系不大，种子胶粒具有很小的表面电荷密度，而最后的乳胶粒子的表面电荷量是种子胶粒的16倍，最终得到的稳定的聚合物胶乳易于进行离子交换。然而，当用十二烷基磺酸钠作乳化剂时，最后得到的聚苯乙烯胶乳在离子交换过程中就会发生凝聚。因此使用表面活性链转移剂代替普通乳化剂进行乳液聚合，可制备固含量高达40%的稳定胶乳，且最终得到的聚合物的其他性能，如耐水性、耐光、耐热性和机械性能等，都会有较大的提高和改善。

常用链转移剂三硫代碳酸二苄基酯（DBTTC）的合成路线如下：

其他的表面活性链转移剂还有如下几种：

$$C_{11}H_{23}CH = CH \cdot CH_2SO_3Na$$

$$C_{11}H_{23}\underset{\underset{OH}{|}}{CH}(CH_2)_2SO_3Na$$

$$HS \cdot C_{10}H_{22}SO_3Na$$

$$HS \cdot C_nH_{2n}(EO)_m \cdot OH$$

$$CH_3 \cdot (EO)_n \cdot COOCH_2SH$$

4. 表面活性交联剂

表面活性交联剂在涂料干燥成膜进程中通过自氧化或其他物质引发进行交联聚合，从而保证涂料的机械性能。例如在配制醇酸树脂乳液漆中所用到的表面活性交联剂就包括两类：自氧化型和非自氧化型。前者在氧的诱导下，可以在醇酸树脂本体相中共聚，也可以在表面单分子层中自聚，一般要用钴盐或锰盐作催化剂。

非自氧化型表面活性交联剂是由自由基引发剂、UV 或热诱导等引发交联的，常用的非自氧化型表面活性交联剂的结构式如下：

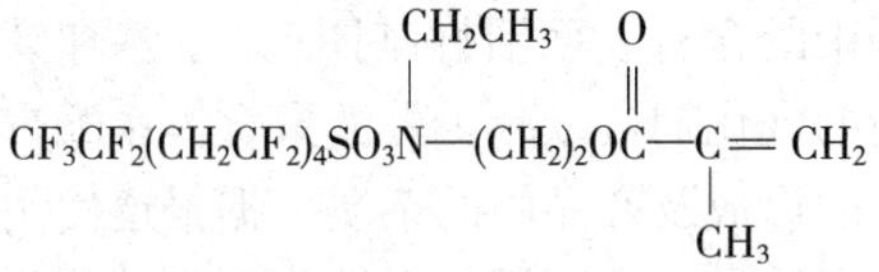

$$CF_3CF_2(CH_2CF_2)_4SO_3N \underset{\underset{CH_3}{|}}{\overset{\overset{CH_2CH_3}{|}}{{}}}(CH_2)_2O\overset{\overset{O}{\|}}{C}-\underset{}{C}=CH_2$$

5. 表面活性修饰剂

固体表面可以通过吸附一层反应型表面活性剂并使其聚合，达到表面修饰的目的。由于表面活性剂分子是充分交联的，故此这层很薄的表面膜将是很稳定的，这样可以把亲水的表面变为亲油的，当然也可以将亲油表面改为亲水的或表面进行特殊的功能化处理。下面是一些用到的表面活性修饰剂。

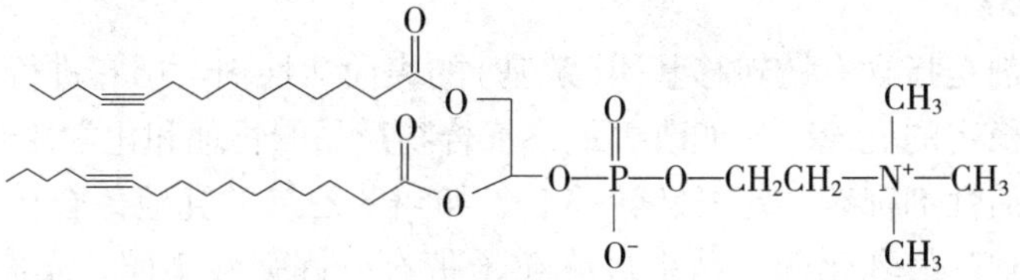

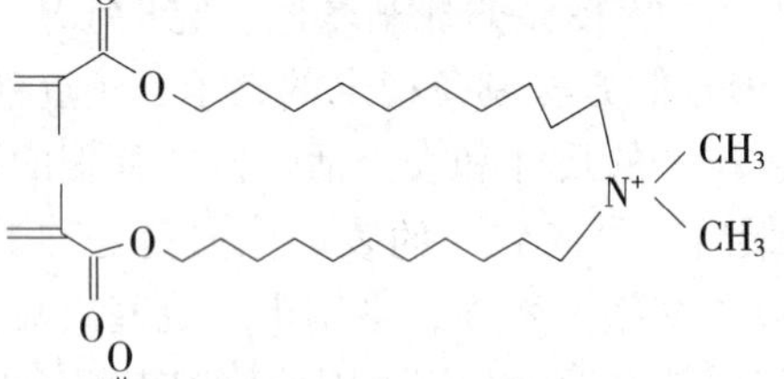

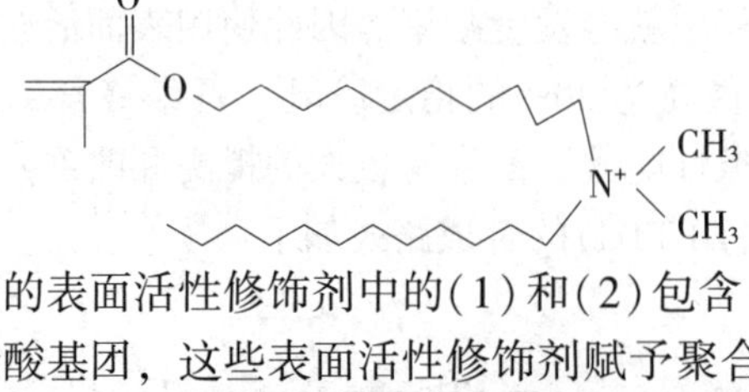

上面所列的表面活性修饰剂中的(1)和(2)包含 2 个可聚合基团，分别为 2 个二炔基和两个甲基丙烯酸基团，这些表面活性修饰剂赋予聚合物永久的极性表面(交联网状、牢固)。相应地，含 1 个可聚合基团的表面活性剂不能起到很好的表面修饰作用，例如用(3)处理过的聚合物表面与极性液体接触角没有什么变化，而使用(2)处理过聚合物表面的接触角从 87°下降到 18°。表面活性修饰剂主要应用于下列几个方面：

①用于聚合物表面修饰。有机聚合物是表面活性修饰剂应用的主要方面，比如对聚乙烯进行表面修饰，双可聚合基团的反应性表面活性剂效果最好。

②用于无机离子的表面修饰。由可聚合表面活性剂得到的双层结构能形成网状而非常牢固，可应用于铁磁性粒子、银、氧化铝、MoS_2 等。

③用于漆膜表面修饰。涂料的漆膜用表面活性剂来修饰，其原理是向涂料中加入少量可聚合表面活性剂，当涂料被刷到物体表面后，溶解在涂料中的可聚合表面活性剂就会由于其两亲性而逐渐向表面迁移，迁移后的表面活性剂在紫外光引发下聚合，在涂料表面形成一层表面活性剂膜，从而改变漆膜的性能。

表面活性修饰剂提供了一种新的并且非常简单、有效的对于有机聚合物材料、无机物粒子等的表面修饰方法。利用表面活性修饰剂对改善材料的相容性，对制备复合材料是很有利的，对提高膜材料性能也是一个非常好的方法。

思考题

1. 什么是反应型表面活性剂？它有何特点，可以分为哪几类？
2. 试写出丙烯酰氧基 Span-80 的合成反应方程式，推导其反应机理。
3. 简要说明表面活性修饰剂主要应用在哪几个方面？

第9章 生物表面活性剂

生物表面活性剂的发展起始于 20 世纪 70 年代后期，是表面活性剂家族中的后起之秀。相对于化学合成法制备的传统表面活性剂所造成的安全隐患和环境污染等问题，生物表面活性剂具有很多独特优点，如无毒或低毒性，选择性广，专一性强；表面活性和乳化能力强；分子结构多样性好；可生物降解，环境相容性好；制备原料分布广，成本低等。基于这些优点，生物表面活性剂在食品工业、医疗和精细化工等诸多领域有着更加广阔的应用前景，并有可能逐步取代化学表面活性剂。

研究初期发现，微生物在一定条件下发酵培养时，其在代谢过程中会分泌产生一些具有一定表/界面活性的物质，这些物质即为生物表面活性剂。微生物发酵法也因此成为最早用于生产生物表面活性剂的一种方法。自然界中存在的许多微生物在一定适宜的环境条件下均会代谢产生具有较强表面活性的生物表面活性剂。这些微生物多数为细菌、酵母菌和霉菌类等，而且其发酵产生的表面活性剂在结构和功能上各有不同。根据微生物和目标产物的不同，微生物发酵法生产生物表面活性剂又可分为 4 种：生长细胞法、代谢控制的细胞生长法、休止细胞法及加入前体法。

微生物发酵法生产生物表面活性剂一般分为 3 步，即培养发酵、分离提取和产品纯化（图 9-1）。发酵产物随发酵过程的不同而不同。其中分离、提取及纯化步骤常采用萃取、盐析、吸附、超滤、离心沉淀、结晶以及冷冻干燥等技术，非常适合大量生产。

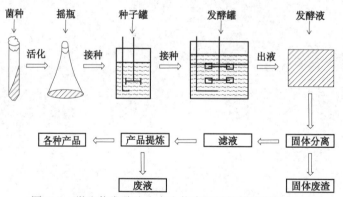

图 9-1　微生物发酵法生产生物表面活性剂流程示意图

微生物发酵法一般具有以下几种优点：①产生的生物表面活性剂结构复杂，表面活性高，用其他方法难以得到；②原料来源相对广泛，同时生成的生物表面活性剂可以完全被降解，一般对环境不会造成污染；③生产工艺相对简单，生产成本低廉，经济价值很高，很适合大量生产。同时，这种方法存在一些缺点，如：底物浓度不高，导致发酵液中产物浓度也不高；微生物体内多种酶的存在导致副产物的产生，致使最终产物的分离和纯化复杂化等。

80 年代中期，酶学技术的发展提供了一种新的合成生物表面活性剂的可能途径，即酶促反应经生物转换途径合成生物表面活性剂。相比微生物发酵法,虽然酶合成法生产表面活性剂起步较晚,但其发展相当迅速。这主要源于生物催化剂和介质工程取得了突破性的进展,极大地拓宽了酶促反应合成化合物的应用领域。至此,酶合成法已发展成为生物表面活性剂生产和制备的主要方法之一。

综上所述,生物表面活性剂可被全面定义为:利用微生物或酶通过生物催化和生物合成等生物技术手段,从微生物、植物和动物上得到的集亲水基和疏水基结构于一体的具有表/界面活性的天然表面活性剂。

生物表面活性剂种类繁多,用途广泛,按化学结构(亲水基的不同)可分为六大类:糖脂类、含氨基酸类脂、磷脂、脂肪酸中性脂、结合多糖、蛋白质及脂的高分子聚合物、特殊性生物表面活性剂。六类生物表面活性剂及其代表性产物如表 9-1 所示。

表 9-1　生物表面活性剂的品种及来源

种类	代表性产物	主要微生物来源
糖脂类	鼠李糖脂	铜绿假单胞菌
	海藻糖脂	红串红球菌、灰暗诺卡式菌、节杆菌
	槐糖脂	茂物假丝酵母、球拟酵母、蜜蜂生球拟酵母
	纤维二糖脂	玉米黑粉菌
	甘露糖赤藓糖醇脂	霉菌、酵母菌
氨基酸类脂	脂蛋白、脂肽	地衣芽孢杆菌、枯草芽孢杆菌、荧光芽孢杆菌
	含鸟氨酸的脂	假单胞杆菌、硫氧化硫杆菌
	含鸟氨酸和牛磺酸的脂	蜡状葡糖杆菌
	含赖氨酸的脂	膨胀土壤杆菌
磷脂	卵磷脂、磷脂酰乙醇胺	不动杆菌、棒状杆菌
脂肪酸中性脂	甘油酯、脂肪醇、蜡	棒状杆菌
高分子生物聚合物	脂多糖复合物	热带假丝酵母
特殊性生物表面活性剂	全胞、膜载体	不动杆菌

9.1　糖脂

糖脂由碳水化合物和长链脂肪酸或羟基脂肪酸以共价键形式结合而成。亲水基是糖基,疏水基是脂肪酸或羟基脂肪酸的烷基部分。糖脂在细胞膜上物质传输和能量传递过程中具有重要的生理活性,是一类目前研究最深入、分离最完全的生物表面活性剂。糖脂类生物表面活性剂具有许多非常重要的表面性能,如去污、乳化、洗涤、分散、湿润、渗透、扩散、起泡、抗氧、调节黏度、防老化、抗静电、防晶析等。

目前,主要利用脂肪酶催化糖和脂肪酸或甘油三酯合成糖脂,其合成路线如下:

$$游离糖 \xrightarrow{修饰} 被修饰糖 \xrightarrow{酶促反应} 被修饰糖脂 \xrightarrow{去修饰} 糖脂$$

此类合成由于反应底物糖类是亲水物,而长链脂肪酸具有较强的疏水性,所以必须找到一种合适的溶剂或方式,以使反应顺利地进行。目前常用的两种方法为糖基上引入修饰基团

（如异亚丙基或丙烷）和烷基糖苷式修饰。

糖脂类生物表面活性剂是生物表面活性剂中最重要、数量最多、品种最多的一类。具有代表性的糖脂类生物表面活性剂主要有鼠李糖脂、海藻糖脂、槐糖脂、甘露糖赤藓糖醇脂和纤维二糖脂等。

1. 鼠李糖脂

鼠李糖脂是假单胞菌在以正构烷烃为唯一碳源培养时产生的一种阴离子型表面活性剂。其产生菌多为绿脓假单胞杆菌（*Pseudomonas Aeruginosa*）。鼠李糖脂有 4 种形式：鼠李糖脂Ⅰ、鼠李糖脂Ⅱ、鼠李糖脂Ⅲ和鼠李糖脂Ⅳ。其结构如下：

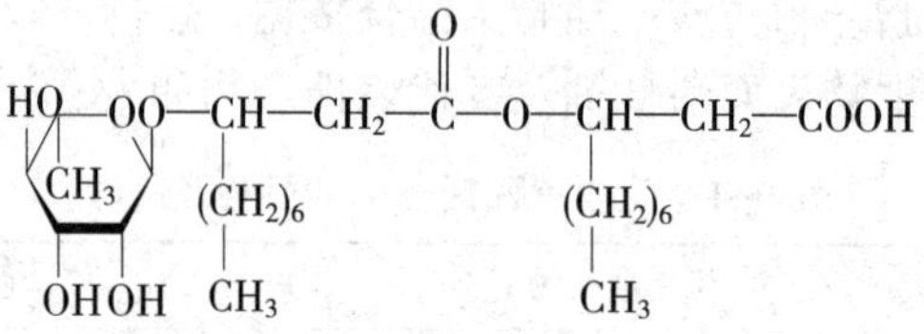

鼠李糖Ⅰ

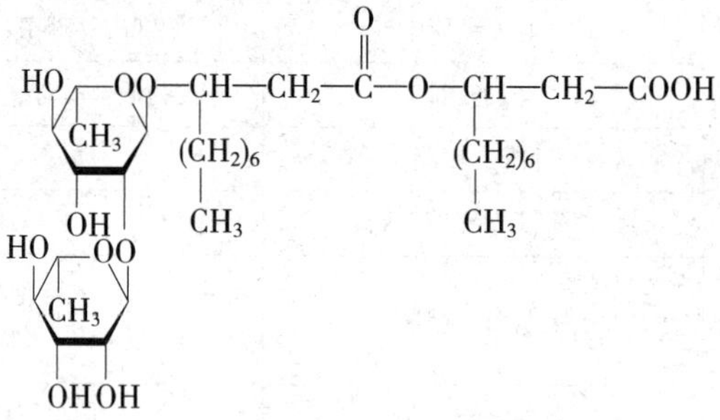

鼠李糖Ⅱ

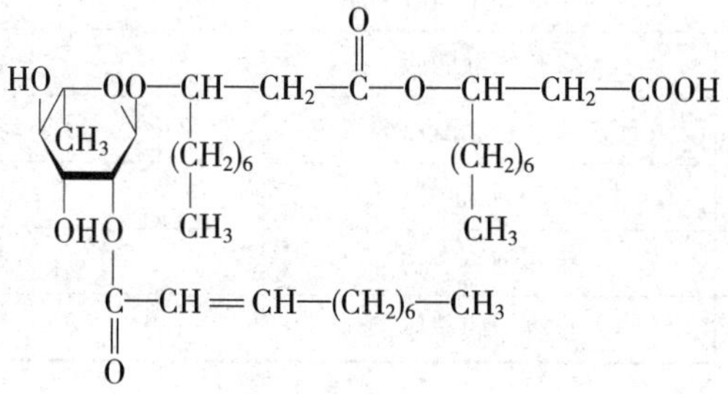

鼠李糖Ⅲ

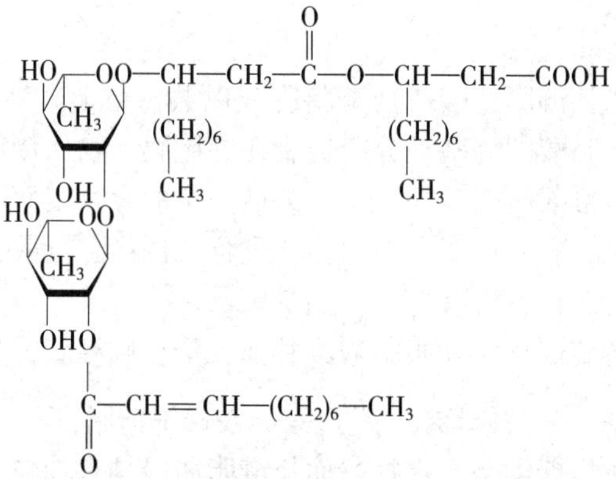

鼠李糖Ⅳ

鼠李糖脂具有良好的乳化、破乳、抗菌、消泡、洗涤、分散与絮凝、抗静电和润滑等多种功能。其中，它能显著降低水和油的表面张力，一般可使水的表面张力从 72mN/m 降至 30mN/m 左右，使油水界面张力从 43mN/m 降低至 1mN/m 左右。鼠李糖脂不仅溶于一些有机溶液中，在碱性水溶液中也具有良好的溶解特性。更重要的是，鼠李糖脂很容易被生物降解成无毒或易降解物质。此外，鼠李糖脂还可以与土壤和水中的铅、铬、水银等重金属结合除去重金属对环境的污染，可用于环境治理。鼠李糖脂还可用于食品工业、精细化工、医药、农业和环境工程等方面。

2. 海藻糖脂

海藻糖脂是海藻糖(双糖)在 6，6′位上与 α-支链-β 羟基脂肪酸(霉菌酸)的酯化产物。常见的海藻糖脂有单脂、双脂和四脂，结构如下所示：

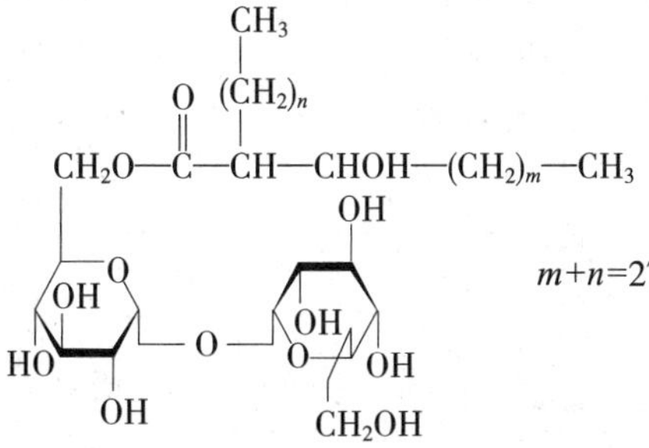

$$CH_3$$

$m+n=27\sim31$

单脂

$$CH_3$$

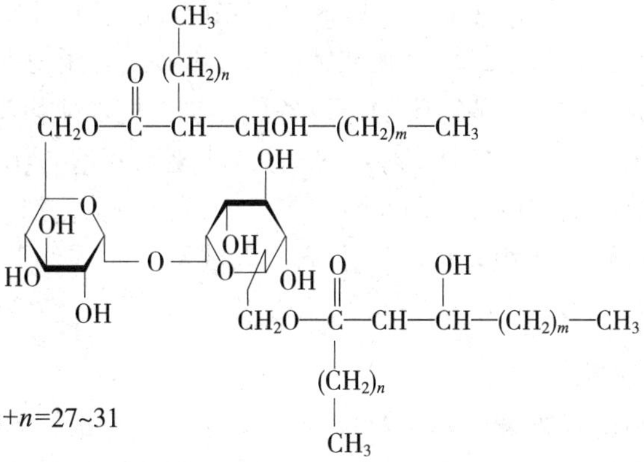

$m+n=27\sim31$

双脂

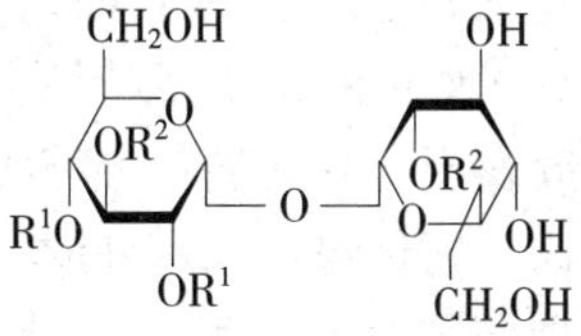

$R^1=OC(CH_2)_mCH_3$或$OC（CH_2）_2COOH$，$m=6$(主要成分)

$R^2=OC(CH_2)_nCH_3$，$n=8$(主要成分)

四脂

海藻糖脂具有很高的化学稳定性，能够适应较宽的温度范围、pH 值和盐分浓度，是一种乳化能力很强的新型糖脂。研究之初发现节细菌属、短杆菌属、棒状杆菌属、诺卡氏菌属，以及分枝杆菌属的烃分解性细菌均可产生海藻糖脂。海藻糖脂有Ⅰ型和Ⅱ型。Ⅰ型和Ⅱ

型能够将水的表面张力由 72mN/m 分别降至 36mN/m 和 32mN/m，将十六烷与水的界面张力由 43mN/m 分别降到 17mN/m 和 14mN/m。Ⅱ 型的乳化能力更强，可用作乳化剂，在石油生物降解方面应用日益广泛。此外，海藻糖脂具有很好的抗腐蚀性、抗辐射性、抗干燥脱水保护等作用，为生物分子、细胞膜、细胞器以及医用生物制品的保存、运输和使用带来极大的方便。

3. 槐糖脂

槐糖脂是一种结构稳定性相当高，最具应用前途的糖脂类表面活性剂，有槐糖脂Ⅰ和槐糖脂Ⅱ。槐糖脂Ⅰ由球拟酵母（torulopsis bombicala）产生。槐糖脂Ⅱ由假丝酵母（candida bogoriensis）从葡萄糖产生，为由内酯型和酸型组成的混合物，结构如下：

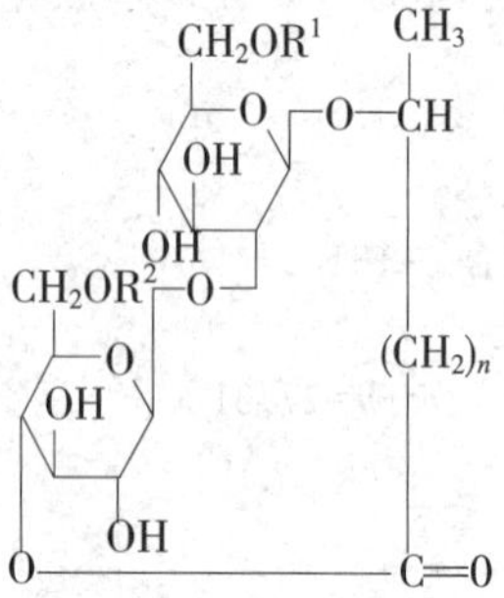

内酯型槐糖脂 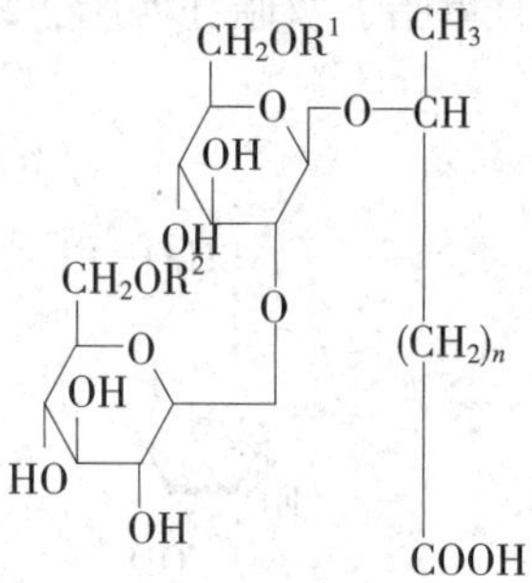   酸型槐糖脂

R^1，R^2=H 或 Ac，n=13 或 15；脂肪酸链可能包括双键

酸式槐糖脂的界面张力与十二烷基硫酸钠（SDS）相似。利用槐糖脂富有反应性的端羧基和槐糖的羟基，可制成各种烷基酯衍生物，或各种环氧乙烷加成衍生物，对石油污染的海洋有一定的生物修复作用。改性后的槐糖脂在张力、乳化、发泡、HLB 和浊点等方面的性能都有所改善，其表面活性范围更大，用途也更广泛，可以做乳化剂、保湿剂、柔软剂、防锈剂等，可广泛应用于日化、纺织、食品、皮革、机械及三次采油等领域，具有广阔的应用前景。

4. 甘露糖赤藓糖醇脂

甘露糖赤藓糖醇脂由甘露糖基赤藓糖醇和脂肪酸酯化形成，是一种新型的、中等极性的、非离子的生物表面活性剂。它主要由霉菌、酵母等在各种碳源，尤其是非水溶剂基质（甘油三酯或烃类）中培养时产生，能够很好地降低表面和界面张力，其疏水部分由 $C_7 \sim C_{12}$ 的中链脂肪酸组成。甘露糖赤藓糖醇脂具有极好的囊泡形成特性，显示其很好的分子取向及亲水、疏水平衡能力。随着不断地深入研究发现，甘露糖赤藓糖醇脂不仅具有优良而持久的界面性能，而且有着化学表面活性剂不可比拟的优势，如良好的乳化性、生物降解性、表面活性、抗菌性、润湿能力和抗微生物等活性，同时有着很高的安全性，对皮肤和眼睛无毒，并且稳定存在的 pH 值和温度范围广，为其在医药、食品、洗涤化妆等工业中的应用提供了新的可能性。

5. 其他糖脂

其他比较重要的糖脂有葡糖糖单脂、麦芽糖单脂、麦芽糖双脂、麦芽三糖单脂、麦芽三糖三脂、纤维二糖单脂和纤维二糖双脂等。这些糖脂的脂肪酸部分都是 α-支链-β 羟基脂肪酸，其中甘露糖单脂和纤维二糖双脂的结构如下：

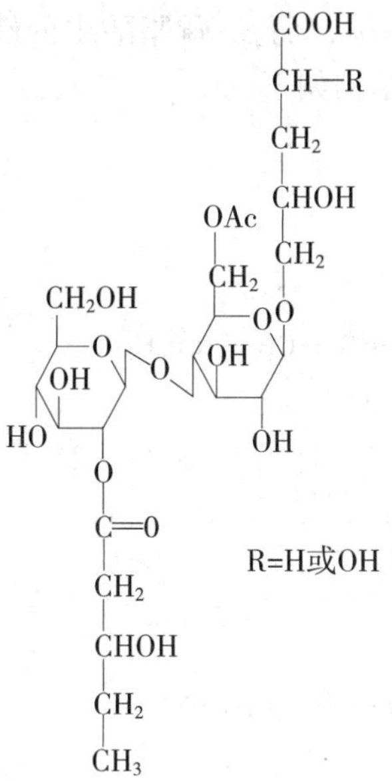

(a)*Ustilago zeae* PRL119产生的纤维二糖脂（黑粉菌酸） 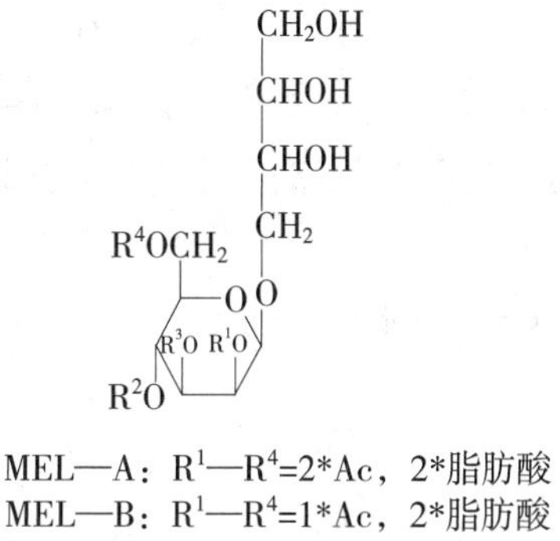　　　　　　　(b)甘露糖赤藓糖醇脂

这类糖脂具有较好的耐热稳定性，其最低界面张力几乎不受温度影响，而且表面活性也比较高。

9.2　氨基酸类脂

氨基酸类脂是一类以低缩氨基酸为亲水基团的生物表面活性剂。其代表产物主要包括脂肽、脂蛋白、脂氨基酸。这类表面性能和抗菌性能优良，能抑制革兰氏细菌和其他一些真菌的生长。氨基酸类脂生物表面活性剂在洗涤剂、化妆品、食品工业、制药工业等方面的应用已备受人们青睐。

氨基酸类脂生物表面活性剂是枯草杆菌等细菌培养时产生的代谢产物，其表面性能良好，乳化能力好，去污能力强，与其他表面活性剂相容性好，抗微生物性能良好。氨基酸类生物表面活剂一般分为天然氨基酸类和合成氨基酸类。目前研究的氨基酸类生物表面活性剂包括环脂肽和鸟氨酸糖脂。

该类表面活性剂是结晶状肽链脂表面活性剂，是一种环状的脂肽化合物，含有7个α氨基酸。氨基酸序列为：（L-）Glu-（L-）Leu-（D-）Leu-（L-）Val-（L-）Asp-（D-）Leu-（L-）Leu。另一种含7个α氨基酸的环脂肽是伊枯草菌素，其L-Asn-D-Tyr-D-Asn-L-Gln-L-Pro-D-Asn-L-Ser。随着菌种的不同，脂肽结构变化很大。鸟氨酸糖脂也是一种含氨基酸类脂的表面活性剂。不同细菌(杆菌)产生的鸟氨酸糖脂结构有差异。

9.3　磷脂

磷脂类生物表面活性剂主要是以磷酸基为亲水基团的表面活性剂，包括磷脂酰乙醇胺（PE）、磷脂酰丝氨酸(PS)、磷脂酰甘油（PG）。其主要由几种细菌和酵母在烷烃培养基中产生。磷脂具有界面吸附，形成胶束、乳化、生成液晶等性质。

磷脂分子由甘油、2个脂肪酸基、磷酸和1个含氨基的基团如乙醇胺、胆碱等组成。根据脂肪酸的种类、位置、氨基的性质等不同，磷脂有多种变体。磷脂有 α-磷脂酸和 β-磷脂酸两种异构体。α-磷脂酸中的磷酸在甘油基的一端，而β-磷脂酸中的磷酸位于甘油基中部—OH基上。自然界的磷脂大部分都是α-位，结构如下：

$$
\begin{array}{c}
\quad\quad\quad\quad O \\
\quad\quad\quad\quad \| \\
O \quad\quad CH_2-O-C-R_1 \\
\| \quad\quad\quad | \\
R_2-C-O-CH \\
\quad\quad\quad\quad | \quad\quad O \\
\quad\quad\quad\quad | \quad\quad \| \\
\quad\quad\quad CH_2-O-P-O-CH_2-CH_2-N^+(CH_3)_3 \\
\quad\quad\quad\quad\quad\quad | \\
\quad\quad\quad\quad\quad\quad O^-
\end{array}
$$

α-卵磷脂：

$$
\begin{array}{c}
\quad\quad\quad\quad O \\
\quad\quad\quad\quad \| \\
O \quad\quad CH_2-O-C-R_1 \\
\| \quad\quad\quad | \\
R_2-C-O-CH \\
\quad\quad\quad\quad | \quad\quad O \\
\quad\quad\quad\quad | \quad\quad \| \\
\quad\quad\quad CH_2-O-P-O-CH_2-CH_2-NH_3^+ \\
\quad\quad\quad\quad\quad\quad | \\
\quad\quad\quad\quad\quad\quad O^-
\end{array}
$$

α-脑磷脂：

$$
\begin{array}{c}
\quad\quad\quad\quad O \\
\quad\quad\quad\quad \| \\
O \quad\quad CH_2-O-C-R_1 \\
\| \quad\quad\quad | \\
R_2-C-O-CH \\
\quad\quad\quad\quad | \quad\quad O \\
\quad\quad\quad\quad | \quad\quad \| \\
\quad\quad\quad CH_2-O-P-O \\
\quad\quad\quad\quad\quad\quad | \\
\quad\quad\quad\quad\quad\quad O^-
\end{array}
$$

α-磷脂酰肌醇：

$$
\begin{array}{c}
\quad\quad\quad\quad O \\
\quad\quad\quad\quad \| \\
O \quad\quad CH_2-O-C-R_1 \\
\| \quad\quad\quad | \\
R_2-C-O-CH \\
\quad\quad\quad\quad | \quad\quad O \\
\quad\quad\quad\quad | \quad\quad \| \\
\quad\quad\quad CH_2-O-P-O-CH_2-CH-COO^- \\
\quad\quad\quad\quad\quad\quad | \quad\quad\quad\quad\quad | \\
\quad\quad\quad\quad\quad\quad O^- \quad\quad\quad\quad NH_3^+
\end{array}
$$

α-磷脂酰丝氨酸：

$$
\begin{array}{c}
CH=CH \\
| \\
CH-OH \\
| \quad\quad\quad\quad\quad O \\
R-CO-CNH \quad\quad \| \\
\quad\quad\quad\quad CH_2-O-P-O-CH_2-CH_2-N^+(CH_3)_2 \\
\quad\quad\quad\quad\quad\quad\quad | \\
\quad\quad\quad\quad\quad\quad\quad O^-
\end{array}
$$

　　主要利用磷脂酶催化磷脂酰胆碱生成磷脂酰丝氨酸、磷脂酰甘油和溶血磷脂等生物表面活性剂。利用酶合成法获得的生物表面活性剂结构比较简单，表面活性较强，且此法反应条件温和，产物易分离纯化。但由于酶制剂的价格昂贵，导致生产成本增加，极大地限制了酶合成法生产生物表面活性剂的发展。目前，正在研究的外源多酶联合催化技术，在体外将多酶串联或共同作用，模拟内源多酶联合催化过程并使其处于可控状态，再将整胞微生物代谢法的优点嫁接到外源酶催化法上来，使得酶法合成生物表面活性剂具有更大的发展潜力。近几年，酶合成法与微生物发酵法相结合成为了新的发展方向。

204

9.4　脂肪酸中性脂

脂肪酸中性脂是以羧酸基为亲水基的一类生物表面活性剂，包括甘油酯、脂肪酸、脂肪醇、蜡等。主要利用1,3-特异性脂肪酶催化动植物油脂的甘油解、水解和醇解反应合成甘油单脂肪酯：

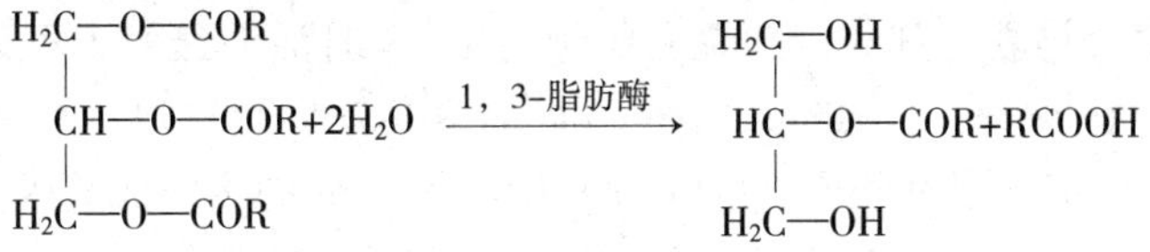

$$
\begin{array}{c}
H_2C-O-COR \\
| \\
CH-O-COR+2H_2O \xrightarrow{\text{1, 3-脂肪酶}} \\
| \\
H_2C-O-COR
\end{array}
\quad
\begin{array}{c}
H_2C-OH \\
| \\
HC-O-COR+RCOOH \\
| \\
H_2C-OH
\end{array}
$$

天然油脂水解

$$
\begin{array}{c}
H_2C-OH \\
| \\
CH-OH+RCOOH \xrightarrow{\text{酶}} \\
| \\
H_2C-OH
\end{array}
\quad
\begin{array}{c}
H_2C-OH \\
| \\
HC-O-COR+ \\
| \\
H_2C-OH
\end{array}
\quad
\begin{array}{c}
H_2C-O-COR \\
| \\
HC-OH \\
| \\
H_2C-OH
\end{array}
$$

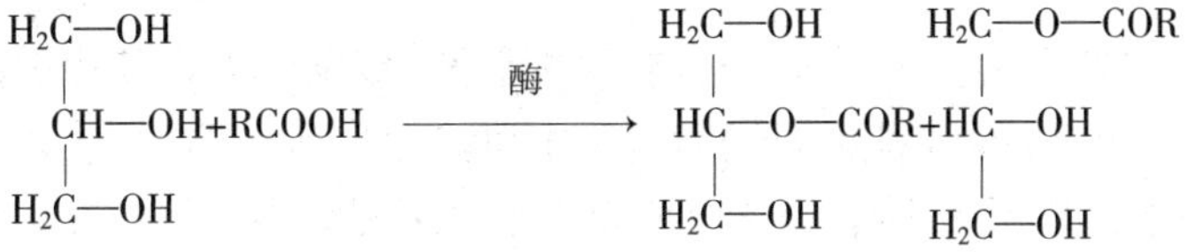

直接酯化法

9.5　高分子生物聚合物

脂杂多糖、脂多糖复合物和蛋白质为高分子化合物生物聚合物。主要有脂多糖乳化剂（emulsan）、甲壳素（liposan）、甘露糖蛋白（mannoprotein）以及其他多聚糖蛋白。emulsan 是目前已知的最好的乳化剂。

生物乳化剂作为一类高分子生物表面活性剂，一般不会使油/水界面张力降得很低，但对油/水界面具有很强的亲和力。它与油/水界结合会在油滴周围形成一层稳定膜，阻止油滴聚结，很适合于做乳状液的稳定剂。大量不同种类的微生物能够产生诸如多糖蛋白、脂多糖、脂蛋白或这些生物聚合物的混合物等多聚物生物乳化剂。

1. 脂多糖

Belsky 等于1979年第一次从乙酸不动杆菌 acinetobacter calcoaceticus RAG-1 ATCC 31012 分离出一种脂多糖 emulsan，其能使原油明显分散，形成稳定的石油乳状液。这种乳化剂主要由杂多糖和脂肪酸组成，多糖主链中含有三种氨基酸：D-半乳糖胺、D-半乳糖胺糖醛酸和一种未经鉴定的氨基糖，脂肪酸主要由十二酸、羟基十二酸、十四酸、十六酸、十八酸和各种尚未确定的脂肪酸构成，它们通过 O-酯共价键与多糖主链结合。脂多糖的相对分子质量约为 1000kDa，其结构式为：

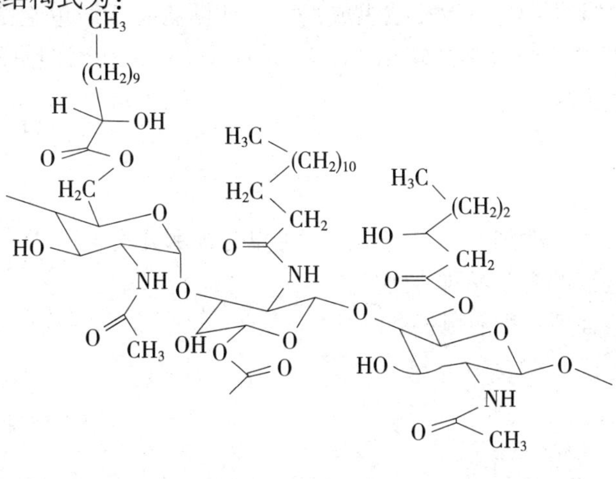

2. 蛋白质/糖类聚合物

嗜石油假丝酸母（candida petrophilum）在烃类物质中培养可产生一种胞外乳化性肽聚合物，其由谷氨酸和天冬氨酸、丙氨酸和亮氨酸以及一种未经鉴定的脂肪酸组成的肽组成。类似地，裂烃棒杆菌（corynebacterium hydrocarboclastus）和解脂假丝酸母（candida lipolytica）发酵烃类物质可分离得到一些具有生物表面活性剂特性的蛋白质/糖类聚合物，其中活性物质为甲壳素 liposan。这种聚合物乳化剂与十六烷的比例为 1 : 50 时活性最大，可以乳化很多憎水物质如油类、烷烃和芳香烃等。从 acinetobacter radioresistens 中可得到一种阴离子多糖和蛋白组成的联合体，叫 alasan，相对分子质量约为 1MDa。alasan 的多糖成分因其含有共价结合丙氨酸而显得与众不同，而蛋白部分则在结构和活性上起着重要的作用。

3. 其他生物乳化剂

除了以上介绍的生物乳化剂外，还有一些高分子复杂的生物乳化剂已被报道，如：假单胞菌 pseudomonas PG-1 在各种不同烃类基质中可产生一种具有乳化及增溶两种活性的胞外制剂，其粗品约含 34% 蛋白质、16% 糖和 40% 类脂；假单胞菌 pseudomonas tralucida 可产生一种乳化杀虫剂的胞外酰基化的多糖；海底蓝藻细菌 phormidium J-1 可产生一种 Emulcyan 的胞外乳化剂，相对分子质量大约 100kDa；盐单胞菌 halomonas eurihalina 可产生一种胞外的硫酸化杂多糖；不动杆菌 acinetobacter calcoaceticus A2 可产生一种能有效分散石灰石和二氧化钛的胞外阴离子多糖表面活性剂，相对分子质量约为 51.4kDa。

9.6 不完全阐明的生物表面活性剂

除了以上介绍的主要表面活性剂外，还有一些生物表面活性剂并没有完全被阐明，如：①诺卡氏菌 nocardia sp. L-147 在正十六烷为碳源的培养基中培养时可产生两种不同类型的生物表面活性剂（可暂称为Ⅰ和Ⅱ），其碳氢化合物部分至今未测定出来。类型Ⅰ是一种作用很强、稳定性很好的乳化剂，其在十六烷/水相中的乳化性高达 2.51，可以和商业 TritonX-100相媲美，且优于其他一些化学合成的表面活性剂如 Tweens，Spans 和 SDS 等。类型Ⅱ的临界胶束浓度为 20mg/L，可以使水的表面张力降至 28mN/m。②枯草芽孢杆菌 bacillus subtilis FE-2 以小麦糠作为原材料培养时，可产生一种能分散有机磷杀虫剂——倍硫磷（fenthion）的生物表面活性剂。它的结构还未被确定，在（倍硫磷+丙酮）相/水相孵育 30～50h 后，其最大乳化活性可达 1.20；在空气流速为 20L/min 培养 54h 后，其最小的表面张力为 24mN/m。③酵母菌 pseudozyma fusiformata VKMY-2821 可产生一种胞外低相对分子质量的耐热杀真菌剂，由葡萄糖和饱和脂肪酸组成，为一种糖脂。④假单胞菌株 pseudomonas fluorescens strain 495 可产生一种对李斯特菌 listeria monocytogenes 和聚四氟乙烯或不锈钢具有黏合作用的表面生物活性剂。

思考题

1. 什么是生物表面活性剂？它有何特点，可以分为哪几类？
2. 生物表面活性剂的主要品种有哪些？
3. 主要的生物表面活性剂有哪些？

第10章 其他特殊表面活性剂

特种表面活性剂是指含有氟、硅、磷、硼等元素的表面活性剂，或者是具有特殊结构的表面活性剂。与普通表面活性剂相比，特种表面活性剂具有功能特殊、适用范围广、与生态环境更相容等特点。随着科学技术的发展，特种表面活性剂的研究和开发十分迅速，应用领域不断扩大。近年来，特别是 20 世纪 90 年代以来，一些具有特殊结构的新型表面活性剂被相继开发，它们有的是在普通表面活性剂的基础上进行结构修饰(如引入一些特殊基团)，有的是对一些本来不具有表面活性的物质进行结构修饰，有些是从天然产物中发现的具有两亲性结构的物质，更有一些是合成的具有全新结构的表面活性剂。这些表面活性剂不仅为表面活性剂结构与性能关系的研究提供了合适的对象，还具有传统表面活性剂所不具备的新性质，特别是具有针对某些特殊需要的功能。在此介绍氟、硅等元素表面活性剂，Bola 型、环糊精、可解离型、冠醚型、反应型、螯合型等新型结构表面活性剂。

10.1 氟碳表面活性剂

普通表面活性剂的疏水基一般是碳氢链，称为碳氢表面活性剂。若将碳氢链中的氢原子部分或者全部替换成氟原子，以氟碳链取代碳氢链作为分子中非极性基团，就成为含氟表面活性剂(fluorine containing surfactant)，或称氟碳表面活性剂(fluorocarbon surfactant)。氟表面活性剂是近年来迅速发展的一类表面活性剂，是特种表面活性剂中最重要的品种，也是迄今为止表面活性最高的一种。碳氢链中的氢原子全部被氟取代的称为全氟表面活性剂，部分被氟取代的称为部分氟表面活性剂，目前应用的含氟表面活性剂大多是全氟表面活性剂。氟表面活性剂亲水基的结构与烃系表面活性剂没有什么不同，所以氟表面活性剂所具有的一系列特性均由全氟烷基决定。氟碳链可以是直链或支链，既憎水又憎油，在降低表面张力上起着决定性作用；同时可以根据需求改变它的结构和长度，以满足对热和化学稳定性的要求。直链的氟碳表面活性剂在相对高的使用浓度下表现出最低的表面张力，而支链的氟碳表面活性剂在相对低的浓度下使用，降低表面张力则更为有效。

氟碳表面活性剂和碳氢表面活性剂的极性基是相同的，所以与普通表面活性剂一样，氟碳表面活性剂的分类也可以按活性基团的性质不同分为阴离子型、阳离子型、非离子型及两性离子型四大类。

阴离子型氟碳表面活性剂是在溶液中解离后，含有表面活性的基团带负电荷，它是氟碳表面活性剂中很重要的一种类型，也是应用比较早的一种。按极性基(亲水基)的结构不同阴离子型氟碳表面活性剂可分为羧酸盐($R_F COO^- M^+$)、磺酸盐($R_F SO_3^- M^+$)、硫酸盐($R_F OSO_3^- M^+$)和磷酸盐[$R_F OP(O)O_2^{2-} M^{2+}$]4 类。

阳离子型氟碳表面活性剂几乎都是含氮的化合物，也就是有机胺的衍生物，氟碳非极性基直接或间接地与季铵基团、质子化氨基或杂环碱相连接，有些阳离子型氟碳表面活性剂含有季铵基或仲氨基及碳酰胺键。阳离子型氟碳表面活性剂在水中解离形成带正电荷的表面活性剂离子和带负电荷的反离子，所以阳离子型氟碳表面活性剂和阴离子型氟碳表面活性剂一样对于电解质和介质的 pH 值是敏感的。因为大多数物质的表面和颗粒都带负电荷，所以阳离子型氟碳表面活性剂容易吸附在这些带负电荷的表面。这种吸附可能有利也可能有弊，这要取决于表面活性剂的使用场合。

非离子型氟碳表面活性剂是在溶液中不发生电离现象的一类氟碳表面活性剂。其极性基通常由一定数量的含氧醚键和（或）羟基构成。这些极性基的长度一般是可以调节的，以改变非离子氟碳表面活性剂的亲水亲油平衡（HLB）值。而非离子氟碳表面活性剂的 HLB 值对其所在的体系的界面性质及乳液的稳定性有很大的影响。根据具体使用的场合不同，非离子型氟碳表面活性剂又分成水溶性和油溶性两大类。作为水溶性型的非离子氟碳表面活性剂，主要是以聚乙二醇型为主，也有酰胺类化合物。

两性离子型氟碳表面活性剂中阳离子部分以季铵阳离子为主，也有氨基阳离子或吡啶阳离子型；阴离子部分则为羧酸基、磺酸基或硫酸基。一般情况下两性离子型氟碳表面活性剂与普通的两性离子型表面活性剂性质相似。两性离子型氟碳表面活性剂的溶解性较强，它不与重金属离子作用，但能与其他类型的表面活性剂混溶，因此它的应用范围较广泛。

传统的氟碳表面活性剂主要是单链型的，目前双链氟碳表面活性剂正引起人们极大的兴趣。已报道的双链氟碳表面活性剂主要有两类，第 1 类双链均为含氟碳链，第 2 类双链分别为碳氟和碳氢链。后一类常被称为杂交型表面活性剂。长链氟碳表面活性剂指氟碳表面活性剂中的氟碳链比通常的 C_8 的氟碳烷基更长，如 C_{12} 以上的氟烷基，也指氟碳表面活性剂中的亲水基为较长的碳氢链，如聚氧烯链 $(CH_2CH_2O)_n$，n 可为 7~90。当长氟碳链为全氟碳烷基时，其柔软性显然较差，因此常以带醚键的氟碳链充当长链，一方面有较好的柔软性，另一方面也由于醚键的存在增加了其在极性溶剂中的溶解度。目前已合成的长链氟碳表面活性剂就其表面活性而言似乎都不及 C_8 左右的氟碳表面活性剂，例如此类氟碳表面活性剂在水溶液中只能使其表面张力降至 20mN/m 左右。但此类氟碳表面活性剂仍有一些特殊的应用，如作为泡沫灭火剂的特效添加剂。

10.1.1　含氟表面活性剂的合成

含氟表面活性剂的合成一般分 3 步，首先合成含 6~10 个碳原子的含氟烷基化合物，再制成易于引进各种亲水基团的含氟中间体，最后引入各种亲水基团，其中中间体——含氟烷基化合物的合成是制备含氟表面活性剂的关键。

10.1.1.1　含氟烷基化合物的合成

目前含氟烷基化合物工业化生产方法主要有电解氟化法、氟烯烃调聚法和氟烯烃齐聚法。

1. 电解氟化法

在低电压、大电流下，于无水氟化氢介质中对烷基磺酸、烷基羧酸或者酰氯进行电解，可得到全氟烷化合物，反应式如下所示：

$$C_8H_{17}SO_3H \xrightarrow[\text{4~15V, 0.1~2A}]{\text{HF, 0~15℃}} C_8F_{17}SO_3F$$

$$C_7H_{15}COOH \xrightarrow[\text{4~15V, 0.1~2A}]{\text{HF, 0~15℃}} C_7F_{15}COOH$$

$$C_7H_{15}COCl \xrightarrow[\text{4~15V, 0.1~2A}]{\text{HF, 0~15℃}} C_7F_{15}COF \xrightarrow{\text{H}_2\text{O}} C_7F_{15}COOH$$

$$C_8H_{17}SO_2Cl + 18HF \xrightarrow{\text{电解}} C_8F_{17}SO_2F + HCl + 副产物$$

电解过程中在阴极产生氢气,在阳极有机物被氟原子取代。在有机物氟化的过程中,只有有机物的氢原子被氟原子取代,其他一些官能团如酰基和磺酰基等仍被保留。典型的电解氟化的例子是烷基酰氯和烷基磺酰氯分别在无水氟化氢中电解生成全氟烷基酰氟和全氟烷基磺酰氟,由它们出发,可用普通方法制得各类氟碳表面活性剂。

对于电解氟化反应机理,Burdon J 和 Schmidt H 两个研究小组分别提出了四步离子反应机理,又叫作 ECEC 机理。该机理在 1972 年通过实验得到了验证。其反应通式如下:

$$\begin{matrix} \diagdown \\ \diagup \end{matrix} C-H \xrightarrow[E]{-e^-} \left[\begin{matrix} \diagdown \\ \diagup \end{matrix} C-H \right]^+ \xrightarrow{-H^+} \begin{matrix} \diagdown \\ \diagup \end{matrix} C\cdot \xrightarrow[E]{-e^-} \begin{matrix} \diagdown \\ \diagup \end{matrix} C^+ \xrightarrow{+F^-} \begin{matrix} \diagdown \\ \diagup \end{matrix} C-F$$

第 1 步,有机物在阳极表面发生吸附,失去 1 个电子,自身被氧化成阳离子。第 2 步,有机物阳离子失去 1 个质子成为自由基。第 3 步,自由基再失去 1 个电子成为阳离子。第 4 步,阳离子发生亲核取代反应,生成有机氟化物。

电解氟化法的最大优点在于反应一步完成,过程简单,但其成本高,用电量大,需专门的电解设备,而且反应中反应物的裂解、环化、重排现象严重,副产物多,产率较低。

2. 氟烯烃调聚法

氟烯烃调聚法利用全氟烷基碘等物质作为端基物,调节聚合四氟乙烯等含氟单体制得低聚合的含氟烷基化合物。典型的氟烯烃调聚反应如 Du Pont 公司用五氟碘乙烷作端基物对四氟乙烯在加热加压条件下引发连锁反应。

$$CF_3CF_2I + nCF_2 =\!\!=CF_2 \xrightarrow[\text{加压}]{\text{加热}} CF_3CF_2(CF_2CF_2)_nI$$

全氟烷基碘与镁反应,生成全氟烷基格氏试剂,格氏合成技术可以进一步合成多种氟表面活性剂。

低级醇也可作为端基物调节聚合四氟乙烯:

$$CH_3CH_2OH + nCF_2CF_2 \longrightarrow H(CF_2CF_2)_nCH(CH_3)OH$$

与通常的加聚反应不同,此体系中存在着链转移常数很大的端基物,它很容易与单体聚合时生成的自由基反应,因此得到的产物是链长在一定范围内变化的低聚合度产物,而不能得到高分子产物,且分子链两端均被端基物占据。目前国内外许多大公司都用此法生产含氟表面活性剂,制取的全氟烷烃基为直链结构,表面活性高,但得到的产物往往是不同链长化合物的混合物。

3. 氟烯烃齐聚法

氟烯烃齐聚法制备含氟烷基中间体是 20 世纪 70 年代发展起来的,它利用氟烯烃在非质子性溶剂中发生齐聚反应得到高支链、低聚合度全氟烯烃齐聚物。齐聚法生产的表面活性剂一般是以氟阴离子为催化剂,单体主要有 3 种:四氟乙烯、六氟丙烯、六氟丙烯环氧化物。

(1)四氟乙烯的齐聚反应

四氟乙烯通常情况下进行自由基聚合反应,生成高分子化合物即聚四氟乙烯树脂,它几乎不溶于所有溶剂。但如果用阴离子催化进行四氟乙烯阴离子聚合,可得到低相对分子质量的聚合物，或称齐聚物，这一反应称为齐聚反应。四氟乙烯的齐聚反应一般是在极性非质子溶液中进行，催化剂有 CsF、KF、$N(CH_3)_4F$ 等，转化率为 90%，反应的主要产物为不同聚合度的低相对分子质量齐聚物，聚合度以 4~6 为主，其反应式如下：

$$nCF_2{=\!\!=}CF_2 \xrightarrow{F^-} (CF_2CF_2)_n$$

式中，$n=4\sim7$。其中五聚体所占比例最大，结构式如下所示：

$$
\begin{array}{c}
F_3CF_2C \qquad\qquad CF_3 \\
\quad\diagdown\qquad\diagup \\
F_3C{-\!\!\!-}C{-\!\!\!-}C{=\!\!=}CFCF_3 \\
\quad\diagup \\
F_3CF_2C
\end{array}
$$

不管是自由基聚合生成的聚四氟乙烯，还是电解氟化或调聚反应生成的碳氟链都是直链结构，而齐聚反应得到的这些齐聚物都是高度带支链的，齐聚体带支链使其相应的氟碳表面活性剂的表面活性比直链的差。四氟乙烯齐聚体具有内部不饱和双键，是一些反应的活性中心。因此，四氟乙烯五聚体分子中与双键碳原子直接相连的氟原子在碱性介质中可与亲核试剂发生取代反应，由此合成一系列的含氟表面活性剂。

（2）六氟丙烯的齐聚反应

以六氟丙烯进行齐聚反应可得到以二聚体和三聚体为主的产物，其反应式如下：

$$n\underset{\overset{|}{CF_3}}{CF}{=\!\!=}CF_2 \xrightarrow{F^-} (\underset{\overset{|}{CF_3}}{CF}CF_2)_n$$

式中，$n=2,3$。

六氟丙烯齐聚物分子中与双键碳原子直接相连的氟原子较活泼，在极性溶剂中很容易与亲核试剂发生取代反应，引入中间体，进而引入亲水基制成含氟表面活性剂。在生产中六氟丙烯比较安全，没有空气混合爆炸或酸性爆聚爆炸的危险，毒性也较低。

（3）六氟丙烯环氧化物的齐聚反应

该法是以氟丙烯为起始物，经氧化反应生成六氟丙烯环氧化物，其反应式如下：

$$CF_3CF{=\!\!=}CF_2 \xrightarrow{H_2O_2} CF_3CF\underset{\diagdown\,O\,\diagup}{-\!\!\!-}CF_2$$

六氟丙烯环氧化物可经氟阴离子催化齐聚生成六氟丙烯环氧化物的齐聚物，产物多为 2~6 聚体的混合物，反应式如下：

$$n\,F_3C\underset{\diagdown\,O\,\diagup}{-\!\!\!-}CF\underset{}{-\!\!\!-}CF_2 \xrightarrow{F^-} CF_3CF_2CF_2O(\underset{\overset{|}{CF_3}}{CFCF_2}O)_n\underset{\overset{|}{CF_3}}{CF}\overset{\overset{O}{\|}}{C}F$$

式中，$n=2\sim6$。

六氟环氧丙烷的齐聚物因含有酰氟官能团，可发生多种反应，故可制得多种氟碳表面活性剂。

齐聚法虽然起步较晚，但生产成本低，产品的氟烯烃部分为支链结构，性能不及前面两种方法制得的产品。

以上几种中间体合成法均有其优点和缺点，每种方法都有厂商用于工业生产，综合各种因素以调聚法较为优越。此外，调聚法不仅能生产氟碳表面活性剂，而且可以生产一系列含

210

氟材料和含氟的精细化工中间体。

10.1.1.2　含氟表面活性剂的合成

1. 阴离子氟碳表面活性剂的合成

阴离子表面活性剂的亲水基通常是磺酸基或羧基，产品常以碱金属盐或铵盐出现，引入的办法有磺酰氟、酰氟的碱水解，芳香族化合物的磺化，含氟烯烃与亚硫酸钠加成等。

（1）羧酸盐型

羧酸盐型氟碳表面活性剂可以由氟烃基与羧基直接相连组成，也可通过烃基、酚基、酰胺基、磺胺基及巯基等间接相连；既包括羧酸的碱金属盐，也包括全氟羧酸。因为全氟羧酸属于强电解质，在水中几乎全部电离，具有很好的表面活性。比如，首先通过调聚法生成全氟烷基碘化物，再引入各种可溶性基团即可制得含氟表面活性剂，其代表性的合成反应如下：

$$CF_3CF_2(CF_2CF_2)_nI + CH_2{=}CH_2 \longrightarrow CF_3CF_2(CF_2CF_2)_nCH_2CH_2I \xrightarrow{H_2O} R_FCH_2CH_2OH$$

$$R_FCH_2CH_2OH + NO_x \longrightarrow R_FCH_2COOH \xrightarrow{MOH} R_FCH_2COOM$$

式中，$M = K^+$，Na^+，Li^+，NH_4^+；$R_F = CF_3CF_2(CF_2CF_2)_n$。

若将全氟聚氧丙烯直接水解，并以碱中和，则得到全氟羧酸盐阴离子表面活性剂，反应如下：

$$C_3F_7O{\left(CF{-}CF_2O\right)_{\overline{n}}}CFCOF \xrightarrow[NaOH]{H_2O} C_3F_7O{\left(CF{-}CF_2O\right)_{\overline{n}}}CFCOONa$$
$$\quad\quad\quad\ |\quad\quad\quad\ |\quad\quad\quad\quad\quad\quad\quad\quad\quad\ |\quad\quad\quad\ |$$
$$\quad\quad\quad CF_3\quad\quad CF_3\quad\quad\quad\quad\quad\quad\quad\quad CF_3\quad\quad CF_3$$

（2）磺酸盐型

含氟表面活性剂中的含氟烃基憎水基既可以与磺酸基直接相连，也可以通过烃基、苯基、酰胺基、磺胺基和聚氧乙烯嵌段等间接相连，其中阳离子既可以是 K^+、Na^+、Li^+ 等无机金属离子，也可以是氢离子或有机季铵离子。由于磺酸盐型含氟表面活性剂化学稳定性好、水溶性好，可以在强酸介质中使用，遇到 Ca^{2+}、Mg^{2+} 或其他重金属离子也不会生成沉淀，因此是阴离子含氟表面活性剂中应用较多的一种。含氟磺酸盐表面活性剂采取如下合成路线：

$$C_{10}F_{19}O{-}\!\!\left\langle\!\!\bigcirc\!\!\right\rangle \xrightarrow{H_2SO_4} C_{10}F_{19}O{-}\!\!\left\langle\!\!\bigcirc\!\!\right\rangle\!\!{-}SO_3H \xrightarrow{KOH} C_{10}F_{19}O{-}\!\!\left\langle\!\!\bigcirc\!\!\right\rangle\!\!{-}SO_3K$$

$$R_FCH_2CH_2I + NaHSO_3 \longrightarrow R_FCH_2CH_2SO_3Na$$

全氟磺酸盐表面活性剂的合成路线如下：

$$CF_2{=}CF_2 \xrightarrow{SO_3} \begin{array}{c} CF_2{-}CF_2 \\ | \quad\quad\ | \\ O{-}SO_2 \end{array} \xrightarrow{F^-} {}^-OCF_2CF_2SO_2F \longrightarrow FC\!\!\begin{array}{c}CF_3CF{-}CF_2\ O\ CF_3 \\ \diagdown\ \ \diagup\quad\ \| \\ O \end{array}\!\!{-}CF{-}(OCF_2CF)_n OC_2F_4SO_2F$$

$$\Big\downarrow Na_2CO_3$$

$$C_2F_5{-}(OCF_2CF)_{\overline{n}}OC_2F_4SO_3Na \xleftarrow{NaOH} C_2F_5{-}(OCF_2CF)_nOC_2F_4SO_2F \xleftarrow{F_2} F_2C{=}CF{-}(OCF_2CF)_nOC_2F_4SO_2F$$

（3）硫酸酯盐型

硫酸酯盐型含氟表面活性剂通常由直链结构的含氟醇与硫酸酯化而得，具有良好的发泡性能，耐硬水性能好，比相应的羧酸盐和磺酸盐具有更大的溶解性，但硫酸酯盐型含氟表面活性剂易水解，稳定性差，限制了其应用。硫酸酯盐型含氟表面活性剂的典型结构为 $C_7F_{15}CH_2CH_2OSO_3Na$。

（4）磷酸酯盐型

磷酸酯盐型含氟表面活性剂由含氟醇与三氯氧磷（$POCl_3$）反应而成，产物包括单酯盐、双酯盐和三酯盐等。磷酸酯盐含氟表面活性剂一般比其他类型阴离子含氟表面活性剂泡沫小，通常用作消泡剂。

$$R_FCH_2CH_2OH + POCl_3 \xrightarrow{MOH} R_FCH_2CH_2OP(O)(OM)_2$$

2. 阳离子氟碳表面活性剂的合成

阳离子氟碳表面活性剂多以季铵盐或吡啶盐形式存在。例如，以含氟磺酰氟或氟羧酰氟和 N，N-二甲基丙二胺为原料，可以合成含氟铵盐和季铵盐型的阳离子表面活性剂。反应式如下：

$$C_8F_{17}SO_2F + NH_2(CH_2)_3N(CH_3)_2 \xrightarrow{-HF} C_8F_{17}SO_2NH(CH_2)_3N(CH_3)_2 \xrightarrow{CH_3I} C_8F_{17}SO_2NH(CH_2)_3N^+(CH_3)_3 \cdot I^-$$

$$C_7F_{15}COF + NH_2(CH_2)_3N(CH_3)_2 \xrightarrow{-HF} C_7H_{15}CONH(CH_2)_3N(CH_3)_2 \xrightarrow{CH_3I} C_7F_{15}CONH(CH_2)_3N^+(CH_3)_3 \cdot I^-$$

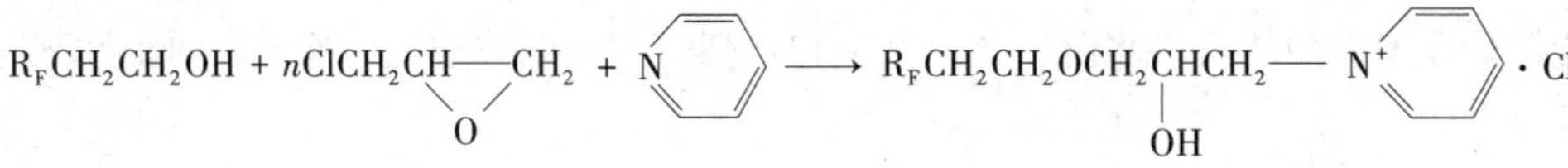

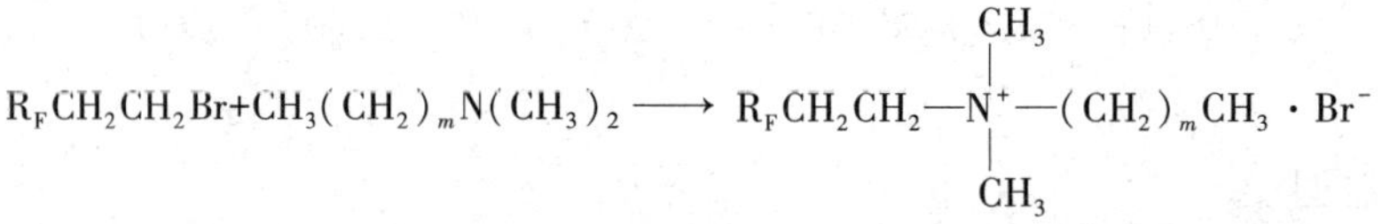

六氟丙烯环氧化物的齐聚物因含有酰氟官能团，可发生水解、氨解、醇解等多种反应，从而生成多种含氟表面活性剂。由于氧原子在结构中的嵌入，使得氟表面活性剂的水溶性和表面活性都有明显增加。

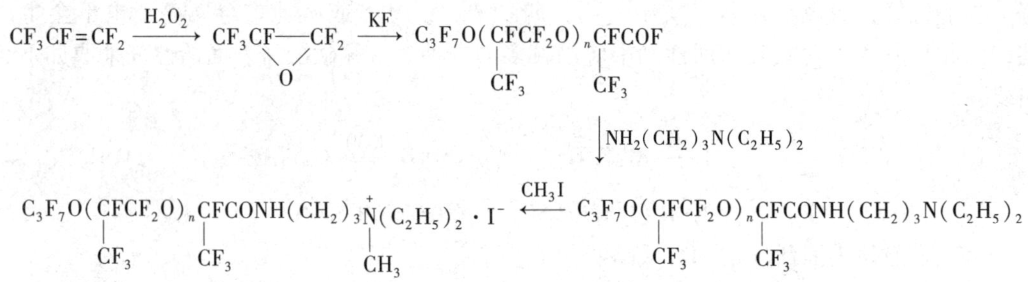

3. 非离子表面活性剂的合成

非离子表面活性剂以聚氧乙烯、聚氧丙烯链段聚醚型和酰胺类居多，是由具有活泼氢的憎水性含氟烷烃衍生物如含氟的长链脂肪醇、烷基酚、脂肪羧酸、烷基胺、烷基醇酰胺和烷基硫醇等在酸或碱催化剂参与下与环氧乙烷、环氧丙烷加成制得。全氟烷基碘通过乙烯加成，硝酸酯化并氢化成醇，生成的中间产物经化学合成，可制成含氟表面活性剂。

$$R_FI + CH_2{=}CH_2 \xrightarrow{\text{有机过氧化物}} R_FCH_2CH_2I \xrightarrow[H_2/Ni]{HNO_3} R_FCH_2CH_2OH$$

$$R_FCH_2CH_2OH + nH_2C{-}CH_2 \longrightarrow R_FCH_2CH_2O(CH_2CH_2O)_nH$$

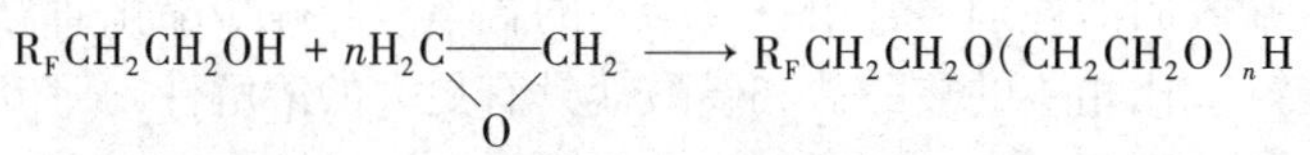

$$R_FCH_2CH_2OH + OCN-\underset{\underset{NCO}{}}{\bigcirc}-CH_3 \longrightarrow R_FCH_2CH_2O-\overset{O}{\overset{\|}{C}}-HN-\underset{\underset{NCO}{}}{\bigcirc}-CH_3$$

$$C_8F_{17}SO_2NHCH_3 + ClCO-(OCH_2CH_2)_n-OC_4H_9 \longrightarrow C_8F_{17}SO_2N(CH_3)CO-(OCH_2CH_2)_n-OC_4H_9$$

$$8CF_2CF_2 + HO(CH_2CH_2O)_nH \longrightarrow C_8F_{15}(CH_2CH_2O)_nC_8F_{15}$$

4. 两性离子型氟碳表面活性剂的合成

由于两性离子型氟碳表面活性剂是由阴、阳两部分离子构成，阳离子基团以季铵阳离子较多，而分子中的阴离子可以是 1 个或多个羧基、磺酸基以及硫酸酯基等。它具有等电特征，当溶液的 pH 值小于等电点时，呈阳离子性质；当值大于等电点时，呈阴离子性。

（1）氨基酸型氟碳表面活性剂的合成

$$C_8H_{17}SO_2F + NH_2C_2H_4NH_2 \longrightarrow C_8H_{17}SO_2NHC_2H_4NH_2$$

$$C_8H_{17}SO_2NHC_2H_4NH_2 + CH_2\!\!=\!\!CHCOOCH_3 \longrightarrow C_8H_{17}SO_2NHC_2H_4N(CH_2CH_2COOCH_3)_2$$

$$C_8H_{17}SO_2NHC_2H_4N(CH_2CH_2COOCH_3)_2 + NaOH \longrightarrow C_8H_{17}SO_2NHC_2H_4N(CH_2CH_2COONa)_2$$

（2）甜菜碱型氟碳表面活性剂的合成

$$\underset{\underset{CH_3}{|}}{\overset{\overset{CH_3}{|}}{N}}-CH_2CH_2NH-\overset{O}{\overset{\|}{C}}-CH_2C_9H_{19} + BrCH_2COONa \longrightarrow {}^-OOCCH_2-\underset{\underset{CH_3}{|}}{\overset{\overset{CH_3}{|}}{N^+}}-CH_2CH_2NH-\overset{O}{\overset{\|}{C}}-CH_2C_9F_{19} + NaBr$$

10.1.2 含氟表面活性剂的应用

1. 在石油工业中的应用

含氟表面活性剂能提高和改善地层岩石的润湿性、渗透性、扩散性以及原油的流动性，可以进一步提高驱油效率，使得它在三次采油中有巨大的潜力，现在研究较多的主要是在活性水驱、微乳液驱和泡沫驱油等方面。一些含氟表面活性剂可作为原油破乳剂，使其吸附在油水界面上，降低膜强度，从而实现原油破乳。目前含氟表面活性剂在石油工业中用作驱油剂的技术仍不很成熟，受到多方面限制，市场上对含氟表面活性剂在油田方面的应用实际上是避开了其憎油性，而利用了它的耐强酸强碱性质。

2. 在消防领域的应用

含氟表面活性剂有极强的表面活性，可明显降低体系的表面张力，这使其在消防领域的应用有着不可替代的地位，特别是用作灭火剂中的添加剂，可大大提高灭火效率。因此，含氟表面活性剂作为新型的灭火剂正日益受到重视。加有氟表面活性剂的泡沫灭火剂，在油面上铺展形成水膜，将油与空气隔断，具有极佳的灭火能力，灭火时间短，防止再燃时间长。由于含氟表面活性剂的加入，降低了泡沫体系的表面张力，提高了泡沫的流动性，使其灭火速度提高3~4 倍。含氟泡沫灭火剂还可与干粉同时使用，大大提高灭火效能。含氟表面活性剂的另一个重要用途是在轻水泡沫灭火剂中的应用。1964 年美国 3M 公司和美国海军部就共同开发了轻水灭火剂，内含 0.1% 季铵型阳离子氟表面活性剂。由于它能把水的表面张力降至很低，以致水溶液可在油面上铺展形成一层膜，这种含氟表面活性剂的水溶液俗称"轻水"，将"轻水"制成泡沫，即为轻水泡沫灭火剂。在扑灭油类火灾中，轻水泡沫灭火剂由于其轻水及泡沫的双重灭火作用而具有最佳灭火效果，而且轻水泡沫灭火剂中 97% 以上的组分为水，成为国际上重点发展的灭火剂。另外，含氟表面活性剂也可用于抗复燃干粉灭火剂、普通化学泡沫灭火剂、凝胶灭火剂以及水乳液灭火剂中。随着含氟表面活性剂工业的飞速发展，开发应用于大面积油类火灾和极性溶剂火灾的灭火剂越来越被人们重视。目前，氟泡沫灭火剂已广泛应用于油库、炼油厂、加油站和油船等场所的灭火。

3. 在生物医药领域的应用

囊泡是表面活性剂在水溶液中自发形成的具有双层封闭结构的分子有序组合体之一，由于其特殊的结构和性质，使之成为最好的生物膜模型体系和发展仿生技术的模拟体系，可用于生物膜模拟、药物释放、催化、提供反应的微环境等。随着囊泡理论的发展，人们对表面活性剂形成囊泡也越来越感兴趣，其中，由于含氟表面活性剂具有表面张力小、与碳氢胶束混溶少以及能形成较大的囊泡等优点，使其备受关注。与普通表面活性剂相比，含氟表面活性剂更易形成双膜结构，并提高膜的致密性，使膜构成的囊泡更稳定，而且囊泡的内相具有更好的疏水疏油特性。由于疏水疏油，内相的药物就很难从囊泡内部扩散出来，这使得含氟表面活性剂囊泡在药物包裹方面具有良好的应用前景。但含氟表面活性剂一般比普通表面活性剂的毒性要强，这也限制了其在生物医药领域的应用。

4. 机械和冶金工业

金属材料在加工前必须进行去除油污及表面氧化层的工艺，常用的化学清洗剂是硫酸、盐酸等无机酸，如在酸中加入表面活性剂可提高清洗效果。在酸洗液中加入少量氟表面活性剂，不仅除锈速度快、表面平整性好，而且对金属有一定的缓蚀保护作用，可明显提高清洗效果。在对金属表面进行浸蚀处理或光亮处理时，在处理剂中加入氟表面活性剂，可以改善金属表面的润湿性能，并可减少处理剂蒸发损失，缩短处理时间，提高金属表面光洁度等作用。在强酸强碱介质中，在通常的表面活性剂会失效的情况下，使用氟表面活性剂做润湿剂会更有效。因为在这种条件下，它们的性能是稳定的。在金属刻蚀液中加入氟表面活性剂，能使刻蚀操作更顺利。在光刻工艺中，氟表面活性剂加入光致抗蚀膜中，可以改善基片的密着性，抗蚀膜变得容易剥离，可以得到更清晰的图形花纹。在制备乳液上光剂时使用氟表面活性剂，可制得免擦亮上光剂，只要将其喷洒于固体表面，即能形成一层光亮薄膜。

5. 在特种纸方面作为防油、防水、防污剂

由于氟表面活性剂既耐水又憎油，被大量使用在憎油处理上，使纸张具有耐水、耐油、耐污染的性能，特别是用于食品包装纸、快餐包装盒、耐油容器包装方面，也适于非包装纸的生产如标签、无碳复写纸等。用硅表面活性剂处理的纸，只能防水不能防油，而氟表面活性剂是较理想的纸张防油整理剂。对纸张进行防油处理的方式有三种：①外添加型，将含有氟表面活性剂的防油整理剂直接敷于纸张表面，进行表面施胶。②内添加型，即进行内部施胶，将氟表面活性剂加入纸浆中，再加工成型。③加在纸张上色处理前，将氟表面活性剂加在涂料中，与涂料一起施于纸张表面，借涂料中胶黏剂的作用与纸张形成较牢固的结合，不仅使纸张有防油防水功能，而且也使涂料获得较亮泽的理想外观，增强其防污能力。还可以与聚合物淋膜技术一起应用。但氟表面活性剂做施胶剂使用是依靠肉眼看不见的分子"隔绝层"来实现抗油性能，而聚合物淋膜则依靠形成可见的薄膜，这种类别给氟表面活性剂的应用带来许多方便。

6. 在电镀添加剂的应用

铬雾抑制剂是氟表面活性剂的一项十分重要而典型的应用。在镀铬过程中，阴阳极上分别有氢气、氧气产生，气体逸出时带出大量的铬酸雾。最根本的解决办法是抑制铬雾产生或少产生，但由于电镀液是强酸和强氧化性的，通常使用的碳氢表面活性剂在其中会很快氧化

分解而失效，只有使用化学稳定性优良的氟表面活性剂才有效。若在电镀液中添加少量氟表面活性剂，如全氟辛基磺酸钾就能大大降低镀液与基体间的界面张力，并在液面形成连续致密的细小泡沫层，能有效地阻止铬雾逸出。例如在镀铬时，在电镀液中加入适量的氟表面活性剂如 $CF_3(CF_2)_7SO_3Na$ 或 $CF_3(CF_2)_5CF_2CF_2SO_3K$，即会在其上形成一致密泡沫层，可阻止铬酸雾逸出，从而防止其对环境污染，保护了操作人员免受侵害，又能减少铬的损失。

10.1.3 氟表面活性剂间的协同效应

1. 氟表面活性剂与碳氢链表面活性剂复配

氟表面活性剂具有降低水溶液表面张力的能力，但不能降低水油界面张力，为改进其水溶液的润湿性能，需加入具有良好降低水油界面张力的碳氢链表面活性剂。为此，常常将氟表面活性剂与碳氢链表面活性剂复配使用。

将 $C_8F_{17}COONH_4$ 氟表面活性剂与 $C_{12}H_{25}N^+(CH_3)_2CH_2COO^-$ 两性离子表面活性剂以 1:1 混合，测定其水溶液的浓度与表面张力的关系，发现氟表面活性剂与碳氢链表面活性剂复配表现出良好的协同效应，即表面活性剂的总浓度很低时，就能显著地降低水溶液的表面张力。改变两者的混合比例，发现在 $C_{12}H_{25}N^+(CH_3)_2CH_2COO^-$ 复配少量的 $C_8F_{17}COONH_4$，水溶液的表面张力显著低于 $C_8F_{17}COONH_4$ 组分水溶液的表面张力。

2. 阴离子氟表面活性剂与阳离子氟表面活性剂复配

一般将阴离子表面活性剂与阳离子表面活性剂加以混合，由于它们不相容而发生沉淀，失去表面活性。但将阴离子氟表面活性剂和阳离子氟表面活性剂混合在一起，不但不发生上述现象，而且其水溶液的表面张力较仅含有一种氟表面活性剂时的表面张力还要低。这种现象可解释为两种离子型氟表面活性剂的憎水基易形成液晶，例如 $C_9F_{19}COONH_4$ 与 $C_9F_{19}CONH(CH_2)_3N^+(CH_3)_3I^-$ 在一起时发生反应形成 $C_9F_{19}COO^- \cdot (CH_3)_3N^+(CH_2)_3NHCOC_9F_{19}$，它在水面上定向紧密排列，于是导致表面张力明显下降。

10.2 有机硅表面活性剂

以含 Si—O—C、Si—C 或 Si—Si 键的基团为疏水基，聚氧乙烯链、羧基或其他极性基团为亲水基构成的表面活性剂称为硅表面活性剂。硅表面活性剂和一般表面活性剂一样，可分为离子型表面活性剂和非离子型表面活性剂。含硅表面活性剂中的 Si—O 键能为 452kJ/mol，比 C—C 键能 348kJ/mol 大，硅原子和氧原子的相对电负性差大，氧原子上的电负性对硅原子上连接的烃基有偶极感应，可提高硅原子上连接烃基的氧化稳定性，因而含硅表面活性剂具有较高的热稳定性。

以硅烷链或硅氧烷链作为疏水基，再通过不同的合成方法引入羧酸基、磺酸基、季铵阳离子以及聚氧乙烯链，从而赋予其亲水性能，即可得到阴离子、阳离子、非离子等不同类型的含硅表面活性剂。

10.2.1 阴离子有机硅表面活性剂的合成

羧酸盐类有机硅表面活性剂一般是用二酸酯中亚甲基上活性氢与卤代硅烷反应，反应产物水解后加热脱羧制成的。

$$\text{R}_2\text{SiC}_n\text{H}_{2n}\text{X} + \underset{\underset{\text{COOC}_2\text{H}_5}{|}}{\overset{\overset{\text{COOC}_2\text{H}_5}{|}}{\text{CH}_2}} \longrightarrow \text{R}_2\text{SiC}_n\text{H}_{2n} - \underset{\underset{\text{COOC}_2\text{H}_5}{|}}{\overset{\overset{\text{COOC}_2\text{H}_5}{|}}{\text{CH}}} \xrightarrow[\triangle]{\text{H}_2\text{O}} \text{R}_2\text{SiC}_n\text{H}_{2n}\text{CH}_2\text{COOH}$$

引入羧基后的硅烷及硅氧烷化合物中和后就是水溶性的阴离子型表面活性剂。

$$\text{R}_2\text{SiC}_n\text{H}_{2n}\text{CH}_2\text{COOH} \xrightarrow{\text{NaOH}} \text{R}_2\text{SiC}_n\text{H}_{2n}\text{CH}_2\text{COONa}$$

采用上法可制得如下的一些表面活性剂：

$$\text{H}_3\text{C} - \underset{\underset{\text{CH}_3}{|}}{\overset{\overset{\text{CH}_3}{|}}{\text{Si}}} - \text{CH}_2\text{CH}_2\text{COONa} \qquad \text{C}_6\text{H}_5 - \underset{\underset{\text{CH}_3}{|}}{\overset{\overset{\text{CH}_3}{|}}{\text{Si}}} - \text{CH}_2\text{CH}_2\text{COONa}$$

$$\text{H}_3\text{C} - \underset{\underset{\text{CH}_3}{|}}{\overset{\overset{\text{CH}_3}{|}}{\text{Si}}} - \text{CH}_2 - \underset{\underset{\text{CH}_3}{|}}{\overset{\overset{\text{CH}_3}{|}}{\text{Si}}} - \text{CH}_2\text{CH}_2\text{COONa} \qquad \text{H}_3\text{C} - \underset{\underset{\text{CH}_3}{|}}{\overset{\overset{\text{CH}_3}{|}}{\text{Si}}} - \text{CH}_2\text{CH}_2\text{CH}_2\text{COONa}$$

如果将硅烷或含氢硅氧烷加成到环氧化合物上生成环氧有机硅烷，再与亚硫酸氢钠反应，就生成磺酸盐型表面活性剂：

$$[(\text{CH}_3)_3\text{SiO}]_2\text{SiHCH}_3 + \text{CH}_2 = \text{CHCH}_2\text{OCH}_2 - \underset{\underset{\text{O}}{\diagdown\diagup}}{\text{CH} - \text{CH}_2} \xrightarrow{\text{Pt}}$$

$$[(\text{CH}_3)_3\text{SiO}]_2\overset{\overset{\text{CH}_3}{|}}{\text{Si}}(\text{CH}_2)_3\text{OCH}_2 - \underset{\underset{\text{O}}{\diagdown\diagup}}{\text{CH} - \text{CH}_2} \xrightarrow{\text{NaHSO}_3} [(\text{CH}_3)_3\text{SiO}]_2\overset{\overset{\text{CH}_3}{|}}{\text{Si}}(\text{CH}_2)_3\text{OCH}_2 - \overset{\overset{\text{OH}}{|}}{\text{CH}} - \text{CH}_2\text{SO}_3\text{Na}$$

磺酸盐型表面活性剂也可以通过与马来酸酐的开环反应合成：

$$(\text{CH}_3)_3\text{SiO}[(\text{CH}_3)_2\text{SiO}]_m[(\text{CH}_3)\text{SiO}]_n\text{Si}(\text{CH}_3)_3 \quad + \quad \text{（马来酸酐）} \longrightarrow$$
$$\overset{|}{(\text{CH}_2)_3\text{NH}_2}$$

$$(\text{CH}_3)_3\text{SiO}[(\text{CH}_3)_2\text{SiO}]_m[(\text{CH}_3)\text{SiO}]_n\text{Si}(\text{CH}_3)_3 \xrightarrow{\text{NaHSO}_4}$$
$$\overset{|}{(\text{CH}_2)_3\text{NHCOCH} = \text{CHCOOH}}$$

$$(\text{CH}_3)_3\text{SiO}[(\text{CH}_3)_2\text{SiO}]_m[(\text{CH}_3)\text{SiO}]_n\text{Si}(\text{CH}_3)_3$$
$$\overset{|}{\underset{\underset{\text{SO}_3\text{Na}}{|}}{(\text{CH}_2)_3\text{NHCOCHCH}_2\text{COOH}}}$$

将硅烷或含氢硅氧烷磷酸酯化得到磷酸酯阴离子型有机硅表面活性剂。

$$\text{H}_3\text{C} - \underset{\underset{\text{CH}_3}{|}}{\overset{\overset{\text{CH}_3}{|}}{\text{SiO}}} - (\underset{\underset{\text{CH}_3}{|}}{\overset{\overset{\text{CH}_3}{|}}{\text{SiO}}})_m (\underset{|}{\overset{\overset{\text{CH}_3}{|}}{\text{SiO}}})_n - \underset{\underset{\text{CH}_3}{|}}{\overset{\overset{\text{CH}_3}{|}}{\text{Si}}} - \text{CH}_3 \xrightarrow[-\text{H}_2\text{O}]{\text{H}_3\text{PO}_4}$$
$$\overset{|}{\text{CH}_2\text{CH}_2\text{CH}_2(\text{C}_2\text{H}_4\text{O})_a(\text{C}_3\text{H}_6\text{O})_b\text{C}_3\text{H}_6\text{OH}}$$

$$\longrightarrow \text{H}_3\text{C} - \underset{\underset{\text{CH}_3}{|}}{\overset{\overset{\text{H}_3\text{C}}{|}}{\text{SiO}}} - (\underset{\underset{\text{CH}_3}{|}}{\overset{\overset{\text{CH}_3}{|}}{\text{SiO}}})_m (\underset{|}{\overset{\overset{\text{CH}_3}{|}}{\text{SiO}}})_n - \underset{\underset{\text{CH}_3}{|}}{\overset{\overset{\text{CH}_3}{|}}{\text{Si}}} - \text{CH}_3$$
$$\overset{|}{\text{CH}_2\text{CH}_2\text{CH}_2(\text{C}_2\text{H}_4\text{O})_a(\text{C}_3\text{H}_6\text{O})_b\text{C}_3\text{H}_6\text{OPO}_3\text{H}_2}$$

在含糖基的有机硅化合物基础上，可以合成出阴离子型糖基硅表面活性剂。

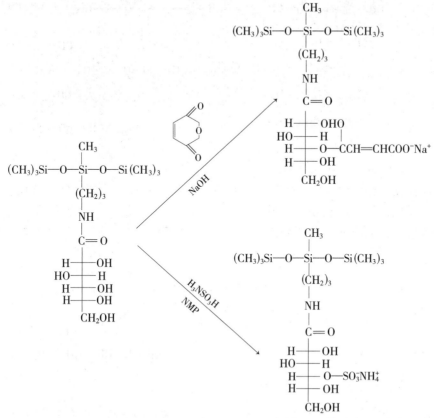

式中，NMP(N-methyl-2-pyrrolidone)为 N-甲基吡咯烷酮，作溶剂。该反应无区域选择性，得到的是单酯和多酯的混合物。

10.2.2　阳离子有机硅表面活性剂的合成

季铵化反应是合成含硅阳离子表面活性剂最常用的方法。按卤原子所连基团的不同又可分为两类。一类由卤代硅烷与叔胺在苯、甲苯、丙酮或四氯化碳等惰性溶剂中进行反应制取，反应如下：

$$\begin{array}{c} R^1 \\ R^2 \!-\! Si \!-\! (CH_2)_n \!-\! \underset{R^5}{\overset{R^4}{C}} \!-\! X + N \!-\! R^7 \longrightarrow R^2 \!-\! Si \!-\! (CH_2)_n \!-\! C \!-\! {}^+N \!-\! R^7 \ X^- \\ R^3 \qquad\qquad R^8 \end{array}$$

另一类为卤代烷与含有有机硅的胺类化合物反应，反应通式为：

$$\begin{array}{c} R^1 \\ R^2 \!-\! Si \!-\! (CH_2)_n \!-\! C \!-\! N^+ + R^8 X \longrightarrow R^2 \!-\! Si \!-\! (CH_2)_n \!-\! C \!-\! {}^+N \!-\! R^7 \ X^- \end{array}$$

式中，R 为烷基、烷氧基、芳基、芳烷基、有机硅基等；X 为卤素原子。

上述两类反应，一般先由硅氧化合物和不饱和的有机卤化物或不饱和的有机胺(最常用的是烯丙基氯和烯丙基胺)在催化剂(如 $H_2PtCl_6 \cdot 6H_2O$)作用下加成，再分别与胺类或卤代物反应。

$$
\underset{\underset{(CH_2)_3Cl}{|}}{\overset{\overset{CH_3}{|}}{Cl-Si-Cl}} \; + \; \underset{\underset{CH_3}{|}}{\overset{\overset{CH_3}{|}}{CH_3-Si}}-O-\underset{\underset{CH_3}{|}}{\overset{\overset{CH_3}{|}}{Si}}-CH_3 \longrightarrow \underset{\underset{CH_3}{|}}{\overset{\overset{CH_3}{|}}{CH_3-Si}}-O-\underset{\underset{(CH_2)_3Cl}{|}}{\overset{\overset{CH_3}{|}}{Si}}-O-\underset{\underset{CH_3}{|}}{\overset{\overset{CH_3}{|}}{Si}}-CH_3 \xrightarrow{HN(CH_3)(CH_2)_2OH}
$$

$$
\underset{\underset{CH_3}{|}}{\overset{\overset{CH_3}{|}}{CH_3-Si}}-O-\underset{\underset{(CH_2)_3}{|}}{\overset{\overset{CH_3}{|}}{Si}}-O-\underset{\underset{CH_3}{|}}{\overset{\overset{CH_3}{|}}{Si}}-CH_3 \xrightarrow{CH_3X} \underset{\underset{\overset{(CH_2)_3}{|}}{\underset{CH_3-\overset{+}{N}CH_2CH_2O\cdot X^-}{|}}}{\overset{\overset{CH_3}{|}}{CH_3-Si}}
$$

$$
H_3C-NCH_2CH_2OH
$$

式中，X=Cl、Br、I、CH_3OSO_3。

用季铵化反应合成含硅阳离子的低聚物或高聚物，一般先将有机硅聚合物与含氮有机物进行聚合反应，再与卤代烷烷基化。或者将含氮的聚合物和含氯的聚合物分别与含氯有机硅和含胺有机硅反应。如果将含硅季铵盐与高聚物直接偶联或交联起来，也有类似效果。

$$
Me_3SiO\left[\underset{\underset{\underset{CH_2-O-CH_2-\overset{O}{\overset{\diagup\diagdown}{CH}}-CH_2}{|}}{\underset{CH_2}{|}}}{\overset{\overset{CH_3}{|}}{Si}}-O\right]_m SiMe_3 \xrightarrow{HN(CH_2CH_3)_2} Me_3SiO\left[\underset{\underset{\underset{CH_2-O-CH_2-\overset{\overset{OH}{|}}{CH}-CH_2N(CH_2CH_3)_2}{|}}{\underset{CH_2}{|}}}{\overset{\overset{CH_3}{|}}{Si}}-O\right]_m SiMe_3
$$

$$
\xrightarrow{PhCH_2Cl} Me_3SiO\left[\underset{\underset{\underset{CH_2-O-CH_2-\underset{H}{\overset{\overset{OH}{|}}{C}}-CH_2\overset{\overset{CH_2CH_3}{|}}{\underset{CH_2Ph}{\overset{+}{N}CH_2CH_3}}\cdot Cl^-}{|}}{\underset{CH_2}{|}}}{\overset{\overset{CH_3}{|}}{Si}}-O\right]_m SiMe_3
$$

$$
\underset{\underset{CH_3}{|}}{\overset{\overset{CH_3}{|}}{CH_3-SiO}}\underset{\underset{CH_3}{|}}{\overset{\overset{CH_3}{|}}{(SiO}}\Big)_m \underset{\underset{CH_2CH_2CH_2O(C_2H_4O)_aC(C_3H_6O)_bC_3H_6OH}{|}}{\overset{\overset{CH_3}{|}}{(SiO}}\Big)_n\underset{\underset{CH_3}{|}}{\overset{\overset{CH_3}{|}}{Si}}-CH_3 \xrightarrow[-H_2O]{ClCH_2COOH}
$$

$$
\longrightarrow \underset{\underset{CH_3}{|}}{\overset{\overset{CH_3}{|}}{H_3C-SiO}}\underset{\underset{CH_3}{|}}{\overset{\overset{CH_3}{|}}{(SiO}}\Big)_m \underset{\underset{CH_2CH_2CH_2O(C_2H_4O)_a(C_3H_6O)_bC_3H_6OCOCH_2Cl}{|}}{\overset{\overset{CH_3}{|}}{(SiO}}\Big)_n\underset{\underset{CH_3}{|}}{\overset{\overset{CH_3}{|}}{Si}}-CH_3 \xrightarrow{Me_2NR}
$$

$$
\longrightarrow \underset{\underset{CH_3}{|}}{\overset{\overset{CH_3}{|}}{H_3C-SiO}}\underset{\underset{CH_3}{|}}{\overset{\overset{CH_3}{|}}{(SiO}}\Big)_m \underset{\underset{CH_2CH_2CH_2O(C_2H_4O)_a(C_3H_6O)_bC_3H_6OCOCH_2N^+Me_2RCl^-}{|}}{\overset{\overset{CH_3}{|}}{(SiO}}\Big)_n\underset{\underset{CH_3}{|}}{\overset{\overset{CH_3}{|}}{Si}}-CH_3
$$

上式中通过酯化引入烷基氯，成盐反应后得到季铵盐型阳离子有机硅表面活性剂。

10.2.3 两性离子有机硅表面活性剂的合成

1. 甜菜碱型有机硅表面活性剂的合成

(1)羧酸盐甜菜碱型硅表面活性剂

环氧基硅氧烷与仲胺反应生成叔氨基硅氧烷，再与氯乙酸钠反应生成硅氧烷甜菜碱：

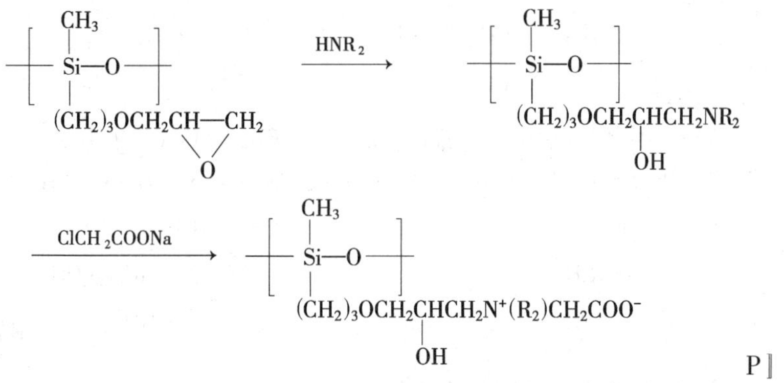

S. A. Snow 等人通过如下方法合成了羧酸盐甜菜碱型硅表面活性剂，其反应式为：

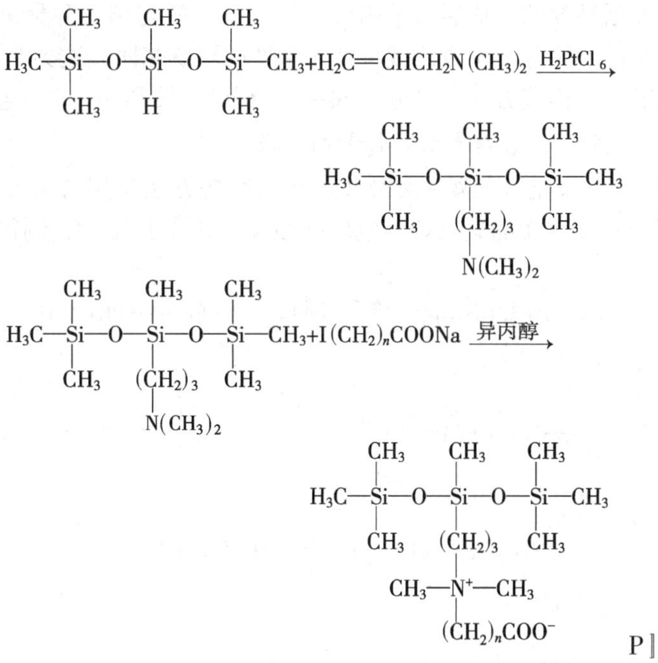

式中，$n=1$，2。

(2)磺酸甜菜碱型有机硅表面活性剂

S. A. Snow 等人还合成了一系列磺酸甜菜碱类有机硅表面活性剂，其合成路线如下：

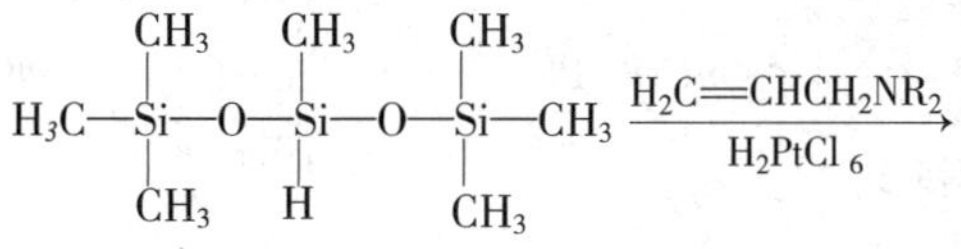

$$\begin{array}{ccccccc}
& CH_3 & CH_3 & CH_3 \\
H_3C-Si & -O-Si & -O-Si & -CH_3 \\
& CH_3 & (CH_2)_3 & CH_3 \\
& & NR_2
\end{array} \xrightarrow[\substack{CH_3OH \\ 或C_6H_5OH}]{OCH_2(CH_2)_{n-1}SO_z} \begin{array}{ccccccc}
& CH_3 & CH_3 & CH_3 \\
H_3C-Si & -O-Si & -O-Si & -CH \\
& CH_3 & (CH_2)_3 & CH_3 \\
& & R-N^+-R \\
& & (CH_2)_nSO_3^-
\end{array}$$

P#]

$$\begin{array}{ccccccc}
& CH_3 & CH_3 & CH_3 \\
H_3C-Si & -O-Si & -O-Si & -CH_3 \\
& CH_3 & (CH_2)_3 & CH_3 \\
& & Cl
\end{array} \xrightarrow{HN(CH_3)(CH_2)_2OH}$$

$$\begin{array}{ccccccc}
& CH_3 & CH_3 & CH_3 \\
H_3C-Si & -O-Si & -O-Si & -CH_3 \\
& CH_3 & (CH_2)_3 & CH_3 \\
& & CH_3-N-(CH_2)_2OH
\end{array} \xrightarrow{O(CH_2)_3SO_z} \begin{array}{ccccccc}
& CH_3 & CH_3 & CH_3 \\
H_3C-Si & -O-Si & -O-Si & -CH_3 \\
& CH_3 & (CH_2)_3 & CH_3 \\
& & CH_3-N^+-(CH_2)_2OH \\
& & (CH_2)_3SO_3^-
\end{array}$$

P]

10.2.4 非离子含硅表面活性剂的合成

非离子型硅表面活性剂的合成通常采用聚硅氧烷基乙醚与脂肪醇聚氧乙烯醚进行反应，在疏水性的聚二甲基硅氧烷分子中嵌段或接枝亲水性的聚醚基团。这类非离子表面活性剂根据有机部分与有机硅部分连接方式，可分为 Si—O—C 键连接和 Si—C 键连接两类。

1. 含 Si—O—C 键非离子含硅表面活性剂的合成

含 Si—O—C 键聚二甲基硅氧烷–聚醚共聚物的制备方法是用含有羟基的聚醚(此处用 HO—PE 表示)与含 Si—O—R 的硅氧烷反应缩去相应的低分子 ROH，制得含硅聚醚。

$$\begin{array}{l}
-\overset{|}{\underset{|}{Si}}-OR + HO-PE \xrightarrow{三氟乙酸催化} -\overset{|}{\underset{|}{Si}}-O-PE + ROH \\[3mm]
-\overset{|}{\underset{|}{Si}}-H + HO-PE \xrightarrow{乙酸锌催化} -\overset{|}{\underset{|}{Si}}-O-PE + H_2 \\[3mm]
-\overset{|}{\underset{|}{Si}}-NH_2 + HO-PE \longrightarrow -\overset{|}{\underset{|}{Si}}-O-PE + NH_3 \\[3mm]
-\overset{|}{\underset{|}{Si}}-Cl + HO-PE \longrightarrow -\overset{|}{\underset{|}{Si}}-O-PE + HCl
\end{array}$$

(1) 含烷氧基的聚甲基硅氧烷与聚醚反应

$$-\left[\begin{array}{c} CH_3 \\ Si-O \\ OC_2H_5 \end{array}\right]_m + mHO-PE \longrightarrow -\left[\begin{array}{c} CH_3 \\ Si-O \\ OPE \end{array}\right]_m + mC_2H_5OH$$

该反应相当于酯交换反应，可采用三氟乙酸作催化剂。

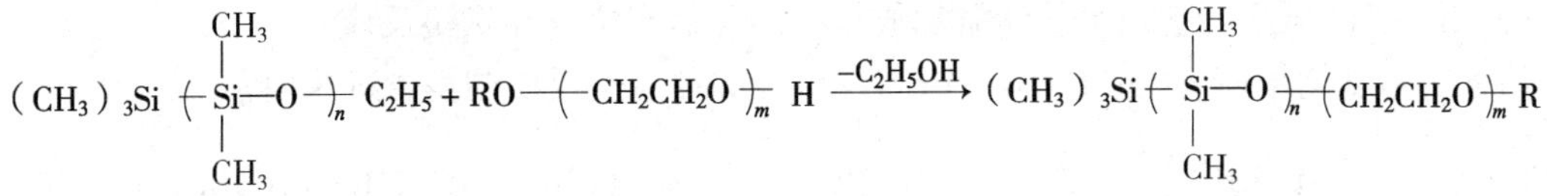

$$（CH_3）_3Si \left(Si\!-\!O \right)_n C_2H_5 + RO \left(CH_2CH_2O \right)_m H \xrightarrow{-C_2H_5OH} （CH_3）_3Si \left(Si\!-\!O \right)_n \left(CH_2CH_2O \right)_m R$$

（其中Si上下为CH₃取代基）

P‖

（2）氨基聚二甲基硅氧烷与聚醚反应

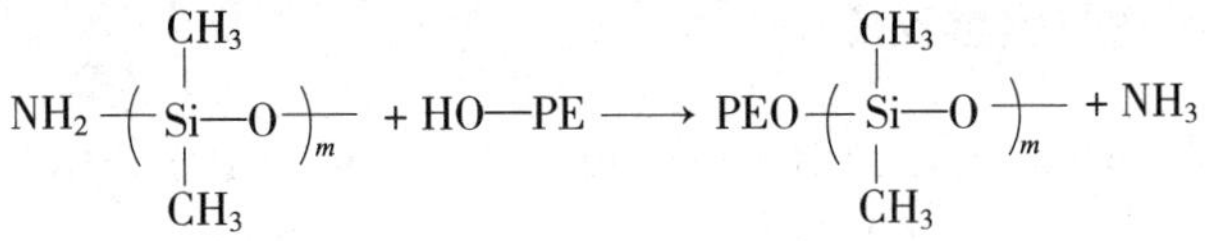

$$NH_2 \left(Si\!-\!O \right)_m + HO\!-\!PE \longrightarrow PEO \left(Si\!-\!O \right)_m + NH_3$$

（其中Si上下为CH₃取代基）

该反应不需要催化剂。

（3）含氢聚硅氧烷与聚醚反应

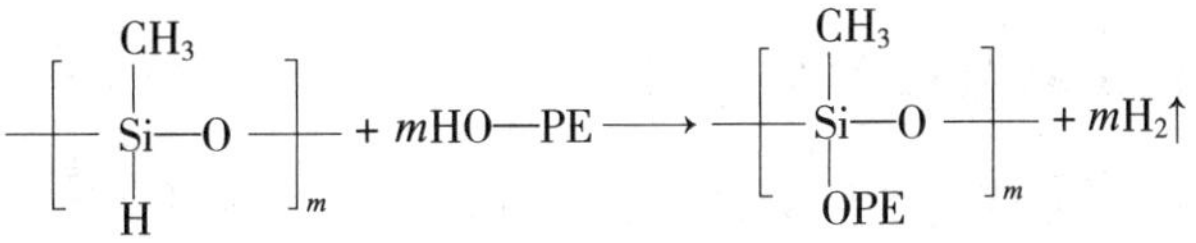

$$\left[Si\!-\!O \right]_m + mHO\!-\!PE \longrightarrow \left[Si\!-\!O \right]_m + mH_2\uparrow$$

（左侧Si上CH₃下H，右侧Si上CH₃下OPE）

例如

$$MeO（C_2H_4O）_m\!-\!（CHCH_2O）_n\!-\!CH_2CH\!=\!CH_2 + H\!-\!Si\!-\!O\!-\!（Si\!-\!O）_n\!-\!Si\!-\!H$$

（CHCH₂O上CH₃；三个Si上下均为Me）

$$\xrightarrow{\text{催化剂}} R\!-\!Si\!-\!O\!-\!（Si\!-\!O）_n\!-\!Si\!-\!R$$

（三个Si上下均为Me）

$$R= MeO（C_2H_4O）_m\!-\!（CHCH_2O）_n\!-\!CH_2CH_2CH_2\!-\!$$

（CHCH₂O上CH₃）

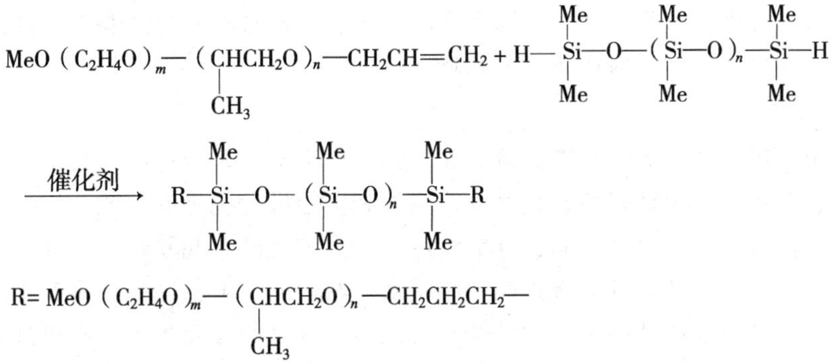

P‖

该反应采用羧酸锌盐或铅盐作催化剂。

上述合成产品的结构中含有 Si—O—C 键，在酸、碱存在下会发生水解反应，析出硅油。一般来说，在中性水溶液中能保持一周，只有在合适的胺类化合物缓冲下，才能保持较长的时间。在 pH<7 时，则迅速水解。

带有长链烷基的聚硅氧烷的制备可采用能水解的 Si—Cl 或 Si—OR 基的聚硅氧烷与脂肪醇进行反应；也可以采用 α-烯烃的氢化硅烷化方法。

2. 含 Si—C 键非离子含硅表面活性剂的合成

（1）含氢硅氧烷与含烯基聚醚反应

一般采用含有 Si—H 键的硅氧烷或硅烷与含烯基的聚醚在铂（或氯铂酸）的催化下进行加成反应制得硅氧烷-聚醚共聚物。

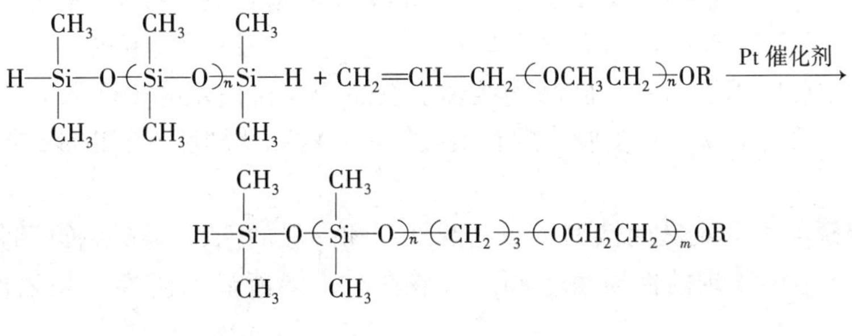

$$H\!-\!Si\!-\!O\!（Si\!-\!O）_n\!Si\!-\!H + CH_2\!=\!CH\!-\!CH_2\!（OCH_3CH_2）_n OR \xrightarrow{\text{Pt 催化剂}}$$

（三个Si上下均为CH₃）

$$H\!-\!Si\!-\!O\!（Si\!-\!O）_n\!（CH_2）_3\!（OCH_2CH_2）_m OR$$

（两个Si上下均为CH₃）

221

催化剂采用氯铂酸，这是制备 Si—C 键含硅表面活性剂常用的一种方法。

（2）Si—C 键与烯丙基缩水甘油醚加成得到的环氧有机硅和聚醚反应

用含有羟基的聚醚（此处用 HO—PE 表示）与硅环氧烷反应制得含硅聚醚。

$$-\overset{|}{\underset{|}{Si}}-(CH_2)_3-O-CH_2-\underset{\underset{O}{\diagdown\diagup}}{CH}-CH_2 + mHO-PE \longrightarrow -\overset{|}{\underset{|}{Si}}-(CH_2)_3-O-CH_2-\underset{\underset{OH}{|}}{CH}-CH_2-O-PE$$

（3）羟代甲基衍生物与聚醚反应

$$-\overset{|}{\underset{|}{Si}}-(CH_2)_3-OH + HO-PE \longrightarrow -\overset{|}{\underset{|}{Si}}-(CH_2)_3-OPE$$

含 Si—C 键的共聚物，具有较好的水解稳定性，在缺氧情况下可保存 2 年以上而无任何变化。

10.2.5 有机硅表面活性剂的应用

硅表面活性剂降低表面张力的能力次于氟表面活性剂，而显著大于烃系表面活性剂。例如，烃系表面活性剂水溶液的最低表面张力为 25mN/m，而硅表面活性剂水溶液的表面张力可降至 20mN/m。因此，硅表面活性剂具有极好降低水油界面张力的性能，有极佳的润湿能力，能很好地润湿聚乙烯，可应用于许多领域。

1. 在化妆品中的应用

有机硅是半无机、半有机结构的高分子化合物，在空间上呈现螺旋状结构。这些决定了它具有润滑性、疏水性、生理惰性、抗紫外线辐射和配伍性等优异的性能。大部分有机硅表面活性剂为聚有机硅氧烷的改性产品，硅氧烷用于个人护理品有润肤作用，即它能赋予皮肤柔软、平滑和有弹性。另外，硅氧烷护肤不会堵塞皮肤表面孔隙，这是许多亲脂性润肤剂所不能的。由于有机硅表面活性剂具有比碳烃链表面活性剂低的表面张力，有机硅表面活性剂的生物惰性和对人体无毒性，为其应用于化妆品中，改善化妆品性能提供了可能。有机硅表面活性剂在日化行业中为一种用量较大的表面活性剂，可用于各种化妆品，作为乳化剂在香精、洗发香波中使用，具有乳化、起泡、分散和增溶的作用，能使香波泡沫丰富，细微稳定，并有抗静电效果。有机硅表面活性剂对人体无副作用，能在皮肤表面形成脂肪层的保护膜，防止皮肤干燥，是优良的皮肤润滑剂和保湿剂，特别适用配制面部、眼部化妆品用乳化剂和乳化稳定剂。迄今，已开发成功可用于化妆品的有机硅产品有：二甲基聚硅氧烷，甲基苯基聚硅氧烷，含氢硅油，环状聚硅氧烷，甲基聚硅氧烷乳液，聚醚改性硅油，烷基改性硅油，氨基改性硅油，有机硅蜡，硅树脂和有机硅处理的粉体等系列牌号。

阴离子型聚硅氧烷磷酸酯由于磷酸是三元酸，一般聚硅氧烷磷酸酯是单酯、双酯、游离磷酸和游离非离子基等的混合物，既具有磷酸基的乳化性、起泡性、温和的洗涤性，又有聚醚的浊点等非离子性，还具有聚硅氧烷对皮肤和头发的亲和性，可作为化妆品的增溶剂、水溶性起泡剂、洗涤剂、润肤剂和头发调理剂。聚硅氧烷磷酸酯表面活性剂具有乳化特性，也有润湿功能，主要应用于润肤护肤品和调理护发品中。在护发品中磷酸酯能延缓静电的积聚，加速放电，聚硅氧烷又对皮肤头发有很好的亲和性和调理性，所以能改善头发的干湿梳理性。

聚硅氧烷磷酸酯甜菜碱两性离子表面活性剂和一般的两性离子表面活性剂一样，在不同 pH 值的水溶液中表现的性质也不同。偏酸性时，溶液显示阳离子型表面活性剂性质；

偏碱性时，溶液显示阴离子型表面活性剂性质。由于该表面活性剂分子中既存在磷酸酯甜菜碱的结构和特性，又具有聚硅氧烷的结构和特性，若选用低摩尔质量聚硅氧烷，则聚硅氧烷特性弱；反之，选用摩尔质量大的聚硅氧烷，则聚硅氧烷的特性显著。这类产品具有毒性小、抗菌、耐硬水、与各种表面活性剂相容性好等特点，可作为安全性高的香波用起泡剂及护发剂使用。

2. 在纺织工业中的应用

有机硅表面活性剂能改良织物的手感，改善织物的润湿性，防止织物带电，提高纤维的吸湿性和平滑性，同时由于其在纤维工业中又可以作为乳化剂和高温消泡剂。经过有机硅表面活性剂处理过的织物降低纤维与纤维之间或纤维与人体之间的摩擦力，给人以滑爽柔软的手感，穿着美观舒适，可以达到风格化、高档化及功能化的质量效果。同时有机硅表面活性剂也可用于织物的防水剂、润滑剂、涂饰剂、防霉剂和超细纤维上浆剂等。其中的聚醚改性硅油可改善织物的亲水性、抗静电性和防污性，且乳化方便，不易漂油，工艺上有时还可与染色同浴，是目前纺织行业用量最多的一类。聚醚接枝聚二甲基硅氧烷具有很好的亲水、抗静电性，可使织物柔顺、滑爽。为了增加织物的耐洗性，通常还在聚硅氧烷侧链引入环氧基，因为环氧基可与纤维中—COOH、—OH 和—NH$_2$ 等基团反应。含氨基的聚二甲基硅氧烷是弱阳离子型有机硅表面活性剂，这类硅油是目前纺织行业特别感兴趣的产品。

3. 在聚合物方面的应用

在聚氨酯泡沫塑料生产中，硅表面活性剂用作乳化剂，能将聚氨酯泡沫体系的各原料组分乳化成均匀的分散体系，以利于反应顺利进行。它还起促进成核的作用，促进气泡形成，气泡形成后还有稳泡作用。

4. 在涂料工业中的应用

用于涂料的硅氧烷表面活性剂通过改变取代基以获得消泡、调节润滑性、提高颜料在溶液中的稳定性、提高涂料的流动性以及改善物质的润湿性等改性效果。改性基团的位置、结构、大小不同，其改性产品的性能、用途亦有所不同。如侧链连接的聚醚改性聚硅氧烷可用作烷基树脂、烷基-氨基聚酯树脂混合物和丙烯酸酯的烤漆中的流动性改善剂及作为木头和家具涂料、防腐涂料、印刷油墨的润滑剂。有机硅表面活性剂还可作为涂料中的稳沫剂、乳液稳定剂、涂料增稠剂和多色涂料的色料扩散剂。

5. 其他应用

在石油生产中，硅表面活性剂用作原油破乳剂。在轻工业中，硅表面活性剂可用于天然皮革滑爽剂、防水剂、光亮剂、皮鞋油抛光剂等的组分。硅表面活性剂还可用作玻璃表面防雾剂、照相显影液的消泡剂、燃料油和烃类溶剂的消泡剂、脱模剂、地板光亮剂的添加剂，以及各种目的润湿剂、去垢剂和起泡剂等。

10.3 螯合型表面活性剂

在洗涤剂中，表面活性剂和螯合剂(如三聚磷酸钠 STPP)得到了广泛的应用。由于自然水系的"富营养化"问题，STPP 受到了非议，引起世界范围内的限磷、禁磷呼声高涨，开发无磷洗涤剂势在必行，而洗涤业在寻求 STPP 代用品的过程中，先后开发出了 4A 沸石、δ-层状硅酸钠、氮川三酯酸钠、柠檬酸盐和氨基聚羧酸等产品，但它们在综合助洗性能、价位以及环保等方面均存在不足。若能开发一种同时具有良好的去污能力和螯合能力且又对环境友好的新型物质无疑是最好的 STPP 代用品，螯合性表面活性剂正是这样一种新型的功能性物质。螯合型表面活性剂(chelate surfactant)是由有机螯合剂如 EDTA、柠檬酸等衍生的具有螯合功能的表面活性剂。

10.3.1 螯合型表面活性剂的合成

10.3.1.1 乙二胺四乙酸(EDTA)型表面活性剂的合成

EDTA 是一种优良的螯合剂，它的分子结构式如下：

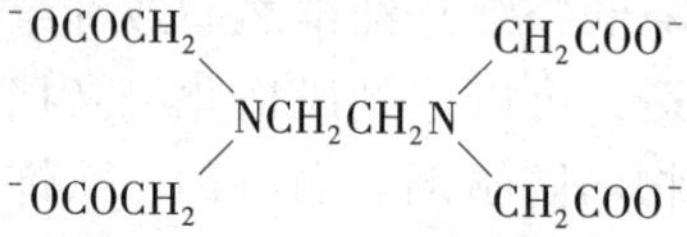

$$^{-}OCOCH_2 \diagdown \qquad \diagup CH_2COO^{-}$$
$$NCH_2CH_2N$$
$$^{-}OCOCH_2 \diagup \qquad \diagdown CH_2COO^{-}$$

早期的螯合型表面活性剂多是由 EDTA 与脂肪醇、脂肪胺制备的混合酯或混合酰胺产物，品质不高。这是因为 EDTA 分子是对称的，在直接进行取代反应时，在其中一个羧基上的高选择性取代是很难实现的，而多个羧基的取代产物将会严重影响其螯合功能。

在 1969~1979 年的 10 年间，Toshio Takesshi 等合成了几种螯合性表面活性剂，结构式如下所示：

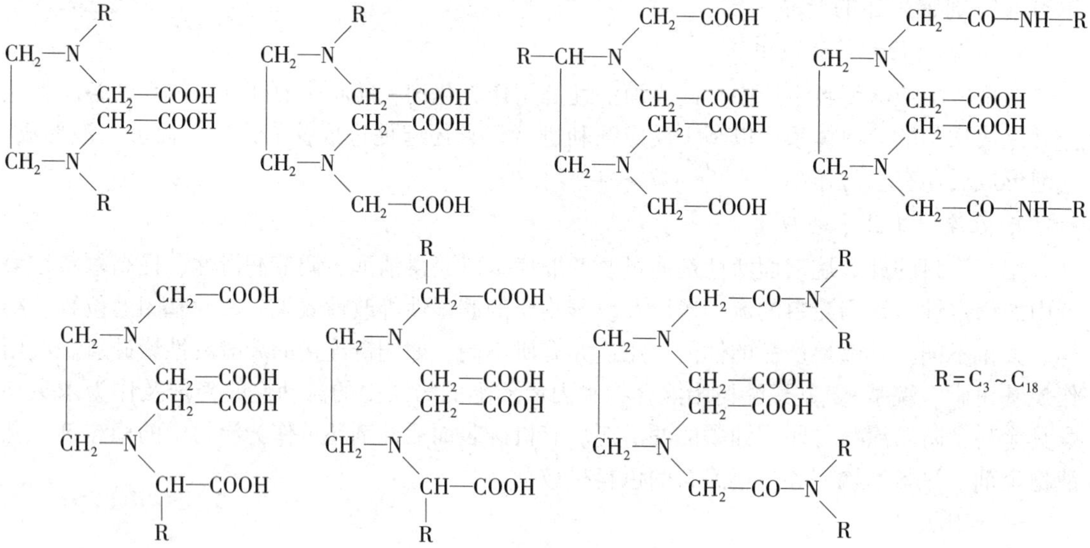

$$R = C_3 \sim C_{18}$$

1980 年，该小组首次合成了 EDTA 单烷基酯，1982 年合成了 EDTA 单烷基酰胺。虽然当时只着重研究了这两类表面活性剂与不同种类金属离子生成的金属螯合物的表面活性、乳化能力与分散能力，但 EDTA 单烷基酯钠盐和 EDTA 单烷基酰胺钠盐的出现，为螯合表面活性剂制备和应用奠定了基础。由于 EDTA 的局限性，当前对螯合表面活性剂研究和使用主要集中在乙二胺三乙酸盐和柠檬酸酯这两类螯合物上。

10.3.1.2 乙二胺三乙酸盐型表面活性剂的合成

EDTA 在发生螯合反应时，由于空间效应，只有 3 个羧甲基和 2 个 N 原子起作用，第 4 个羧甲基不起作用。恰恰是这个不起作用的位置提供了一个形成新的衍生物的好机会，如果将此羧甲基换成一个长链的憎水基，则可以成为既具有表面活性又具螯合功能的新型表面活性剂。这种新型表面活性剂可以由乙二胺三乙酸(ED3A)合成制得。ED3A 的分子结构式如下：

$$\begin{array}{c} \text{$^-$OCOCH}_2 \qquad\qquad \text{CH}_2\text{COO}^- \\ \diagdown\qquad\quad\diagup \\ \text{NCH}_2\text{CH}_2\text{N} \\ \diagup\qquad\quad\diagdown \\ \text{H} \qquad\qquad\qquad \text{CH}_2\text{COO}^- \end{array}$$

从乙二胺三乙酸盐（ED3A）结构看，位于 ED3A 的 4 号位上有一个氢，这个氢（实际上它是一个质子）很活泼，极容易被其他的基团所取代。若在 ED3A 分子中引入一个脂肪酰基或烷基，亲油性的长碳链与亲水性的羧基形成一定的"亲水–亲油平衡"，使分子具有表面活性，形成一种性能优良的表面活性剂，这就是 N-酰基 ED3A 和 N-烷基 ED3A，同时分子不失螯合性。

$$\begin{array}{c} \text{R} \qquad\qquad\qquad \text{CH}_2\text{COONa} \\ \diagdown\qquad\quad\diagup \\ \text{NCH}_2\text{CH}_2\text{N} \\ \diagup\qquad\quad\diagdown \\ \text{NaOCOCH}_2 \qquad\quad \text{CH}_2\text{COONa} \end{array}$$

其中 $R = C_nH_{2n+1}$ 为 N-烷基 ED3A；或 $C_nH_{2n}CO$ 为 N-酰基 ED3A

目前合成的螯合表面活性剂主要有 N-月桂酰基 ED3A、N-棕榈酰基 ED3A、N-十二烷基 ED3A、N-十四烷基 ED3A 和 N-十六烷基 ED3A。

1. N-酰基 ED3A 的合成

N-月桂酰基 ED3A 螯合表面活性剂合成如下：

$$\text{C}_{11}\text{H}_{23}\text{COOH} + \text{CH}_3\text{OH} \xrightarrow{\text{CH}_3\text{COONa}} \text{C}_{11}\text{H}_{23}\text{COOCH}_3 + \text{H}_2\text{O}$$

$$\text{C}_{11}\text{H}_{23}\text{COOCH}_3 + \text{NH}_2\text{CH}_2\text{CH}_2\text{NH}_2 \xrightarrow{\text{CH}_3\text{ONa}} \text{C}_{11}\text{H}_{23}\text{CONHCH}_2\text{CH}_2\text{NH}_2 + \text{CH}_3\text{OH}$$

$$\text{C}_{11}\text{H}_{23}\text{CONH}_2\text{CH}_2\text{CH}_2\text{NH}_2 + \text{ClCH}_2\text{COOH} \xrightarrow{\text{NaOH}}$$

$$\begin{array}{c} \text{NaOOCCH}_2 \qquad\qquad \text{CH}_2\text{COONa} \\ \diagdown\qquad\quad\diagup \\ \text{NCH}_2\text{CNH}_2 \qquad\qquad\qquad +\text{NaCl}+\text{H}_2\text{O} \\ \diagup\qquad\quad\diagdown \\ \text{C}_{11}\text{H}_{23}\text{OC} \qquad\qquad \text{CH}_2\text{COONa} \end{array}$$

N-酰基–乙二胺三乙酸的商业化生产工艺分 2 步，首先合成乙二胺三乙酸（ED3A），然后根据 Schotten-Baumann 酰化反应得到 N-酰基 ED3A 型表面活性剂。ED3A 以乙二胺二乙酸钠为原料，其合成主要采用 2 种方法，一种是五元环法，另外一种是六元环法。五元环法的合成路线如下：

$$\text{NaOOC}\diagdown\text{N}\diagup\text{NH}\diagdown\text{COONa} + \text{CH}_2\text{O} \xrightarrow{\text{pH}>7.0} \text{NaOOC} \cdots$$

$$\xrightarrow{\text{HCN}} \cdots \xrightarrow{\text{H}_2\text{O}} \left[\cdots \right]$$

$$\xrightarrow{-\text{NH}_3} \cdots \xrightarrow{\text{NaOH}} \cdots$$

六元环法的合成路线如下：

225

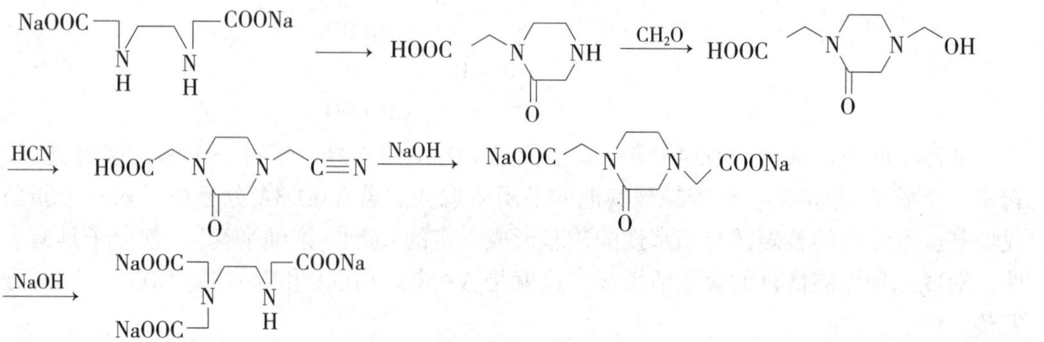

这两种方法的区别在于前者是在碱性条件下先形成一个五元环而后者是在酸性条件下先形成一个六元环。但最后一步，也就是开环反应必须在碱性条件下进行，否则不易开环，而环状物不能螯合金属离子，也就不是螯合剂。

作为表面活性剂，必须向 ED3A 中引入亲油基，也就是 ED3A 的酰基化反应。一般采用长链脂肪酰氯与 ED3A 进行酰基化反应。以月桂 *N*-酰基 ED3A 的合成为例，首先月桂酸和三氯化磷在无水条件下反应制得月桂酰氯，然后 ED3A 与月桂酰氯反应，生成的 *N*-月桂酰基 ED3A，在碱性条件下变成 *N*-月桂酰基 ED3A 钠盐。这是一种高水溶性物质，在 pH<5 时，成为白色沉淀而从水溶液中析出，达到分离提纯，经水洗后纯度可达 99%。酰基化反应如下：

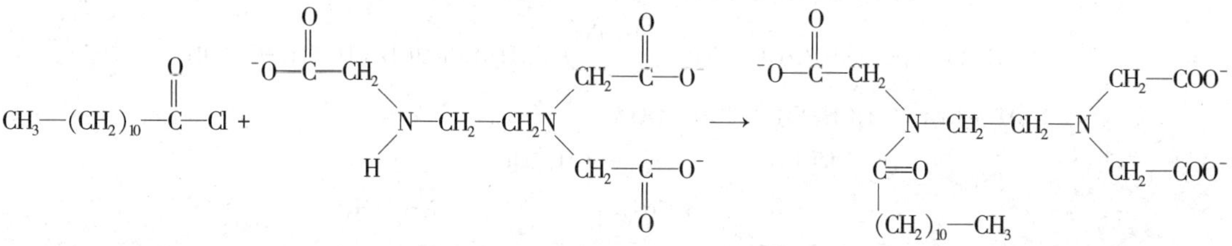

改变酰基烷链的长度和反离子的种类，可以得到一系列 *N*-酰基 ED3A 型表面活性剂产品。酰基碳数在 8~18 时，这类物质同时具有表面活性和螯合性，碳数低于 8 时，仅显示螯合性。改变中和碱的种类，可调整这类物质的性能，如乙醇胺盐的 HLB 值低于相应的钠盐、油溶性较好。

N-酰基 ED3A 型表面活性剂具有以下特点：

①同时具有很强的表面活性和螯合性。

②与其他表面活性剂具有优异的配伍性，并能明显地提高混合体系的耐盐性和抗硬水性。

③与酶、漂白剂相容性好，具有一定的助溶能力。

④对人体温和，对眼睛刺激性小。

⑤对环境安全，生物降解速度快，对哺乳动物几乎无毒、无刺激性，对水生动物的毒性远低于传统的阴离子表面活性剂。

⑥在酸性条件下，*N*-酰基 ED3A 型表面活性剂可以降低低碳钢的腐蚀速度，在碱性条件下，可以使不锈钢表面钝化。由于 *N*-酰基 ED3A 型具有上述特性，可适于配制无磷、超浓缩重垢液体洗涤剂。良好的温和性使其适于配制婴儿香波等温和性洗涤剂和其他个人保护用品。它对金属的缓蚀性能等也使其适于配制金属清洗剂、家具清洗剂等硬表面清洗剂，并可用于工业清洗过程。

226

2. N-烷基 ED3A 的合成

N-烷基 ED3A 的合成基本上都是分为两步，一是烷基乙二胺的合成，二是烷基乙二胺与卤代烷的缩合，其中最关键的步骤是第一步。烷基乙二胺的合成目前有直接烷基化法、氨基保护法和还原开环法 3 种。

(1) 乙二胺与卤代烷直接烷基化法

因为乙二胺分子存在对称性，其中的两个 N 原子具有相同的活性。为了提高单取代产物的产率，就需加入超过量的乙二胺。又由于卤代烷与乙二胺极性相差较大，脂肪醇或表面活性剂的加入可以乳化体系而加速反应，为非均相反应。在此反应中会有 HX 生成，而 HX 会与乙二胺成盐，故进一步反应就会受到抑制，但如果采用较活泼的卤代烷，如溴代烷时可以在无水条件下直接反应而不用加缚酸剂。反应方程式如下：

$$ROH+HX \longrightarrow RX+H_2O$$
$$RX+H_2NCH_2CH_2NH_2 \longrightarrow RNHCH_2CH_2NH_2+HX$$

由于乙二胺过量，存在着过量反应物的回收问题，但是此方法简单易行，大型工业化生产的可能性较大，易于实行。

(2) 酰基或磺酰基的氨基保护法

为了提高反应选择性，使一取代产物的产率提高，除了用过量的乙二胺作稀释剂外，还可以采用氨基保护法以减少乙二胺的用量。反应过程如下：

$$H_2NCH_2CH_2NH_2+CH_3COOC_2H_5 \longrightarrow H_2NCH_2CH_2NHCOCH_3$$
$$H_2NCH_2CH_2NHCOCH_3+C_6H_5SO_2Cl \longrightarrow C_6H_5SO_2NHCH_2CH_2NHCOCH_3$$
$$C_6H_5SO_2NHCH_2CH_2NHCOCH_3+RX \longrightarrow C_6H_5SO_2NRCH_2CH_2NHCOCH_3$$
$$C_6H_5SO_2NRCH_2CH_2NHCOCH_3+HCl \longrightarrow RNHCH_2CH_2NH_2$$

此方法虽然提高了反应的选择性，但是存在合成步骤太多、工艺控制较复杂的缺点，给工业化生产带来不便。

(3) 咪唑啉还原开环法

以脂肪酸和乙二胺为原料，经过脱水环化后，生成其相应的烷基咪唑啉，然后在 $NaBH_4$ 作用下还原开环后，可得单烷基乙二胺。反应过程如下：

在成环反应中由于副反应生成了副产物二酰胺。此方法虽然能提高反应的选择性，原料来源也很丰富，但在工艺的控制上还存在着一定的难度。

以上 3 种方法各有长短，但在工业上还是采用第一种方法，因为它比较成熟且步骤简单、成本低廉，能够快速推广应用。例如，N-十二烷基 ED3A 的合成路线如下：

$$C_{12}H_{25}OH+HBr \longrightarrow C_{12}H_{25}Br+H_2O$$
$$C_{12}H_{25}Br+H_2NCH_2CH_2NH_2 \longrightarrow C_{12}H_{25}NHCH_2CH_2NH_2+HBr$$
$$C_{12}H_{25}NHCH_2CH_2NH_2+ClCH_2COOH \xrightarrow{NaOH}$$

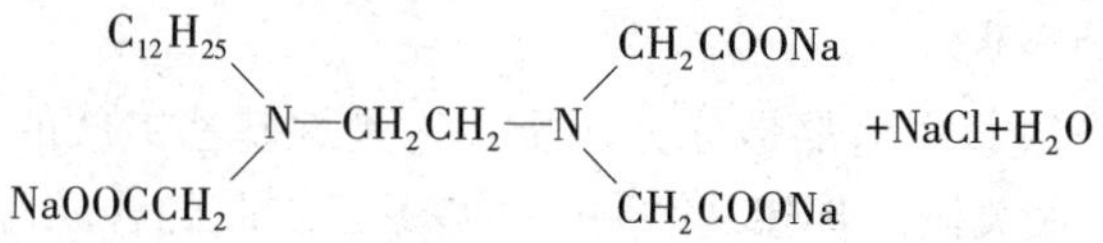

$$C_{12}H_{25}$$

$$\underset{NaOOCCH_2}{\overset{C_{12}H_{25}}{}}N{-}CH_2CH_2{-}N\underset{CH_2COONa}{\overset{CH_2COONa}{}} \quad +NaCl+H_2O$$

10.3.1.3　柠檬酸酯螯合表面活性剂

由柠檬酸和脂肪醇衍生的螯合表面活性剂，不仅具有优异的螯合能力和表面活性，而且两种原料均属于绿色化学品，对人体和环境安全。由于高纯度柠檬酸单酯的制备工艺复杂，一直制约该类表面活性剂的发展与应用，但柠檬酸与多种醇反应制得的三酯、混合酯作为无毒、无污染、无刺激且生物降解性好的绿色化工产品，已广泛应用于食品、纺织、塑料、制革、洗涤剂、化妆品和烟草等行业。

1. 柠檬酸脂肪醇单酯合成

柠檬酸分子中有 3 个羧基和 1 个羟基，与不同碳链脂肪醇直接酯化，得到不同含量的单、双、三酯混合物，从中提纯分离出单酯的成本太高，在工业上不能实施。鉴于单酯的螯合价(以 mol 计)约为双酯的 5 倍，因此目前国内外主要研究开发高纯度单酯的制备方法，较成熟的工艺有间接酯化法和定位选择合成法。

(1)间接酯化法

由无水柠檬酸、乙酸、乙酸酐在 40℃左右反应 16~18h，加入足够的溶剂氯仿，继续搅拌得到白色晶体沉淀，经洗涤、真空干燥后得到柠檬酸酐。

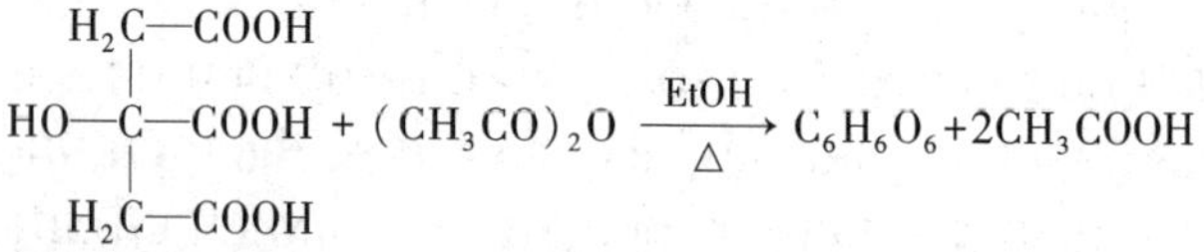

$$\underset{\begin{array}{c}\end{array}}{\overset{H_2C{-}COOH}{}}$$

$$HO{-}C{-}COOH + (CH_3CO)_2O \xrightarrow[\triangle]{EtOH} C_6H_6O_6 + 2CH_3COOH$$

$$H_2C{-}COOH$$

柠檬酸酐有 3 种不同的结构式：

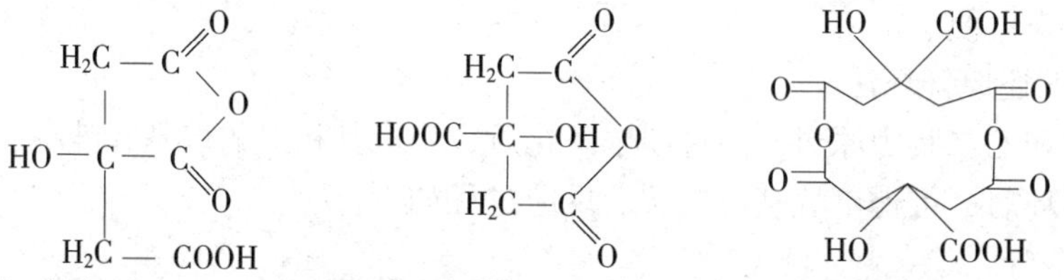

柠檬酸酐与脂肪醇在 80~85℃下反应 115~210h，经真空干燥后得到柠檬酸脂肪醇单酯，收率约 84%。经 HPLC 测定，产物中单酯质量分数大于 92%，双酯和三酯质量分数低于 8%，柠檬酸脂肪醇单酯经中和后制得柠檬酸脂肪醇单酯二钠盐。由该法得到的产品为 2 种不对称单酯的混合物，化学反应式如下：

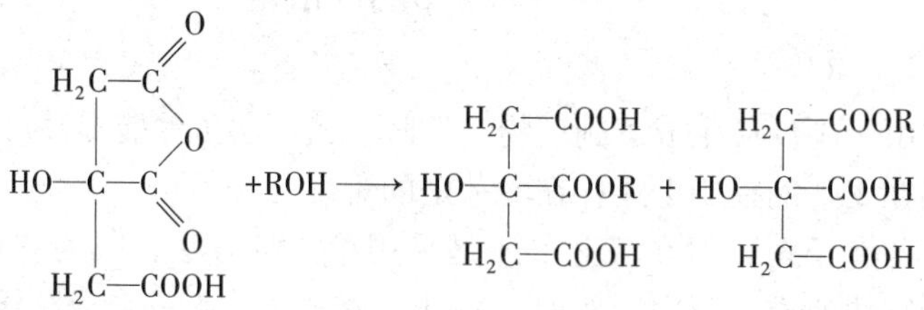

(2)定位选择合成法

该法以柠檬酸和多聚甲醛为原料，先反应制得柠檬酸缩醛环酯(Ⅰ)，然后与乙酸酐反应生成柠檬酸酐缩醛环酯(Ⅱ)，再与脂肪醇进行酯化后得到(Ⅲ)，最后用 NaOH 水溶液进行开环反应后得到纯度高达 98.5% 的柠檬酸脂肪醇单酯(Ⅳ)。

228

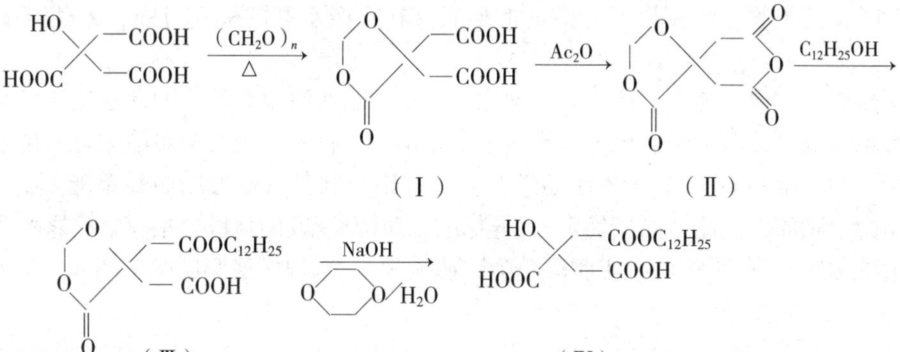

（Ⅰ）　　　　　　　　　　　　　　　　　（Ⅱ）

（Ⅲ）　　　　　　　　　　　　　　　　　（Ⅳ）

2. 由柠檬酸与聚乙二醇双邻苯二甲酸单酯合成的螯合性表面活性剂

由邻苯二甲酸酐与聚乙二醇在催化剂的作用下合成聚乙二醇双邻苯二甲酸单酯。

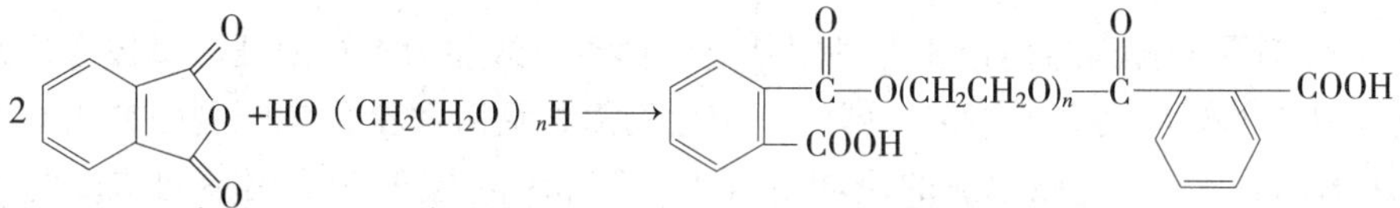

由聚乙二醇双邻苯二甲酸单酯与柠檬酸反应生成柠檬酸与聚乙二醇双邻苯二甲酸单酯（CPEGP），反应式如下：

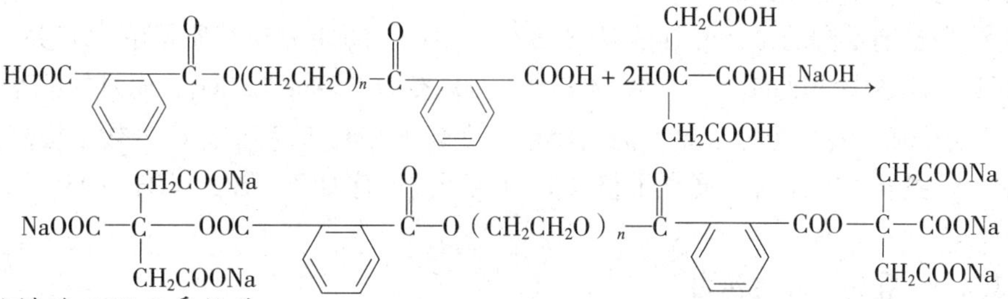

3. 柠檬酸三酯三季铵盐

以柠檬酸、十二烷基二甲基叔胺以及环氧氯丙烷等为原料，使用一步法快速合成柠檬酸三酯三季铵盐阳离子表面活性剂（CTTAC）。

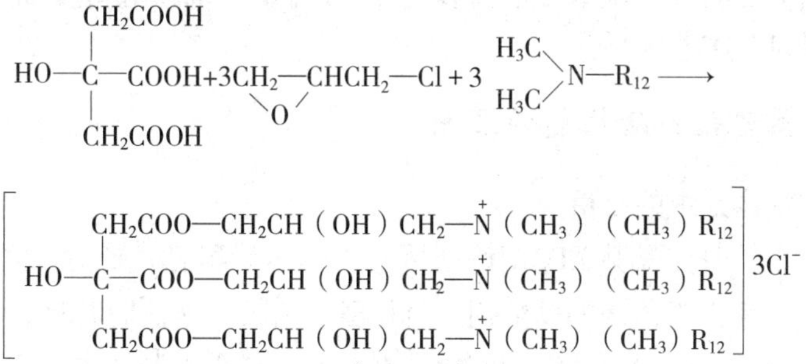

（CTTAC）

10.3.2　螯合型表面活性剂的性能

10.3.2.1　表面活性

N-酰基 ED3A 螯合表面活性剂的 CMC 值很低，表面张力最小值在 25mN/m 左右，表面活性及降低表面张力的效率均优于月桂醇硫酸钠。与其他氨基酸型表面活性剂类似，N-酰基 ED3A 在 CMC 之上的表面张力随 pH 值的改变而有所不同。在 pH＝5~7 时，表面张力的降低程度尤为显著；当 pH<5 时，这类物质开始从水相中析出，表面张力急剧上升；

当 pH>7 时，这类物质主要以三乙酸盐的形式存在，亲水基的极性过强，致使其表面活性下降。

柠檬酸脂肪醇单脂随着烷链碳数的增加，柠檬酸脂肪醇单脂的表面活性逐渐增强；柠檬酸十二醇单酯的表面活性明显优于柠檬酸十醇单酯，与柠檬酸十四醇单酯相近，说明以椰子油或棕榈仁油衍生的 $C_{12} \sim C_{14}$ 天然脂肪醇非常适合用于制备柠檬酸脂肪醇单酯。C_{12} 和 C_{14} 柠檬酸脂肪醇单酯的起泡能力明显优于 C_{10} 柠檬酸脂肪醇单酯和月桂酸钠，C_{12} 柠檬酸脂肪醇单酯的稳泡能力略好于 C_{14} 柠檬酸脂肪醇单酯，明显优于 C_{10} 柠檬酸脂肪醇单酯和月桂酸钠。

10.3.2.2　泡沫能力

N-酰基 ED3A 的泡沫能力与酰基链长、水的盐度（NaCl 质量分数）和水硬度等因素有关。

10.3.2.3　螯合能力

表面活性剂及螯合剂的螯合能力可用其螯合钙离子的能力进行表征。具体方法是每次测定前先配制新鲜的标准钙离子溶液，即将一定量的氯化钙溶解至预先配制好的由 0.003mol/L 氯化铵-0.07mol/L 氢氧化铵组成的缓冲溶液中，调 pH 值至 9.70，用不同浓度的表面活性剂溶液缓慢滴定标准钙离子溶液，同时通过电位计及钙离子电极测定游离钙离子浓度，游离钙离子浓度越低，螯合能力越高。

与传统螯合剂不同的是，月桂酰基 ED3A 螯合 Ca^{2+} 的能力与其质量浓度有关。换言之，无论 EDTA 在体系中浓度的高低，每 1g EDTA 可以螯合 260mg $CaCO_3$；而月桂酰基 ED3A 在浓度低于 CMC 时，螯合能力很差，但当质量浓度高于 CMC 时螯合 Ca^{2+} 的效率极高，最终可达到 1∶1。N-酰基 ED3A 对金属离子螯合能力强弱的顺序如下：$Mg^{2+} < Ca^{2+} < Ni^{2+} \sim Cu^{2+} < Pb^{2+} \leqslant Fe^{3+}$。

10.3.2.4　乳化力和去污力

与表面张力相同，N-酰基 ED3A 的洗涤能力亦随体系的 pH 值而变化。在 pH=7 时，质量分数为 0.1% 月桂酰基 ED3A 溶液对尼龙、羊毛的润湿效率很高，而对棉布的润湿能力较差。但月桂酰基 ED3A 与十二烷基二甲基氧化胺、月桂酰基肌氨酸钠的混合体系的润湿效率优于单一的月桂酰基 ED3A 体系。

10.3.3　螯合型表面活性剂的应用

10.3.3.1　在洗涤剂中的应用

在高碱性条件下，月桂酰基 ED3A 钠盐可对烷基苯磺酸盐、C_{15} 直链醇乙氧基化物体系进行增溶，其增溶效率优于传统的助溶剂。月桂酰基 ED3A 钠盐同时具有极高的表面活性与较强的螯合能力，与常用的表面活性剂配伍性好，非常适于配制硬表面清洗剂和餐具洗涤剂等液体洗涤剂。

柠檬酸高级脂肪醇单酯用作洗涤用品助表面活性剂：在液体洗涤剂中，可提高产品的洗涤和抗硬水能力。另外，由脂肪醇聚氧乙烯醚与柠檬酸反应得到的产物，具有很好的洗涤能力和生物降解能力，毒性小，对皮肤刺激性小，可用于配制餐具洗涤剂、温和香波和浴液等，该类物质还可用作织物抗皱整理剂。

10.3.3.2　在个人保护用品中的应用

由于 N-酰基 ED3A 对人体温和，对眼睛刺激性低，可以改善其他表面活性剂的性能，常用于配制婴儿香波、温和型沐浴液等个人清洁用品。

10.3.3.3　在金属的清洗和抛光中的应用

月桂酰基 ED3A 钠盐可以抑制低碳钢在酸性条件下的腐蚀速度，亦可使不锈钢在强碱性条件下钝化，这主要是由于这类表面活性剂具有极高的表面活性与较强的螯合能力，可以牢固地吸附在金属表面。

10.3.3.4　在电厂热力设备中的应用

晶格畸变作用：作阻垢剂使用的一些阴离子表面活性剂，其极性基团在水中电离出氢离子或钠离子后对水中的钙、镁、铁、铜等离子有强烈的螯合作用，形成可溶于水的稳定螯合物。同时，还能与水中的成垢物微晶上的金属离子螯合。对螯合型有机多元膦酸盐表面活性剂，由于它本身是一种很强的有机酸，只要加入 1%~5% 的量其除垢的效果几乎与稀盐酸相近。这些表面活性剂在水溶液中可电离出多个氢离子或金属离子，具有表面活性的阴离子能提供配位电子与金属形成配位键。螯合型长碳链表面活性剂还是一类新型缓蚀剂，它的极性基含有电负性很大的 O、N、S、P 等元素。

10.3.3.5　在农牧业中的应用

适用于营养缺乏症，提高元素脂溶性，浸润渗透树叶，螯合微量元素。

10.3.3.6　在垃圾焚烧飞灰改性中的应用

螯合型表面活性剂对飞灰中重金属具有较强的束缚能力。在飞灰的悬浮液中，飞灰颗粒吸附螯合型表面活性剂，通过嫁接 12 个碳原子的疏水长碳链基团，使飞灰颗粒从亲水性转为疏水性，一是利用螯合型表面活性剂不仅能对垃圾焚烧飞灰进行表面活化改性，活化率高于 95%；同时对飞灰中的重金属离子也具有很好地稳定螯合作用，达到了稳定化和资源化的双重效果。二是 EDTA 螯合型表面活性剂的改性效果优于磷酸型表面活性剂。

10.3.3.7　在改善磁流变液稳定性中的应用

螯合型表面活性剂是磁性粒子表面的成膜剂，配位键强，能提高磁流变液中磁性粒子的抗氧化性和抗沉降性。

10.3.3.8　其他应用

螯合型表面活性剂还有矿石浮选、抗腐蚀和抗磨损、溶剂萃取、颜料的表面处理及补充剂、相转移催化剂、消泡剂、润滑油添加剂等应用。

10.4　冠醚型表面活性剂

冠醚型表面活性剂是在环状聚环氧乙烷环上引入疏水基而得到的一类具有选择性络合阳离子、具有表面活性且能形成胶束等复合性能的两亲化合物。冠醚大环与非离子表面活性剂极性基相似，作为亲水基团；冠醚环上连接有长链烷基、苯基等憎水基团。冠醚型表面活性剂是一类新型的表面活性剂，其冠醚环可以选择性地络合金属离子或阳离子，在合成时还可以调节环的大小，使之适用于不同的离子。表面活性剂冠醚分子反应形成络合物之后，此类化合物实际上从非离子表面活性剂转变成离子表面活性剂，而且易溶于有机溶剂中，将本来不溶于有机溶剂的阳离子带入有机相参与反应，因此可作相转移催化剂。冠醚型表面活性剂在水中可以形成胶束，但胶束性质与一般离子型或非离子型胶束有较大差异，这是由于冠醚的亲水基团不带羟基，由此导致表面活性冠醚的亲水性下降，而使其临界胶束浓度下降更多。这类表面活性剂疏水链具有极强的疏水性，因而在化学或生物体系中具有其他表面活性剂无法比拟的高化学活性或生物活性。冠醚类表面活性剂与普通聚醚相似，其水溶液的浊点随着形成冠醚的基本单体（氧乙烯单元数）的增加和烷基链长的缩短而升高，其临界胶束浓度也相应升高。

10.4.1　冠醚化合物的分类

表面活性冠醚的结构多种多样，但按冠醚环的不同可分为一般表面活性冠醚、氮杂表面活性冠醚和表面活性穴醚 3 类。

1. 一般表面活性冠醚

一般表面活性冠醚的冠醚部分，可由聚氧乙烯、聚氧丙烯或二者交替环合，在冠醚环上可有不同的取代基，一般表面活性冠醚的结构如下：

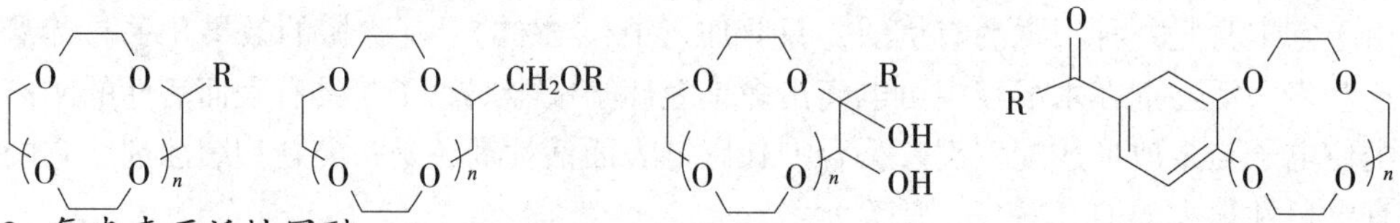

2. 氮杂表面活性冠醚

氮杂表面活性冠醚是冠醚环上的氧原子部分或全部被氮原子取代而形成的，其憎水基团或连接在氮原子上，或连接在碳原子上。此外，氮杂冠醚的氮原子也可由杂环化合物提供，其结构如下：

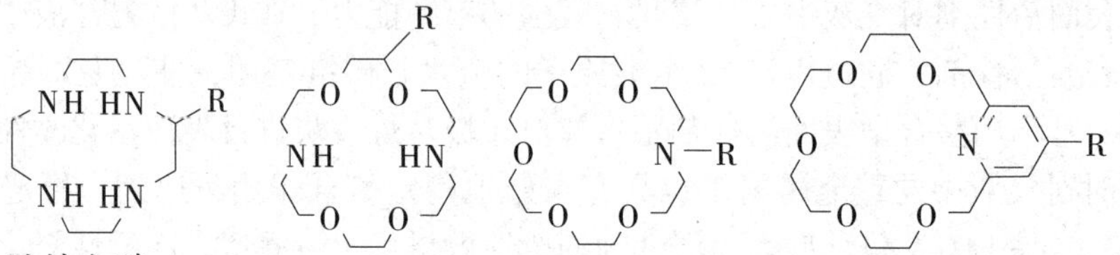

3. 表面活性穴醚

表面活性穴醚一般都含有两个或两个以上氮原子，而且憎水基团直接与碳原子相连。憎水基团数量可以是 1 个、2 个或更多，其结构如下：

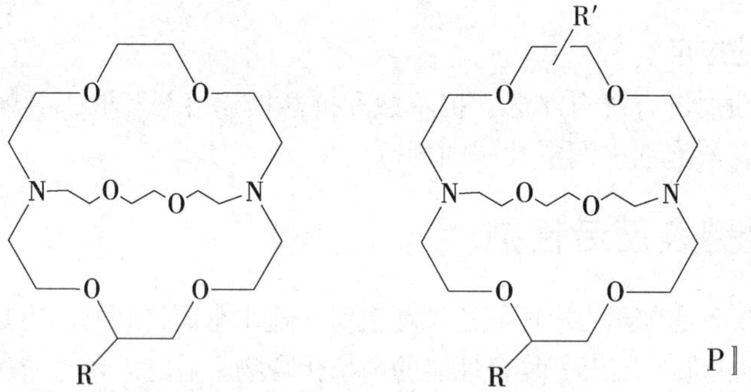

10.4.2　冠醚型表面活性剂的制备

表面活性冠醚环上带有长链烷基，因此其合成方法与一般冠醚略有不同。表面活性冠醚的合成方法很多，但大致可分为两类，一类是通过末端活性基团逐步反应成环，另一类是冠醚的直接侧链化。

10.4.2.1　通过末端活性基团逐步反应成环

通过末端活性基团逐步反应成环的合成方法是利用末端带有活性基团（如—CHO、—OH、—NH—CH＝CH₂等）的长链烃，经相应的步骤合成表面活性冠醚。根据起始物的不同，可分为以下几种。

1. 长链脂肪胺作为起始物

长链脂肪胺（RNH_2）作为起始物通过下列步骤制得单氮杂表面活性冠醚。首先长链脂肪胺与末端氯代聚乙二醇在碳酸钠存在下加热，进行胺化反应，取代氯后，再与氯代聚乙二醇进行环化反应。

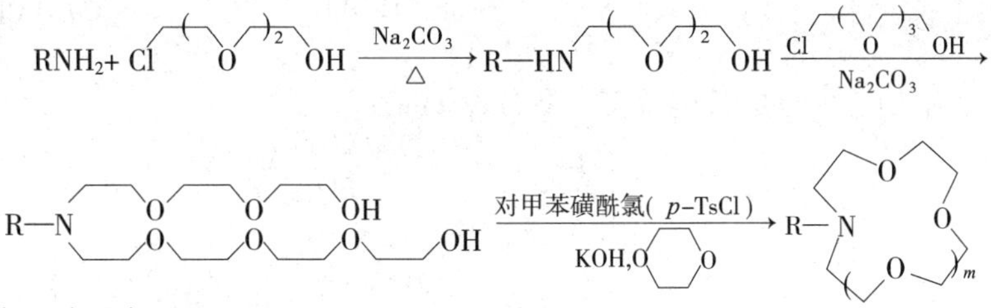

2. 末端烯烃作为起始物

长链末端的烯烃经环氧化，再与多聚乙二醇反应，生成长链烷基取代多聚乙二醇，环化后即得表面活性冠醚。

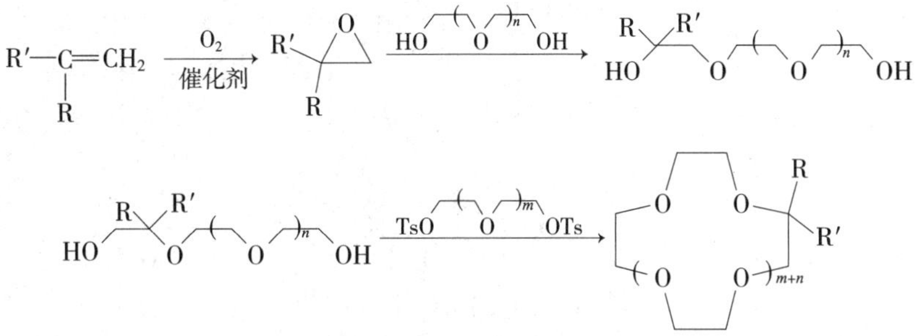

长链末端的烯烃经双羟基化后，再通过多步反应也可制得表面活性冠醚。

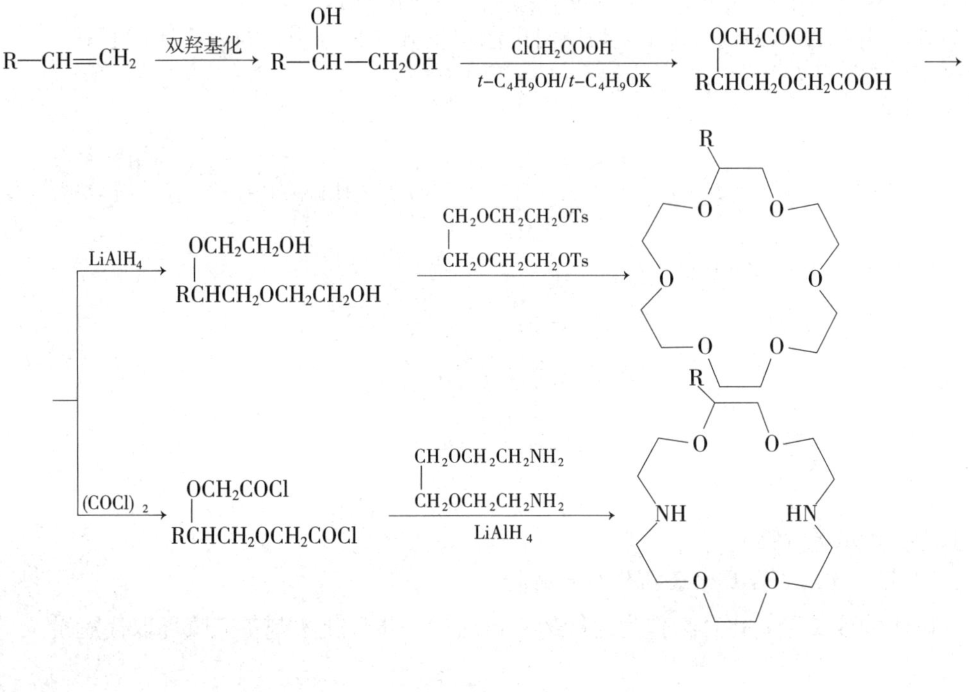

其中，$R = n\text{-}C_{10}H_{21}$、$n\text{-}C_{14}H_{29}$、$n\text{-}C_{20}H_{41}$。

末端烯烃的另一类反应是在卤代试剂的存在下，低聚乙二醇与烯烃发生加成反应，然后再在碱作用下环化生成表面活性冠醚。

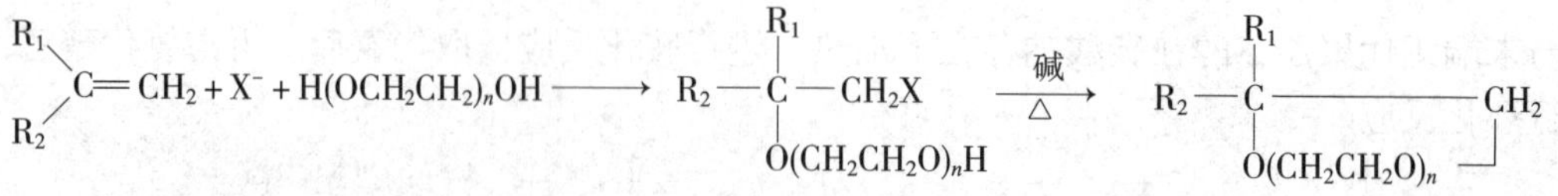

$$R_1R_2C{=\!=}CH_2 + X^- + H(OCH_2CH_2)_nOH \longrightarrow R_2\underset{\underset{O(CH_2CH_2O)_nH}{|}}{\overset{\overset{R_1}{|}}{C}}\!-\!CH_2X \xrightarrow[\triangle]{碱} R_2\underset{\underset{O(CH_2CH_2O)_n}{|}}{\overset{\overset{R_1}{|}}{C}}\!-\!CH_2$$

以烯烃为起始物还可合成长链烷基穴醚(cryptand)。

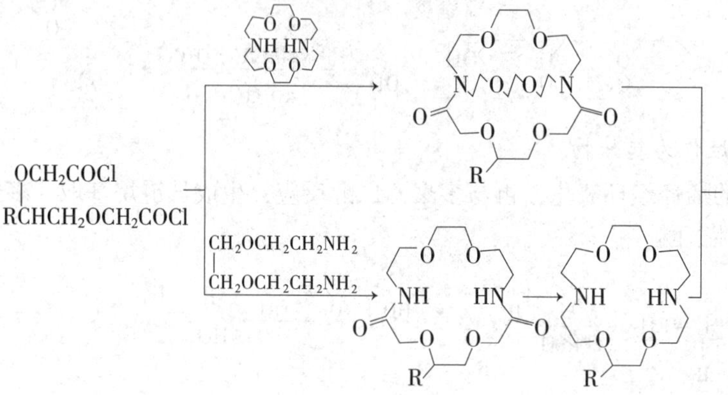

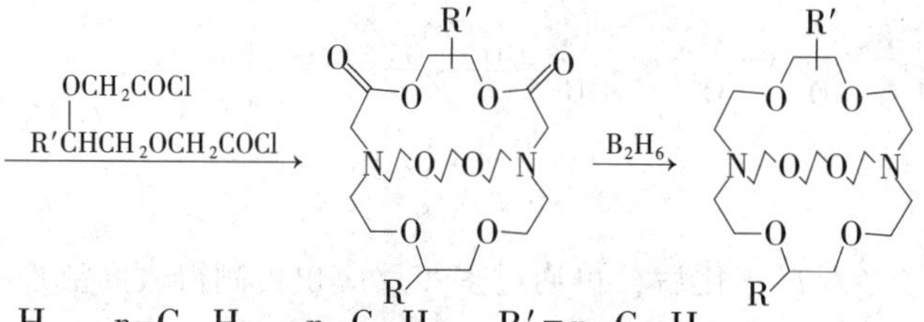

其中，$R = n\text{-}C_{10}H_{21}$、$n\text{-}C_{14}H_{29}$、$n\text{-}C_{20}H_{41}$，$R' = n\text{-}C_{14}H_{29}$

另外，用 $CH_2{=\!=}CH(CH_2)_8CN$ 为原料可制得支载在聚合物上的表面活性冠醚。

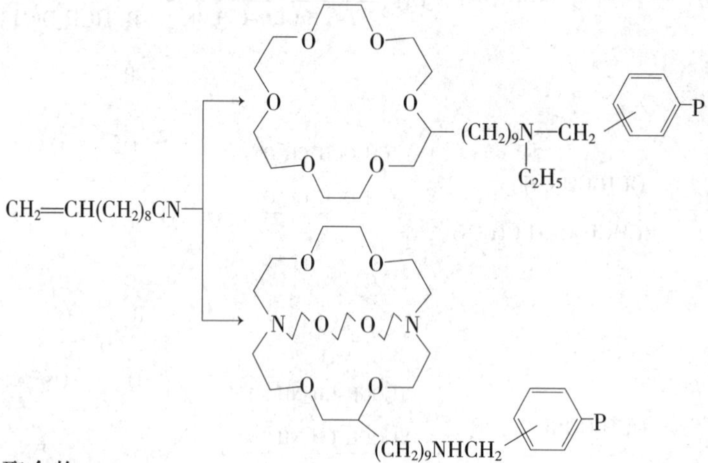

其中，P 是聚合物。

3. 二卤代物或二羟基化合物作为起始物

二卤代物或二羟基化合物作为起始物，可通过一步环化法制备三嗪环取代冠醚。

此外，还可以利用烷基取代邻苯二酚合成烷基取代苯并冠醚。

其中，$m=1,2$。

4. 环氧化物作为起始物

以环氧化物为起始物，使之与低聚乙二醇进行缩合反应可制得冠醚。

由于该路线采用适合工业化生产的合成子(synthon)，因而对冠醚的工业化生产具有一定的意义。

5. 醛作为起始物

以长链醛为起始物，使之与 $HO(C_2H_4O)_2H$ 进行合成可制得缩醛类大环聚醚。

$$H(CH_2)_nCHO+HO(C_2H_4O)_2H \xrightarrow{H^+}$$

$$H(CH_2)_nCH[O(C_2H_4O)_2H]_2 \xrightarrow[t-C_4H_9OK/t-C_4H_9OH]{TsO(C_2H_4O)_2Ts}$$

由于形成的是缩醛化合物，因此这类冠醚在酸性条件下不稳定。

6. 高级脂肪醇作为起始物

脂肪醇与环氧氯丙烷反应生成长链烷基环氧丙基醚，再与低聚乙二醇反应，最后环化成冠醚。

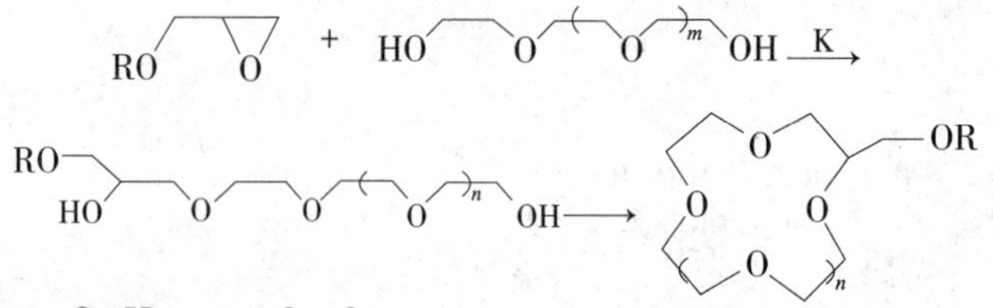

其中，$R = C_8H_{17}$、$C_{12}H_{25}$；$n = 2$、3。

此法合成表面活性冠醚的产率为 60% 左右。

7. 长链羧酸酯作为起始物

以环氧丙醇与长链羧酸酯反应得到的邻二醇衍生物，与四甘醇或五甘醇的二磺酸酯反应可制得氨基酰亚胺类表面活性冠醚。

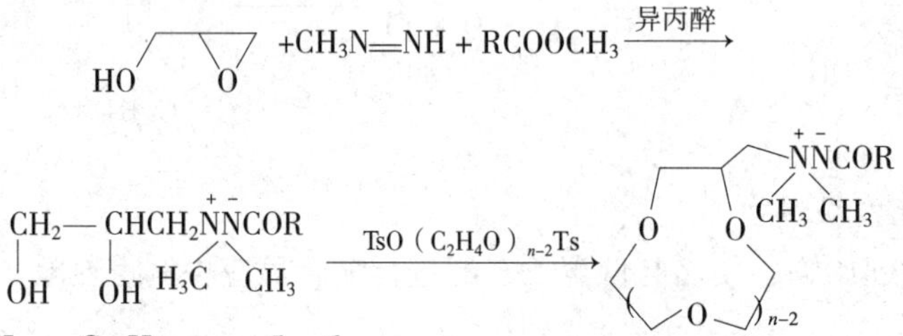

其中，$R = C_{11}H_{23}$、$C_{17}H_{35}$；$n = 5$、6。

10.4.2.2 冠醚的直接侧链化

以冠醚为原料，直接进行烷基化制得表面活性冠醚，根据冠醚的不同，可分为以下几种。

1. 冠醚环外羟基的直接烷基化

以羟基冠醚为原料，通过形成醚键、酯键等引入憎水基团。

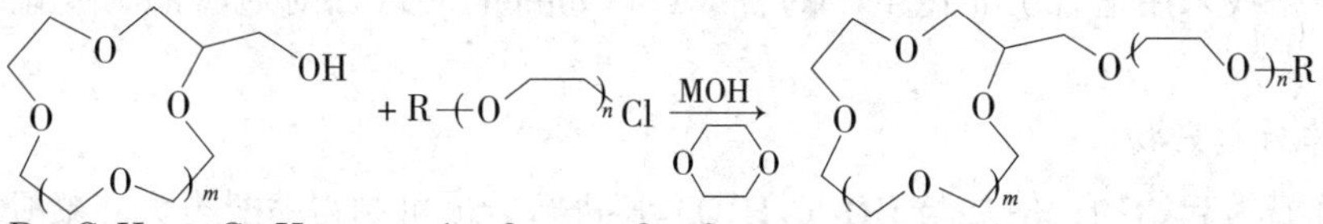

其中，$R = C_8H_{17}$、$C_{12}H_{25}$；$n = 1$、2；$m = 2$、3。

如果烷基冠醚环上还有羟基，可以引入其他不同的基团。

2. 苯并冠醚的直接烷基化

苯并冠醚的苯环可以发生酰化等反应，因此可直接引入长链烷基。与苯环相连的羰基，还原成羟基后，可增大冠醚端的亲水性能。如果用雷尼镍(Raney Ni)还原羰基，可制得烷基取代的苯并冠醚。

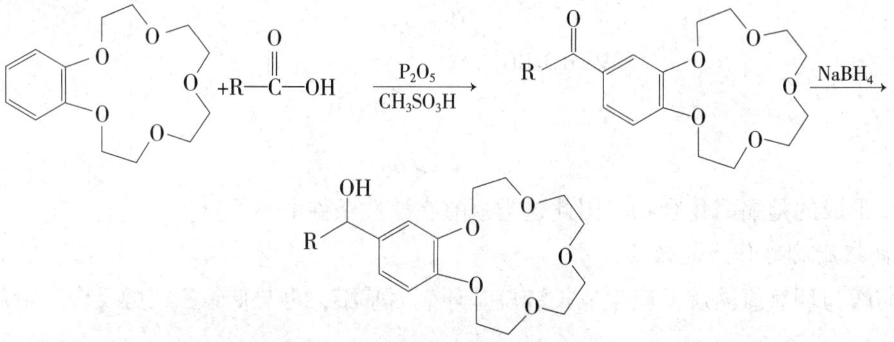

此外，若苯并冠醚的苯环上含有酯键，可通过苯环上的酯键进行亲核取代反应合成氨基亚酰氨基类冠醚。

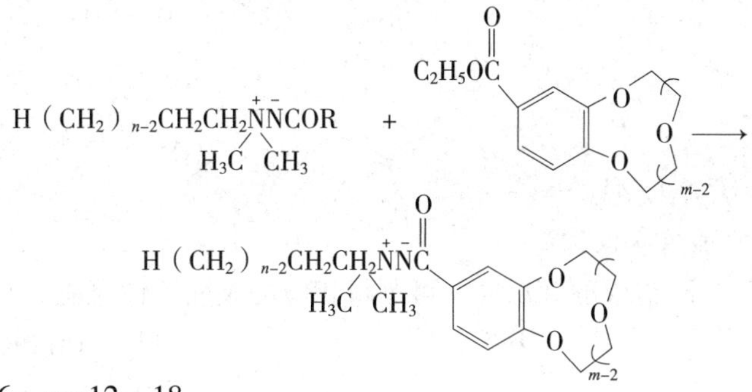

其中，$m = 5$、6；$n = 12$、18。

3. 氮杂冠醚的氮烷基化

利用氮杂冠醚中的氮原子进行亲核反应，可制得氮杂表面活性冠醚。

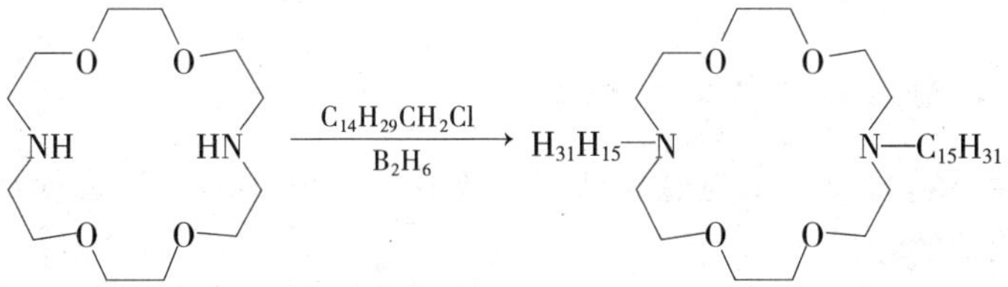

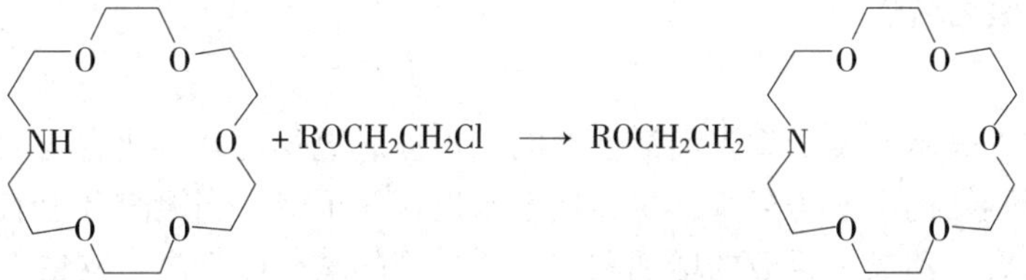

此类反应也是制备表面活性穴醚的有效方法。以下几种反应都是利用氯杂冠醚环上氮原子的强亲核性能完成的。

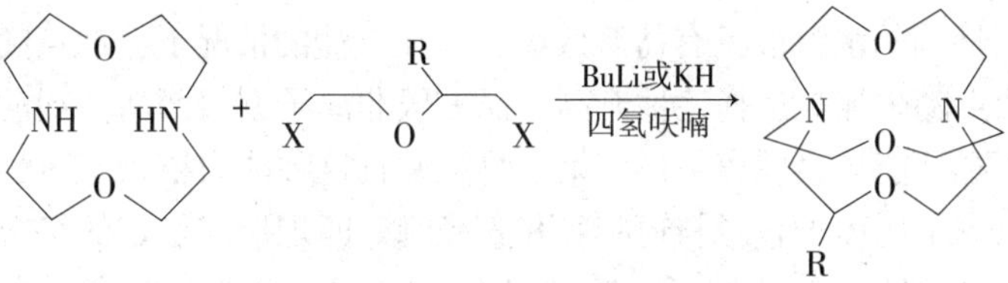

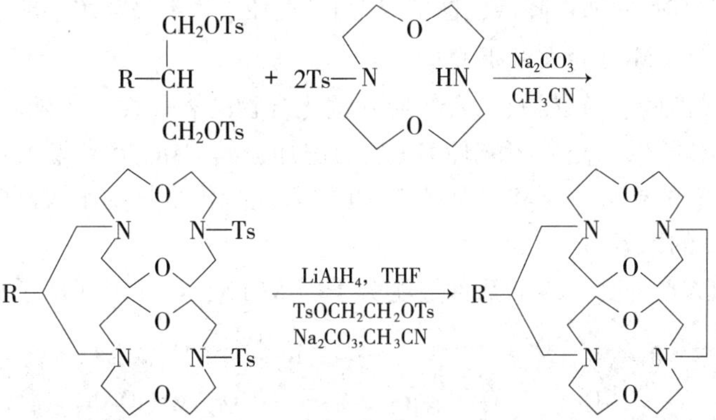

4. 冠醚环上羰基的烷基化

羰基易与格氏试剂作用，利用这一特点可以合成带羟基的表面活性冠醚。

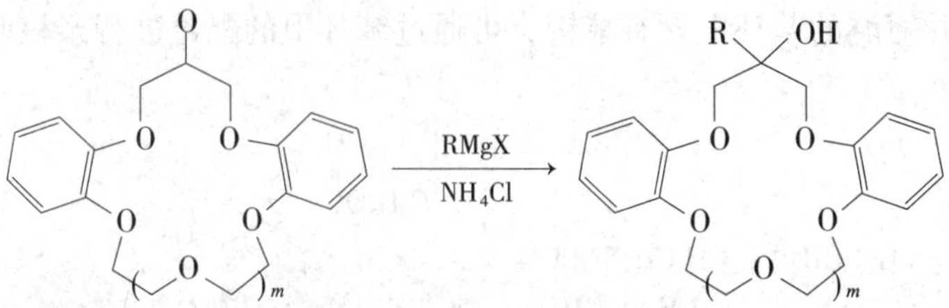

其中，$R=n\text{-}C_8H_{17}$、$C_{14}H_{29}$；$m=1$、2。

5. 环上卤代烃的亲核取代反应

冠醚环外卤代烃与醇钠或醇钾反应，可制得相应的表面活性冠醚。

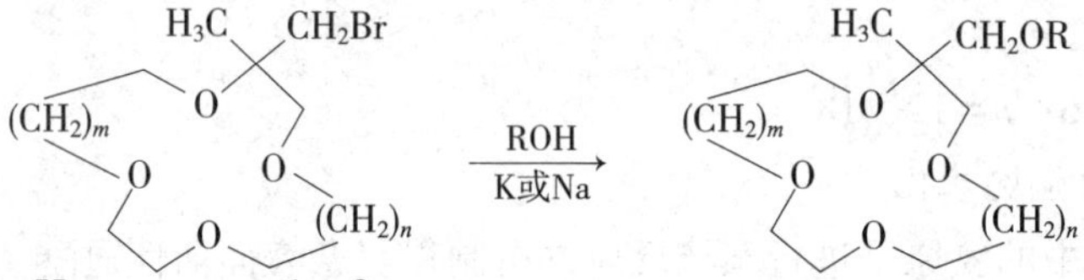

其中，$R=n\text{-}C_{10}H_{21}$；m、$n=1$、2。

10.4.3 冠醚型表面活性剂的性能

由于表面活性冠醚的亲水基为冠醚结构，故其与一般非离子型表面活性剂有一定的差异，显示出一些独特的性质。

10.4.3.1 表面活性

1. 浊点

一般用浊点来表示非离子型表面活性剂的亲水性。冠醚比开链化合物的浊点要低，这是因为表面活性冠醚结构中不含羟基，从而使亲水性显著下降。当冠醚环上有一个羟基时，其水溶液的浊点随聚氧乙烯单元数的增加和烷基链长度的减少而升高。支链上的醚氧键和冠醚环上的羟基对亲水性的影响很大。如果在取代烷基链上引入氧原子，同样可使此类型冠醚的浊点比一般冠醚的浊点高，但与开链化合物相比仍然低得多。

冠醚型表面活性剂的水溶液具有盐溶效应，即在有盐的情况下，浊点随金属阳离子的种类和浓度而变化。浊点随附加盐选择性地升高，而一般非离子型表面活性剂的浊点都会因盐析效应而降低。由于冠醚环能与金属离子形成络合物，并且这种能力依赖于冠醚环腔孔直径及金属离子直径的大小。当金属离子直径与冠醚腔孔直径刚好匹配形成稳定的络合物时，盐溶效应最大。但例外的是，Li^+ 都是使浊点降低，这是因为 Li^+ 直径小，更易与水形成水合物。

2. 临界胶束浓度（CMC）和表面张力

烷基冠醚和 N-烷基氮杂冠醚及二者相应开链化合物的表面性质。随着烷基链长的增加，表面活性冠醚的 CMC 降低；随着冠醚环 EO 数的增加，其 CMC 略有增大；此外，开链化合物的 CMC 比相应冠醚的更大。当将 KCl 或 NaCl 加入冠醚化合物的水溶液时，则在此胶束体系中存在着两种相反的因素。

①盐溶效应使 CMC 升高。表面活性冠醚分子与 KCl 或 NaCl 形成离子型的络合物。

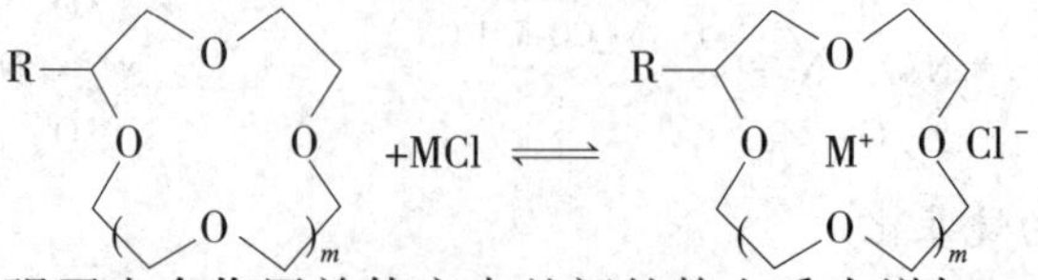

络合物的形成，增强了水合作用并使亲水基间的静电斥力增加，从而抑制表面活性剂分

子聚集形成胶束。因此，络合物的稳定常数越大则 CMC 上升越大。

②盐析效应使 CMC 下降。当表面活性冠醚不能与盐很好地形成络合物时，盐的加入减弱了表面活性剂分子与水分子之间的相互作用，从而有利于表面活性剂分子聚集。由于冠醚基团络合金属离子时具有选择性，因此，KCl 与 18-冠-6 可形成很强的络合物，盐溶效应就大于伴随的盐析效应，使得 CMC 升高；而 NaCl 则与 18-冠-6 形成较弱的络合物，使 CMC 略有下降。相反，NaCl 却使 15-冠-5 化合物的 CMC 上升，KCl 则使之下降。当冠醚环上引入一个羟基后，表面活性冠醚的亲水性大大增加，其 CMC 也有适当增大。

3. 润湿及起泡

冠醚类表面活性剂的润湿能力、起泡性均比相应开链化合物大。当疏水基的有效碳原子数为 10~11，末端亲水基为 6~8 个 EO 单元时，非离子型表面活性剂的润湿性最好。当取代的直链烷基长度为 8~12 原子时，18-冠的衍生物显示出最佳的润湿性。加入盐将直接影响冠醚的起泡性和润湿性，使二者均下降。

4. 增溶性

有机化合物在极性溶剂中的溶解度，常常是随着无机盐的加入而降低，但在冠醚溶液中加入某些无机盐后，有机物的溶解度反而提高。无机盐在有机溶剂中的溶解度很小或几乎不溶解，但由于冠醚的存在，使盐的溶解度增加很多。例如，高锰酸钾不溶于苯溶剂，但是在苯中加入少量的二环己基-18-冠-6 后，苯溶液变成紫色。

10.4.3.2 配位性

冠醚化合物的特殊性质是其作为主体可与金属离子、铵离子，也可以与中性分子或阴离子的客体分子形成稳定的配合物。冠醚的配位作用可以通过两种形式进行：一是主体分子通过氢键与客体分子形成配合物，如冠醚与铵离子、有机中性分子等的配合物；二是冠醚与各种金属阳离子通过偶极-离子作用形成配合物，如冠醚与元素周期表中的第 I 主族和第 II 主族的所有离子，过渡元素中的镉、汞、铅以及镧系元素和锕系元素等离子生成的配合物。

冠醚与铵离子的配位方式与金属离子不同，冠醚与金属离子是通过静电引力作用而配位，与铵离子则是通过氢键作用力和一部分静电引力形成配合物。铵离子中的烷基也与冠醚发生作用，且其与冠醚之间的偶极-偶极作用和电荷转移作用能提高配合物的稳定性，以此来消除或降低由于烷基引起的空间排斥力。

冠醚与无机盐类中的阳离子络合配位的难易程度和配合物的组成，主要取决于阳离子和冠醚孔径大小的相互匹配程度。如果两者相匹配，则两者相互作用时产生的静电作用力最大，生成键的键能最高，配合物的稳定性最高。一般情况下，冠醚孔径与阳离子的直径大小相近时，最易形成 1∶1 的配合物；直径比孔径小时，阳离子也容易进入冠醚的孔穴中，所以，冠醚孔径大小和阳离子的直径大小是影响配合物稳定性的一个最重要的因素。

碱金属离子在水溶液中均被水溶剂化而形成水合离子，特别是锂离子和钠离子的水合能力较强，它们与冠醚分子络合时，为使离子能够进入冠醚分子的孔穴，首先要求金属离子脱去水化层并由冠醚将离子屏蔽。冠醚类表面活性剂的水溶液具有盐溶效应。

此外，配位体自身骨架的柔韧性(或刚性)和构象变化同样会影响配位分子的孔径大小。一般情况下，具有小孔径的配位体，其骨架的刚性很大，分子内部的构象不会有大的变化，导致醚环的孔径大小不能由改变分子构象进行调节，所以离子的尺寸与配位体孔径不相配时均不能形成稳定的配合物。但对于较大孔径的冠醚配位体，由于醚环中链比较长、分子较柔软，容易发生分子内部的构象变化，随着分子构象的变化，孔径尺寸也会相应变化(或大或小)以适应各种粒径的离子需要，从而导致柔性分子配位体对离子络合的选择性下降。

冠醚对离子的配位性能直接体现了冠醚自身的表面活性，即亲脂性或亲水性的强弱程度，这对冠醚的实际应用起着十分重大的作用。例如，冠醚与阳离子形成的配合阳离子可溶于非极性有机溶剂中，而阴离子则以裸露离子的形式存在于有机溶剂，从而表现出极大的化学活性。此外，还可使水相中的阳离子进入有机相，起到高效阳离子萃取剂的分离作用，因而主要用作相转移催化剂。

10.4.4 冠醚型表面活性剂的应用

冠醚作为一类具有特殊结构的化合物，因具有较强的选择性，能络合阳离子、阴离子、中性分子，可作金属离子萃取剂、相转移催化剂、离子选择性电极等。目前冠醚化学及其应用领域已经得到广泛的研究，并已经渗透进化学的很多分支学科，例如有机合成、配位化学、高分子化学、分析化学、萃取化学、液晶化学、感光化学、金属及同位素分离、光学异构体的识别和拆分，以及其他学科如生物物流、生物化学、药物化学、土壤化学等。在这些领域中，冠醚以其特有的高表面活性、分散均匀性以及与各种离子和中性分子之间的高配位性等性质，获得了广泛应用。

10.4.4.1 在有机合成中的应用

有机合成是冠醚化合物应用得最有成效的领域之一。冠醚之所以能够应用于有机合成，主要是由其本身的两个特殊性质决定的。其一是冠醚对阳离子具有络合作用，能与阳离子形成稳定的配合物，从而使无机盐或碱金属以离子对的形式溶解于有机溶剂或非极性溶剂。其二是当无机盐被溶解时，为保证电中性条件，无机阴离子也将跟随被络合的阳离子进入有机溶剂，即离子对萃取，也是相转移催化反应的重要步骤。只是此时的阴离子被溶剂化(或水合)的程度极低，几乎是以裸露阴离子形式存在，具有极高的反应活性，可以加速亲核取代反应的进行。而这些阴离子在水溶液中时，由于水合作用的存在，被水合分子好几层包围，所以其反应活性受到束缚，使其在水溶液中的亲核反应性下降。特别对于阴离子促进(anion promoted)两相反应，冠醚是非常有效的相转移催化剂。

冠醚作为相转移催化剂，在反应过程中所具备的优点是可提高反应速率，提高产物的转化率，使目的产物的专一性增加，反应过程的能耗较低，反应中所用的溶剂价格便宜、无毒性、便于回收且溶剂可以循环使用，而且价格低廉、来源广泛，因而极具应用工业价值。

表面活性冠醚的催化活性不仅依赖于冠醚与阳离子的络合物稳定常数和配体与络合物的分配系数，还与络合物在有机相中的溶解度有关。溴代正辛烷与碘化物(KI或NaI)的亲核取代反应(Finkelstein反应)常作为评价冠醚化合物相转移催化活性的反应之一。在无催化剂条件下，反应24h，收率仅4%。加入表面活性冠醚后，收率明显提高。

表面活性冠醚具有很高的催化活性，其原因在于表面活性冠醚带有一长链烷基，改善了冠醚的脂溶性。

冠醚类化合物不仅适用于液-液两相体系的相转移催化反应，而且在固-液两相中的相转移催化性能也很突出。

冠醚类化合物的相转移催化性能不仅在有机合成中有较多的应用，在聚合物改性方面也具有非常重要的使用价值。冠醚类高聚物或以硅胶等为支撑骨架的冠醚化合物在三相催化体系中也已得到了较大的发展，后者的催化性能和催化效率高于没有支撑骨架的冠醚催化剂，另外其反应后经过简单的非均相分离就可将催化剂加以回收和再生。

10.4.4.2　模拟膜结构

生命体内基因、酶、免疫系统、激素和外激素使体内的有机化合物相互转化并调节化学物质的协调输运能力，与体内的选择性络合作用(包括对结构的识别)密不可分。所以，天然酶的生物活性与生物膜的结构和功能关系紧密，膜的许多性质依赖于酶或蛋白质来体现，而酶的生物活性和催化效率只有通过膜上的不同装配结构才得以实现。为模仿天然酶非常高的生物活性和对化学反应的高效选择性催化特性，进行模拟酶和模拟生物膜的研究对于了解生命体系中的生物化学功能，寻求合成超过生命体系的功能物质、反应和催化剂具有重大的经济价值。由此可以产生高效专一的新合成方法，并发展出特殊性能的功能物质。

生物膜的选择性和通透性是细胞生存的关键之一，细胞内外的许多物质的浓度差异很大，例如人体内的血红细胞，钠离子内外浓度比为 15:153，钾离子内外浓度比为 150:5，钙离子在细胞外的浓度比内部高约 1000 倍。而且，在生理 pH 值条件下，碱金属阳离子的输运与各种菌素和生物肽的结构、大小和性质有关，有时可促进输运，有时则抑制输运。冠醚型表面活性剂由于具有对金属阳离子的选择性络合作用，所以可以作为抗生素的膜活性物质，以促进协调金属离子的输运和迁移，改变抗生素和抗菌素等的生物活性，提高生物反应的处理能力和单一转化性。

一般来说，双链疏水基表面活性剂能形成双分子膜，其结构和功能与生物膜类似。当用双疏水基链的冠醚型表面活性剂作模型时，可以观察到双分子膜的形成。这在生物膜体系的人工模拟中具有重要意义，将有可能在合成化学与生命科学之间建立一个桥梁。

10.4.4.3　在感光材料中的应用

冠醚化合物在照相化学和感光领域中的广泛研究和工业应用始于 20 世纪 80 年代，主要用于卤化银乳剂 T 颗粒的制备过程中，冠醚化合物在其中作为定向调节剂。T 颗粒属于外延乳剂的一种，其感光度比一般晶形的卤化银高很多，是乳剂未来的发展方向。二苯并 18-冠-6 及其同系物不仅作为定向调节剂，而且还可作显影抑制剂，从而改善胶片上的网点质量。此外，冠醚化合物还可以作为乳剂中卤化银晶体生长的物理成熟剂以及溴化银乳剂的化学增感剂，二硫杂或二氮杂 18-冠-6 还可作为防灰雾剂，所有这些应用可能均与冠醚和银离子的络合作用有关。

冠醚对溴化银的增感作用与冠醚化合物和银离子之间的络合选择性密切相关，特别是硫杂冠醚增感作用更加显著。这说明冠醚化合物对乳剂的增感作用不仅与络合作用有关，而且与冠醚中的杂原子有关。

10.4.4.4　在膜分离中的应用

液晶冠醚是具有特殊功能的液晶品种。在液晶结构中，由于冠醚的冠醚环有亲水性，而末端的烷基链等基团又具有疏水性，所以具备了两亲分子的特点，再加上具有选择性络合金属离子的特性，使这种物质形成的膜表现出离子识别功能。许多冠醚化合物呈极性棒状，分子容易形成有序结构，表现出强烈的各向异性特征，所以在有序膜中得到了广泛的重视。例如由其制成的 LB 膜(Langmuir-Blodgett film)属分子排列有序的超薄膜，具有高度的各向异性和优异的生物相溶性，是研究生物敏感器件的极佳材料，现已用于电子学、仿生学、生物传感器等领域。

冠醚作为膜材料，按不同的存在形式分为 4 类，即液膜、固体膜、磷脂双分子层膜和复合膜。处于液晶态的分子黏度很低，仅仅大于水。根据这一特征，以冠醚为载体，可制备厚度大约数十纳米的超薄膜，并可通过控制温度和光照条件实现光感冠醚材料对金属钾离子的选择性输运。

冠醚在输运过程中的作用和对冠醚分子的要求如下：

①冠醚与液膜外主体相中的离子在界面一侧形成配合物，所以要求冠醚分子具有适当的亲水性，以提高冠醚分子与离子在界面附近形成配合物的速度。

②冠醚-离子配合物在膜材料中能溶解，并在组分浓度极化作用下向膜界面另一侧扩散；要求分子具有良好的脂溶性，冠醚与离子之间有适宜的配合常数；为保证配合物在膜中的扩散和一定的传输速率，要求冠醚分子体积不能太大。

③冠醚-离子配合物到达膜另一侧主体液相中能解析，即向膜内液体释放离子；要求配合物具有适宜的水溶性以释放离子，同时还需要较高的脂溶性以避免冠醚的流失。

作为离子载体的表面活性冠醚，一方面要求其对离子具有合适的配合系数（即保证配合物的稳定性），另一方面，要考虑对离子的释放能力，所以在实际操作过程中要全面衡量。为改变冠醚型表面活性剂作为离子载体时对碱金属的选择性和在液膜中的输运速率，在改变分子结构的同时，采用添加物会得到更好的效果，例如添加羧酸，使用普通冠醚就可以达到对碱金属离子的良好选择性和较高的液膜输运速率，羧酸的存在增加了膜相与水相的亲和性，提高了金属钾离子从水相到膜相的扩散速率。

10.4.4.5 在离子选择性电极中的应用

冠醚用于离子选择电极已有诸多报道，但有关冠醚型表面活性剂的报道却较少。在冠醚型表面活性剂中，由于长链烷基的引入，使其分子对称性和空间结构等都受到影响，从而使其物理状态、溶解性能等发生了变化。具体表现在脂溶性增大，与离子络合的选择性改变。利用该特点，可以将长链烷基冠醚作为传感活性物质，制成各类性能优良的离子选择电极。利用饱和漆酚冠醚与PVC成膜制成钾离子选择电极，其选择性甚至比缬氨霉素钾电极还好。利用羧酸酯型表面活性冠醚也可制成性能良好的钾、铯离子选择性电极。目前冠醚的应用范围正在逐步拓展，并逐渐进入了人们的日常生活，如已有人将其用于洗发香波中，发现其具有优良的复合性能。

冠醚的研究不仅在基础理论研究上具有广阔的发展前景，而且在实际应用领域也具有重大的实用价值和推广价值。

10.4.4.6 在生命领域中的应用

在生命领域中，冠醚型表面活性剂可以选择性配合金属离子，具有中毒-解毒、载体膜功能。

10.5 Bola 型表面活性剂

Bola 型表面活性剂是由 1 根或多根疏水链连接键合 2 个亲水基而构成的两亲化合物，它因形似南美土著人的一种武器 Bola（一根绳子的两端各连接一个球）而得名。由于 Bola 型分子的特殊结构，它在溶液表面是以 U 形构象存在的，即 2 个亲水基伸入水相，弯曲的疏水链伸向气相，在气液界面形成的单分子膜表现出一些独特的物化性能，在自组装、制备超薄分子膜、催化和生物矿化、药物缓释、生物膜破解、纳米材料的合成等方面具有广阔的应用价值。

10.5.1 Bola 型表面活性剂的结构和类型

当连接基团的数量和方式不同时，Bola 化合物根据分子形态可划分为 3 种类型，即单链型，双链型和半环型（图 10-1）。

按照亲水基对称性的不同，可将 Bola 型表面活性剂分为对称和非对称两种。按照亲水

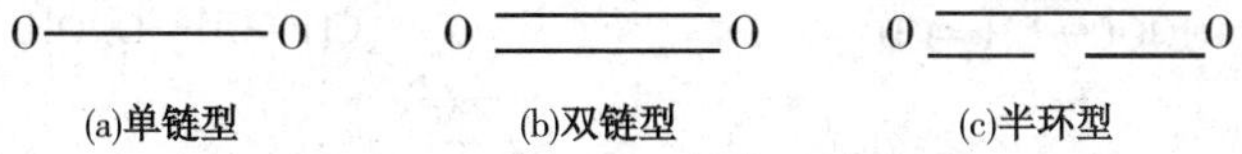

(a)单链型　　　　(b)双链型　　　　(c)半环型

图 10-1　Bola 型两亲分子的类型

基带电荷性质的不同，又可将 Bola 型表面活性剂分为离子和非离子两大类。其中离子型表面活性剂又可分为阴离子、阳离子和两性离子表面活性剂。非离子表面活性剂按照亲水基不同可分为糖单元为亲水基、聚氧乙烯为亲水基的非离子表面活性剂等。

10.5.2　Bola 型表面活性剂的合成

10.5.2.1　阴离子 Bola 型表面活性剂的合成

1. 联苯-4，4′-双(氧代五亚甲基羧酸钠)(BPSPC)的合成

在氢氧化钠溶液中，4，4′-双羟基联苯和 6-溴代己酸反应，从乙醇-水混合物中重结晶得到产物。反应式如下：

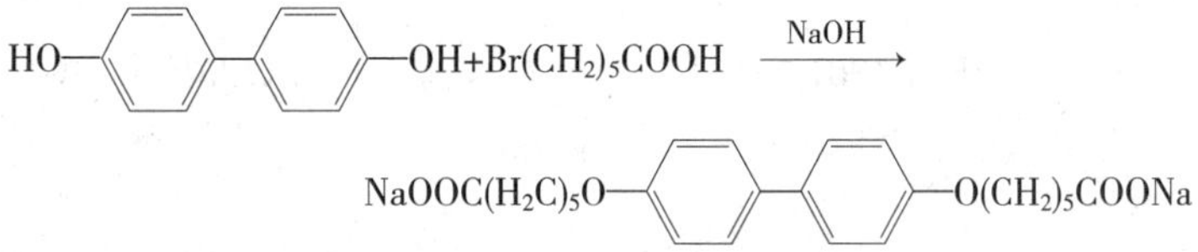

2. 烷基双[(α-氨基)膦酰羧酸或膦酸]

将四氧化螺正磷与二亚胺反应，然后水解得到烷基双[(α-氨基)膦酰羧酸或膦酸]，这是对称的 Bola 型表面活性剂，反应式如下：

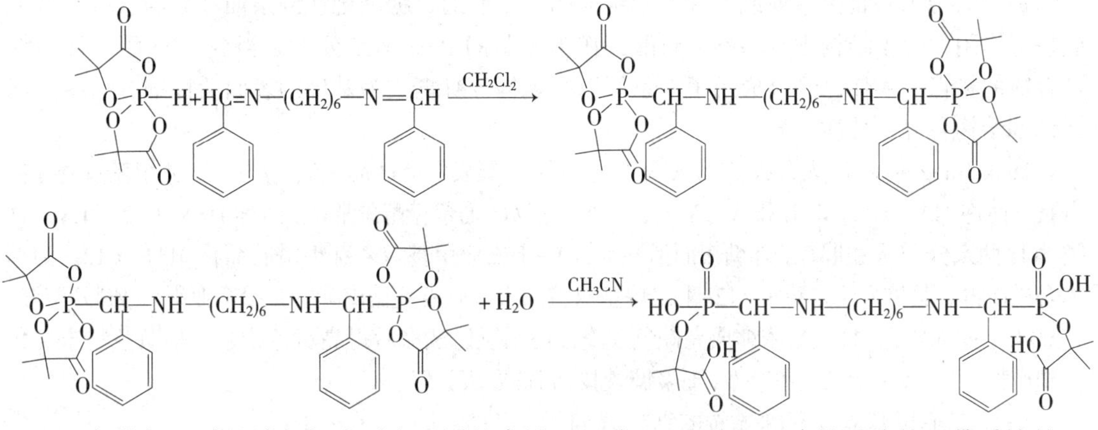

四氧化螺正磷的磷氢加成到有不同的直链双亚胺上(这种双亚胺是对称的、前手性的)，属 Pudovik 加成反应，可以在室温下自发进行。反应是非对映选择性的，定量地生成相应的烷基-双(α-氨基螺正磷)，大量的非对映体比率占优势。在室温下，双-螺正磷的 P—C 键能选择性地一步水解，生成相应的烷基-双-(α-氨基膦酰羧酸)两亲分子，或者与 20%盐酸溶液回流反应，生成烷基-双-(α-氨基膦酸)表面活性剂。

其他非离子 Bola 两亲分子的头基包括芳酰肼、吗啉、聚氧乙烯；在非对称的 Bola 分子中有一个头基是羧酸，另一个头基是顺丁烯二酸酐或琥珀酸酐。离子头包括硫酸钠、吡啶、磷酸酯、羧酸酯、L-赖氨酸和氨基。

3. 咪唑丙烯酸为头基的对称的 Bola 两亲分子

咪唑丙烯酸为头基的对称的 Bola 两亲分子其结构如下：

243

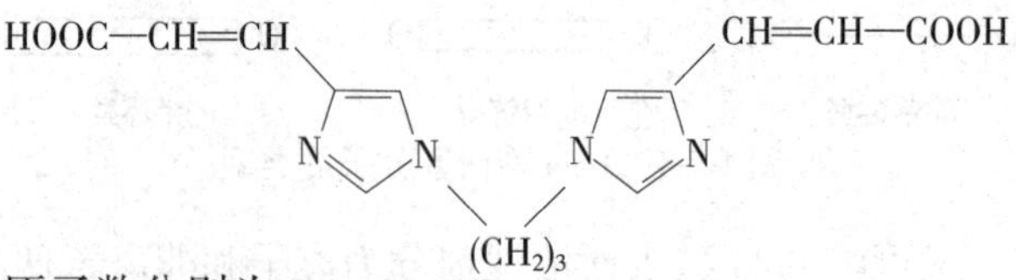

中间碳氢链的碳原子数分别为 8、12、16。

10.5.2.2　阳离子 Bola 型表面活性剂的合成

联苯-4，4′-双(氧代六亚甲基三甲基溴化胺)简称 BPHTAB，联苯-4，4′-双(氧代六亚甲基三乙基溴化胺)简称 BPHEAB，联苯-4，4′-双(氧代五亚甲基羧酸钠)简称 BPSPC。

BPHTAB 和 BPHEAB 的合成路线。首先 4，4′-双羟基联苯、1，6-双溴代己烷和 K_2CO_3 在丙酮中回流 3 天，产物在丙酮中重结晶，然后，4，4′-双羟基联苯和相应的烷基胺作用分别得到 BPHTAB 和 BPHEAB，产物在乙醇中重结晶。

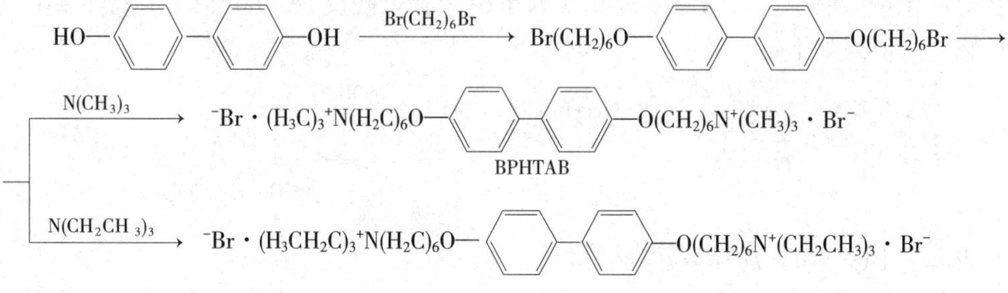

10.5.2.3　非离子 Bola 型表面活性剂的合成

糖脂的亲水基是由单糖或寡糖单元组成的，它们通过糖苷键连到亲油部分的末端羟基上起桥梁作用，分子结构中有寡糖或磷酸酯作为头基的 Bola 两亲分子是当今 Bola 型表面活性剂合成的热点。人们已经合成出了一系列以半乳糖等寡糖类为基础的表面活性剂，这些表面活性剂结构各异，性质各异。

Mark Ruegsegger 等人合成了 ABA 型对称的 Bola 型表面活性剂，N，$N′$-十二亚甲基双麦芽糖酰胺，简称 MAL-C12-MAL 和 N，$N′$-十二亚甲基双(葡聚糖醛酰胺)，简称 DEX-C12-DEX，这类 Bola 两亲分子是由非离子寡糖表面活性剂，N-十二亚甲基双麦芽糖酰胺简称 MAL-C12，为单体合成而得。具体方法是将 1，12-十二烷基双胺加入含有麦芽糖内酯的二甲基亚砜(DMSO)溶液，在 60℃下搅拌 48h，抽真空浓缩成亮棕色残渣，再用氯仿洗涤后得亮黄色粉末，亮黄色粉末纯化得到产物。N，$N′$-十二亚甲基双(葡聚糖酰胺)制备方法类似。

N-十二亚甲基双麦芽糖酰胺的结构式如下：

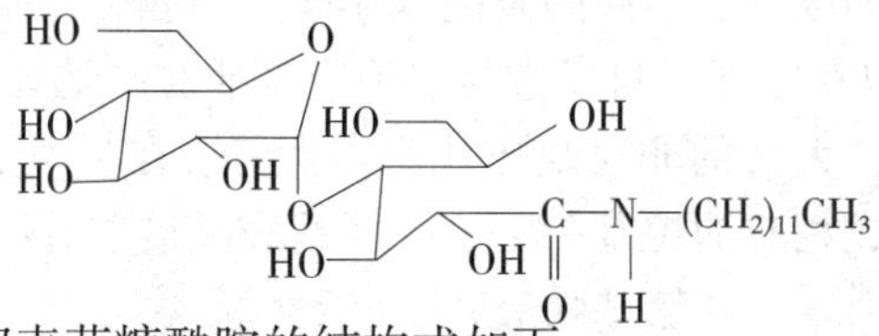

N，$N′$-十二亚甲基双麦芽糖酰胺的结构式如下：

244

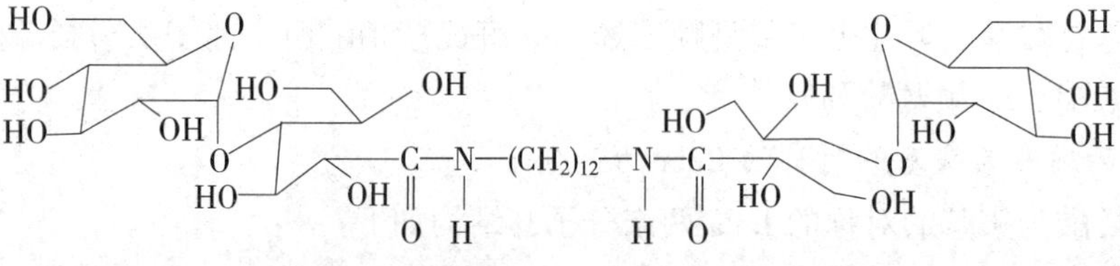

N，N'-十二亚甲基双(葡萄糖醛酰胺)的结构式如下：

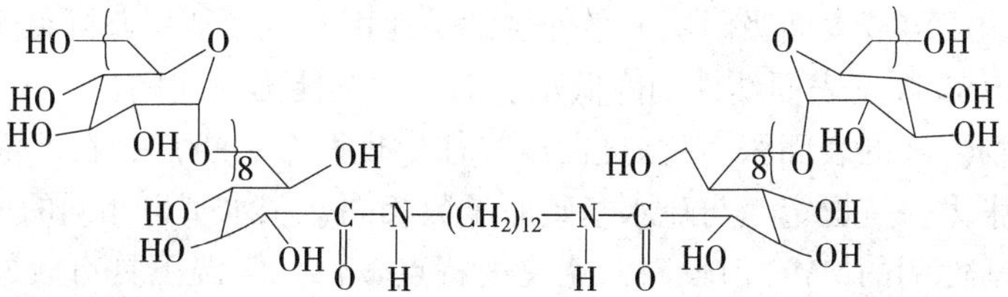

Boelo Schuur 等人以碳水化合物为底物合成新型非对称的 Bola 两亲分子：1-(1-脱氧-D-半乳糖醇-1-氨基)-6-(1-脱氧-D-葡糖醇-1-氨基)己烷，1-(1-脱氧-D-甘露糖醇-1-氨基)-6-(1-脱氧-D-葡糖醇-1-氨基)己烷，1-(1-脱氧-D-半乳糖醇-1-氨基)-6-(1-脱氧-D-甘露糖醇-1-氨基)己烷。其中1-(1-脱氧-D-半乳糖醇-1-氨基)-6-(1-脱氧-D-葡糖醇-1-氨基)己烷的结构式如下所示：

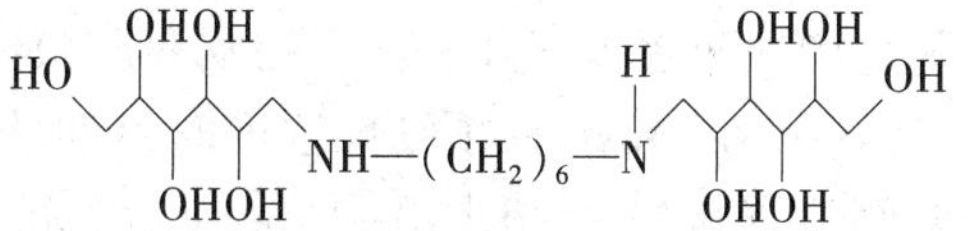

合成方法是将 1，6-二氨基己烷和适量的己醛糖(D-葡萄糖，D-甘露糖，D-半乳糖)进行氨基化还原，附着在碳上的 5%Pd 作为催化剂。典型的反应条件是 40℃ 和 4MPa 的氢气下，反应 4.5h，得到 39%~72% 的白色化合物。

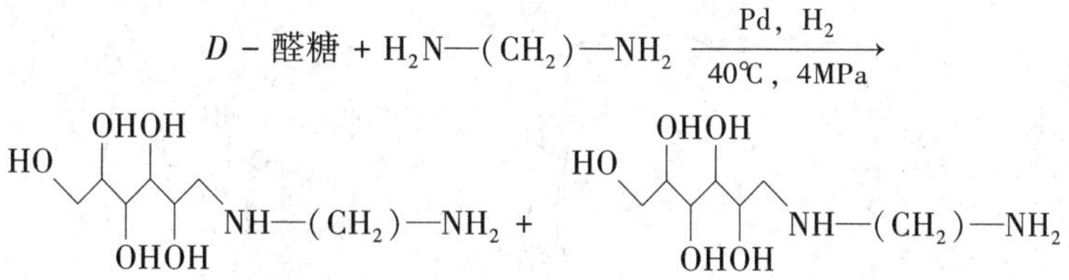

$$D-醛糖 + H_2N—(CH_2)—NH_2 \xrightarrow[40℃, 4MPa]{Pd, H_2}$$

D-葡糖　　　　　　　　　　　　D-半乳糖

10.5.2.4 两性 Bola 型表面活性剂的合成

Souad Souirti 和 Michel Baboulene 第一次合成了不对称磺基甜菜碱 Bola 型表面活性剂：仲胺和烷基磺内酯发生缩合反应得到磺基甜菜碱结构，在 α，ω-双二烷基胺烷烃上接上一个磺基甜菜碱头基和一个阳离子或一个羧基甜菜碱头基，此缩合反应是定量的。通过该反应得到的高纯单一缩合产品与其他甜菜碱表面活性剂相比，Bola 型甜菜碱表面活性剂作为腐蚀阻聚剂有很大应用潜能。

10.5.3 Bola 型表面活性剂的性能

1. 表面张力

Bola 化合物的性质随疏水基和亲水基的性质不同而不同。Bola 化合物溶液的表面张力有 2 个特点：

①降低表面张力的能力不是很强。如十二烷基二硫酸钠水溶液的最低表面张力为 47~48mN/m，而十二烷基硫酸钠水溶液的最低表面张力为 39.5mN/m。

液体的表面张力实际上取决于处于表面最外层的原子或原子团的性质。不同的非极性基团的相互作用强度不同，对液体表面张力的贡献也不同，它们所覆盖的液体表面张力也不同。对表面张力的贡献 CH_3—<—CH_2—，对分子间相互作用贡献大的原子或原子团占据表

面，表面张力就较高，反之表面张力就较低。可能是因为 Bola 型表面活性剂具有 2 个亲水基，表面吸附分子在溶液表面将采取倒 U 形构象，即两个亲水基伸入水中，弯曲的疏水链伸向气相，于是构成溶液表面吸附层的最外层的是亚甲基，而亚甲基降低水的表面张力的能力弱于甲基，所以 Bola 型表面活性剂降低水表面张力的能力较差。

②Bola 化合物溶液的表面张力-浓度曲线往往出现两个转折点，在溶液浓度大于第二转折点后溶液表面张力保持恒定。与疏水基碳原子数相同、亲水基也相同的一般表面活性剂相比，Bola 型表面活性剂的 CMC 值较高，克拉夫特点较低，常温下具有较好的溶解性；但按亲水基与疏水基碳原子数之比值来看，在比值相同时，Bola 型表面活性剂的水溶性仍较差。

2. 溶液的表面吸附

几乎所有对单链 Bola 型表面活性剂在溶液表面的研究表明，分子在溶液表面的面积是同等条件下相应的单头表面活性剂所占面积的两倍或更大，这是 Bola 分子在界面采取倒 U 形构象的结果。Bola 分子在溶液浓度小于表面张力曲线第一转折点时平躺于表面，然后其疏水基随溶液浓度和表面吸附量增加而逐步离开水面，在临界胶束浓度附近采取倒 U 形构象。例如对称型 Bola 两亲分子 MAL-C12-MAL 在预胶束浓度时是伸展平躺构象，如图 10-2(a) 所示，高于这个浓度，采取倒 U 形构象，如图 10-2(b) 所示。每个 MAL-C12-MAL 分子所占面积从 $0.71nm^2$ 减少到 $0.49nm^2$。

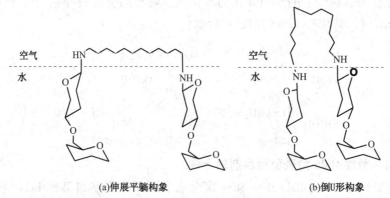

(a)伸展平躺构象　　　　　(b)倒U形构象

图 10-2　MAL-C12-MAL 分子在小于和大于 CMC 值时的不同构象

CMC 值在很大程度上依靠极性基团的性质，羧基-磺基甜菜碱 Bola 型表面活性剂(CMC = 5.5mmol/L)与对称的磺基三甲胺(CMC = 8.2mmol/L)或者羧基甜菜碱类似物相比是较好的表面活性剂(CMC = 6.7~8mmol/L)，另一方面羧基-磺基甜菜碱转化成氨基-磺基三甲胺能导致了 CMC 值的升高(CMC = 18mmol/L)，这是因为通过空间的相互作用，极性头之间的相互排斥更强烈。

3. 胶束和囊泡

在普通的表面活性剂溶液中，表面张力-浓度曲线往往只出现一个转折点，指示着胶束的形成。而 Bola 型表面活性剂溶液的表面张力-浓度曲线往往有两个转折点，这种现象是因为在不同的浓度范围内形成了不同种类的分子聚集体，更深入的解释与 Bola 两亲分子的结构有关。例如，二硫酸盐的表面张力-浓度对数图和微分电导-浓度图上都有两个转折点，分别被称为第一 CMC 和第二 CMC。二硫酸盐在第一 CMC 和第二 CMC 之间只形成聚集数很小的"预胶团"(premi-celler)，几乎没有增溶能力。在第二 CMC 以上，溶液中形成非常松散的、强烈水化的胶束，其增溶能力较弱。

10.5.4 Bola型表面活性剂的应用

Bola型表面活性剂自缔合研究表明：依靠疏水链的长短，它们能形成分子聚合体和囊泡，而且据报道，Bola型表面活性剂对细胞膜没有清洁作用，不像单链化合物一样有使细胞变性的趋势。更重要的是，合成的在水溶液中能形成囊泡聚集体的两亲分子，有许多潜在的应用性能，例如微胶囊、药物输送、离子通道、催化剂、纳米材料合成、金属萃取和超分子等。除此之外，Bola型表面活性剂还具有助溶性能和相转移催化性能，还可以应用于纺织印染领域。利用一些Bola型表面活性剂在溶液中的特殊聚集状态和亲水基的高电荷密度，可以作为模板剂，合成各种新型的不同结构的介孔材料。

1. 生物膜的模拟

Bola型表面活性剂在单层膜（MLM）的形成和生物膜模拟上的卓越性能，已经引起高度重视。当Bola型化合物插入通常的双层类脂膜（BLM）中，对膜既可能起破坏作用也可能起稳定作用。单链的表面活性剂对膜总是起破坏作用。在BLM中，具有共轭多烯链的Bola分子可以在膜内外间传递电子。在囊泡中，Bola化合物除了可以传递电子外，还可以在MLM和BLM囊泡中形成孔，使离子穿越。胭脂树橙的衍生物可以在囊泡中形成孔。当靛蓝被包容在双十六烷基磷脂酰胆碱囊泡中时，外加还原剂不能使之被还原；而当靛蓝被包容在含1%的双十六烷基磷脂酰胆碱囊泡中时，由于形成的孔可以使还原剂穿越囊泡膜，外加还原剂在1min内有80%~90%的靛蓝被还原。还发现，Bola化合物在囊泡上形成的孔可以被特定的阻止剂堵住，从而使离子不能再穿越。

自然界中，生物细胞膜由两层磷脂（LB）膜构成，而两层LB膜恰好给出一个细胞膜的模型，这就是人造仿生膜。在这种膜内能够镶嵌、包埋、固定生物分子，如酶和蛋白质等功能分子，且具有很好的专一性，这对研制高灵敏度、高选择性的生物传感器有重大意义。LB膜由于高度有序，结合比较紧密，所以引入的功能基团往往受到限制而不能很好地发挥其功用。孟云晶等将含有偶氮基团的Bola两亲分子通过静电作用与表面活性剂形成复合物，制成LB膜，这种形式的LB膜能够有效地克服LB膜沉积对光活性基团的光异构化的限制，而使偶氮生色团顺利进行异构体的转化，从而得到功能化的膜。

2. 在合成分子筛和纳米材料中的应用

利用谷氨酸类Bola型表面活性剂 N，N-1，18-十八烷二酸酰谷氨酸（C_{20}-2Glu）形成长度达几十微米、直径为30~80nm、厚度为3nm的纳米螺旋管，此管与已报道的管壁是平的螺旋管不同，C_{20}-2Glu合成的螺旋管表面是弧形的。这是因为Bola两亲分子 C_{20}-2Glu可以在特定条件下形成弧形的带子，又由于其手性的存在，这种弧形的带子可以卷曲成螺旋纳米管。

Bola两亲分子所特有的双官能团分子结构，伴随有趣的对称性，可以产生更小的胶束直径，使其可以作为超分子模板。Stephen A. Bagshaw等人用新型的羟基烷基溴化铵Bola型表面活性剂作为超分子模板，制备了一系列 SiO_2、Al 和 Ti-SiO_2超微孔分子筛，尺寸达到1.0~2.0nm。

3. 在印染中的应用

苄基季铵盐和吡啶季铵盐Bola电解质对腈纶的染色起缓染作用，降低了染料的吸附和扩散速度，且苄基季铵盐Bola电解质的缓染作用大于吡啶季铵盐Bola电解质。不同中间烷基链长的吡啶季铵盐Bola电解质的缓染作用差别较大。Bola电解质改变了染料的吸附性质，即降低了朗格缪尔（Langmuir）染色饱和值，减小了Langmuir吸附在总吸附中的贡献。对于苄基季铵盐 Bola 电解质而言，随着中间烷基链长的增加，Langmuir 吸附贡献增大，而吡啶季铵盐 Bola 电解质的情况则反之。同时苄基季铵盐 Bola 电解质在蚕丝用酸性染料染色中具有促染作用，促染机理不同于普通的中性无机盐（如硫酸钠）。Bola 电解质的促染机理在于它能与染料形成复合物，并以此复合物按能斯特（Nernst）分配型吸附而上染纤维，它的促染能力随其浓度的增加和其中间烷基链长的增长而增强。复合物对蚕丝纤维分配系数随染色温度的升高而降低，随 Bola 电解质中间烷基链长的增长而增加，染色熵对亲和力的大小随 Bola 电解质中间烷基链长的增长而增加，染色热和染色熵具有补偿现象，用染色熵可以较好地解释亲和力随 Bola 电解质中间烷基链长的变化而变化的规律。

蚕丝纤维在 pH=3 和中性条件下染色时，添加苄基季铵盐 Bola 电解质 DCBzn 可显著提高染料的上染量。尽管对锦纶 6 薄膜染色时，添加 DCBzn 也可提高染料上染量，但是提高程度很小；DCBzn 中间烷基的疏水性在对染料吸附的影响方面起着重要的作用。DCPN 能够有效地提高染料在锦纶 6 薄膜上的吸附量，但却难以提高染料在蚕丝纤维上的吸附量。因此，Bola 电解质对染色的影响是较为复杂的。然而，具有适当结构的 Bola 电解质可以控制染料的吸附，并能成为有用的染色助剂。DCBzn 和 DCPyn 的分子结构分别如下：

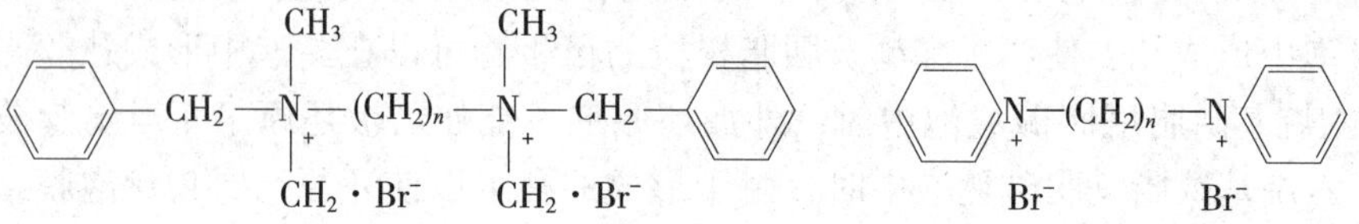

DCBzn(n=2,3,4,5,6,8,10,12)   DCPyn(n=2,3,4,5,6,8,10,12)

4. 在萃取中的应用

Bola 型萃取剂 HP-10-PH 从胶束假相中提取低含量的铕（Ⅲ）是非常有效的，超滤与胶束萃取联合，在 pH=2 时使萃取接近 100%。其分子结构如下：

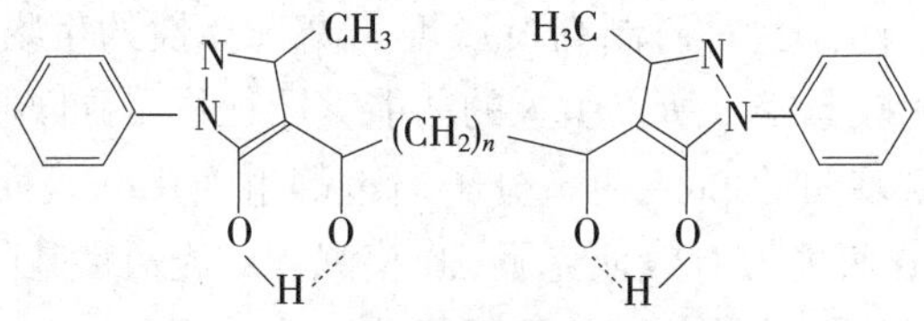

HP-10-PH，n=10

与一般的单头基两亲分子相比，Bola 两亲分子具有一些独特的性质。例如它的临界胶束浓度值一般高于典型的两亲分子；在水相中可以呈现球状、柱状、盘状和囊泡聚集态等。在气液界面和水中，高度稳定，能以一定的方式捕获或释放离子及中性分子，优化细胞功能等，因此，研究这类化合物可以为分子自组装及新功能材料的合成提供新思路。这类化合物在光化学修饰、配体识别、生物矿化、凝胶化溶剂、药物载体、灭菌剂和催化等方面有广泛用途。

10.6 环糊精

10.6.1 环糊精的结构

环糊精（cyclodextrin，CD）系指淀粉经环糊精葡萄糖基转移酶（CGTase）酶解环合后得到的由 6~12 个葡萄糖分子连接而成的环状低聚糖化合物。羟基（—OH）构成环糊精的亲水表面，碳链骨架构成了环糊精的疏水内空腔。常见的环糊精是有 6、7、8 个葡萄糖分子通过 α-1，4苷键连接而成，分别称为 α-CD、β-CD、γ-CD，其结构如下所示：

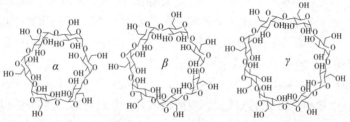

3 种环糊精结构及物化性质见表 10-1。

表 10-1　3 种环糊精结构及物化性质

项目	α-环糊精	β-环糊精	γ-环糊精
葡萄糖单体数	6	7	8
相对分子质量	973	1135	1297
空间内径/nm	0.5~0.6	0.7~0.8	0.9~1.0
空洞深度/nm	0.7~0.8	0.7~0.8	0.7~0.8
晶形(从水中得到)	针状	棱柱状	棱柱状
溶解度(25℃)/(g/100mL)	14.5	1.85	23.2
$[\alpha]_{25}^{D}$	+150.5	+162.5	+177.4
碘显色	青	黄褐	紫褐

环糊精为水溶性的非还原性白色结晶性粉末，结构为中空圆筒形。孔穴的开口处呈亲水性，空穴的内部呈疏水性。对酸不太稳定，易发生酸解而破坏圆筒形结构。环糊精的结构形似圆筒，略呈 V 字形。环糊精的整个分子呈截顶圆锥状，组成的每一个葡萄糖单元都是 C_1 象，环糊精分子中所有伯羟基均坐落于环的一侧，即葡萄糖单元的 6 位羟基构成了环糊精截锥状结构的主面或称第一面(较窄端)，而所有仲羟基坐落于环的另一侧，即 2 位和 3 位羟基构成了环糊精截锥状结构的次面或称第二面(较阔面)。环糊精空腔内排列着配糖氧原子，具有很高的电子密度，表现出路易斯碱的性质，吡喃葡萄糖环的 C-3，C-5 氢原子位于空腔内并覆盖了配糖氧原子，使空腔内部呈疏水性。环糊精次面的仲羟基则使其大口端和外壁表现为亲水性，其空腔内部则为疏水性环境。另外，尽管环糊精的主面也由羟基构成，但由于 6 位亚甲基的存在，使其主面也表现出一定的疏水性。β-环糊精(简称 β-CD)的结构及疏水性和亲水性区域如图 10-3 所示。

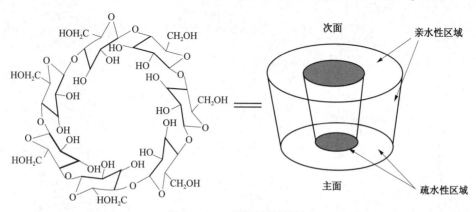

图 10-3　β-环糊精的结构图

从图 10-3 可以看出，环糊精是腔内疏水、腔外亲水的两性分子。通常情况下，环糊精分子中一个葡萄糖单元上的 C_2—OH 易于与相邻的葡萄糖单元上的 C_3—OH 形成氢键。在 β-CD 中，整个分子中的仲羟基可以形成一个首位相连的分子内氢键；在 α-CD 中，因为有一个葡萄糖单元处于扭曲的位置，整个分子只能形成 4 个氢键；在 γ-CD 中，整个分子的结构柔性较大，分子内的氢键作用也相对较弱。β-CD 的空腔较适宜，在生产中容易获取，因此 β-CD 的应用最为广泛。β-CD 的环状构型中每个糖分子为椅式结构，立体结构：上窄下宽，两端开口，环状中空圆筒形。2, 3 位的—OH 和 6 位的—OH 分别在空穴的开口处或外部，呈亲水性；6 位的—CH₂ 与葡萄糖苷结合的氧原子，在空穴的内部呈疏水性。环糊精结构为中空圆筒形，孔穴的开口处呈亲水性，空穴的内部呈疏水性，能包合小分子尤其是脂溶性药物，如图 10-4 所示。

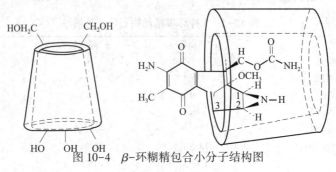

图 10-4　β-环糊精包合小分子结构图

10.6.2　环糊精的制备

环糊精由环糊精糖基转移酶作用于土壤得到。环糊精糖基转移酶(cyclodextrin glucosyl transferase，CGTase) 主要来源于芽孢杆菌属，具有 α-、β-、γ-等不同亚型，序列中有 51 个保守氨基酸残基。环糊精的制备过程：

①菌种筛选、培养，制备 CGTase；

②从培养液中分离出 CGTase，并纯化、精制；

③CGTase 转化淀粉为环状或非环状糊精；

④从转化混合物中分离环糊精，以及环糊精的纯化、结晶。

淀粉主要采用玉米淀粉、木薯淀粉和马铃薯淀粉等。利用 CGTase 转化淀粉制备环糊精如下所示：

其中 3 种酶催化反应的特点为：

①α-CGTase 的专一性较差，反应开始阶段以产 α-CD 为主，但反应 1h 后，β-CD 就逐渐占据主导。

250

②β-CGTase 的专一性较好,产生 β-CD 的浓度一直高于其他两种 CD。

③γ-CGTase 以产 γ-CD 为主,但反应液中也含有相当多的 β-CD。

现有的 CGTase 产环糊精的专一性不高,在 3 种 CD 中,以 β-CD 最容易得到。

10.6.3 环糊精的化学修饰和环糊精衍生物

10.6.3.1 环糊精的化学修饰的意义

β-环糊精分子具有"锥筒"状疏水空腔,这种特殊的分子结构它具有与多种客体化合物形成包合物的能力,在医药食品、有机合成、分析化学等领域中具有广泛应用。但单纯的母体 β-环糊精在水中和有机溶剂中溶解度有限,且缺少相应的功能特点。对环糊精进行适当的选择性功能化修饰以获得更有效的应用是很有必要的。CD 衍生物更有利于容纳客分子,并可改善 CD 的某些性质。其中,对 β-环糊精进行结构修饰以得到具有良好水溶性及良好药物复合性能的衍生物具有如下重要意义:

①构建特殊的手性位点和几何关系。

②进行三维空间修饰,改变空腔尺寸或提供特定几何形状的空间,更有利于客体分子的匹配。

③引入特定的基团形成新的超分子结构。

④融合其他分子构建特殊性质的新材料。

⑤引入特殊基团构建弱作用力模型。

⑥改变环糊精在不同溶剂中的溶解性。

10.6.3.2 环糊精衍生化方法

CD 的衍生化方法是以各种合适取代基团取代母体环糊精的羟基,取代基的嵌入,破坏了环糊精的分子间氢键,使分子固态结构及包合小分子性能发生改变,因而提高环糊精的水溶性、降低溶血性和毒性,并且改善药剂学性能。β-CD 具有仲碳面(HO—C_6)和伯碳面(HO—C_2 和 HO—C_3)两类共 21 个羟基,其衍生化时取代基的数量(取代度)及取代位置变化较大,使得多取代衍生物具有丰富的结构异构特点,实际应用的环糊精衍生物除单取代衍生物外,多取代衍生物是不同位置不同取代度取代物的混合体,实际制备中要制备单一取代度且取代位一致的单一结构衍生物是极其困难的。通常用平均取代度(DS)来表示 CD 衍生物的取代程度,DS 即表示每摩尔衍生物平均每一个环糊精母体所连接的取代基个数,如平均取代度 7 的磺丁醚环糊精(表示为 SBE7-CD;平均相对分子质量 2248)指每环糊精母体平均连接了 7 个磺丁基,但该化合物实际是包含了磺丁基一取代到十一取代的多取代度组分,分别对应实际分子量范围 1294～2884。

环糊精衍生化反应及反应产物结构与环糊精中 OH 基反应活性相关,环糊精的各个 OH 基反应活性有较大差异,碳 6 羟基(C_6—OH)酸性小但空间位阻最小、碳 2 羟基(C_2—OH)酸性最强但存在较大的空间位阻,而碳 3 羟基(C_3—OH)酸性介于中间,但存在大的空间位阻,由于环糊精衍生化反应多是碱性催化进行反应,该条件下 CD 的 OH 基反应活性综合起来表现为 C_6—OH>C_2—OH>C_3—OH。衍生化反应先尽可能多的生成 C_6—OH 取代物,随着反应的进行,C_2—OH 取代逐步增加,而 C_3—OH 由于朝向环糊精环内存在较大的空间位阻一般难以发生反应。

研究得较多且大量使用的有 HP-CD,由环氧丙烷与环糊精在碱催化条件下制备而得。磺丁醚环糊精或称为磺丁基环糊精(SBE-CD),由环糊精与磺丁内酯通过碱催化反应制备得到磺丁酸钠盐环糊精衍生物。

10.6.3.3 环糊精的反应性

环糊精羟基(—OH)可以发生酯化反应、磺化反应、成醚反应、氨基化反应，醚键还可以开环。

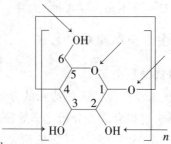

1. 对于环糊精 C_6—OH 取代

①直接法：用选择性较好的亲核试剂进攻环糊精 C_6—OH 直接生成取代产物，一般用三苯基膦这样空间位阻大的试剂。

②间接法：先将环糊精所有—OH 都保护起来，然后选择性脱保护 C_6—OH，再用特定的亲核试剂取代—OH。

2. 对于环糊精 C_2—OH 取代

①C_2—OH 呈弱酸性，因此要提高 C_2—OH 的取代度，一般在强碱性条件下反应。

②由于 C_6—OH 的反应活性较高，因此通常先用其他试剂封闭，再进行 C_2—OH 的反应。

3. 环糊精羟基的取代反应

$$
\begin{array}{c}
1 \xrightarrow[\text{Py}]{\text{Ph-C-Cl},\ 98\%} 2 \xrightarrow[\text{2-苯丙醛}]{62\%} 3 \xrightarrow[\text{乙醚/CHCl}_3]{\text{CH}_2\text{N}_2,\text{BF}_3,\ 90\%} 12
\end{array}
$$

Reference: Boger J., et al., Helv. Chim. Acta, 1978(61):2190

- 1 HO OH
- 2 PhOCO OCOPh
- 3 PhOCO OCOPh
- 12 PhOCO OCOPh

①TsCl,Py ②NaN$_3$,DMF 92%

4 R=OTs
5 R=N$_3$
PhOCO OCOPh

KOH,MeOH 二氧六环,H$_2$O 90%

13 HO OH

Ph$_3$P,LiN$_3$ CBr$_4$,DMF

同分异构混合物

AcOAc Py 25%

5' AcO OAc

KOH 二氧六环/MeOH/H$_2$O 98%

KOH,MeOH 二氧六环,H$_2$O 98%

6 HO OH

①Ph$_3$P,二氧六环/MeOH ②conc.NH$_4$OH溶液 ③dil.HCl溶液 98%

7 HO OH NH$_3$Cl

CH$_3$I,NaH DMF,98%

8 MeO OMe

①Ph$_3$P,二氧六环/MeOH ②conc.NH$_4$OH溶液 ③dil.HCl溶液 99%

9 MeO OMe NH$_3$Cl

CH$_3$I,NaH,DMF 24%

252

4. 大位阻试剂占位的取代反应

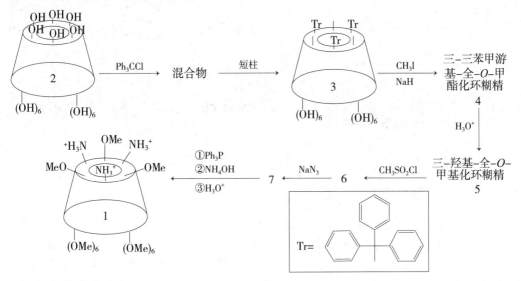

5. 环糊精的磺酰化

10.6.3.4 环糊精衍生物的合成

目前环糊精衍生物主要有羟丙基环糊精（HP-CD）和磺丁醚环糊精（SBE7-CD），其中 HP-CD 是非离子化的中性衍生物，SBE7-CD 是离子化衍生物。

羟乙基-β-环糊精系 β-环糊精在碱性水溶液中与 2-氯乙醇缩合而得不同取代度的羟乙基-β-环糊精混合物，为无定形固体，极易溶于水，有较强的吸湿性，无表面活性。

1. 羧甲基-β-环糊精的合成。

$$R-\beta-CD-OH + CH_2-CH-CH_2 \xrightarrow[\text{开环}]{NaOH} R-\beta-CD -O-CH_2-CH-CH_2 \xrightarrow[\text{闭环}]{NaOH}$$

$$R-\beta-CD-O-CH_2-CH-CH_2 \xrightarrow[\text{开环}]{R-\beta-CD-OH} R-\beta-CD -O-CH_2-CH-CH_2-O-R-\beta-CD$$

$$R = -CH_2COOH$$

2. 胺乙胺基-β-环糊精

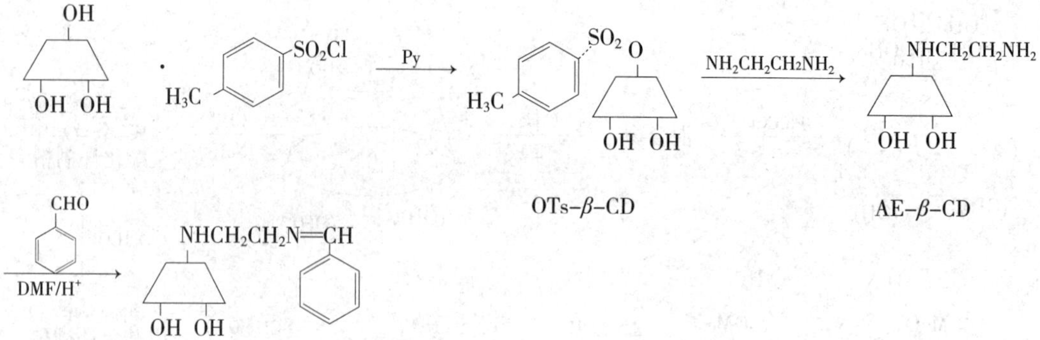

$$\text{OTs-}\beta\text{-CD} \qquad\qquad \text{AE-}\beta\text{-CD}$$

10.6.4　环糊精聚合物

环糊精聚合物(cyclodextrin-containing polymer，CDP)是指将环糊精分子以化学键合或物理混配的方法组入高分子结构而形成的含有多个 CD 单元的高分子衍生物。这种聚合物既较好地保持了 CD 的包结识别能力，又兼具聚合物较好的机械强度、稳定性和化学可调性。环糊精聚合物类型有下列 3 种：

①环糊精作为聚合物侧链。聚合物分子的侧链含有环糊精分子，又称环糊精聚合物的吊灯式结构。

②交联网状聚合物。用含双功能基或多官能团的交联剂进行交联，如 CD-EP 等。

③环糊精线型分子管。

10.6.5　环糊精聚合物的制备方法

1. 带环糊精侧链的聚合物

聚合物侧链引入环糊精的方式有两种：

①环糊精与可聚合单体(如丙烯酰硝基酚酯等)反应，生成含 CD 的单体，再由引发剂引发这些单体的聚合反应，形成线性聚合物。

②环糊精与聚合物反应。其中，最典型的是将 CD 接枝到纤维素分子上。其步骤是，先使纤维素的羟基与 3-氯-1，2-环氧丙烷反应，再环氧化，然后又与 CD 羟基反应。

③带有双键结构的环糊精衍生物发生聚合得到。

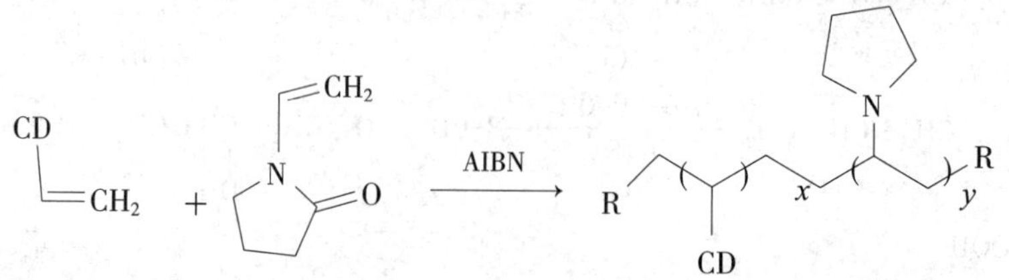

④将环糊精通过共价键或其他分子间作用力偶联到聚合物链上。此法是用环糊精修饰其他分子。1965 年，Solms 和 Egli 首次制得环糊精聚合物：将环糊精溶于 50%（质量分数）NaOH 溶液中，在 NaBH$_4$ 的催化下，与环氧氯丙烷（epichlorohydrin）发生交联，得到块状的环糊精聚合物 CD-EP。这种聚合物呈现出很强的亲水性，在水中能发生溶胀。

2. 环糊精交联网状聚合物

用含双键的环糊精衍生物（如环糊精丙烯酸酯）聚合得到。例如，环糊精聚合物 CD-PU 是环糊精与下列二异氰酸酯（diisocyanate）交联剂发生反应而得的交联聚合物。

toluene−2,4−diisocyanate
(TDI)

hexamethylenediisocyanate
(HMDI)

1,4−phenylenediisocyanate
(PDI)

4,4'−diphenylmethanediisocyanate
(DPMDI)

β-CD-PU 保留了环糊精的空腔结构，对芳香族有机物具有较强的包合能力；此外，二异氰酸酯交联剂中的酰胺基能和酚羟基之间形成氢键，增强 CD-PU 的吸附能力。因此 CD-PU 常被用来净化含酚废水。

3. 环糊精线型分子管

将聚轮烷中的环糊精用交联剂环氧氯丙烷相互连接，再去除封端，聚合物链就会从环糊精的空腔中脱落，从而留下具有规则线型结构的环糊精分子管。

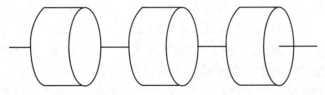

10.6.6 β-环糊精及其衍生物的应用

环糊精的特殊手性空腔结构，通过范德华力、主客体间分子匹配等作用，进行客体分子的选择识别，从而作为主体包结各种有机分子形成主客体包结物，以改善客体分子的溶解度、稳定性等。通过对 CD 边臂上的羟基进行修饰，使得改性后的 CD 衍生物仍保留识别和选择性结合有机小分子或基团的性质，从而扩大了其应用范围。近年来，环糊精及其衍生物的应用研究已经在色谱分离、食品、日用品、医药、环境保护、农业以及化学工业等诸多领域广泛展开，并且取得了令人瞩目的研究成果。

1. β-环糊精及其衍生物在色谱分离中的应用

环糊精及其衍生物几乎覆盖所有的色谱和电泳技术。在色谱和电泳分离过程中添加 CD 生成的非对映异构体在分离体系的各相中表现出不同的性质，导致不同的移动速度，不同的分辨率，最终达到最佳分离效果。CD 在色谱和电泳技术中用于改进对映体分离，主要是通过以下两种方式：一是手性选择剂添加到移动相中，这时的移动相叫作手性移动相；二是合成含 CD 的材料作为固定相或将其涂覆于载体，或作为毛细管内壁涂膜，这种情况下的材料叫手性固定相。

2. β-环糊精及其衍生物在食品工业中的应用

食品工业中使用环糊精及其衍生物，主要是利用 CD 及其衍生物的疏水空腔形成包结物的能力，即分子胶囊作用，与有机分子结合，生成包结物，减少了与周围环境的接触，从而被包结的物质对光、热及氧化更加稳定，不易挥发、蒸发和升华，其他物理化学性质也会改变如溶解度、颜色、香、味及水中分散性等。利用该特性，环糊精在食品工业作为食品添加剂发展很快，应用面广，如有效成分的包囊，异味或有害成分的脱除，提高食品与改善食品的组织结构，保持与改善风味等，以便长期保持和提高食品品质。常见的三种 CD 中，β-CD性能最好，利用面最广。

3. β-环糊精及其衍生物在医药工业中的应用

β-CD 及其衍生物是近年来发展起来的新型药物包和材料。亲水性的甲基化和羟丙基化β-CD 与难溶性药物形成包结物后，可以改善药物的溶解度、溶出速率和生物利用度。疏水性的乙基化β-CD 与水溶性药物形成包结物后能控制药物的释放速率。随着研究的深入，环糊精及其衍生物的适用范围已经扩大至角膜及鼻腔等局部给药系统、定点靶向给药等多个方面，显示了巨大的市场前景。以环糊精为基质载体传递核酸等遗传物质的尝试，以及在多肽与蛋白质药物制剂中的开发潜力对以环糊精为代表的制剂材料提出了更高的要求，具有各种不同性能的新型环糊精衍生物将不断涌现，从而推动其在药学领域更为广泛的应用。

4. β-环糊精及其衍生物在日化用品中的应用

环糊精在化妆品原料中可以作稳定剂、乳化剂、去味剂等。例如，染发剂或烫发剂具有硫醇系的特有臭味，使得商品价值降低，添加环糊精，在改善消臭剂水漂性的同时，并与异臭成分反应生成包结复合物，从而维持制品的还原力。很久以来，人们就期望生产出香布、香毛线等纺织品，通过向布上吹香水或将发香物料缝入纤维制品的方法，不仅制作过程复杂，也不能长久维持香味。将环糊精包结的香精掺入树脂，制成化学纤维再去纺纱织布的方法，进而加工就能制成日常生活用品。随着纺织染整研究者对环糊精在纺织染整加工中应用的逐渐重视，环糊精及其衍生物作为一种环保型助剂以及其独特的性能会很快的应用于纺织业中。

5.β-环糊精及其衍生物在环境保护中的应用

在环境科学领域中最重要的两个问题就是环境监测和有害物质的消除。利用环糊精对客体的分子识别作用装配分子传感器，在技术上已经比较成熟。利用环糊精或环糊精衍生物作为人工酶有催化反应的功能，可以用来处理废水中少量有毒物质。另外，将 CD 掺入制剂配方通过控制释放减少使用剂量，可以减少或消除有毒物质向周围环境扩散，从而保护环境。

思考题

1. 氟表面活性剂的合成一般有哪几步？氟烷基化合物的合成方式有哪几种？
2. 举一例说明阳离子硅表面活性剂的合成方法。
3. 有机氟和有机硅表面活性剂有何特点？写出它们的主要用途。
4. 简述柠檬酸脂肪醇单酯的合成方法。
5. 写出以长链脂肪胺为起始物合成氮杂冠醚表面活性剂的合成反应式。
6. 什么是 Bola 表面活性剂？它包括哪几种类型？
7. 简述环糊精化学修饰的意义。

第 11 章　表面活性剂的新应用

11.1　在新材料领域的应用

表面活性剂在纳米材料制备中扮演了一个重要的角色，在定向设计多样性的纳米材料以及控制纳米材料的分散等方面起到重要的作用。具体来讲，表面活性剂的作用有几个主要方面：

11.1.1　控制纳米材料的分散性

纳米材料因具有较大的比表面积和表面能，在制备过程中极易发生团聚，造成粒径增大，表面活性降低，从而使整个制备过程失去意义。国际上几乎所有的材料合成研究小组都在避免制备的纳米材料发生团聚，而影响其所具备的性质。在液相条件下制备纳米材料过程中，表面活性剂能够在溶液中形成各种胶束，这些胶束可起到微型反应器的作用，使制备过程在逐个分散的胶束中进行，从而避免了纳米粒子之间的相互接触。同时，在反应结束后，表面活性剂可附着于制备的纳米粒子表面，其尾端的长链结构在溶液中会造成所谓的"空间位阻"效应，减弱了纳米粒子相互移动，从而限制了纳米颗粒的团聚现象。经过合成后期的洗涤、烘干等步骤后，进而形成了单分散性良好的纳米颗粒。该方法简单易行，已经被广泛地应用于各种纳米材料的合成。

11.1.2　纳米材料的表面改性作用

表面活性剂具有独特的一头亲水基，一头亲油基的双亲结构，并具有良好的吸附性。可以与具有较高表面活性能的纳米颗粒进行结合，赋予纳米颗粒新的表面结构，从而对其表面性能进行改性。

11.1.3　结构导向剂作用

表面活性剂的双亲结构决定其能够使表面活性剂分子在胶束表面聚集，并使在胶束内部进行反应的纳米粒子定向排列，诱导纳米颗粒形成特定的晶相或晶格结构，从而起到结构导向剂的作用。利用表面活性剂这一定向诱导性质可以选择性制备所需的纳米结构材料，或定向合成指定基团或其他结构。

11.1.4　控制纳米颗粒的尺寸及形貌

表面活性剂在液相制备纳米材料的最大特点就是在溶液中形成粒径可调节的胶束，常见的胶束的直径为 $10\sim100\text{nm}$。胶束的尺寸及形态直接决定了生成产物的大小以及形貌，而胶束的尺寸及形态的调节可通过改变表面活性剂类型，控制表面活性剂剂量，以及添加其他辅助表面活性剂(如醇类)来进行控制，从而达到控制纳米颗粒的粒径以及尺寸的目的。近年来的文献研究表明，在各类氧化物、贵金属单质、核壳结构、III-V 组及 II-VI 组半导体纳米材料的制备过程中，利用表面活性剂进行诱导控制结构，并控制尺寸及形貌的工作已逐渐成为研究热点。

利用表面活性剂构造微乳液体系制备纳米粒子：

微乳方法从微观角度上来讲，是由表面活性界面来稳定的一种或两种液体微粒组成。通常来讲，在结构上，微乳液有水滴在油中(W/O)或油滴在水中(O/W)形成的单分散体系两种，而这与普通的乳液相似。但两者又存在着根本的区别：如乳液是热力学不稳定体系，分散相颗粒不均匀同时外观不透明。需要靠表面活性剂或其他的乳化剂形成动态的稳定，而微乳液是热力学稳定体系，分散相的粒径小而且外观透明或者近透明。1943 年 Schulman 等在乳状液中滴加醇，首次制得了透明或半透明、均匀并长期稳定的微乳液。1982 年 Boutnonet 等首先在 W/O 型微乳液的水核中制备出 Pt、Pd、Rh 等金属团簇微粒，开拓了一种新的纳米材料的制备方法。由于微乳液能够保持热力学稳定，在一定条件下胶束具有保持稳定小尺寸的特性，而且更为令人惊奇的是乳液破裂后也可以重组，这一行为可以模拟生物体中的细胞的行为如自组织性、自复制性，从而引起人们广泛的研究兴趣。随着纳米技术的发展，越来越多的科研小组对这种具有模拟生物智能反应的微型反应器加以重视。该方法同时还具有装置简单、操作容易的特点，并且能够对纳米材料的粒径和稳定性进行精确控制，限制纳米粒子的成核、生长、聚结、团聚等过程。

反胶束体系亦称 W/O 型微乳液，是由表面活性剂(有时需加醇类作为辅助表面活性剂)主导形成的具有纳米尺寸的含水核微小胶团在有机溶剂(下称油相)中分散形成的体系。它具有以下一些特点：①反胶束体系是宏观均相的透明的并具有高度分散性的热力学稳定体系。②具有极低的黏度和界面张力，并具有非常大的亚相(以下简称相)接触面积。③对脂溶性的有机物和水溶性的极性化合物都具有良好的溶解性能。④内相是一具有纳米尺寸的微小水核，而且该水核中的水同生物膜中的水类似，并可分为一级束缚水、二级束缚水和自由水 3 种情况。由于反胶束体系的外相一般生物相容性较差，不能直接应用于人体，过去在药学领域的应用研究不多，近几年随着对反胶束体系研究的深入，其在药学领域的应用研究已成为新的热点。

反胶束法是制备单分散纳米粒子的重要手段，在近些年得到了很大的发展和完善，并广泛地被多个研究小组应用于合成具有良好单分散性、粒径尺度均一的纳米材料中。浙江大学蒋建中教授小组的吴海平博士，以四氯化锗($GeCl_4$)作为锗源，十六烷基三甲基溴化铵($CTAB$)作为表面活性剂，采取庚烷以及辛烷作为油相，采用超声辅助液相法制备了粒径在 3~10nm、具有较好单分散性的锗纳米晶。同时系统研究了制备过程中反应条件诸如先驱体的浓度、还原剂的选择对制备的锗纳米晶的形貌、结构以及粒径分布的影响，并系统地讨论了锗纳米晶的形成机制。同时，他们还采用反相微乳液的方法，以十六烷三甲基溴化铵($CTAB$)及油胺作为表面活性剂，利用 $GeCl_4$ 为前驱物在不同 pH 值水溶液中进行水解反应，成功地制备了粒径在 50~500nm 范围内的单分散性良好的 GeO_2 单晶纳米方，并通过具体地研究反相微乳液体系中的反应条件如表面活性剂浓度、溶液 pH 值，油相物质的选择添加等对制备的 GeO_2 纳米方的粒径形貌、尺度以及微结构的影响。利用解释晶体形貌生长机理的经典 BFDH 和 Hartman-Perdok 理论，对其研究工作中制备的 GeO_2 方块的生长机理进行了深入的探讨。这一工作开辟了利用微乳液方法合成 GeO_2 的序幕，成为先导性工作。继而台湾新竹清华大学的 Chiu，以及吉林大学的邹旭博士等人均利用该方法合成出具有多种奇异形

貌和结构的 GeO_2 纳米颗粒。

11.1.5 表面活性剂在制备电极材料中应用

以 MnO_2 阳极材料为例,利用多种表面活性剂如 SDBS、CTAB、Triton X-100 等可制得多种结构的材料,其具有不同的电化学性能。Trion X-100 有较好的放电容量和循环性能,而用 Brij56 作为电解液,用电沉淀法制得纳米级 MnO_2 正极材料,表现出很好的循环性能和很高的放电容量。但是 CTAB、SDBS 为模板制备 MnO_2 仅对电池循环性能有轻微地提高,甚至有阻碍作用。因此选择不同的表面活性剂对制备电池材料是极为重要的。近年来多见用十六烷三甲基溴化铵(CTAB)为模板,在水热条件下制备 $LiFePO_4$ 纳米材料,其电池阳极性能表现出极高的电容量特性,而且反应过程在简单、环保的同时还可降低成本,受到学术界的广泛关注。用油酸和煤油混合熔融液制得的 $LiFePO_4/TiO_2$ 复合电极与传统锂电池相比,拥有低能量密度、高电循环次数及电流效率的优异特性,而且经商品化后发现其经久耐用并同时具有成本低和安全性好等特点。另外,将十六烷三甲基溴化铵、煤油、P123,4-苯乙烯磺酸钠、油酸混合熔融液在近些年制备锂电池正电极材料的工作中较为常见;以 P123 为模板,采用成本较低、工艺简单的溶胶-凝胶法制得的 $LiCoO_2$ 电极也表现出很好的循环性能。选择 $FeCl_3$ 为氧化剂,4-苯乙烯磺酸钠为模板合成 Li/S-PPy[注:硫-聚吡咯(S-PPy)]作为电池的复合正极材料,可表现出较高的放电容量和高循环次数。上述实例都说明表面活性剂能在制备正极材料中起到很大的作用。

表面活性剂在电极材料的制备工艺上来讲,可大大提高所制电极负极材料的电性能。早期的文献就曾经报道过利用 2-乙基己烷磺基琥珀酸钠为模板可合成出孔径为 32nm、电化学性能惊人的锡基介孔材料,还可以通过调节 2-乙基己烷磺基琥珀酸钠的量控制锡-磷酸盐材料孔隙度,从而提高电池的循环性能。而随后对 CuO 材料的研究表明,CuO 表面经十六烷三甲基溴化铵修饰后,CuO 和电解液的接触面积增大,制备的 CuO 呈针状有序结构,整体的电化学性能得到了显著提升。

另一方面,复合表面活性剂具有缓蚀协同作用,这在研究电池阴极材料中是特别值得一提的方面。以氢氧化铟复合添加剂和含聚氧乙烯基的非离子表面活性剂为例,它们能够明显减缓电池的自放电作用,同时改善碱锰电池的可充电化学性能。文献表明:在乙醇-P123-水溶液中制备的锂离子电池负极材料——纳米二氧化锡 & 锡基氧化物/碳复合材料,和一般纳米锡基材料相比,电循环性次数得到显著提高。其他的复合表面活性剂如 TritonX-100,其与正己醇选择性制备的 Cu-Sn 纳米粒子组装成锂离子电池阳极,通过调节二者之间比例,可控制 Cu-Sn 颗粒的大小,从而对其电学性能也具有调控作用。结果表明,这种 Cu-Sn 纳米粒子材料具有较高的循环容量和可逆比容量,是极为理想的阴极材料替代品。

11.1.6 新型医用材料的应用

1. 骨架材料

近年来,材料科学技术进步引导人们生活需求不断提升,一些医用的骨架材料也随之问世。在骨架材料中掺杂表面活性剂使用,有着控制释药速率和降低副作用的效用。而在生物性的溶蚀性骨架片中,表面活性剂可以影响其释药速率,即随表面活性剂水中溶解度增大而加快。如:氨茶碱缓释片采用非离子表面活性剂单硬脂酸甘油酯和微晶纤维素混合作为生物溶蚀性骨架材料,在延长氨茶碱疗效同时,减轻了呕吐等副作用;以巴西棕榈蜡在盐酸去敏灵的功效中为例,加入不溶性表面活性剂单硬脂酸甘油酯,整体不影响药物释放速率;但加入微溶或溶解缓慢的表面活性剂如硬脂酸钠、硬脂酸胺等,则药物释放的程度中等程度增加;某些水溶性表面活性剂如聚氧乙烯23-月桂醚则相当程度地增加药物溶解度。

2. 凝胶材料

凝胶材料是一种新型的药物缓释材料,通常可在4℃左右条件下表现为流体,而在人体温范围内则迅速形成固体软凝胶。作为生物用的药物缓释材料,其必须满足毒性低,生物相容性好的特性。如非离子表面活性剂泊洛沙姆-407,将其与抗癌药去甲斑蝥素共同制成注射用缓释剂,能起到减毒增效作用。一般来讲泊洛沙姆-407浓度与去甲斑蝥素体外释放度呈线性负相关性。

3. 靶向制剂

载体将药物通过局部给药或全身血液循环而选择性地浓集定位于特定细胞、特定组织、特定器官或细胞内结构的给药系统被称为靶向制剂。靶向制剂材料可显著提高药物的可靠性、安全性、有效性。当前对靶向制剂的研究集中在脂质体和纳米粒子上。

(1)脂质体(liposome)

脂质体是将药物包封于类脂质双分子层内而形成的微型泡囊。其双分子层厚度约为4nm,含有单层双分子层的泡囊称单室脂质体,粒径0.02~0.08μm;多层双分子层的泡囊称为多室脂质体,粒径1~5μm。常见材料为磷脂和胆固醇,都是表面活性剂的一种。脂质体双分子层膜类似生物膜结构,可生物降解、与细胞亲和、与组织相容,因而毒性和免疫原性低。以脂质体作为药物载体,具有一定程度靶向性和缓释性,可减少给药剂量,降低毒性并提高药物稳定性。

多相脂质体在抗癌药的靶向性应用等方面具有广阔前景。如喜树碱多相脂质体,加入Tween-80和Span-80,包封率可达70%,而含表面活性剂胆酸钠或司盘类的多相脂质体在透皮稳定性方面还优于分别混入乙醇、磷脂、油酸的脂质体。

但是,脂质体作为药物载体仍有不易灭菌、容易泄漏、包封率低等问题。近年来人们致力于用表面活性剂对脂质体进行改造来得到更多的新型脂质体。如脂质薄膜、多室脂质体或单室脂质体与胆酸盐、脱氧胆酸盐等表面活性剂混合,通过凝胶过滤法、离心法或透析法除去表面活性剂可获得粒径比较均匀的小单室脂质体(30~180nm)。该法适合制备脂溶性蛋白类如三磷酸腺苷(ATP)酶脂质体的制备。

另外,前体脂质体也是近年来广泛研究的材料之一,它通常表现为具有良好流动性的干燥粉末,可稳定贮存。应用前与水混合可分散或溶解成多层脂质体混悬液。该材料具有良好的稳定性,同时避免了高温灭菌等问题,因此被广泛使用。

(2)药用纳米粒子

纳米技术是近几十年崛起的新科技,将纳米技术运用在药剂学上可以产生新剂型:如纳米囊、脂质纳米球等。由于纳米颗粒具有较大的比表面积以及表面活性,导致其表面容易改性,更容易进行生物降解,可以选择性地控制药物的释放,使药物具有靶向性,并且纳米粒包封率较高,同时它们也可合并使用亲水性药物和亲脂性药物用来增强药物稳定性,更适合大规模生产和灭菌。在生产制备中,表面活性剂的运用至关重要,下面分解阐述。

①非离子表面活性剂囊泡(niosome)。随着模拟化学的发展,以司盘类等非离子表面活性剂、十六烷基磷酸和胆固醇材料,采用逆相蒸发法、醚注入法、超声法等方法可获得非离子表面活性剂泡囊,又称双分子层囊泡。相比于脂质体,这种囊泡用非离子表面活性剂代替

脂质体中两性离子表面活性剂磷脂，不仅具有脂质体的许多优点，而且能克服磷脂不稳定和来源不一的问题，是一种很有发展前途的给药系统。

②纳米囊（nanocapsule）。纳米囊结构一般为 10~100nm，其制备可采用纳米化的聚合方法——将单体与药物分散在含有表面活性剂的水溶液中，在一定 pH 值下聚合成纳米颗粒；也可利用已有的聚合物溶入低沸点溶剂形成溶液，加入如吐温类、卵磷脂、豆磷脂、泊洛沙姆类表面活性剂将其制备成 O/W 型或 W/O 型乳液，这样不仅有效防止粒子聚集，还可以作为稳定剂吸附于在粒子表面，提高制剂的稳定性。通过高压或超声以及隔热分离等辅助方法进一步使其乳化、蒸发、分散，就可以将药物纳米化。临床上经常用这种分散体制备注射剂。

③脂质纳米球（lipid nanosphere，LN）。LN 是外层为磷脂、内层为植物油基质的纳米球，通常情况下粒径小于 200nm。人们常将磷脂与非离子表面活性剂（如泊洛沙姆类）合用，提高包封率并增强稳定性，更重要的是可改变 LN 的体内分布行为。研究发现含泊洛沙姆的 LN 在静脉给药后能在循环系统停留较长时间，检测出的靶向因子远高于含磷脂的 LN。这一实例表明了 LN 的吸附性质：当 LN 吸附在粒子表面时可形成亲水层，厚度在 5~30nm 之间，在体内滞留时间与亲水层的厚度呈现正相关，同时亲水层的厚度也与表面活性剂的种类和等级有关。

④长循环纳米粒。由于生物可降解性高分子材料易产生蓄积和减少体内循环时间，以其为载体的纳米颗粒在实际应用中通常会受到限制。因此人们在制备此种材料中通常用非离子表面活性剂对纳米粒进行包衣，以形成长循环纳米粒。吐温类、苄泽类、泊洛沙姆类等表面活性剂经常被应用于此类制备方法中。通过近年来的反复比对研究发现，在减小微粒与蛋白吸附方面最有效的表面活性剂是 pluronic-F108、tetronic-1508 和 tetronic-908。此外，聚乙二醇（PEG）对颗粒进行表面修饰。如 PEG-DSPE（一种亲脂端为二硬脂酰磷脂酰乙醇胺）将其与 poluromic-F68 合用，可以制备包封率高达 75% 的材料。固态脂质纳米粒其具有缓慢释药，延长药物在体内滞留时间的作用，可成为新型的药物载体。

⑤纳米悬浮液。解决水溶性和脂溶性都较差的药物在生物利用方面存在的问题是科研界一直致力于攻克的尖端课题之一。近年来出现的纳米悬浮液制备法作为一种选择性方法，目前来讲，可以认为是能解决这一问题的最有效易行的手段。相比于传统的微粉技术，虽然增大了药物表面积，使药物溶出速率增加，但并没有改变药物的饱和溶解度。而纳米悬浮液的显著特点之一就是饱和溶解度增加，进而引起化合物溶出速率的增加。比如静脉注射用纳米悬浮液采用用量为 1.0% 的泊洛沙姆-188 和用量 0.5% 的吐温-80 作为稳定剂进行制备时，这些表面活性剂的物理溶解性能直接影响药物吸收模式和体内分布。以此为基础，进而人们可实现对特定生物体的靶向治疗。

11.2　在生物工程和医药技术领域的应用

生物工程和医药技术主要包括转基因动、植物医药工程产品，基因工程药物，核酸类药物，治疗制剂，生物芯片系统，生物传感器，生物分离技术装置及相关试剂等。已经被公认为是 21 世纪主导科学领域，人类科技进步的第三次技术革命。表面活性剂在生物技术领域中有着广泛的应用。

1. 致孔剂

致孔剂常见于膜控型制剂和微丸中，人们在包衣液或膜材中加入表面活性剂作为致孔剂，以调节释药速率。常用的表面活性剂有月桂醇硫酸钠、吐温-20。日常生活中常见的采用流化床包衣法制得的茶碱微孔膜控释小片，其包衣材料为乙基纤维素，以吐温-20为致孔剂。

2. 润湿剂

加入亲水性表面活性剂在药物生产时可增加制剂的亲水性来改善药物吸收，从而提高在生物体中的利用度。以在呋喃酮胃漂浮片中加入阴离子表面活性剂月桂醇硫酸钠作为润湿剂为例，该制剂在人胃内滞留时间为4~6h，明显长于普通片剂，具有良好的功效。

3. 阻滞剂

在制剂中添加密度相对小的疏水性表面活性剂，即可提高胃内滞留片滞留能力，该种药剂称为阻滞剂。如在地西泮胃内漂浮控释片中添加采用粉末直接压片法制得的单硬脂酸甘油酯作为阻滞剂，能够使药物体外释放时间显著延长。

4. 经皮吸收制剂

经皮吸收制剂成分中可常见表面活性剂，除了可以作润湿剂、乳化剂和增溶剂之外，它们还可以作为促渗剂促进药物在生物体皮肤表面的渗透吸收过程。通常这类试剂可分为以下几种：

①阴离子型皮吸收制剂：表面活性剂结构和亲水基团可以影响阴离子型经皮吸收制剂的渗透作用，一般来讲，表面活性剂碳原子数越小其渗透能力越强。

②阳离子型皮吸收制剂：通常作用于角质层的角蛋白纤维，对皮肤有一定刺激性，通常应用不广泛。

③非离子型表面活性剂：因不存在阴阳离子，此类活性剂对皮肤刺激性最小。它们对皮肤进行渗透时，一般先使角质层最外层的角蛋白疏松，再对皮肤表面皮脂进行乳化作用。这类表面活性剂对药物影响因生物体皮肤情况不同而呈现多种渗透效果。

④两性离子表面活性剂如卵磷脂等，可促进一些药物的经皮渗透，如硝酸异山梨醇、茶碱等。同时卵磷脂是脂质体的主要成分，所以也可将脂质体作为皮肤局部用药制剂，如维甲酸脂质体、地塞米松脂质体等。但也有例外，如在泊洛沙姆-407凝胶制剂透皮吸收中，随着卵磷脂浓度的增加，透皮速率反而减少。

整体而言，经皮吸收试剂促渗效果和对皮肤毒性依下列顺序下降：阴离子型>阳离子型>非离子型。同时当表面活性剂浓度超过临界胶束浓度(CMC)时，药物进入胶团后药物的渗透速率降低，可降低药物的热力学活性；临床上通常选择低浓度的表面活性剂，通过可干扰细胞膜结构，从而增加药物的渗透速率。

5. 粉雾剂、气雾剂

（1）粉雾剂

将微粉化药物与载体以胶囊、泡囊或多剂量储存形式采用特制的干粉吸入装置，临床使用时以雾化药物形式被患者吸入的制剂即为粉雾剂。加入适宜的表面活性剂有助于增加粉雾剂的流动性，从而利于药物吸收。

（2）气雾剂

气雾剂是指药物和抛射剂同时装封于耐压容器中，使用时借抛射剂的压力将内容物喷出的制剂。表面活性剂在溶液型气雾剂中主要用作助溶剂或增溶剂，将抛射剂和药物混溶成为均相溶液后，由压力作用喷出。通常表面活性剂在混悬型气雾剂中主要作用是混悬系统的润湿剂、助悬剂、分散剂，以布地奈德一类的抗哮喘药为例，制药上将吐温-80作为分散剂，混悬雾化形成吸入剂；而麻黄碱重酒石酸气雾剂则以司盘-85为助悬剂。表面活性剂在泡沫气雾剂中主要作为乳化剂，主要有两大类：第一种为吐温-司盘-月桂醇硫酸钠，其特点是成品泡沫渗透性强，持续时间短。第二种为硬脂酸月桂酸-三乙醇胺，它们的特点则是成品的泡沫量多且泡沫维持时间长。

6. 冷冻干燥制品

冷冻的溶液在低温、低压条件下可以从冻结状态不经过液态直接升华，从而使水分完全挥发而达到干燥目的。这一技术可以使药物保持原有的理化性质和生理活性，降低有效成分的损失。因此冷冻干燥技术一直用于生物材料的保存。如甘露醇在冷冻干燥技术中经常用作填充剂，但如果保存不当，甘露醇因相变而产生变性从而引起冻干制品的团块萎缩，影响产品外观。利用表面活性剂 Tween-80 可以对甘露醇的结晶度进行选择性控制从而使其功效能够充分发挥。同时以非离子型表面活性剂为主要代表的试剂可以将蛋白质受到的表面诱导破坏作用消除。

11.3　在环境保护新领域中的应用

表面活性剂在纺织工业中能够起到促进乳化、匀染织物、润湿纤维以及精练合成等作用。它们同时也可以作为增稠剂、分散剂、胶黏剂等各种工艺助剂，以及柔软剂、抗静电剂、防水剂、阻燃剂和树脂整理剂等整理助剂用来辅助工业生产。由于表面活性剂本身具备一定的生物毒性，残留在织物上会导致人体健康出现问题；另外，表面活性剂随着废水排出如不被降解还会对环境造成一定影响，因此在工业生产中使用表面活性剂务必考虑环保性能。如近年来兴起的应用于纺织物的绿色加工方法则在很大程度上迎合了工业上选择表面活性剂的环保性能需要。这样看来，在纺织物匀染加工中选用符合环保要求的各类助剂性表面活性剂就显得尤为重要。总地来讲，表面活性剂在环境保护领域的应用主要应从以下方面进行考虑。

1. 生物降解性

工业上处理液中往往会残留部分在污水处理场未进行分离的表面活性剂，这些污水对人类的生活及环境的污染不容忽视。针对此种情况，工业上多用表面活性剂的生物降解办法进行处理。表面活性剂的生物降解性研究就是在早期为解决烷基苯磺酸钠（ABS）产生大量泡沫的问题而进行的。经过对表面活性剂分子结构与生物降解性关系及分解机理的研究，人们进而广泛采用易生物分解的直链烷基苯磺酸钠（LAS）代替高度支链的烷基苯磺酸钠（ABS）来解决大量泡沫的产生问题。

表面活性剂自身的结构和物化性质是决定其生物降解性的重要因素。一般来讲，疏水基性质上越接近脂类的表面活性剂越容易生物降解，含有直链烃基的降解速度和程度都要强于支链或环状结构。表面活性剂的亲水基（极性部分）对生物降解的影响体现在链长上，其生物降解的速度和程度随链长增长而降低。烷基二乙醇酰胺、烷基酚乙氧基化合物、伯醇乙氧基化合物、仲醇乙氧基化合物、烷基单乙醇酰胺、烷基二甲胺氧化物以及糖脂等典型非离子表面活性剂，由于结构的不同，导致其生物降解的性能差异很大。比如直链醇乙氧基化合物的生物降解性在 $C_{16} \sim C_{20}$ 时性能很好，而在碳个数为 $C_8 \sim C_{10}$ 时，生物降解性能减弱，而且不随碳原子个数变化而变化。

乙氧基链长会对醇基非离子表面活性剂的性质产生明显的影响。通过研究疏水链 C_{17} 的直链乙氧基化物的生物降解性时发现，链长在 11EO 之前的乙氧基对生物降解性影响很小，但乙氧基链长大于 20EO 时生物降解性就会明显降低(降解性低至 11EO 的 50% 以下)。我们还可以同时对比一下仲醇乙氧基化物与伯醇乙氧基化物的生物降解性，实践证明仲醇乙氧基化物的降解性要差一些。继续向伯醇乙氧基化物附加少量的甲基支链时发现其对生物降解性影响极小。但向分子中引入苯酚基团其生物降解性则明显降低(可降低至未附加苯酚基团前的 40%)。而引入壬基酚则基本使其完全丧失生物降解性。

阴离子表面活性剂烷基苯磺酸盐(ABS)存在两种结构和性能不同的产品。第一种是以 $C_{11} \sim C_{15}$ 丙烯低聚物为原料，经烷基化和磺化反应制成具有高度支链的烷基苯磺酸盐，称为 ABS(包括 DBS 十二烷基苯磺酸盐和 TBS 四聚丙烯基苯磺酸盐)，在工业生产中广泛地用于合成洗涤剂，其缺点为起泡性能强和生物降解速度缓慢，近些年来已经不再采用。第二种产品是 20 世纪 60 年代后开发的以 $C_{10} \sim C_{14}$ 链烷烃为原料，经脱氢或氯化、烷化和磺化以后制成的直链烷基苯磺酸盐，专称 LAS，其优点为具有较快的生物分解速率，已经广泛代替了 ABS。如污水处理中的 ABS 实际降解率为仅仅为 65%。相比之下 LBS 在良好的污水处理情况下除去率可以达到 99%，但因为实际生产中会含有少量降解较慢的杂质的缘故，造成降解率会有一些下降。但在通常都会在 90% ~ 97% 之间。对烷基苯磺酸盐结构研究表明：仅在相邻苯环之间存在支链基本不会影响其生物降解速率，并且支链越接近苯环影响越小，支链处于烷链的末端的烷基苯磺酸盐生物降解速率会降低；而 ABS 由于在烷链的末端存在高度的支链结构而决定了其生物降解性很差。

阳离子表面活性剂如典型的季铵脂族含 N 化合物，它们包含至少一个或两个 $C_8 \sim C_{12}$ 烷链和甲基或苄基等短链，在工业生产中，$C_8 \sim C_{14}$ 烷链主要作杀菌剂，而 $C_{16} \sim C_{18}$ 烷链却主要作织物柔软剂，应用性质大不相同。

上例中的阳离子表面活性剂与废水中存在的阴离子表面活性剂还可以形成电中性盐。因其沉淀和表面活性的降低，所以阳离子表面活性剂的毒性也大为降低。而以上这些实例表明表面活性剂自身结构和物化性质能够影响其生物降解性，在生产实践中应充分地予以考虑。

2. 毒性

表面活性剂存在对人体安全性诸如皮肤、组织器官的潜在危险以及随着废水排入河流中对环境生态系统的影响。实际操作中常以试验动物口喂的半数致死剂量(LD_{50}，g/kg)表示表面活性剂的毒性或安全性(其判定阈值为 LD_{50} 在 1g/kg 以上一般认为急性毒性较低)，用半数致死浓度(LC_{50}，mg/L)表示废污水中残留表面活性剂对水生生物的危害程度，其数值越小，毒性越大。鱼类能安全生存的活性剂浓度应在 0.5mg/L 以下，1 ~ 5mg/L 就会对敏感的鱼类致病。而阳离子表面活性剂毒性比大多数阴离子和非离子表面活性剂更大。同时表面活性剂还能够在生物体内的积聚，例如鱼在含有 0.02mg/L 的阳离子表面活性剂二硬脂酰二甲基氯化铵柔软剂残液中生存 49 天后，在其食用部分中富集的浓度增至 4 倍多，而在非食用部分中却积聚到 260 倍。这一数据说明表面活性剂的积聚影响极为显著。

通常我们将表面活性剂的化学结构与其水生生物毒性的关系归纳如下：

①疏水性越大(HLB 值越高)的表面活性剂，其水生生物毒性越大；

②乙氧基化物中乙氧基越多，其水生生物毒性越低；

③与非离子表面活性剂相比，结构相似的阴离子表面活性剂由于疏水性降低而毒性较低。

值得一提的是，非离子表面活性剂要比更为极性的阴离子表面活性剂溶解脂肪物质的程度大得多。以乙氧基(15)牛脂叔胺(TAM-15)和乙氧基(150)牛脂叔胺(TAM-150)两种阳离子表面活性剂为例，其HLB值分别为14.3和17.8，TAM-15对水蚤的水生生物毒性(LC$_{50}$-48h)为4.10mg/L，而TAM-150为66.09mg/L。虽然它们的基本化学结构是相似的，但其生物毒性受每摩尔疏水基的氧乙烯物质的量影响较大。由于氧乙烯加在脂肪胺上的可衡量阳离子表面活性剂的基本特性的胺数变小，从而使TAM-15到TAM-150毒性的降低，这一结论表明阳离子性的减少可降低有机物组织和表层的亲和力，同时增加氧乙烯使分子的疏水性降低，其综合作用结果最终导致水生生物毒性降低。

具有低亲水亲油平衡值的表面活性剂，由于它们具有从活化组织中浸提脂和油的能力，因而对水生生物具有较大的毒性效果。而阴离子表面活性剂和阳离子表面活性剂的混合，由于带相反电荷的电中和和吸附效应，因此能够明显地降低两者的毒性。如阴离子表面活性剂十二烷基硫酸钠(SLS)与等物质的量的阳离子表面活性剂十四烷酰胺二甲基苄基氯化铵(NADBAC)混合，其急性静态毒性LC$_{50}$为230mg/L，而单独的NADBAC的LC$_{50}$为<0.5mg/L。另一种处理方法为氯漂处理，如将等体积的氯漂溶液与500mL、10000mg/L的乙氧基化硫醇(LC5017.28mg/L)混合，随后用硫代硫酸钠除氯，可将毒性降低了22倍，静态毒性LC$_{50}$为380.95mg/L。这种处理方法在不影响漂白和织物性能的前提下，使漂前润湿织物的表面活性剂在润湿处理后在染浴中就地消除，是一种理想的处理方法。

近几年来开发的易降解、毒性低的新型表面活性剂有以下几类：

①α-磺基脂肪酸酯盐(α-SFM或MES)。其特征为低浓度下耐硬水性好、对酶活性无影响、具有高表面活性，多由天然油脂得到的脂肪酸甲酯经磺化制成。

②新品种聚氧乙烯脂肪醇醚。氧乙烯和氧丙烯的嵌段共聚(EO/PO)和甲基等封端，形成低浊点和低泡沫表面活性剂。

③三乙醇胺酯和酯基酰胺型季铵盐。三乙醇胺二硬脂酸季铵盐和酯基酰胺型季铵盐，虽柔软性比DSDMAC稍差，但极易生物降解，并易分散于水中，克服了双十八烷基二甲基氯化铵(DSDMAC)生物降解差，在冷水中不易分散的缺点。

④葡糖酰胺(AGA)/烷基多糖苷(APG)/甲基葡糖酰胺(MEGA)。亲水基由植物原料制成的糖系表面活性剂，APG是由从天然油脂提取的高级醇和淀粉中提取的糖类合成的，MEGA是甲胺与糖在还原条件下反应后和脂肪酸酯缩合而成。这些试剂的特点为毒性低、刺激性少、性能优异、复配程度高、生物降解快而完全、具有优良的协同作用等。

表面活性剂在环境保护领域方面还有诸多应用，对改进其环保效果的探索也在不断地进行中。近些年来，绿色表面活性剂的概念因人们日益增强的生存健康需求，以及人类生存环境的可持续发展需求应运而生。其主要概念即对人体无毒、无害对生态环境无污染。

11.4 在新能源与高效节能技术领域中的应用

能源亦称能量资源或能源资源，是可产生各种能量(如热量、电能、光能和机械能等)或可做功的物质的统称，包括煤炭、原油、天然气、煤层气、水能、核能、风能、太阳能、地热能、生物质能等一次能源和电力、热力、成品油等二次能源，以及其他新能源和可再生能源。

能源是整个世界发展和经济增长的最基本的驱动力，是人类赖以生存的基础。但是，人类在享受能源带来的经济发展、科技进步等利益的同时，也遇到一系列无法避免的能源安全挑战。能源短缺、资源争夺以及过度使用能源造成的环境污染等问题时刻威胁着人类的生存与发展。

随着全球能源的减少和环境的恶化，开发环保的新能源受到广泛关注。能源安全问题已上升到了国家战略的高度，各国都制定了以能源供应安全为核心的能源政策。其中，对能源材料的开发起到了很大的战略引导和支撑作用。电池作为可蓄电、供电的装置，对降低能源损耗，协调能源配合使用具有举足轻重的作用。对电池及其构成材料的研发主要涉及正极、负极、电解液和相隔膜等。目前电池材料正向纳米级发展，因其具有特殊的微观形貌及结构、嵌锂容量及能量密度高和循环寿命长等特点。然而实际生产中纳米颗粒团聚和粒径大小的控制，电极材料与电解液接触面积小，电解液的缓蚀效果等问题的解决都需用到表面活性剂。表面活性剂的分子由疏水基和亲水基组成，其在溶液中可以形成有序组合体胶团、反胶束、囊泡等，有序组合体可以作为微反应器制备纳米粒子。表面活性剂能使载体形成定向排列，从而防止纳米微粒的团聚，控制纳米微粒大小，提高所制电极的电性能等。表面活性剂在制作电池催化剂、电极材料，作为缓蚀剂和电池的回收等方面发挥了重要的作用。

1. 在电池催化剂制作上的应用

近些年来发展起来的微乳法是当前合成离子交换膜燃料电池催化剂的主要方法，此类方法通常利用表面活性剂合成正胶束微乳液体系和反胶束微乳液体系。因此，表面活性剂在此类材料的合成的地位不可或缺。如在正庚烷/Triton X-100（聚乙二醇辛基苯基醚）/正己醇/水体系，用微乳法合成了一系列分散性好、平均粒径可控制在 $2 \sim 4nm$ 的 Pt 催化剂。表征结果证明该催化剂电化学活性极其优良，可进行商业推广。AuxCo100-X/C 是目前非常有前景的催化剂，该催化剂就是在水/AOT（2-二乙基己基磺基琥珀酸钠）/正庚烷体系下，用硼氢化物为还原剂合成的，该方法兼具成本低廉、催化活性高的特性。

近些年来出现了许多这方面的工作，如 Liu 等首次以油相为环己烷、水相为 $H_2PtCl_6 +$ RuCl$_3$溶液和 NaBH$_4$溶液，用 AOT 构造反胶束方法制备出 Pt-Ru/C 催化剂。颗粒粒径可由水与表面活性剂浓度之比来进行控制，制备的 Pt 颗粒粒径分布均匀。用 3 种不同表面活性剂 SDS、CTAB 和 Triton X-100 制备 Pt/C 电催化剂。反胶束粒径和 Pt/C 电催化剂中 Pt 晶粒的粒径按 Triton X-100>CTAB>SDS 的顺序递减。制备的 Pt/C 电催化剂的电化学性能，按 Triton X-100<CTAB<SDS 的顺序递增，具有良好的可控性。

2. 在电池回收中的应用

利用表面活性剂构建的乳状液可以在提纯金属的迁移率方面进行应用。工业中多用煤油-表面活性剂（Span 80）-载体和内水相氨水构建乳状液膜来分离废旧镍镉电池中的镉离子，结果表明经过此方法分离的镉迁移率可达 93.3%，而镍的迁移率仅为 14.6%，能较好地实现镉镍离子的分离。在废电池处理方面，锰钢技术是特别值得一提的工业实例。利用表面活性剂降低碳和氧化锰界面反应的活化能，影响还原速度，分选后的破碎废电池可分离出二氧化锰，在碳还原剂作用下烧结后还原为锰钢，通过这一办法可直接对废电池进行处理。

表面活性剂在电池制备领域中具有重要的应用，通过其制成的乳状液可以充当微反应池，起到缓蚀作用，防止团聚，同时改变金属氧化物的晶型以抑制析氢和枝晶生长等。在质子交换膜燃料电池、锂离子电池、碱锰电池、锌空气电池、镍镉电池上均有广泛应用。如构建 P123-乙醇溶液制备的纳米锂离子电池阴极显电循环次数较高，油酸和煤油混合熔融液活性剂制备的复合电极效能较其他类材料高出可达 2 倍以上。但需指出，尽管充放电效率较高，材料性能距离实用仍有一定的距离，目前仍然处于材料研发层面。

另外表面活性剂在电池回收方面的应用力度还需要加强，可利用其在捕收剂、抑制剂、浮选剂的特性进行电池再回收方面应用，充分发挥其功效。

　　3. 有机代汞缓蚀剂

　　为避免碱锰电池中锌电极的自放电影响电池工作寿命，当前工艺上广泛采用汞或汞盐来进行抑制。但汞材料通常会污染环境，并且还会加速锌电极的变形。因此，设法消除或取代电池中有毒的汞成为学术界亟待攻克的难题。就目前来讲，碱锰电池的去汞技术主要采取以下两种有效措施：锌负极上添加缓蚀剂和将缓蚀剂加入电解液中。科研上的缓蚀剂主要有无机缓蚀剂和有机代汞缓蚀剂两种，其中有机代汞缓蚀剂则是以具有防腐蚀性的表面活性剂为主。

11.5　在其他领域中的应用

　　实际生产中，表面活性剂还能有效地改进相关工艺过程、改善产品质量、节能降耗、优化环境使反应过程绿色化。下面举几例说明表面活性剂在这些方面的应用：

11.5.1　农药的赋型剂

　　农药配剂工艺中多用甲苯、二甲苯、三甲苯将固体农药以及一些油溶性的液体农药配成乳状液之后才进行农用灭虫使用。但是这样的乳状液存在以下问题：①乳状液体系的表面张力程度不同。对于表面张力高的情况，则其在液面上的黏附铺展性能差；②乳状液的热力学稳定性不好；③合成产品对环境有较大的危害。基于以上原因，国内外研究团队将农药制成油/水（W/O）微粒的乳状液，利用表面活性剂复合体系的环境稳定性合成制备出绿色农药制剂。由于该乳状液具有较低的表面张力，是热力学稳定体系，在避免有害溶剂使用的同时也改善了铺展性能，整体上对农药的使用效果进行了提升。而对于有较大危害的水溶性农药也可采用表面活性剂进行配制，一般可先用脂肪酸甲酯配成水/油（W/O）型微乳，再进一步将其配制成水/油/水（W/O/W）型多重微乳从而达到毒性降解的目的。

11.5.2　液膜分离、胶束增溶超滤与土壤修复

　　液膜分离技术用于处理含锌及含酚废水目前已经取得了较为丰硕的成果。而且其除去率均很高（可达99%），且回收 Zn 的价值十分经济。同时利用液膜法处理含酚废水的成本仅为萃取法的1/3。利用胶束增溶超滤方法，可以除去低相对分子质量有机物（$M<300$）的同时，还可以将水中的多价金属离子分离。在土壤修复领域，如果煤焦油及氯化溶剂（如三氯乙烯多氯代双酚）等一些工业废液中的重有机物被土壤吸收不仅会影响作物的生长，长期累积还会形成公害，破坏可持续发展。利用表面活性剂来洗涤土壤，方法简单易行，且无较大副作用，近些年来引起人们的极大兴趣。当前表面活性剂修复土壤手段已经达到商业水平。另一种修复土壤的方法为原位修复。原位修复是指通过挖沟、纵向或横向打孔把表面活性剂及其添加物的水溶液渗入土壤中，再将洗出的重非溶性污染物在萃取井中回收的过程。原位修复的技术手段目前还达不到商业水平，对其研究还有待进一步深入。

11.5.3　制备高效催化剂与生物矿化模拟

　　促进反应过程绿色化的有效途径之一即采用高效催化剂进行反应催化。纳米材料科学表明如果起催化作用的金属具有较高的分散度及较大的比表面积，催化剂的活性和选择性可有

较大提高。通常来讲，为达到上述目的，人们通常利用表面活性剂构造微乳和液晶体系来合成纳米结构材料，这样制备的物质往往具有较大的表面活性及高分散度，或载体具有特殊的孔道。近些年来，此种方法逐渐成为制备催化剂纳米介孔载体和超细粒子催化剂的有效手段，人们广泛使用表面活性剂集聚体作为模板，进行无机晶体受控生长方面的研究，同时进行无机-有机复合材料的模拟合成研究。利用表面活性剂作模板，已经合成出磁性纤维、网状磷酸钙、半导体-有机物、超晶格中孔分子筛、中孔氧化硅薄膜等多种特殊材料。以微乳法制备的脂肪醇胺化催化剂为例，其金属含量可比常规电沉法下降一半。尽管上述方法还仅限于实验室研究阶段，但已涉及转录合成、协同合成、变形重构和微相分离等各个方面，引起人们的广泛兴趣。

11.5.4 微乳燃油

乳化燃油与传统燃油相比具有燃烧值高、排烟量少等优点。在西方国家已有商品型材料问世。实验数据表明，微乳燃油燃烧速率虽比传统燃油有所下降，但火焰温度稳定，且当含水量一定时，烟含量可减少 80%~90%。美国的 Johnson 将 12 边形的 20 个纳米级水分子聚集体分散在柴油中制备出了新型的微乳燃油，可有效地降低各种氮氧化物。另一方面，用合适的表面活性剂可增加在临界 CO_2 中不溶的物质的溶解度，而这一结论预示着超临界 CO_2 可以代替一些对环境有害的常用溶剂。最近美国北卡罗林纳大学已将该技术推向商业应用，这对全世界每年工业精细清洗消耗氯氟化碳、氢氯氟化碳和四氯乙烯等超 $300 \times 10^8 t$ 的有机溶剂而产生的环境危害无疑是巨大福音。但微乳化燃油和超临界 CO_2 溶剂均在积极研究中，相信在不远的将来，这些绿色环保型材料将会给人类的生活带来意想不到的改变。

第12章 表面活性剂的基本分析技术

表面活性剂的分析主要包括定性分析、定量分析和结构分析。按使用方法不同，表面活性剂的分析有化学分析法和仪器分析法两大类。由于色谱技术的发展，它不但能定性地判定离子的类型，而且还可以分析出表面活性剂亲水基和亲油基的种类，甚至结构。

12.1 表面活性剂的定性分析

表面活性剂的定性分析是指对表面活性剂进行离子类型鉴定、元素定性分析和官能团定性分析。定性分析的目的是对表面活性剂进行初步检验，确定可能存在的表面活性剂种类，为进一步进行结构及定量分析提供依据。定性分析一般是利用染料的颜色变化、溶剂萃取、产生沉淀或浑浊的办法进行观察。定性分析的主要方法有酸化法、染料指示剂法、沉淀法、纸色谱显色法和水解系统分析法。

12.1.1 表面活性剂离子类型的鉴别

表面活性剂品种繁多，对未知的表面活性剂首先需要快速、简便、有效地确定其离子型，即确定阴离子、阳离子、非离子及两性离子表面活性剂的具体类型是非常有必要的。下面介绍几种表面活性剂离子类型的鉴别方法。

1. 泡沫特征试验

泡沫特征试验可以初步鉴定存在的表面活性剂的类型，也可以和其他试验联合应用。具体操作步骤如下：

在一支试管中，加几毫升水和少量醇萃取物，摇动，如果生成泡沫，表示存在表面活性剂。加2~3滴稀盐酸溶液，摇动，如果泡沫被抑制，表示在表面活性剂中存在肥皂；如果泡沫保持，表示存在除肥皂外的表面活性剂。若在这种情况下加热至沸，并沸腾几分钟，如果泡沫消失，并形成脂肪层，表示存在易水解阴离子洗涤剂如烷基硫酸盐或烷基醚硫酸盐；如果泡沫保持，表示存在不易水解的阴离子洗涤剂如烷基或芳基磺酸盐，阳离子或非离子表面活性剂，也可能是其混合物。

2. 亚甲基蓝-氯仿试验(阴离子表面活性剂)

亚甲基蓝是水溶性阳离子型染料，但阴离子表面活性剂与亚甲基蓝可形成可溶于氯仿的蓝色络合物，从而使蓝色从水相转移到氯仿相，利用该性质可定性定量分析阴离子表面活性剂。亚甲基蓝和阳离子型或非离子型表面活性剂均无此反应，不能使溶剂着色，染料仍存在于水溶液中，所以水层为蓝色。

(1)溶液的配制

①亚甲基蓝溶液：将6.8g浓硫酸缓慢地注入约50mL水中，待冷却后加亚甲基蓝0.03g和无水硫酸钠50g，溶解后加水稀释至1L。

②阴离子表面活性剂溶液：$c=0.5g/L$。

（2）检验步骤

在带塞试管中加入 3mL 亚甲基蓝溶液和 5mL 氯仿，加入一滴 0.05%阴离子表面活性剂，塞上塞子充分振荡，并使其分层，一直滴到上下层对反射光呈同一颜色时为止，一般需要 10~20 滴阴离子表面活性剂。接着加入 2mL0.1%试样溶液，振荡后让其分层，静置观测两层颜色。

（3）结果和判断

如果氯仿层颜色较深，而水层几乎无色，表明存在阴离子表面活性剂，因为试剂是酸性的，如果存在肥皂的话，则已经分解脂肪酸，所以肥皂不能被检测。

如果水层颜色较深，则表明存在阳离子表面活性剂，因为试剂是酸性的，两性离子表面活性剂通常显微弱的阳性结果。本试验的改良方法是在 5mL 试样溶液中加入 10mL 亚甲基蓝溶液和 5mL 氯仿，将混合物振荡 2~3min，然后使其分层，观察两层颜色，若氯仿层呈蓝色的话，则表明存在阴离子表面活性剂。再加入试样溶液，则氯仿层产生更深的蓝色。

如果水层呈乳状，或两层基本呈同一颜色，则表明有非离子表面活性剂存在，还有疑问时，可用 2mL 水代替试样溶液进行对照试验。硝酸盐、磷酸盐等无机盐不会产生干扰。

3. 溴化代米迪鎓-二硫化蓝 VN150 混合指示剂法

（1）溶液配制

混合指示剂：分别称取 0.500g 溴化代米迪鎓（溴化二氨基菲啶）和 0.250g 二硫化蓝 VN150，各用 25mL 10%热乙醇溶解，并入 250mL 容量瓶中，冷却后用 10%乙醇稀释至刻度。从中移取 20.00mL 至 500mL 容量瓶中，加 200mL 水和 20mL 2.5mol/L H_2SO_4，混合均匀后再用水稀释至刻度。

（2）检验步骤

将少量试样溶于水中，分成两份，把一份溶液的 pH 值调节到 1，另一份 pH 值调节到 11，然后各加 5mL 混合指示剂溶液和 5mL 氯仿，振荡后静置分层，观察氯仿层的颜色。氯仿层都显粉红色时，表示存在阴离子表面活性剂。非离子表面活性剂和磺基甜菜碱显阴性（无色）。甲基牛磺酸烷基酯、肥皂和肌氨酸盐在碱性条件下显粉红色，在酸性条件下显阴性。烷基甜菜碱在碱性条件下显蓝色，在酸性条件下显阴性。季铵盐阳离子表面活性剂都显蓝色。氧化胺、氧肟酸季铵盐和叔胺及其卤化物在酸性条件下显蓝色，在碱性条件下显阴性。结果和判断见表 12-1。

表 12-1　混合指示剂法结果和判断

表面活性剂	酸性	碱性
阴离子表面活性剂	粉红	粉红
季铵盐阳离子	蓝	蓝
叔胺及其氢卤化物	蓝	—
氧化胺	蓝	—
氧肟酸季铵盐	蓝	—
甲基牛磺酸羟烷基酯	—	粉红
非离子表面活性剂	—	—

表面活性剂	酸性	碱性
烷基季铵盐碘基甜菜碱	—	—
吡啶烷基甜菜碱	—	—
烷基季铵盐类甜菜碱	—	蓝
肌氨酸盐	—	粉红
肥皂	—	粉红

4. 磺基琥珀酸酯试验

在大约 1g 试样的醇萃取物中加入过量 $c(KOH) = 30g/L$ 的氢氧化钾乙醇溶液，并沸腾 5min。过滤沉淀（琥珀酸钾），用乙醇洗涤并干燥。将部分沉淀与等量的间苯二酚混合，加 2 滴浓硫酸，在小火焰上加热至混合物变黑，立即冷却并溶于水中，用稀氢氧化钠溶液使其呈碱性。若产生强的绿色荧光，则表示存在磺基琥珀酸酯。

5. 溴酚蓝试验

溴酚蓝指示剂染料属于阴离子型，能与季铵化合物等阳离子活性基团形成络合物。

(1)溶液配制

溴酚蓝溶液：将 $c(乙酸钠) = 0.2mol/L$ 的乙酸钠溶液 75mL、$c(乙酸) = 0.2mol/L$ 的乙酸 95mL 和 $c(溴酚蓝) = 1g/L$ 的溴酚蓝乙醇溶液 20mL 混合，调节 pH 值至 3.6~3.9。

(2)操作步骤

调节 10g/L 试样溶液至 pH 值为 7，加 2~5 滴试样溶液于 10mL 溴酚蓝试剂溶液中，若呈现深蓝色，则表示存在阳离子表面活性剂。两性长链氨基酸和烷基甜菜碱（内铵盐）呈现轻微蓝色和紫色荧光。非离子表面活性剂呈阴性，而且在与阳离子表面活性剂共存时并不产生干扰。低级胺亦呈阴性。

另外，由于阳离子表面活性剂能被纸纤维素吸附，因此对染料起固色作用，可以使纤维形成色斑，不易被水洗去。操作中将样品水溶液滴于滤纸上，再加一滴溴酚蓝，静置 1min 后，用蒸馏水清洗，若洗不去，则证明这种表面活性剂有阳离子基团。

6. 浊点试验(非离子表面活性剂)

浊点法适用于聚氧乙烯类表面活性剂的粗略鉴定。浊点测定法未必敏锐，也就是说，在其他物质共存时会受到影响，当存在少量阴离子表面活性剂时会使浊点上升或受抑制。无机盐共存时会使浊点下降。

制备 10g/L 试样溶液，将试样溶液加入试管内，边搅拌边加热，管内插入(0~100℃)温度计一支。如果呈现浑浊，逐渐冷却到溶液刚变透明时，记下此温度即为浊点。若试样呈阳性，则可推定含有中等 EO 数的聚氧乙烯型非离子表面活性剂。如加热至沸腾仍无浑浊出现，可加入食盐溶液($c = 100g/L$)，若再加热后出现白色浑浊，则表面活性剂是具有高 EO 数的聚氧乙烯型非离子表面活性剂。

如果试样不溶于水，且常温下就出现白浊，那么在试样的醇溶液中再加入水，如果仍出现白浊，则可推测为低 EO 数的聚氧乙烯型非离子表面活性剂。

更进一步，鞣酸和氯化汞均能使聚乙二醇型非离子表面活性剂从水溶液中析出，此为沉淀法。

7. 硫氰酸钴盐试验

滴加硫氰酸钴铵试剂溶液于 5mL $c = 10g/L$ 的试样溶液中，静置，观察溶液颜色。若呈现蓝色的话，则表示存在聚氧乙烯型非离子表面活性剂；若生成蓝色沉淀和红紫色溶液，表明存在阳离子表面活性剂。

8. 氧肟酸试验

（1）溶液配制

①盐酸羟胺溶液：在 15mL 水中溶解 7g 盐酸羟胺，并加入 78g 2-甲基-2，4-戊二醇。

②盐酸醇溶液：将 44mL 2-甲基-2，4 戊二醇和 4mL $c(HCl) = 12mol/L$ 盐酸混合。

③氢氧化钾醇溶液：在 20mL 水中溶解 3.3g 氢氧化钾，并加入 45g 2-甲基-2，4-戊二醇。

④氯化亚铁溶液：$c(FeCl_2) = 100g/L$。

（2）检验步骤

在 0.1g 无水试样中加入 1mL 盐酸羟胺溶液，加热使其溶解或分散，冷却后，加入氢氧化钾醇溶液或盐酸醇溶液，直至刚果红试纸呈酸性。将其温和地煮沸 3min 后冷却，加入 2 滴氯化亚铁溶液，紫色或者深红色表示存在脂肪酰烷醇胺型非离子表面活性剂。应注意脂肪酰烷醇胺硫酸盐也呈现同样反应。

9. 百里酚兰试验（阴离子型表面活性剂）

①试剂：在 0.005M 盐酸溶液中加 3 滴百里酚兰溶液。

②在 5mL 中性 0.01%~0.1%试样中加入 5mL 试剂，呈紫红色表明存在阴离子型表面活性剂

10. 磷钼酸钠试验

取 5mL 1%（体积分数）的试样水溶液于试管中，加 10mL 盐酸（1mL 试剂级盐酸加 10mL 水）及 10mL 10%氯化钡溶液（质量分数），并加热，冷却后，如有混浊及沉淀生成时，过滤，滤液中加入 1mL 10%磷钼酸钠溶液（质量分数），如有非离子型表面活性剂存在时，则生成浅黄色沉淀。

此法只适用于聚氧乙烯型非离子表面活性剂，如有阴离子表面活性剂共存时，并无妨碍，但不适用于阳离子表面活性剂共存的情况。

11. Burger 法（阴、阳离子表面活性剂）

Burger 试剂的配制：分别将亚甲基蓝、邻苯二酚紫罗兰先与石油醚、再与乙酸乙酯一起煮沸，然后过滤、干燥。将两种染料按等物质的量混合，在研钵中充分研磨后，溶解在蒸馏水中，配成 0.05%溶液。

将待测试样水溶液依次用氯仿、乙醚和石油醚萃取。弃去有机层（其目的是除去试样中的杂质），然后用 0.1mol/L 盐酸或 0.1mol/L 氢氧化钠溶液调节试样溶液 pH 值至 5~6。量取 3mL 试样溶液于 20mL 试管中，加入 3 滴 Burger 试剂和 3mL 石油醚，充分摇荡后，静置。如水层呈绿色，石油醚呈无色，两层界面呈绿色或无色，则表示试样中不存在表面活性剂。如水层呈黄色，石油醚层无色，两层间有深蓝色，则表示试样中有阴离子型表面活性剂存在。如水层呈蓝色，而石油醚层无色，两层间为黄色，则表示试样中有阳离子型表面活性剂。如两相界面处有很薄的乳浊层，则表示试样中有非离子型表面活性剂存在。如果表面活性剂浓度太小，检测不甚明显，可用下述方法提高灵敏度。用分液漏斗代替试管检测，最后

小心地分去水层，石油醚用水洗涤 2 次，分去水层。再将石油醚层下部溶液接收于结晶盘中，蒸去石油醚，如见蓝色，则表明有阴离子型表面活性剂。本方法对 0.01mol/L 阴离子表面活性剂溶液仍可得到满意的结果。

对阳离子型表面活性剂的检测，亦同上操作。在结晶盘中石油醚蒸去后加数滴乙醇或丙酮，若再加少量二氯二苯锡结晶，则染料的酚羟基即与锡生成深蓝色的螯合物，即使极微量的阳离子型表面活性剂也可检测出来。

12. 水解系统分析法

表面活性剂样品加酸或加碱后进行水解处理，若液面上出现油状物，并且泡沫消失，说明待鉴定物能水解，否则不能水解。各类表面活性剂的水解性能不同，产物也不同。根据表面活性剂的水解情况和水解产物，可进行系统分析，对表面活性剂类型进行初步定性。水解方式主要有碱溶液水解、盐酸水解、10%盐酸水解，见图 12-1、图 12-2 和图 12-3。

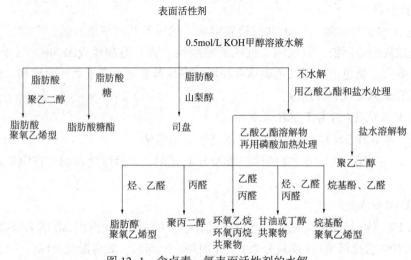

图 12-1　含卤素、氧表面活性剂的水解

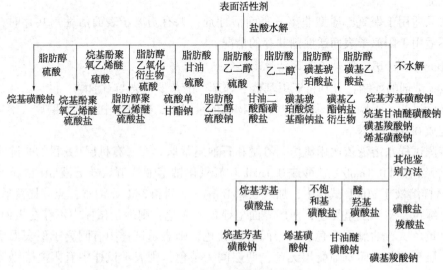

图 12-2　含氧、硫表面活性剂的水解

274

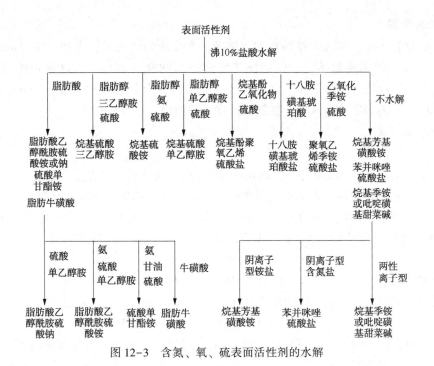

图 12-3 含氮、氧、硫表面活性剂的水解

12.1.2 表面活性剂的元素定性分析

在表面活性剂中除含有碳、氢、氧元素外，通常还含有氮、硫、氯、溴等。将元素定性分析和与离子型鉴定的结果综合起来，可得到非常有价值的信息。对于某一表面活性剂，经离子型鉴定后，分下列几种情况进行元素定性分析：

①阴离子表面活性剂除碳、氢、氧外，往往含有硫、氮、磷 3 种元素中的 1~2 种，极少有这 3 种元素同时存在。一般还含有 Na^+、K^+、Ca^{2+}、Mg^{2+} 等金属离子。金属元素可能由无机盐带入，但可以肯定表面活性剂中有金属元素时，一般不会是阳离子或非离子表面活性剂。

②阳离子型表面活性剂，元素定性分析结果多数含氮元素及卤素，无金属离子。

③两性离子表面活性剂基本上都含有氮元素，或氮、硫共存(磺化甜菜碱、磺基咪唑啉、磺基氨基酸)，或氮、磷共存(卵磷脂、磷酸化咪唑啉)。氨基酸盐含有 K^+、Na^+等金属离子。

④非离子型表面活性剂多数不含硫、磷，烷醇酰胺中含有氮元素。

如果有氟元素明显被检出时，可以肯定是含氟表面活性剂。有显著硅被检出时，需考虑有机硅类表面活性剂和硅酸盐添加物的存在的可能。

在元素定性分析时，应尽量除去非活性组分的影响，所以分析前的分离工作很必要。

12.1.2.1 金属钠熔法

有机元素一般没有直接的测定方法，分析时总是设法将有机元素转变成无机物，再分别检测之。钠熔法是将有机元素转变成水溶性的离子，金属钠熔化法是检验氮、硫、磷、卤素的常用分析方法。

1. 仪器和试剂

试管夹、镊子、金属钠。

2. 检验步骤

取干燥试管 1 支，加入 1 粒绿豆大、洁净、有光泽的金属钠，再加入 3~5mg 试样，用小火在管底缓慢加热使钠熔化，转动试管使试样与钠充分混合，当试管中钠蒸汽上升至 2~3cm 高时，立刻加入少量试样，然后用大火加热到完全分解并趁热浸入 10mL 蒸馏水中，试管底部破裂，内容物溶于水中，搅拌后过滤，滤液供元素分析使用。

3. 元素的鉴定

（1）硫的鉴定

①硫化铅试验。取约 1mL 试液（即钠熔试验的水溶液）加 c（乙酸）$= 3mol/L$ 的乙酸酸化，加入数滴 10% 乙酸铅溶液，若有棕色至黑色沉淀产生即表明硫的存在，沉淀为硫化铅。

②亚硝基铁氰化钠试验。在 0.2mL 试液（碱性）中，加入 1 滴 $c = 1g/L$ 的亚硝基铁氰化钠溶液（临时新配），若有深红色至紫色出现，即表明硫的存在。反应式如下：

$$Na_2S+Na_2Fe(CN)_5NO \longrightarrow Na_2Fe(CN)_5(NOS)$$

③硫和氮同时鉴定。取 0.2mL 试液，加稀盐酸呈酸性反应，再加 1 滴 c（$FeCl_3$）$= 10g/L$ 三氯化铁溶液，若有红色出现，即表明有硫氰离子（CNS^-）存在。反应式如下：

$$3NaCNS+FeCl_3 \longrightarrow Fe(CNS)_3+3NaCl$$

在钠熔时，若钠量较少，硫和氮常以 CNS^- 形式存在，因此在分别鉴定硫和氮时，若得到负结果，则必须做本试验。

（2）氮的鉴定

①普鲁士蓝试验。取 1mL 钠熔滤液于一小试管中，加入氢氧化钠溶液数滴，调节 pH 值至 13，加入 10~15mg 粉状硫酸亚铁及 1 滴氟化钾溶液，将混合物加热至沸，用毛细吸液管加入 1 小滴 c（$FeCl_3$）$= 10g/L$ 三氯化铁溶液，接着逐滴加入硫酸溶液至铁的氧化物全部溶解为止。让试样静置 2~3min。如有蓝色或蓝色沉淀出现，即表明有氮存在；如果溶液澄清或出现黄色，即表明负性结果；如果溶液呈绿色，即表明熔化反应不完全，需重新进行钠熔试验。如有硫存在，可多加硫酸亚铁，在酸化时将 FeS 沉淀溶去，故无干扰。本试验反应式如下：

$$6NaCN+FeSO_4 \longrightarrow Na_4[Fe(CN)_6]+Na_2SO_4$$
$$3Na_4[Fe(CN)_6]+4FeCl_3 \longrightarrow Fe_4[Fe(CN)_6]_3 \downarrow +12NaCl$$
普鲁士蓝

②氯胺 T-双甲酮试验。取钠熔法滤液 1mL，加入 1mL c（氯胺 T）$= 10g/L$ 的氯胺 T 溶液，用 c（HCl）$= 1mol/L$ 的盐酸酸化。1min 后溶液变浑浊，再加入 3mL 质量分数为 3% 的双甲酮吡啶溶液，摇匀。若试样含氮，则产生紫红色，放置片刻呈蓝紫外线色。

（3）磷的鉴定

取 0.2mL 试液，加入 3mL 浓硝酸，煮沸 1min。放冷，加入等体积的钼酸铵试剂，然后在 50℃ 下保温 10~15min，若生成黄色沉淀，即表明存在磷。本试验反应式如下：

$$H_3PO_4+12(NH_4)_2MoO_4+12HNO_3 \longrightarrow (NH_4)_3PO_4 \cdot 12MoO_3 \downarrow +2NH_4NO_3$$

钼酸铵试剂配制法：取 25g 钼酸铵溶于 50mL 蒸馏水中。砷有类似反应，如果试样中含有砷时，必须在试验磷之前用硫化氢将它除去。

（4）卤素的鉴定

如果存在硫或氮，则将 0.2mL 试液和 3mL c（H_2SO_4）$= 2mol/L$ 硫酸溶液煮析，倒出一半，用蒸馏水补充到原体积，加几滴硝酸银溶液，若出现白色或微黄色沉淀，即表明存在卤素。

$$NaX+AgNO_3 \longrightarrow AgX \downarrow +NaNO_3$$

如果不存在氮和硫，可以用刚果红做指示剂，用 $c(HNO_3)=2mol/L$ 硝酸溶液酸化 1mL 试液，再加入几滴硝酸银溶液，若出现白色或淡黄色，即表明存在卤素。

卤素间的区别，如果存在氮和硫，则用上述硫酸法除去；如果不存在则用硫酸简单酸化。加入 0.5mL 二硫化碳，然后滴加 $c(NaClO)=0.06mol/L$ 次氯酸钠溶液，每滴之间激烈振荡，并注意二硫化碳层的颜色。若有黄褐色或棕色出现，即表明存在溴，紫色表示存在碘，氯没有颜色。

$$ClO^-+H_3O^+ \longrightarrow H_2O+HOCl$$
$$HOCl+H_3O^++2I^- \longrightarrow Cl^-+2H_2O+I_2（在 CS_2 中呈紫色）$$
$$5HOCl+6H_2O+2I^- \longrightarrow 5H_3O^++5Cl^-+2HIO_3（无色）$$
$$HOCl+H_3O^++2Br^- \longrightarrow 2H_2O+Cl^-+Br_2（在 CS_2 中呈棕色）$$

(5)氟的鉴定

①取 0.8mL 试液，加乙酸呈酸性反应。煮沸，冷却，加 2~5 滴饱和氯化钙溶液，放置数小时后，析出胶状氟化钙沉淀，即表明存在氟。

②取 0.4mL 试液，加乙酸呈酸性反应。煮沸，冷却后，用搅拌棒蘸 1 滴溶液，滴在茜素锆试纸上，若红色的试纸变成黄色时，即表明存在氟。

茜素-锆试纸的制法：将滤纸裁成纸条后，浸在 3.5L $c(茜素)=10g/L$ 的茜素乙醇溶液和 2mL $c(氯化锆)=4g/L$ 的氯化锆溶液的混合液中，滤纸吸足溶液后，取出，晾干。临用时在纸上加一滴 5% 的乙酸溶液。

(6)硅的检验

含硅表面活性剂灼烧后生成的 SiO_2，溶解于氢氧化钠溶液中与钼酸铵 $(NH_4)_2MoO_4$ 作用生成复合物。生成物可溶于水或酸，能把联苯胺氧化为蓝色醌型产物，而本身被还原为钼蓝。

$$SiO_2+2NaOH \longrightarrow Na_2SiO_3+H_2O$$
$$Na_2SiO_3+12(NH_4)_2MoO_4+26HNO_3 \longrightarrow H_4SiO_4 \cdot 12MoO_4 \cdot 2H_2O+24NH_4NO_3+2NaNO_3+9H_2O$$
$$H_4SiO_4 \cdot 12MoO_4 \cdot 2H_2O+(C_6H_4NH_2)_2+2NH_4OH \longrightarrow 醌式产物（蓝色）+MoM_8（蓝色）$$

12.1.2.2 灼烧试验

根据有机物和无机金属离子灼烧时的状况，可对有机物和金属离子做初步判断(表 12-2)。

表 12-2 灼烧试验法结果和判断

有机物类型	灼烧状况	火焰颜色	金属盐
含有芳环	黄色火焰，有烟	黄	钠
低级脂肪族	黄色火焰，几乎无烟	砖红	钙
含氧化合物	蓝色火焰	紫	钾
卤代物	白色火焰，有烟，刺激性	黄绿	钡
糖和蛋白质	焦臭味	绿	铜、铋

12.1.3 表面活性剂官能团的化学分析

官能团的化学分析常与光谱分析配合用于表面活性剂的结构分析，根据元素定性分析的初步结果及离子型鉴别，可以将表面活性剂按离子型及所存在的元素进行分类，由此可以判断可能存在的官能团，然后针对这些官能团进行相应的试验，进一步确定产品的结构。例如，元素分析含硫与金属，不含氮和磷的阴离子型表面活性剂，可通过盐酸水解试验鉴别是硫酸盐还是磺酸盐，然后再根据情况进行酯的羟肟酸试验、丙烯醛试验、催化酯化试验、甲醛-硫酸试验、乙酯化试验及芳香族磺酸试验等，以检验所存在的官能团，由此推测结构。又如元素分析不含氮、硫、磷和金属的非离子型表面活性剂可进行磷酸裂解试验，以检验所存在的官能团是聚氧乙烯基还是聚氧丙烯基，从而判断它的结构。下面介绍一些常用的官能团试验方法。

1. 盐酸水解试验

此法用于检验烷基硫酸酯盐(也包括低级烷基硫酸酯盐)。有机磺酸及无机硫酸盐的存在均不发生干扰。

如试样呈碱性，就于110~115℃下干燥，用无水甲醇或苯萃取。将萃取液过滤或离心分离除去不溶性物质，然后蒸发澄清的萃取液至干燥。如试液不呈碱性，则用 $c(KOH)=2mol/L$ 氢氧化钾-甲醇溶液调节至碱性(加百里酚酞，呈蓝色，再过量 0.5mL)。再于 110~115℃下干燥后同前法处理。

取 0.2g 处理好的试样，加入 $\psi(HCl)=1:4$ 的盐酸溶液 6mL 搅拌，将此混合物 1mL 移至另一试管，再加入 3 滴 $c(HNO_3)=15mol/L$ 的硝酸溶液和 1mL 水充分振荡，接着加入 3 滴 $c(BaCl_2)=100g/L$ 氯化钡溶液，振荡 2~3min 后静置。若生成不溶于水的白色结晶性沉淀($BaSO_4$)，则表示存在烷基硫酸酯盐。

2. 酯的羟肟酸试验

此法用于检验酯或含有内酯链的全部化合物，如噁唑啉、咪唑啉啉季铵盐、烷醇酰胺及聚氧乙烯脂肪酰胺等均呈阳性。酚对试验有干扰，用氯化铁试验能够检出酚的存在。

(1)溶液配制

羟胺盐酸盐溶液(含百里酚酞的甲醇溶液)：$c=1mol/L$。将 7g 盐酸羟胺和 0.02g 百里酚酞溶解于甲醇并用甲醇定容到 100mL。

(2)检验步骤

将在 110~115℃下干燥过的无水试样约 0.1g 加入 1mL 羟胺盐酸盐溶液中，并加入 $c(KOH)=2mol/L$ 的氢氧化钾甲醇溶液(含百里酚酞)直至混合物呈蓝色，再过量 0.5mL，煮沸 30s 后，冷却，滴加 $c(HCl)=2mol/L$ 盐酸-甲醇溶液至蓝色消失，再加入 $c(FeCl_3)=100g/L$ 的氯化铁溶液 2 滴，然后继续添加 $c(HCl)=2mol/L$ 的盐酸甲醇溶液直至溶液出现紫色(阳性)或黄色(阴性)。如果紫色立即褪去，加过氧化氢 2~3 滴，紫色重新出现，羟酸酯可得到鉴定。

高级和低级羧酸酯之间的鉴别按下法进行，即将显示阳性结果的试样溶液用 2~3mL 水稀释，加 1mL 氯仿充分振荡后分层，若紫色主要出现在水层，则表示有低级羧酸衍生物(C_6 以下)存在；如有中等程度链长的羧酸衍生物，则水层和氯仿层均呈紫色。

3. 氯化铁试验

此法用于检验酚类化合物。

把 30mg(或 1 滴)试样用 1mL 甲醇处理，充分振荡并加水 4mL。再用 $\psi(HCl)=1:4$ 的盐酸溶液调节至石蕊试纸显酸性。过滤或离心分离除去不溶物后，加 $c(FeCl_3)=100g/L$ 的氯化铁溶液 1 滴。产生蓝、紫、绿、红、黑等有色沉淀物(也有不生成沉淀的情况)，表示有酚存在。有色沉淀物的颜色，往往因所用溶剂、反应物的浓度、溶液的 pH 值以及反应时间的不同而不同，干扰也比较大。如：羟基联苯的磺化物呈蓝紫色，而木质素磺酸盐类呈黑色，应注意区别。

4. 催化酯化试验

此法适用于检验酯的羟肟酸试验中呈阴性的物质，可以鉴定酯类和羟酸盐(皂素)。干扰物质在试验前必须除去。

将0.1g(或3滴)无水试样和10滴己二醇以及1滴浓硫酸于试管中(如为未知试样时，先将试样溶于1mL甲醇，如试样为碱性，则用$c(HCl)=2mol/L$盐酸甲醇溶液调节至石蕊试纸呈酸性，再于水浴上煮沸除去甲醇)。小火缓缓加热。煮沸1min后冷却，然后对生成物进行酯的羟肟试验，羧酸和羧酸盐呈阳性反应。

5. 酚酞试验

此法用于检验季铵盐类化合物。

将0.1g(或3滴)试样，3mL $c(NaOH)=50g/L$的氢氧化钠溶液中置于试管中，振荡使其呈悬浊液，如有必要可加热。冷却后加入2滴酚酞溶液和2mL苯。加胶塞后振荡静置分层，观察苯层的颜色。若苯层显桃红色表明有碳数C_{25}以上的四烷基季铵盐存在(这里认为苄基是碳数C_7的烷基)。该试验对吡啶盐、喹啉鎓盐等季铵盐化合物呈阴性，且对碳数C_{15}以下的四烷基季铵盐化合物亦显示阴性结果。

6. 氢氧化钾水解试验

此方法适用于碳数C_{26}以下的季铵盐类化合物。

将含有效成分约0.1g的试样液悬浊于3mL $c(KOH)=50g/L$的氢氧化钾溶液中，加热，煮沸30~60s后，冷却至室温。若生成黑色油状不溶性物质，则用$c(KOH)=200g/L$氢氧化钾溶液重复进行前面操作，然后煮沸混合物，注意开始时的气味。碳数在C_{26}以下的季铵盐因水解而逸出氨臭，而吡啶、喹啉鎓和异喹啉鎓等季铵盐散发出相应的吡啶、喹啉和异喹啉特有的气味。

用氢氧化钾水溶液或甲醇溶液水解试验，对水解物进一步采用化学分析或光谱分析，可得出许多有用的信息。

7. 磷酸热分解试验

此法用于检验聚氧乙烯和聚氧丙烯基。

(1)溶液配制

硝普钠盐溶液：将硝普钠二水盐20g溶于50mL水，用450mL甲醇稀释。

(2)检验步骤

将0.2g无水试样和1~1.5mL质量分数为85%的磷酸加于试管中，振荡2~3s，试管口填上脱脂棉，加胶塞，塞上装有弯曲成60°的玻璃导管。然后将试管倾斜成30°角，导管主要部分变为垂直。为易于观察导管前部的颜色变化，可将导管前部置于白色板上，以加有1mL水的另一试管作对比。将试管加热至混合物呈暗褐色并注意混合物的起泡。将热分解物导入装有检验液的另一试管(检验液为2滴硝普钠盐溶液和1滴二乙醇胺溶于1mL水)。继续加热至检验液出现蓝色或橙色。最多加热5min，如不出现蓝色或橙色即为阴性。

在此条件下聚氧乙烯基分解出乙醛，与二乙醇胺共存的硝普钠盐作用形成蓝色。聚氧丙烯基分解出丙醛及其聚合物，与硝普钠盐作用形成橙色。聚氧乙烯基和聚氧丙烯基兼有的化合物如聚醚，首先显出橙色，随即变为暗褐色。试验对乙二醇和丙二醇呈阴性，但对丙三醇

（甘油）和甘油酯呈阳性。

8. 溴和溴化钾试验

此法适用于检验聚氧乙烯基化合物。

（1）溶液配制

①溶液 A：含 8g/L 溴和 120g/L 溴化钾。

②溶液 B：$\psi(HCl) = 1:4$ 的盐酸溶液和 $c(BaCl_2) = 100g/L$ 的氯化钡的等体积混合液。

（2）检验步骤

将溶液 A 和溶液 B 以体积比为 75：25，混合均匀，慢慢加入 2mL 质量分数为 1% 的试样溶液。如生成紧密的白色沉淀，表示有聚氧乙烯型非离子表面活性剂存在。某些阳离子型表面活性剂亦有同样反应。

9. Dragendorff 试验

此法用于检验聚氧乙烯衍生物。

（1）溶液配制

①溶液 A：将 0.85g 次硝酸铋溶于 100mL 质量分数为 30% 的乙酸和 40mL 水中。

②溶液 B：$c(KI) = 400g/L$ 的碘化钾溶液。

③Dragendorff 试剂：使用前取溶液 A 和溶液 B 各 5mL，与 20mL 质量分数为 30% 的乙酸混合，加 50mL 水稀释即成。

（2）检验步骤

将试样点于滤纸上，以 Dragendorff 试剂喷雾，聚氧乙烯衍生物即呈现橙红色斑点。

10. 茚三酮试验

此法适用于检验氨基酸类化合物。

于滤纸上滴加质量分数为 0.1% 的茚三酮溶液 2 滴，吹干。另在 1mL 5% 试样溶液中加水 4mL，将此溶液加于上述滤纸的试剂上。在 100~105℃ 下将滤纸干燥 10min，若显出紫色，表明存在氨基酸型两性离子表面活性剂。咪唑啉型、内铵盐型两性离子表面活性剂则无此显色反应。

表 12-3 是官能团分析法和判断。

表 12-3　官能团分析法和判断

方　法	官　能　团
乙酰化试验	$ROSO_3$ 烷基硫酸酯盐
盐酸水解试验	$ROSO_3$ 烷基硫酸酯盐
钱塞尔（Chancel's）试验	$R_1R_2CH_2OSO_3$ 仲烷基硫酸酯盐
甲醛-硫酸试验	Ar-芳核
重氮化试验	Ar-芳核
氯化铁试验	ArOH 酚
芳香族磺酸盐鉴定	$ArSO_3$ 芳香族磺酸盐
格贝特（Guerbet）反应	$R—Ar—SO_3$ 烷基苯磺酸盐
萘环鉴定	$R—C_{10}H_6—SO_3$ 烷基萘磺酸盐
接触酯化反应	—COOH 羧酸盐
兴士堡（Hinsberg）试验	伯、仲及叔胺的区别鉴定

方　法	官　能　团
氧化钙分解试验	胺
高锰酸钾-氯仿试验	季铵盐
酚酞试验	C_{25}以上的季铵盐
氢氧化钾试验	C_{25}以下的季铵盐
铁氰化钾试验	季铵盐
吡啶盐化合物鉴定	吡啶盐化合物
氯乙酸钠分解试验	$R_1R_2NCH_2CH_2OH$ N-β羟乙基胺
氯化钴试验咪唑啉盐	咪唑啉盐
溴水试验	咪唑啉
对酰胺的羟肟酸试验	—CON(R)—酰胺
缩二脲反应	肽键
氧化胺鉴定	$R_1R_2R_3NO$-三烷基氧化胺
对酯的羟肟酸试验	—COOR 酯
丙烯醛试验	甘油衍生物
粪臭素(Scatol)试验	缩水山梨酸糖醇衍生物
费林(Fehling)试验	甙
磷酸热分解试验	聚氧乙烯基和聚氧丙烯基
溴和溴化钾试验	聚氧乙烯基
德雷根道夫(Dragendorff)试验	POE 衍生物
高锰酸钾试验	不饱和键
液溴	不饱和键
茚满三酮试验	氨基酸

12.1.4　表面活性剂分类分析

12.1.4.1　阴离子表面活性剂

1. 高级醇硫酸酯盐

操作：取 0.2g 试样于 6mL(1+4)HCl 中，加热振摇，试样水解而在水面上游离出高级醇。红外光谱鉴定如表 12-4 所示。

表 12-4　高级醇硫酸酯盐红外光谱

伯醇硫酸酯盐/cm^{-1}	仲醇硫酸酯盐/cm^{-1}	强度
1270~1220	1250~1225	V，S
1100~1075	1075~1063	M
1000	—	M
840~830	945~926	M

2. 聚氧乙烯基醚硫酸酯盐

加水分解试验：取少量试样加 5% H_2SO_4 煮沸 2h，用 10% NaOH 中和，然后根据表面活性剂电荷类型判定方法，如证明阴离子表面活性剂消失，即为阳性结果。

（1）德雷根夫试验

显色液：0.8g 次硝酸铋溶于 10mL（1+4）HAc，从中取 5mL+5mL 40% KI+20mL HAc+100mL H_2O。

操作：试液点在滤纸上，再喷上显色液，有红色斑点则为阳性结果。

（2）红外光谱

有机硫酸酯：1270~1220cm^{-1}；EO 链：1350cm^{-1}、1123~1100cm^{-1}、953~926cm^{-1}。

3. 聚氧乙烯烷基苯醚硫酸酯盐

聚氧乙烯烷基醚同样可用加水分解试验和德雷根夫试验检验。

紫外光谱：224nm 和 275nm 两处有苯环的特征峰。

红外光谱如表 12-5 所示。

表 12-5　聚氧乙烯烷基苯醚硫酸酯盐红外光谱

吸收峰波数/cm^{-1}	化学键	振动形式
1270~1220	S—O	伸缩
1351	CH$_2$—	变角弯曲
1123~1100 953~926	C—O	伸缩
1610、1580、1515	C—C	面内弯曲
830		对位取代

4. 多元醇脂肪酸酯硫酸酯盐

酯类氧肟酸试验：

盐酸羟胺溶液：70g 盐酸羟胺+0.1g 百里酚酞用甲醇定容至 1L。

操作：0.1g 无水试样加 1mL 盐酸羟胺溶液，滴加 0.2mol/LKOH-甲醇至溶液呈蓝色，再过量 0.5mL，煮沸 30s，冷却后加 0.2mol/L HCl-甲醇至蓝色消失，加 2 滴 10% $FeCl_2$，继续滴加 HCl-甲醇至溶液呈紫红色（如紫红色立即消失需加 2 滴 3% 的 H_2O_2）或黄色。呈紫红色为阳性结果，黄色则为阴性结果。也可用加水分解试验。

红外光谱：具有硫酸酯盐和酯的特征吸收，即有硫酸酯 S═O 的 1266cm^{-1} 和 1335cm^{-1} 峰，酯 C═O 的 1724cm^{-1} 峰，以及 3330cm^{-1}、1176cm^{-1}、1110cm^{-1}、1064cm^{-1} 等峰。

5. 脂肪酸烷醇酰胺硫酸酯盐

加水分解试验。

酰胺的氧肟酸试验。

红外光谱：有 3225cm^{-1}、1640cm^{-1}、1540cm^{-1}、1725cm^{-1}、1137cm^{-1} 等峰。

6. 烷基芳基磺酸盐

加水分解试验：加稀的无机酸加热分解后，其表面活性不失去。

格贝特反应。

紫外光谱：确定芳香环。

红外光谱：3100 ~ 3000cm^{-1}、1600cm^{-1}、1500cm^{-1}、1410cm^{-1}、1380cm^{-1}、1250 ~ 1150cm^{-1}、1135cm^{-1}、1042cm^{-1}、1010cm^{-1}、833cm^{-1}、690cm^{-1}、673cm^{-1}等。

7. 链烷磺酸盐

加水分解试验。

红外光谱：1177cm^{-1}、1053cm^{-1}、620cm^{-1}、540cm^{-1}等。

8. α-烯基磺酸盐

加水分解试验。

红外光谱：1190cm^{-1}、1068cm^{-1}、620cm^{-1}、530cm^{-1}等。

9. 琥珀酸酯磺酸盐

加水分解试验。

酯的氧肟酸试验。

红外光谱：1250~1220cm^{-1}、1055~1040cm^{-1}、1725cm^{-1}、1163cm^{-1}等。

10. 脂肪酸酰胺磺酸盐

加水分解试验。

酰胺的氧肟酸试验。

红外光谱：1640~1610cm^{-1}、1206~1190cm^{-1}、1064cm^{-1}等。

11. 高级脂肪酸盐(肥皂)

试管试验：

①肥皂溶于水呈碱性，加酚酞溶液呈红色。

②使试液呈酸性，肥皂分解游离出脂肪酸而失去活性。

红外光谱：2960cm^{-1}、2930cm^{-1}、2870cm^{-1}、2850cm^{-1}、1560cm^{-1}、1480 ~ 1450cm^{-1}、1470~1430cm^{-1}、1380~1370cm^{-1}、720cm^{-1}等。

12. 树脂酸盐

Morawski-Storch 显色反应：0.1g 试样溶于 1mL HAc，加 1~2 滴 H$_2$SO$_4$ 时呈深紫红色，片刻后变红褐色或淡光绿色。

红外光谱：1550cm^{-1}、1500cm^{-1}、1390cm^{-1}、1380cm^{-1}、1360cm^{-1}、855cm^{-1}、820cm^{-1}等。

13. 高级醇磷酸酯盐

钠熔法分解鉴定磷。

红外光谱：

单酯：1242~1220cm^{-1}、1100~1188cm^{-1}；

二酯：1235~1220cm^{-1}、1064~1035cm^{-1}；

三酯：1290~1258cm^{-1}、1030~1010cm^{-1}。

14. 聚氧乙烯烷基(苯基)磷酸酯盐

钠熔法分解鉴定磷。

12.1.4.2　阳离子表面活性剂

1. 脂肪族铵盐

溴甲酚绿盐酸试验：取 0.1g 试样溶于乙醇，溴以甲酚绿为指示剂，加入 1mL

0.1mol/L HCl，蓝色不消失为阳性结果。

百里酚蓝盐酸试验：同溴甲酚绿盐酸试验，以百里酚蓝为指示剂，黄色不消失为阳性结果。

亚甲基蓝试验：取 5mL 0.1% 试液加 10mL 亚甲基蓝溶液和 5mL 氯仿，振荡 3min 后静置分层，下层无颜色，用阴离子表面活性剂溶液滴定至某一点，下层变为蓝色为阳性结果。

红外光谱：$3200 \sim 3000cm^{-1}$ 及 $2800 \sim 2000cm^{-1}$ 吸收带、$1640cm^{-1}$、$1400cm^{-1}$、$1580 \sim 1500cm^{-1}$、$1010cm^{-1}$、$920cm^{-1}$ 等。

核磁共振谱：用干燥试样配成 10% 的氘代氯仿溶液（表 12-6）。

表 12-6　硬脂酸基胺乙酸盐的核磁共振谱

化学位移 δ	峰强	归属
0.85	弱	—CH₃
1.23	强	—(CH₂)ₙ—
1.90	中	—CH₂COO—
2.78	弱	—CH₂—N⁺
7.31	弱	—N⁺H₃

2. 烷基三甲基季铵盐

融化试验：5g 试样加 100mL 水，加热融化，呈透明状为阳性结果。

溴酚蓝试验：取 2mL 0.1% 试液加 0.2mL 0.05% 溴酚蓝和 0.3mL NaOH，不呈蓝色为阳性结果。也可用 5mL 氯仿，振荡后氯仿层不出现蓝色为阳性结果。

铁氰化钾试验：0.2g 试样溶于水。取 10mL 加 10mL 0.3% 铁氰化钾，有黄色沉淀为阳性结果。

红外光谱：$1000 \sim 910cm^{-1}$ 的吸收带等。

核磁共振谱：用干燥试样配成 10% 的氘代氯仿溶液（表 12-7）。

表 12-7　硬脂基三甲基胺氯化物的核磁共振谱

化学位移 δ	峰强	归属
0.9	弱	—CH₃
1.32	中	—(CH₂)ₙ—
1.78	弱	—CH₂CH₂N
3.21	中	—N—CH₃
3.37	弱	—CH₂ₙN⁺F
4.68	强	

3. 二烷基二甲基季铵盐

融化试验：5g 试样加 100mL 水，加热融化，不呈透明状，可与烷基三甲基铵盐区分。

红外光谱：$2900cm^{-1}$、$1470cm^{-1}$、$1000 \sim 910cm^{-1}$、$720cm^{-1}$ 等。

4. 苄基季铵盐

氯化亚汞试验：0.1g 试样溶于 10mL 水，取 3mL 加 10 滴 0.5mol/L Hg_2Cl_2，产生白色沉淀，加入 3mL 乙醇，沉淀溶解为阳性结果。

重氮化试验(检验芳香环)：

β-萘酚溶液：0.1g β-萘酚溶于 100mL1%NaOH。

0.2g 试样溶于 1mL H_2SO_4，加 0.1g $NaNO_3$，水浴加热 5min，冷却后加 10mL H_2O 和 0.5g 锌粉，再水浴加热 5min，取 2mL 上层清液在冰水中冷却，加 10 滴 10%$NaNO_2$，振荡，加 1mL β-萘酚溶液，溶液呈橙色为阳性结果。

紫外光谱：0.05g 试样溶于 100mL 0.1mol/L HCl。在 257nm、262nm 和 265nm 处有吸收峰。

红外光谱：$3330cm^{-1}$、$1627cm^{-1}$、$1490cm^{-1}$、$730cm^{-1}$、$702cm^{-1}$等。

核磁共振谱：10%的 CCl_4 试液(表 12-8)。

表 12-8　十四烷基二甲基苄基氯化铵的核磁共振谱

化学位移 δ	峰强	归属
0.86	弱	—CH_3
1.21	强	—$(CH_2)_n$—
2.23		—$CH_2N^+(CH_3)_2$
4.28	中	—N^+CH_2—O
4.92	弱	H_2O
7.25	弱	—O—

5. 烷基吡啶盐

KOH 试验。

铁氰酸钾试验(检验季铵盐)。

硫氰酸钾试验：0.1g 试样溶于 50mL 水，取 1mL 加 1mL 饱和 KSCN，有白色凝胶状沉淀为阳性结果。

紫外光谱：0.005%乙醇试液。259nm 附近有很强吸收峰。

红外光谱：$3500cm^{-1}$、$3030cm^{-1}$、$2950cm^{-1}$、$2870cm^{-1}$、$1680cm^{-1}$、$1190cm^{-1}$、$1140cm^{-1}$、$790cm^{-1}$、$710cm^{-1}$、$690cm^{-1}$等。

6. 咪唑啉盐

氯乙酸热分解试验。

红外光谱：$1600cm^{-1}$、$3330cm^{-1}$、$1064cm^{-1}$、$860cm^{-1}$、$720cm^{-1}$、$1660cm^{-1}$、$1563cm^{-1}$、$1735cm^{-1}$等。

7. 聚氧乙烯烷基胺

硫氰酸钴铵试验：

硫氰酸钴铵溶液：174g NH_4SCN+28g $Co(NO_3)_2$用 H_2O 定容至 1L。

操作：0.5g 试样加 10mL 硫氰酸钴铵溶液，振荡均匀，再加 5mL 氯仿，静置，氯仿层呈蓝色为阳性结果。

红外光谱：1613～1588cm^{-1}、1350cm^{-1}、1250cm^{-1}、1120～1110cm^{-1}、953～926cm^{-1}、890cm^{-1}、860～835cm^{-1}等。

核磁共振谱：无水10%四氯化碳试液。

12.1.4.3 非离子表面活性剂

1. 甘油脂肪酸酯

丙烯醛试验。

红外光谱：3330cm^{-1}、2940cm^{-1}、2860cm^{-1}、1730cm^{-1}、1175cm^{-1}、1100cm^{-1}、1050cm^{-1}、720cm^{-1}等。

核磁共振谱：无水精制四氯化碳试液。

2. 失水山梨醇脂肪酸酯

红外光谱：3330cm^{-1}、1760cm^{-1}、1450cm^{-1}、1110～1050cm^{-1}、720cm^{-1}等。

核磁共振谱。

3. 蔗糖脂肪酸酯

费林试验。

红外光谱：990cm^{-1}等。

4. 乙二醇脂肪酸酯

红外光谱、核磁共振谱。

5. 聚甘油脂肪酸酯

红外光谱、核磁共振谱。

6. 高级醇聚氧乙烯化加成物

硫氰酸钴试验。

磷酸热分解试验。

浊点试验：试液边搅拌边加热，出现混浊为阳性结果。但烷基苯等的衍生物也有此现象。

德雷夫根试验。

红外光谱：3330cm^{-1}、2900cm^{-1}、2860cm^{-1}、1110cm^{-1}、720cm^{-1}等。

核磁共振谱。

7. 烷基酚聚氧乙烯化加成物

硫氰酸钴铵试验。

浊点试验。

德雷夫根试验。

紫外光谱：277nm、283.5nm。

红外光谱：1600cm^{-1}、1500cm^{-1}、1380cm^{-1}、1110cm^{-1}等。

核磁共振谱。

8. 高级脂肪酸聚氧乙烯化加成物

红外光谱：3030cm^{-1}、1740cm^{-1}、1177cm^{-1}、1110cm^{-1}等。

9. 失水山梨醇脂肪酸酯聚氧乙烯化加成物

红外光谱：1740cm^{-1}等。

10. 脂肪酸烷基醇酰胺

酰胺的氧肟酸试验。

红外光谱：$3330cm^{-1}$、$1610cm^{-1}$、$1050cm^{-1}$ 等。

11. 氧化胺

氧化胺试验。

红外光谱：$3330cm^{-1}$、$960cm^{-1}$ 等。

12. 聚甘油

红外光谱。

12.1.4.4 两性离子表面活性剂

1. *N*-烷基甜菜碱两性离子表面活性剂

溴酚蓝试验：1滴3%试液加5mL氯仿、5mL 0.1%溴酚蓝乙酸溶液和1mL(1+5)HCl，激烈振荡，氯仿层呈黄色为阳性结果。

亚甲基蓝试验：1滴3%试液加5mL氯仿、5mL 0.1%亚甲基蓝溶液和1mL 1mol/L NaOH，激烈振荡，氯仿层呈蓝紫色为阳性结果。

溴水试验。

氧化钙热分解试验。

红外光谱：$1740cm^{-1}$、$1640cm^{-1}$、$1600cm^{-1}$、$1200cm^{-1}$、$770cm^{-1}$ 等。

核磁共振谱10%重水试液。

2. *β*-烷基胺丙酸钠

茚三酮试验。

红外光谱。

3. 烷基二胺乙基甘氨酸盐

硝酸沉淀试验：1g试样溶于10mL水，取3mL加0.5mL 1mol/L HNO_3后生成白色沉淀，加5mL乙醇，沉淀溶解为阳性结果。

氯化亚汞试验：同硝酸沉淀试验，不加硝酸改加0.2mL Hg_2Cl_2。

茚三酮试验。

红外光谱：$2700\sim1250cm^{-1}$、$1680\sim1570cm^{-1}$、$1150cm^{-1}$、$790cm^{-1}$ 等。

4. 咪唑啉类两性离子表面活性剂

氯化钴试验。

N-*β*-羟乙胺的检验。

①1%试液加酸或碱，溶液呈透明状。

②亚硝基铁氰化钠溶液：20g $Na_2Fe(CN)_5NO \cdot 2H_2O$ 溶于5mL水和450mL甲醇中。

混合液：2滴亚硝基铁氰化钠溶液加1滴二醇胺和1mL水。

取0.2g干燥试样溶于1.2mL四乙二醇二甲醚，摇匀，加热煮沸5min使之分解，产生的气体通入混合液中，溶液呈蓝色为阳性结果。

红外光谱：$3330cm^{-1}$、$1730cm^{-1}$、$1680\sim1600cm^{-1}$、$1550cm^{-1}$ 等。

12.2 表面活性剂定量分析

阴离子表面活性剂定量分析法原理是阴离子表面活性剂和已知阳离子表面活性剂定量

络合反应的方法。维茨波恩的亚甲基蓝分相滴定法和亚甲基蓝光电比色法被日本工业标准 JISK 3362—1976 所采用。国际表面活性剂委员会(CID)和分析小组(CIA)推荐的国际标准 ISO 法是以阴离子表面活性剂海明 1622 为滴定剂，以阳离子染料/阴离子染料(溴化二氨基菲啶/二硫化蓝)作混合指示剂，此法比亚甲基蓝法变色明显，重现性好。阳离子表面活性剂定量分析法有亚甲基蓝法、溴甲酚氯法、四苯硼钠法等。对于非离子表面活性剂的混合物可先柱层析分离出相对单一的非离子表面活性剂，然后定性定量。多元醇脂肪酸脂可水解测定其羟值、皂化值、酸值；聚氧乙烯型表面活性剂亦可测其浊点、羟值，进而依靠仪器分析确定其起始剂和 EO 加成数。两性离子表面活性剂可用磷钨酸法、铁氰化钾法等定量。

12.2.1 阴离子表面活性剂定量分析

1. 直接两相滴定法

本方法参照 GB/T 5173—1995，适用于分析烷基苯磺酸盐、烷基磺酸盐、烷基硫酸盐、烷基羟基硫酸盐、烷基酚硫酸盐、脂肪醇甲氧基及乙氧基硫酸盐和二烷基琥珀酸酯磺酸盐，以及每个分子含一个亲水基的其他阴离子活性物的固体或液体产品。不适用于有阳离子表面活性剂存在的产品。

(1)方法原理

在水和三氯甲烷的两相介质中，在酸性混合指示剂存在下，用阳离子表面活性剂氯化苄苏镓滴定，测定阴离子活性物的含量。滴定反应是阴离子活性物和阳离子染料生成盐，此盐溶解于三氯甲烷中，使三氯甲烷层呈粉红色。滴定过程中水溶液中所有阴离子活性物与氯化苄苏镓反应完，氯化苄苏镓取代阴离子活性物–阳离子染料盐内的阳离子染料(溴化底米镓)，因溴化底米镓转入水层，三氯甲烷层红色褪去，稍过量的氯化苄苏镓与阴离子染料(酸性蓝–1)生成盐，溶解于三氯甲烷层中，使其呈蓝色。

(2)仪器设备

①具塞玻璃量筒：100mL；

②滴定管：25mL 和 50mL；

③容量瓶：250mL、500mL 和 1000mL；

④移液管：25mL。

(3)试剂

①三氯甲烷；

②硫酸溶液：$c(H_2SO_4) = 245g/L$；

③硫酸标准溶液：$c(H_2SO_4) = 0.5mol/L$；

④氢氧化钠标准溶液：$c(NaOH) = 0.5mol/L$；

⑤月桂基硫酸钠标准溶液：$c(C_{12}H_{25}SO_4Na) = 0.004mol/L$。

所用月桂基硫酸钠用气液色谱法测定，其中小于 C_{12} 的组分应小于 1.0%，使用前如需干燥，温度应不超过 60℃。检验月桂基硫酸钠的纯度并同时配制标准溶液。

a. 月桂基硫酸钠纯度的测定。

称取(2.5±0.2)g 月桂基硫酸钠(试剂级)，称准至 1mg，放入具有磨砂颈的 250mL 圆底玻璃烧瓶中，准确加入 25mL $c=0.5mol/L$ 硫酸标准溶液，装上水冷凝管，将烧瓶置于沸水浴上加热 60min。在最初的 5~10min 溶液会变稠并易于强烈发泡，对此可采取将烧瓶撤离热源和旋摇烧瓶中内容物的办法予以控制。再经 10min，溶液会变清，停止发泡，再移至电热板上加热回流 90min。移去热源，冷却烧瓶，先用 30mL 95% 的乙醇接着用水小心冲洗冷凝管。加入数滴酚酞溶液，用 $c = 0.5mol/L$ 氢氧化钠标准溶液滴定。

用氢氧化钠标准溶液滴定 25mL 硫酸标准溶液，进行空白试验。

月桂基硫酸钠的纯度 P 按下式计算，单位为 mmol/g。

$$P = \frac{(V_1 - V_0) \times c_1}{m_1}$$

式中　P——月桂基硫酸钠的纯度，mmol/g；

V_0——空白试验耗用氢氧化钠溶液的体积，mL；

V_1——试样耗用氢氧化钠溶液的体积，mL；

c_1——氢氧化钠溶液的浓度，mol/L；

m_1——月桂基硫酸钠的质量，g。

b. $c(C_{12}H_{25}SO_4Na) = 0.004mol/L$ 的月桂基硫酸钠标准溶液的配制。

称取 1.14~1.16g 月桂基硫酸钠，称准至 1mg，并溶解于 200mL 水中，移入 1000mL 容量瓶内，用水稀释至刻度。溶液的浓度 $c(C_{12}H_{25}SO_4Na)$ 按下式计算，单位为 mol/L。

$$c(C_{12}H_{25}SO_4Na) = \frac{m_2 \times P}{1000}$$

式中　m_2——月桂基硫酸钠的质量，g；

P——月桂基硫酸钠的纯度，mmol/g。

⑥ $c(C_{27}H_{42}ClNO_2) = 0.004mol/L$ 的氯化苄苏镓标准溶液

氯化苄苏镓化学名为苄基二甲基-2[2-4(1, 1, 3, 3-四甲丁基)苯氧-乙氧基]-乙基氯化铵单水合物，分子式为 $C_{27}H_{42}ClNO_2$。

另外，如果没有此试剂时，可以用其他阳离子试剂，如十六烷基三甲基溴化铵或十二烷基二甲基苄基氯化铵。但仲裁时只用氯化苄苏镓。

a. 标准溶液的配制。

称取 1.75~1.85g 氯化苄苏镓(称准至 1mg)，溶于水并定量转移至 1000mL 容量瓶内，用水稀释至刻度。

b. 标准溶液的标定。

用移液管移取 25.0mL 月桂基硫酸钠标准溶液至具塞量筒中，加 10mL 水、15mL 三氯甲烷和 10mL 酸性混合指示剂溶液。

用氯化苄苏镓溶液滴定。开始时每次加入约 2mL 滴定溶液后，塞上塞子，充分振摇，静置分层，下层呈粉红色。继续滴定并振摇，当接近滴定终点时，由于振荡而形成的乳状液较易破乳。然后逐滴滴定，充分振摇。当三氯甲烷层的粉红色完全褪去，变成淡灰蓝色时，即达到终点。

氯化苄苏镓溶液的浓度 $c(C_{27}H_{42}ClNO_2)$ 按下式计算，单位为 mol/L。

$$c(C_{27}H_{42}ClNO_2) = \frac{c(C_{12}H_{25}SO_4Na) \times 25}{V_2}$$

式中　$c(C_{12}H_{25}SO_4Na)$——月桂基硫酸钠标准溶液的浓度，mol/L；

V_2——滴定时耗用氯化苄苏镓溶液的体积，mL。

⑦酚酞乙醇溶液：$c($酚酞$)=10g/L$。

⑧混合指示剂：由阴离子染料(酸性蓝-1)和阳离子染料(溴化底米鎓或溴化乙啶鎓)配制。

a. 贮存液的配制。

称取$(0.5\pm0.005)g$溴化底米鎓或溴化乙啶鎓于一个50mL烧杯内，再称$(0.25\pm0.005)g$酸性蓝-1于另一个50mL烧杯中，均称准至1mg。

向每一烧杯中加20~30mL体积分数为10%的热乙醇，搅拌使其溶解。将两种溶液转移至同一个250mL容量瓶内，用10%乙醇冲洗烧杯，洗液并入容量瓶，再稀释至刻度。

b. 酸性混合指示剂溶液。

吸取20mL贮存液于500mL容量瓶中，加200mL水，再加入20mL$c=245g/L$的硫酸，用水稀释至刻度并混合。避光贮存。

表12-9是按相对分子量360计算的取样量，可作参考。

表12-9　按相对分子量360计算的取样量

样品中活性物含量/%	取样量/g
15	10.0
50	5.0
45	3.2
60	2.4
80	1.8
100	1.4

（4）检验步骤

①称取含有3~5mmol阴离子活性物的实验室样品，称准至1mg，放入150mL烧杯内。

②测定：将试验份溶于水，加入数滴酚酞溶液，并按需要用氢氧化钠溶液或硫酸溶液中和到呈淡粉红色。定量转移至1000mL的容量瓶中，用水稀释到刻度，混匀。

用移液管移取25mL试样溶液至具塞量筒中，加10mL水、15mL三氯甲烷和10mL酸性混合指示剂溶液，按氯化苄苏鎓溶液滴定步骤滴定至终点。

（5）结果的表示

阴离子活性物的质量分数w按下式计算。

$$w = \frac{4 \times V_3 \times c_3 \times M_B}{m_3}$$

阴离子活性物含量m_B按下式计算，mmol/g。

$$m_B = \frac{40 \times V_3 \times c_3}{m_3}$$

式中　m_3——试样质量，g；

　　　M_B——阴离子活性物的平均摩尔质量，g/mol；

　　　c_3——氯化苄苏鎓溶液的浓度，mol/L；

　　　V_3——滴定时所耗用的氯化苄苏鎓溶液体积，mL。

对于同一样品，由同一分析者用同一仪器，两次相继测定结果之差应不超过平均值的

1.5%。对于同一样品，在 2 个不同的实验室中，所得结果之差不超过平均值的 3%。

2. 乙氧基化醇和烷基酚硫酸盐活性物质总含量的测定

(1)测定原理

在硫酸钠存在下将试样乙醇溶液沸腾回流、过滤、蒸发滤液后称量残留物。将残留物溶解于丙酮溶液中，用硝酸银标准滴定溶液滴定，测定其中的氯化钠。用氯化钠含量校正残留物的质量。

本方法适用于乙氧基化醇和烷基酚的硫酸盐及其产品[烷基醇氧乙烯醚硫酸盐(乙氧基化醇硫酸盐)或烷基酚氧乙烯醚硫酸盐(乙氧基化烷基酚硫酸盐)]活性物质总含量的测定。总活性物质包括溶解于乙醇的有机物(烷基醚硫酸盐、烷基酚醚硫酸盐、聚乙二醇硫酸盐和非离子组分)。

(2)试剂及仪器

无水乙醇；二氯甲烷；无水硫酸钠；丙酮溶液体积分数 $\phi = 50\%$；硝酸银标准滴定溶液 $[c(AgNO_3) = 0.1mol/L]$；铬酸钾 100g/L 指示剂溶液；普通实验室仪器；磨口锥形瓶 250mL；旋转蒸发器，配有 250mL 圆底烧瓶；冷凝管与锥形瓶相配。

(3)试样及制备

用旋分器制备实验室样品。

(4)操作步骤

①从实验室样品(必要时加入已知的适量水使之均匀化)称取含 0.5~1.5g 总活性物质的均匀试样(精确至 0.001g)，置于磨口锥形瓶中。

②测定：

a. 加入 100mL 无水乙醇和 100mg 无水硫酸钠至盛有试样的磨口锥形瓶中，装上冷凝管沸腾回流 30min。

b. 取下冷凝管，用无水乙醇冲洗冷凝管内壁和磨口锥形瓶颈部，收集洗涤液于磨口锥形瓶中，使其澄清。

c. 将磨口锥形瓶中的溶液趁热通过快速滤纸滤入经预先干燥并称量(精确至 0.001g)的圆底烧瓶中，用 50mL 热无水乙醇洗涤磨口锥形瓶，过滤洗涤液至圆底烧瓶中。

d. 将圆底烧瓶装在旋转蒸发器上，保持温度在 40℃ 左右，用旋转蒸发器蒸发乙醇。然后加入 10mL 二氯甲烷重复此步骤，再将烧瓶装在旋转蒸发器上继续蒸发 15min，除去最后的痕量水。

e. 从旋转蒸发器上取下烧瓶，移入干燥器中放置 15min，将烧瓶和残留物称量。

f. 将烧瓶再装在旋转蒸发器上蒸发 15min，然后移入干燥器中放置 15min，再将烧瓶和残留物进行称量。重复干燥和称量步骤起码至两次连续称量之差不超过 0.003g。

g. 用 60~80mL 丙酮溶液溶解残留物，加入 1mL 铬酸钾指示剂溶液，用硝酸银标准滴定溶液滴定至棕色不变。

③空白试验：在测定试样的同时，用相同试剂按照同样的测定步骤，不加试样进行平行操作。

(5)计算

分析结果的表述活性物质总含量用质量分数 w 表示，按下式计算：

$$w = \frac{m_1 - 0.0585 \times c \times (V_1 - V_0)}{m_0} \times 100\%$$

式中　m_0——试样的质量，g；

　　　m_1——残留物的质量，g；

　　　c——硝酸银标准滴定溶液的浓度，mol/L；

　　　V_0——空白试验耗用硝酸银标准滴定溶液的体积，mL；

　　　V_1——测定残留物中氯化钠耗用硝酸银标准滴定溶液的体积，mL；

0.0585——与1.00mL硝酸银标准滴定溶液　$[c(AgNO_3)=1.000mol/L]$相当的以克表示的氯化钠质量。

12.2.2　阳离子表面活性剂定量分析

应用GB/T 5174—2004(表面活性剂、洗涤剂、阳离子活性物含量的测定)，用直接两相滴定法测定阳离子表面活性剂含量。该法适用于测定阳离子活性物如：

①单、双、三脂肪烷基叔胺季铵盐，硫酸甲酯季铵盐；

②长链酰胺乙基及烷基的咪唑啉盐或3-甲基咪唑啉盐；

③氧化胺及烷基吡啶鎓盐。

它适用于水溶性的固体活性物或活性物水溶液。若其含量以质量分数表示，则阳离子活性物的相对分子质量必须已知，或预先测定。

本方法不适用于有阴离子或两性离子表面活性剂存在时的测定。作为助溶剂存在的相对低相对分子质量甲苯磺酸盐及二甲苯磺酸盐，其相对于活性物的浓度(质量分数)小于或等于15%时，尚不产生干扰，如浓度更大，则需考虑其影响。

非离子表面活性剂、肥皂、尿素和乙二胺四乙酸盐不产生干扰。洗涤剂配方的典型无机组分，如氯化钠、硫酸钠、三聚磷酸钠、硼酸钠、过硼酸钠、硅酸钠等不产生干扰。但过硼酸盐以外的其他漂白剂应在分析前预先破坏。

1. 方法原理

在有阳离子染料和阴离子染料混合指示剂存在的两相(水-氯仿)体系中，用标准阴离子表面活性剂溶液滴定样品中的阳离子活性物。样品中的阳离子表面活性剂最初与阴离子染料反应生成盐而溶于三氯甲烷层，使呈蓝色。滴定中，阴离子表面活性剂取代阴离子染料，在终点时与阳离子染料生成盐，使三氯甲烷层呈浅灰至粉红色。本原理与GB/T 5173—1995直接两相滴定法测定阴离子活性物一致。用试样溶液滴定一定量的月桂基硫酸钠标准溶液。

2. 仪器设备

具塞玻璃量筒：100mL；

滴定管：25mL或50mL；

容量瓶：1000mL；

移液管：10mL。

3. 试剂

①三氯甲烷；

②硫酸溶液：$c(H_2SO_4)=5mol/L$；

③月桂基硫酸钠标准溶液：$c(C_{12}H_{25}SO_4Na)=0.004mol/L$；

④酸性混合指示剂溶液。

4. 检验步骤

称取约5g试样(称准到1mg),溶于100mL水中,移入1000mL容量瓶,用水稀释至刻度,混匀。

用移液管吸取25mL试样溶液至具塞量筒中,加10mL水、15mL三氯甲烷和10mL酸性混合指示剂溶液。

用月桂基硫酸钠标准滴定溶液充满滴定管,开始滴定,每次滴加后加塞,充分摇动。当接近滴定终点时,振摇而形成的乳状液较易破乳,然后逐滴滴定,充分振摇,当蓝色褪去,三氯甲烷层为浅灰~粉红色即达终点。记录滴定所消耗月桂基硫酸钠标准滴定溶液的体积。耗用的标准滴定溶液体积以10~20mL为参考。

5. 结果的表示

阳离子活性物的质量分数 w 按下式计算。

$$w(\%) = \frac{\dfrac{V \times c \times M_r \times 100}{m_0 \times 25 \times 1000}}{1000} = \frac{4 \times V \times c \times M_r}{m_0}$$

式中　M_r——阳离子活性物的平均相对分子质量,g/mol;

$\quad$ c——月桂基硫酸钠标准滴定溶液浓度,mol/L;

$\quad$ m_0——试样的质量,g;

$\quad$ V——滴定消耗月桂基硫酸钠标准滴定溶液的体积,mL。

以2次平行测定结果的算术平均值表示至小数点后一位作为测定结果。

12.2.3　非离子表面活性剂的定量分析

非离子表面活性剂的多元醇脂肪酸酯类的定量分析一般有3种方法:
①将其水解后分别测定多元醇的羟价或脂肪酸的酸价;
②薄层色谱;
③柱色谱。
这里主要介绍聚氧乙烯型非离子表面活性剂的定量分析。

12.2.3.1　钡-磷-钨酸重量法

在强酸性水溶液中,聚氧乙烯型非离子表面活性剂与氯化钡、磷钨酸作用定量形成钡-磷-钨酸络盐沉淀,灼烧后将定量释放出非离子表面活性剂部分,而残渣部分则为钡-磷-钨氧化物($BaO \cdot P_2O_5 \cdot 24WO_3$),故沉淀灼烧后减少的量即为非离子表面活性剂的量。

磷钨酸试剂:25g磷钨酸+水+2mL盐酸共溶,放置1天后过滤,滤液稀释至250mL。(试剂应无色,否则重配)

操作:准确称取0.05~0.10g试样,加10mL 10%HCl和10mL 10%BaCl_2于水浴上加热(有时需加异丙醇助溶),边搅拌边滴加10mL磷钨酸试剂,水浴上再加热5min,冷却后用已称重的过滤坩埚过滤,用稀HCl和水洗涤沉淀(如前面有加异丙醇则需先用石油醚洗涤),于105℃或60℃减压干燥至恒重后称重,干燥后的沉淀于650~700℃下灼烧1h,取出冷却后,残渣加几滴硝酸,再灼烧至恒重,取出冷却后称重。

12.2.3.2 亚铁氰化钾滴定法

在盐酸溶液中，亚铁氰化钾能与聚氧乙烯型非离子表面活性剂反应形成络盐沉淀，过滤，滤液中过量的亚铁氰化钾用硫酸锌标准溶液滴定，可求出试样中聚氧乙烯型非离子表面活性剂的含量。

亚铁氰化钾溶液：0.25mol/L。溶液中加0.5g碳酸钠，存于棕色瓶中。

联苯胺指示剂：1g联苯胺溶于54mL H_2SO_4，存于棕色瓶中。

洗涤液：240g NaCl+80mL HCl用 H_2O 定容至1L。

操作：准确称取0.2~0.3g试样，溶解后加10mL HCl和15g NaCl，振荡。准确加入一定过量的亚铁氰化钾溶液，充分振荡后静置5min，过滤洗涤，滤液及洗涤液中加5mL 40%硫酸铵、5滴2%铁氰化钾和5滴联苯胺指示剂，立即用0.075mol/L硫酸锌标准溶液滴定至溶液从淡绿色恰好变为青莲色为终点。

12.2.3.3 泡沫体积法

本方法参照标准GB/T 15818—1995附录B，适用于脂肪酰二乙醇胺类非离子表面活性剂含量的测定。

(1)方法原理

本方法是将试样溶液，在一定条件下振荡，根据生成的泡沫体积定量非离子表面活性剂。

(2)仪器设备

具塞量筒：100mL、分度值1mL。

(3)试剂

基础培养基溶液：参照标准GB/T 15818—1995。

(4)操作步骤

①标准曲线绘制：用培养基溶液将待试月桂酰二乙醇胺非离子表面活性剂配制成1mg/L、3mg/L、5mg/L、7mg/L、10mg/L的标准溶液，然后各取50mL按下列程序测定泡沫体积，同时做空白试验。标准溶液的泡沫体积减去空白试验的泡沫体积，得到净泡沫体积，绘制浓度(mg/L)与净泡沫体积的标准曲线。

②非离子表面活性剂含量的定量：将50mL试样溶液放入100mL具塞量筒中，用力上下振摇50次(每秒约2次)，静置30s后，观测净泡沫体积，重复上述操作，取两次测定结果的平均值。将测得的净泡沫体积查标准曲线，得到相应月桂酰二乙醇胺表面活性剂样品溶液的浓度(mg/L)。

12.2.4 两性离子表面活性剂的定量分析

两性离子表面活性剂的定量分析有磷钨酸法、铁氰化钾法、高氯酸铁法、碘化铋络盐螯合滴定法、电位滴定法等。

1. 磷钨酸法

(1)方法原理

在酸性条件下甜菜碱类两性离子活性剂和苯并红紫4B络合成盐。这种络盐溶在过量的两性离子表面活性剂中，即使是酸性，在苯并红紫4B的变色范围也不呈酸性色。两性离子表面活性剂在等电点以下的pH溶液中呈阳离子性，所以同样能与磷钨酸定量反应，并生成络盐沉淀，而使色素不显酸性色。

用磷钨酸滴定含苯并红紫4B的两性离子表面活性剂盐酸酸性溶液时，首先和未与色素结合的两性离子表面活性剂络合成盐，继而两性离子表面活性剂-苯并红紫4B的络合物被磷钨酸分解，在酸性溶液中游离出色素，等电点时呈酸性色。

（2）仪器设备

移液管：10mL；容量瓶：500mL和1000mL；滴定管；25mL。

（3）试剂

①盐酸溶液：浓度为0.1mol/L和1mol/L的溶液；

②硝基苯；

③苯并红紫4B指示剂：0.1g苯并红紫4B溶于100mL水中；

④磷钨酸标准溶液：$c = 0.02 \text{mol/L}$。

（4）检验步骤

用移液管吸取10mL含0.2%~2%有效成分的两性离子表面活性剂溶液，加3滴指示剂，用0.1mol/L盐酸调pH值为2~3。加5~6滴硝基苯作滴定助剂，摇匀，用磷钨酸标准溶液滴定至浅蓝色为终点。由此滴定值求出两性离子表面活性剂的浓度。

对未知相对分子质量的样品，重新移取10mL同一试样，加1mL $c = 1\text{mol/L}$ 盐酸及0.5g氯化钠，待氯化钠溶解后，加入滴定量1.5倍的磷钨酸标准溶液，使生成络盐沉淀。用干燥称重的G4漏斗过滤，用50mL水洗净容器和沉淀后，于60℃真空干燥至恒重，称得最终沉淀量。

（5）结果计算

两性离子表面活性剂的质量分数 w 及未知两性离子摩尔质量 M'_B 按下式计算。

$$w = \frac{V \times c \times M_B}{m}$$

$$M_B' = \frac{m_P - V \times c \times 959.3}{V \times c}$$

式中　V——滴定用的磷钨酸溶液量，mL；

　　　　c——磷钨酸溶液浓度，mmol/L；

　　m_P——络盐沉淀质量，mg；

　　M_B——两性离子表面活性剂相对分子质量；

　　m——10mL样品溶液中样品质量，mg；

　959.3——磷钨酸的摩尔质量，g/mol。

2. 比色法

（1）方法原理

如果存在甜菜碱氧肟酸盐，则可以与铁离子试剂反应生成红色铁络合物，既可用于定性鉴定，也可用于定量分析。

（2）试剂

①铁离子试剂：溶解含0.4g铁的氯化铁于5mL浓盐酸中，加入5mL质量分数为70%的高氯酸，在通风柜里蒸发至干。用水稀释残渣至100mL。将10mL此液与1mL 70%的高氯酸溶液混合，用乙醇稀释至100mL。

②乙醇：体积分数为95%。

（3）检验步骤

①绘制标准曲线：用纯氧肟酸盐在 250mL 水中制备含 0.30g 氧肟酸基团（—CONHON）的溶液作贮备液。分别吸取 1mL、2mL、3mL、4mL、5mL 贮备液于 5 只 250mL 容量瓶中，分别用水稀释至 5mL。再分别加入 5mL 铁离子试剂，用乙醇稀释至刻度。以铁离子试剂作参比，用 1cm 比色池，在 520nm 处测定吸光度。绘制氧肟酸基团毫克数-吸光度曲线。

②测定：制备含 0.1g 氧肟酸基团的试样水溶液。吸取 5mL 此液于 250mL 容量瓶中，加入 5mL 铁离子试剂，用乙醇定容。以铁离子试剂作参比，用 1cm 比色池，在 520nm 处测定吸光度。根据标准曲线计算测定结果。

3. 铁氰化钾滴定法

反应机理不明，但根据两性离子表面活性剂在酸性溶液中显示出和阳离子表面活性剂相同的行为，推测其反应为：

$$2[\,RNHCH_2CH_2NHCH_2CH_2NH_2CH_2COOH\,]^+Cl^-+K_3Fe(CN)_6\longrightarrow$$
$$H^+[\,RNHCH_2CH_2NHCH_2CH_2NH_2CH_2COOH\,]^{2+}+3KCl+Fe(CN)_6^{3-}$$

操作：准确称取含两性离子表面活性剂约 1g 的试样于碘量瓶中，加 25mL（1+1）1mol/L HCl-1mol/L NaAc 使之溶解，振荡中加入 50.00mL 0.05mol/L 铁氰化钾标准溶液，置于暗处 1h。过滤洗涤后，在滤液（含洗涤液）中加 10mL10% KI 及 10mL（1+1）HCl，混合后放 1min，再加 15mL10% $ZnSO_4$，充分振荡 5min 后，加 2mL 5%淀粉指示剂，用 0.1mol/L $Na_2S_2O_3$ 标准溶液滴定至蓝色刚好褪去为终点。

4. 电位滴定法

两性离子表面活性剂用高氯酸进行滴定：

$$HOOCRNH_3^+-OCOCH_3+HClO_4\longrightarrow HOOCRNH_3^+ClO_4^-$$

在终点时由游离的高氯酸使电位发生突变，可用电位计指示滴定终点。

高氯酸-二氧杂环己烷标准溶液：移取 4.5mL70%高氯酸溶于 500mL 精制过的二氧杂环己烷中。其浓度标定方法是准确称取一定量的苯二甲酸氢钾溶于水，用乙酸酸化后同样用高氯酸-二氧杂环己烷溶液进行电位滴定。

操作：准确称取含两性离子表面活性剂 0.1~0.2g 的试样溶于乙酸中，用高氯酸-二氧杂环己烷标准溶液进行电位滴定，作 $E-V$ 曲线确定滴定终点，再根据在相同条件下绘制的 $V-m$ 标准曲线，可求出试样中两性离子表面活性剂的含量。

12.3 表面活性剂的分离与纯化

表面活性剂通常共存于不同体系的样品中如食品、化妆品、洗涤剂、纺织助剂、农药助剂、染料助剂、高分子材料助剂以及其他一些工业品和商品，它们存在的状态可能是水溶液、乳状液、膏状物以及固体等不同的形态。分离目的：从各种样品中提取、富集和纯化表面活性剂组分。对于不同的体系，其分离方法不尽相同，但最常用的有萃取法、离子交换法和色谱法等。

12.3.1 萃取法

萃取法是富集和预分离表面活性剂简便易行的方法。

样品的水溶液可用正丁醇直接进行萃取，也可将其于红外灯下烤干，再用适当的溶剂从固体残余物中萃取。

无论表面活性剂存在于水、无机化合物或有机化合物中，都可用萃取的方法进行分离。

1. 从水溶液中萃取分离表面活性剂

从水溶液中分离未知表面活性剂，可采用强电解质盐析以降低表面活性剂的溶解度，然后选择适当极性而与水不混溶的溶剂进行萃取。用该法可分离烷基磺酸钠，磺化脂肪酸单甘油酯、溴化十六烷基吡啶等。例如，用碳酸钠/正丁醇（萃取 3h）萃取待测试剂，得到水相（弃）和醇相，将醇相真空蒸干就得到表面活性剂。

2. 从水乳液中萃取分离表面活性剂

当样品为水乳液时，欲萃取其中的表面活性剂，首先需蒸发出其中的水分或破坏乳状液。加电解质或调整乳状液的 pH 值都可破坏乳胶体，用这种方法破乳，表面活性剂将转入有机相。加乙醇或丙酮破乳、表面活性剂将溶解在水层中。

3. 从半流体或膏状物中分离表面活性剂

当含表面活性剂的样品是含水的半流体或膏状物时，可直接于红外灯下烤干得到固体样品，再放入脂肪提取器中，选用适当的溶剂进行提取，提取的溶剂可以用石油醚、苯、氯仿、乙醚、丙酮、乙醇等，按极性由小到大依次做梯度提取。表面活性剂通常在乙醚、丙酮、乙醇份中。

4. 表面活性剂与有机物的萃取分离

用萃取法从有机混合物中分离出表面活性剂是比较困难的。一般的情况是，如有机物是非极性或弱极性的，可用石油醚、苯等萃取，表面活性剂留在醇水溶液中，若有机物极性很强，如糖类、多元醇、氨基酸等，难溶于无水的有机溶剂中，可用无水乙醇，丙酮、乙酸乙酯和丁醇等萃取分离，这时表面活性剂溶解，而极性有机物不溶解，彼此就可以分开。

5. 表面活性剂与无机物的萃取分离

表面活性剂常与一些无机盐，如氯化物、硫酸盐、磷酸盐、碳酸盐、硅酸盐、硼酸盐等共存，一般可用乙醇、甲醇、丁醇、异戊醇、丙酮、甲基异丁基酮、乙酸乙酯、二噁烷、氯仿及其混合溶剂萃取。大部分无机盐不溶于无水的有机溶剂中。只有少数的碳酸盐和硼酸盐可溶于含水的乙醇和丙酮中。将萃取液蒸干后，再用无水乙醇将表面活性剂萃取出来，这是进一步除去无机盐的简便方法。如果样品是水溶液或乳状液。也可蒸干或烤干后再用乙醇等萃取。非离子表面活性剂可用苯萃取分离。

6. 固体样品

利用索氏萃取器连续萃取。

萃取溶剂：无水或 95% 乙醇、无水或 80% 甲醇、异丙醇、正丁醇、丙酮、乙酸乙酯、氯仿、乙醚、石油醚等。

盐析作用：在溶液中加入高浓度的无机盐（盐析剂），使萃取效率显著提高。

样品量：含活性成分 0.5～1g。

萃取时间：12h。

12.3.2　离子交换法

在含表面活性剂的各种商品中多使用混合型表面活性剂，其中阴离子与非离子的混合使用最多。对于离子型和非离子表面活性剂的分离，离子交换法最常用。分离方法：

①动态法：用普通的离子交换柱。

②静态法：把一定量的离子交换树脂加到表面活性剂的水溶液中，长时间搅拌达到平衡后过滤，滤液中含非离子表面活性剂，树脂上吸附了离子型表面活性剂，再用酸或碱性溶液洗脱，可得到较纯的离子型表面活性剂。

阳离子表面活性剂的分离：强酸型和弱酸型阳离子交换树脂分离。

阴离子表面活性剂的分离：强碱型和弱碱型阴离子交换树脂分离。

阴离子表面活性剂分离的最佳方法：强碱和弱碱两种树脂混合或柱子串联。

强碱型树脂吸附含磺酸基团的阴离子表面活性剂，弱碱型树脂吸附含羧酸基团的弱阴离子表面活性剂，磺酸和脂肪酸及非离子表面活性剂相互分离。

若样品中含有易水解的组分，如硫酸酯、甘油酸酯及羧酸酯类化合物时，可能会发生一定程度的水解，生成相应的酸和醇，与未反应的原料混在一起，影响结论的判断。

解决办法：氯型中性阴离子交换树脂可避免酯类水解。

一些表面活性剂混合物可以通过 3 根或 4 根离子交换柱进行分离，如图 12-4、图12-5 所示。

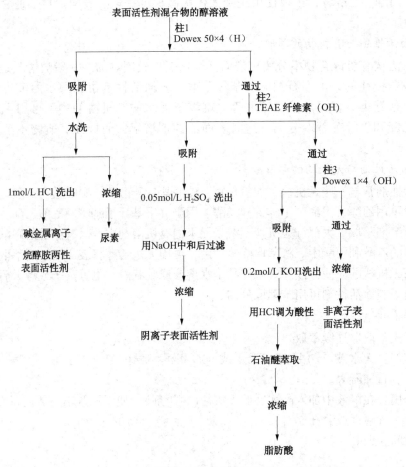

图 12-4　阴离子–非离子表面活性剂混合物的分离流程

298

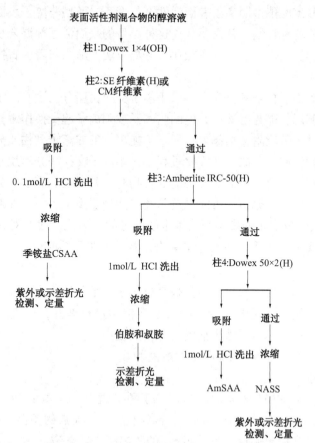

图 12-5 阴离子-两性离子-非离子表面活性剂混合物的分离流程

12.3.3 色谱法

对于同类或结构类型近似的表面活性剂，若采用萃取、结晶或简单的离子交换法都很难分离时，可采用色谱法进行分离。

色谱是建立在吸附、分配、离子交换、亲和力和分子尺寸等基础上的分离过程，它利用不同组分在相互不溶的两相(固定相和流动相)中的相对运动各组分与固定相之间的吸附能力、分配系数、离子交换能力、亲和力或分子大小等性质的微小差别，经过连续多次在两相的质量交换，使不同组分得以分离并将其一一检测。色谱法高效快速且在测定物质含量时线性范围宽、重现性好。常压柱色谱法适用于较大量样品的分离与纯化，纸色谱与薄层色谱法适用于微量样品的分离纯化与定性鉴定。

1. 柱色谱分离技术

人们常用离子交换法分离阴、非离子表面活性剂混合物，实验表明：对含烷基硫酸酯类阴离子表面活性剂混合物的分离，用氧化铝层析法优于用离子交换法。柱色谱法适宜分离多元醇脂肪酸脂、聚氧乙烯型非离子表面活性剂及它们的混合物，最常用的吸附剂为硅胶和氧化铝。

阴、非离子表面活性剂以恰当比例复配可产生较大的协同效应，这早已被理论和实践证明。目前，许多性能优良的洗涤剂中的活性成分都是阴、非离子表面活性剂的混合物。其中，相当多的是烷基硫酸酯型阴离子表面活性剂与聚乙二醇型非离子表面活性剂的复配。为了对产品质量进行检验和控制，常需要分离这种类型的表面活性剂混合物。同时，为了鉴定未知表面活性剂结构，也需先进行分离操作。分离方法的适当与否，直接关系到分析结果的准确性和可靠性。

对阴、非离子表面活性剂的分离大多采用离子交换树脂分离法。离子交换树脂中具有能离解的酸性或碱性基团，能与溶液中其他的阴离子或阳离子起交换作用。通过交换，把一些能离解的酸性、碱性组分吸附在树脂上，而与不能离解的非离子型物质分开。被吸附的物质可选用适宜的洗脱剂洗脱、分离。在实验过程中，用离子交换法分离烷基硫酸酯型阴离子表面活性剂和聚乙二醇型非离子表面活性剂的混合物时，常出现非离子组分含量偏高、分离不彻底及重现性差等问题，经分析，可能是烷基硫酸酯型阴离子表面活性剂在被树脂吸附和洗脱过程中，由于受 pH 值变化的影响而发生水解的缘故。为此，我们对含烷基硫酸酯的阴离子表面活性剂与非离子表面活性剂混合体系的分离方法进行了研究。

2. 纸色谱法

常用的表面活性剂多数为水溶性的强极性化合物，纸色谱法有很好的分离效果。

滤纸的处理：使用前在丙酮 :乙醇(1 :1)的溶液中进行展开，过夜，使纸中吸附的一些杂质尽可能赶到滤纸前沿，然后剪去前沿，晾干后使用。

样品的配制：一般为含量约1%的甲醇溶液。

点样量：5～10μL。

展开剂：乙酸乙酯 :甲醇 :氨水(10 :5 :1)、丁醇 :乙酸 :水(4 :1 :1)等。

方法：展开 3h，晾干后选用适当的显色剂显色，记录斑点的颜色、位置及形状等信息。

显色剂：阴离子常用频哪黄、罗丹明 6G 的醇溶液或碘熏等。

非离子常用碘化铋钾试剂。

阳离子可用水合茚三酮或二溴荧光黄显色。

3. 薄层色谱分离技术

薄层色谱(TLC)是一种快速、微量、操作简便的物理化学分离技术，是将吸附剂或载体均匀地涂于玻璃板或聚酯薄膜及铝箔上形成一薄层来分离的。其中以吸附薄层色谱应用最为广泛。薄层色谱法在表面活性剂的分离、精制、定性及定量分析中，应用比较广泛。

非离子表面活性剂常用的吸附剂为硅胶 G，展开剂为氯仿–甲醇体系，显色剂可用碘的醇溶液、或用黄光 GF254 薄板在紫外光下观察淡紫色斑点。

阳离子表面活性剂亦可用硅胶 G 板分离。展开剂为二氯甲烷 :甲醇 :乙酸(8 :1 :0.75)，将色谱板置碘蒸汽中显色。

阴离子表面活性剂常用硅胶 G 或氧化铝 G 薄板分离，吸附剂一般不需活化，自然晾干即可使用。展开剂常采用以醇为主体的溶剂系列。

阴离子中磺酸基数目的鉴定：可用硅胶 G 板，展开剂为丙醇 :氨水(7 :3)，显色剂为2.5%的二氯荧光黄乙醇溶液，紫外灯下在棕黄色背景下显绿色斑点，R_f值不受碳链长短影响，只随磺酸基数目增加而降低。

4. 其他色谱分析

高压液相色谱(HPLC)特别适用于分离沸点高、极性强、热稳定性差的化合物，对样品回收较容易，对表面活性剂无需进行化学预处理即可进行分离分析，分配吸附(正相、反相)色谱和离子交换色谱在非离子、阴离子、阳离子和两性离子表面活性剂的整个领域内应用十分普遍，也可针对副产物、未反应物和添加剂进行分析。利用凝胶渗透色谱(GPC)可对非离子表面活性剂、高分子表面活性剂进行分析，确定其相对分子质量分布情况。

思考题

1. 表面活性剂的分离方法有哪些？试举出 1 个应用实例。
2. 表面活性剂的定性鉴定方法有哪些？

第 13 章　现代分析手段在表面活性剂中的应用

用于表面活性剂结构鉴定的主要是一些化学物质结构解析的技术，目前最常用的是波谱分析法，即紫外、红外、核磁及质谱法四大谱，波谱分析已成为现代化学研究工作中不可缺少的工具。GC、GC-MS、HPLC、HPLC-MS、X-Ray 等化学分离、分析技术也很重要，多种分离和分析方法的联合运用对复杂表面活性剂进行成分定性、定量和结构分析尤其重要。

13.1　表面活性剂红外光谱分析

红外光谱(IR)属于分子吸收光谱，是依据分子内部原子间的相对振动和分子转动等信息进行测定的，主要用于有机物和无机物的定性定量分析。在表面活性剂分析领域中，红外光谱主要用于定性分析，根据化合物的特征吸收可以知道含有的官能团，进而帮助确定有关化合物的类型。对于单一的表面活性剂的红外分析，可对照标准谱图如 Dieter Hummel 谱图和 Sadtler 谱图，对其整体结构进行定性。红外光谱法简便、快速、准确，是表面活性剂结构鉴定的最有用手段。近代傅里叶变换红外技术的发展，使红外可与气相色谱仪、高效液相色谱仪联机使用，更有利于样品的分离与定性。红外光谱分析主要有下列 3 步：

第 1 步　试样的准备：

试样的准备是整个光谱测定中极其重要的一步，因为由杂质而引起的光谱吸收可以掩盖表面活性剂官能团的光谱吸收，或者导致吸收带的错误分布，因此试样中的无机盐、未转化的碱性物质和非表面活性物质等都应设法除去。溶剂也应尽可能地除去，特别是在约 $3300cm^{-1}$ 和 $1640cm^{-1}$ 的水吸收波长处有强吸收的试样，应在 50℃真空烘箱中除去水分。

如果阴离子和两性离子表面活性剂中含有金属反离子，阳离子和两性离子表面活性剂中含有卤素反离子，应该用离子交换树脂处理，以除去可能干扰分析的反离子。在阳离子表面活性剂中，如果存在硫酸二甲酯或硫酸二乙酯这样一些反离子，或短链羧酸阴离子，都应尽量除去，否则会大大增大分析工作的复杂性。反离子可以从离子交换树脂柱上洗脱，并进行分析。

对于混合活性物体系可用离子交换法进行分离，如果同类活性物再通过分析鉴定和官能团分析后再进行测谱，得到的信息就更确切可靠。

在某些情况下，特别是在分子中可能存在羧酸时，可以分别获得在酸性和碱性 pH 值下试样的红外光谱图。为此，表面活性剂水溶液的 pH 值应该用 NaOH 或 HCl 调节至适当值，将水分蒸发干，残渣在 50℃真空烘箱中细心地干燥以后再用于分析。

第 2 步　测定操作：

如果试样不是低熔点的固体，最好用 KBr 压片法测定。将 1 份经仔细碾碎了的试样与大约 20 份碾碎了的 KBr 混合，在碾磨时，可以加几滴氯仿，以保证内部混合均匀。在室温和真空下用 $2.06×10^8Pa$ 的压力，压成直径为 10mm，厚度为 $1～2mm$ 的圆片。或者用浆糊法，将 $2～3mg$ 试样在玛瑙研钵充分研细，加 $1～2$ 滴白油，再碾磨 5min，用不锈钢刀刮至盐片上，压上另一片盐片，放在可拆液体槽架上或专门的浆糊槽架上，即可进行测定。白油引起的吸收带 3030~2860cm^{-1}、约 1470cm^{-1} 和约 1370cm^{-1}，分析图谱时可以不予考虑。

如果试样是液体，则制成薄膜，即加 1 滴试样于 NaCl 板片上（大约 D 2.5cm×0.5cm），用同样的板片盖上，放在支架上测定板间薄膜的光谱，通常能得到满意的结果。低熔点的固体也可用类似的方法处理，即将试样熔化后滴于板上，并盖好熔化的试样，便成为板间薄膜。

第 3 步　光谱解析：

在红外区各种吸收带的信息是用波数（cm^{-1}）和它的相对强度来记录的。表面活性剂由疏水基和亲水基两大部分组成，它们的类型和结构决定表面活性剂的性质。大部分表面活性剂的疏水基是碳氢链，而亲水基的种类很多，表面活性剂的种类主要由亲水基决定，表 13-1 列出了表面活性剂中常见亲水基团在红外光谱中的特征吸收带。

表 13-1　表面活性剂中常见亲水基团的红外吸收带

基团	振动形式	吸收带/cm^{-1}
—COO—	νas	1610~1540　b. s
	νs	1470~1370　b. m-s
—SO$_3^-$	νas	1190~1180　b. v. s
	νs	1060~1030　b. m-s
—OSO$_3^-$	νas	1270~1220　b. v. s
	νs	1100~1060　b. m-s
—OPO$_3^-$	$\nu_{P=O}$	1250~1220　b. s
	ν_{P-O-C}	1060~1030　b. v. s
伯胺	ν_{N-H}	2940~2700　b. s
	δ_{N-H}	1610~1560　sh. s
仲胺	ν_{N-H}	2940~2700　b. s
	δ_{N-H}	1610~1500　sh. m-w
—(C$_2$H$_4$O)$_n$	ν_{C-O}	1150~1190　b. s
多元醇	ν_{OH}	3450~3300　b. m-s

注：νas—不对称伸缩振动；νs—对称伸缩振动；δ—弯曲振动。
吸收峰形状，强度：b—宽；sh—尖锐；v. s—非常强；s—强；m—中等；w—弱。

13.1.1　阴离子表面活性剂红外光谱分析

1. 羧酸盐

脂肪酸盐（—COOM）的特征峰出现在 1560cm^{-1} 和 1430cm^{-1} 附近，这是由于羧基（—COO$^-$）伸缩振动引起，肥皂在 1568cm^{-1} 呈特征吸收。如果近羧基的碳链上存在吸电子基团，则特征吸收移向高波数。当羧酸盐酸化为羧酸时，上述吸收消失，转而出现羰基（C$=$O）在 1710cm^{-1} 处的特征吸收。硬脂酸钠和油酸钠红外光谱见图 13-1 和图 13-2。

2. 硫酸（酯）盐

在 1220~1170cm^{-1} 出现宽而强的吸收，则可以推断存在磺酸盐或硫酸（酯）盐。磺酸盐的最大吸收波长的波数低于 1200cm^{-1}，硫酸（酯）盐的最大吸收波长的波数在 1220cm^{-1} 附近，特征峰出现在 1270~1220cm^{-1} 间，这是由—OSO$_3$M 中 S$=$O 基团伸缩振动引起。磺酸盐（—SO$_3$M）的最强特征峰 S$=$O 基团伸缩振动多数低于 1200cm^{-1}，以此将硫酸（酯）盐和磺酸盐区别开来。

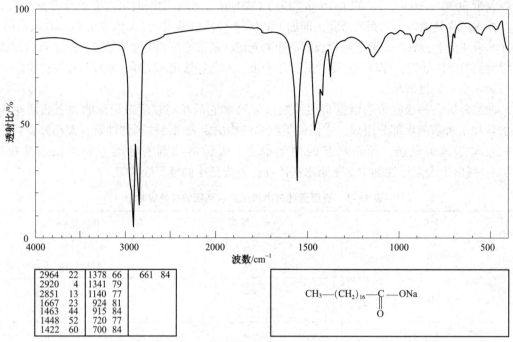

2964	22	1378	66	661	84
2920	4	1341	79		
2851	13	1140	77		
1667	23	924	81		
1463	44	915	84		
1448	52	720	77		
1422	60	700	84		

$$CH_3—(CH_2)_{16}—\overset{\displaystyle}{\underset{O}{C}}—ONa$$

图 13-1　硬脂酸钠(KBr 法)红外光谱

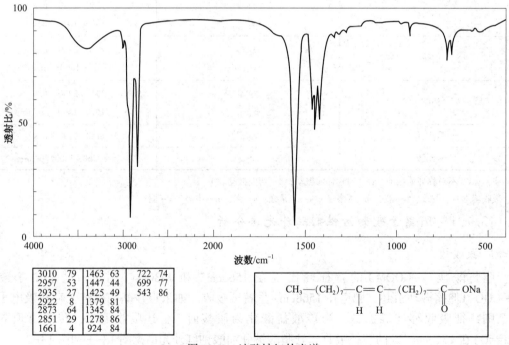

3010	79	1463	63	722	74
2957	53	1447	44	699	77
2935	27	1425	49	543	86
2922	8	1379	81		
2873	64	1345	84		
2851	29	1278	86		
1661	4	924	84		

$$CH_3—(CH_2)_7—C=C—(CH_2)_7—\overset{\displaystyle}{\underset{O}{C}}—ONa$$

图 13-2　油酸钠红外光谱

　　烷基硫酸酯(AS)以 1245cm^{-1}、1220cm^{-1}的强吸收，1085cm^{-1} 和 835cm^{-1}的吸收为特征。除 1220cm^{-1}附近吸收外，在 1120cm^{-1}附近有宽吸收的话，即表明是 AES，而且随着环氧乙烷(EO)加合数增加，1120cm^{-1}吸收带增强。十二醇硫酸钠的 IR 光谱见图 13-3。硫酸酯盐分子结构中的特征基团对应的 IR 吸收谱带见表 13-2。

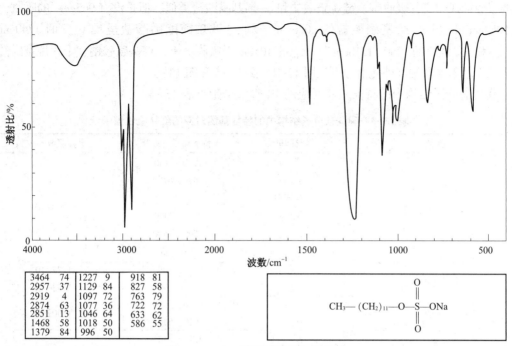

3464	74	1227	9	918	81
2957	37	1129	84	827	58
2919	4	1097	72	763	79
2874	63	1077	36	722	72
2851	13	1046	64	633	62
1468	58	1018	50	586	55
1379	84	996	50		

$$CH_3\text{——}(CH_2)_{11}\text{——}O\text{——}\overset{\overset{\displaystyle O}{\|}}{\underset{\underset{\displaystyle O}{\|}}{S}}\text{——}ONa$$

图 13-3　十二醇硫酸钠的红外光谱

表 13-2　硫酸酯盐分子结构中的特征基团对应的红外吸收谱带

种类	特征基团	特征谱带/cm^{-1}	最强吸收/cm^{-1}
烷基硫酸盐	$\nu_{S=O}$	1270~1220 1100~1070 840~830	1230±10
烷基聚氧乙烯醚硫酸盐	$\nu_{S=O}$ δ_{CH_2} $\nu_{C—O}$	1270~1220 1351 1123~1100，953~926	1220±10 2920；2850
烷基酚聚氧乙烯醚硫酸盐	$\nu_{S=O}$ δ_{CH_2} $\nu_{C—O}$ 苯核中 $\nu_{C=O}$	1270~1220 1351 1123~1100，953~926 1610；1580 1515；830	1240~1000 之间两个强峰

3. 磺酸盐

在磺酸基的第一个碳原子上有吸电子基团时，其吸收高于 1200cm^{-1}，如羧酸酯磺酸盐。支链和直链烷基苯磺酸除 1180cm^{-1}（ν_{asSO_3}）的强而宽的吸收外，还有 1600cm^{-1}、1500cm^{-1} 和 900~700cm^{-1} 的芳香环吸收，1135cm^{-1} 和 1045cm^{-1}（δ_{SO_3}）的吸收为特征。支链型（ABS）在 1400cm^{-1}、1380cm^{-1} 和 1367cm^{-1} 呈现吸收，直链型（LAS）在 1410cm^{-1} 和 1430cm^{-1} 呈现吸收。α-烯基磺酸盐除 1190cm^{-1} 的强吸收和 1070cm^{-1} 的谱带外，在 965cm^{-1} 由于反式双键的 C—H 面外变角振动引

起的吸收而成为特征吸收带。链烷磺酸盐和 α-烯基磺酸盐类似，但是没有 $965cm^{-1}$ 的吸收，并以 $1050cm^{-1}$ 代替 α-烯基磺酸盐的 $1070cm^{-1}$ 吸收。琥珀酸酯磺酸盐呈现 $\nu_{C=O}$ 的 $1740cm^{-1}$，$\nu_{asC-O-C}$ 和 ν_{SO_3} 重叠的 $1250\sim1210cm^{-1}$，ν_{SO_3} 的 $1050cm^{-1}$ 吸收。十二烷基磺酸钠、十六烷基磺酸钠和十二烷基苯磺酸钠红外光谱分别见图 13-4、图 13-5 和图 13-6。

磺酸盐分子结构中的特征基团对应的 IR 吸收谱带见表 13-3。

表 13-3　磺酸盐分子结构中的特征基团对应的红外吸收谱带

种类	特征基团	特征谱带/cm^{-1}	最强吸收/cm^{-1}
烷基苯磺酸盐	$\nu_{S=O}$	$1250\sim1150$	1200 ± 10
	$\delta_{S=O}$	690；673	
	苯核中		
	ν_{C-H}	$3100\sim3000$	
	$\nu_{C=C}$	1600；1500	
	δ_{C-H}	1010；833	
烷基磺酸盐	$\nu_{S=O}$	1177；1053	1177 ± 10
	$\nu_{S=O}$	620	1053 ± 10
α-烯基磺酸盐	$\nu_{S=O}$	1190；1068	1190 ± 10
	$\nu_{S=O}$	620；530	
磺基琥珀酸盐	$\nu_{S=O}$	$1250\sim1220$	1725 ± 10
		$1053\sim1042$	$1250\sim1220$
	$\nu_{C=O}$	1725	
	ν_{C-O-C}	1163	
N，N-脂肪酰基牛磺酸盐	$\nu_{S=O}$	$1206\sim1191$	$1206\sim1191$
	酰胺中		
	$\nu_{C=O}$	1064	
	δ_{NH_2}	$1640\sim1613$	

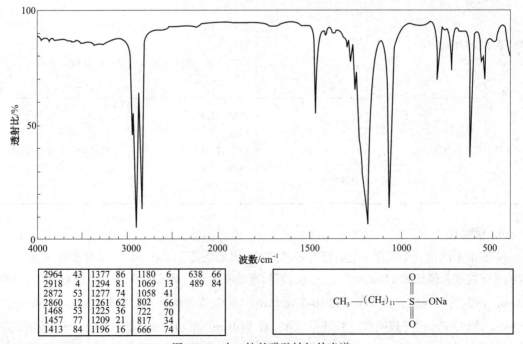

图 13-4　十二烷基磺酸钠红外光谱

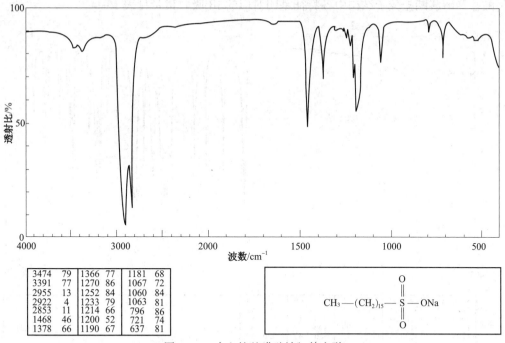

3474	79	1366	77	1181	68
3391	77	1270	86	1067	72
2955	13	1252	84	1060	84
2922	4	1233	79	1063	81
2853	11	1214	66	796	86
1468	46	1200	52	721	74
1378	66	1190	67	637	81

$$CH_3—(CH_2)_{15}—\overset{\displaystyle O}{\underset{\displaystyle O}{S}}—ONa$$

图 13-5　十六烷基磺酸钠红外光谱

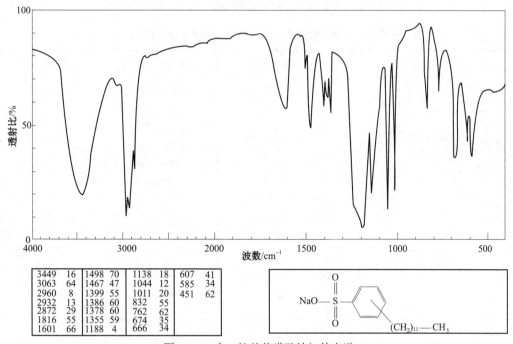

3449	16	1498	70	1138	18	607	41
3063	64	1467	47	1044	12	585	34
2960	8	1399	55	1011	20	451	62
2932	13	1386	60	832	55		
2872	29	1378	60	762	62		
1816	55	1355	59	674	35		
1601	66	1188	4	666	34		

图 13-6　十二烷基苯磺酸钠红外光谱

4. 磷酸(酯)盐

磷酸酯盐(—OPO₃M)具有 1242~1220cm⁻¹ 的 $\nu_{P=O}$ 和 1100~1077cm⁻¹ 的 $\nu_{P—O—C}$ 伸缩振动吸收峰。P—O—C 伸缩振动吸收峰有时裂分为两个强峰。比较其吸收带的位置和强度,可以和磺酸盐、硫酸盐区别出来。4-甲氧羰基苯基磷酸二酯钠盐红外吸收光谱见图 13-7。脂肪磷酸盐和磷酸酯盐分子结构中各特征基团对应的 IR 吸收谱带见表 13-4。

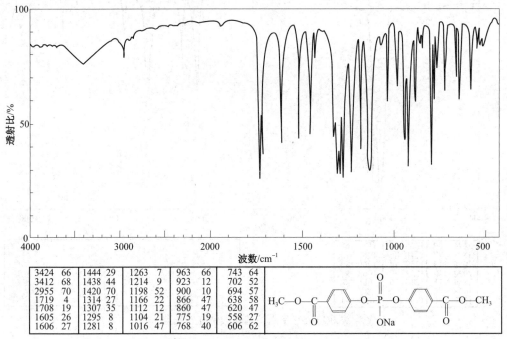

3424	66	1444	29	1263	7	963	66	743	64
3412	68	1438	44	1214	9	923	12	702	52
2955	70	1420	70	1198	52	900	10	694	57
1719	4	1314	27	1166	22	866	47	638	58
1708	19	1307	35	1112	12	860	47	620	47
1605	26	1295	8	1104	21	775	19	558	27
1606	27	1281	8	1016	47	768	40	606	62

图 13-7　4-甲氧羰基苯基磷酸二酯钠盐红外吸收光谱(液膜法)

表 13-4　脂肪磷酸盐和磷酸酯盐分子结构中各特征基团对应的红外吸收谱带

磷酸(酯)盐种类	特征基团	特征谱带/cm^{-1}	最强谱带/cm^{-1}
脂肪酸盐	ν_{CH_3}	2960；2870	1560±10
	ν_{CH_2}	2930；2850	
	δ_{CH_3}	1380~1370	
	δ_{CH_2}	1470~1430	
		1480~1450	
	ν_{C-O}	1560；1430	
氨基酸衍生物	—COO 中 $\nu_{C=O}$	1430~1410	1680~1630
	—CONH 中 $\nu_{C=O}$	1680~1630	
	δ_{NH}	1570~1515	
脂肪醇磷酸酯衍生物	$\nu_{P=O}$	1242~1220	—
	ν_{P-O-C}	1100~1088	
脂肪醇聚氧乙烯醚磷酸酯盐	$\nu_{P=O}$	1242~1220	1100~1050
	ν_{P-O-C}	1100~1088	
	ν_{C-O-C}	1100~1050	

13.1.2 阳离子表面活性剂红外光谱分析

1. 伯、仲、叔胺

伯胺在 $3340 \sim 3180 cm^{-1}$ 有 ν_{asNH} 的中等程度的吸收，在 $1640 \sim 1588 cm^{-1}$ 有 δ_{NH} 的弱吸收。仲胺在上述范围内的吸收都很弱或者不出现，其他吸收和烷烃类似。二烷醇胺的红外吸收光谱和伯醇类似，在 $3350 cm^{-1}$（ν_{OH}）、1045（ν_{C-O-H}）cm^{-1} 出现宽而强的吸收，在 $878 cm^{-1}$（ρ_{CH_2}）也出现吸收。叔胺在红外区得不到有效的吸收信息，如果将其转变成盐酸盐，则在 $2700 \sim 2315 cm^{-1}$ 出现缔合的 NH^+ 基的强吸收。一般来讲，将胺转变成盐酸盐，其吸收增强。

十八烷基二乙醇胺和 3-甲氧基-4-羟基苄胺盐酸盐红外光谱分别见图 13-8 和图 13-9。

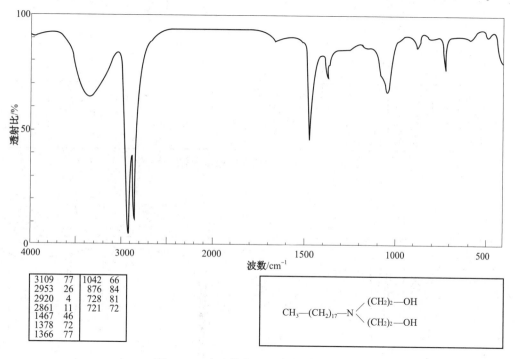

3109	77	1042	66
2953	26	876	84
2920	4	728	81
2861	11	721	72
1467	46		
1378	72		
1366	77		

$$CH_3{-}(CH_2)_{17}{-}N \Big\langle \begin{array}{l}(CH_2)_2{-}OH \\ (CH_2)_2{-}OH\end{array}$$

图 13-8　十八烷基二乙醇胺的红外光谱

2. 季铵盐

除 $1470 cm^{-1}$ 和 $720 cm^{-1}$ 的尖锐吸收外，在 $2900 cm^{-1}$ 前后有强吸收的话，则为双烷基二甲基季铵盐。如果有结合水和不纯物时，双烷基二甲基季铵盐吸收出现在 $3400 cm^{-1}$ 前后和 $1600 cm^{-1}$ 处。在 $1470 cm^{-1}$ 附近裂分为两个峰，在 $970 cm^{-1}$ 和 $910 cm^{-1}$ 也有吸收的话，则为烷基三甲基型。$970 cm^{-1}$ 和 $910 cm^{-1}$ 的强度相同，$720 cm^{-1}$ 裂分为 $720 cm^{-1}$ 和 $730 cm^{-1}$ 的话，则烷基的链长为 C_{18} 左右；$910 cm^{-1}$ 较强，$720 cm^{-1}$ 裂分的话，则链长为 C_{12} 左右。除以上外，在 $1620 \sim 1600 cm^{-1}$ 有吸收，在 $1500 cm^{-1}$ 也有吸收的话，则考虑存在咪唑啉环。$780 cm^{-1}$、$690 cm^{-1}$ 有吸收的话，则为吡啶盐。在 $1585 cm^{-1}$ 有弱而尖锐吸收，在 $1220 cm^{-1}$ 有中等程度的尖锐吸收，在 $720 cm^{-1}$ 和 $705 cm^{-1}$ 有强而尖锐吸收的话，则推断为三烷基苄基铵盐。图 13-10～图 13-13 是几种季铵盐红外光谱图。

表 13-5 是阳离子表面活性剂的分子结构及其特征基团对应的红外吸收谱带。

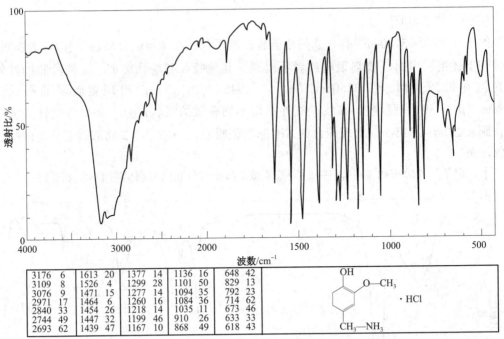

3176	6	1613	20	1377	14	1136	16	648	42
3109	8	1526	4	1299	28	1101	50	829	13
3076	9	1471	15	1277	14	1094	35	792	23
2971	17	1464	6	1260	16	1084	36	714	62
2840	33	1454	26	1218	14	1035	11	673	46
2744	49	1447	32	1199	46	910	26	633	33
2693	62	1439	47	1167	10	868	49	618	43

图 13-9　3-甲氧基-4-羟基苄胺盐酸盐红外光谱

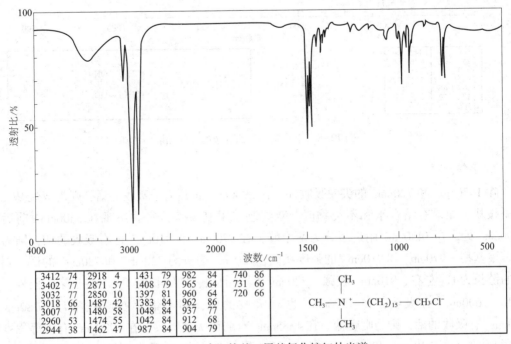

3412	74	2918	4	1431	79	982	84	740	86
3402	77	2871	57	1408	79	965	64	731	66
3032	77	2850	10	1397	81	960	64	720	66
3018	66	1487	42	1383	84	962	86		
3007	77	1480	58	1048	84	937	77		
2960	53	1474	55	1042	84	912	68		
2944	38	1462	47	987	84	904	79		

图 13-10　十六烷基三甲基氯化铵红外光谱

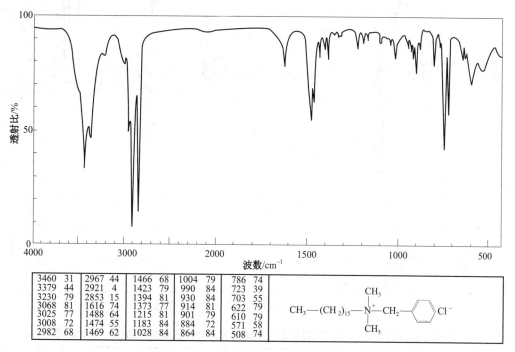

3460	31	2967	44	1466	68	1004	79	786	74
3379	44	2921	4	1423	79	990	84	723	39
3230	79	2853	15	1394	81	930	84	703	55
3068	81	1616	74	1373	77	914	81	622	79
3025	77	1488	64	1215	81	901	79	610	79
3008	72	1474	55	1183	84	884	72	571	58
2982	68	1469	62	1028	84	864	84	508	74

$$CH_3—(CH_2)_{15}—\overset{\overset{\displaystyle CH_3}{|}}{\underset{\underset{\displaystyle CH_3}{|}}{N^+}}—CH_2—\langle\bigcirc\rangle \quad Cl^-$$

图 13-11　N-十六烷基-N，N-二甲基苄基氯化铵红外光谱

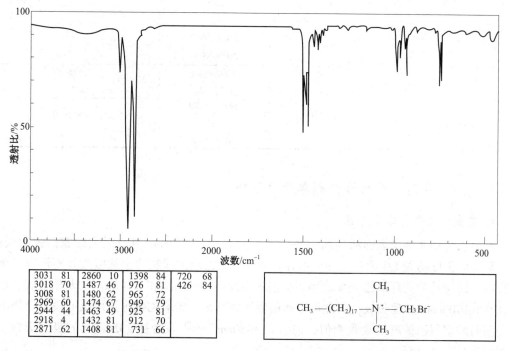

3031	81	2860	10	1398	84	720	68
3018	70	1487	46	976	81	426	84
3008	81	1480	62	965	72		
2969	60	1474	67	949	79		
2944	44	1463	49	925	81		
2918	4	1432	81	912	70		
2871	62	1408	81	731	66		

$$CH_3—(CH_2)_{17}—\overset{\overset{\displaystyle CH_3}{|}}{\underset{\underset{\displaystyle CH_3}{|}}{N^+}}—CH_3 \, Br^-$$

图 13-12　十八烷基三甲基溴化铵红外光谱

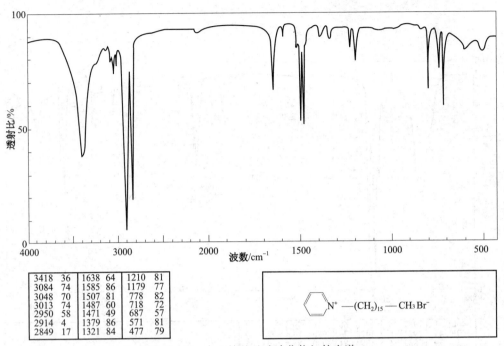

3418	36	1638	64	1210	81
3084	74	1585	86	1179	77
3048	70	1507	81	778	82
3013	74	1487	60	718	72
2950	58	1471	49	687	57
2914	4	1379	86	571	81
2849	17	1321	84	477	79

图 13-13 十六烷基吡啶溴化物红外光谱

表 13-5 各类阳离子表面活性剂的分子结构及其特征基团对应的红外吸收谱带

种类	特征基团	特征谱带/cm^{-1}	最强谱带/cm^{-1}
烷基胺盐	$\nu_{C=O}$	1640	—
		1400	
	δ_{NH^+}	1580~1500	
	ν_{CN}	1010	
	δ_{NH}	920	
	ν_{NH^+}	3200~3000	
		2800~2000	
烷基三甲基氯化铵	ν_{C-N}	1000~910	2900±10
	δ_{CH_2}	730;720	1470±10
三烷基甲基氯化铵	烷烃吸收	2900;1470	2900±10
		720	
	ν_{C-N}	1000~910	

13.1.3 非离子表面活性剂红外光谱分析

1. 聚氧乙烯型表面活性剂

聚氧乙烯型非离子表面活性剂的特征是，在 1120~1110cm^{-1} 具有最大的宽而强的吸收，这种吸收的强度随着 EO 数的增加而增强。醇的环氧乙烷加成物除上述吸收外再没有其他特征吸收，而烷基酚的环氧乙烷加成物还会呈现 1600~1580cm^{-1} 和 1500cm^{-1} 的苯核吸收，取代苯在 900~700cm^{-1} 呈现吸收，因此可以和前者区别开来。聚氧乙烯聚氧丙烯嵌段聚合物的吸收与脂肪醇聚氧乙烯醚的吸收相似，前者在 1380cm^{-1} 的吸收带比 1350cm^{-1} 的吸收带强，后者则相反(图 13-14)。

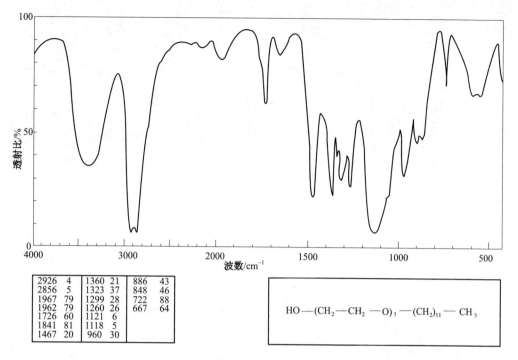

2926	4	1360	21	886	43	
2856	5	1323	37	848	46	
1967	79	1299	28	722	88	
1962	79	1260	26	667	64	
1726	60	1121	6			
1841	81	1118	5			
1467	20	960	30			

$$HO—(CH_2—CH_2—O)_7—(CH_2)_{11}—CH_3$$

图 13-14　月桂基聚氧乙烯醚(7EO)(液膜法)红外光谱

2. 多元醇型表面活性剂

失水山梨醇脂肪酸酯的酯基吸收出现在 1740cm⁻¹和 1170cm⁻¹,醚键和 OH 的吸收出现在 1120～1050cm⁻¹。油酸或其他不饱和脂肪酸酯在 3030cm⁻¹($\nu_{C—H}$)处出现肩峰,顺式双键在 720cm⁻¹存在吸收峰,反式双键在 967cm⁻¹存在吸收峰(图 13-15～图 13-18)。表13-6是聚环氧乙烷加成物结构与其特征谱带。

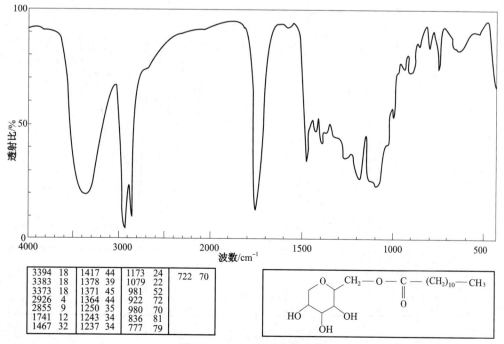

3394	18	1417	44	1173	24	722	70
3383	39	1378	39	1079	22		
3373	18	1371	45	981	52		
2926	4	1364	44	922	72		
2855	9	1250	35	980	70		
1741	12	1243	34	836	81		
1467	32	1237	34	777	79		

图 13-15　Span-20 红外光谱

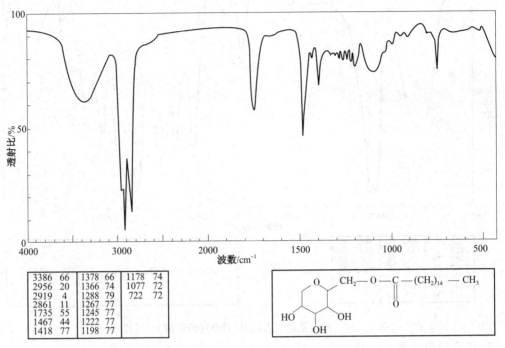

3386	66	1378	66	1178	74
2956	20	1366	74	1077	72
2919	4	1288	79	722	72
2861	11	1267	77		
1735	55	1245	77		
1467	44	1222	77		
1418	77	1198	77		

图 13-16　Span-4 红外光谱

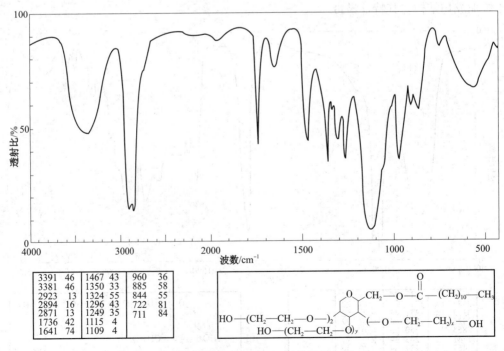

3391	46	1467	43	960	36
3381	46	1350	33	885	58
2923	13	1324	55	844	55
2894	16	1296	43	722	81
2871	13	1249	35	711	84
1736	42	1115	4		
1641	74	1109	4		

图 13-17　Tween-20 红外光谱

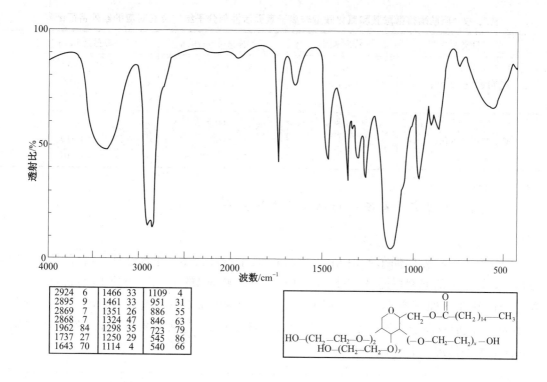

2924	6	1466	33	1109	4
2895	9	1461	33	951	31
2869	7	1351	26	886	55
2868	7	1324	47	846	63
1962	84	1298	35	723	79
1737	27	1250	29	545	86
1643	70	1114	4	540	66

图 13-18　Tween-40 红外光谱

表 13-6　聚环氧乙烷加成物结构与其红外特征谱带

种类	特征基团	特征谱带/cm^{-1}	最强谱带/cm^{-1}
脂肪醇聚氧乙烯醚	ν_{C-O-C} ν_{OH} ν_{CH_2}	1110 附近很强 3333 2899；2857	1110±10
烷基酚聚氧乙烯醚	ν_{C-O-C} ν_{C-C}(苯环)	1110 1600；1500	1110±10
脂肪酸聚氧乙烯酯	POE 中醚键 ν_{C-O} $\nu_{C=O}$	1110 1177 1740	1110±10 1740±10

3. 脂肪酰烷醇胺

烷醇酰胺的吸收特征是在 1640cm^{-1} 前后的酰胺吸收带和 1050cm^{-1} 的 OH 强的吸收带。单乙醇酰胺具有 1540cm^{-1} 的单取代酰胺的强吸收(表 13-7)。

表 13-7　脂肪酸烷醇酰胺和氧化胺型非离子表面活性剂分子结构及其对应的红外特征谱带

种类	特征基因	特征谱带/cm^{-1}	最强谱带/cm^{-1}
脂肪酸二乙醇酰胺	$\nu_{C=O}$	1610	1610±10
	ν_{CH}	3333	
	δ_{CH}	1050	
烷基二甲基氧化胺	$\nu_{N=O}$	960	2920±10
	ν_{CH}	3333	
		2900；1470	1470±10

13.1.4　两性离子表面活性剂红外光谱分析

1. 氨基酸

两性离子表面活性剂随着 pH 值的变化而变成酸型或盐型，根据红外光谱可以了解其相应构造。氨基酸的酸型特征是 1725cm^{-1} 的 $\nu_{C=O}$，1200cm^{-1} 的 ν_{C-O} 和弱的 1588cm^{-1} 的 δ_{NH_2} 的吸收。在碱性条件下存在 ν_{COO^-} 强吸收，分别在 1590 和 1410cm^{-1} 附近。对于两性离子，1400cm^{-1} 的吸收移向低波数并和 δ_{CH_3} 的 1380cm^{-1} 吸收重叠，这种现象存在于一切氨基酸型两性离子表面活性剂之中（图 13-19）。

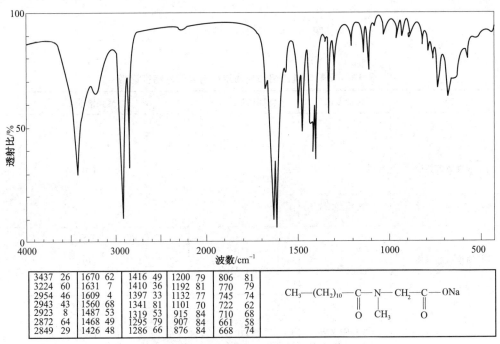

图 13-19　月桂酰肌氨酸钠红外光谱

2. 甜菜碱

甜菜碱是在分子中具有酸性基团的内酯型化合物，在酸性条件下其红外光谱在 1740cm^{-1}（$\nu_{C=O}$）和 1200cm^{-1}（ν_{C-O}）呈现吸收，在碱性条件下，上述吸收消失，转而出现 1640～1600cm^{-1}（ν_{COO^-}）的吸收，HN$^+$ 的特征吸收是 870cm^{-1}（图 13-20）。表 13-8 是两性离子表面活性剂的分子结构及其对应的 IR 特征吸收谱。

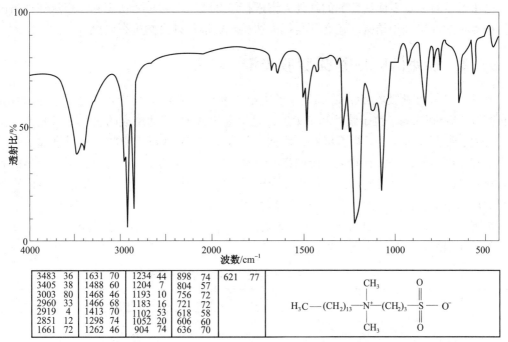

3483	36	1631	70	1234	44	898	74	621	77
3405	38	1488	60	1204	7	804	57		
3003	80	1468	46	1193	10	756	72		
2960	33	1466	68	1183	16	721	72		
2919	4	1413	70	1102	53	618	58		
2851	12	1298	74	1052	20	606	60		
1661	72	1262	46	904	74	636	70		

图 13-20   3-磺丙基十四烷基二甲甜菜碱红外光谱

表 13-8   两性离子表面活性剂的分子结构及其对应的红外特征带谱

种类	特征基团	特征谱带/cm^{-1}	最强谱带/cm^{-1}
β-烷基氨基丙酸钠	ν_{COO^-} ν_{C-N} δ_{N-H}	1610~1550 1400 1125 830	1610~1550
烷基二亚乙胺基甘氨酸盐酸盐	ν_{COO^-} ν_{NH} ν_{C-N} δ_{NH} 盐酸盐缔合 NH$_2^+$	1680~1570 1150 790 2700~2250 吸收带群	1680~1570
烷基二甲基甜菜碱	ν_{COO}中 δ_{NH} 其余为烷烃吸收	1640；1600 870	2920±20 1460±10
1，1-羟乙基羧甲基-2-烷基咪唑啉	—COO—中 ν_{C-O} 咪唑环中 $\nu_{C=N}$ ν_{OH} ν_{C-O} $\nu_{C=O}$	1650 1620 3330 1075 1730	1620~1650

这里虽然对重点表面活性剂的红外光谱进行了介绍，但是也要认识到，想从红外谱图中获得被测物的准确分子结构，还必须与标准物质或标准红外谱图进行对照。

13.2 紫外(UV)-可见吸收光谱

紫外(UV)-可见吸收光谱是基于分子内电子跃迁产生的吸收光谱来进行分析测定的，波长范围200~900nm，位于紫外和可见区，是由电子振动/转动组成的复杂带状光谱。由于常见表面活性剂在可见光区没有吸收，而饱和化合物在UV区没有吸收，所以它仅适用于具有不饱和双键，特别是含有共轭双键或带有芳香基团的物质的定性、定量分析。样品的光谱可与萨特勒(Sadtler)及其他相关文献或标准谱图相比较确认。利用紫外光谱法可以区别不同类型的烷基磺酸盐，鉴定萘、蒽、联苯等高级芳香族同系物。

在紫外光谱法中，利用220nm处的吸收系数($A_{1cm}^{1\%}$)可进行初步分析鉴定。表13-9是常见表面活性剂的紫外吸收光谱数据。

表 13-9　常见表面活性剂的紫外吸收光谱数据(溶剂：水)

表面活性剂	λ_{max}/nm	$\lg\varepsilon_{max}$	λ_{max}/nm	$\lg\varepsilon_{max}$	λ_{max}/nm	$\lg\varepsilon_{max}$
十二烷基苯磺酸钠	225	2.6	261	1.2		
丁基苯磺酸钠	230	2.5	285	1.7		
对氨基苯磺酸钠			275	2.8		
壬基酚聚氧乙烯醚	225	2.2	277	1.4		
十八烷基二甲基苄基氯化铵	215	2.0	263	1.3	315	1.8
丁基萘磺酸钠	235	3.3	280	2.3	315	0.3
四氢萘磺酸钠	225	2.7	270	1.6	320	1.5
萘磺酸甲醛缩合物			290	2.4	335	2.0
烷基异喹啉卤化物	230	3.2	270	2.0		
油酸钠	225	1.7				
三乙醇胺油酸盐	235	1.6				

13.2.1　阴离子表面活性剂紫外-可见光谱法定量分析

1. 亚甲基蓝分光光度法

(1)方法原理

用三氯甲烷萃取阴离子表面活性剂与亚甲基蓝所形成的复合物，然后用分光光度法定量阴离子表面活性剂。

(2)仪器设备

分光光度计：波长360~800nm，具有30mm比色池。

(3)试剂

①阴离子表面活性剂标准溶液：称取相当于1g阴离子表面活性剂(100%)的参照物(称准至1mg)，用水溶解并转移至1L容量瓶中，然后稀释至刻度，混匀，该溶液为$c=1g/L$的表面活性剂溶液。移取此溶液10.0mL，用水稀释至1L，该溶液阴离子表面活性剂浓度为0.01g/L。

318

②亚甲基蓝溶液：称取 0.1g 亚甲基蓝，用水溶解并稀释至 100mL，移取 30mL 溶液于 1L 容量瓶中，加入 6.8mL 浓硫酸及 50g 磷酸二氢钠水合物（$NaH_2PO_4 \cdot H_2O$），溶解后用水稀释至 1L。

③三氯甲烷。

④磷酸二氢钠洗涤液：将 6.8mL 浓硫酸及 50g 磷酸二氢钠溶于水中，稀释至 1L。

（4）检验步骤

①标准曲线的绘制。

取一系列含有 0~150μg 阴离子表面活性剂的标准溶液作为试验溶液，于 250mL 分液漏斗中加水至总量 100mL，然后按下列②的程序进行萃取和测定吸光度，绘制阴离子表面活性剂含量（mg/L）与吸光度的标准曲线。

②试样中阴离子表面活性剂含量的测定。

准确移取适量体积的试样溶液于 250mL 分液漏斗中，加水至总量 100mL（应含阴离子表面活性剂 10~100μg），然后用 $c = 0.1mol/L$ 的硫酸溶液或 $c = 0.1mol/L$ 的氢氧化钠溶液调节 pH 值至 7。加入 25mL 亚甲基蓝溶液，摇匀后加入 20mL 三氯甲烷，振荡 30s，静置分层，若水层中蓝色褪尽，则应再加入 10mL 亚甲基蓝溶液，再振荡，静置分层。

将三氯甲烷层放入另一 250mL 分液漏斗中，注意勿将界面絮状物随同三氯甲烷层带出，重复萃取 3 次。

合并三氯甲烷萃取液于一分液漏斗中，加入 50mL 磷酸二氢钠洗涤液振荡 30s，静置分层，将三氯甲烷层通过洁净的脱脂棉过滤至 100mL 容量瓶中，再加入 10mL 三氯甲烷于分液漏斗中，振荡 30s，静置分层，将三氯甲烷层经脱脂棉过滤至容量瓶中，再以少许三氯甲烷淋洗脱脂棉，然后用三氯甲烷稀释到刻度，混匀，同时做空白试验。用 30mm 比色池，以空白试验的三氯甲烷萃取液作参比，用分光光度计于波长 650nm 测定试样三氯甲烷萃取液的吸光度。将测得试样吸光度与标准曲线比较，得到相应表面活性剂的量，以毫克每升（mg/L）表示。

2. 紫外光谱法

含芳核的烷基苯磺酸盐、烷基萘磺酸盐等在紫外光谱区有很大的吸收，且符合比耳定律，所以均可用紫外光谱法测定。紫外光谱法的操作与分光光度法基本相同，准确称取一定量试样溶于水后定容一定体积，即可用于测定。

13.2.2　非离子表面活性剂光度法定量分析

1. 非离子表面活性剂硫氰酸钴分光光度法

该法适用于烷基酚聚氧乙烯醚、脂肪醇聚氧乙烯醚、脂肪酸聚氧乙烯酯、山梨糖醇脂肪酸酯含量的测定。

（1）方法原理

非离子表面活性剂与硫氰酸钴所形成的络合物用苯萃取，然后用分光光度法测定非离子表面活性剂含量。

（2）仪器设备

①紫外分光光度计：具有 10mm 石英比色池，波长 322nm。

②离心机：转速 1000~4000r/min。

（3）试剂

①硫氰酸钴铵溶液：将 620g 硫氰酸铵（NH_4CNS）和 280g 硝酸钴［$Co(NO_3)_2 \cdot 6H_2O$］溶

于少许水中，再稀释至1L，然后用30mL苯萃取两次后备用。

②非离子表面活性剂标准溶液：称取相当于1g非离子表面活性剂(100%)(正月桂基聚氧乙烯醚)(EO＝7)，称准至1mg，用水溶解，转移至1L容量瓶中，稀释至刻度，该溶液中非离子表面活性剂浓度为1g/L。移取10.0mL上述溶液于1L容量瓶中，用水稀释到刻度，混匀，所得稀释液非离子表面活性剂浓度为0.01g/L。

③苯、氯化钠。

(4)检验步骤

①标准曲线的绘制。

取一系列含有0~4000μg非离子表面活性剂的标准溶液，置于250mL分液漏斗中，加水至总量100mL，然后按下列②规定程序进行萃取和测定吸光度，绘制非离子表面活性剂含量(mg/L)与吸光度标准曲线。

②试样中非离子表面活性剂含量的测定。

准确移取适量体积的试样溶液于250mL分液漏斗中，加水至总量100mL(应含非离子表面活性剂0~3000μg)，再加入15mL硫氰酸钴铵溶液和35.5g氯化钠，充分振荡1min，然后准确加入25mL苯，再振荡1min，静置15min，弃掉水层，将苯放入试管，离心脱水10min(转速2000r/min)，然后移入10mm石英比色池中，用空白试验的苯萃取液做参比，用紫外分光光度计于波长322nm测定试样苯萃取液的吸光度。

将测得的试样吸光度与标准曲线比较，得到相应非离子表面活性剂的量，以毫克每升(mg/L)表示。

2. 非离子表面活性剂磷钼酸光度法

聚氧乙烯型非离子表面活性剂与磷钼酸反应生成络盐沉淀，将沉淀用一定方法处理后可进行光度测定。

氯化亚锡溶液：35g $SnCl_2 \cdot 2H_2O$ 溶于10mL HCl中，再用水稀释至1L。

硫氰酸铵–氯化亚锡混合液：1mL 5%硫氰酸铵加入10mL氯化亚锡溶液，混合后再用水稀释至100mL。

操作：准确称取一定量试样(含0.01~0.50mg非离子表面活性剂)于10mL离心试管中，加水溶解后稀释至刻度，再加3滴(1+3) HCl、2滴10% $BaCl_2$ 和2滴10%磷钼酸，混匀后快速离心，弃去离心液。有两种方法处理沉淀及进行测定：

方法1：将留有沉淀的离心管倒置在滤纸上1~2min，然后边搅拌边滴加4mL H_2SO_4 使沉淀溶解，溶液颜色从玫瑰红~粉红变为紫色40min后，在520nm波长处测定其吸光度，对照在相同条件下绘制的标准曲线，即可求出试样中非离子表面活性剂的含量。

方法2：同样将离心管倒置以除去水分后，加1.2mL H_2SO_4 溶解沉淀，用水稀释至6mL，然后加0.5mL硫氰酸铵–氯化亚锡溶液(为保持溶液的还原状态，可加入一小片金属锡)，再加水至10mL，离心至溶液澄清透明，30min后取澄清液在470nm波长处测定其吸光度，对照在相同条件下绘制的标准曲线，即可求出试样中非离子表面活性剂的含量。

烷基硫酸盐和羧甲基纤维素干扰本测定，需事先除去。

13.2.3 两性离子表面活性剂酸性橙Ⅱ光度法定量分析

由于两性离子表面活性剂在等电点以下的pH值中呈阳离子型，可与酸性橙Ⅱ定量反应，用氯仿萃取后可进行光度测定。

操作：移取一定量试液（含 0.1~0.6mg 两性离子表面活性剂）于分液漏斗，加 10mL pH=1 的 HCl-KCl 和 3mL 0.1% 酸性橙Ⅱ，振荡后再加 20mL 氯仿，缓慢振荡 3min，静置 15min，将氯仿层放入 50mL 容量瓶中，重复处理水层一次，氯仿层并入容量瓶中，用氯仿稀释至刻度。在 485nm 处测定其吸光度，对照在相同条件下绘制的标准曲线，即可求得试样中两性离子表面活性剂的含量。

13.3　气相色谱法

色谱是建立在吸附、分配、离子交换、亲和力和分子尺寸等基础上的分离过程，它利用不同组分在相互不溶的两相（固定相和流动相）中的相对运动各组分与固定相之间的吸附能力、分配系数、离子交换能力、亲和力或分子大小等性质的微小差别，经过连续多次在两相的质量交换，使不同组分得以分离并将其一一检测。色谱法高效快速且在测定物质含量时线性范围宽、重现性好。

气相色谱（gas chromatography，GC）具有高分离效能和出色的定量能力，对于沸点在 350℃ 以下的大多数有机物均可测试，对于难挥发/不挥发的物质须先进行预处理（化学法或热裂解法）将其转化成挥发物，才能分析。对于表面活性剂的分析，除部分非离子型表面活性剂外，极少采用直接分析，而必须预先将表面活性剂制备成挥发性衍生物或者在进样口将试样热分解成衍生物。通过与标准样品的保留时间进行比较可对各峰进行定性，以归一法、内标或外标法定量，提供烷基碳原子数分布值、烷基支化度、低沸点原料及低加成/聚合反应转化率。现代仪器连用技术的发展使得 GC-MS 连用拓展了未知物分离检测的范围。下面按照阴离子、阳离子、非离子活性剂和两性离子表面活性剂的次序分别叙述其常用的 GC 分析法。

13.3.1　阴离子表面活性剂气相色谱分析

13.3.1.1　烷基苯磺酸盐（LAS）

1. 磷酸分解法

原理：将烷基苯磺酸盐和磷酸加热脱去磺酸基，生成的烷基苯进行 GC 分析，可得到亲油基的碳数分布和异构体分布。

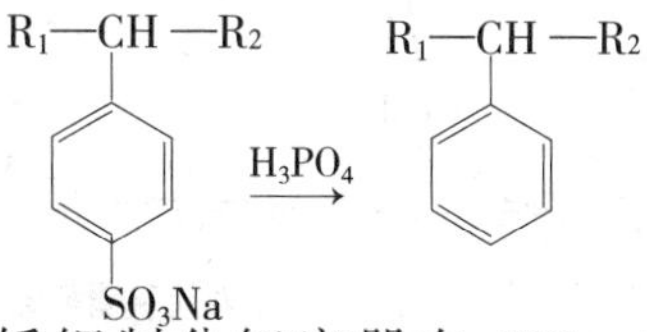

方法：磷酸分解法有用不锈钢制分解容器在 400~415℃ 分解 5min 的 Lew 等的方法，这里介绍更简便的封管分解法。将约 100mg 干燥的 LAS 装入一端封闭，内径 7.5mm、外径 10mm、长 250mm 的硬质玻璃管中，再用吸管加入 2.5mL85% 磷酸，用氮气置换其中的空气后，用喷灯将上端封闭。放入气相色谱仪的柱加热炉中，以每分钟 3℃ 的速度从 50℃ 升温至 230℃，并保温 3h。分解结束后冷却至室温，轮流用正己烷和水将内容物洗至烧杯中，用稀 NaOH 中和，转移至分液漏斗中，用正己烷萃取 3 次，小心蒸去溶剂，供 GC 分析。

2. 硫醇法

原理：将 LAS 和亚硫酰氯反应生成磺酰氯，再用盐酸-锌还原成硫醇衍生物后进行 GC

分析，可得亲油基的碳数分布和异构体分布。

$$R_1-\underset{|}{\overset{H}{C}}-R_2 \xrightarrow{SO_2Cl_2} R_1-\underset{|}{\overset{H}{C}}-R_2 \xrightarrow{Zn-HCl} R_1-\underset{|}{\overset{H}{C}}-R_2$$

（苯环结构 SO₃Na → SO₂Cl → SH）

方法：加约 0.2g 试样于 100mL 二口烧瓶中，加入 0.5g N，N-二甲基甲酰胺催化剂和 20mL 亚硫酰氯。装上回流冷凝管在弱氮气流及经常摇动下于 80～85℃水浴上反应 45min。反应结束后用旋转蒸发器除去亚硫酰氯，加入 50mL 四氯化碳，激烈振摇混合。除去不溶性的 N，N-二甲基甲酰胺-亚硫酰氯络合物，蒸去四氯化碳，所得的 LAS 的磺酰氯在冰浴中冷却至 0℃后，加入 20mL 浓盐酸和少量冰，搅拌下慢慢加入 2g 锌粉。装上冷凝管，在冰冷状态下反应 10min，然后，室温下放置一夜。这期间若锌粉消失可再加入少量。最后在 120℃回流 1h，生成的 LAS 硫醇化物用 30mL 二氯甲烷萃取 3 次，水洗，用无水硫酸钠脱水后蒸去溶剂，供 GC 分析。

13.3.1.2　α-烯基磺酸盐(AOS)

1. 磺酰氯化法

原理：将 AOS 和 N，N-二甲基甲酰胺-亚硫酰氯反应生成磺酰氯，用 GC 分析，可得亲油基组成。

方法：将约 0.5g 试样配成 50%乙醇溶液，加入与试样等重的钯/碳催化剂，在 50℃水浴上吹入氢气 2h。此操作是将 AOS 的双键加氢。滤去催化剂后浓缩，再加入 20mL 亚硫酰氯，0.5g N，N-二甲基甲酰胺，边通氮气边在 80～85℃水浴上反应 45min。反应结束后用旋转蒸发器除去亚酰氯硫，加入 50mL 四氯化碳，激烈振摇混合，过滤，除去不溶性的 N，N-二甲基甲酰胺-亚硫酰氯络合物，蒸去四氯化碳，得到 AOS 的磺酰氯，供 GC 分析。C_{18}-AOS的分析结果如图 13-21 所示。

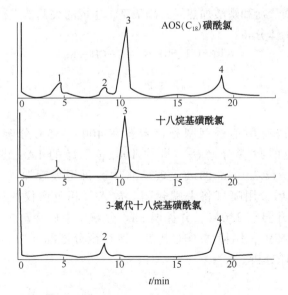

图 13-21　C_{18}-AOS 磺酰氯的气相色谱

1—1-十八烯；2—3-氯-1-十八烯；3—1-氯-十八烷；4—1，3-二氯-十八烷

322

2. 甲酯化法

原理：AOS 通过阳离子交换树脂转变成酸型，用重氮甲烷法制甲酯，再将 AOS 中 HOS 的羟基用六甲基二硅氨烷-三甲基氯硅烷进行三甲基硅醚化后进行 GC 分析，得亲油基组成。

方法：将约 0.2g AOS 溶于 95% 乙醇中，通过装有 25mL 阳离子交换树脂(Dowex 50W×8H 型)柱转变成酸型。用旋转蒸发器除去溶剂，60℃减压干燥约 1h，所得磺酸溶于乙醚，通入重氮甲烷进行甲酯化。如液体开始变黄，10min 后停止通入，过滤后蒸去醚，在 60℃减压干燥 1h。取约 20mg 所得甲酯于 50mL 烧杯中，以少量己烷溶解，再加入 1mL 六甲基二硅胺烷和 0.5mL 三甲基氯硅烷，轻轻塞上，在水浴上摇动加热 10min。反应结束后通入氮气并适当浓缩，上层澄清液供 GC 分析。

13.3.1.3 烷基磺酸盐(SAS)

1. 硫醇化法(同烷基苯磺酸盐)

2. 碱熔融法

原理：将 SAS 与碱加热熔融脱磺，所得烯烃即可进行 GC 分析，可得亲油基组成。

$$R_1CH_2\underset{\overset{|}{SO_3Na}}{C}HCH_2R_2 \xrightarrow{KOH} R_1CH=CHCH_2R_2$$

方法：将 1g 试样和 2g KOH-NaOH 等物质的量混合物于研钵中粉碎混合，放入镍制分解器中，通氮下在 330~350℃加热。约 2h 至无蒸汽时停止加热，冷却，用乙醚将容器内壁洗净，直接或加氢(乙酸溶剂，氧化铂催化剂)后进行 GC 分析。

13.3.1.4 脂肪醇硫酸盐

水解法原理：脂肪醇硫酸盐和稀硫酸一起加热，进行水解。将生成的长链脂肪醇进行三甲基硅醚化，然后用 GC 分析其亲油基组成。

$$ROSO_3Na \xrightarrow{H_2SO_4} ROH \xrightarrow{三甲基硅醚化} ROSi(CH_3)_3$$

方法：称取 0.5g 试样于 250mL 锥形瓶中，以 50mL 水溶解。加入 50mL 1mol/L 硫酸，装上回流冷凝管，加热至微沸，反应 2h。反应结束后从冷凝管上部用少量乙醇洗涤内壁，溶液冷却后转移至分液漏斗中，加 1~2 滴酚酞，用稀氢氧化钠溶液中和后，用 50mL 二氯甲烷萃取 3 次。将抽出液用紧塞脱脂棉的漏斗过滤后，蒸去溶剂得长链醇。取 1 滴醇于 20mL 烧瓶中，加 1mL 石油醚溶解。加入 0.5mL 六甲基二硅氨烷和 0.2mL 三甲基氯硅烷，塞紧后激烈振荡 30s，浸入 50~60℃水浴中，摇动混合数分钟后，在氮气流下适当浓缩，得三甲基硅醚化的 GC 分析样品。

13.3.1.5 脂肪醇聚氧乙烯醚硫酸盐

1. 水解法(同脂肪醇硫酸盐)

由于聚氧乙烯链分布较宽，作为三甲基硅醚化物只能分析到环氧乙烷加成数 $n=3$ 的工业制品。$n>3$ 时，一般用下述碘化氢分解法以切断聚氧乙烯链，但仅能分析亲油基的分布。

2. 氢碘酸分解法

原理：脂肪醇聚氧乙烯醚硫酸盐水解所得的脂肪醇聚氧乙烯醚和 57% 氢碘酸加热回流，以切断聚氧乙烯链。将生成的碘代烷进行 GC 分析，得亲油基组成。

$$RO(CH_2CH_2O)_nSO_3Na \xrightarrow{H_2SO_4} RO(CH_2CH_2O)_nH \xrightarrow{HI} RI$$

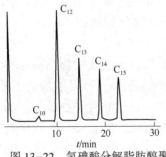

图 13-22　氢碘酸分解脂肪醇聚
氧乙烯醚硫酸盐的气相色谱

方法：称取 0.5g 水解得到的试样于 50mL 烧瓶中，加 5mL 氢碘酸，装上回流冷凝器，温和加热沸腾 1.5h，反应结束后移入分液漏斗中，用 5mL 正己烷萃取 3 次。萃取液加入硫代硫酸钠溶液洗净，再用水洗一次，加无水硫酸钠脱水后过滤，蒸去溶剂得到碘代烷。

氯碘酸分解脂肪醇聚氧乙烯醚硫酸盐的分析结果见图 13-22。

13.3.1.6　肥皂

甲酯化法原理：肥皂在无机酸作用下生成高级脂肪酸，萃取得到脂肪酸，并将它制备成脂肪酸甲酯，从而进行 GC 分析，可以得到亲油基脂肪酸的组成。

$$RCOONa \xrightarrow[\text{萃取}]{H^+} RCOOH \xrightarrow{\text{甲酯化}} RCOOCH_3$$

方法：将约 2g 试样溶解在 20.0mL 热水中，移入分液漏斗，加入稀盐酸至甲基橙呈酸性。用 50mL 乙醚萃取游离脂肪酸 3 次。合并乙醚层，每次用 50mL 水洗至甲基橙呈中性。加无水硫酸钠脱水，过滤，在水浴上浓缩，所得脂肪酸置于 250mL 烧瓶中，加入 60mL 硫酸-甲醇溶液（在 230mL 甲醇中加入 2mL 浓硫酸）溶解。装上回流冷凝器，加热沸腾 1h。冷却至室温后，转移至 250mL 分液漏斗并加入 100mL 水。用石油醚萃取 2 次，每次 50mL。合并萃取液，水洗至甲基橙呈中性，加无水硫酸钠脱水后过滤，过滤后浓缩，得到脂肪酸甲酯。

脂肪酸甲酯的分析结果见图 13-23。

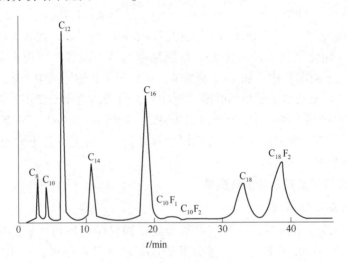

图 13-23　脂肪酸甲酯的气相色谱
F_1——一个双键；F_2—两个双键

13.3.2 阳离子表面活性剂气相色谱分析

13.3.2.1 烷基三甲基铵盐

1. 热分解法

原理：将长链烷基三甲基铵盐在气相色谱仪汽化室热分解，生成的烷基二甲基胺经 GC 分析后，得亲油基的烷基链。

$$R-\overset{\underset{\displaystyle CH_3}{|}}{\overset{\displaystyle CH_3}{|}}{N^+}-CH_3 \cdot X^- \xrightarrow{\triangle} R-N\underset{\displaystyle CH_3}{\overset{\displaystyle CH_3}{<}} +CH_3X$$

方法：将试样的乙醇或异丙醇溶液直接注入色谱仪。

$C_{16} \sim C_{18}$ 烷基三甲基溴化铵的分析结果见图 13-24。

2. 还原分析法

原理：将直链烷基三甲基铵盐用氢化铝锂还原分解成烷基二甲基胺进行 GC 分析，得亲油的烷基链。

方法：称取 100mg 式样于 100mL 茄型烧瓶中，加入 15mL 四氢呋喃溶解。将 200mg 氢化铝锂溶解在 20mL 无水乙醚中，将上层澄清液每次少量地加入上述茄型瓶中直至过量。装上冷凝管和干燥管在电磁搅拌下 40℃ 保温 1h。冷却后每次少量地加水，以分解过剩的氢化铝锂试剂，加入 20%NaOH 溶液至呈强碱性后，移入分液漏斗中并用乙醚萃取。萃取液经旋转蒸发器除去溶剂后，以正己烷溶解并进行 GC 分析。

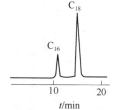

图 13-24 $C_{16} \sim C_{18}$
烷基三甲基溴化铵的气相色谱

氢化铝锂还原分解法亦适用于其他季铵盐如二烷基二甲基铵盐、烷基苄基二甲基铵盐、烷基吡啶盐。

13.3.2.2 烷基聚氧乙烯胺

醚键断裂试剂法原理：将烷基聚氧乙烯胺与醚键断裂试剂（乙酰-对甲苯磺酸）反应，使醚键断裂，同时生成烷基双(2-羟乙基)胺二乙酸盐，然后进行 GC 分析，得亲油基的烷基链信息。

$$R-N\underset{\displaystyle (CH_2CH_2O)_n H}{\overset{\displaystyle (CH_2CH_2O)_m H}{<}} \xrightarrow{\text{乙酰-对-甲苯磺酸}} R-N\underset{\displaystyle CH_2CH_2OAc}{\overset{\displaystyle CH_2CH_2OAc}{<}} +(m+n-2)AcOCH_2CH_2OAc$$

方法：取 120g 对甲苯磺酸于 250mL 四口瓶中，用滴液漏斗滴加 80g 乙酐，搅拌下在 120℃ 油浴中加热 30min。将生成的褐色黏稠液体冷却至室温，作为醚键断裂试剂。取约 300mg 烷基聚氧乙烯胺于 20mL 茄型烧瓶中，加入 2g 醚键断裂试剂，在 120℃ 油浴上回流 2h。冷却至室温后加入约 0.5g 浓硫酸，冷却后小心加入 50%碳酸钠溶液中和。然后用 20mL 乙醚萃取，萃取液水洗后加无水硫酸钠干燥，过滤后乙醚溶液经水浴浓缩做 GC 分析试样。

13.3.3 非离子表面活化剂气相色谱分析

非离子表面活化剂分为酯型、醇酰胺型、聚氧乙烯型 3 种，也有在酯型、醇酰胺型上再加合 POE 基的。对于阴离子表面活化剂和阳离子表面活化剂，只有亲油基才是 GC 分析的对象，而非离子表面活性剂除不含 POE 基的醇酰胺外，亲水基和亲油基都是 GC 的测定对象。

13.3.3.1 脂肪酸一、二乙醇酰胺

三甲基硅醚化法原理：将脂肪酸一乙醇酰胺或二乙醇酰胺用六甲基二硅氨烷和三甲基氯硅烷进行三甲基硅醚化，然后用 GC 分析测得脂肪酸部分的烷基信息。

$$\underset{\text{RC}-\text{N}}{\overset{\text{O}}{\|}}\underset{\text{CH}_2\text{CH}_2\text{OH}}{\overset{\text{CH}_2\text{CH}_2\text{OH}}{<}} \xrightarrow{\text{三甲基硅醚化}} \underset{\text{RC}-\text{N}}{\overset{\text{O}}{\|}}\underset{\text{CH}_2\text{CH}_2\text{OSi(CH}_3)_3}{\overset{\text{CH}_2\text{CH}_2\text{OSi(CH}_3)_3}{<}}$$

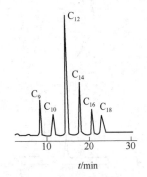

图 13-25　脂肪酸二乙
醇酰胺的气相色谱

方法：取 10mg 试样于 20mL 茄型烧瓶中，加 1mL 石油醚溶解。加入 0.5mL 甲基二硅氨烷和 0.2mL 三甲基氯硅烷，加塞激烈震荡 30s。再浸入 50~60℃ 水浴中，摇动混合数分钟，在氮气保护下适当浓缩，得到的三甲基硅醚作 GC 分析试样。

脂肪酸二乙醇酰胺的分析结果见图 13-25。

13.3.3.2 脂肪酸乙二醇酯

同上述脂肪酸醇酰胺的三甲基硅醚化法。

13.3.3.3 脂肪酸失水山梨醇酯

氢化铝锂分解法原理：用氢化铝锂还原分解脂肪酸失水山梨醇酯，亲油基部分转变为脂肪醇，亲水基部分则为多元醇，分别进行三甲基硅醚化后做 GC 分析。

方法：取约 100mg 试样于 100mL 茄型烧瓶中，溶于 20mL 无水乙醚。将 200mg 氢化铝锂溶于 30mL 无水乙醚，取上层澄清液加入上述茄型烧瓶，每次少量加入，回流 30min。冷却后，加入几滴水和少量稀盐酸。再用水转移至分液漏斗中，使水层和醚层分离。醚层含有长链醇，水层含有失水山梨醇，将各层分别减浓缩后，分别以数毫升无水吡啶溶解。取出 1mL 置于具塞小试管内，加入 0.1mL 六甲基二硅氨烷和 0.05mL 三甲基氯硅烷，加水，激烈摇匀 30s，放置 5min 后加入 3mL 氯仿溶解，用水洗涤数次，以除去吡啶，蒸去氯仿，所得三甲基硅醚化物稀释后进行 GC 分析。

13.3.3.4 脂肪酸蔗糖酯

氢化铝锂还原分解法原理：用氢化铝锂还原分解脂肪酸蔗糖酯，对亲油基的长链醇和亲水基的蔗糖分别进行三甲基硅醚化，然后进行 GC 分析。

方法：参照脂肪酸失水山梨醇酯的 GC 分析。

13.3.3.5 脂肪醇聚氧乙烯醚

因为脂肪醇 POE 醚和脂肪醇 POE 醚硫酸盐的稀硫酸水解产物相同，可用三甲基硅醚化法和碘化氢分解法转化后进行 GC 分析。这里介绍氧化铝柱直接裂解色谱法：

洗脱液：(1+1)乙酸乙酯-甲醇。

操作：称取 2~3g 试样溶于少量洗脱液中，定量移入氧化铝色谱柱中进行分离，接收的流出液蒸干后加 40mL 氯仿，在 50℃ 水浴中加热溶解，流水冷却，滤液用已称重的锥瓶接收，再用 20mL 氯仿重复处理不溶物一次，合并接收氯仿液，蒸干，在 105℃ 下干燥 30min，冷却后称重。氯仿萃取物即为非离子表面活性剂。

326

下面是表面活性剂 Brij35(月桂醇 POE 醚)经 GC 裂解分析结果：

POE 主要裂解为：乙醛、二氧六环，乙烯、2-甲基-1，3-二氧五环和二甘醇一乙烯醚。

疏水的烷基裂解为相应碳数的烯和醇，以烯为主。

同时可以得到疏水基链长分布：不同碳数的烷基所占的摩尔分数。

脂肪醇聚氧乙烯醚疏水基分布测定结果见表 13-10。

表 13-10　脂肪醇聚氧乙烯醚疏水基分布的测定结果

样品(商品牌号)	PGC 法/%(摩尔分数)				HI 化学降解-GC 法/%(摩尔分数)			
	C12	C14	C16	C18	C12	C14	C16	C18
Brij35	67.2	23.2	9.6		66.3	23.8	9.9	
平平加 O-20	2.1	23.1	40.9	33.0	1.0	23.4	42.6	33.0
平平加 A-20			0.5	99.5			1.0	99.0

13.3.3.6　烷基酚聚氧乙烯醚

1. 三甲基硅醚化法

原理：将烷基酚 POE 醚用六甲基二硅氨烷和三甲基氯硅烷进行三甲基硅醚化，然后进行 GC 分析，得亲油基和 POE 链长分布。

方法：参照脂肪酸单、二乙醇酰胺的 GC 分析进行。

2. 氢碘酸分解法

原理：将烷基酚 POE 醚和氢碘酸加热，醚键断裂得烷基酚，对此进行 GC 分析，得亲油基链信息。

方法：将 2 滴试样和 1mL 氢碘酸一起封闭在长 10cm 的试管内，于 145℃ 的油浴中加热 30min。冷却后开管，滴加 10% 硫代硫酸钠至溶液无色，以 1mL 苯萃取液浓缩，然后进行 GC 分析。参照脂肪醇 POE 醚硫酸盐的 GC 分析。

13.3.3.7　环氧乙烷-环氧丙烷共聚物(pluronic 型)

醚键断裂试剂法原理：试样与乙酰对甲苯磺酸(醚键断裂试剂)反应时，醚键断裂，生成乙二醇二乙酸酯和丙二醇二乙酸酯，GC 分析得环氧乙烷-环氧丙烷的组成比。

方法：参照脂肪醇聚氧乙烯胺的 GC 分析。

13.3.3.8　脂肪酸聚氧乙烯酯

1. 三甲基硅醚化法

原理：将脂肪酸 POE 酯转化为三甲基硅醚，然后进行 GC 分析，得亲油基和亲水基的分布。

方法：参照脂肪酸单、二乙醇酰胺的 GC 分析。

2. 皂化后甲酯化法

原理：将脂肪酸 POE 酯用氢氧化钾乙醇皂化，在酸性条件下萃取脂肪酸，甲酯化后进行 GC 分析，得亲油基脂肪酸组成。所得亲水基部分的聚乙二醇进行三甲基硅醚化后可以进行 GC 分析，得 POE 链信息。

方法：亲油基分析参照脂肪酸甘油酯进行。萃取脂肪酸后的残留液用 0.1mol/L 氢氧化钾溶液中和，在水浴中温和地加热浓缩，再用异丙醇萃取，将得到的聚乙二醇进行三甲基硅醚化，然后进行 GC 分析。

13.3.3.9　聚氧乙烯脂肪酸失水山梨醇酯

醚键断裂试剂法原理：将 POE 脂肪酸失水山梨醇酯与乙酰对甲苯磺酸(醚键断裂试剂)反应，醚键断裂，亲油基部分生成脂肪酸，亲水基部分为乙二醇和多元醇，并分别转化为乙酰化物后进行 GC 分析，同时求得亲油基部分和亲水基部分。

方法：参照烷基聚氧乙烯胺 GC 分析。

此外，在原料多元醇(山梨醇、各种一失水山梨醇、二失水山梨醇)的组成中，二失水山梨醇的比例较大时，此法不能正确测定多元醇的组成，而只能识别高级脂肪酸酯、脂肪酸甘油酯、脂肪酸失水山梨醇酯的各种聚氧乙烯衍生物。

13.3.3.10　脂肪酸单甘油酯

1. 三甲基硅醚化法

原理：将单脂肪酸甘油酯用六甲基二硅氨烷进行三甲基硅醚化，然后进行 GC 分析，得脂肪酸组成。

方法：将 1mg 试样置于 15mL 带塞玻璃管中，加入 1mL 吡啶、0.2mL 六甲基二硅氨烷和 0.1mL 三甲基氯硅烷，摇匀 15~30s 后，放置 5min。加入 5mL 己烷和 5mL 水，摇匀，己烷层移入另一容器，再加 5mL 己烷于水层中，重复上述操作 2 次以上。合并己烷层，加无水硫酸钙脱水，蒸去己烷后，作为 GC 分析的试样。

2. 皂化后甲酯化的方法

原理：将单脂肪甘油酯用氢氧化钾乙醇溶液皂化，在酸性下萃取脂肪酸，经甲酯化后，用 GC 分析其亲油基的脂肪酸组成。

方法：取约 1g 试样于 200mL 皂化烧瓶中，加入 25mL 0.5mol/L 氢氧化钾乙醇溶液。在烧瓶上装上回流冷凝器，经常摇动并使沸腾约 1h。内容物浓缩后加 6mol/L 盐酸使呈酸性，在 80℃ 下加热 1h。冷却后用 50mL 乙醚萃取 3~5 次，每次用 30mL 水将萃取物洗至对甲基橙不呈酸性。用无水硫酸钠脱水过滤，缓缓蒸去溶剂得脂肪酸。

13.3.4　两性离子表面活性剂气相色谱分析

GC 在两性离子表面活性剂分析中的应用报告很少，对于 N-烷基甜菜碱型和磺基甜菜碱型的分析仅有 DMF-金属甲醇法和反应 GC 法。这里介绍使用简便而再现性好的反应 GC 法分析甜菜碱型两性离子表面活性剂。

原理：N-烷基甜菜碱型两性离子表面活性剂溶于含 3%KOH 的甲醇中，注入气相色谱仪，在汽化室生成的烷基二甲胺可以进行 GC 分析，得亲油基的烷基链信息。

$$R-\overset{\overset{\displaystyle CH_3}{|}}{\underset{\underset{\displaystyle CH_3}{|}}{N^+}}-CH_2COO^- \xrightarrow{3\%KOH-甲醇} R-N\overset{\displaystyle CH_3}{\underset{\displaystyle CH_3}{}}$$

方法：取约 0.2g 试样于试管中，加入 3%KOH-甲醇溶液（将 0.16g KOH 溶解在 4.65g 甲醇中），塞上橡皮塞。用进样器取 1μL 试样溶液，通过橡皮塞注入气相色谱仪后立即进行分析。

13.4 高压液相色谱

高压液相色谱（HPLC）特别适用于分离沸点高、极性强、热稳定性差的化合物，对样品回收较容易，对表面活性剂无需进行化学预处理即可进行分离分析，分配吸附（正相、反相）色谱和离子交换色谱在非离子、阴离子、阳离子和两性离子表面活性剂的整个领域内应用十分普遍，也可针对副产物、未反应物和添加剂进行分析。利用凝胶渗透色谱（GPC）可对非离子表面活性剂、高分子表面活性剂进行分析，确定其相对分子质量分布情况。LC-MS 法在表面活性剂测定方面更是具有高选择性、高灵敏度、简单方便等优势。

13.4.1 高效液相色谱的基本构成

高效液相色谱的基本构成包括送液装置、注入装置、分离装置和检测装置等，活性剂的检测可用紫外线吸收检测器、示差折光检测器、火焰离子化检测器 FID、荧光检测器、可见光吸收检测器等，而使用最多的是紫外吸收检测器。紫外吸收检测器中以汞线 254nm 及其变换光 280nm 的单波长检测器最为简易，254nm 用于一般的芳香族表面活性剂，280nm 用于酚、醚表面活性剂。但是，即使同样芳香族表面活性剂，烷基苯磺酸盐在 220nm 附近具有最大吸收值，而在 254nm 处灵敏度降低。酰化甘油等非芳香性活性剂不能用低波长测定，而需要用流动池的紫外分光光度计。此外，即使是芳香族表面表面化合物也应在紫外吸收曲线定顶点测定，灵敏度才高。脂肪醇聚氧乙烯醚硫酸盐等几乎没有紫外吸收，必须备有万能型示差折光检测器。但因该检测器在溶剂组成变化时基线波动，所以不能用于梯度洗脱，而以 FID 较方便，而移动丝型检测器有峰变宽的缺点。在高效液相色谱法中，除了有这些检测器的选择问题外。还受到柱的理论板数、柱外扩散、洗脱液的选择（由于非目的共存物的存在，需加大洗脱容量时，必然使峰变宽）等因素的影响。对于烷基酚聚氧乙烯醚系在紫外区具有较强吸收的物质，只要结合适当的浓缩方法，可定量至 1mg/L 以下。高灵敏度的示差折光检测器，定量极限一般在 1μg 左右（50μL 含 20mg/L 的试样）。随着后标法、自身荧光法等的发展，灵敏度还会提高。此外 HPLC 的测定温度、流速的稳定性等对精度也有影响。若测定中仔细操作并采用内标物，测定精度可在 1% 以下。

13.4.2 分离方式和表面活性剂

HPLC 按分离机理可分为分配色谱、吸收色谱、凝胶渗透色谱和离子交换色谱等，而分配色谱和吸收色谱在多数场合下不能区别，所以概称分配吸收色谱洗脱液的极性高于填充剂的极性时为反相色谱；相反，洗脱液的极性低于填充剂的极性时为正相色谱，所以洗脱液的选择实际上是很方便的。各种方式都具有各自的特征，应予以有效利用。活性剂的分析以分配吸附色谱应用最多，从非离子、阳离子、阴离子、两性离子表面活性剂到副产物、添加物等都可以采用。反相色谱用于各种目的分离，正相色谱的应用，以非离子表面活性剂为主。但是，在洗涤剂中硫酸盐等无机盐的分析中，应用分配吸附色谱法，保留比较困难，而离子交换色谱法是有效的。此外，离子交换树脂因不能保留非离子性物质，而强烈地保留离子性物质，常用于分离离子性表面活性剂中的非离子性物质等。凝胶渗透色谱(GPC)的特征是流出容量大约为相对分子质量的对数，所以对环氧乙烷加合物类存在一定相对分子质量间隔的物质，高相对分子质量部分分离不好，但洗脱液的选择简单，而且可从色谱图大体推断出分子的大小(相对分子质量)。

13.4.3 阴离子表面活性剂高压液相色谱分析

13.4.3.1 烷基硫酸钠分离

烷基硫酸钠等阴离子表面活性剂在反相色谱中，k'随洗脱液盐浓度增加而显著增加，易于按烷基碳数分离。

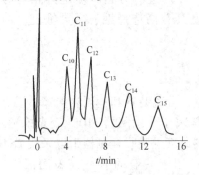

图 13-26 烷基硫酸钠 HPLC 分离

柱的制备：用四氢呋喃调浆，水-甲醇(体积比25 :75)液做加压溶剂，将 ODS 化学链合成硅胶(TSK-GEL LS-410 ODS，5μm)装填在4mm×25cm的不锈钢管内。

洗脱液：在甲醇-水(体积比 85 :15)混合溶剂中加入氯化钠至浓度为 0.4mol/L，盐浓度越高分离越好。

测定：流速1.5mL/min，测定温度50℃，用示差折光检测器测定。

烷基硫酸钠 HPLC 分离见图 13-26。

13.4.3.2 高压液相色谱测定洗涤剂阴离子表面活性剂/(以下简称 LAS)含量

本方法测定 LAS 的最小绝对量为 $2×10^{-6}$g，浓度范围为 1~100mg/L。LAS 小于 1mg/L 时，可在 NaCl 存在下用甲基异丁基酮(MIBK)萃取后测定。

1. 方法原理

LAS 含有一个芳香环，具有共轭双键，当吸收紫外光后，非定域 π 电子受到激发，由基态跃迁到第一电子激发态，当受激发电子很快返回基态时发出荧光，故可采用高灵敏度、高选择性的荧光检测器测定，通过自动扫描找出最佳激发波长为 232nm，发射波长为 290nm。同时，由于 HPLC 选用具有高效分离能力的色谱柱，使方法的选择性更好。根据保留时间定性，根据峰面积定量。

2. 试剂和材料

甲醇：光谱纯。

甲基异丁基酮：分析纯。

十二烷基苯磺酸钠标样：1.000mg/mL，在4℃冰箱中保存。

氯化钠：1mol/L，称取 58.8g 氯化钠溶解于 1000mL 水中。

0.45μm 水相微孔滤膜。

高纯氮气。

高纯氦气。

超纯水：达到18MΩ·cm

3. 仪器

高效液相色谱仪：配置二元以上溶剂输送系统，流速范围 0.000~5.000mL/min，压力范围 0~400bar。

荧光检测器：激发波长范围 190~800nm，发射波长范围 190~900nm。

数据处理系统：与高效液相色谱仪相配套。

毛细管液相色谱柱：ODS 柱　2.1mm×200mm，5μm。

微孔过滤器。

微量注射器，1000μL。

4. 样品

（1）采样

采样瓶必须经洗液、酸浸泡后再用蒸馏水冲洗干净，不得用洗涤剂清洗。

（2）样品保存

如不立即分析，允许在 4℃保存。

5. 分析步骤

（1）测定

HPLC 分析条件（该条件可根据实际分析情况进行调整）

流动相组成甲醇:水 = 98:2

流速：0.4mL/min

柱温：40.0℃±0.1℃

进样体积：0.4~5μL

激发波长：232nm

发射波长：290nm

（2）样品预处理

对于 LAS 浓度大于 1mg/L 的实验样品，经过 0.45μm 的微孔滤膜过滤后作为试料，取少量滤液，直接进行 HPLC 分析。

LAS 浓度小于 1mg/L 的实验样品，经静置自然沉降后，取上清液 20mL 作为试料，于比色管中，加 2mL 1mol/L 的氯化钠溶液摇匀后加 2mL MIBK，振摇 2min，注意放气，静置片刻待分层，取少量有机相，进行 HPLC 分析。

（3）样品进样分析

将预处理后的样品用微量注射器注入进样器样品瓶中，待仪器运行稳定后，进样分析。注意，在分析过程中必须经常清洗进样器。

（4）定性分析

当未知物峰的保留时间与标准峰的保留时间相差在 3%~5%的范围内，即认为该未知物和相应的标准物是同一物质。

（5）定量分析

根据定性结果与峰面积值，利用校准曲线，通过数据处理系统计算出样品中 LAS 的浓度（mg/L）。

校准曲线的绘制：

①LAS 含量在 1~100mg/L 时的校准曲线。在给定的分析条件下，将 LAS 标准溶液按浓

度由低到高的次序(2.00mg/L、4.00mg/L、6.00mg/L、8.00mg/L、10.0mg/L 和 10.0mg/L、20.0mg/L、40.0mg/L、60.0mg/L、80.0mg/L、100mg/L 两组)直接进行 HPLC 仪分析,分别以浓度为横坐标,峰面积为纵坐标,通过数据处理系统,得到校准曲线。

②LAS 含量小于 1mg/L 时的校准曲线。在 25mL 具塞比色管中配制 20.0mL LAS 浓度为 0.20mg/L、0.40mg/L、0.60mg/L、0.80mg/L 的标准系列,然后进行 HPLC 仪分析,得相应峰,通过数据处理系统得到校准曲线。

(6)分析结果的表述

根据保留时间确定样品中是否存在 LAS。如果存在,通过数据处理系统求出 LAS 浓度(mg/L),结果精确至 0.01mg/L。

13.4.4 阳离子表面活性剂高压液相色谱分析

有关阳离子表面活性剂的 HPLC 应用的例子较少,但随着化学键合型硅胶上残留硅羟基钝化技术的进步,估计今后会增加。用于杀虫剂和柔软整理剂等中的烷基苄基二甲基氯化铵,在采用苯乙烯系多孔性聚合物和 ODS 化学键合型硅胶上则被强烈吸附。这主要是受 ODS 系残留硅羟基的影响。因此,即使在同样反相体系的色谱中,阳离子表面活性剂的洗脱行为仍有不同,在决定洗脱液的组成时应予以注意。在使用苯乙烯–二乙烯苯系多孔性聚合物的反相色谱时,常用的甲醇或甲醇–水系反相色谱洗脱液,对这种活性剂不保留,只有在甲醇中添加盐酸、硫酸、过氯酸钠或过氯酸后才可分离,且都是烷基小的先流出。添加 0.5mol/L 过氯酸可得到良好的分离(图 13-27),此时 Van't Hoff 图上具有线性关系。

前处理:活性–甲基橙络合物用氯仿萃取后,用无水硫酸钠脱水,蒸干。残渣溶于甲醇中。测定烷基碳数分布时可直接溶于甲醇。

测定:烷基苄基二甲基铵盐和烷基吡啶盐分别于 220nm 和 260nm 处测定其紫外吸收。

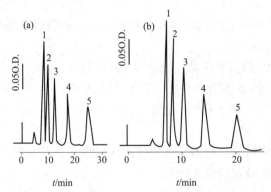

图 13-27　烷基苄基二甲基铵盐(a)和烷基吡啶盐(b)的反相色谱
1—癸基;2—十二烷基;3—十四烷基;4—十六烷基;5—十八烷基

13.4.5 非离子表面活性剂高压液相色谱分析

非离子表面活性剂的 HPLC 大多采用硅胶和结合了极性基的硅胶等正相(吸附)色谱和 ODS 化学键和型硅胶的反相色谱。测定非离子表面活性剂,无需像测定阴离子、阳离子时那样考虑离子间的相互作用,但是环氧乙烷加合物试样的溶解状态,或甘油酯的单、二、三酯，因带有大的烷基会使分离度过大，在做梯度洗脱时须予注意。

1. 甘油酯的 HPLC

以正相(吸附)色谱法分离单、二、三甘油酯时，通常以单、二、三甘油酯的顺序流出。采用硅胶 HPLC 时，在三、二甘油酯适度分离的条件下，单甘油酯的分离度过大，建议采用梯度洗脱法。市售单油酸甘油酯从异辛烷-异丙醇(99/1)至异丙醇进行梯度洗脱，在紫外 220nm 处检测，可得到良好的色谱分离效果(图 13-28)。

同样用硅酸和梯度洗脱，以 FID 检测器也可分析甘油酯，不但可分析市售甘油酯的单、二、三甘油酯，且 1，2-二酰基、1，3-二酰基体也可分离定量。也有用化学键合极性基的硅胶做填充剂，不用梯度洗脱而用单一洗脱液的正相色谱。图 13-29 是甘油单酯的分离谱图。

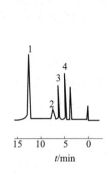

图 13-28　甘油酯的 HPLC
1—单硬脂酸酯；2—1，2-硬脂酸酯；
3—1，3-硬脂酸酯；4—硬脂酸甲酯

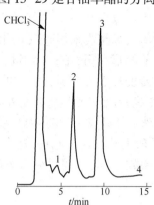

图 13-29　甘油单酯的分离谱图
1—豆蔻酸单酯；2—棕榈酸单酯；
3—硬脂酸单酯；4—花生四烯酸单酯

2. 脂肪酸失水山梨醇酯

与甘油酯相同，用硅胶，从异辛烷-异丙醇(90∶1)至异丙醇做梯度洗脱测定。同样，此法也可测定脂肪酸蔗糖酯、脂肪酸聚甘油酯等。试样溶解在 5% 的异辛烷-异丙醇中，在 220nm 处测定其紫外吸收。

3. 脂肪酸醇酰胺

脂肪酸醇酰胺同系物虽可用气相色谱法进行分离，但必须经过前处理使其转变为挥发性衍生物，HPLC 则可直接分析。采用苯乙烯-二乙烯苯做反相色谱，脂肪酸单乙醇酰胺和脂肪酸二乙醇酰胺的 $C_{10} \sim C_{18}$ 同系物可得到良好的分离。以纵坐标为 k' 的对数，横坐标为烷基碳数作图可得到线性关系。在 Van't Hoff 图上也是线性关系。

洗脱液：水-甲醇(3∶97)

测定：流速 1.1mL/min(压力 4MPa)，测定温度 30℃，在 215nm 测定紫外吸收，可得到如图 13-30 所示分离良好的色谱图。

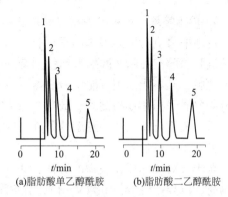

(a)脂肪酸单乙醇酰胺　(b)脂肪酸二乙醇酰胺

图 13-30　脂肪酸醇酰胺的分离谱图
1—癸酸；2—月桂酸；
3—肉豆蔻酸；4—棕榈酸；5—硬脂酸

也可用 ODS 化学键合型硅胶的反相色谱测定，在分析棕榈酸单异丙醇酰胺时，如在水–甲醇洗脱液中添加盐，则 k' 值随盐浓度的增加而增加。同样的水–甲醇洗脱液在酸性下加温时（50℃），使用 ODS 化学键合型硅胶，也可用来分离市售脂肪酸单乙醇酰胺。

4. 烷基酚聚氧乙烯醚

烷基酚聚氧乙烯醚可用柱色谱分离，用 HPLC 按加合物质的量分离时，洗脱液组成的选择十分重要。用硅胶做液–固吸附色谱，因强烈吸附而产生拖尾，经比较水、极性相、1，2，3–三–（2′–氰基乙氧基）丙烷，聚乙二醇 400（PEG 400）等多种固定液，证明 PEG400 的分配色谱能得到良好的结果。用异辛烷–乙醇（55∶45）做单一洗脱液测定异壬基酚聚氧乙烯醚时，得到的是宽峰，如从异辛烷–异丙醇（40∶60）至乙醇–水（90∶10）做梯度洗脱，则可以得到峰形良好的色谱图。此外，如前所述，加入三乙醇胺能改善峰形。烷基酚聚氧乙烯醚当采用硅胶正相（吸附）色谱，和常用的吸附色谱洗脱液，大多数不能得到良好的峰形。用 ODS 化学键合型硅胶和乙腈–水系洗脱液做反相色谱，可测定辛基酚聚氧乙烯醚的环氧乙烷加合物质的量分布（图 13-31）。

这些烷基酚聚氧乙烯醚在紫外线吸收曲线的顶点附近 276~280nm 处测定，也可将试样乙酰化，然后用硅胶和己烷–丙酮系洗脱液进行梯度洗脱，以 FID 检测器测定。此外，将 37~75μm 的较大硅胶装入 φ1cm 柱中，用乙酸乙酯和乙酸乙酯–乙酸–水（100∶32∶30）进行梯度洗脱，制备数克样品，可以分析辛基酚聚氧乙烯醚（图 13-32）。

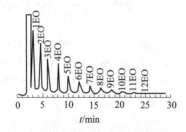

图 13-31　环氧乙烷加合物质的量分离色谱图　　图 13-32　烷基酚聚氧乙烯醚碳数分布色谱图

对于环氧乙烷加合物类具有宽相对分子质量分布的表面活性剂，用凝胶渗透色谱法（GPC）分离是十分重要的。按分子大小分离的 GPC 和根据极性等的分配色谱以及按吸附力的分配吸附色谱各具特点，应根据需要分别使用，以获得更好的分析结果。

5. 脂肪醇聚氧乙烯醚和脂肪酸聚氧乙烯酯

烷基酚聚氧乙烯醚型非离子活性剂在 276~280nm 处具有较强的紫外吸收，易于检测，但长链脂肪醇型和脂肪酸酯型活性剂紫外吸收弱，不能用于检测。又因多数活性剂需要进行梯度洗脱，又不能采用万能型检测器——示差折光检测器，因此，研究高灵敏度的检测方法十分必要。采用 FID 检测器，或用 3，5–二硝基苯酰氯（DNBC）做标识的紫外吸收测定法已见报道。关于分离脂肪醇醚型的条件，曾研究用己烷–丙酮进行梯度洗脱，获得良好的色谱图，如图 13-33 所示。

至于 DNBC 标识化合物的分离，正相（吸附）系和反相系两种 HPLC 都有报道。用硅胶色谱时，以异辛烷–异丙醇（99∶1）、异丙醇、乙醇–水（90∶10）三种洗脱液进行梯度洗脱，脂肪醇聚氧乙烯醚的 DNBC 标色化合物在 254nm 处测定其紫外吸收。此外，也用同样的洗脱液体系测定脂肪酸酯型的 DNBC 标色化合物。但采用反相色谱和水–乙腈体系时，高加合摩尔数物质先流出。

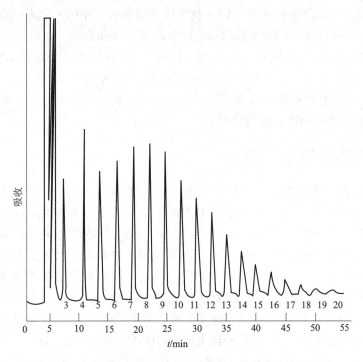

图 13-33　脂肪醇聚氧乙烯醚 DNBC 标识化合物分离色谱图

（1）乙酰化后用 FID 检测器的测定

前处理：大约 500mg 试样中加入 10mL 乙酸酐，在砂浴上回流 90min，乙酰化后用氯仿萃取作为分析试样。

柱：250mm×ϕ2.1mm 不锈钢柱中填装多孔性硅胶。

洗脱液：由正己烷-丙酮，以 5%/min 的速度增加丙酮浓度进行梯度洗脱，初期洗脱液的比例：加合物质的量到 $n=10$ 时，丙酮为 10%，$n=15\sim25$ 时，丙酮为 25%。

测定：在 FID 检测器中洗脱液的汽化温度为 70℃，氮气流量为 60mL/min（丙酮-正己烷洗脱液的组成比例发生变化时，相对灵敏度不变，所以宜选择此种洗脱液）。通过外套管的温水，温度保持在 30℃。

（2）用 3，5-二硝基苯甲酰氯标识法

前处理：0.1g 试样和试样 2 倍物质的量的 DNBC 于 20mL 吡啶中 60℃反应 30min，反应结束后蒸去吡啶，将反应物溶解在四氢呋喃中配成 2%~3%溶液。

柱：250mm×ϕ 40mm 不锈钢柱中填装以短链烷基化键合型硅胶。

洗脱液：乙腈-水（60∶40）。

由正己烷-丙酮，以 5%/min 的速度增加丙酮浓度进行梯度洗脱，初期洗脱液的比例：加合物质的量到 $n=10$ 时，丙酮为 10%；$n=15\sim25$ 时，丙酮为 25%。

测定：温度为 50℃±0.2℃，氮气流量为 0.8mL/min，在 284nm 处测定其紫外吸收。

13.4.6　两性离子表面活性剂高压液相色谱分析

磺基甜菜碱类钙皂分散剂难以直接分析，但可采用 HPLC。2-羟基-3-磺基丙基二甲基烷基铵和磺基丙基二甲基烷基铵可用 ODS 化学键合型硅胶，甲醇-水(80∶20)洗脱液做反相色谱测定，适用于从油脂得到的磺基甜菜碱同系物的定性和定量，而且用添加乙酸的水-甲醇洗脱液测定肥皂和磺基甜菜碱活性剂只需 25min。当然仅用水-甲醇(15∶85)洗脱液不能分离肥皂，添加乙酸后即可以脂肪酸的形式与磺基甜菜碱相分离。

试样制备：将试样溶解在含 0.2%乙酸的水-甲醇(15∶85)液中。

柱：在反相色谱用 ODS 化学键合硅胶。

13.5　核磁共振波谱法

核磁共振波谱(NMR)源于具有磁矩的原子核，吸收射频能量，产生自旋达到能级间的跃迁。与 IR 光谱一样，^{1}H 核磁共振(^{1}HNMR)波谱是解析活性剂结构的有用手段，但是其测定的简便性、迅速性等方面比不上 IR 光谱。然而，NMR 不破坏样品，用后可以回收，是其优点。利用 NMR 的积分值可得到如烷基的平均链长、环氧乙烷的平均加合物质的量等信息，这些是用 IR 光谱不能取得的定量信息。红外光谱(IR)对表面活性剂类化合物的分析有重要作用，但对于多种表面活性剂的复配物，由于有时分离得不到位，使红外光谱(IR)对表面活性剂定性有一定难度，核磁共振(NMR)技术已成为剖析表面活性剂的复配物最为重要的工具。常用的 NMR 图谱有^{1}HNMR、^{13}CNMR、DEPT(Distortionless Enhancement by Polarization Transfer)和 QNMR(定量 NMR)等，必要时使用 2DNMR 技术。对简单化合物，可直接用 NMR 定性；对结构大体已知的复杂化合物，可进一步对其官能团进行定量和位置确定。在对物质进行结构分析时，要求样品纯净单一，需将表面活性剂脱水、脱溶剂，经过柱层析或薄层色谱分离成相对单一的物质，否则所得到的谱图是由其中各物质谱峰叠加形成，难以区分定性。测定高黏度液体和固体样品时，要用溶剂配成 5%~20%溶液，所采用的溶剂有 CCl_4、CS_2 之类一般性溶剂和 D_2O、$CDCl_3$ 或 CD_3COOD 之类氘代溶剂。特别是对于离子表面活化剂，要根据试样的溶解性、试液黏度等选择适当的溶剂，才能得到理想的光谱图。

表面活性剂的亲油基多种多样，但其在 NMR 图谱中有其特征的共振信号。亲水基如果是聚氧乙烯醚(非离子、表面活性剂)，可用 NMR 进行定性和定量。亲水基如果是羧基阴离子或季铵阳离子，NMR 均可测定，但磺酸盐和硫酸盐基用 NMR 不能直接测定，常规的电子轰击质谱(EIMS)也可以说无能为力，IR 则是重要手段。利用 NMR 谱图我们可以测定烷基链长度、确定烷基的支化情况、测定双键、基本确定环氧化物的加成数、确定苯环及取代情况、确定不同基团所代表物质的相对比例等信息，从而分析化合物分子含有的基团及其相互连接关系，确定分子结构。

13.5.1　阴离子表面活性剂核磁共振分析

IR 光谱由各官能团自身振动而获得信息，因此，即使周围键形式有变化而导致波数移动，但其变化幅度不大。例如，羰基吸收的位置在 1560~1740cm^{-1}，根据吸收的位置、形状和强度可以明确判断羰基存在。但是，由^{1}H NMR 光谱得到的与官能团邻接的甲基、亚甲基、次甲基质子的信息比官能团本身的要多，周围键形式不同，化学位移会大幅度地移动，所有不能单纯从信号的位置来判断是磺酸盐还是硫酸酯盐，不过，由键形式引起的差异都可用于结构分析。表 13-11 是表面活性剂化学位移值。

表 13-11　表面活性剂化学位移值

质子类型	化学位移 δ	峰型
R—CH$_3$	0.88	T
—CH(CH$_3$)—	0.9~1.1	D
—(CH$_2$)$_n$—	1.2~1.8	M
Ar—CH$_2$—R	2.5~3.0	T
—O—CH$_2$—R	3.5~4.0	T
R—CH$_2$—OH	3.5~4.0	T
R—NH—CH$_3$	2.0~2.5	D
—(CH$_2$CH$_2$O)—	3.55	M
Ar—CHO	6.5~8.0	M
R—CHO	9.5~10.0	S
RCOOH	10.5~12	S

　　烷基的甲基和亚甲基质子的信号出现在 0.5~1.5 范围内，周围无其他官能团时，在 2.5 ~3.0 处出现—CH$_2$—COO—、—CH$_2$—SO$_3$、$\diagdown$CH—SO$_3$、—CH$_2$OPO$_3$ 等质子信号，可认为存在羧酸盐或磺酸盐。在 4.0~4.5 处出现—CH$_2$—OSO$_3$、—CH$_2$OPO$_3$ 等质子信号可考虑存在硫酸酯盐或磷酸酯盐。在 3~5 处无阴离子活性剂信号，而在 6.5~8.5 处出现信号可推测存在芳香族表面磺酸，因为苯核质子信号出现在 6.5~8.5 处。此外，在 3.5~4.0 处出现 POE 加合物—O—CH$_2$—CH$_2$—O—质子信号，在 5.0~5.5 处出现的通常是双键的质子信号。但是，在亲水基附近有其他官能团时，质子环境就发生变化。例如，α-磺基脂肪酸盐或磺基琥珀酸盐在邻接磺基的碳原子上有吸电子性基团时，则此碳原子的质子信号位移至 3.8 或 4.4 处的低场区。因此，仅根据各信号的位置还不能做出判断，在确定整个图谱是否与推断的结构一致的同时，还应和 IR 光谱等信息进行比较，才能得出正确的结论。

　　1. 硫酸酯盐

（1）脂肪醇硫酸盐

　　化学位移约在 4 处的 CH$_2$—OSO$_3$ 的信号呈三重峰，在 1.7 处出现—CH$_2$—C—OSO$_3$ 的信号（图 13-34）。

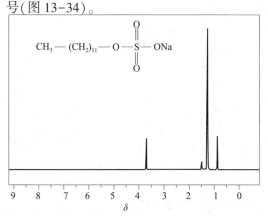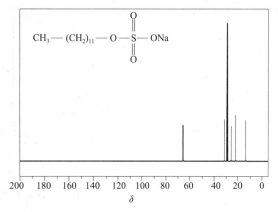

图 13-34　十二醇硫酸钠的 ^{1}H NMR 和 ^{13}C NMR 谱图

^{1}H NMR 位移：3.697、1.48、1.25、0.857

^{13}C NMR：65.61、31.27、29.03、28.79、28.68、25.52、22.05、13.85

（2）脂肪醇聚氧乙烯醚硫酸盐

如图 13-35 所示，脂肪醇 $C_{12\sim13}$POE（EO = 3）硫酸钠化学位移在 3.7 处出现 POE 基的 —$(CH_3CH_2O)_n$— 的信号，4.2 处出现 —O—C—CH_2—OSO_3 的信号。因为 3.5 处的信号是连接 POE 基中烷基 α-位亚甲基的信号，根据 3.7 处附近的信号扣除 3.5 处信号对 4.2 处信号的强度比，可以推知大概的平均 EO 加合数。但 EO 加合物质的量较大时此方法不准确，可用 HI 分解-GC 法等求得烷基的平均碳数，再根据 0.8～2 和 3.5 处的烷基信号与 3.7 和 4.2 处的 POE 信号的面积比，求出平均加合物质的量。

（3）烷基酚聚氧乙烯硫酸盐

如图 13-36 所示，化学位移在 3.7 处出现 POE 基的信号，4.0 处是 —O—CH_2 —O—⬡— 的信号，相互都很接近。若用弱磁场测定光谱，它们便相互重叠而不能区别。化学位移在 6.8～7.8 处是苯环上的质子信号。原料壬基酚 POE 醚与等物质的量以上的硫酸化剂硫酸化时，在 POE 基的末端硫酸化的同时，在苯环上也引进了磺基。化学位移 6.8 和 7.1 处的信号为未引进磺基时的苯环质子，7.3～7.9 处的信号即是导入磺基后的苯环质子。

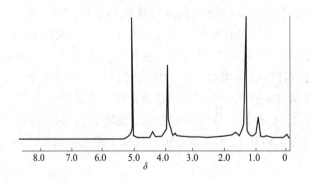

图 13-35　脂肪醇 $C_{12\sim13}$POE（EO = 3）硫酸钠的 ^{1}H NMR

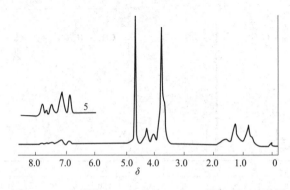

图 13-36　壬基酚 POE 硫酸钠（EO = 9）的 ^{1}H NMR 谱图

2. 磺酸盐

（1）长链烷基芳基磺酸盐

如图 13-37 所示，化学位移在 7~8 处所出现的两个对称的二重峰信号表示对位取代苯基。0.6~1.0 处的甲基信号与 1.0~1.4 处的亚甲基信号相互重叠，在 1.5 处的是

—CH₂—C⟨苯基⟩ 的信号，在 2.5 处是 ⟨CH⟩苯基 的信号。当甲基信号的面积比亚甲基大，并且甲基和亚甲基分别由几个信号重叠组成时，表示苯环不接在烷基的末端，是各种异构体的混合物。

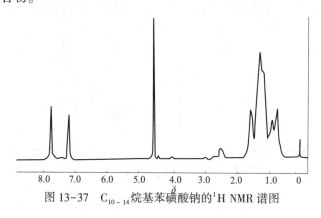

图 13-37　C₁₀～₁₄烷基苯磺酸钠的¹H NMR 谱图

（2）烷基磺酸盐

石蜡经磺氧化或磺酰氯化得到的烷基磺酸盐是磺基在各种不同位置的仲磺酸盐的混合物。除化学位移在 1.8 处出现—CH₂—C—SO₃的信号，在 2.7 处出现 ⟨CH—SO₃⟩ 的信号外，无特征信号。

（3）α-烯基磺酸盐

用发烟硫酸磺化 α-烯烃得到的 α-烯基磺酸盐是双键在各种位置的链烯磺酸盐和羟基位置不同的羟基链烷磺酸盐的混合物。因此，所得光谱图是各种光谱相互重叠的结果，许多特征信号是其他阴离子表面活性剂所没有的。

（4）磺基琥珀酸酯盐（Aerosol OT）

如图 13-38 所示，化学位移在 3.2 处出现—COO—CH₂—C—S—的信号。在 4.0 和 4.1 处出现—CH₂—O—CO—的信号，而 4.4 处有 $-O-\overset{O}{\underset{\parallel}{C}}-\overset{\vert}{CH}-SO_3$ 的信号。

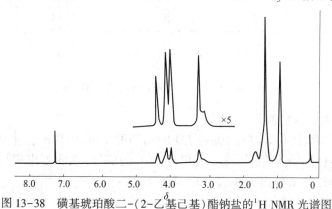

图 13-38　磺基琥珀酸二-(2-乙基己基)酯钠盐的¹H NMR 光谱图

3. 长链脂肪酸盐

图 13-39 是月桂酸钠的波谱图。化学位移在 2.2 处出现—C—CH$_2$—COO—的信号，1.5 处出现—CH$_2$—C—COO—的信号。不饱和脂肪酸盐(如油酸钠)由双键信号以三重峰出现在 5.3 处，邻接双键的亚甲基信号出现在 2.0。

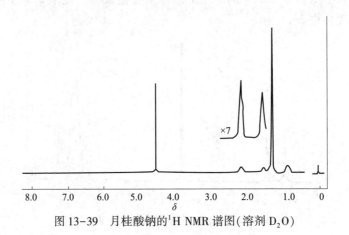

图 13-39　月桂酸钠的^{1}H NMR 谱图(溶剂 D$_2$O)

4. 磷酸酯盐

(1)烷基磷酸酯

图 13-40 是 2-乙基己基磷酸酯的^{1}H NMR 波谱。化学位移在 4.0 处出现—CH$_2$—O—PO$_3$ 的信号，在 1.6 处出现 $\overset{\diagdown}{\text{CH}}$—C—O—PO$_3$ 的信号。4.0 处的信号成为三重峰，若将 1.6 处的信号去偶，就减为二重峰，这是由于—CH$_2$—O—PO$_3$ 的亚甲基的 2 个质子的化学位移稍有不同，而重叠成三重峰。

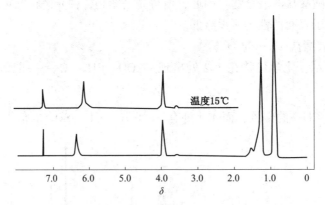

图 13-40　2-乙基己基磷酸酯的^{1}H NMR 谱图

(2)脂肪醇聚氧乙烯醚磷酸

在 C$_{12}$～C$_{18}$ 脂肪醇上平均加入 10mol EO 的脂肪醇 POE 醚磷酸，化学位移在 4.1 处出现—O—C—CH$_2$—O—PO$_3$ 的信号，3.7 处出现 POE 的信号，3.5 处出现与 POE 基相接的烷基 α-位亚甲基信号，1.6 处出现 β-位亚甲基信号。

13.5.2 阳离子表面活性剂核磁共振分析

阳离子表面活性剂的 ^{1}H NMR 光谱尽管资料很少，但是在理论解析时易于得到正确结论。无羟乙基、POE 基等的叔胺在化学位移>3 的低场无信号，而烷基醇胺中邻接羟基的亚甲基信号出现在 3.6。因为季铵盐的 N^+—CH_3 的信号出现在 3.3~3.5 处，N^+—CH_2— 的信号出现在 3.5~3.7 处，若这两个信号都不出现，而 8~9.5 处有信号，则很可能是吡啶盐或异喹啉盐。若化学位移在 4.5 以上低磁场无信号，由于不含芳香环，属于由 1~3 个长链烷基和 1~3 个短链烷基或羟乙基构成的类型，即为烷基三甲基、烷基二甲基乙基、烷基二甲基羟乙基、二烷基二甲基、三烷基甲基等季铵盐。若在 7~8 处有芳香环的信号，在 5~5.3 处有单峰信号，则可以判定具有 N^+—CH_2—⟨苯环⟩ 或 N^+—CH_2—⟨萘环⟩ 等部分结构。

用烷基苄基代替苄基时，则在 2.5~2.7 处有 N^+—C—⟨苯环⟩—CH_2— 的信号。

1. 烷基胺

（1）链烷醇胺

月桂基二乙醇胺化学位移在 3.6 处出现—N—C—CH_2—O—的信号，2.7 处出现—N—CH_2—C—O—的信号，2.6 处出现—CH_2—N⟨的信号，1.5 处出现—CH_2—C—N⟨的信号。

（2）烷基聚氧乙烯胺

月桂基 POE 胺（EO=10）化学位移在 3.7 处出现 POE 的信号，2.8 处出现—N—CH_2—C—O—的信号，2.6 处出现—CH_2—N⟨的信号。

（3）季铵盐

①烷基三甲基铵盐。十八烷基三甲基溴化铵的 ^{1}H NMR，化学位移在 3.5 处是 N^+—CH_3 的尖锐单峰信号，3.6 处是 N^+—CH_2—的信号，1.8 处是 N^+—C—CH_2—的信号。其 ^{1}H NMR 和 ^{13}C NMR 谱图如图 13-41 所示。

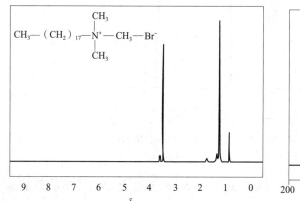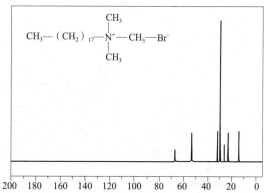

图 13-41　十八烷基三甲基溴化铵的 ^{1}H NMR 和 ^{13}C NMR 谱图

^{1}H NMR 位移：3.611、3.485、1.749、1.36、1.26、0.880

13C NMR：66.90、53.34、31.92、29.71、29.67、29.49、29.37、29.27、26.19、23.21、22.69、14.15

②二烷基二甲基铵盐。图 13-42 是用加氢牛油脂肪酸制备的二烷基二甲基氯化铵的光谱。化学位移在 3.4 处出现 N⁺—CH₃ 的信号，3.5 处出现 N⁺—CH₂— 的信号，1.7 处出现 N⁺—C—CH₂— 的信号。因为在 3.5 处附近的甲基和亚甲基的质子总数是 10 个，根据 1.7 处的信号面积对这些信号的面积比，可以知道除烷基末端甲基和邻接 N⁺ 的亚甲基外的亚甲基链的平均链长(图中 2.7 处的信号由水产生的)。

③三烷基甲基铵盐。三辛基甲基氯化铵的 N⁺—CH₃ 信号出现在 3.4 处，N⁺—CH₂— 的信号出现在 3.5 处，N⁺—C—CH₂— 的信号出现在 1.7 处。根据 N⁺—CH₃ 和 N⁺—CH₂— 的强度可区别单一、二、三烷基，再与 IR 的信息对照，就不会误判。

④烷基芳基季铵盐。如图 13-43 所示，N-十六烷基-N，N-二甲基苄基氯化铵化学位移在 3.3 处出现 N⁺—CH₃ 的信号，3.4 处出现 N⁺—CH₂— 的信号，1.7 处出现 —C—CH₂—C—O— 的信号。

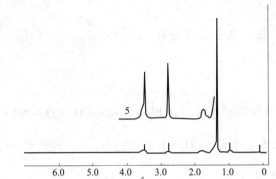

图 13-42　二烷基(加氢牛油脂肪酸)二甲基氯化铵的¹H NMR 谱图

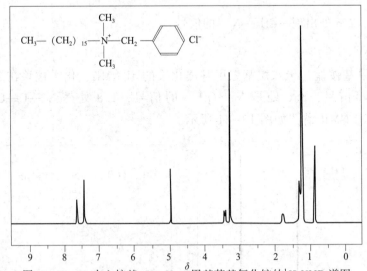

图 13-43　N-十六烷基-N，N-二甲基苄基氯化铵的¹H NMR 谱图

1HNMR 位移：7.647、7.43~7.41、4.966、3.427、3.277、1.78、1.31、1.26、1.23、0.862

⑤烷基吡啶盐。十六烷基氯化吡啶化学位移在 8.2、8.5、9.5 处出现的是吡啶环的信号，5.0 处出现 —CH₂—N⁺ 的信号，2.0 处出现 —CH₂—C—N⁺ 的信号。另外，化学位移在 3 处出现水信号，在 7.3 处出现溶剂 CDCl₃ 信号(见图 13-44)。

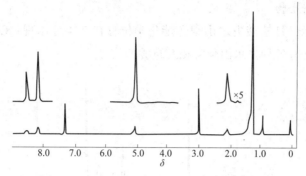

图 13-44　十六烷基氯化吡啶的 ^{1}H NMR 谱图

13.5.3　非离子表面活性剂核磁共振分析

非离子表面活性剂可分为酯类、烷基醇酰胺和 POE 类三大类，其中，POE 类包括前两类与 EO 的加合物。各大类因结构相似，出现的信号位置也相似，特别是具有酯键的 EO 的加合物如脂肪酸 EO 加合物、单脂肪酸甘油酯 EO 加合物、脂肪酸失水山梨醇酯 EO 加合物等。因此，在水解后研究其亲油基和亲水基的结构，或切断 POE 链研究其残余部分，不用复杂的方法就不能得到正确的结论。

因为酯键 —CH$_2$—O—CO— 的信号出现在 4.1~4.4 处，—O—CO—CH$_2$— 的信号出现在 2.3~2.4 处，所以在这两个位置出现信号，不管有无 POE 基，都属酯型。因烷基醇酰胺 —CH$_2$—CO—N⟨ 的信号出现在 2.3~2.4 处，—N—CH$_2$—C—O— 的信号出现在 3.4~3.5 处，—N—C—CH$_2$—O— 的信号出现在 3.7~3.8 处，若这些信号的位置和强度比一致，则可以鉴定为脂肪酸烷基醇酰胺。POE 型的 POE 基信号出现在 3.7 处。用 IR 难以识别 POE 基和 POP 基，而在 NMR 波谱图上，POP 基的侧链甲基质子在 1.15 处出现二重峰，和烷基链的亚甲基质子信号不重叠，此外，POE 基在 3.7 处有信号，而 POP 基的 —O—CH$_2$—CH—O— 信号则在 3.4~3.6 处，由此，根据在 1.15 和 3.4~3.6 处出现 2 个信号可知有 POP 基存在。

1. 脂肪酸多元醇酯

如图 13-45 所示，单硬脂酸甘油酯化学位移在 2.4 处有 —C—CH$_2$—CO—O— 信号，3.7 处是 —CH$_2$OH 的亚甲基信号，4.0 处是 (—O—C)$_2$CH—O— 信号，而 4.2 处有 —O—C—CH$_2$—O—CO— 的信号，由于试样是和二酯的混合物，所以 2.4 处的信号变大。

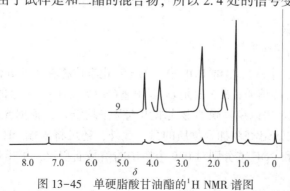

图 13-45　单硬脂酸甘油酯的 ^{1}H NMR 谱图

2. 失水山梨醇衍生物

如图 13-46 所示，月桂酸失水山梨醇酯化学位移在 2.4 处出现—C—CH₂—CO—C—的信号，在 3.6~5.5 处有各种失水山梨醇相互重叠的信号。

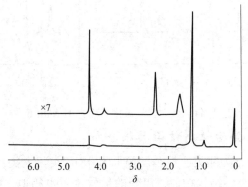

图 13-46　单硬脂酸乙二醇酯和二硬脂酸乙二醇酯混合物的 NMR 谱图

3. 脂肪酸烷基醇酰胺

如图 13-47 所示，月桂酸单乙醇酰胺化学位移在 1.6 处出现—CH₂—C—CO— N 的信号，2.3 处出现—CH—CO— N 的信号，2.7 处出现—NH 的信号，3.5 处出现—CO—N—CH₂—的信号，3.8 处则有—N—C—CH₂—O—的信号。月桂酸二乙醇酰胺的波谱和月桂酸单乙醇酰胺的非常相似，只是与月桂酸单乙醇酰胺的信号面积比不同。

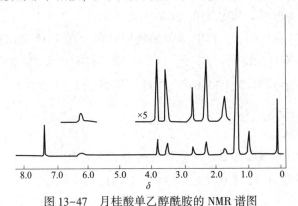

图 13-47　月桂酸单乙醇酰胺的 NMR 谱图

4. 聚氧乙烯加合物

（1）长链脂肪醇衍生物

如图 13-48 所示，十八（烷）醇 POE 醚（EO=5）化学位移在 1.6 处出现烷基的 β-亚甲基（—C—CH₂—C—O—）的信号，3.5 处是 α-亚甲基（—C—CH₂—O—）的信号，3.7 处是 POE 基的信号。HI 分解-GC 法以烷基碘的形式求出烷基平均链长，根据光谱烷基的信号与 POE 基信号之强度比，可以求出 EO 加合物质的量。此外，还可将末端 OH 进行三甲基硅醚化后测得光谱，根据烷基和 POE 基分别对其 9 个质子的信号面积比，求出烷基链长和 POE 基的 EO 加合物质的量。

（2）脂肪酸失水山梨醇酯衍生物

如图 13-49 所示,月桂酸失水山梨醇酯 POE 醚(EO=20)化学位移在 1.6 处是 —O—CO—C—CH₂—的信号,2.4 处是—O—CO—CH₂—的信号,3.7 处是 POE 基的信号,4.0 处是 ＼CH—O 的信号,4.3 处是—CO—O—CH₂—的信号。

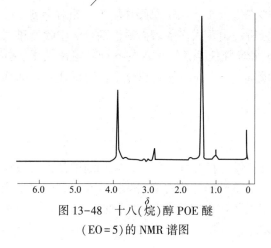

图 13-48　十八(烷)醇 POE 醚
(EO=5)的 NMR 谱图

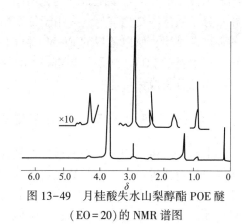

图 13-49　月桂酸失水山梨醇酯 POE 醚
(EO=20)的 NMR 谱图

13.5.4　两性离子表面活性剂核磁共振分析

1. N-烷基甜菜碱

N-十二烷基甜菜碱¹H NMR 见图 13-50。

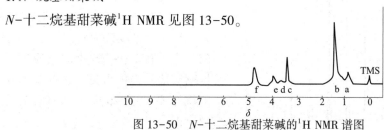

图 13-50　N-十二烷基甜菜碱的¹H NMR 谱图

2. 磺基甜菜碱型

3-磺丙基十四烷基二甲基甜菜碱¹H NMR 和¹³C NMR 见图 13-51。

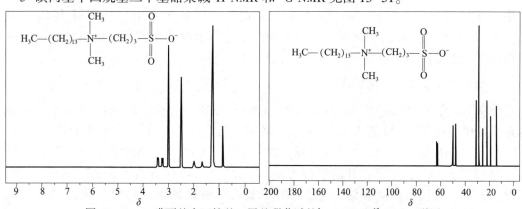

图 13-51　3-磺丙基十四烷基二甲基甜菜碱的¹H NMR 和¹³C NMR 谱图

¹H NMR 位移:3.406、3.227、2.987、2.47、1.98、1.66、1.29、1.25、0.857

¹³C NMR:63.32、62.65、50.10、47.72、31.19、28.94、28.90、28.84、28.75、28.57、28.41、

25.82、21.95、21.6818.99、13.75

13.6 质谱法

有机质谱法(MS)是分子在真空中被电子轰击的离子，通过磁场按不同 m/z 分离，以直峰图表示离子的相对丰度随 m/z 变化谱图，能够提供分子、离子及碎片离子的相对丰度，提供相对分子质量等结构信息。多用于纯物质的分析。由于大多数表面活性剂分子中含有难气化的强极性基团，所以常规的 EI-MS 和 CI-MS 很难胜任。新近出现的各种软电离技术，如负离子场解析(NFD)、快原子轰击(FAB)和电喷雾(ESI)等的发展和应用，使得许多表面活性剂的质谱分析成为可能。

13.6.1 阴离子表面活性剂质谱分析

长期以来，由于阴离子表面活性剂具有不易挥发、极性强等特点，它们通常是采用液相色谱或离子色谱进行分析，其结构定性、相对分子质量确定均需采用标样。考虑到阴离子表面活性剂在水溶液中离解成负离子，因而可采用大气压电喷雾质谱法(ESI-MS)分析，根据提供的相对分子质量信息对其结构及组成进行鉴定。利用该方法亦可同时鉴定两种或多种混合阴离子表面活性剂。

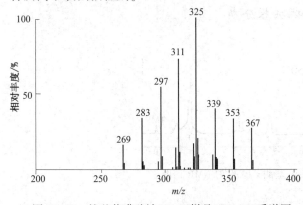

图 13-52　烷基苯磺酸钠(LAS)样品 ESI-MS 质谱图

1. 烷基苯磺酸钠(LAS)

烷基苯磺酸钠质谱图 $m/z = 297.1$、311.1、325.1、339.1 分别对应烷基苯磺酸钠中烷基碳链为 C_{10}、C_{11}、C_{12}、C_{13} 的负离子在 ESI-MS 中的响应情况。根据响应信号强度可见，该烷基苯磺酸钠的烷基碳链分布以 C_{11}、C_{12} 为主(图13-52)。

2. 脂肪酸钠(皂)

脂肪酸钠(皂)样品 ESI-MS 质谱图中 $m/z = 227.0$、255.1、281.1、283.1 分别对应脂肪酸钠中烷基碳链为 C_{14}、C_{16}、C_{18}(含一个双键)、C_{18} 的电离在 ESI 中的响应情况。根据响应信号强度可见，该脂肪酸钠的烷基碳链分布以 C_{18}(含一个双键)为主(图13-53)。

3. 脂肪醇聚氧乙烯醚硫酸钠

质谱图(见图13-54)中 $m/z = 265.0$、309.1、353.1、397.2、441.2 分别对应脂肪醇聚氧乙烯醚硫酸钠(碳链为 C_{12}，聚氧乙烯醚个数为 0、1、2、3、4)的负离子在 ESI-MS 中的响应情况。293.1、337.1、381.2、425.2、469.0 分别对应脂肪醇聚氧乙烯醚硫酸钠(碳链为 C_{14}，聚氧乙烯醚个数为 0、1、2、3、4)的负离子在 ESI-MS 中的响应情况。根据响应信号强度可见，该脂肪醇聚氧乙烯醚硫酸钠产品烷基碳链以 C_{12} 为主，聚氧乙烯醚个数分布为 0~4。

4. 混合阴离子表面活性剂

从质谱图 13-55 中可得出不同 m/z 的归属情况：

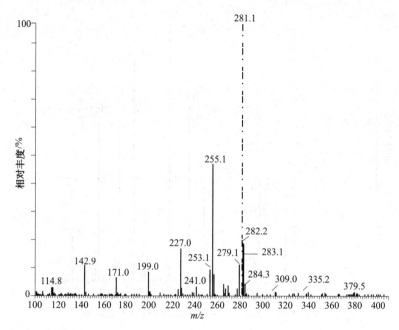

图 13-53　脂肪酸钠(皂)样品 ESI-MS 质谱图

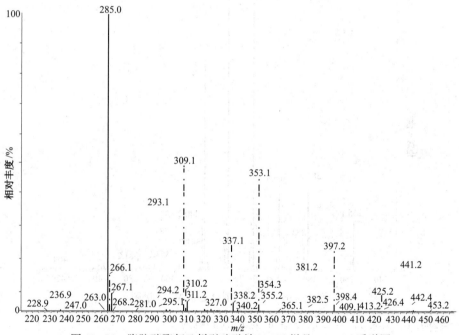

图 13-54　脂肪醇聚氧乙烯醚硫酸钠(AES)样品 ESI-MS 质谱图

$m/z = 297.1$、311.1、325.1、339.1 为 LAS 的响应。

$m/z = 237.0$、265.1、293.1、321.1 为 K12(脂肪醇硫酸钠)的响应。

$m/z = 275.1$、303.1、331.2 及 293.1、321.1、349.2 为 AOS 中烯基磺酸钠及羟基磺酸钠的响应。

根据 LAS、皂单独进样得到的质谱图信息，从图 13-56 中可得出不同 m/z 的归属情况：

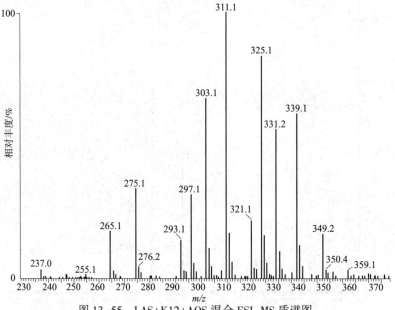

图 13-55　LAS+K12+AOS 混合 ESI-MS 质谱图

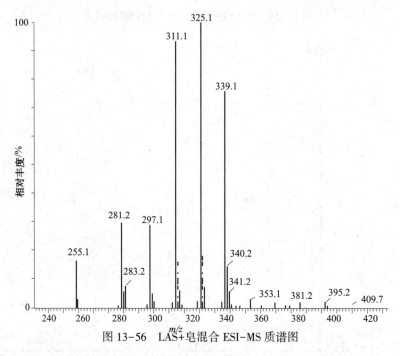

图 13-56　LAS+皂混合 ESI-MS 质谱图

$m/z=297.1$、311.0、325.1、339.1 为 LAS 的响应。

$m/z=255.1$、281.2、283.2 为皂的响应。

13.6.2　阳离子表面活性剂质谱分析

十六烷基三甲基溴化铵 ESI-MS 质谱图 13-57 中只出现 $m/z=284$ 的分子离子峰。

如图 13-58 所示，十八烷基三甲基溴化铵 EI 质谱 m/z(相对强度)：43.0(3.1)、57.0 (3.3)、58.0(100.0)、59.0(4.4)、94.0(3.4)、96.0(3.2)。

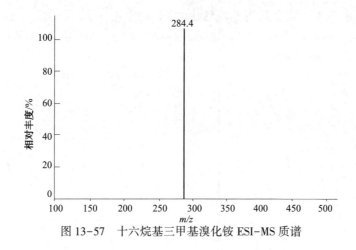

图 13-57　十六烷基三甲基溴化铵 ESI-MS 质谱

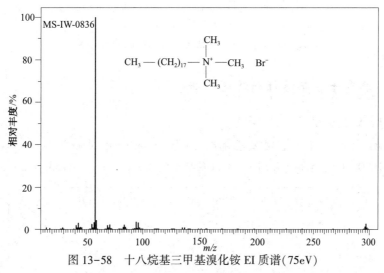

图 13-58　十八烷基三甲基溴化铵 EI 质谱(75eV)

如图 13-59 所示，十六烷基吡啶溴化物 EI 质谱 m/z(相对强度)：41.0(76.6)、43.0 (100.0)、55.0(71.7)、57.0(98.2)、71.0(53.0)、135.0(51.1)。

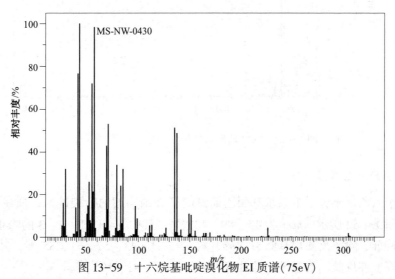

图 13-59　十六烷基吡啶溴化物 EI 质谱(75eV)

图 13-60 所示为 N，N-二甲氨基乙酸盐酸 EI 质谱图。

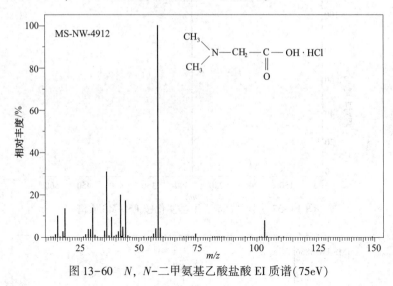

图 13-60 N，N-二甲氨基乙酸盐酸 EI 质谱(75eV)

13.6.3 非离子表面活性剂质谱分析

1. 脂肪醇聚氧乙烯醚

如图 13-61 所示，月桂基聚氧乙烯醚 EI 质谱 m/z（相对强度）：43.0（36.9）、44.0（25.4）、45.0（100.0）、57.0（43.1）、87.0（29.1）、89.0（66.7）、133.0（29.5）。

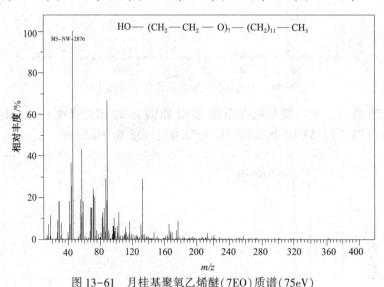

图 13-61 月桂基聚氧乙烯醚(7EO)质谱(75eV)

2. 辛基酚聚氧乙烯醚

辛基酚聚氧乙烯醚分子中亲水基团乙烯醚的开裂结构键的断裂碎片，质量数相差 44 的特征峰，如图 13-62 所示。m/z 为 45、89、133 等，其中 $n=0$、1、2、3 的峰很强。憎水部分烷基苯的特征，除了反映烷基断裂的碎片峰，m/z 为 43、57、71、85 等，其质量差为 14 的系列特征峰，亦反映出烷基苯的碎片峰，m/z 为 77、91、105 等。

350

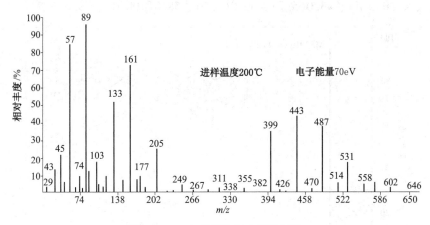

图 13-62　辛基酚聚氧乙烯醚质谱

13.6.4 两性离子表面活性剂质谱分析

1. 烷基甜菜碱

从谱图 13-63 中可以明确看出十二烷基甜菜碱 M+1 峰 $m/z=272$（相对分子质量 271），存在副产物十二烷基二甲基胺 $m/z=214$ 及其同系物十四烷基二甲基胺 $m/z=242$ 的质谱峰。还有 $[2M+Na]^+$ 质谱峰 $m/z=565$。

如图 13-64 所示，3-磺丙基十四烷基二甲甜菜碱 EI 质谱 m/z（相对强度）：28.0（5.9）、29.0（3.6）、41.0（5.3）、42.0（3.0）、43.0（4.5）、55.0（3.1）、57.0（3.0）、58.0（100.0）、59.0（4.0）。

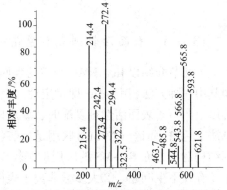

图 13-63　十二烷基甜菜碱 API-ES 模式质谱

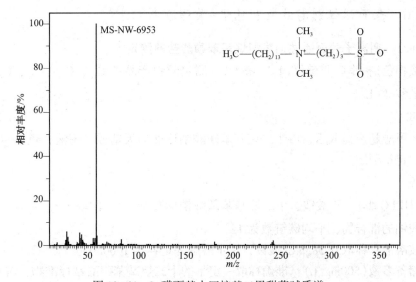

图 13-64　3-磺丙基十四烷基二甲甜菜碱质谱

如图 13-65 所示 3-磺丙基十六烷基二甲甜菜碱 EI 质谱 m/z（相对强度）：28.0（5.9）、29.0（3.6）、41.0（5.4）、43.0（5.7）、55.0（3.5）、58.0（100.0）、59.0（3.7）。

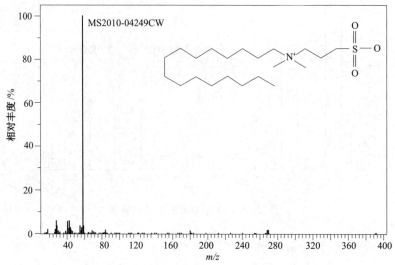

图 13-65　3-磺丙基十六烷基二甲甜菜碱质谱

13.6.5　表面活性剂气相色谱-质谱分析

上几节介绍以 IR、NMR 为主的表面活性剂结构分析，若已知体系中含一种表面活性剂，用其中一种方法（例如 IR）即可定性。但当某些特殊表面活性剂与标准光谱不一致，或有两种以上同离子表面活性剂复配时，就难以用一种方法进行定性，多数情况下可综合应用几种方法。色谱-质谱（GC-MS）联用是当前各个领域内广泛应用的有效分析方法。但是表面活性剂结构解析方面 GC-MS 的应用例子较少，其原因是：①离子表面活性剂难挥发，测定技术上还存在不少问题。②大多数非离子表面活性剂是 POE 加合型等大分子复杂混合物。③IR、NMR 等其他光谱方法的进步，标准光谱集的积累，不一定需要 GC-MS 提供信息。

13.6.6　表面活性剂高效液相色谱-质谱分析

13.6.6.1　阴离子表面活性剂线型烷基苯磺酸盐的测定

采用液相色谱-串联质谱仪（LC-MS/MS）测定纺织产品中 C_{10}、C_{11}、C_{12}、C_{13}、C_{14} 五种线型烷基磺酸盐（LAS）。

1. 原理

试样经甲醇超声提取后，以十二烷基苯磺酸钠标准物为基准，用液相色谱-串联质谱仪进行定性、定量测定。

2. 试剂

甲醇（HPLC 级）、乙酸铵、十二烷基苯磺酸钠标准物，纯度 $\geqslant 80\%$，为 $C_{10} \sim C_{14}$ 等线性烷基苯磺酸钠的混合物，平均碳链数为 12。

乙酸铵溶液：称取 0.385g 乙酸铵，用水溶解并定容至 1000mL。

标准储备溶液（500mg/L）：准确称取一定量的十二烷基苯磺酸钠标准物，溶于甲醇，定容并混匀。

标准工作溶液：准确称量一定量的十二烷基苯磺酸钠标准物，溶于甲醇，定容并混匀。

标准工作溶液：准确吸取标准储备液用甲醇逐级稀释，准确配制成浓度为 0.1mg/L、0.5mg/L、1.0mg/L、2.0mg/L、5.0mg/L 的系列标准工作溶液。

3. 仪器和材料

液相色谱-串联四级杆质谱仪(LC-MS/MS)，配有电喷雾离子源(ESI)。

可控温的超声波浴；工作频率为 40kHz，70℃时控温精度为 5℃。

提取器：管状，具密闭塞，约 50mL，由硬质玻璃制成。

有机膜过滤头：0.45μm。

4. 分析步骤

(1)试样溶液制备

取有代表性纺织产品样品，剪成约 5mm×5mm 的碎片，混合。称取上述试样 1.0g，精确至 0.01g，置于提取器中，准确加入 20mL 甲醇，加塞密闭。准确加入 20mL 甲醇，加塞密闭，将提取器置于(70+5)℃的超声波中提取(30+5)min 后，冷却至室温。提取液用有机膜过滤头注射过滤后，根据需要用甲醇进一步稀释，供 LC-MS/MS 进样分析。

由于测试结果取决于所使用的仪器，因此不可能给出色谱分析的普遍参数。

表 13-12　不同碳数 LAS 的检测离子对

测定物质	母离子 m/z	子离子 m/z
十烷基苯磺酸钠	297.0	182.8
十一烷基苯磺酸钠	311.0	182.8
十二烷基苯磺酸钠	325.0	182.8
十三烷基苯磺酸钠	339.0	182.8
十四烷基苯磺酸钠	352.0	182.8

(2)定性、定量分析

标准工作溶液和试样在设定的 LC-MS/MS 条件下分别进样、测定。标准工作溶液和试样溶液响应值均应在仪器检测的线性范围内。通过选择两级质谱的特定离子对(表 13-12)，比较试样溶液与标准工作溶液中色谱峰的保留时间，定性确认 $R—C_6H_4—SO_3Na$($R = C_{10} \sim C_{14}$)。以系列标准工作溶液的浓度为横坐标，以 $R—C_6H_4—SO_3Na$($R = C_{10} \sim C_{14}$)的峰面积之和为纵坐标，绘制标准工作曲线。根据试样溶液中被测组分的峰面积之和，在标准工作曲线上求得试样溶液中总的 $R—C_6H_4—SO_3Na$($R = C_{10} \sim C_{14}$)浓度。

(3)空白试验

除不加入试样外，其他均按上述步骤进行。

(4)结果计算和表示

结果计算

按式(13-1)计算样品中 LAS 的含量，结果应扣除空白值。

$$X = \frac{A \times c \times V \times F}{A_S \times m} \qquad (13-1)$$

式中　X——试样中 LAS 含量，mg/kg；

A——样品测试溶液中 $R—C_6H_4—SO_3Na$($R = C_{10} \sim C_{14}$)的色谱峰面积之和；

c——标准工作溶液的浓度，mg/L；

V——提取溶液体积，mL；

F——稀释因子；

A_S——标准工作溶液中 R—C_6H_4—SO_3Na（R=C_{10}~C_{14}）的色谱峰面积之和；

m——试样质量，g。

结果表示：

试验结果以试样中 5 种线性烷基苯磺酸钠的总含量（mg/kg）表示，计算结果表示到个位数。低于测定低限时（8.1）时，试验结果为"未检出"（图 13-66）。

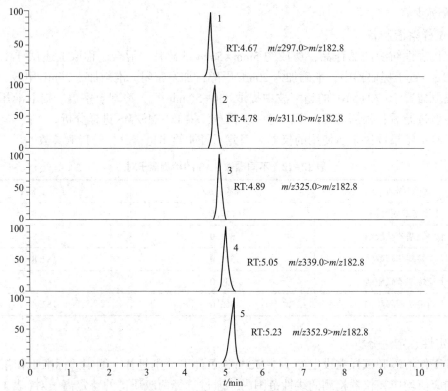

图 13-66　十二烷基苯磺酸钠标准物的 LC—MS/MS 离子流色谱图

1—十烷基苯磺酸钠；2—十一烷基苯磺酸钠；

3—十二烷基苯磺酸钠；4—十三烷基苯磺酸钠；5—十四烷基苯磺酸钠；

13.6.6.2　阳离子表面活性剂二硬脂基二甲基氯化铵的测定

采用液相色谱-串联质谱仪（LC-MS/MS）测定纺织产品中二硬脂基氯化铵（DSDMAC）残留量的方法。

注：DSDMAC 通常由碳链长度为 18 和 16 的烷基二甲基氯化铵混合物组成，即含有双十八烷基二甲基氯化铵。本方法适用于各类纺织产品阳离子表面活性剂二硬脂基二甲基氯化铵的测定。

（1）原理

试样经甲醇超声提取后，以双十八烷基二甲基氯化铵、双十六烷基二甲基氯化铵以及十六烷基十八烷基二甲基氯化铵为目标分析物，用液相色谱-串联质谱仪（LC-MS/MS）进行定性、定量测定。

（2）试剂

除非另有说明，在分析中所用试剂均为分析纯和 GB/T6682 规定的三级水。

甲醇（HPLC 级）

冰乙酸。

DSDMAC（CAS 号：107-64-2）：纯度≥97%。

乙酸溶液（0.05%）：准确移取 0.5mL；称取 0.1250g DSDMAC，用甲醇溶解，转移至 250mL 容量瓶中，用甲醇定容至刻度，摇匀。

注：该溶液保存在 0~4℃ 的环境中，有效期为 1 个月。

（3）仪器和材料

液相色谱-串联四级杆质谱仪（LC-MS/MS），配有电喷雾离子源（ESI）。

可控温的超声波谷：工作频率为 40kHz，70℃时控温精度为+5℃。

有机膜过滤头：0.45μm。

提取器：管状，具密闭塞，约 50mL，由硬质玻璃制成。

（4）分析步骤

试样溶液制备　取有代表性样品，剪成约 5mm×5mm 的碎片，混合。称取上述试样 1.0g，精确至 0.01g，置于提取器中，准确加入 20mL 甲醇，加塞密闭。将提取器置于（70+5）℃的超声波浴中提取（30+5）min 后，冷却至室温。提取液用有机膜过滤头注射过滤后，根据需要用甲醇进一步稀释，供 LC-MS/MS 测定用。

（5）分析方法

①分析条件。

由于测试结果取决于所使用的仪器，因此不可能给出色谱分析的普遍参数。采用下列参数已被证明对测试是合适的。

色谱柱：APS-2Hypersil，5μm，2.1mm×150mm 或相当者；流速：0.4mL/min；柱温：30℃；进样量：10μL；流动相 A：乙酸溶液，流动相 B：甲醇；梯度洗脱程序见表 13-13。

表 13-13　LC-MS/MS 梯度洗脱程序

时间/min	流动相 A/%	流动相 B/%
0	75	25
3.0	75	25
3.5	2	98
7	2	98
7.5	75	25
10	75	25

含量采用离子源为电喷雾离子化电离源（ESI），正离子模式监测。

扫描方式：选择反应监测。

选择离子对：双十八烷基二甲基氯化铵、十六烷基二甲基氯化铵和双十六烷基二甲基氯化铵这三种组分的一级质谱母离子分别为：m/z 298.0、m/z 298.0、m/z 269.9。

②定性、定量分析。

标准工作溶液和试样在设定的 LC-MS/MS 条件下分别进样、测定。通过选择溶液的响应值均应在仪器检测的线性范围内。

③空白试验。

除不加入试样外，其他均按上述步骤进行。

④结果计算和表示。

a. 结果计算。

按式(13-2)计算样品中双十八烷基二甲基氯化铵、双十六烷基二甲基氯化铵以及十六烷基十八烷基二甲基氯化铵的总含量，即为 DSDMAC 的含量，结果应扣除空白值。

$$X = \frac{A \times c \times V \times F}{A_S \times m} \qquad (13-2)$$

式中　X——试样中 DSDMAC 含量，mg/kg；

　　　A——试样溶液中被测物的色谱峰面积之和；

　　　c——标准工作溶液中 DSDMAC 的浓度，mg/L；

　　　V——提取液体积，mL；

　　　F——稀释因子；

　　　A_S——标准工作溶液中被测物的色谱峰面积之和；

　　　m——试样质量，g。

b. 结果表示。

试验结果以 DSDMAC 的浓度(mg/kg)表示，计算结果表示到个位数。低于测定底限(8.1)时，试验结果表示为"未检出"(图 13-67)。

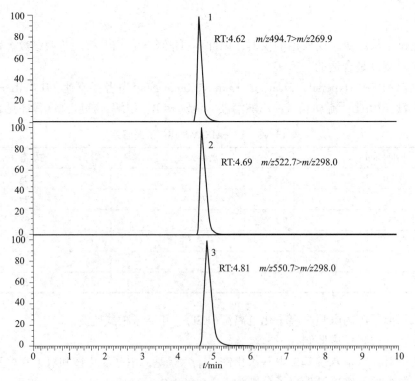

图 13-67　DSDMAC 的 LC-MS/MS 分析的离子流色谱图

1—双十六烷基二甲基氯化铵；2—十六烷基十八烷基二甲基氯化铵；

3—双十八烷基二甲基氯化铵

13.6.6.3 非离子表面活性剂烷基酚聚氧乙烯醚的测定

1. 范围

烷基酚聚氧乙烯醚（APnEO，n=2～16）的反相高效液相色谱（反相 HPLC）筛选方法、正相高效液相色谱（正相 HPLC）检测方法和液相色谱-串联质谱（LC-MS/MS）检测方法。

注：APnEO 的分子结构通式：R—C_6H_4—（OC_2H_4）$_n$OH。APnEO 是指常用的辛基酚聚氧乙烯醚［OPnEO，C_8H_{17}—C_6H_4—（OC_2H_4）$_n$OH］和壬基酚聚氧乙烯醚［NPnEO，C_9H_{19}—C_6H_4—（OC_2H_4）$_n$OH］。

2. 原理

甲醇作为提取溶剂，用索氏抽提法提取试样中的 APnEO，提取液经浓缩和净化后，用配有荧光检测器的高效液相色谱仪测定，或用液相色谱-串联质谱测定，外标法定量。

3. 试剂和标准溶液

除另有规定外，本方法所用试剂均为分析纯，水为去离子水。

甲醇（HPLC 级）。

乙腈（HPLC 级）。

正己烷（HPLC 级）。

异丙醇（HPLC 级）。

二氯甲烷。

甲醇-水溶液：准确量取 300mL 甲醇和 200mL 水，混匀后备用。

甲醇-二氯甲烷溶液：准确量取 100mL 甲醇和 400mL 二氯甲烷，混匀后备用。

辛基酚聚氧乙烯醚标准品：OPnEO，平均聚合度 n=9，优级纯。

壬基酚聚氧乙烯醚标准品：NPnEO，平均聚合度 n=9，纯度≥99%。

烷基酚聚氧乙烯醚标准储备液：分别准确称取适量 OPnEO 和 NPnEO，用异丙醇配制成浓度为 10mg/mL 的单组分标准储备液。

反相 HPLC 和 LC-MS/MS 分析标准工作液：分别移取 OPnEO 和 NPnEO 标准储备液（3.10）适量体积，置于同一容量瓶中，用甲醇稀释，配制成所需浓度的混合标准工作液。

正相 HPLC 分析标准工作液：分别移取 OPnEO 和 NPnEO 标准储备液适量体积，用异丙醇稀释，配制成所需浓度的单组分标准工作液。

注：标准液在 4℃以下避光保存。标准储备液有效期为 12 个月，标准工作溶液有效期为 3 个月。

4. 仪器和材料

高效液相色谱仪：配荧光检测器。

液相色谱串联质谱仪。

索氏提取装置：虹吸管，体积 100mL。

旋转蒸发器。

固相萃取装置。

固相萃取柱：Oasis HLB，60mg，3mL，或相当者。使用前依次用 2mL 甲醇、4mL 水活化。

有机相过滤膜：0.45 μm。

5. 分析步骤

(1)试样的制备和提纯

取代表性式样，剪成约5mm×5mm的碎片，混匀。称取1g试样（精确至0.01g），置于索氏提取装置中，加入150mL甲醇到接收瓶中，抽提3h，每秒流速1~2滴。用旋转蒸发器将提取液浓缩至干。准确加入2.0mL甲醇或异丙醇溶液残渣。用0.45μm滤膜将试液过滤至小样品瓶中，供仪器分析用。

当试样（如蚕丝类）中杂质干扰测试结果时，可采用以下净化分析方法。用10mL甲醇-水溶液溶解上述浓缩瓶中的残渣，全部转移至固相萃取柱中，控制流速为1~2mL/min。减压抽干10min，用5mL甲醇-二氯甲烷溶液洗脱，收集洗脱液。将洗脱液用氧气吹干，准确加入2.0mL甲醇或异丙醇溶解残渣。用0.45μm滤膜将样液过滤至小样品瓶中，供仪器分析用。

注：正相HPLC分析时，建议用异丙醇溶液残渣。

(2)反相高效液相色谱筛选法

由于测试结果取决于所使用的仪器，因此不可能给出色谱分析的普遍参数。采用下列参数已被证明对测试是合适的。

①反相HPLC分析条件。

色谱柱：C_{18}反相柱，5.0μm，4.6mm×250mm，或相当者；

色谱柱温度：35℃；

流动相：甲醇-水-乙腈(81 :13 ：6，体积比)；

荧光检测器激发波长230nm，发射波长296nm；

流速：1.0mL/min；

进样量：10μL。

②反相HPLC测定。

根据样液中APnEO含量，选择浓度相近的标准工作液。对标准工作溶液和样液的等体积穿插进样测定。标准工作溶液和样液中APnEO的响应值均应在检测的线性范围内。当样液的色谱峰保留时间与标准工作溶液一致时，待测物需要用正相HPLC法或LC-MS/MS法进一步分析确证。

③计算：

按式(13-3)计算试样中APnEO的含量。

$$X = \frac{A \times c_s \times V}{A_S \times m} \qquad (13-3)$$

式中　X——试样中OPnEO或NPnEO的含量，mg/kg；

　　　A——样液中OPnEO或NPnEO的色谱峰面积；

　　　c_s——标准工作溶液中OPnEO或NPnEO的浓度，mg/L；

　　　V——样液最终定容体积，mL；

　　　A_S——标准工作溶液中OPnEO或NPnEO的色谱峰面积；

　　　m——样液所代表试样的质量，g。

(3)正相高效液相色谱法

由于测试结果取决于所使用的仪器，因此不可能给出色谱分析的普遍参数。采用下列参数已被证明对测试是合适的。

358

①正相 HPLC 分析条件：

色谱柱：Agilent 氨基柱，5.0 μm，4.6mm×250mm，或相当者；

色谱柱温度：30℃；

荧光检测器激发波长 230nm，发射波长 296nm；

流速：1.0mL/min；

进样体积：20 μL；

流动相：流动相 A：正己烷-异丙烷（90:10，体积比），流动相 B：异丙醇-水（90:10，体积比）；

梯度淋洗程序见表 13-14。

表 13-14　正相 HPLC 梯度淋洗程序

时间/min	流动相 A/%	流动相 B/%
0	100	0
20	70	30
30	70	30
40	40	60
45	40	60
50	100	0
55	100	0

②正相 HPLC 测定：

根据样液中 APnEO 含量，选择浓度相近的标准工作溶液，对标准工作溶液和样液等体积穿插进样测定。标准工作溶液和样液中 APnEO 的响应值均应在仪器的线性范围内。

③计算：

样式（13-4）、式（13-5）和式（13-6）计算试样中 APnEO 的含量。

$$X = \sum X_n \tag{13-4}$$

$$X = \frac{A_n \times c_{ns} \times V}{A_{ns} \times m} \tag{13-5}$$

$$c_{ns} = \frac{A_{ns} \times M_{ns} \times c_s}{\sum (A_{ns} \times M_{ns})} \tag{13-6}$$

式中　X——试样中各聚合度 n（$n=2\sim16$）的 OPnEO 或 NPnEO 含量总和，mg/kg；

　　　X_n——试样中聚合度为 n 的 OPnEO 或 NPnEO 含量，mg/kg；

　　　A_n——试液中聚合度为 n 的 OPnEO 或 NPnEO 的峰面积；

　　　c_{ns}——标准工作溶液中聚合度为 n 的 OPnEO 或 NPnEO 的浓度，mg/L；

　　　V——样液最终定容体积，mL；

　　　A_{ns}——标准工作溶液中聚合度为 n 的 OPnEO 或 NPnEO 的峰面积；

　　　m——样液所代表试样的质量，g；

　　　M_{ns}——聚合度为 n 的 OPnEO 或 NPnEO 相对分子质量；

c_s——标准工作溶液中 OPnEO 或 NPnEO 的浓度，mg/L；

（4）液相色谱-串联质谱法

由于测试结果取决于所使用的仪器，因此不可能给出色谱分析的普遍参数。采用下列参数已被证明对测试式合适的。

①LC-MS/MS 分析条件：

色谱柱：C$_{18}$柱，5.0 μm，4.6mm×250mm，或相当者；

流动相：梯度洗脱条件见表 13-15；

表 13-15　LC-MS/MS 梯度洗脱条件

时间/min	水/%	甲醇/%
0.00	80	20
2.00	20	80
4.00	20	80
4.10	80	20
8.00	80	20

流速：0.6mL/min；

进样量：5 μL；

离子源：电喷雾离子源；

扫描极致：采用正离子扫描；

扫描方式：多反应监测（MRM）；

雾化气、碰撞器均为高纯氮气。

使用前应调节各参数使质谱灵敏度达到检测要求。

②LC-MS/MS 测定：

根据样液中 APnEO 含量，选择浓度相近的标准工作溶液．对标准工作溶液和样液等体积穿插进样测定。标准工作溶液和样液中 APnEO 的响应值均应在仪器的线性范围内。

③LC-MS/MS 的定性和定量：

按照 LC-MS/MS 条件测定样品和标准工作溶液，如果检测的质量色谱峰保留时间与标准品一致，定量测定时采用标准曲线法。定性时应当与浓度相当标准工作溶液的相对丰度一致，相对丰度允许偏差不超过如表 13-16 规定的范围，则可判断样品中存在对应的被测物。

表 13-16　定性确证时相对离子丰度的最大允许偏差

相对离子丰度	>50%	20%~50%	10%~20%	≤10%
允许的相对偏差	±20%	±25%	±30%	±50%

④计算：

按式（13-4）和式（13-5）计算试样中 APnEO 的含量。由正相 HPLC 法计算标准工作溶液中集合度为 n 的 OPnEO 或 NPnEO 的浓度（图 13-68、图 13-69）。

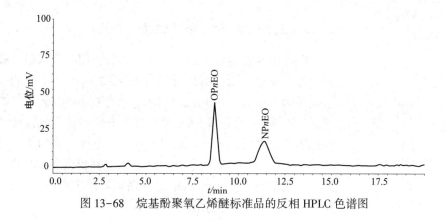

图 13-68　烷基酚聚氧乙烯醚标准品的反相 HPLC 色谱图

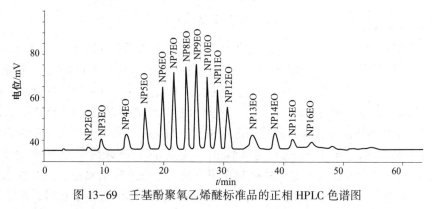

图 13-69　壬基酚聚氧乙烯醚标准品的正相 HPLC 色谱图

13.7　电化学法

电化学法包括电位滴定法、离子选择电极法和极谱法。

13.7.1　电位滴定法

电位滴定法是一种利用电极电位的突跃来确定终点的分析方法。进行电位滴定时，在溶液中插入待测离子的指示电极和参比电极组成化学电池，随着滴定剂的加入，由于发生化学反应，待测离子的浓度不断发生变化，在计量点附近，待测离子的浓度发生突变，指示电极的电位发生相应的突跃。因此，测量滴定过程中电池电动势的变化，就能确定滴定反应的终点，求出试样的含量。例如，电位滴定法测定脂肪烷基二甲基甜菜碱含量，其原理是将脂肪烷基二甲基甜菜碱的水溶液，用正丁醇萃取分离，未反应胺及活性物同时进入正丁醇层，蒸发溶剂后，以标准高氯酸溶液进行滴定，滴至终点，游离的高氯酸会引起电位的突变，做出电位—滴定用量图确定等当点。滴定曲线见图 13-70。滴定体系反应式如下：

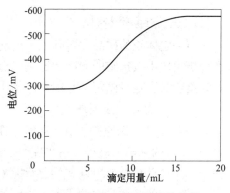

图 13-70　高氯酸电位滴定脂肪烷基
二甲基甜菜碱曲线图

$$RN^+(CH_3)_2CH_2COO^- + HClO_4 \longrightarrow RN^+(CH_3)_2O^-$$

$$RN^+(CH_3)_2CH_2COO^- + HClO_4 \longrightarrow 电位突变$$

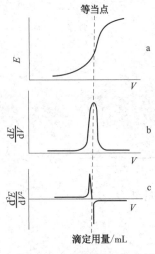

图 13-71 用选择电极分析
混合 SAA 的滴定曲线

13.7.2 离子选择电极法

电极中的膜通常是聚氯乙烯(PVC)，用三硝基甲苯磷酸盐增塑，加入少量十二烷基硫酸和海明 1622 阳离子生成的盐。管子里充满的电解质是 0.101mol NaCl(含有 0.1001mol 十二烷基硫酸钠)。操作时，首先将 SAA 离子选择电极连接到电位计的测定插座，参考电极可以用 Ag-AgCl、甘汞等电极。将两个电极放入样品溶液中。例如，阴离子 SAA(十二烷基硫酸钠)溶液，用电磁搅拌，用阳离子 SAA 来滴定。分别记录滴定电位，做滴定曲线，曲线拐点-等当点为结果(图 13-71)。

13.7.3 极谱法

极谱法是以滴汞电极作工作电极电解被分析物质的稀溶液，根据电流-电压曲线进行分析的方法。若以固态电极(修饰电极、玻碳电极等)作工作电极，则称为伏安法。伏安法在季铵盐型表面活性剂的测定中得到了广泛应用。Gasparic 等在缓冲(pH=7)介质中，先用 $CHCl_3$ 萃取季铵盐与苦味酸形成的离子络合物，再用脉冲极谱法定量苦味酸间接测定季铵盐；Ciszewski 等在 EDTA(pH=4.5)介质中，利用季铵盐对铜还原电流的抑制或增敏作用，建立了示差脉冲阳极溶出伏安测定法；Evstifeev 等利用季铵盐对锌还原电流的抑制作用，建立了直流极谱测定法。双氧水存在下平行催化氢波法快速测定四丁基卤化铵发现在氨性缓冲溶液中有 H_2O_2 存在时，四丁基卤化铵(tetrabutyl ammonium bromide，TBAB)的催化氢波能被 H_2O_2 进一步催化，产生较灵敏的平行催化氢波。

13.8　流动注射分析技术

流动注射分析技术把试样溶液直接以"试样塞"的形式注入管道的试剂载流中，不需反应进行完全，就可以进行检测。该法摆脱了传统的必须在稳态条件下操作的观念，提出化学分析可在非平衡的动态条件下进行，从而大大提高了分析速度。

13.8.1　原理

1. 流动注射分析仪工作原理

将一定体积的样品注射到一个流动的、无空气间隔的试剂溶液连续载流中，样品与试剂在分析模块中按选定的顺序和比例混合、反应，在非完全反应的条件下，进入流动检测池进行光度检测，定量测定样品中被测物质的含量。

2. 方法化学反应原理

结合仪器工作原理，在《水质　阴离子表面活性剂的测定亚甲蓝分光光度法》(GB/T 7494—87)的基础上进行了适当完善，即：样品中的阳离子染料亚甲蓝与阴离子表面活性剂作用，生成蓝色的亚甲基蓝活性物质(MBAS)被三氯甲烷萃取，有机相在 650nm 处比色测得，其响应值与样品中的阴离子表面活性剂浓度成正比。

13.8.2 分析步骤

本标准按照 HJ 168—2010 的要求确定分析步骤,包括仪器调试与校准,测定,空白试验。

1. 仪器的调试与校准

安装分析系统,按照仪器说明书给出的最佳工作参数进行仪器调试。按仪器操作规程开机后,进行流路系统的预调节,注意避免水相进入流通池。待相分离系统预调节后,对流路系统进行细调以获得最佳的分析条件。待流路系统稳定大约 5min 后,开始校准和测定。

制备阴离子表面活性剂质量浓度(以 LAS 计)分别为:0.00mg/L、0.10mg/L、0.20mg/L、0.50mg/L、1.00mg/L、2.00mg/L 的标准系列,移取约 10mL 标准系列溶液分别置于样品杯中,从低浓度到高浓度依次取样分析,得到不同浓度阴离子表面活性剂的信号值(峰面积)。以信号值(峰面积)为纵坐标,对应的阴离子表面活性剂质量浓度(以 LAS 计,mg/L)为横坐标,绘制校准曲线。实验室内绘制校准曲线的试验数据见表 13-17。

表 13-17　阴离子表面活性剂空白值测定

日期		空白	空白	1	2	3	4	5	6
第一天	含量/(mg/L)			0.00	0.10	0.20	0.50	1.00	2.00
	相对峰面积	0.052	0.048	0.045	0.260	0.560	1.23	2.47	5.09
	相关系数			$r=0.9995$		$y=2.52x-0.014$			
第二天	含量/(mg/L)			0.00	0.10	0.20	0.50	1.00	2.00
	相对峰面积	0.032	0.038	0.034	0.220	0.530	1.20	2.37	4.89
	相关系数			$r=0.9996$		$y=2.43x+0.003$			
第三天	含量/(mg/L)			0.00	0.10	0.20	0.50	1.00	2.00
	相对峰面积	0.028	0.019	0.015	0.203	0.404	1.01	2.12	4.45
	相关系数			$r=0.9992$		$y=2.22x-0.041$			
第四天	含量/(mg/L)			0.00	0.50	0.10	0.50	1.00	2.00
	相对峰面积	0.023	0.028	0.058	0.498	1.09	6.52	12.9	25.2
	相关系数			$r=0.9998$		$y=2.35x-0.024$			
第五天	含量/(mg/L)			0.00	0.10	0.20	0.50	1.00	2.00
	相对峰面积	-0.026	0.042	0.029	0.205	0.466	1.16	2.46	4.92
	相关系数			$r=0.9995$		$y=2.47x-0.024$			

空白测定结果/(mg/L)	第一天		第二天		第三天		第四天		第五天	
	0.02	0.01	0.01	0.01	0.03	0.03	0.02	0.02	-0.02	0.01

2. 测定

按照仪器说明书给出的最佳测试参数,进行校准曲线的测定,建立校准曲线后,进行样品、实验用水及质控样等的测定。

13.8.3 结果计算

样品中阴离子表面活性剂的浓度(以 LAS 计，mg/L)，按照下式进行计算：

$$\rho = \rho_1 \times f$$

式中　ρ——样品中阴离子表面活性剂的浓度，mg/L；

　　　ρ_1——由校准曲线查得的阴离子表面活性剂浓度，mg/L；

　　　f——样品稀释比。

当测定结果小于 1mg/L 时，保留小数点后两位，测定结果大于等于 1mg/L 时，保留三位有效数字。

13.9 表面活性剂结构分析实例

这里介绍洗衣粉中阴离子表面活性剂混合物的分析。

1. 原理

(1)表面活性剂的分离

洗衣粉除了以表面活性剂为主要成分外，还配加有三聚磷酸钠、纯碱、羧甲基纤维素等无机和有机助剂以增强去污能力，防止织物的再污染等。因此要将表面活性剂与洗衣粉中的其他成分分离开来。通常采用的方法是液-固萃取法。可用索氏萃取器连续萃取，也可用回流方法萃取。萃取剂可视具体情况选用 95% 的乙醇、95% 的异丙醇、丙酮、氯仿或石油醚等。

(2)表面活性剂的离子型鉴定

表面活性剂的品种繁多，但按其在水中的离子形态可分为离子型表面活性剂和非离子型表面活性剂两大类。前者又可以分为阴离子型、阳离子型和两性离子型三种。利用表面活性剂的离子型鉴别方法快速、简便地确定试样的离子类型，有利于限定范围，指示分离、分析方向。

确定表面活性剂的离子型的方法很多，在此介绍最常用的酸性亚甲基蓝试验。染料亚甲基蓝溶于水而不溶于氯仿，它能与阴离子表面活性剂反应形成可溶于氯仿的蓝色络合物，从而使蓝色从水相转移到氯仿相。本法可以鉴定除皂类之外的其他广谱阴离子表面活性剂。非离子型表面活性剂不能使蓝色转移，但会使水相发生乳化；阳离子表面活性剂虽然也不能使蓝色从水相转移到氯仿相，但利用阴、阳离子表面活性剂的相互作用，可以用间接法鉴定。

(3)波谱分析法鉴定表面活性剂的结构

红外光谱、紫外光谱、核磁共振谱和质谱是有机化合物结构分析的主要工具。在表面活性剂的鉴定中，红外吸收光谱的作用尤为重要。这是因为表面活性剂中的主要官能团均在红外光谱中产生特征吸收，据此可以确定其类型，进一步借助于红外标准谱图可以确定其结构。表面活性剂的疏水基团通常有一个长链的烷基，该烷基的碳数不是单一的，而是具有一定分布的同系物。该烷基的碳数多少和分布的状况影响表面活性剂的性能。用红外光谱很难获得这方面的信息，而核磁共振谱测定比较有效。因为核磁共振氢谱中积分曲线高度比代表了分子中不同类型的氢原子数目之比，所以可用来测定表面活性剂疏水基团中碳链的平均长度。

2. 装置和仪器设备

回流装置、蒸馏装置、红外光谱仪、核磁共振谱仪。

3. 试剂和器材

试剂：95%乙醇，无水乙醇，四氯化碳，四甲基硅烷，亚甲基蓝试剂，氯仿，阴、阳离子和非离子表面活性剂对照液

器材：100mL 烧瓶 2 个、25mL 烧杯 2 个、5mL 带塞小试管 2 支、冷凝管、蒸馏头、接受管、沸石、水浴、研钵、天平等

4. 步骤

(1)表面活性剂的分离

取一定量的洗衣粉试样于研钵中研细。然后称取 2g 放入 100mL 烧瓶中，加入 30mL 乙醇。装好回流装置，打开冷却水，用水浴加热，保持乙醇回流 15min。撤去水浴。在冷却后取下烧瓶，静置几分钟。待上层液体澄清后，将上层提取的清液转移到 100mL 烧瓶中(小心倾倒或用滴管吸出)。重新加入 20mL95%的乙醇，重复上述回流和分离操作，两次提取液合并。在合并的提取液中放入几粒沸石，搭装好蒸馏装置。用水浴加热，将提取液中的乙醇蒸出，直至烧瓶中残余 1~2mL 为止。将烧瓶中的蒸馏残余物定量转移到干燥并已称量过的 25mL 的烧杯中。将小烧杯置于红外灯下，烘去乙醇。称量并计算表面活性剂的百分含量。

计算公式如下：

洗衣粉中表面活性剂的含量：

$$X = \frac{W_1 - W_2}{m} \times 100\%$$

式中　m——称取的洗衣粉的质量，g；

$\quad\quad W_1$——空烧杯的质量，g；

$\quad\quad W_2$——装有表面活性剂的烧杯质量，g。

(2)表面活性剂的离子型鉴定

1)已知试样的鉴定

阴离子表面活性剂的鉴定：取亚甲基蓝溶液和氯仿各约 1mL，置于一带塞的试管中，剧烈振荡，然后放置分层，氯仿层无色。将浓度约 1%的阴离子表面活性剂试样逐滴加入其中，每加一滴剧烈振荡试管后静置分层，观察并记录现象，直至水相层无色，氯仿层呈深蓝色。

阳离子表面活性剂的鉴定：在上述试验的试管中，逐滴加入阳离子表面活性剂(浓度约 1%)，每加一滴剧烈振荡试管后静置分层，观察并记录两相的颜色变化，直至氯仿层的蓝色重新全部转移到水相。

非离子表面活性剂的鉴定：另取一带塞的试管，依次加入亚甲基蓝溶液和氯仿各约 1mL，剧烈振荡，然后放置分层，氯仿层无色。将浓度约 1%的非离子表面活性剂试样逐滴加入其中，每加一滴剧烈振荡试管后静置分层，观察并记录两相颜色和状态的变化。

2)未知试样的鉴定

取少许从洗衣粉中提取的表面活性剂，溶于 2~3mL 蒸馏水中，按上述办法进行鉴定和判别其离子类型。取适量(约 10mg)洗衣粉溶于 5mL 蒸馏水中作为试样，重复上述操作，观察和记录现象。以考察洗衣粉中的其他助剂对此鉴定是否有干扰。

3)表面活性剂的结构鉴定

①红外光谱测定：

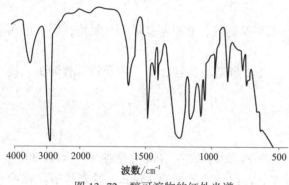

图 13-72　醇可溶物的红外光谱

用几滴无水乙醇将小烧杯中的试样（提取物）溶解，将试样的浓溶液滴在打磨透明的溴化钾盐片上，置于红外灯下烘去乙醇。按照所用红外光谱仪的操作规程打开和调试好仪器，用液膜法制样测定其红外光谱。图 13-72 是醇可溶物的红外光谱。

在 1200cm^{-1} 附近有一位于 1200cm^{-1} 波数高侧的吸收，表示存在硫酸酯盐。根据 1600cm^{-1}、1410cm^{-1}、1145cm^{-1}、1130cm^{-1}、1013cm^{-1} 和 830cm^{-1} 吸收的强度，可认为直链烷基苯磺酸盐是其主要成分。1110cm^{-1} 和 930cm^{-1} 处的吸收示有烷基 POE 硫酸盐存在。根据 1000cm^{-1} 和 975cm^{-1} 的弱吸收可以判定存在脂肪醇硫酸盐。

②核磁共振氢谱：

在烘去溶剂的试样（提取物）中加入约 1mL 的四氯化碳，搅拌使其充分地溶解。小心将溶液转移到核磁样品管（直径为 5mm）中，溶液高度约为 30mm，然后滴加 2～3 滴 TMS（四甲基硅烷）的四氯化碳溶液。盖好盖子，振荡，使其混合均匀。按照所使用的核磁共振仪的操作规程调试好仪器，并测 ^{1}H NMR 谱。图 13-73 是磷酸分解石油醚萃取液 ^{1}H NMR 谱。

根据化学位移 1.25 处亚甲基链和 3.5 处环氧乙烷的信号，从 NMR 信号的面积比，可正确求出脂肪醇 POE 醚中的 EO 加合物质的量。

因为直链烷基苯磺酸盐不能被加热分解，可在中和石油醚萃取液后，蒸干，取其一部分用磷酸分解脱磺，将所得直链烷基苯进行 GC 分析，求出其烷基的碳数分布和苯基位置分布，进而确定原料烷基苯的平均相对分子质量。

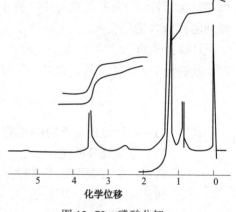

图 13-73　磷酸分解
石油醚萃取液 ^{1}H NMR 谱

用两相滴定法测定水解前试样的阴离子表面活性剂的总摩尔浓度，再从水解后试样的滴定值可知直链烷基苯磺酸盐的摩尔浓度。求出各自的平均相对分子质量，则能计算试样中各阴离子表面活性剂的质量分数。

思考题

1. 表面活性剂的分离方法有哪些？试应用举例。
2. 为什么说表面活性剂的鉴定中红外吸收光谱尤为重要？

参 考 文 献

[1]．肖进新，赵振国．表面活性剂应用原理．北京：化学工业出版社，2003

[2]．蒋庆哲，宋昭峥，赵密福，柯明．表面活性剂科学与应用．北京：中国石化出版社，2006

[3]．王培义，徐宝财．表面活性剂——合成性能应用．北京：化学工业出版社，2007

[4]．韩冬，沈平平．表面活性剂驱油原理及应用．北京：石油工业出版社，2001

[5]．任智，陈志荣，吕德伟．浙江大学学报(工学版)，2001，(5)：471~479

[6]．李光水，邵国泉，雍国平等．食品科学，2002，23(1)：51~53

[7]．刘华杰，柳松．食品研究与开发，2007(3)：169~173

[8]．赵国玺，朱涉瑶．表面活性原理．北京：中国轻工业出版社，2003

[9]．夏纪鼎．表面活性剂和洗涤剂化学与工艺学．北京：中国轻工业出版社，1997

[10]．梁梦兰，庞美珍．表面活性剂和洗涤剂——制备性质应用．北京：科学技术文献出版社，1992

[11]．高鸿锦．化工百科全书．1998，18：655~679

[12]．王庐岩．溶致液晶模板法组装贵金属纳米结构材料．山东大学博士学位论文．2005

[13]．隋震铭．溶致液晶模板法组装无机/有机纳米杂合体．山东大学博士学位论文．2006

[14]．梁文平．日用化学工业，1999，1：7~11

[15]．田晓红，蒋青，谢明贵．化学研究与应用，2002，14(2)：119~122

[16]．李彦，张庆敏，黄福志等．大学化学，2000，15(1)：5~91

[17]．石梅，陈惠琴．沈阳化工，1993，5：15~19

[18]．刘方，高正松，缪鑫才．精细化工，2000，17(12)：696~699

[19]．宋照斌，宋启煌．精细化工，2000，17(12)：700~703

[20]．李干佐，隋华，朱卫忠．日用化学工业，1999，1：241~261

[21]．张晋．类脂立方液晶及咪类离子液晶的研究．山东大学博士论文．2008

[22]．Food Hydrocolloids，2006，20：586~595

[23]．Food Research International，2006，39：678~685

[24]．Journal of Colloid Science，1972，41：466~474

[25]．Journal of Membrane Science，2003，213：1~12

[26]．Colloids and Surfaces A：Physicochem. Eng. Aspects，2006，287：59~67

[27]．Fuel Processing Technology. 2005，86：499~508

[28]．de Vrie A，Fischel D L. Mol Cryst Liq Cryst，1972，16：311

[29]．de Vrie A. Mol Cryst Liq Cryst，1970，10：219~236

[30]．Chistyakov I G，Chaikowsky W M. Mol Cryst Liq Cryst，1969，7：269~73

[31]．Stewart G W. Trans Faraday Soc，1933，29：982~990

[32]．Zocher H，Coper K．Z Phys Chem，1928，132：195

[33]．Chatelain P. Bull Soc Fr Mineral Cristallogr，1943，66：105

[34]．Berreman D W. Mol Cryst Liq Cryst，1974，23：215

[35]．Kahn F J. Appl Phys Lett，1973，22：386~388

[36]．Kahn FJ，Taylor GN，Schonhorn H. Proc IEEE，1973，61：823~828

［37］. Haller I. Appl Phys Lett, 1974, 24: 349~351

［38］. Janning J L. Appl Phys Lett, 1972, 21: 173~174

［39］. Drcher R, Meier G. Phys Rev, 1973, A8: 1616

［40］. Luzzati V. In: Chapman D, ed . Biological Membrances. Academic Press, 1968. 71

［41］. Tardieu A, Luzzati V, Reman F C. J Mol Biol, 1973, 75: 711~733

［42］. Beck J S, Vartuli J C, Roth W J, et al. A New Family of Mesoporous Molecular Sieves Prepared with Liquid Crystal Templates. Am Chem Soc, 1992, 114: 10834~10843

［43］. Kresge C T, Leonowicz M E, Roth W J, Vartuli J C, Beck J S. Ordered Mesoporous Molecular Sieves Synthesized by a Liquied Crystal Template Mechanism. Nature, 1992, 359: 710~712

［44］. Coleman N R B, Attard C S. Ordered Mesoporous Silicas Prepared from Both Micellar Solutions and Liquid Crystal Phases. Micropor Mesopor Mater, 2001, 44-45: 73~80

［45］. Attard C S, Edgar M, Goltner C C. Inorganic Nanostructures from Otropic LiquidCrystal Phases. Acta Mater, 1998, 46(3): 751~758

［46］. Jiang X C, Xie Y, Lu J, Zhu L, He W, Qian Y. Simultaneous In Situ Formation of ZnS Nanowires in a Liquid Crystal Template by Irradiation. Chem Mater, 2001, 13(4): 1213~1218

［47］. Gray D H, Gin D L. Polymerizable Lyotropic Liquid Crystals Containing Transition-metal Ions as Building Blocks for Nanostructured Polymers and Composites. Chem Mater, 1998, 10: 1827~1832

［48］. Quillier C, Ponsinet V, Cabuil V, Magnetically Doped Hexagonal Lyotropic Phases. J Phys Chern, 1994, 98 (14): 3566~3569

［49］. Firestone M A, Williams D E, Seifert S, Csencsits R. Nanoparticle Arrays Formed by Spatial Compartmentalization in a Complex Fluid. Nano Lett, 2001, 1(3): 129~135

［50］. Wang W, Efrima S, Regev O. Directing Silver Nanoparticles into Colloid-Surfactant Lyotropic Lamellar Systems. S Phys Chem B, 1999, 103(27): 5613~5621

［51］. Kloetstra K R, Van B H. J Chem Soc Chem Commun, 1995: 1005~1006

［52］. Douglas L G, Hai D, David H G, et al. Polym Prepr, 1998, 2: 529~530

［53］. Ramesh V, Labes MM. Mol Cryst Liq Cryst, 1987, 152: 57~73

［54］. Bommarius A S, Voss H, Biotechnol Conf, 1992, 5(B): 517~523

［55］. Shinkai S, Nakamura S, Tachiki S, et al. J Am Chem Soc, 1985, 107: 3363~3365

［56］. Fendler J H. Acc Chem Soc, 1976, 9: 153

［57］. Vander Beek D, Lekkerkerker H N W. Nematie Ordering vs Gelation in Suspensions of Charge Platelets. Euro Phys Lett, 2003, 61(5): 702~707

［58］. Vander Beek D, Lekkerkerker H N W. Liquid Crystal Phases of Charged Colloid Platelets. Langmuir, 2004, 20(20): 8582~8586

［59］. Hyde S T, Andersson S, Eriesson B, Larsson K. A Cubic Structure Consisting of a Lipid Bilayer Forming an Infinite Periodic Minimal Surface of the Gyroid Type in the Glycerol Monooleat Water System. Z Kristallogr, 1984, 168: 213~219

［60］. Briggs J, Chung H, Caffrey M. The Temperature-composition Phase Diagram and Mesophase Structure Characterization of the Monoolein/Water System. J Phys II France, 1996, 6(5): 723~751

［61］. Engstrorn S, Norden T P, Nyquist H. Cubic Phases for Studies of Drug Partition into Lipid Bilayers. Eur J Pharm Sci, 1999, 8(4): 243~245

［62］. Eriesson B, Eriksson P O, Loefrofh J E, Engstrom S, Ferring A B, Malmoe S. Cubic Phases as Delivery Systems for Peptide Drugs. ACS Symp Ser(Polym. Drugs Drug Deliv Syst), 1991, 469(2): 251~265

［63］. Chang C M, Bodmeier R. Binding of Drugs to Monoglyceride-based Drug Delivery Systems. Int. J. Pharm, 1997, 147(2): 135~142

368

[64]. Geraghty P B, Attwood D, Collett J H, Dandiker Y. In Vitro Release of Some Antimusearinie Drugs from Monoolein/water Lyotropic Liquid Crystalline Gels. Pharm Res, 1996, 13(10): 1265~1271

[65]. Norling T, Landing P, Engstroms, Larsson K, Krog N, Nissen S S. Formulation of a Drug Delivery System Based on a Mixture of Monoglyeerides and Triglycerides for use in the Treatment of Periodontal Disease. J Clin periodontol, 1992, 19(10): 687~692

[66]. Burrows R, Collett J H, Attwood D. The Release of Drugs from Monoglyceridese-water Liquid Crystalline Phases. Int J pharm, 1994, 111(3): 283~293

[67]. Leslie S B, Puvvada S, Ratna B R, Rudolph A S. Encapsulation of Hemoglobin in Abicontinuous Cubic Phase Liquid. Biochim Biophys Acta, 1996, 1285(2): 246~254

[68]. Sadhale Y, Shah J C. Stabilization of Insulin Against Agitation-induced Aggregation by the GMO Cubic Phase gel. Int J Pharrn, 1999, 191(1): 51~64

[69]. Sadhale Y, Shah J C. Biological Activity of Insulin in GMO Gels and the Effect of Agitation. Int J Pharm, 1999, 191(1): 65~74

[70]. Chung H, Kim J, Um J Y, Kwon I C, Jeong S Y. Self-assembled 'nanocubicle' as a Carrier for Peroral Insulin Delivery. Diabetologia, 2002, 45(3): 448~451

[71]. Luk Y Y, Jang C H, Cheng L L, Israel B A, Abbott N L. Influence of Lyotropic Liquid Erystals on the Ability of Antibodies to Bind to Surface-immobilized Antigens. Chem, Mater, 2005, 17(19): 4774~4782

[72]. Kim J S, Kim H K, Chung H, Sohn Y T, Kwon I C, Jeong S Y. Drug Formulation That Form a Dispersed Cubic Phased When Mixed with Water. Proc Int Symp Control Rel Bioact Mater, 2000, 27: 8123~8127

[73]. Esposito E, Carotta V, Seabbia A, Trombelli L, D'Antona P, Menegatti E, Nastruzzi C. Comparative Analysis of Tetracyeline-containing Dental Gels: Poloxamer, and Mono-glyceride-based Formulations. Int J Pharm, 1996, 42(1): 9~23

[74]. Lindell K, Enghlom J, Jonstroemer M, Carlsson A, Engstroem S. Influence of a Charged Phospholipid on the Release Pattern of Timolol Maleate from Cubic Liquid Crystal Line Phases. Pro Colloid Polym. Sci, 1998, 108: 111~118

[75]. Wang L, Liu B, Sundqvist B, et al. Synthesis of TinRectangular C60 Nanorods Using m-xylene as a Shape Controllor. Adv Mater, 2006, 18: 1883~1888

[76]. Zhang Y, Zhu J, Zhang X Z, et al. Synthesis of GeO_2 Nanorods by Carbon Nanotubes Template. Chemical Physics Letters, 2000, 317: 504~509

[77]. Mustafa S., Matthew R, Younan X, et al. Gold Nanocages Covered by Smart Polymers for Controlled Release with Near-infrared Light. Nature Materials, 2009, 8: 935~936

[78]. Cho Y S, Yi G R, Pine D. J. Particles with Coordinated Patches or Windows from Oil-in-Water Emulsions. Chem Mater, 2007, 19: 3183~3193

[79]. Cho Y S, Yi G R, Yang S M. Colloidal Clusters of Microspheres from Water-in-Oil Emulsions. Chem Mater, 2005, 17: 5006~5013

[80]. Chiu Y W, Huang M H, et al. Formation of Hexabranched GeO_2 Nanoparticles via a Reverse Micelle System. J Phys Chem C, 2009, 113: 6056~6060

[81]. Wu H P, Liu J F, Jiang J Z, et al Preparation of Monodisperse GeO_2 Nanocubes in a Reverse Micelle System. Chem, Mater, 2006, 18: 1817~1820

[82]. X Zou, B B Liu, Q J Li, Z P Li, B Liu, W Wu., Q Zhao, Y M Sui, D M Li, B Zou, T Cui, G T Zou, H-K Mao. One-step Synthesis, Growth Mechanism and Photoluminescence Properties of Hollow GeO_2 Walnuts. Cryst Eng Comm, 2011, 13: 979~984

[83]. 乔欣, 娄建军, 陈振宏. 表面活性剂在纺织工业中的应用及发展. 河北纺织, 2010, (2): 22~28

[84]. 肖卫军. 表面活性剂在纺织工业中的应用及发展. 广东化纤, 2002, (2): 30~36

[85]. 张昌辉，谢瑜，徐旋．表面活性剂在纺织工业中的应用及发展．日用化学品科学，2008，31（1）：19～23

[86]. 吴振玉．Gemini 表面活性剂在酸性溶液中对金属的缓蚀性能研究．中南大学博士学位论文．2011

[87]. 王佳栋．Gemini 阳离子表面活性剂的缓蚀性能研究．北京化工大学硕士研究生学位论文．2010

[88]. 赵建国，鲍宇，梁作舟．表面活性剂的活性与其对金属缓蚀行为的关系．腐蚀科学与防护技术，2012，24（3）：249～252

[89]. 陈胜慧，王波．表面活性剂对棉针织物浴中平滑柔软性的影响．上海纺织科技，2003，31（1）：44～46

[90]. 陈一飞．表面活性剂类柔软剂的柔软作用．四川丝绸，2001，（1）：27～29

[91]. 谢协忠．表面活性剂用作金属缓蚀剂的进展．化学清洗，1999，15（4）：25～30

[92]. 田丽．纺织品柔软剂的应用现状及趋势．轻纺工业与技术，2011，40（1）：69～73

[93]. 赵天培．几种阴离子表面活性剂对铝的缓蚀作用．昆明工学院学报，1995，20（2）：95～98

[94]. 李健飞．表面活性剂的绿色化学．石家庄职业技术学院学报，2005，17（2）：56～59

[95]. 魏福祥，郝莉莉，王金梅．表面活性剂对环境的污染及检测研究进展．河北工业科技，2006，23（1）：57～60

[96]. 叶金鑫．表面活性剂与环境保护．现代纺织技术，2002，10（3）：42～47

[97]. 田怡，高华，张闻斌，汪建强，秦尤敏．表面活性剂在单晶硅太阳能电池片制绒中的作用．电子工艺技术，2012，33（4）：234～237

[98]. 宋金梅，张玉秀，朱书全，王一卉，朴春爱．表面活性剂在电池材料中的应用．现代化工，2011，31（1）：28～31

[99]. 李文安．绿色表面活性剂的应用及研究进展．安徽农业科学，20，35（19）：5691～5692

[100]. 杨建军．阳离子双子表面活性剂在三次采油领域的应用基础研究．西南石油学院博士学位论文．2005

[101]. 高鸿锦．液晶化学．北京：清华大学出版社，2011

[102]. 董国君，苏玉，王桂香．表面活性剂化学．北京：北京理工大学出版社，2009

[103]. 王军．功能性表面活性剂制备与应用．北京：化学工业出版社，2009

[104]. 韩长日，刘红，方正东．精细化工工艺学．北京：中国石化出版社，2011

[105]. 韩长日，宋小平．化妆品制造技术．北京：科学出版社，2007

[106]. 刘红．精细化工实验．北京：中国石化出版社，2010

[107]. Marcia Nitschke, Siddhartha G V A O Costa, Jonas Contiero. Biotechnology Progress, 2005, 21（6）：1593～1600

[108]. Jin-Seog Kim, Michael Powalla, Siegmund Lang, Fritz Wagner, Heinrich Lünsdorf, Victor Wray. Journal of Biotechnology, 1990, 13（4）：257～266.

[109]. Fran Coise Besson, Georges Michel. Biotechnology Letters, 1992, 11（14）：1013～1018

[110]. C C Scott, W R Finnerty. Journal of Bacteriology, 1976, 127（1）：481～489.

[111]. BS Saharan, RK Sahu, D Sharma. Genetic Engineering and Biotechnology Journal, 2011, http://aston-joumals.com/gebj

[112]. Gutnick DL. The Emulsan Polymer：Biopolymers, 1987, 26：223～240

[113]. Nima Alizadeh Kaloorazi, Maryam Fekri Sabet Choobari. Journal of Biology and today´s world, 2013, 2（5）：235～241

[114]. Anuradha S. Nerurkar, Krushi S. Hingurao, Harish G. Suthar. Journal of Scientific and Indu strial Research, 68（4）：273～277

[115]. K N Timmis. Handbook of Hydrocarbon and Lipid Microbiology, Springer-Verlag Berlin Heidelberg, 2010

[116]. P G Reddy, H D Singh, M G Pathak, S D Bhagat, J N Baruah. Biotechnology and Bioengineering, 1983,

25(2): 387~401

[117]. K A Anu Appaiah, N G K Karanth. Biotechnology Letters, 1991, 13(5): 371~374

[118]. Yeshaya Bar-Or, Martin Kessel, Moshe Shilo. Archives of Microbiology, 1985, 142(1): 21~27

[119]. C Calvo, F Martinez-Checa, A Mota, V Bejar, E Quesada. Journal of Industrial Microbiology and Biotechnology, 1998, 20(3-4): 205~209

[120]. 冯丽枝. 中南民族大学硕士论文, 2012

附录

常用离子型表面活性剂的 Krafft 点

表面活性剂	Krafft 点/℃	表面活性剂	Krafft 点/℃
$n\text{-}C_7F_{15}SO_3K$	80	$C_{14}H_{29}OSO_3Na$	30
$n\text{-}C_8F_{17}SO_3Na$	75	$C_{12}H_{25}OOC(CH_2)_2SO_3Na$	26
$C_{16}H_{33}CH(CH_3)C_6H_4SO_3Na$	61	$C_{16}H_{33}(OCH_2CH_2)_2OSO_3Na$	24
$C_{16}H_{33}SO_3Na$	57	$C_{12}H_{25}COO(CH_2)_2SO_3Na$	24
$n\text{-}C_7F_{15}SO_3Na$	56	$C_{16}H_{33}(OCH_2CH_2)_3OSO_3Na$	19
$C_{14}H_{29}CH(CH_3)C_6H_4SO_3Na$	54	$C_{12}H_{25}OSO_3Na$	16
$(C_{15}H_{25}OSO_3)_2Ca$	50	$C_{10}H_{21}OOC(CH_2)_2SO_3Na$	12
$C_{14}H_{29}SO_3Na$	48	$C_{12}H_{25}(OCH_2CH_2)OSO_3Na$	11
$C_{12}H_{25}CH(CH_3)C_6H_4SO_3Na$	46	$C_{10}H_{21}COO(CH_2)_2SO_3Na$	8
$C_{16}H_{33}OSO_3Na$	45	$n\text{-}C_7F_{15}COONa$	8
$n\text{-}C_8F_{17}SO_3NH_4$	41	$C_{12}H_{25}(OCH_2CH_2)_2OSO_3Na$	−1
$C_{14}H_{29}OOC(CH_2)_2SO_3Na$	39	$CH_3(CH_2)_8CH(CH_3)CH_2OSO_3Na$	<0
$C_{12}H_{25}SO_3Na$	38	$C_{16}H_{33}OSO_3NH_2(C_2H_4OH)_2$	<0
$C_{16}H_{33}(OCH_2CH_2)OSO_3Na$	36	$[C_{12}H_{25}(OCH_2CH_2)_2OSO_3]_2Ca$	<0
$C_{14}H_{29}COO(CH_2)_2SO_3Na$	36	$n\text{-}C_7F_{15}SO_3Li$	<0
$[C_{15}H_{25}(OCH_2CH_2)_2OSO_3]_2Ba$	35	$n\text{-}C_7F_{15}COOLi$	<0
$C_{10}H_{21}CH(CH_3)C_6H_4SO_3Na$	32		